Multivariate Verfahren

Multivariate Verfahren

Eine praxisorientierte Einführung mit Anwendungsbeispielen in SPSS

von

Matthias Rudolf und Johannes Müller

2., überarbeitete und erweiterte Auflage

HOGREFE

GÖTTINGEN · BERN · WIEN · PARIS · OXFORD · PRAG · TORONTO
CAMBRIDGE, MA · AMSTERDAM · KOPENHAGEN · STOCKHOLM

Dr. rer. nat. Matthias Rudolf, geb. 1959. 1978–1983 Studium der Mathematik an der TU Dresden. 1989 Promotion. 1983–1999 Wissenschaftlicher Mitarbeiter am Wissenschaftsbereich Physiologie bzw. am Institut für Humanbiologie und Biopsychologie der TU Dresden. Seit 1999 Wissenschaftlicher Mitarbeiter am Institut für Allgemeine Psychologie, Biopsychologie und Methoden der Psychologie der TU Dresden. Forschungsschwerpunkte: Multivariate statistische Verfahren in der Psychologie, Analyse physiologischer Zeitreihen, Psychometrische Fragebogenentwicklung.

Dr. rer. nat. Johannes Müller, geb. 1973. 1994–2001 Studium der Psychologie an der TH Darmstadt und der TU Dresden. 2007 Promotion. 2002–2007 Wissenschaftlicher Mitarbeiter am Institut für Klinische, Diagnostische und Differentielle Psychologie der TU Dresden. Forschungsschwerpunkt: Molekulargenetische Einflussfaktoren auf individuelle Unterschiede. 2007–2011 Koordination und Betreuung internationaler Freiwilligendienste. Seit 2011 Ausbildung zum psychologischen Psychotherapeuten.

Informationen und Zusatzmaterialien zu diesem Buch finden Sie unter www.hogrefe.de/buecher/lehrbuecher/psychlehrbuchplus

Bibliografische Information der Deutschen Nationalbibliothek

Die Deutsche Nationalbibliothek verzeichnet diese Publikation in der Deutschen Nationalbibliografie; detaillierte bibliografische Daten sind im Internet über http://dnb.dnb.de abrufbar.

© 2012 Hogrefe Verlag GmbH & Co. KG
Göttingen · Bern · Wien · Paris · Oxford · Prag · Toronto
Cambridge, MA · Amsterdam · Kopenhagen · Stockholm
Merkelstraße 3, 37085 Göttingen

http://www.hogrefe.de
Aktuelle Informationen · Weitere Titel zum Thema · Ergänzende Materialien

Umschlagabbildung: © goodluz – Fotolia.com
Druck: Hubert & Co, Göttingen
Printed in Germany
Auf säurefreiem Papier gedruckt

ISBN 978-3-8017-2403-0

Vorwort zur zweiten Auflage

Mit der Weiterentwicklung der statistischen Programmpakete stehen immer komplexere multivariate Verfahren für die Auswertungen empirischer Untersuchungen zur Verfügung. Die Programme sind in Handbüchern und in Sekundärliteratur ausführlich beschrieben, wobei aber die Grundgedanken der umgesetzten Verfahren oft nur sehr knapp dargestellt werden. Gleichzeitig gibt es teilweise sehr umfangreiche Darstellungen zur Theorie der multivariaten Methoden, die keinen oder nur einen geringen Bezug zur Umsetzung der Methoden in Statistik-Programmen aufweisen.

In der vorliegenden zweiten Auflage dieses Lehrbuches haben wir das bewährte Konzept beibehalten, wichtige multivariate Verfahren nachvollziehbar, praxisorientiert und mit direktem Bezug zur Anwendung von Statistiksoftware (SPSS, AMOS) darzustellen. Damit wird der Leser unmittelbar zur praktischen Anwendung der behandelten Verfahren auf eigene Fragestellungen befähigt.

Neu aufgenommen wurden in der zweiten Auflage ein Kapitel zur Diskriminanzanalyse, ein Abschnitt zur Analyse von Moderator- und Mediatoreffekten auf der Grundlage der multiplen Regressionsanalyse sowie eine Einführung in die Arbeit mit der SPSS-Syntax. Die Abschnitte zur Arbeit mit der Statistiksoftware wurden komplett überarbeitet und basieren nun auf den Programmversionen SPSS 19 (IBM SPSS Statistics 19) sowie AMOS 19 (IBM SPSS Amos 19). Für die Neuauflage des Buches wurde eine Website auf der Internetplattform „psychlehrbuchplus" des Hogrefe-Verlages eingerichtet.

Alle Kapitel können weitgehend unabhängig voneinander studiert werden. Die Verfahren jedes Kapitels werden an speziell konstruierten Datensätzen erläutert, anhand derer sich wesentliche Aspekte der behandelten Verfahren demonstrieren lassen. Reale Datensätze aus der psychologischen Forschungspraxis und Vorschläge für deren Auswertung sind auf der Website zum Buch enthalten.

Kapitel 1 wendet sich vor allem an diejenigen Leser, die bisher noch keine bzw. nur geringe Erfahrungen im Umgang mit SPSS gesammelt haben. Anhand eines kleinen Anwendungsbeispiels kann im Selbststudium ohne weitere Hilfe ein erster Einblick in die Arbeitsweise von SPSS gewonnen werden. Dabei wird auf wichtige Funktionen der Dateneingabe und auf die Durchführung einfacher Analysen eingegangen. Zusätzlich wird eine Einführung in die Arbeit mit der SPSS-Syntax gegeben. Nach dem Studium von Kapitel 1 kann die in den folgenden Kapiteln 2 bis 8 beschriebene Umsetzung der Verfahren in SPSS nachvollzogen werden.

Die Kapitel 2 bis 9 folgen einem einheitlichen Aufbau. Zu Beginn jedes Kapitels wird ein kleines Anwendungsbeispiel vorgestellt, anhand dessen dann die wesentlichen Ziele und Vorgehensweisen der jeweils behandelten Verfahren dargestellt werden. Auf mathematische Abhandlungen bzw. Beweise wird ebenso wie auf Darstellungen in Matrizenschreibweise nahezu vollständig verzichtet. Im zweiten Teil der Kapitel wird die Umsetzung der Verfahren in SPSS beschrieben. Dabei werden sämtliche zuvor dargestellten Analyseschritte erneut unter Verwendung des Anwendungsbeispiels mit SPSS nachvollzogen und erklärt. Durch diese Redundanz soll einerseits das Verständnis der Verfahren vertieft werden. Andererseits kann hierdurch die Umsetzung der Verfahren in SPSS auch unabhängig von der jeweils vorangehenden theoretischen Darstellung gelesen werden.

Auch in Kapitel 10 wird zunächst ein Überblick über die Theorie linearer Strukturgleichungsmodelle gegeben. Anschließend wird dem Leser eine grundlegende Einführung in die Arbeit mit AMOS gegeben. Die Arbeit mit der grafischen Oberfläche dieses Programms zur Analyse von linearen Strukturgleichungsmodellen unterscheidet sich deutlich von der Vorgehensweise in SPSS. Danach werden auch in diesem Kapitel die dargestellten Methoden anhand der Beispieldaten in AMOS umgesetzt und die Ergebnisausdrucke des Programms erläutert.

Auf der Website zum Buch sind alle Datenbeispiele enthalten. Daneben ist zu jedem der Kapitel 2 bis 10 ein Datensatz beigefügt, den uns Kollegen aus ihrer Forschungspraxis zur Verfügung gestellt haben. Die Themen reichen von arbeitspsychologischen bis zu epidemiologischen Untersuchungen. Die Auswertungen dieser Datensätze mit den jeweiligen multivariaten Verfahren bilden den zentralen Inhalt der Website zum Buch. Der Anwender der Methoden hat dadurch die Möglichkeit, seine Kenntnisse in der Arbeit mit SPSS bzw. AMOS anhand eines praktischen Beispiels zu vertiefen. Zusätzlich sind Syntaxdateien für die Umsetzung der behandelten Verfahren an Hand der Anwendungsbeispiele aus dem Buch sowie zur Bearbeitung der Praxisbeispiele enthalten.

Obwohl die Darstellungen zu den behandelten Verfahren so einfach wie möglich gehalten sind, sind zum Studium dieses Buches Grundkenntnisse in deskriptiver und in Inferenzstatistik notwendig. Für die praktische Umsetzung der Verfahren mit SPSS und AMOS werden Grundkenntnisse im Umgang mit Windows vorausgesetzt.

Auch bei der Arbeit an der zweiten Auflage des Lehrbuches sind wir in vielfältiger Weise unterstützt worden. Wir bedanken uns bei allen Kolleginnen und Kollegen, die uns ihre Daten zur Verfügung gestellt haben. Allen Kolleginnen und Kollegen sowie zahlreichen Studierenden, die die Mühe des Korrekturlesens auf sich genommen haben, uns inhaltliche Hinweise gaben oder uns bei der Erstellung von Grafiken geholfen haben, danken wir ebenfalls sehr herzlich. Ganz besonders danken wir Frau Dr. Heidi Clasen und Frau Dipl.-Psych. Caroline Gottschalk, die das Manuskript des Buches sorgfältig geprüft haben und uns zahlreiche Hinweise auf Fehler und Vorschläge zur Verbesserung der Darstellungen gegeben haben. Wir danken Frau stud. psych. Luisa Krause, Herrn stud. psych. Tobias Grage und Herrn stud. math. Sebastian Rudolf für ihre Mitarbeit an der Umstellung der Texte auf die aktuellen Versionen von SPSS und von AMOS sowie bei der Erstellung der Syntax-Dateien. Die Firma IBM Deutschland GmbH hat unser Vorhaben gefördert, indem sie uns Autorenlizenzen von SPSS 19 und von AMOS 19 zur Verfügung gestellt hat. Wir bedanken uns beim Hogrefe-Verlag, speziell bei Frau Dipl.-Psych. Kathrin Rothauge und bei Herrn Stefan Reins M. A., für die erneut stets angenehme und konstruktive Zusammenarbeit.

Dresden, Januar 2012   Matthias Rudolf
                                                       Johannes Müller

Inhalt

1		**Einführung in die Arbeit mit SPSS**	11
	1.1	Dateneingabe	14
	1.2	Beispiele einfacher Datenanalysen	20
	1.3	Zur Arbeit mit der SPSS-Syntax	30
2		**Regressionsanalyse**	37
	2.1	Einfache lineare Regression	40
		2.1.1 Methode der kleinsten Quadrate	40
		2.1.2 Voraussetzungen	44
		2.1.3 Varianzzerlegung und Bestimmtheitsmaß	45
		2.1.4 Tests und Vorhersage	46
	2.2	Multiple lineare Regression	48
		2.2.1 Modell und prinzipielle Vorgehensweise	49
		2.2.2 Interpretation der Ergebnisse	50
		2.2.3 Merkmalsselektionsverfahren und hierarchische Regression	55
		2.2.4 Moderator- und Mediatoranalyse	60
	2.3	Anwendungsbeispiel in SPSS	68
		2.3.1 Einfache lineare Regression	68
		2.3.2 Multiple lineare Regression	72
		2.3.3 Redundanz und Suppression	74
		2.3.4 Merkmalsselektionsverfahren	79
		2.3.5 Hierarchische Regression	88
		2.3.6 Moderator- und Mediatoranalyse	89
3		**Varianzanalyse**	95
	3.1	Einfaktorielle Varianzanalyse	98
		3.1.1 Modell	98
		3.1.2 Voraussetzungen	100
		3.1.3 Statistische Hypothesen	102
		3.1.4 Quadratsummenzerlegung und Signifikanzprüfung	102
		3.1.5 Vorgehensweise nach dem Allgemeinen linearen Modell	105
		3.1.6 Multiple Vergleiche	108
	3.2	Zweifaktorielle Varianzanalyse	109
		3.2.1 Modell, Voraussetzungen und statistische Hypothesen	109
		3.2.2 Quadratsummenzerlegung und Signifikanzprüfung	110
		3.2.3 Vorgehensweise nach dem Allgemeinen linearen Modell	115

3.3	Kovarianzanalyse	116
3.4	Multivariate Varianzanalyse	118
3.5	Varianzanalyse mit Messwiederholungen	120
	3.5.1 Typische Anwendungssituationen	121
	3.5.2 Verwendung linearer Kontraste	121
	3.5.3 Signifikanzprüfung	124
3.6	Anwendungsbeispiel in SPSS	125
	3.6.1 Einfaktorielle Varianzanalyse	125
	3.6.2 Zweifaktorielle Varianzanalyse	131
	3.6.3 Kovarianzanalyse	134
	3.6.4 Multivariate Varianzanalyse	135
	3.6.5 Varianzanalyse mit Messwiederholungen	138

4 Diskriminanzanalyse 149

4.1	Lineare Diskriminanzanalyse bei zwei Gruppen	152
	4.1.1 Grundprinzip	152
	4.1.2 Schätzung der Diskriminanzfunktion	155
	4.1.3 Kenngrößen und statistische Tests	158
	4.1.4 Voraussetzungen und Anwendungsempfehlungen	160
	4.1.5 Klassifikation: Zuordnung neuer Probanden	161
4.2	Lineare Diskriminanzanalyse bei mehr als zwei Gruppen	164
	4.2.1 Grundprinzip und Vorgehensweise	165
	4.2.2 Klassifikation im Mehr-Gruppen-Fall	168
4.3	Anwendungsbeispiel in SPSS	170
	4.3.1 Diskriminanzanalyse bei zwei gegebenen Gruppen	171
	4.3.2 Diskriminanzanalyse bei mehr als zwei gegebenen Gruppen	174

5 Logistische Regression 183

5.1	Odds Ratio	186
5.2	Modell der logistischen Regression	188
	5.2.1 Modellgleichung	189
	5.2.2 Voraussetzungen	191
5.3	Schätzungen, Tests und Modellgüte	191
	5.3.1 Parameterschätzungen	191
	5.3.2 Statistische Tests	195
	5.3.3 Beurteilung der Modellgüte	196
5.4	Anwendungsbeispiel in SPSS	197
	5.4.1 Berechnung des Odds Ratio	197
	5.4.2 Logistische Regression mit einem Prädiktor	200
	5.4.3 Logistische Regression mit mehreren Prädiktoren	209

6	**Analyse mehrdimensionaler Häufigkeitstabellen**		**215**
	6.1	Häufigkeitsanalyse in zweidimensionalen Kreuztabellen	217
	6.2	Loglineare Modelle	222
		6.2.1 Prinzip der loglinearen Modellierung	222
		6.2.2 Hierarchische loglineare Modelle	224
	6.3	Anwendungsbeispiel in SPSS	226
		6.3.1 Kreuztabellen	226
		6.3.2 Loglineare Modelle	230
7	**Zeitreihenanalyse**		**239**
	7.1	Zeitreihendarstellung und Stationarität	242
		7.1.1 Zeitreihendarstellung	242
		7.1.2 Stationarität von Zeitreihen	244
	7.2	Trendanalyse	245
		7.2.1 Nichtparametrische Glättungsverfahren	245
		7.2.2 Parametrische Trendanalyse	247
	7.3	Schwingungsanalyse	249
		7.3.1 Autokorrelationsanalyse	249
		7.3.2 Spektralanalyse	252
	7.4	Überblick über weitere Methoden der Zeitreihenanalyse	256
	7.5	Anwendungsbeispiel in SPSS	258
		7.5.1 Darstellung der Zeitreihe	258
		7.5.2 Trendanalyse	261
		7.5.3 Schwingungsanalyse	266
		7.5.4 Analysen nach Therapiebeginn	275
8	**Clusteranalyse**		**279**
	8.1	Vorgehensweise	281
		8.1.1 Distanz- und Ähnlichkeitsmaße	281
		8.1.2 Clusterbildung: Average-Linkage-Methode	286
	8.2	Interpretation einer hierarchischen Clusterlösung	290
	8.3	Anwendungsbeispiel in SPSS	292
		8.3.1 Clusteranalyse mit zwei Variablen und fünf Probanden	292
		8.3.2 Clusteranalyse mit fünf Variablen und 20 Probanden	298
9	**Faktorenanalyse**		**307**
	9.1	Modell und Voraussetzungen der Faktorenanalyse	310
	9.2	Hauptkomponentenmethode	311
		9.2.1 Prinzip der Faktorextraktion	311
		9.2.2 Kennwerte der Faktorenanalyse	313
	9.3	Bestimmung der Anzahl der Faktoren	315
	9.4	Varimax-Rotation	318

9.5 Interpretation und Beurteilung der Güte der Faktorenlösung 321
   9.5.1 Interpretation der Faktorenlösung 321
   9.5.2 Analyse der Kommunalitäten 322

9.6 Anwendungsbeispiel in SPSS 324
   9.6.1 Vollständiges Modell 324
   9.6.2 Extraktion und Rotation der Faktoren des optimalen Modells 329

10 Lineare Strukturgleichungsmodelle 337

10.1 Korrelationen und Kausalität 340

10.2 Pfaddiagramme und lineare Strukturgleichungen 345

10.3 Struktur- und Messmodell 347

10.4 Modellspezifikationen 350

10.5 Schätzungen, Tests und Gütekriterien 353
   10.5.1 Parameterschätzungen 354
   10.5.2 Beurteilung der Schätzergebnisse 355

10.6 Anwendungsbeispiel in AMOS 359
   10.6.1 Einführung in die grafische Oberfläche von AMOS 359
   10.6.2 Pfaddiagramme mit beobachteten Variablen 366
   10.6.3 Strukturgleichungsmodelle mit latenten Variablen 378

Anhang 391

Glossar 393

Inhalt der Website 401

Literatur 403

Sachverzeichnis 409

Kapitel 1
Einführung in die Arbeit mit SPSS

Inhaltsübersicht

1.1   Dateneingabe.. 14
1.2   Beispiele einfacher Datenanalysen.................................... 20
1.3   Zur Arbeit mit der SPSS-Syntax.. 30

In diesem einführenden Kapitel wird anhand eines Datenbeispiels ein grundlegender Einblick in die Dateneingabe und -verwaltung mit SPSS für Windows gegeben. Am Beispiel einfacher Analysen wird exemplarisch die Funktionsweise von SPSS demonstriert. Damit sollen auch diejenigen Leser, die bisher noch nicht mit SPSS gearbeitet haben, in die Lage versetzt werden, die folgenden Kapitel problemlos durchzuarbeiten und die behandelten multivariaten Verfahren mit SPSS umzusetzen.

Die Darstellung wird dabei auf die wichtigsten und in fast allen Anwendungen notwendigen Funktionen der Dateneingabe und des Datenmanagements beschränkt. Ausführlichere Einführungen in die Arbeitsweise und die Funktionen von SPSS geben die teilweise sehr umfangreichen Bücher zu SPSS von Brosius (2011), Bühl (2010) oder Janssen und Laatz (2009). Alle weiteren notwendigen Analyseschritte für die Umsetzung der in diesem Buch beschriebenen multivariaten Verfahren in SPSS werden in den folgenden Kapiteln ausführlich dargestellt.

In Abschnitt 1.3 wird einführend die Arbeit mit der SPSS-Syntax vorgestellt, mit der SPSS-Befehle automatisiert abgearbeitet werden können. Auf der Website zum Buch werden die Syntax-Befehle von allen in diesem Buch behandelten Verfahren angegeben. Ausführliche Einführungen in die SPSS-Syntax geben Zöfel (2002) und Brosius (2005).

Anwendungsbeispiel: Konzentrationstest

In einem Konzentrationstest sollen in einer Vielzahl unterschiedlicher Zeichen möglichst schnell und fehlerfrei bestimmte Zeichen erkannt und durchgestrichen werden. Es liegen die Daten von zehn Probanden vor, die diesen Test bearbeitet haben. In Tabelle 1.1 sind die erhobenen Variablen dargestellt.

Die Variablen wurden zu Demonstrationszwecken in zwei Datenmengen aufgeteilt. Die erste Datenmenge enthält die personenbezogenen Angaben Alter, Geschlecht, Gewicht und Größe. Die zweite Datenmenge beinhaltet die Ergebnisse des Konzentrationstests. Hierbei sind sowohl die Bearbeitungsgeschwindigkeit, die durch die Anzahl der bearbeiteten Zeichen pro Minute erfasst wird, als auch die Anzahl der insgesamt unterlaufenen Fehler von Bedeutung. Zusätzlich wurde nach dem Test ein Fragebogen zum aktuellen Befinden vorgelegt. In Tabelle 1.2 sind die Daten der ersten und in Tabelle 1.3 die Daten der zweiten Datenmenge abgebildet. Die erste Spalte enthält jeweils die fortlaufende Nummer des Probanden (Pb).

In den folgenden Abschnitten wird dargestellt, wie die Daten in SPSS einzugeben sind. Dabei werden unter anderem die wichtigsten Funktionen zur Definition der Variablen, zur Datenspeicherung sowie zum Zusammenfügen von Dateien vorgestellt. Außerdem werden exemplarisch einige deskriptive Analysen (Häufigkeitstabellen, statistische Maßzahlen) sowie die bivariate Korrelationsanalyse beschrieben.

Tabelle 1.1: Liste der Variablen zum Beispiel Konzentrationstest

Variablen	Label	Bemerkungen
Erste Datenmenge: Personenbezogene Daten		
nummer	Probandennummer	
alter	Alter	in Jahren
geschlecht	Geschlecht	0 = weiblich, 1 = männlich
gewicht	Gewicht	in Kilogramm
größe	Größe	in Zentimetern
Zweite Datenmenge: Testbezogene Daten		
nummer	Probandennummer	
geschw	Geschwindigkeit	Anzahl bearbeiteter Zeichen pro Minute
fehler	Fehler	Anzahl der unterlaufenen Fehler insgesamt
befinden	Befinden	Selbsteinschätzung nach dem Test (Skala von 0 bis 15)

Tabelle 1.2: Personenbezogene Daten

Pb	Alter	Geschlecht	Gewicht	Größe
1	17	0	50	157
2	34	0	65	165
3	35	0	62	160
4	36	0	57	156
5	18	0	78	170
6	22	1	70	170
7	27	1	75	185
8	228	1	80	180
9	24	1	95	190
10	21	1	80	195

Tabelle 1.3: Testbezogene Daten

Pb	Geschwindigkeit	Fehler	Befinden
1	169	20	15
2	153	15	12
3	169	30	9
4	168	23	11
5	171	26	14
6	164	20	7
7	158	23	10
8	166	26	7
9	173	20	12
10	152	5	8

Im Folgenden wird zunächst die Eingabe der ersten Datenmenge (personenbezogene Daten) in SPSS detailliert beschrieben. Neben der Eingabe der Daten wird unter anderem auf die Definition von Werte- und Variablenlabels und auf die Spezifikation von fehlenden Werten eingegangen. Danach ist die zweite Datenmenge einzugeben. Anschließend werden die Häufigkeitsverteilungen der Variablen Geschwindigkeit, Fehler und Befinden aus der zweiten Datenmenge berechnet und in einer Grafik mit der (theoretischen) Normalverteilungskurve verglichen. Außerdem werden verschiedene statistische Maßzahlen (Mittelwert, Standardabweichung, Minimum und Maximum) dieser Variablen ermittelt. Als Beispiel für einen inferenzstatistischen Test werden die linearen Beziehungen der Variablen Geschwindigkeit, Fehler, Befinden, Alter, Gewicht und Größe untersucht. Dazu müssen die getrennt eingegebenen Dateien der beiden Datenmengen zusammengefügt werden. Danach können die bivariaten Produkt-Moment-Korrelationskoeffizienten berechnet und statistisch geprüft werden.

1.1   Dateneingabe

Im vorliegenden Buch können und sollen nicht sämtliche Funktionen von SPSS be-schrieben werden, sondern für die einzelnen Verfahren jeweils nur eine Auswahl der wesentlichsten. Zur Vereinfachung der Kommunikation markieren nummerierte Hinweispfeile die beschriebenen Bildschirminhalte und Ergebnisdarstellungen. Im Text verweisen Ziffern in eckigen Klammern [1] auf diese Pfeile. Da die zu benut-zenden Schaltflächen u.ä. durch die verwendeten Hinweispfeile eindeutig bezeichnet sind, werden sie im laufenden Text nicht hervorgehoben.

Nach dem erstmaligen Start von SPSS erscheint zunächst das in Abbildung 1.1 dargestellte Dialogfenster. Unter der Frage „Wie möchten Sie vorgehen?" [1] steht hier eine Reihe von Optionen zum weiteren Vorgehen zur Auswahl.

Im vorliegenden Anwendungsbeispiel sollen als Erstes die Daten aus Tabelle 1.2 eingegeben werden. Aktivieren Sie dementsprechend die Option Daten eingeben [2]. Als weitere Optionen könnte man zum Beispiel eine bereits vorhandene Datendatei öffnen [3] oder ein Lernprogramm starten [4]. Die Option, dass dieses Dialogfeld nicht mehr angezeigt werden soll [5], unterdrückt beim nächsten Start von SPSS die Anzeige des Dialogfensters aus Abbildung 1.1. Es erscheint dann sofort der in Ab-bildung 1.2 gezeigte Dateneditor von SPSS. Um die gewählte Option zum Eingeben von Daten zu bestätigen, ist die Schaltfläche OK [6] anzuklicken.

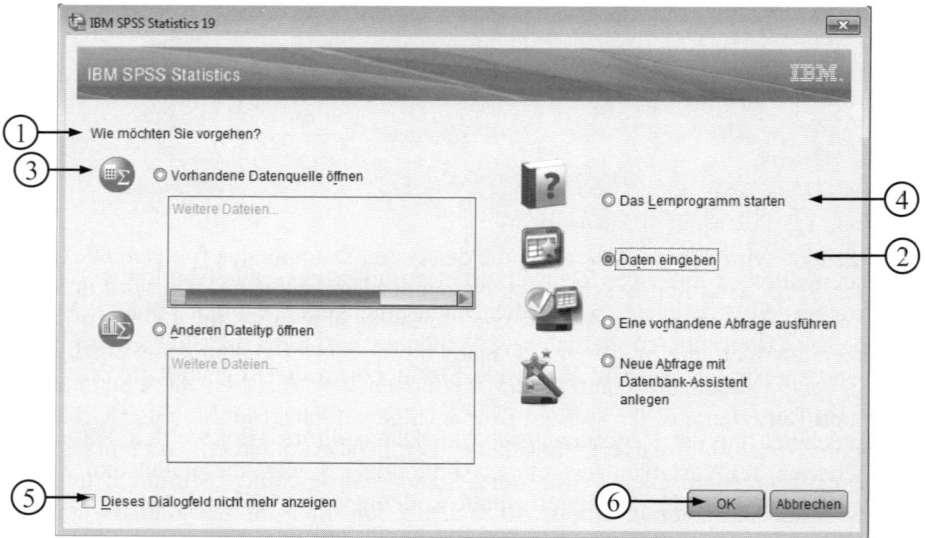

Abbildung 1.1: Dialogfenster SPSS für Windows

Abbildung 1.2 zeigt den Dateneditor von SPSS. Hier können neue Daten eingegeben oder bereits existierende Datendateien geladen und bearbeitet werden. Alle hierfür notwendigen Befehle befinden sich in der Hauptmenüleiste [1]. Einige häufig benö-tigte Befehle können auch direkt durch Anklicken des entsprechenden Symbols in der Symbolleiste [2] aktiviert werden. Zeigen Sie (ohne zu klicken) mit dem Maus-zeiger auf ein Symbol [3], um die Bedeutung des Symbols zu erfahren. Wenige Augenblicke später erscheint eine kleine Schrift [4] unter dem Mauszeiger, die über die Funktion des Befehls Aufschluss gibt. So kann z.B. durch Anklicken des gelben Ordnersymbols [3] eine bereits vorhandene Datei geöffnet [4] werden. Aus didaktischen Gründen wird im vorliegenden Buch ausschließlich die Auswahl der Befehle über die Hauptmenüleiste [1] beschrieben.

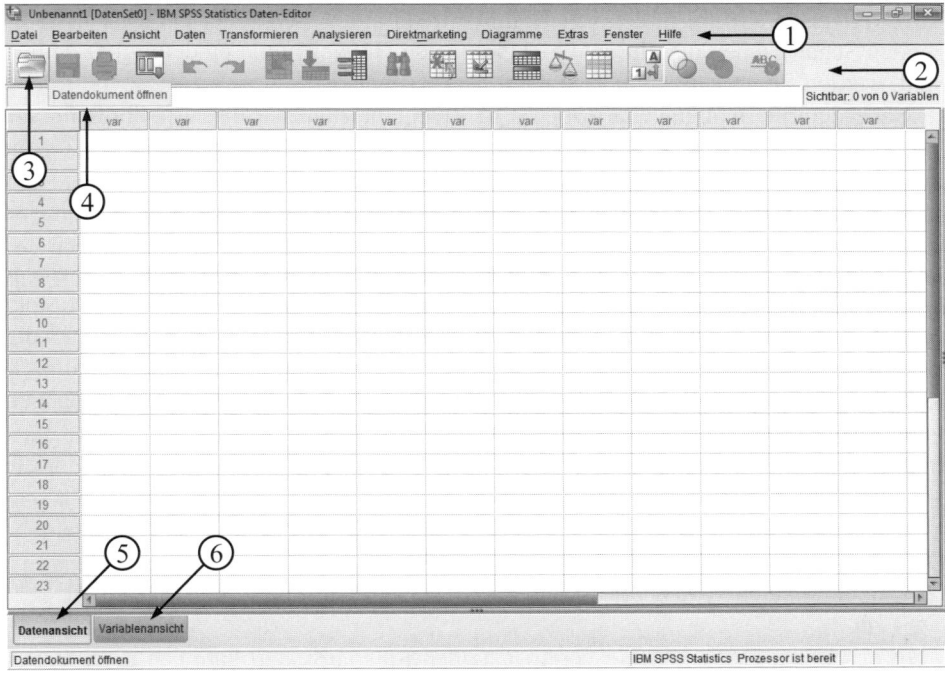

Abbildung 1.2: Dateneditor (Datenansicht)

Der Dateneditor ist aus zwei Registerkarten zusammengesetzt. Abbildung 1.2 zeigt die Datenansicht [5], in der später die Daten eingegeben werden können. Vor der Eingabe der Daten müssen die dabei verwendeten Variablen allerdings zunächst benannt und spezifiziert werden. Wechseln Sie hierzu in die Registerkarte Variablenansicht [6].

Es erscheint nun die Variablenansicht des Dateneditors. Hier werden Namen und Eigenschaften der Variablen festgelegt. Abbildung 1.3 zeigt die ersten fünf Spalten der Variablenansicht. In der ersten Spalte soll im vorliegenden Beispiel der Variablenname eingegeben werden. Klicken Sie hierzu auf das erste freie Feld [1] und geben Sie den Namen der ersten Variablen (nummer) aus Tabelle 1.1 ein. Die Eingabe von Probandennummern ist in fast allen Anwendungsfällen zu empfehlen, da somit später gezielt auf einzelne Datensätze zugegriffen werden kann. Außerdem kann auf diese Weise der Überblick über die Anordnung der Datensätze in der Datei behalten werden, was unter anderem beim Verbinden von Dateien wichtig ist. Ein Variablenname kann aus bis zu 64 Zeichen bestehen, muss mit einem Buchstaben beginnen und darf sich nur aus Buchstaben, Zahlen und Unterstrichen zusammensetzen.

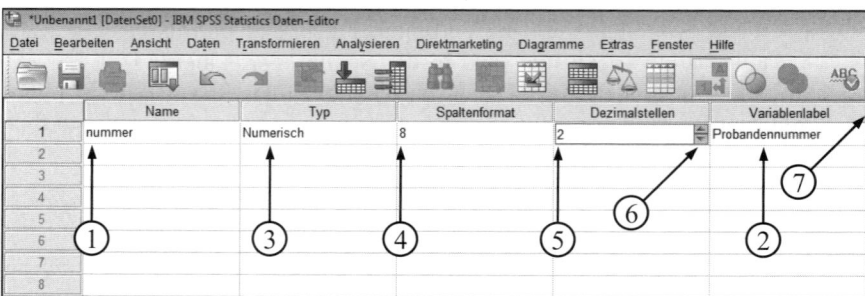

Abbildung 1.3: Dateneditor (Variablenansicht, Spalten 1-5)

Zusätzlich zum Variablennamen besteht die Möglichkeit, sogenannte Variablenlabel zu vergeben. In den Ergebnisdateien werden in den meisten Fällen diese Variablenbezeichnungen angezeigt und nicht die -namen. Für die Label bestehen die oben genannten Beschränkungen nicht, sie können also mehr als 64 Zeichen haben sowie mit einem beliebigen Zeichen beginnen und Sonderzeichen enthalten. Allerdings ist eine kurze und prägnante Beschreibung der Variablen trotzdem zu empfehlen. Klicken Sie auf das freie Feld des Labels in der ersten Zeile [2] und geben Sie als Label der ersten Variablen die Bezeichnung Probandennummer ein. Möglicherweise ist das Feld [2] nicht groß genug, um die eingegebene Bezeichnung Probandennummer vollständig darstellen zu können. Um das Feld [2] und damit die gesamte Spalte Variablenlabel breiter werden zu lassen, ist der Mauszeiger auf den Rand [7] zwischen Variablenlabel und (in Abbildung 1.3 nicht dargestellt) Wertelabel zu positionieren. Der Mauszeiger verändert auf dem Rand [7] sein Aussehen. Ein Doppelpfeil zeigt nun an, dass die entsprechende Spalte durch Ziehen vergrößert oder verkleinert werden kann.

In der ersten Zeile sind die voreingestellten Standardspezifikationen der übrigen Felder sichtbar. So ist beispielsweise voreingestellt, dass der Typ der Variablen numerisch ist [3] und die Daten inklusive Dezimalstellen maximal acht Zeichen lang sind [4]. Die Anzahl der angezeigten Dezimalstellen beträgt zwei [5]. Diese Voreinstellung soll bei der Variablen Probandennummer geändert werden, weil die Probandennummer immer ganzzahlig ist. Klicken Sie hierzu auf das Feld der Dezimalstellen. Es ist nun dick umrandet und es erscheinen am rechten Feldrand zwei Dreieckstasten [6]. Setzen Sie die Anzahl der angezeigten Dezimalen auf null, indem Sie zweimal auf das untere Dreieck klicken [6].

Geben Sie anschließend zunächst Namen und Variablenlabel von Alter und dann von Geschlecht ein. Auch diese beiden Variablen enthalten nur ganzzahlige Werte. Deshalb soll auch für sie die Anzahl der Nachkommastellen von 2 auf 0 verändert werden.

Anhand der Variablen Geschlecht sollen nun weitere Möglichkeiten der Variablenspezifikation erläutert werden. Abbildung 1.4 zeigt die ersten sechs Spalten der Variablenansicht. In der Spalte rechts neben dem Variablenlabel können Wertelabels vereinbart werden [1], die insbesondere bei kategorialen (= nominalen) Variablen zum Einsatz kommen. Hierbei wird für jeden Wert der Variablen dessen Bedeutung festgelegt. Es ist sinnvoll, für die Variable Geschlecht Wertelabels zu definieren. Auf diese Weise können die eingegebenen Zahlen (hier 0 und 1) jederzeit mit ihrer Bedeutung (weiblich bzw. männlich) in Verbindung gebracht und dargestellt werden. Klicken Sie auf das entsprechende Feld in der Spalte Wertelabels [1]. Es erscheint eine Schaltfläche mit drei Punkten [2]. Nach Anklicken der Schaltfläche öffnet sich das Dialogfenster Wertelabels [3].

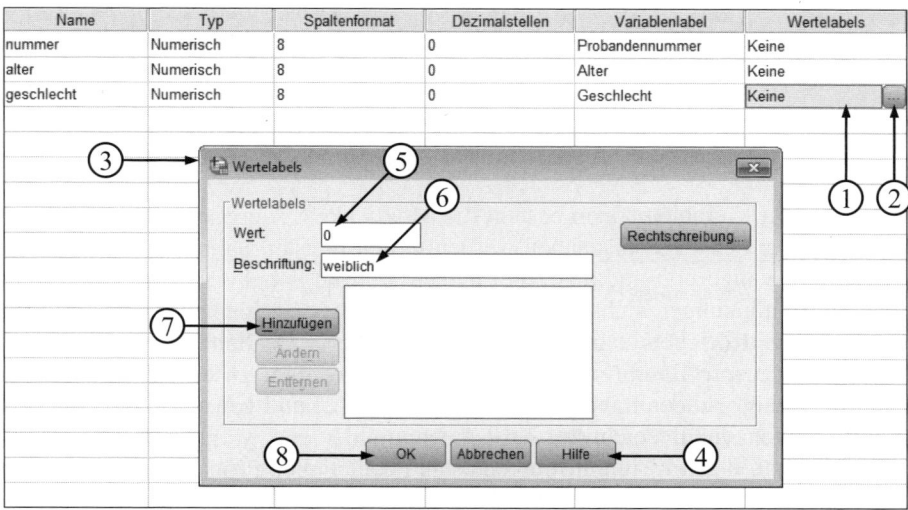

Abbildung 1.4: Dateneditor (Variablenansicht, Spalten 1 bis 6) und Dialogfenster Werte-labels

Über die Schaltfläche Hilfe [4] kann bei Bedarf eine kontextsensitive Hilfe aufgerufen werden, in der die Funktionen des Dialogfensters beschrieben werden. Diese Art der Hilfe ist in jedem Dialogfenster verfügbar.

Geben Sie gemäß den Angaben in Tabelle 1.1 als ersten Wert 0 ein [5] und als Wertelabel (Beschriftung) weiblich [6]. Bestätigen Sie die Zuordnung durch Anklicken der Schaltfläche Hinzufügen [7] und wiederholen Sie den Vorgang für die männlichen Probanden (Wert = 1). Bestätigen Sie die Eingaben durch Klicken auf die Schaltfläche OK [8].

Die Vergabe von Variablen- und (insbesondere bei kategorialen Daten) Wertelabels ist in praktischen Datenauswertungen unbedingt zu empfehlen. Einerseits wird damit eine bessere Lesbarkeit der Ergebnisausgabe möglich, andererseits sind die Daten wesentlich einfacher zu handhaben, wenn sie zu einem späteren Zeitpunkt und eventuell von anderen Personen weiter oder erneut ausgewertet werden sollen.

In Abbildung 1.5 werden die restlichen Optionen der Variablen-Spezifikation dargestellt. So können für jede Variable die fehlenden Werte (Missing-Werte) spezifiziert werden [1]. Die Spalten in der Datenansicht des Dateneditors sind voreingestellt acht Zeichen breit [2] und die Daten werden rechtsbündig dargestellt [3]. In der Spalte Messniveau kann das Skalenniveau der Variablen festgelegt werden. Klicken Sie auf das entsprechende Feld der Variablen Geschlecht [4]. Wählen Sie dann in dem sich öffnenden Auswahlfenster die Option Nominal [5]. Anschließend ist analog für die Probandennummer das Messniveau Nominal einzugeben und für die Variable Alter das Messniveau Skala (metrisches Skalenniveau) einzutragen. (Da die Proban-

dennummer in den statistischen Analysen nicht benutzt wird, ist es speziell für diese
Variable praktisch unbedeutend, welches Skalenniveau eingetragen wird.)

Variablenlabel	Wertelabels	Fehlende Werte	Spalten	Ausrichtung	Messniveau	Rolle
Probandennummer	Keine	Keine	8	☰ Rechts	Unbekannt	↘ Eingabe
Alter	Keine	Keine	8	☰ Rechts	Unbekannt	↘ Eingabe
Geschlecht	{0, weiblich}...	Keine	8	☰ Rechts	👥 Nominal ▾	↘ Eingabe
					📏 Skala	
				④	📊 Ordinal	
	①	②	③		👥 Nominal	⑥
				⑤		

Abbildung 1.5: Dateneditor (Variablenansicht, Spalten 6 bis 12)

In der Spalte Rolle [6] kann eine Vorauswahl von Variablen bezüglich ihrer
Bedeutung in den späteren Datenanalysen getroffen werden. Diese Einteilungen sind
praktisch wenig bedeutungsvoll. Deswegen wird empfohlen, die Voreinstellung
Eingabe nicht zu verändern (Bühl, 2010).

Definieren Sie anschließend in der beschriebenen Weise die Variablen Gewicht
und Größe aus der ersten Datenmenge in Tabelle 1.1. Bei diesen Variablen ist die
Zahl der Nachkommastellen ebenfalls auf Null zu setzen. In der Spalte Messniveau
ist Skala einzutragen. Als Variablenlabels sind Gewicht und Größe einzutragen. Die
anderen voreingestellten Standardspezifikationen können beibehalten werden.

Nach der Definition der Variablen können die zugehörigen Daten aus Tabelle 1.2
eingegeben werden. Wechseln Sie hierzu über die entsprechende Registerkarte zurück in die Datenansicht (vgl. Abbildung 1.2 [5]).

②	nummer	alter	geschlecht	gewicht	größe	←var ①
③ 1	1	17	.	.	.	
2	2	34	.	.	.	
3	3	35	.	.	.	
4	4	36	.	.	.	
5	5	18	.	.	.	
6	6	22	.	.	.	
7	7	27	.	.	.	
8	8	228 ← ④	.	.	.	
9	9	.	.	.	.	
10	10	.	.	.	.	
11						
12						
13						
14						

Abbildung 1.6: Dateneditor (Datenansicht)

In der Datenansicht in Abbildung 1.6 erscheinen die eingegebenen Variablennamen
in der Kopfzeile [1]. Klicken Sie zunächst auf das erste Feld der Variablen Probandennummer [2] und geben Sie den Wert 1 ein. Klicken Sie dann auf das nächste Feld

[3] oder verwenden Sie vereinfachend hierzu die Pfeiltasten der Tastatur. Geben Sie auf diese Weise die Daten aller Variablen (siehe Tabelle 1.2) spaltenweise ein.

Bei der Eingabe zeigt sich, dass innerhalb der Variablen Alter der offenbar fehlerhafte Wert 228 vorhanden ist [4]. Hier liegt also vermutlich ein Datenerfassungsfehler vor. Die Berücksichtigung dieses Wertes würde bei allen statistischen Berechnungen zu erheblichen Fehlern führen. Deshalb ist es erforderlich, innerhalb der Variablen Alter den Wert 228 als Fehl-Wert zu definieren. Wechseln Sie dazu wieder in die Variablenansicht (vgl. Abbildung 1.2 [6]).

Klicken Sie in der Variablenansicht aus Abbildung 1.7 auf das entsprechende Feld der Variablen Alter [1] und wählen Sie die erscheinende Schaltfläche [2]. Es erscheint das abgebildete Dialogfenster für die Definition fehlender Werte [3]. Geben Sie hier nach Aktivierung der Option für einzelne fehlende Werte [4] den Wert 228 [5] ein. Führen Sie die Eingabe per Klick auf OK [6] aus.

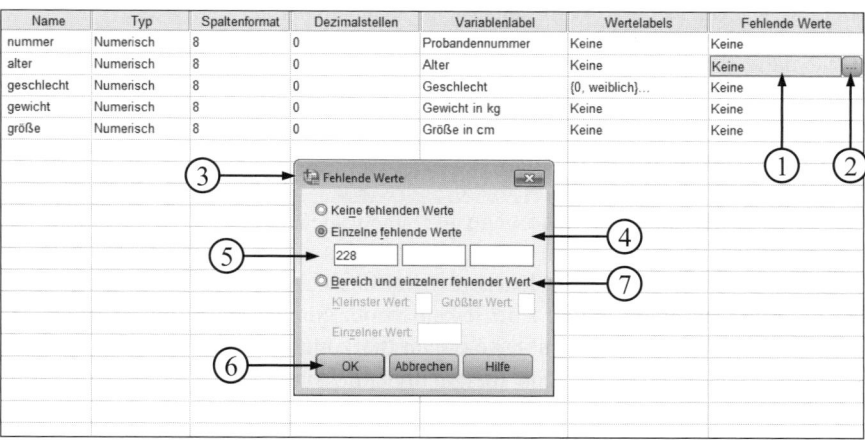

Abbildung 1.7: Dateneditor (Variablenansicht) und Dialogfenster Fehlende Werte

Der Wert 228 ist nun zwar nach wie vor im Dateneditor (Datenansicht) zu sehen, wird jedoch intern als fehlender Wert behandelt und bei allen folgenden Berechnungen und Darstellungen nicht berücksichtigt. Ebenso hätte auch ein ganzer Bereich für fehlende Werte angegeben werden können [7]. In der Variable Alter wäre zum Beispiel ein Bereich von 100 bis 10 000 Jahren denkbar gewesen.

Analog zur Vereinbarung fehlender Werte können auch alle übrigen Einstellungen (z.B. Wertelabels) erst nach der Dateneingabe vorgenommen bzw. geändert werden. Wenn für eine Variable überhaupt kein Messwert eines Probanden vorliegt, ist in das entsprechende Feld während der Dateneingabe nichts einzutragen. Das entsprechende Feld bleibt leer und der Wert der Variablen wird für den betreffenden Probanden automatisch als Fehlwert behandelt.

Spätestens nach der Dateneingabe sollen die Daten gespeichert werden. Dazu ist im Hauptmenü (vgl. Abbildung 1.2. [1]) unter dem Menüpunkt Datei die Option Speichern unter auszuwählen. Im nunmehr erscheinenden Dialogfenster Daten speichern als aus Abbildung 1.8 ist zunächst der gewünschte Speicherort auszuwählen [1]. Geben Sie dann in das Feld Dateiname [2] beispielsweise den Namen Datenmenge1 ein und klicken Sie auf Speichern [3]. SPSS fügt nun automatisch die Endung .sav hinzu, um die Datei als SPSS-Datendatei kenntlich zu machen. Unter Speichern als Typ [4] steht dementsprechend als Voreinstellung SPSS Statistics (.sav). Hier könnte auch ein anderer Dateityp ausgewählt werden, falls die Datei z.B. in einem anderen Datenverarbeitungsprogramm (Excel o.ä.) verwendet werden soll. SPSS würde die Datei dann im Format des ausgewählten Programms speichern.

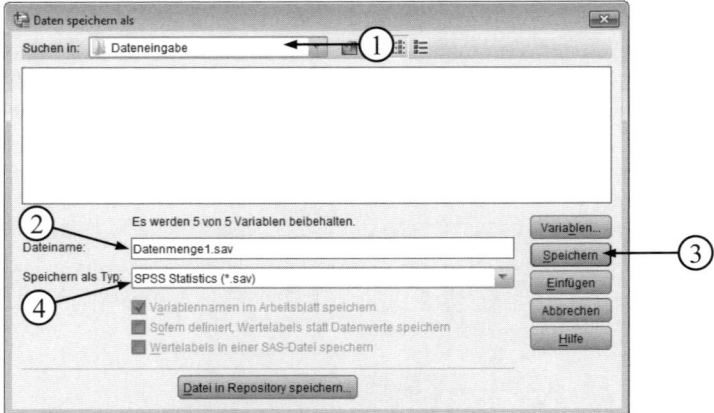

Abbildung 1.8: Dialogfenster Daten speichern als

Nach erfolgter Speicherung der Daten öffnet SPSS automatisch ein neues Fenster, das SPSS-Ausgabefenster. Hier wird lediglich der Syntaxbefehl der erfolgten Speicherung dargestellt. Auf das Ausgabefenster wird im nächsten Kapitel ausführlich eingegangen. Jetzt können Sie das Ausgabefenster schließen (ohne es zu speichern) und zur Datenansicht des Dateneditors zurückkehren.

Insbesondere bei großen Datendateien bietet es sich an, während der Dateneingabe häufig eine Zwischenspeicherung durchzuführen. Auf diese Weise wird verhindert, infolge von Systemabstürzen o.ä. große Mengen bereits eingegebener Daten zu verlieren. Wählen Sie für die Zwischenspeicherung im Hauptmenü unter Datei die Option Speichern.

1.2   Beispiele einfacher Datenanalysen

Nach Eingabe und Speichern der ersten Datenmenge soll die zweite Datenmenge eingegeben und unter dem Namen Datenmenge2.sav gespeichert werden. Vor der Eingabe der zweiten Datenmenge muss ein leerer Dateneditor (vgl. Abbildung 1.2) erzeugt werden. Schließen Sie dazu die Datei Datenmenge1.sav (Auswahl von Datei, Neu und Daten im Hauptmenü (vgl. Abbildung 1.2)), ohne sie erneut zu speichern. Anschließend ist die Abfolge von Abbildung 1.2 bis Abbildung 1.8 für die Daten aus Tabelle 1.3 zu wiederholen. Mit dieser zweiten Datenmenge sollen nun exemplarisch einige Häufigkeitsverteilungen und deskriptive Kennwerte ermittelt werden. Wählen Sie hierzu, wie in Abbildung 1.9 gezeigt, im Hauptmenü die Option Analysieren [1].

Unter diesem Menüpunkt erscheinen sämtliche Klassen statistischer Verfahren, die in dem Programmpaket SPSS verfügbar sind. Die Liste ist in Abbildung 1.9 nicht vollständig abgebildet. Wählen Sie aus der Liste die Option Deskriptive Statistiken [2] und in dem sich öffnenden Untermenü die Option Häufigkeiten [3].

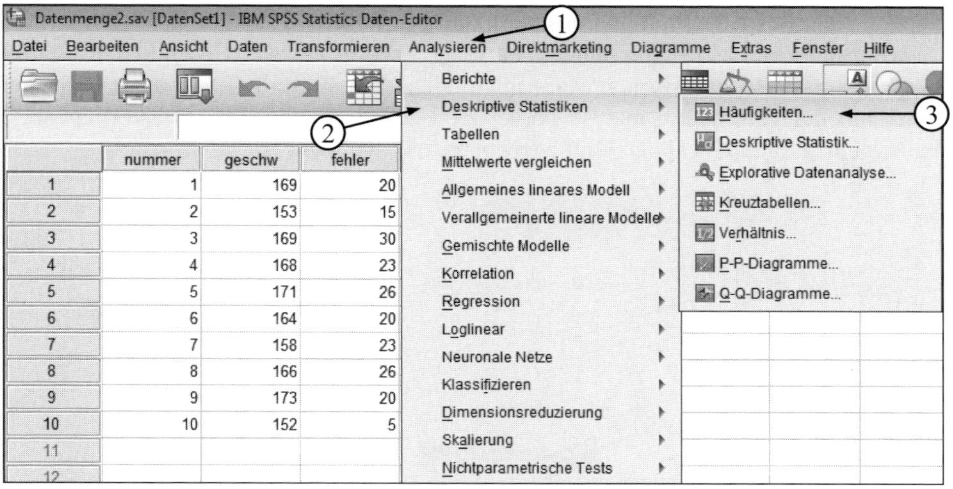

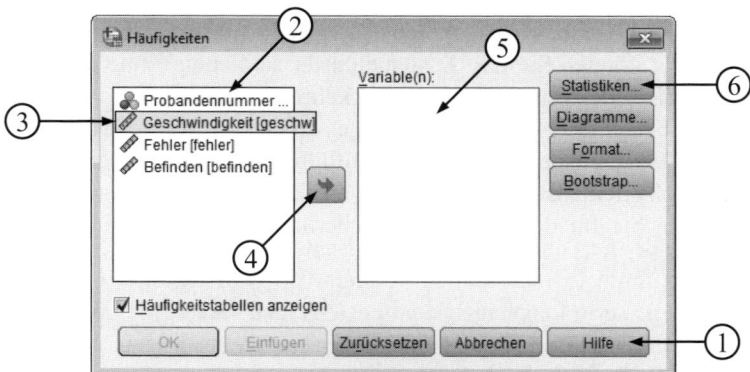

Abbildung 1.9: Dateneditor: Option Analysieren im Hauptmenü

Es erscheint das Dialogfenster Häufigkeiten aus Abbildung 1.10.

Abbildung 1.10: Dialogfenster Häufigkeiten

In den zu den statistischen Analyseverfahren gehörenden Dialogfenstern können die beteiligten Variablen sowie spezielle Einstellungen zum jeweiligen Verfahren festgelegt werden. In jedem dieser Fenster liefert die Schaltfläche Hilfe [1] einen Überblick über das jeweils relevante Verfahren bzw. über die entsprechende Realisierung in SPSS. In der Variablenliste [2] sind die Variablen aus dem Dateneditor abgebildet. Es sind jeweils das Label und dahinter in eckigen Klammern der Variablenname angegeben. Häufig sind die Angaben zu einer Variablen abgeschnitten, wie hier bei Geschwindigkeit [3]. In diesem Fall kann der vollständige Eintrag angezeigt werden, indem (ohne zu klicken) mit der Maus auf die Variable gezeigt wird. Klicken Sie nun auf die Variable Geschwindigkeit und anschließend auf die Schaltfläche mit dem Pfeil [4]. Die Variable Geschwindigkeit wird nun in die Liste der zu analysierenden Variablen [5] verschoben. Dieser Vorgang ist für die Variablen Fehler und Befinden zu wiederholen. Wählen Sie dann die Schaltfläche Statistiken [6], um die auszugebenden Kennwerte der Analyse zu spezifizieren.

Es öffnet sich das in Abbildung 1.11 gezeigte Dialogfenster Häufigkeiten: Statistik. Hier sind alle statistischen Maßzahlen (siehe Clauß et al., 2004) dargestellt, die innerhalb der Häufigkeitsanalyse berechnet werden können. Für den vorliegenden Fall soll als Lagemaß [1] der Mittelwert berechnet werden [2].

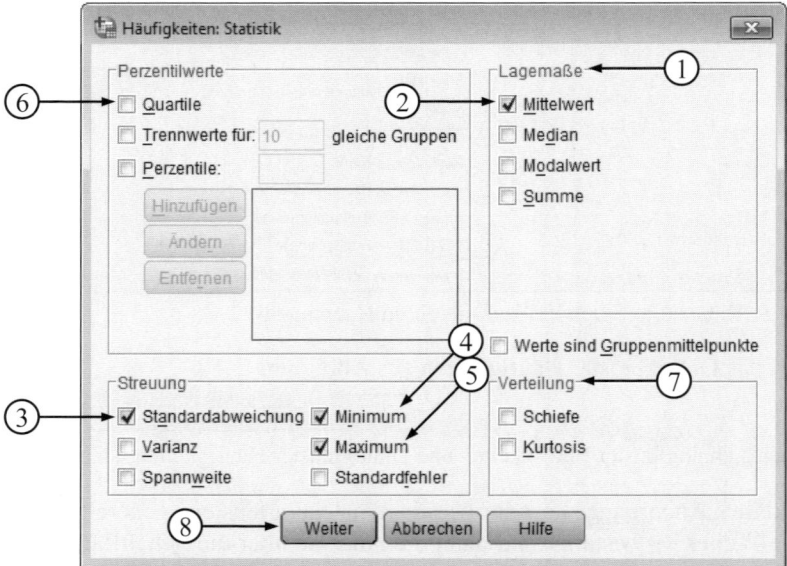

Abbildung 1.11: Dialogfenster Häufigkeiten: Statistik

Aktivieren Sie außerdem unter Streuung die Standardabweichung [3], das Minimum [4] und das Maximum [5]. Zusätzlich könnten Sie zum Beispiel Quartile [6] oder Kennwerte zu den Verteilungseigenschaften anzeigen lassen [7]. Wählen Sie stattdessen die Schaltfläche Weiter [8], um die Eingaben zu bestätigen und wieder in das Hauptdialogfenster Häufigkeiten zu gelangen.

Allgemein gilt, dass die meisten Prozeduren in SPSS wesentlich mehr Parameter und Ergebnisse liefern können, als für die Bearbeitung der jeweiligen Aufgabe erforderlich sind. Als Anwender von SPSS sollte man sich vor der Rechnung für die relevanten Kennwerte entscheiden. Standardeinstellungen in SPSS sollten nie „kontrollfrei" hingenommen werden. Man sollte in jedem Fall alle Schaltflächen anklicken und sich, ggf. unter Benutzung der Hilfe-Texte, über die Standardeinstellungen informieren und gegebenenfalls entsprechende Änderungen vornehmen.

In Abbildung 1.12 ist links erneut das Dialogfenster Häufigkeiten dargestellt. Wählen Sie hier die Schaltfläche Diagramme [1]. Es öffnet sich das in Abbildung 1.12 rechts abgebildete Dialogfenster. Hier kann ein Typ von Diagrammen festgelegt werden [2], der für sämtliche zu analysierenden Variablen angezeigt wird. Da im vorliegenden Fall nur metrische Daten in die Analyse einbezogen wurden, sind Histogramme [3] sinnvoll. Aktivieren Sie hier außerdem die Option Normalvertei-lungskurve im Histogramm anzeigen [4]. Für Nominaldaten wären zum Beispiel Balkendiagramme [5] geeignet. Wählen sie anschließend die Schaltfläche Weiter [6], um die Eingaben zu bestätigen und wieder ins Hauptdialogfenster zurückzukehren. Da nun sämtliche gewünschten Spezifikationen getätigt sind, kann die Analyse durch Anklicken der Schaltfläche OK [7] gestartet werden.

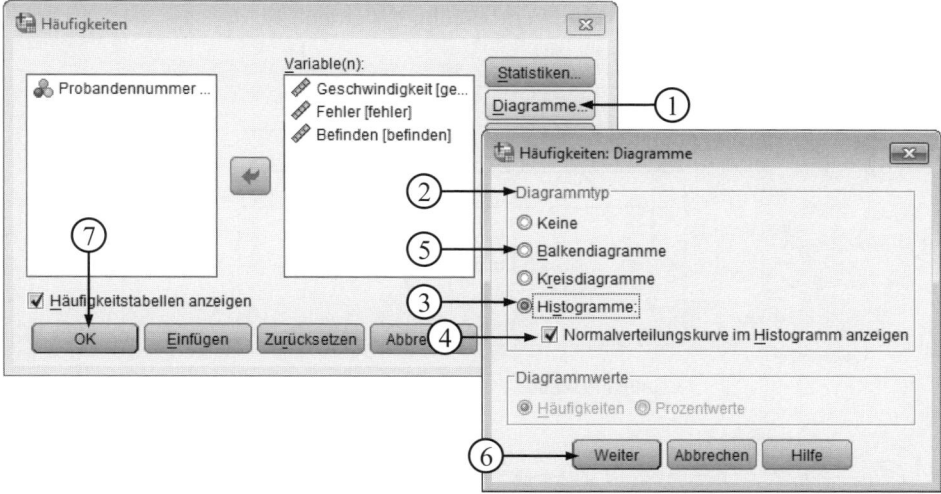

Abbildung 1.12: Dialogfenster Häufigkeiten und Dialogfenster Häufigkeiten: Diagramme

In SPSS müssen Änderungen in untergeordneten Dialogfenstern generell über eine Schaltfläche Weiter [6] bestätigt und dann die Analyse über die Schaltfläche OK [7] im Hauptdialogfenster gestartet werden. Diese Schaltflächen werden im Weiteren nicht mehr mit einem Hinweispfeil versehen.

Nachdem die Berechnungen in SPSS durchgeführt wurden, öffnet sich ein neues Fenster, die Ergebnisausgabe. Sie ist in Abbildung 1.13 dargestellt und enthält die Ergebnisse der Analyse.

Die Ergebnisausgabe ist zweigeteilt. Der linke Teil enthält ein Inhaltsverzeichnis der berechneten Ergebnisse, im rechten Teil sind die Ergebnisse selbst abgebildet. Die Grenze zwischen den beiden Teilen [1] kann nach Belieben verschoben werden. Dies kann zum Beispiel dann sinnvoll sein, wenn einer der beiden Teile nicht voll-ständig sichtbar ist. Klicken Sie in diesem Fall auf den Grenzbalken [1], halten Sie die Maustaste gedrückt und verschieben Sie den Balken an die gewünschte Position. Die erste abgebildete Tabelle mit der Überschrift Statistiken enthält die deskriptiven Kennwerte. In den Spalten stehen die drei analysierten Variablen [2]. Zu jeder Vari-ablen sind die Anzahl der gültigen und fehlenden Werte [3] angegeben. Im vorlie-genden Fall sind in keiner Variablen fehlende Werte zu verzeichnen. In den letzten vier Zeilen sind Mittelwert, Standardabweichung, Minimum und Maximum [4] ab-gebildet. So hat beispielsweise die Variable Geschwindigkeit einen Mittelwert von

164.3 [5]. Die maximale Fehlerzahl liegt bei 30 Fehlern [6]. Anhand der Minima und Maxima können schnell Werte identifiziert werden, die aus dem möglichen Wertebereich einer Variablen herausfallen. Auf diese Weise können beispielsweise Eingabefehler entdeckt werden, die insbesondere bei größeren Datenmengen im Dateneditor oft übersehen werden. Eine rechtzeitige Behebung derartiger Fehler in der Datenbasis vermeidet unnötigen Aufwand oder sogar fehlerhafte Ergebnisse.

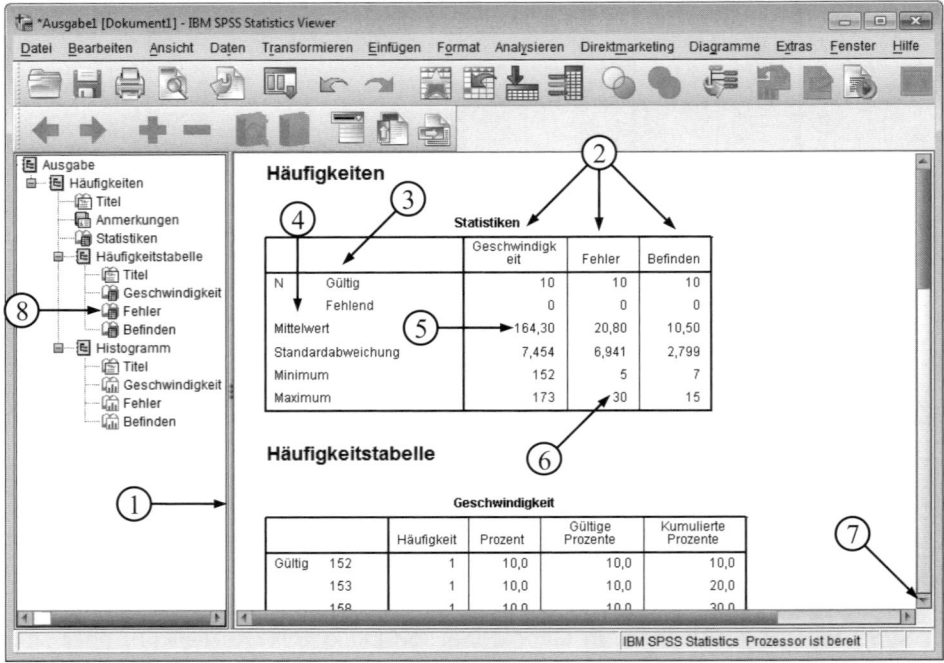

Abbildung 1.13: Ergebnisausgabe: Häufigkeiten

Als nächstes sollen die Häufigkeitstabellen betrachtet werden. Hierzu kann der sichtbare Bereich des Ausgabefensters nach unten gescrollt werden [7]. Bequemer können Sie einzelne Teile der Ergebnisausgabe direkt erreichen, indem Sie im Inhaltsverzeichnis auf das entsprechende Symbol klicken. Vor allem bei umfangreicheren Ergebnisausgaben können so einzelne Teilergebnisse erheblich schneller angesehen werden. Wählen Sie unter Häufigkeitstabelle die Tabelle für die Fehler [8].

Es erscheint die Tabelle aus Abbildung 1.14. Die Überschriften der Tabellen der Ergebnisausgabe (hier „Fehler") sind im vorliegenden Buch aus optischen Gründen nicht über den Tabellen abgebildet. Sie sind jeweils der Abbildungsunterschrift zu entnehmen.

In der ersten Spalte sind alle gemessenen Werte aufgelistet [1], in der zweiten ist angegeben, wie häufig diese Werte jeweils auftraten [2]. In der dritten Spalte sind die prozentualen Anteile dieser Häufigkeiten abgebildet [3]. So haben also zum Beispiel drei Probanden jeweils 20 Fehler, was insgesamt 30% der Probanden ausmacht [4]. Zusätzlich sind die Anteile der Häufigkeiten bezogen auf die gültigen Werten angegeben [5]. Hierbei werden die fehlenden Werte nicht in die Berechnung einbezogen.

Da im vorliegenden Beispiel nur gültige Werte vorliegen, ist diese Spalte identisch mit der dritten. In der letzten Spalte schließlich sind die aufsummierten Prozentwerte bezogen auf die gültigen Werte zu sehen [6].

		Häufigkeit	Prozent	Gültige Prozente	Kumulierte Prozente
Gültig	5	1	10,0	10,0	10,0
	15	1	10,0	10,0	20,0
	20	3	30,0	30,0	50,0
	23	2	20,0	20,0	70,0
	26	2	20,0	20,0	90,0
	30	1	10,0	10,0	100,0
	Gesamt	10	100,0	100,0	

Abbildung 1.14: Häufigkeitstabelle: Fehler

Scrollen Sie die Ergebnisausgabe weiter nach unten, bis Sie das in Abbildung 1.15 abgebildete Histogramm für die Variable Fehler sehen.

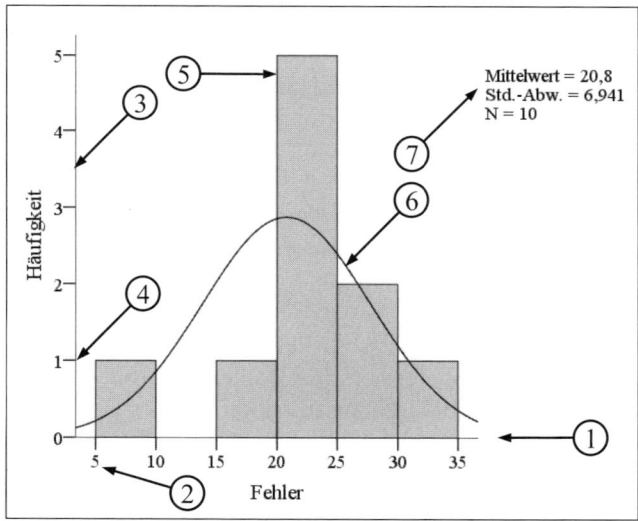

Abbildung 1.15: Histogramm Fehler

Auf der x-Achse (Abszisse) sind die gemessenen Werte aufgelistet [1]. Sie wurden automatisch von SPSS in sechs Kategorien zusammengefasst, wobei in diesem Fall jeweils fünf mögliche Werte eine Kategorie bilden. Jeweils zwei Teilstriche auf der x-Achse beschreiben dabei die Grenzen einer Kategorie. Der erste Teilstrich kennzeichnet den Wert 5, der zweite den Wert 10, d.h. in der ersten Kategorie sind alle Fälle mit Werten größer gleich 5 [2] und kleiner als 10 enthalten. Da in unserem Fall nur ganze Zahlen vorkommen, betrifft dies also die möglichen Werte 5, 6, 7, 8 und 9.

Auf der y-Achse (Ordinate) ist die Häufigkeit der Werte in den einzelnen Kategorien abgetragen [3]. So endet beispielsweise die Säule der ersten Kategorie bei der Häufigkeit 1 [4], da in dieser Kategorie nur der Wert 5 genau einmal auftritt (vgl. Abbildung 1.14). In der Kategorie 4 (größer gleich 20 und kleiner als 25) sind dagegen fünf Probanden enthalten [5], drei mit dem Wert 20 und zwei mit dem Werten 23. Zusätzlich wird die Häufigkeitsverteilung mit der (theoretischen) Normalverteilungskurve verglichen [6]. In der Legende des Diagramms sind noch einige Kennwerte der Statistik-Tabelle aus Abbildung 1.13 abgebildet [7].

Das optische Erscheinungsbild der Abbildung kann unabhängig von der verwendeten Version an Ihrem Rechner von der hier gezeigten abweichen. Dies ist auf individuelle Einstellungen in SPSS am jeweiligen Rechner zurückzuführen und trifft auf sämtliche Abbildungen der folgenden Kapitel zu. Ein doppelter Mausklick auf das Diagramm öffnet den SPSS Diagramm-Editor, in dem z.B. die Beschriftung des Diagramms, die Farbe der Balken und die Skalierung der Achsen verändert werden können. Auf die Darstellung der Bearbeitung von Diagrammen soll in diesem Buch jedoch weitgehend verzichtet werden (siehe hierzu Brosius, 2011).

Die Inhalte des Ausgabefensters können ebenso wie Datendateien gespeichert werden. Wählen Sie hierzu im Hauptmenü unter Datei die Option Speichern unter und verfahren Sie analog zu der Beschreibung in der Abbildung 1.8. SPSS fügt dabei dem Dateiname der Ergebnisausgabedatei die Endung .spv zu.

Als nächstes sollen die Korrelationskoeffizienten der Variablen Geschwindigkeit, Fehler, Befinden sowie Alter, Gewicht und Größe berechnet werden. Hierzu sind zunächst die Daten der Datei Datenmenge1.sav zu den Daten der Datenmenge 2 hinzuzufügen, die sich aktuell im Dateneditor befinden. Wechseln Sie dazu zurück in den Dateneditor (Abbildung 1.16). Wählen Sie im Hauptmenü unter Daten [1] die Option Dateien zusammenfügen [2] und dann die Option Variablen hinzufügen [3]. Alternativ wäre es möglich, die Werte neuer Untersuchungsobjekte mit den gleichen Variablen an eine bereits bestehende Datei anzuhängen [4].

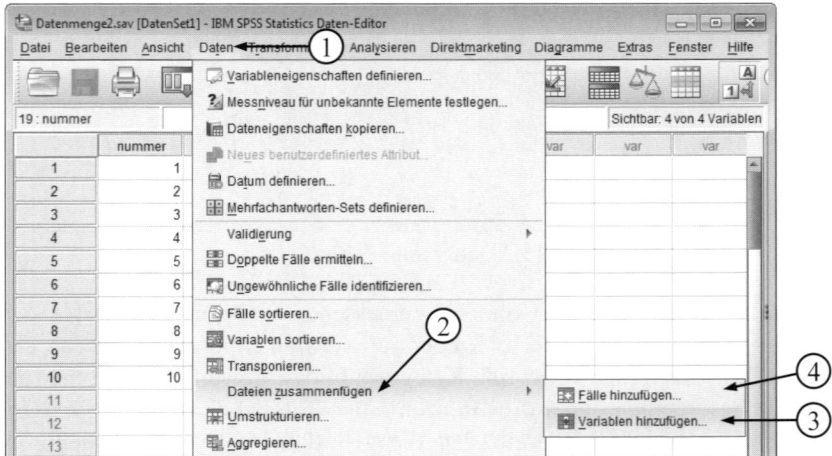

Abbildung 1.16: Dateneditor Hauptmenü: Daten

Das in Abbildung 1.17 dargestellte Dialogfenster wird geöffnet. Sollte die Datei Datenmenge1.sav noch geöffnet sein, könnten Sie sie im Dialogfenster aus Abbildung 1.17 nach Auswahl von Ein offenes Datenblatt [1] direkt anklicken und nach dem dann möglichen Klicken auf Weiter [4] zur Datenmenge 2 hinzufügen. Sie würden dann direkt zu dem Dialog in Abbildung 1.19 gelangen.

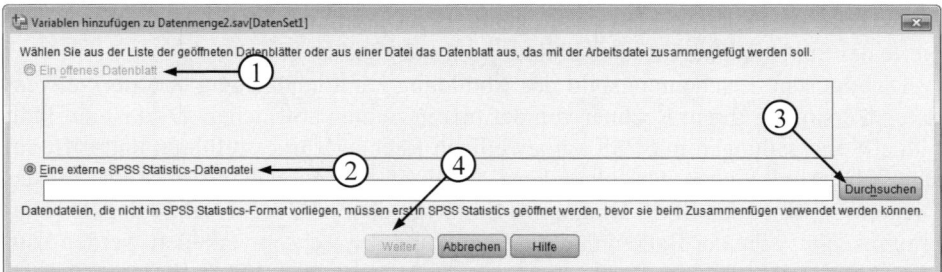

Abbildung 1.17: Dialogfenster Variablen hinzufügen

Wenn Sie die Datei Datenmenge1.sav geschlossen haben, wie es am Anfang des Abschnittes 1.2 empfohlen wurde, können Sie sie im Dialogfenster aus Abbildung 1.17 als derzeit nicht geöffnete Datendatei zu der aktuell geöffneten Datei hinzufügen. Die Option Eine externe SPSS Statistics-Datendatei [2] ist bereits automatisch angeklickt, wenn keine weiteren Datendateien geöffnet sind. Klicken Sie auf Durchsuchen [3], woraufhin sich das Dialogfenster aus Abbildung 1.18 öffnet.

Hier ist zunächst die Datei Datenmenge1.sav [1] zu suchen und anzuklicken. Öffnen Sie dann die Datei über die entsprechende Schaltfläche [2], woraufhin das Dialogfenster aus 1.17 wieder aktiv wird. Bestätigen Sie die Angabe durch die Schaltfläche Weiter, um die Datei der aktuell im Hauptspeicher vorhandenen Datei hinzuzufügen.

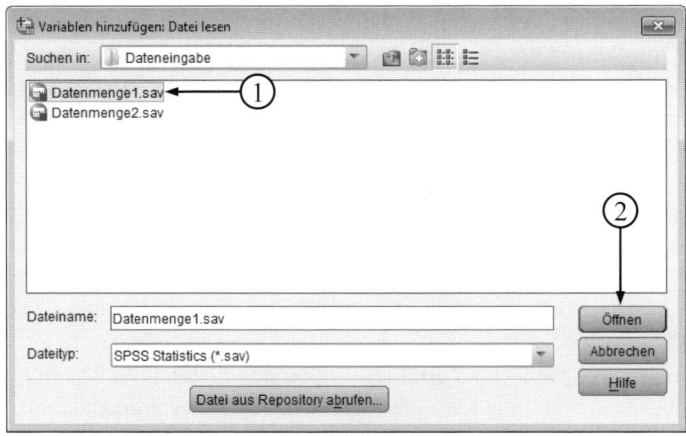

Abbildung 1.18: Dialogfenster Variablen hinzufügen: Datei lesen

Das Dialogfenster in Abbildung 1.19 zeigt ein Protokoll der Vereinigung der Dateien. In dem Feld Neue Arbeitsdatei [1] sind die vereinigten Variablen angezeigt. Die

Variablen der (aktuellen) Arbeitsdatei (Datenmenge2.sav) sind entsprechend der Legende unten im Dialogfenster [2] durch (*) gekennzeichnet [3], die Variablen der hinzugefügten Datei Datenmenge1.sav durch (+) [4]. Die Variable Probandennummer ist in beiden beteiligten Dateien enthalten, die entsprechende Variable aus der hinzuzufügenden Datei Datenmenge1.sav wird nicht übernommen und befindet sich demnach im Fenster der ausgeschlossenen Variablen [5].

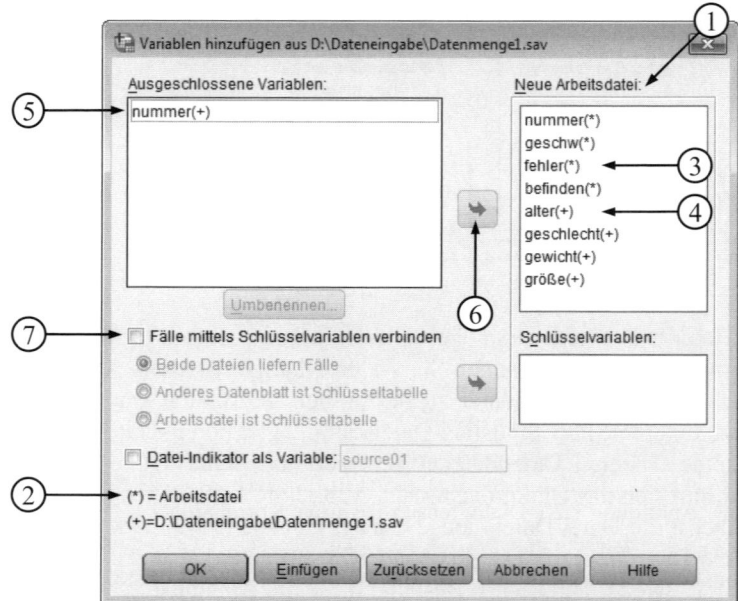

Abbildung 1.19: Dialogfenster Variablen hinzufügen aus […]
Datenmenge1.sav

Das Ausschließen der Variablen Probandennummer aus Datenmenge1.sav ist im vorliegenden Fall problemlos, weil die in den Variablen enthaltenen Werte völlig identisch sind. Wenn zwei unterschiedliche Variablen den gleichen Namen haben, muss vor dem Zusammenfügen der Name von einer der betreffenden Variablen geändert werden. Über die Schaltfläche mit dem Pfeil [6] können Variablen zwischen den beiden erwähnten Feldern verschoben werden. Falls in einer oder beiden Dateien einige Probanden fehlen würden oder falls die Reihenfolge der Probanden in den beiden Dateien nicht übereinstimmen sollte, könnte man die Variable Probandennummer als Schlüsselvariable [7] einsetzen. SPSS würde dann die Fälle anhand der Probandennummern sortieren und zusammenführen. Fügen Sie über OK die beiden Dateien zusammen.

Im Dateneditor sind nun die Variablen der beiden Dateien enthalten. Die neue Datei kann analog zu Abbildung 1.8 unter einem neuen Namen gespeichert werden. Als Name für die Datei bietet sich zum Beispiel Datenmenge1und2.sav an, da auf diese Weise die Entstehung der Datei deutlich bleibt. Nun können die Korrelationen zwischen den metrischen Variablen der beiden Dateien berechnet werden. Wählen Sie hierzu im Hauptmenü unter Analysieren (vgl. Abbildung 1.9 [1]) die Option Korrelation, bivariat. Es öffnet sich das Dialogfenster aus Abbildung 1.20. Hier sind zunächst die sechs in die Analyse einzubeziehenden Variablen Geschwindigkeit, Fehler, Befinden, Alter, Gewicht und Größe in das Feld für die Variablen zu übernehmen [1], [2].

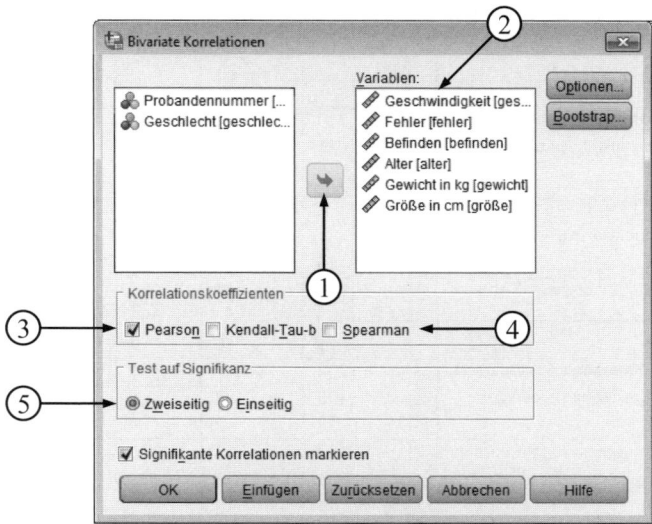

Abbildung 1.20: Dialogfenster Bivariate Korrelationen

Als Korrelationskoeffizient soll der Produkt-Moment-Korrelationskoeffizient nach Pearson berechnet werden [3]. Behalten Sie also die Voreinstellung bei. Ebenso könnten die Rangkorrelationskoeffizienten nach Spearman oder Kendall (Tau-b) berechnet werden [4], was insbesondere bei ordinalem Datenniveau sinnvoll wäre. Da keine Hypothesen über die Richtungen der Korrelationskoeffizienten vorliegen, soll ein zweiseitiger Test auf Signifikanz durchgeführt werden [5]. Bei jedem Korrelationskoeffizienten r wird also die Nullhypothese H_0: $\rho = 0$ statistisch geprüft, wobei ρ den Korrelationskoeffizienten in der Grundgesamtheit bezeichnet. Starten Sie die Analyse über OK.

Das Ergebnis der Berechnungen ist in Abbildung 1.21 zu sehen. An die bisher schon vorhandenen Ergebnisse in der Ergebnisausgabe schließt sich nun die Korrelationsmatrix an. Aus Platzgründen wurde die Ergebnistabelle für die Darstellung in Abbildung 1.21 verkleinert und dabei die redundante Spalte Geschwindigkeit entfernt. Um die Entfernung kenntlich zu machen, wurde eine schmale leere Spalte beibehalten [1]. In der ersten Zeile einer Zelle ist jeweils der Korrelationskoeffizient angegeben [2]. So beträgt beispielsweise die Korrelation zwischen Geschwindigkeit und Fehlern r = .71. Das Sternchen [3] hinter dem Koeffizienten zeigt an, dass die Korrelation auf dem 5%-Niveau signifikant ist. In der zweiten Zeile ist der p-Wert angegeben [4], der hier mit p = .02 unter α = .05 liegt. In der jeweils letzten Zeile ist die Stichprobengröße angegeben [5].

Die Korrelationen zwischen den test- und den personenbezogenen Daten sind ausnahmslos nicht signifikant von Null verschieden. Die höchste diesbezügliche

Korrelation besteht zwischen den Variablen Größe und Fehleranzahl [6], auch diese Korrelation ist nicht signifikant. Bei einer Stichprobe von N = 10 werden allerdings auch nur sehr hohe Korrelationen signifikant. Der insgesamt größte Zusammenhang ist mit r = .87 zwischen den beiden personenbezogenen Variablen Körpergröße und Gewicht zu beobachten [7]. Diese Korrelation ist sehr signifikant (p < .01), was durch zwei Sternchen gekennzeichnet ist.

		Fehler	Befinden	Alter	Gewicht in kg	Größe in cm
Geschwindig keit	Korrelation nach Pearson	,710*	,344	-,146	,012	-,335
	Signifikanz (2-seitig)	,021	,331	,708	,974	,344
	N	10	10	9	10	10
Fehler	Korrelation nach Pearson	1	,086	,262	-,159	-,468
	Signifikanz (2-seitig)	.	,814	,495	,661	,172
	N	10	10	9	10	10
Befinden	Korrelation nach Pearson	,086	1	-,267	-,269	-,377
	Signifikanz (2-seitig)	,814	.	,488	,453	,282
	N	10	10	9	10	10
Alter	Korrelation nach Pearson	,262	-,267	1	-,276	-,352
	Signifikanz (2-seitig)	,495	,488	.	,472	,354
	N	9	9	9	9	9
Gewicht in kg	Korrelation nach Pearson	-,159	-,269	-,276	1	,868**
	Signifikanz (2-seitig)	,661	,453	,472	.	,001
	N	10	10	9	10	10
Größe in cm	Korrelation nach Pearson	-,468	-,377	-,352	,868**	1
	Signifikanz (2-seitig)	,172	,282	,354	,001	.
	N	10	10	9	10	10

Abbildung 1.21: Ergebnis der Korrelationsanalyse

1.3   Zur Arbeit mit der SPSS-Syntax

Mit der in den bisherigen Abschnitten beschriebenen Menü-gestützten Arbeitsweise ist ein sehr effektiver Einstieg in SPSS möglich. Die in SPSS realisierten Möglichkeiten auch komplexer Verfahren können komfortabel erfasst und ohne Probleme angewendet werden.

Häufig ist es jedoch in Anwendungen erforderlich, die gleichen, oft sehr umfangreichen Analysen wiederholt mit verschiedenen Variablen oder mit unterschiedlichen Probanden durchzuführen. Ein Beispiel kann die sehr umfangreiche Auswertung (beschreibende Statistiken, Faktorenanalysen, varianz- und regressionsanalytische Tests) eines Fragebogens sein, bei dem über mehrere Jahre zu unterschiedlichen Zeiten Daten verschiedener Probanden nach exakt dem gleichen Vorgehen auszuwerten sind. Hier stößt die Effektivität der im letzten Abschnitt beschriebenen Vorgehensweise aus wenigstens zwei Gründen an Grenzen: Einerseits ist es sehr zeitaufwändig, die gleichen Einstellungen in den unterschiedlichen Dialogfenstern immer wieder vornehmen zu müssen, um die analogen Analysen durchführen zu können. Andererseits sind damit Fehlermöglichkeiten gegeben, weil natürlich bei wiederholt notwendigen Einstellungen in den Dialogfenstern die Gefahr fehlerhafter Einstellungen nicht auszuschließen ist.

Aus diesen Gründen ist es in Anwendungen mit umfangreichen, wiederholt durchzuführenden Analysen oft sinnvoll, mit der SPSS-Syntax zu arbeiten. Der Syntax-Editor von SPSS ist ein Textfenster, in dem man Befehle direkt eingeben oder in dem man die in den Dialogfenstern getroffenen Einstellungen in Befehlsform speichern kann. Die so erzeugten Befehlsfolgen kann man sehr effektiv mit unterschiedlichen Probandengruppen wiederholt abarbeiten, wobei auch zum Beispiel die verwendeten Variablen sehr einfach ausgetauscht werden können.

Das grundsätzliche Prinzip der Arbeit mit der SPSS-Syntax soll an dem einfachen Beispiel aus Abschnitt 1.2 erläutert werden. Dabei soll davon ausgegangen werden, dass die Datenmenge2 im Hauptspeicher vorliegt (Situation bei Abbildung 1.9). Für die nun in Abschnitt 1.2 folgenden Schritte (Häufigkeitsanalyse, Zusammenfügen der Dateien, Korrelationsanalyse) soll eine Syntax-Datei erstellt werden, die die wiederholte Durchführung exakt der gleichen Befehlsfolge für unterschiedliche Probanden oder für andere Variablen effektiv ermöglicht.

Zunächst sind die in den Abbildungen 1.9, 1.10, 1.11 sowie 1.12 von Abschnitt 1.2 beschriebenen Einstellungen über die Dialogfenster vorzunehmen. Danach ist aber nicht (wie in den Erläuterungen zu Abbildung 1.12 [7] beschrieben) die Analyse mit OK (Abbildung 1.22 [1]) zu starten, sondern es ist Einfügen [2] anzuklicken. Daraufhin öffnet sich das Fenster des Syntax-Editors, das in einem Ausschnitt in Abbildung 1.23 dargestellt ist.

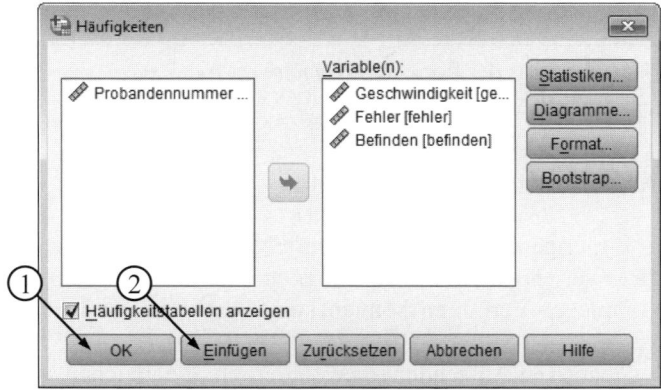

Abbildung 1.22: Dialogfenster Häufigkeiten

In dem in Abbildung 1.23 dargestellten Fenster sind die bisherigen Eingaben in Befehlsform enthalten. Das aktive DatenSet1 soll verwendet werden [1], was im Beispiel Datenmenge 2 entspricht. In die Häufigkeitsanalyse (FREQUENCIES) sollen die Variablen geschw, fehler und befinden einbezogen werden [2]. In der folgenden Zeile sind die angeforderten statistischen Maßzahlen enthalten [3] (vergleiche Abbildung 1.11), danach ist die in Abbildung 1.12 dargestellte Anforderung des Histogramms mit Normalverteilungskurve in einen Teil des Syntax-Befehls umgesetzt worden. Die Analyse kann nun durch Anklicken des Pfeils [5] gestartet werden. Die

Ergebnisse entsprechen natürlich exakt den Ergebnissen, die in Abschnitt 1.2 dargestellt sind (z.B. Abbildungen 1.13, 1.14 und 1.15).

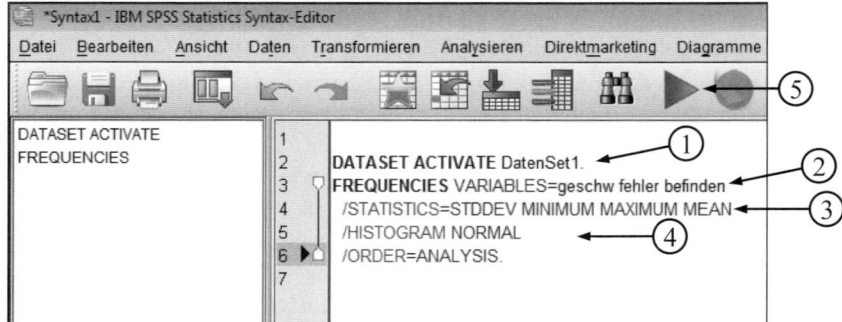

Abbildung 1.23: Syntax-Editor mit Syntax zur Häufigkeitsanalyse

Nun sollen die in den Abbildungen 1.16 bis 1.19 (Zusammenfügen der Dateien) abgebildeten Einstellungen erzeugt und ebenfalls in das Syntax-Fenster übernommen
werden. Dazu ist in Abbildung 1.19 statt OK Einfügen anzuklicken. Danach ergibt
sich das in Abbildung 1.24 dargestellte Syntaxfenster.

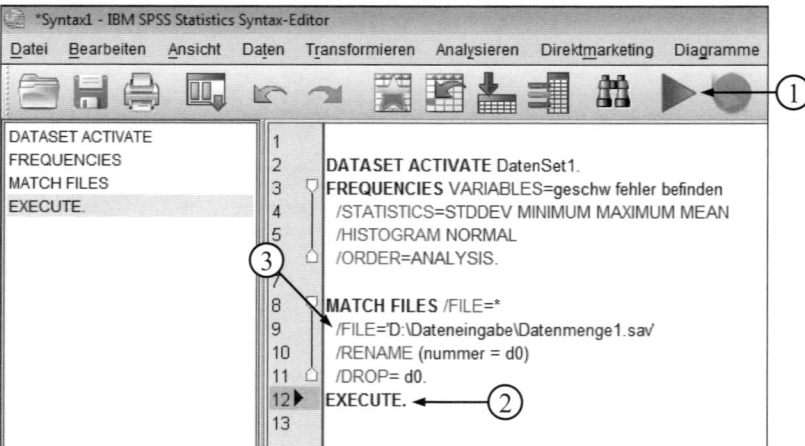

Abbildung 1.24: Syntax-Editor mit Syntax zur Häufigkeitsanalyse und zum
Zusammenfügen von Dateien

Allgemein kann durch das Anklicken des grünen Dreiecks [1] der Befehl gestartet
werden, in dem der Mauszeiger gerade steht. In Abbildung 1.24 befindet sich der
Mauszeiger in der Zeile des Befehls EXECUTE [2], der die konkrete Umsetzung der
vorher eingegebenen Anweisungen veranlasst. Wenn mehrere Befehle nacheinander
ausgeführt werden sollen, sind diese vor dem Anklicken des grünen Dreiecks [1] zu
markieren. Um die Zusammenführung der im Arbeitsspeicher befindlichen Datei mit
der Datei Datenmenge1.sav [3] durchführen zu lassen, sind deshalb die Befehle
MATCH FILES und EXECUTE zu markieren (Abbildung 1.25).

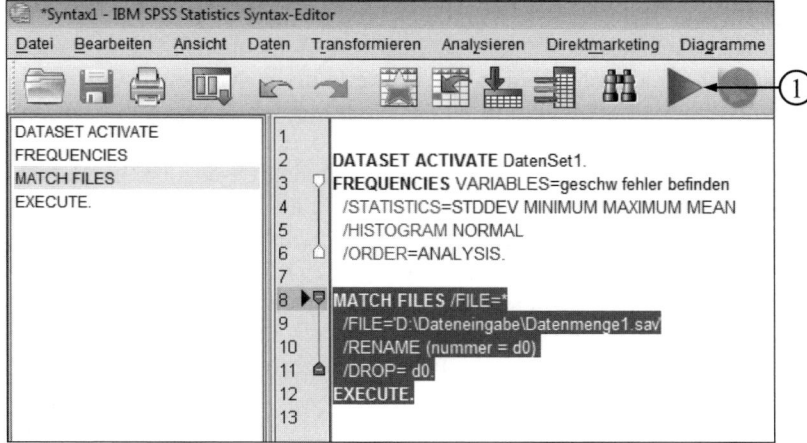

Abbildung 1.25: Syntax-Editor mit Syntax zur Häufigkeitsanalyse und mar-
kierter Syntax zum Zusammenfügen von Dateien

Nach Anklicken von [1] werden die Dateien zusammengefügt, die Daten beider Dateien sind im Dateneditor enthalten. Nachdem die Befehle zur Korrelationsanalyse
entsprechend Abbildung 1.20 durch Anklicken von EINFÜGEN in das Syntaxfenster
übernommen eingefügt wurden, ergibt sich das in Abbildung 1.26 dargestellte Syntaxfenster.

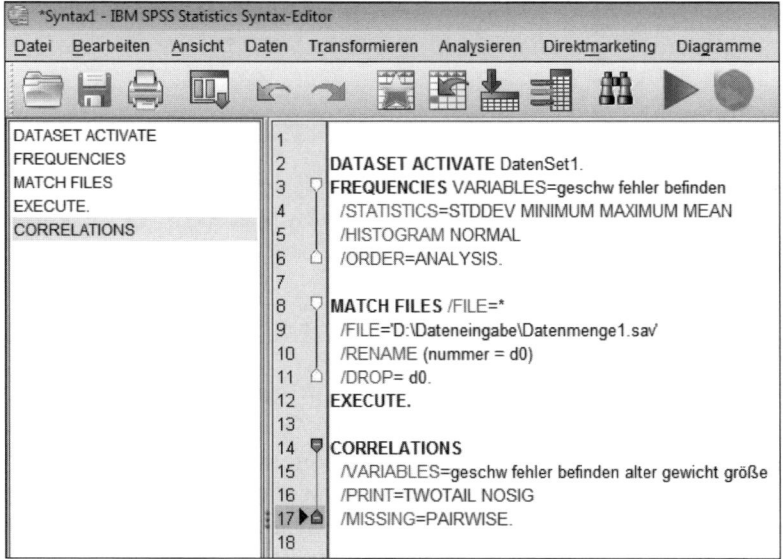

Abbildung 1.26: Syntax-Editor mit Syntax zur Häufigkeitsanalyse, zum
Zusammenfügen von Dateien und zur Korrelationsanalyse

Im Syntax-Fenster sind nun alle eingegebenen Befehle zusammengefasst. Die Syntax-Datei kann abgespeichert und jederzeit erneut geladen werden, wodurch die wiederholte Durchführung der Befehlsfolge zum Beispiel mit neuen Probanden möglich

ist. Mit Suchen und Ersetzen können Variablennamen in der gesamten Syntax-Befehlsfolge ausgetauscht werden, wodurch die Berechnungen mit anderen Variablen problemlos ermöglicht werden. Die Vorteile dieser Vorgehensweise bei komplexen Befehlsfolgen, die wiederholt abgearbeitet werden müssen, dürften unmittelbar klar sein.

Die Erzeugung der Syntax-Befehle aus den Dialogfenstern ist der einfachste Weg zur Erstellung einer Syntax-Datei. Alternativ können Syntax-Befehle direkt formuliert werden. Eine wichtige Unterstützung dafür bietet die Datei IBM SPSS Statistics 19 Command Syntax Reference (Abbildung 1.27), die man durch Anklicken von Hilfe und danach Befehlssyntax-Referenz (Command Syntax Reference) im Hauptmenü (Abbildung 1.2) aufrufen kann. In dieser sehr umfangreichen Datei ist die Struktur von allen möglichen Syntax-Befehlen angegeben.

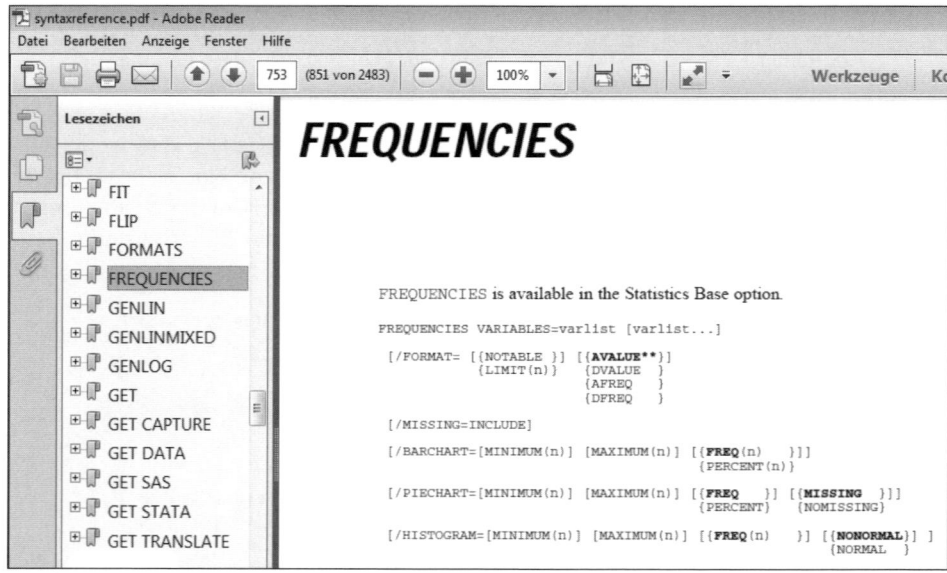

Abbildung 1.27: Befehlssyntax-Referenz (Ausschnitt)

Ausführliche Erläuterungen zur Arbeit mit der SPSS-Syntax geben die Einführungen von Zöfel (2002) und Brosius (2005).

Die flexibelsten Möglichkeiten zur Arbeit mit SPSS bietet für fortgeschrittene Anwender die Skriptprogrammierung. Skriptdateien sind Programme, die auch Berechnungen ermöglichen, die in SPSS routinemäßig nicht enthalten sind. Sie ermöglichen die Gestaltung von Dialogfenstern und von Output-Bestandteilen. Eine nachvollziehbare Einführung in die Möglichkeiten und die grundsätzliche Vorgehensweise der Programmierung von Skripten gibt Akremi (2008).

Auf der Website zum Buch sind zu allen in diesem Buch behandelten Verfahren und SPSS-Beispielrechnungen die entsprechenden Syntaxdateien enthalten. Gleichermaßen sind die Syntax-Dateien zu allen auf der Website enthaltenen Praxisaufgaben enthalten. Damit besteht die Wahlmöglichkeit, sowohl die Anwendungsbeispiele aus dem Buch als auch die Praxisbeispiele auf der Website entweder mittels der Dialogfenster oder mittels der Syntaxdateien nachzuvollziehen.

Im Ordner Einführung in die Arbeit mit SPSS werden die Daten zum Anwendungsbeispiel Konzentrationstest (*Konzentrationstest erste Datenmenge.sav* bzw. *Konzentrationstest zweite Datenmenge.sav*) sowie die Syntax-Datei zur Bearbeitung der Anwendungsaufgabe Konzentrationstest aus diesem Kapitel (*Konzentrationstest.sps*) bereitgestellt.

Kapitel 2

Regressionsanalyse

Inhaltsübersicht

2.1	Einfache lineare Regression	40
2.1.1	Methode der kleinsten Quadrate	40
2.1.2	Voraussetzungen	44
2.1.3	Varianzzerlegung und Bestimmtheitsmaß	45
2.1.4	Tests und Vorhersage	46
2.2	Multiple lineare Regression	48
2.2.1	Modell und prinzipielle Vorgehensweise	49
2.2.2	Interpretation der Ergebnisse	50
2.2.3	Merkmalsselektionsverfahren und hierarchische Regression	55
2.2.4	Moderator- und Mediatoranalyse	60
2.3	Anwendungsbeispiel in SPSS	68
2.3.1	Einfache lineare Regression	68
2.3.2	Multiple lineare Regression	72
2.3.3	Redundanz und Suppression	74
2.3.4	Merkmalsselektionsverfahren	79
2.3.5	Hierarchische Regression	88
2.3.6.	Moderator- und Mediatoranalyse	89

Die Regressionsanalyse gehört zu den am häufigsten eingesetzten multivariaten statistischen Auswertungsverfahren. Besonders die multiple Regressionsanalyse hat große Bedeutung bei der Auswertung empirischer Untersuchungen erlangt.

Während die Korrelationsanalyse lediglich Untersuchungen zu Existenz und Stärke von Zusammenhängen zwischen verschiedenen Variablen erlaubt, ist es mit der Regressionsanalyse zusätzlich möglich, die Art der Zusammenhänge zu modellieren. Dabei ist vor der Untersuchung aus inhaltlichen Gründen die Einteilung der Variablen in abhängige (Kriteriums-, Ziel-) bzw. unabhängige (Prädiktor-, Einfluss-) Variablen vorzunehmen.

Nach der Form der hypothetischen Beziehung zwischen Prädiktor- und Kriteriumsvariablen unterscheidet man lineare (Abschnitte 2.1, 2.2 und 2.3) und nichtlineare Regressionsanalysen (auf die in dieser Einführung nicht eingegangen wird). Nach der Anzahl der Prädiktoren unterscheidet man einfache (2.1 und 2.3.1) oder multiple (2.2 und 2.3.2 – 2.3.6) Analyseverfahren.

In diesem Kapitel werden ausschließlich Verfahren behandelt, die von intervallskalierten Kriteriumsvariablen ausgehen. Die vor allem in der Epidemiologie beim Vorliegen dichotomer Kriteriumsvariablen häufig angewendete logistische Regressionsanalyse wird in Kapitel 5 dargestellt.

Weiterführende Darstellungen zur Regressionsanalyse liegen zum Beispiel von Dunn und Clark (1987), Sen und Srivastava (1990), Hays (1994), Fox (1997), Moosbrugger (2002), Steyer (2003), Cohen et al. (2003), Bühner und Ziegler (2009) sowie Bortz und Schuster (2011) vor.

Anwendungsbeispiel: Arbeitsmotivation

In einem Chemiekonzern wurde eine Untersuchung zur Motivation am Arbeitsplatz durchgeführt. Die hiermit beauftragten Arbeitspsychologen wählten zunächst 25 Personen aus, deren Arbeitsplätze die Bandbreite der unterschiedlichen Tätigkeiten in dem Unternehmen repräsentieren sollen. Neben der Kriteriumsvariablen Arbeitsmotivation wurden Personen- und Tätigkeitsvariablen erhoben, von denen man annimmt, dass sie die Motivation beeinflussen. Diese Prädiktoren können in drei Bereiche unterteilt werden (vgl. Tabelle 2.1): Eigenschaften der Beschäftigten, Rahmenbedingungen der Tätigkeit und Inhalte der Tätigkeit. Die Variablen wurden jeweils anhand von Interviews und Verhaltensbeobachtungen auf geeigneten Skalen eingeschätzt (Intervallskalenniveau). Tabelle 2.2 enthält die Ergebnisse der Untersuchung.

Anhand der Beispieldaten soll untersucht werden, ob es einen statistisch signifikanten Zusammenhang zwischen der Kriteriumsvariablen Motivation und den Prädiktorvariablen gibt. Wenn ein Zusammenhang existiert, soll die beste Vorhersagemöglichkeit der Variablen Motivation aus den Prädiktorvariablen mittels multipler linearer Regressionsanalyse ermittelt werden.

Tabelle 2.1: Liste der Variablen zum Beispiel Arbeitsmotivation

Variablen	Label	Bemerkungen
Kriterium		
Y	Motivation	Einschätzung der Arbeitsmotivation durch Experten
Prädiktoren: Eigenschaften		
X1	Ehrgeiz	Fragebogen
X2	Kreativität	Fragebogen
X3	Leistungsstreben	Fragebogen
Prädiktoren: Rahmenbedingungen		
X4	Hierarchie	Position in der Hierarchie des Unternehmens
X5	Lohn	Bruttolohn pro Monat
X6	Arbeitsbedingungen	Zeitsouveränität, Kommunikationsstruktur usw.
Prädiktoren: Inhalte der Tätigkeit		
X7	Lernpotential	Lernpotential der Tätigkeit
X8	Vielfalt	Vielfalt an Teiltätigkeiten
X9	Anspruch	Komplexität der Tätigkeit
Organismusvariable: Geschlecht		
X10	Geschlecht	0 = weiblich, 1 = männlich

Tabelle 2.2: Daten zum Beispiel Arbeitsmotivation

Pb	Motivation	Ehrgeiz	Kreativität	Leistungsstreben	Hierarchie	Lohn	Arbeitsbedingungen	Lernpotential	Vielfalt	Anspruch	Geschlecht
1	32	36	30	20	20	3100	34	29	69	66	1
2	14	30	11	30	7	2600	39	16	47	36	1
3	12	19	15	15	8	3200	42	13	32	17	0
4	27	42	16	39	13	2500	43	15	63	49	0
5	20	14	22	5	22	3700	42	29	38	62	1
6	13	12	16	6	11	2600	36	17	39	51	0
7	17	17	20	12	11	2500	41	18	44	55	1
8	8	4	5	0	16	3800	23	9	31	33	0
9	22	32	20	35	20	3500	25	21	40	55	0
10	19	15	13	8	13	3100	29	21	57	56	0
11	25	38	5	34	21	3600	59	27	53	67	0
12	23	24	6	26	9	2600	45	31	54	62	0
13	17	28	11	32	10	2600	30	7	45	26	1
14	22	36	4	26	16	2500	52	23	56	64	0
15	19	18	26	12	6	2500	40	17	54	55	1
16	27	40	27	36	12	2500	42	29	44	62	0
17	26	30	28	27	18	3000	38	34	43	64	1
18	20	27	11	26	10	2600	35	19	46	55	1
19	11	18	23	13	11	2800	42	18	31	43	0
20	24	32	18	19	15	2700	48	23	51	53	0
21	19	33	9	25	6	2400	38	23	37	65	0
22	19	33	22	30	5	2600	36	30	39	39	1
23	22	27	28	18	17	4000	45	23	52	54	1
24	24	30	32	21	11	2700	44	20	41	47	1
25	17	37	8	11	2	2300	32	20	44	41	1

Es ist zu untersuchen, ob redundante Prädiktorvariablen im Merkmalssatz enthalten sind, die für die Modellierung der Motivation entbehrlich sind. In diesem Zusammenhang ist auch zu untersuchen, wie sich hochkorrelierte Prädiktorvariablen bei der Berechnung der Regressionskoeffizienten auswirken und ob eine unabhängige Variable, die keine signifikante Korrelation mit der Zielvariablen aufweist, im Rahmen der multiplen Regression bedeutsam werden kann. Es ist eine im Verhältnis Aufwand zu statistischem Nutzen optimale Menge von Prädiktorvariablen zu finden. In einem hierarchischen Modellansatz soll der Vorhersagebeitrag inhaltlich strukturierter Merkmalsmengen untersucht werden. Schließlich soll analysiert werden, ob es eine Moderatorwirkung der Variablen Kreativität oder Geschlecht bzw. eine Mediatorwirkung der Variablen Leistungsstreben auf den Zusammenhang zwischen Ehrgeiz und Motivation gibt.

2.1   Einfache lineare Regression

Mit der einfachen linearen Regression ist es möglich, die Art des linearen Zusammenhanges zwischen einer Prädiktorvariablen und einer Kriteriumsvariablen zu beschreiben.

2.1.1   Methode der kleinsten Quadrate

Die Methode der kleinsten Quadrate (MkQ) ist ein universelles Schätzprinzip zur Ermittlung von Punktschätzungen für die Parameter linearer oder nichtlinearer, einfacher oder multipler Regressionsgleichungen. Sie soll im Folgenden am Beispiel der einfachen linearen Regression erläutert werden. Bei der Untersuchung des Zusammenhanges der unabhängigen Variablen Leistungsstreben und der abhängigen Variablen Motivation ergibt sich im Beispiel das in Abbildung 2.1 gezeigte Streudiagramm der 25 Probanden. Beim einfachen Betrachten der gegebenen Punktwolke wird deutlich, dass es zwischen diesen beiden Variablen einen starken linearen Zusammenhang gibt. Der Produkt-Moment-Korrelationskoeffizient der beiden Variablen beträgt $r = .56$ ($p < .01$).

Ziel der einfachen linearen Regressionsanalyse ist die Ermittlung einer Regressionsgleichung

$$Y = b_0 + b_1 \cdot X \tag{2.1}$$

bzw. im Beispiel Motivation $= b_0 + b_1 \cdot$ Leistungsstreben zur Vorhersage von Y aus X bzw. von Motivation aus Leistungsstreben. Zur Illustration des weiteren Vorgehens sind in Abbildung 2.2 nur die Werte der ersten fünf Probanden aus Tabelle 2.2 dargestellt.

Gesucht ist die Gerade, die sich „am besten" an die gegebene Punktwolke anpasst. Die Gerade $Y = b_0 + b_1 \cdot X$ bzw. Motivation = $b_1 \cdot$ Leistungsstreben + b_0 wird durch die Parameter b_1 (Anstieg) und b_0 (Nulldurchgang) beschrieben.

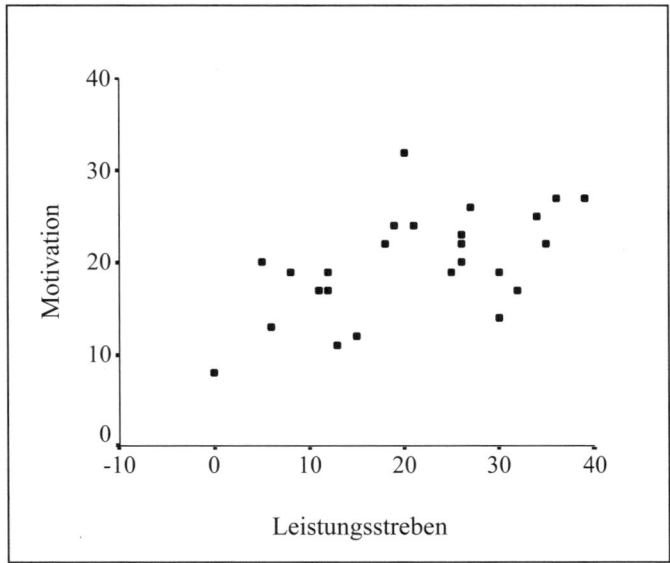

Abbildung 2.1: Streudiagramm Motivation – Leistungsstreben

Wenn man eine beliebige Gerade bezüglich ihrer Anpassungsgüte beurteilen will, ist zunächst der Abstand (Residuum) der gemessenen Werte y_i der Kriteriumsvariablen von der dazugehörigen Schätzung $\hat{y}_i$ auf der Geraden zu betrachten:

$$e_i = y_i - \hat{y}_i \quad (i = 1,...,n) \tag{2.2}$$

y_i: Wert der Kriteriumsvariablen Y des i-ten Probanden
$\hat{y}_i$: Schätzwert für die Kriteriumsvariable Y des i-ten Probanden
e_i: Residuum des i-ten Probanden

In Abbildung 2.2 wird deutlich, dass die Schätzung der Kriteriumsvariablen Y (Motivation) durch die Prädiktorvariable X (Leistungsstreben) durch die dargestellte Gerade für Proband 5 sehr gut möglich wäre. Der Messwert y_5 und der Schätzwert $\hat{y}_5$ auf der Geraden stimmen nahezu überein. Dagegen ergäbe sich für Proband 1 eine sehr ungenaue Schätzung. Die Abweichung $y_1 - \hat{y}_1$ des Messwertes y_1 vom Schätzwert $\hat{y}_1$ auf der Geraden ist vergleichsweise sehr groß. Die „optimale" Regressionsgerade soll nun über alle Probanden möglichst geringe Abweichungen aufweisen. Scheinbar bietet sich deshalb an, diejenige Gerade zu suchen, bei der die Summe der Abweichungen der gemessenen Werte von den Schätzwerten auf der Geraden minimal wird. Da bei einem solchen Vorgehen sich aber positive Differenzen wie bei den Probanden 1, 4 und 5 und negative Differenzen wie bei den Probanden 2 und 3 zu Null addieren würden, wäre diese Vorgehensweise falsch. Die Methode der kleinsten

Quadrate geht deshalb von quadrierten Abstandswerten aus. Damit wird einerseits erreicht, dass negative und positive Abweichungen von Mess- und Schätzwerten gleichermaßen für die Ermittlung der Regressionsgeraden herangezogen werden. Andererseits werden große Abweichungen durch die quadratische Einbeziehung stärker berücksichtigt, so dass sich die Regressionsgerade besser an Extremwerte anpasst. Hieraus resultiert jedoch auch eine gewisse Anfälligkeit der Methode gegenüber Ausreißern.

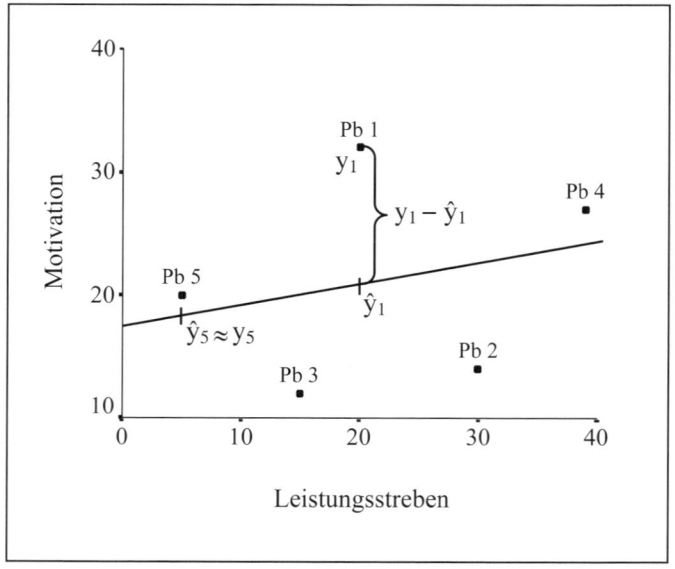

Abbildung 2.2: Methode der kleinsten Quadrate

Mit der Methode der kleinsten Quadrate wird also diejenige Regressionsgerade gesucht, bei der die Summe der quadrierten Abweichungen der Messwerte von den Schätzwerten auf der Geraden minimal wird. Im Fall der einfachen linearen Regression entspricht diese Forderung der Suche nach den Parametern $\hat{b}_0$ und $\hat{b}_1$ als Lösung des Minimierungsproblems gemäß Formel (2.3):

$$QS_{Rest} = \sum_{i=1}^{n} e_i^2 = \sum_{i=1}^{n} (y_i - \hat{y}_i)^2 = \sum_{i=1}^{n} (y_i - (b_0 + b_1 \cdot x_i))^2 \xrightarrow[b_0, b_1]{} \text{Minimum} \qquad (2.3)$$

QS_{Rest}: Fehler-Quadratsumme
y_i: Wert der Kriteriumsvariablen Y des i-ten Probanden
$\hat{y}_i$: Schätzwert für die Kriteriumsvariable Y des i-ten Probanden
x_i: Wert der Prädiktorvariablen X des i-ten Probanden
e_i: Residuum des i-ten Probanden
b_0, b_1: Regressionskoeffizienten
n: Anzahl der Probanden

Im vorliegenden Fall lässt sich das Minimierungsproblem explizit lösen. Es ergeben sich folgende Parameterschätzungen (Herleitung siehe zum Beispiel Bortz und Schuster, 2011):

$$\hat{b}_0 = \bar{y} - \hat{b}_1 \cdot \bar{x}, \ \hat{b}_1 = \frac{n \cdot \sum x_i \cdot y_i - \sum x_i \cdot \sum y_i}{n \cdot \sum x_i^2 - (\sum x_i)^2} \ . \tag{2.4}$$

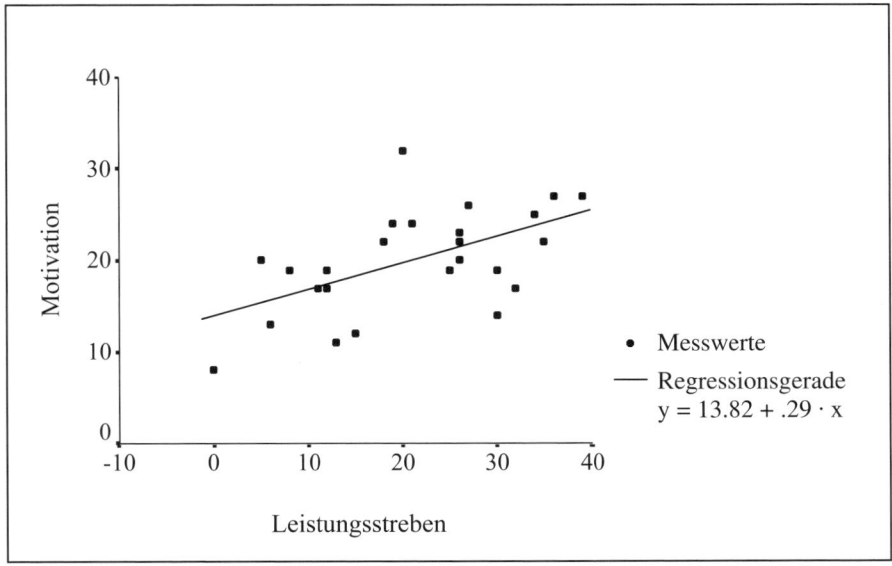

Abbildung 2.3: Lineare Regressionsfunktion zur Vorhersage der Kriteriumsvariablen Motivation aus der Prädiktorvariablen Leistungsstreben

Die mit diesen Parametern berechnete Gerade ist im Sinne der Methode der kleinsten Quadrate optimal, bei jeder anderen Geraden wäre die Summe der quadratischen Abweichungen der Messwerte von den Schätzwerten auf der Geraden größer. Im vorliegenden Beispiel aus Abbildung 2.1 ergibt sich die folgende Regressionsgleichung zur Vorhersage der Kriteriumsvariablen Motivation aus der Prädiktorvariablen Leistungsstreben: Motivation = 13.82 + .29 · Leistungsstreben (Abbildung 2.3). Eine Erhöhung der Variablen Leistungsstreben um einen Punkt führt demnach zu einer durchschnittlichen Motivationssteigerung von 0.29, bei einem Proband mit einem (theoretischen) Wert des Leistungsstrebens von Null würde sich als Schätzwert für die Motivation der Wert 13.82 ergeben.

Die Parameter nichtlinearer Beziehungen zwischen der Prädiktor- und der Kriteriumsvariablen können ebenfalls mit der Methode der kleinsten Quadrate bestimmt werden.

2.1.2   Voraussetzungen

Die Methoden der einfachen linearen Regressionsanalyse sind an folgende Voraussetzungen geknüpft:

I Festlegung von Prädiktor und Kriterium

Vor der Untersuchung muss aus inhaltlichen Überlegungen eine Einteilung in Prädiktor (X) und Kriterium (Y) vorgenommen werden.

II Gültigkeit des linearen Modells

$$y_i = b_0 + b_1 \cdot x_i + e_i \quad (i = 1,...,n) \tag{2.5}$$

y_i: Wert der Kriteriumsvariablen Y des i-ten Probanden
x_i: Wert der Prädiktorvariablen X des i-ten Probanden
e_i: Residuum des i-ten Probanden
b_0, b_1: Regressionskoeffizienten
n: Anzahl der Probanden

Mit der Modellgleichung wird die Annahme getroffen, dass zwischen den Variablen X und Y ein linearer Zusammenhang besteht. Die für die einzelnen Probanden bestehenden Abweichungen von dieser linearen Beziehung werden durch die Residuen e_i als Wert des Modellfehlers E dargestellt.

III Statistische Unabhängigkeit der Modellfehler

Die Voraussetzung besagt, dass die Modellfehler für jeden Probanden unabhängig von den Modellfehlern der anderen Probanden sind. Diese Voraussetzung kann als gegeben angesehen werden, wenn die Probanden durch Zufallsauswahl aus der Population gewonnen werden. Sie wäre zum Beispiel dann verletzt, wenn von einer Versuchsperson mehrere Messwerte im Datensatz enthalten wären. Eine weitere mögliche Verletzung dieser Voraussetzung besteht in Autokorrelation, d.h. in der Abhängigkeit aufeinanderfolgender Beobachtungen (zum Beispiel bei mehrfachen Messungen in kurzen zeitlichen Abständen an denselben Probanden). Ein Test zur Prüfung von Autokorrelation wurde von Durbin und Watson vorgeschlagen (vgl. Jonas und Ziegler, 1999 sowie Abschnitt 2.3).

IV Normalverteilung der Modellfehler nach $N(0,\sigma^2)$

Die Residuen als Realisierungen der Zufallsvariablen Modellfehler beschreiben die Abweichungen des jeweiligen Messwertes des Kriteriums vom Schätzwert der Regressionsfunktion. Die Modellfehler unterliegen einer Normalverteilung mit dem Erwartungswert 0. Die Varianzen der Modellfehler sollen unabhängig vom konkreten Wert x_i des Prädiktors gleich σ^2 sein (Homoskedastizität). Zur Überprüfung der Voraussetzung der Homoskedastizität wird in der Praxis häufig die grafische Gegenüberstellung der Residuen und der Schätzungen für die Kriteriumsvariable benutzt (vgl. Abschnitt 2.3), statistische Testverfahren zur Überprüfung dieser Voraussetzung geben Backhaus et al. (2011) an.

Bewertung der Voraussetzungen

Wenn die Voraussetzungen I, II und III erfüllt sind, können Parameterschätzungen im Regressionsmodell vorgenommen werden. Sofern zusätzlich Voraussetzung IV nicht verletzt ist, liefert die Methode der kleinsten Quadrate unverzerrte Schätzwerte mit kleinstmöglicher Varianz. Dabei ist die Regressionsanalyse ein relativ robustes Verfahren, bei dem geringfügige Verletzungen der Voraussetzung IV lediglich zu tolerierbaren Verzerrungen führen.

2.1.3 Varianzzerlegung und Bestimmtheitsmaß

Grundsätzlich kann bei jeder vorliegenden empirischen Datenmenge eine im Sinne der Methode der kleinsten Quadrate optimale Regressionsgleichung zur Vorhersage der Kriteriums- aus der Prädiktorvariablen ermittelt werden. Ausgangspunkt für die Beurteilung der Güte einer solchen Regression ist die Bestimmung des Anteils der Gesamtvarianz der Kriteriumsvariablen, der durch die Regression, d.h. durch die Prädiktorvariable erklärt werden kann. In Abbildung 2.4 wird deutlich, dass sich die Werte der Kriteriumsvariablen Y folgendermaßen zusammensetzen:

$$y_i = \hat{y}_i + e_i = \hat{y}_i + (y_i - \hat{y}_i) \quad \text{bzw.} \quad y_i - \overline{y} = \hat{y}_i - \overline{y} + e_i = (\hat{y}_i - \overline{y}) + (y_i - \hat{y}_i) \quad (2.6)$$

Die Messwerte y_i der Kriteriumsvariablen Y setzen sich aus den Schätzwerten $\hat{y}_i$ auf der Regressionsgerade und den nicht durch die Regression erklärten Residuen e_i zusammen. Daraus resultiert die Quadratsummenzerlegung der Kriteriumsvariablen Y in den durch die Regression erklärten Anteil QS($\hat{y}$) und den nicht durch die Regression erklärten Anteil QS(e) gemäß

$$QS(y) = \sum_{i=1}^{n}(y_i - \overline{y})^2 = \sum_{i=1}^{n}(\hat{y}_i - \overline{y})^2 + \sum_{i=1}^{n}(y_i - \hat{y}_i)^2 = QS(\hat{y}) + QS(e) \quad (2.7)$$

oder Gesamtvarianz = erklärte Varianz + nichterklärte Varianz.

Das Bestimmtheitsmaß (Determinationskoeffizient) r^2 (gelegentlich auch mit b bezeichnet) als wichtiges globales Gütekriterium der Regressionsanalyse berechnet sich als

$$r^2 = \frac{\text{erklärte Varianz}}{\text{Gesamtvarianz}} = \frac{QS(\hat{y})}{QS(y)} = \frac{\sum(\hat{y}_i - \overline{y})^2}{\sum(y_i - \overline{y})^2} . \quad (2.8)$$

Das Bestimmtheitsmaß gibt den Anteil der Varianz der Kriteriumsvariablen an, der mit Hilfe der Regression, d.h. durch die Prädiktorvariable aufgeklärt werden kann. Es ergibt sich im Fall der einfachen linearen Regression als Quadrat des Produkt-Moment-Koeffizienten r und kann Werte zwischen 0 und 1 annehmen. Im Fall von totaler linearer Abhängigkeit ergibt sich das Bestimmtheitsmaß $r^2 = 1$, für zwei vollständig unkorrelierte Variablen erhält man $r^2 = 0$.

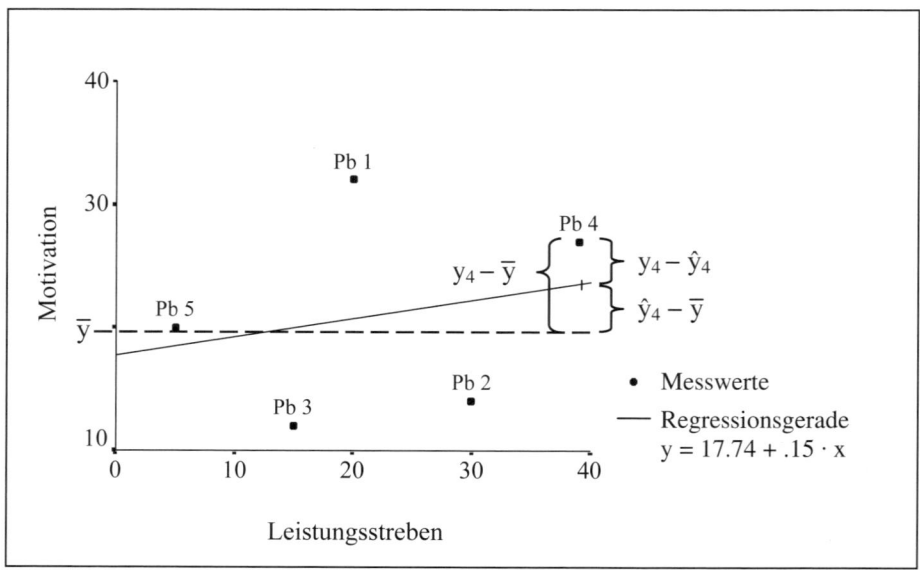

Abbildung 2.4: Quadratsummenzerlegung durch lineare Regression

Im Fall der in Abbildung 2.4 dargestellten fünf Probanden ergibt sich ein Bestimmtheitsmaß $r^2 = 15.57 / 288.00 = .05$, d.h. 5% der Varianz der Variablen Motivation dieser fünf Probanden können durch die Prädiktorvariable Leistungsstreben erklärt werden. Für den gesamten Datensatz aller 25 Probanden beträgt das Bestimmtheitsmaß $r^2 = 238.02 / 760.96 = .31$, die Varianz der Variablen Motivation kann somit zu 31% aufgeklärt werden.

2.1.4 Tests und Vorhersage

Beurteilung der globalen Güte der Regression

Die zentrale Größe zur Beurteilung der globalen Güte einer Regression ist das Bestimmtheitsmaß r^2. Zur statistischen Absicherung der Signifikanz des Bestimmtheitsmaßes (Nullhypothese $H_0: r^2 = 0$) wird in SPSS ein F-Test durchgeführt mit der Prüfstatistik

$$F = \frac{\text{erklärte Varianz}/df_1}{\text{nicht erklärte Varianz}/df_2} = \frac{QS(\hat{y})/k}{QS(e)/n-k-1} = \frac{QS(\hat{y})}{QS(e)/(n-2)}. \tag{2.9}$$

df_1, df_2: Freiheitsgrade
k: Anzahl der Prädiktorvariablen (bei einfacher linearer Regression k = 1)
n: Anzahl der Probanden

Dieser Test führt im Fall der einfachen linearen Regression zum gleichen Ergebnis wie der Signifikanztest des Korrelationskoeffizienten r. Im Beispiel ergibt sich für die Regressionsanalyse der Kriteriumsvariablen Motivation und der Prädiktorvariablen Leistungsstreben zu dem Bestimmtheitsmaß $r^2 = .31$ der sehr signifikante (p < .01) F-Wert F = (238.02 / 1) / (522.95 / 23) = 10.47. Ein sehr signifikanter Zusammenhang zwischen Leistungsstreben als Prädiktor und Motivation als Kriterium kann somit nachgewiesen werden.

Der F-Test aus Formel (2.9) hat grundsätzliche Bedeutung für die Beurteilung der globalen Güte einer Regressionsanalyse. Eine nichtsignifikante Prüfgröße würde zu dem Ergebnis führen, dass die unabhängige Variable keine statistisch nachweisbare Beziehung zur abhängigen Variablen hat. Damit könnte nicht gezeigt werden, dass die Prädiktorvariable zur Erklärung der Varianz der Kriteriumsvariablen geeignet sein könnte. Die weiteren Ergebnisse der Regressionsanalyse hätten dann bestenfalls deskriptive Bedeutung.

Eine weitere Größe zur Beurteilung der globalen Güte einer Regression ist der Standardfehler der Schätzung. Er gibt an, welcher mittlere Fehler bei der Verwendung der ermittelten Regressionsfunktion zur Schätzung der abhängigen Variablen gemacht wird.

$$s_e = \sqrt{\sum e_i^2 /(n - k - 1)} = \sqrt{\sum e_i^2 /(n - 2)} \qquad (2.10)$$

s_e: Standardfehler der Schätzung
e_i: Residuum des i-ten Probanden
k: Anzahl der Prädiktorvariablen (bei der einfachen linearen Regression k = 1)
n: Anzahl der Probanden.

Im Beispiel ergibt sich als Standardfehler der Schätzung $s_e = \sqrt{522.95/23} = 4.77$. Bezogen auf den arithmetischen Mittelwert der Variablen Motivation von 19.96 ergibt sich für den Standardfehler ein Wert von 23.9%. Ob ein solcher Wert zufriedenstellend ist, muss im Kontext der jeweiligen Anwendungssituation und der entsprechenden Fragestellung beurteilt werden.

Prüfung der Regressionskoeffizienten

Für die statistische Prüfung der Regressionskoeffizienten ist zunächst der Standardfehler des Koeffizienten zu berechnen (vgl. Bortz und Schuster, 2011). Er kann aus den Daten der vorliegenden Stichprobe geschätzt werden gemäß

$$s_{b1} = \sqrt{\frac{n \cdot s_y^2 - n \cdot b_1^2 \cdot s_x^2}{(n - 2) \cdot \sqrt{n} \cdot s_x^2}} \; . \qquad (2.11)$$

s_{b1}: Standardfehler des Regressionskoeffizienten b_1
b_1: geschätzter Regressionskoeffizient
s_x^2: Varianz von x
s_y^2: Varianz von y
n: Anzahl der Probanden.

Im Beispiel ergibt sich der Standardfehler des Koeffizienten b_1 als $s_{b1} = .09$. Unter Verwendung des Standardfehlers lässt sich ein Test des Regressionskoeffizienten angeben. Der Wert

$$t = \frac{b_1 - b^*}{s_{b1}} \quad \text{bzw.} \quad t = \frac{b_1}{s_{b1}} \tag{2.12}$$

b_1: geschätzter Regressionskoeffizient
b^*: „wahrer" Koeffizient in der Grundgesamtheit
s_{b1}: Standardfehler des Regressionskoeffizienten

ist bei Gültigkeit der H_0: $b = b^*$ bzw. der H_0: $b = 0$ Realisierung einer mit $n - k - 1$ (im Beispiel $25 - 2 = 23$) Freiheitsgraden t-verteilten Teststatistik. Im Beispiel wird die H_0 abgelehnt ($t = .29 / .09 = 3.23$, $p < .01$). Äquivalent zum t-Test ist die Angabe von Konfidenzintervallen für die Regressionskoeffizienten möglich.

Vorhersage

Die Vorhersage des Wertes $\hat{y}_0$ der Kriteriumsvariablen aus einem bekannten Wert der Prädiktorvariablen x_0 im Intervall [x_{min}, x_{max}] ergibt sich durch Einsetzen in die ermittelte Regressionsgleichung. Dabei bezeichnet das Intervall [x_{min}, x_{max}] den Wertebereich der Prädiktorvariable, aus dem Werte für die Berechnung der Regressionsgerade zur Verfügung standen. Hätte zum Beispiel ein neu hinzukommender Proband im Beispiel einen Leistungsstreben-Wert von $x_0 = 25$, würde sich der Schätzwert für die Ausprägung der Motivation ergeben als $\hat{y}_0 = .29 \cdot 25 + 13.82 = 21.07$. Wenn das Ziel einer regressionsanalytischen Untersuchung in der konkreten Vorhersage von Werten der abhängigen Variablen besteht, ist zusätzlich zu dieser Punktschätzung die Angabe eines Konfidenzintervalls für den Schätzwert erforderlich. Einzelheiten zur Vorhersagegenauigkeit und zur Ermittlung von Konfidenzintervallen geben zum Beispiel Bortz und Schuster (2011) an.

2.2 Multiple lineare Regression

Die multiple lineare Regression ist das in der psychologischen Forschung am weitesten verbreitete regressionsanalytische Verfahren. Für psychologische Fragestellungen ist es typisch, dass die Kriteriumsvariable nicht von einer, sondern von mehreren Prädiktorvariablen beeinflusst wird. Häufig bestehen Fragestellungen gerade darin, aus einer großen Anzahl von Prädiktorvariablen diejenigen auszuwählen, die zur Vorhersage der Kriteriumsvariablen optimal geeignet sind, oder den Vorhersagegehalt von inhaltlich strukturierten Merkmalsmengen zu untersuchen.

2.2.1 Modell und prinzipielle Vorgehensweise

Modell und Schätzprinzip

Das allgemeine Modell der multiplen linearen Regressionsanalyse geht von einer Kriteriumsvariablen Y und k Prädiktorvariablen $X_1, X_2, ..., X_k$ aus.

$$y_i = b_0 + b_1 \cdot x_{1i} + b_2 \cdot x_{2i} + ... + b_k \cdot x_{ki} + e_i \qquad (i = 1,...,n) \tag{2.13}$$

y_i: Wert der Kriteriumsvariablen Y des i-ten Probanden
$x_{1i}, x_{2i}, ..., x_{ki}$: Werte der Prädiktorvariablen $X_1, X_2, ..., X_k$ des i-ten Probanden
e_i: Residuum des i-ten Probanden
$b_0, b_1,..., b_k$: Regressionskoeffizienten
n: Anzahl der Probanden

Gesucht wird also die multiple Regressionsgleichung

$$Y = b_0 + b_1 \cdot X_1 + b_2 \cdot X_2 + ... + b_k \cdot X_k \tag{2.14}$$

bzw. im Beispiel

Motivation = $b_0 + b_1 \cdot$ Ehrgeiz + $b_2 \cdot$ Kreativität + $b_3 \cdot$ Leistungsstreben + $b_4 \cdot$ Hierarchie + $b_5 \cdot$ Lohn + $b_6 \cdot$ Arbeitsbedingungen + $b_7 \cdot$ Lernpotential + $b_8 \cdot$ Vielfalt + $b_9 \cdot$ Anspruch.

Das allgemeine Schätzprinzip zur Bestimmung der Regressionskoeffizienten ist die Methode der kleinsten Quadrate (MkQ, vgl. Abschnitt 2.1.1), wobei die Minimierung gemäß Formel (2.3) im Fall der multiplen Regression bezüglich der (k + 1) Regressionskoeffizienten $b_0, b_1,..., b_k$ unter Verwendung entsprechender numerischer Verfahren durchgeführt wird. Im Beispiel ergibt sich die folgende im Sinne der MkQ optimale Regressionsgleichung:

Motivation = −3.84 + .19 · Ehrgeiz + .15 · Kreativität + .05 · Leistungsstreben + .25 · Hierarchie − .0009 · Lohn − .03 · Arbeitsbedingungen + .17 · Lernpotential + .21 · Vielfalt + .05 · Anspruch. (2.15)

Formel (2.15) ist die Regressionsgleichung, die im Sinne der Methode der kleinsten Quadrate optimal zur Vorhersage der Kriteriumsvariablen Motivation aus allen Prädiktorvariablen geeignet ist.

Die Voraussetzungen des Verfahrens entsprechen den in Abschnitt 2.1.2 dargestellten Voraussetzungen der einfachen linearen Regression. Für praktische Anwendungen ist wichtig, dass uneingeschränkt auch dichotome Variablen als Prädiktorvariablen verwendet werden können. Über entsprechende Kodierungen mit Dummy-Variablen ist prinzipiell auch die Einbeziehung von kategorialen Variablen mit mehr als zwei Ausprägungen möglich (siehe zum Beispiel Moosbrugger, 2002, vgl. auch Kapitel 3). Dabei ist die Voraussetzung zu beachten, dass die Werte der Kriteriumsvariablen für alle Kombinationen der Ausprägungen der dichotomen Variablen normalverteilt und varianzhomogen sein sollen.

Die Berechnung des Bestimmtheitsmaßes erfolgt ebenfalls analog zur einfachen linearen Regression gemäß den Formeln (2.6) bis (2.8). Da sich das multiple Bestimmtheitsmaß als Quadrat des multiplen Korrelationskoeffizienten R ergibt, wird als Bezeichnung hier oft R^2 (oder B) verwendet. Im Beispiel ergibt sich ein Bestimmtheitsmaß von $R^2 = .93$. Unter Verwendung aller Prädiktorvariablen können also 93%
der Varianz der Kriteriumsvariablen aufgeklärt werden. Der Signifikanztest gemäß
Formel (2.9) führt zu einem sehr signifikanten Wert F = 21.97 ($p < .01$). Der Standardfehler des Schätzers gemäß Formel (2.10) ist mit s = 1.89 im Verhältnis zum
Mittelwert der Variablen Motivation von 19.96 relativ gering, wobei eine Interpretation auch dieses Wertes vom Anwendungskontext abhängig ist. Beim Signifikanztest
der Regressionskoeffizienten analog zu den Formeln (2.11) und (2.12) ergeben sich
signifikant ($p < .05$) von Null verschiedene Regressionskoeffizienten für die Variablen Ehrgeiz, Kreativität und Vielfalt.

Die bisher dargestellten Schritte der Interpretation multipler linearer Regressionsanalysen entsprechen den Auswertungen, die in Abschnitt 2.1 für den Fall der einfachen linearen Regression behandelt worden sind. Auf zusätzlich notwendige Aspekte
der Interpretation, die über die bivariate Betrachtung hinausgehende Schritte beinhalten, wird im folgenden Abschnitt eingegangen.

2.2.2   Interpretation der Ergebnisse

Beta-Gewichte

Die gemäß Formel (2.14) und (2.15) ermittelten Regressionskoeffizienten eignen
sich für die Vorhersage und für die formale Beschreibung des Zusammenhanges der
unabhängigen Variablen und der abhängigen Variable. Ein wichtiges Anliegen der
multiplen Regressionsanalyse besteht darüber hinaus jedoch darin, den unterschiedlichen Einfluss der einzelnen Prädiktorvariablen innerhalb der Regression sichtbar und
vergleichbar zu machen. Dazu sind die Regressionskoeffizienten ungeeignet, weil sie
vom Wertebereich der jeweiligen Prädiktorvariablen abhängig sind. Im Beispiel hat
die Variable Lohn einen völlig anderen Wertebereich als die übrigen Prädiktorvariablen. Eine Interpretationsmöglichkeit bieten die Beta-Gewichte. Sie ergeben sich im
Ergebnis der Methode der kleinsten Quadrate, wenn alle beteiligten Variablen (sowohl die Kriteriumsvariable als auch die Prädiktorvariablen) vor der Analyse z-
transformiert werden (Mittelwert 0, Standardabweichung 1). Dadurch werden die
Variablen vergleichbar, und die so entstehenden Regressionskoeffizienten (die Beta-
Gewichte) ermöglichen den Vergleich der unterschiedlichen Bedeutung der Prädiktoren für die Vorhersage. Unter Verwendung der z-standardisierten Variablen und der
Beta-Gewichte ergibt sich die folgende Regressionsgleichung. Die Regressionskonstante ist in diesem Fall gleich Null, da alle Variablen den Mittelwert Null aufweisen.

$$\text{Motivation}_z = .34 \cdot \text{Ehrgeiz}_z + .23 \cdot \text{Kreativität}_z + .10 \cdot \text{Leistungsstreben}_z +$$
$$.24 \cdot \text{Hierarchie}_z - .08 \cdot \text{Lohn}_z - .05 \cdot \text{Arbeitsbedingungen}_z + .20 \cdot \text{Lernpotential}_z +$$
$$.35 \cdot \text{Vielfalt}_z + .12 \cdot \text{Anspruch}_z \hfill (2.16)$$

Beim Vergleich der Beta-Gewichte wird deutlich, dass die Variablen Vielfalt und Ehrgeiz den größten Einfluss bei der Vorhersage haben, der geringste Einfluss ist bei den Variablen Arbeitsbedingungen, Lohn und Leistungsstreben zu verzeichnen. Die anhand des Beispiels vorgenommene Interpretation allein auf der Grundlage der Beta-Gewichte wäre jedoch völlig unzureichend. Sie würde mögliche Effekte nicht berücksichtigen, die durch deutliche Korrelationen zwischen Prädiktorvariablen (Multikollinearität) auftreten können. Zwei dieser Effekte, Redundanz von Prädiktoren und Suppressionseffekte, werden im Folgenden beschrieben.

Redundanz von Prädiktoren

Eine mögliche Folge hoher Multikollinearität ist die Redundanz von Prädiktoren. Dieser Effekt soll unter Verwendung der Beispieldaten angedeutet werden. In Tabelle 2.3 ist die Korrelationsmatrix der Variablen Motivation, Ehrgeiz, Kreativität und Leistungsstreben dargestellt, in Tabelle 2.4 die Regressionskoeffizienten und die Beta-Gewichte einer Regressionsanalyse mit der Kriteriumsvariablen Motivation und den Prädiktorvariablen Ehrgeiz, Kreativität und Leistungsstreben.

Tabelle 2.3: Korrelationsmatrix im Beispiel zu Multikollinearität (** p < .01)

	Motivation	Ehrgeiz	Kreativität	Leistungsstreben
Motivation	1			
Ehrgeiz	.71**	1		
Kreativität	.38	.05	1	
Leistungsstreben	.56**	.82**	−.02	1

Tabelle 2.4: Regressionskoeffizienten und Beta-Gewichte

Prädiktoren x_i	b_i	β_i	Signifikanz
(Konstante)	5.54		p < .05
Ehrgeiz	.39	.69	p < .01
Kreativität	.23	.34	p < .05
Leistungsstreben	.001	.002	p > .99

Die Korrelationsmatrix aus Tabelle 2.3 zeigt sehr signifikante Korrelationen zwischen der Kriteriumsvariablen Motivation und den Prädiktorvariablen Ehrgeiz und Leistungsstreben. Die Beta-Gewichte in Tabelle 2.4 zeigen dagegen nur bei der Prädiktorvariablen Ehrgeiz einen sehr signifikanten Wert, während das Beta-Gewicht von Leistungsstreben einen Wert nahe Null hat. Innerhalb der Regressionsanalyse zur Vorhersage von Motivation hat die Prädiktorvariable Leistungsstreben also keinerlei Bedeutung, obwohl ihre bivariate Korrelation mit der Kriteriumsvariablen sehr signifikant ist.

Der scheinbare Widerspruch kommt durch Multikollinearität zustande. In Tabelle 2.3 ist innerhalb der Prädiktorvariablen eine sehr signifikante Korrelation zwischen Ehrgeiz und Leistungsstreben zu erkennen. Beide Variablen tragen also weitgehend identische Information zur Beschreibung der Kriteriumsvariablen bei. Dadurch wird

eine der beiden Variablen, in unserem Beispiel Leistungsstreben, redundant und zur
Vorhersage der Kriteriumsvariablen Motivation nicht mehr benötigt, wenn die andere Variable, im Beispiel Ehrgeiz, im Satz der Prädiktoren enthalten ist. Der Vorhersagebeitrag der Variablen Leistungsstreben wird durch die Variable Ehrgeiz mit ge-
leistet. Die Beziehungen der drei Variablen Motivation, Ehrgeiz und Leistungsstreben werden in Abbildung 2.5 veranschaulicht. Obwohl der Prädiktor Leistungsstreben hoch mit dem Kriterium Motivation korreliert (r = .56), ist sein β-Gewicht nahe
Null (β = .002), weil die mit Leistungsstreben hoch korrelierende (r = .82) Prädiktorvariable Ehrgeiz besser geeignet ist, die Kriteriumsvariable vorherzusagen.

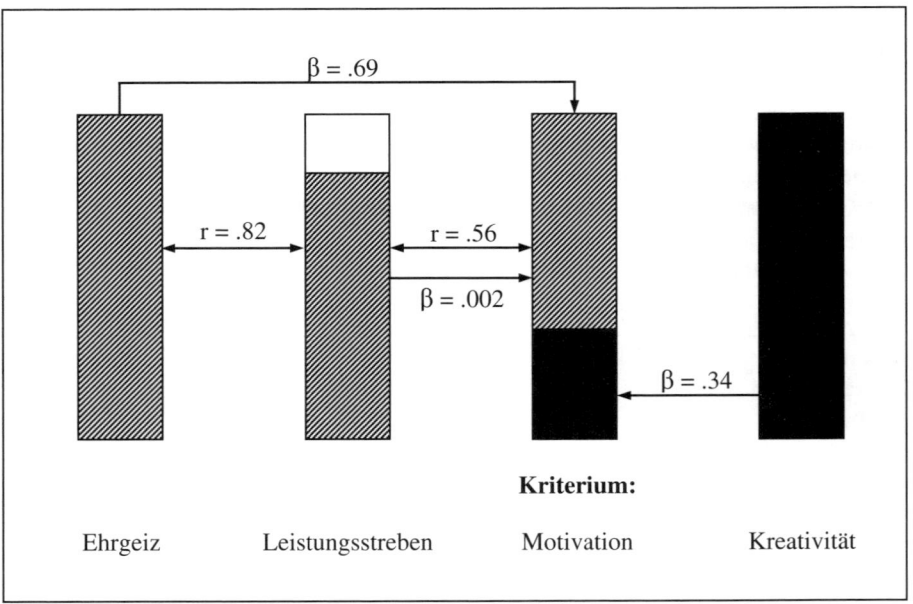

Abbildung 2.5: Veranschaulichung der Wirkung von Multikollinearität

Wenn nur die beiden Variablen Ehrgeiz und Leistungsstreben im Modell enthalten
wären, wäre klar, dass die Variable Ehrgeiz den hohen Beta-Wert aufweisen würde,
da sie höher mit der Kriteriumsvariablen korreliert. Sobald weitere Prädiktorvariablen im Merkmalssatz enthalten sind, gilt das nicht mehr notwendig. In diesem Fall
wird durch die Methode der kleinsten Quadrate festgestellt, welche der beiden betrachteten Variablen zusammen mit den übrigen Prädiktorvariablen (in unserem Beispiel Kreativität) besser zur Vorhersage geeignet ist. Im Beispiel bleibt das die Variable Ehrgeiz; Leistungsstreben bleibt redundant. Dieses Verhältnis kann sich umkehren, wenn weitere Prädiktoren aufgenommen werden, die möglicherweise gemeinsam mit Leistungsstreben besser zur Vorhersage geeignet sind als gemeinsam mit
Ehrgeiz.

Multikollinearität ist in praktischen bzw. empirischen Untersuchungen kaum zu
vermeiden. Sie führt zwangsläufig zu Instabilitäten und Ungenauigkeiten der Schätzungen und erfordert vom Anwender die sehr sorgfältige Interpretation der Ergebnisse. Um die beschriebenen negativen Auswirkungen von Multikollinearität zu umge-

Lösung:

hen, kann man Merkmalsselektionsverfahren anwenden (vgl. Abschnitt 2.2.3). Eine weitere Möglichkeit zum Umgang mit Multikollinearität bietet das Verfahren der Ridge-Regression (Läuter, 1992), bei dem eine gegenseitige „Glättung" der hochkorrelierten Prädiktorvariablen erfolgt.

Es wird deutlich, dass in multiplen linearen Regressionsanalysen grundsätzlich die Ergebnisse der multiplen Analyse und die Ergebnisse der bivariaten Korrelationsanalyse simultan ausgewertet und interpretiert werden müssen.

Suppressionseffekte

Ein Suppressionseffekt liegt vor, wenn eine Prädiktorvariable dadurch ein hohes Beta-Gewicht erlangt, dass sie unerwünschte Varianzanteile von anderen, für die Vorhersage bedeutenden Prädiktorvariablen unterdrückt. Der Effekt soll anhand der Beispieldaten veranschaulicht werden. In Tabelle 2.5 ist die Korrelationsmatrix der Variablen Motivation, Hierarchie, Lohn und Arbeitsbedingungen dargestellt, in Tabelle 2.6 die Regressionskoeffizienten und die Beta-Gewichte einer Regressionsanalyse mit der Kriteriumsvariablen Motivation und den Prädiktorvariablen Hierarchie, Lohn und Arbeitsbedingungen.

Tabelle 2.5: Korrelationsmatrix im Beispiel zu Suppressionseffekten (** $p < .01$, * $p < .05$)

	Motivation	Hierarchie	Lohn	Arbeitsbedingungen
Motivation	1			
Hierarchie	.42*	1		
Lohn	−.04	.72**	1	
Arbeitsbedingungen	.35	.16	−.06	1

n. s.

Tabelle 2.6: Regressionskoeffizienten und Beta-Gewichte *(Kriterium : Motivation)*

Prädiktoren x_i	b_i	β_i	Signifikanz
(Konstante)	25.08		$p < .01$
Hierarchie	.88	.84	$p < .01$
Lohn	−.01	−.63	$p < .05$ *s.!*
Arbeitsbedingungen	.13	.18	$p > .30$

Bei der Auswertung der Tabellen 2.5 und 2.6 fällt die Besonderheit bei der Variablen Lohn auf. Diese Prädiktorvariable hat keine signifikante Korrelation mit der Kriteriumsvariablen Motivation, der Korrelationskoeffizient ist nahe Null. Im Ergebnis der multiplen Regressionsanalyse, im Zusammenwirken mit den übrigen Prädiktoren, bekommt die Variable Lohn jedoch ein signifikant negatives Beta-Gewicht.

Auch dieser scheinbare Widerspruch lässt sich nur bei gleichzeitiger Betrachtung der Ergebnisse der Korrelations- und der Regressionsanalyse erklären. Der Lohn beeinflusst die Motivation offenbar nicht direkt. Die Motivation hat einen hohen bivariaten Zusammenhang mit der Prädiktorvariablen Hierarchie. Der Lohn seinerseits korreliert positiv sehr signifikant mit der Variablen Hierarchie. Die Prädiktorvariable Lohn leistet innerhalb der multiplen Regression ihren Beitrag offenbar dadurch, dass sie für den Zusammenhang von Motivation und Hierarchie unerwünschte Varianzanteile des Prädiktors Hierarchie kompensiert, indem sie mit negativem Vorzeichen in die Regressionsgleichung eingeht. Die Beziehungen der drei Variablen Motivation, Hierarchie und Lohn werden in Abbildung 2.6 veranschaulicht.

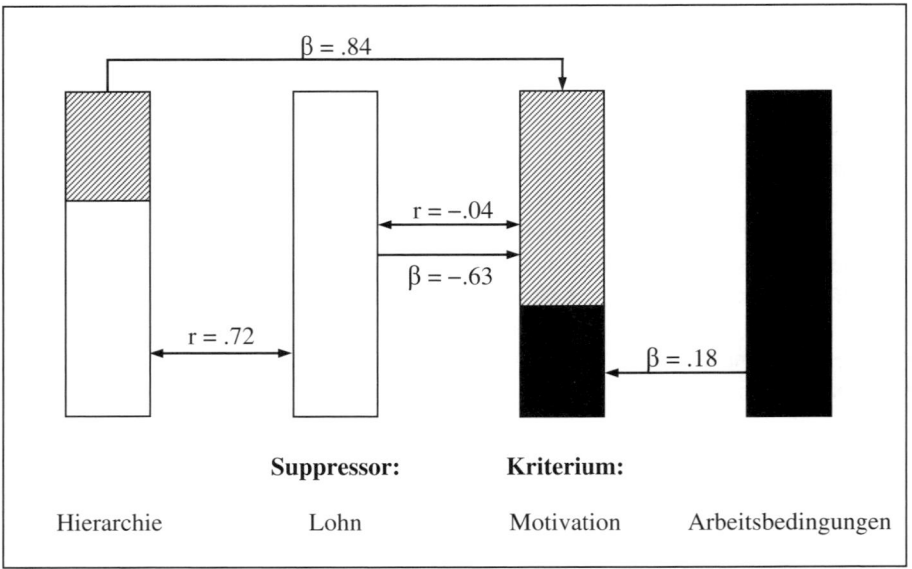

Abbildung 2.6: Veranschaulichung eines Suppressionseffektes

Die Bedeutung der Suppressorvariablen im Beispiel wird durch einen Vergleich der Bestimmtheitsmaße deutlich. Das multiple Bestimmtheitsmaß der Regression mit den Koeffizienten aus Tabelle 2.6 beträgt $R^2 = .44$. Die Bestimmtheitsmaße der drei einzelnen Merkmale, die sich aus dem Quadrat der Korrelationskoeffizienten aus Tabelle 2.5 ergeben, lauten $r^2_{\text{Hierarchie}} = .18$, $r^2_{\text{Lohn}} = .001$, $r^2_{\text{Arbeitsbedingungen}} = .13$. In der Summe dieser drei Bestimmtheitsmaße ergibt sich mit .31 ein deutlich geringerer Wert als .44. Im Zusammenwirken der drei Prädiktoren in der multiplen Regressionsanalyse ergibt sich also eine wesentlich höhere Varianzaufklärung als in der Summe der Aufklärungen der Einzelvariablen. Dies ist nicht unwesentlich auf das Wirken der Variablen Lohn als Suppressorvariable zurückzuführen. Würde man die Suppressorvariable Lohn, die keine signifikante bivariate Korrelation mit der Kriteriumsvariablen hat, aus dem Regressionsansatz entfernen, würde sich das Bestimmtheitsmaß von .44 auf .26 reduzieren. Die Wirkung der Suppressorvariablen liefert also einen Gewinn an Varianzaufklärung von 18%. Der beschriebene Suppressionseffekt wird auch als traditioneller Suppressionseffekt bezeichnet. Eine Beschreibung weiterer möglicher Suppressionseffekte geben Bortz und Schuster (2011).

Suppressorvariablen sind für die Interpretation der Ergebnisse multipler Regressionsanalysen und für die Vorhersage meist ungünstig. Der praktisch einzig mögliche Ausweg besteht darin, in der Phase der Modellbildung nach alternativen Modellen zu suchen, die ähnliche Varianzaufklärung ohne die Wirkung von Suppressorvariablen erzielen.

Korrigiertes Bestimmtheitsmaß

Das Bestimmtheitsmaß gemäß Formel (2.6) bis (2.8) muss im multiplen Fall in Abhängigkeit von der Anzahl der Prädiktoren interpretiert werden. Wenn in einem konkreten Anwendungsfall eine Varianzaufklärung von 70% mit fünf Prädiktoren erzielt wird, ist das aus inhaltlichen, ökonomischen und statistischen Gründen höher zu bewerten als wenn die gleiche Aufklärung zum Beispiel mit 50 Prädiktoren erzielt wird. Zur Bewertung der Varianzaufklärung im Verhältnis zur Anzahl der einbezogenen Prädiktoren und zur Anzahl der Probanden kann das korrigierte multiple Bestimmtheitsmaß genutzt werden:

$$R^2_{korr} = R^2 - \frac{k \cdot (1 - R^2)}{n - k - 1} \tag{2.17}$$

R^2_{korr}: korrigiertes multiples Bestimmtheitsmaß
R^2: multiples Bestimmtheitsmaß
k: Anzahl der Prädiktoren
n: Anzahl der Probanden

Die Bedeutung des korrigierten multiplen Bestimmtheitsmaßes wird im Anwendungsbeispiel in Abschnitt 2.3 anhand der Merkmalsselektionsverfahren erläutert.

2.2.3 Merkmalsselektionsverfahren und hierarchische Regression

Merkmalsselektionsverfahren

Merkmalsselektionsverfahren verfolgen das Ziel, mit möglichst wenig Prädiktorvariablen eine gute Vorhersage der Kriteriumsvariablen zu erreichen. Damit soll der ökonomische, inhaltliche und statistische Aufwand im Regressionsmodell optimiert werden. Eine Vorhersage mit nur den wirklich notwendigen Prädiktorvariablen vermindert den erforderlichen Aufwand, erlaubt klare inhaltliche Interpretationen und vermeidet unnötige Fehlervarianzen.

Das Grundprinzip der gebräuchlichen Merkmalsselektionsverfahren besteht darin, für einzelne Prädiktorvariablen zu beurteilen, inwieweit sich durch ihre Hinzunahme bzw. Entfernung aus dem Merkmalssatz das multiple Bestimmtheitsmaß signifikant verändert. Der dazu verwendete F-Test ist bei Bortz und Schuster (2011) beschrieben. Nach dem konkreten Vorgehen lassen sich drei prinzipielle Herangehensweisen unterscheiden.

Beim Verfahren der schrittweisen Merkmalsentfernung („Rückwärtsverfahren") beginnt das Verfahren mit dem vollständigen Satz aller Prädiktorvariablen. Im ersten Schritt wird die Variable untersucht, deren Entfernung zum geringsten Rückgang des Bestimmtheitsmaßes führen würde. Wenn sich das multiple Bestimmtheitsmaß der Regression bei Weglassen dieser Variablen nicht signifikant verkleinert, wird diese Prädiktorvariable aus dem Merkmalssatz entfernt und das Verfahren entsprechend fortgesetzt. Das Verfahren bricht ab, wenn sich durch Entfernen der nächsten Variablen das Bestimmtheitsmaß signifikant verkleinern würde.

Beim Verfahren der schrittweisen Merkmalsaufnahme („Vorwärtsverfahren") wird zunächst die Prädiktorvariable mit dem höchsten Korrelationskoeffizienten mit der Kriteriumsvariablen in den Merkmalssatz aufgenommen. Wenn das resultierende multiple Bestimmtheitsmaß signifikant ist, wird anschließend diejenige Variable untersucht, die zusammen mit der bereits im Merkmalssatz enthaltenen zum höchsten Bestimmtheitsmaß führt. Wenn die durch das Hinzufügen dieser Variablen resultierende Zunahme des Bestimmtheitsmaßes signifikant ist, wird die Prädiktorvariable ebenfalls in den Merkmalssatz aufgenommen und das Verfahren entsprechend fortgeführt. Das Verfahren bricht ab, wenn die Hinzunahme einer neuen Prädiktorvariablen nicht zu einer signifikanten Zunahme des Bestimmtheitsmaßes führen würde.

Beim Verfahren der schrittweisen Merkmalsentfernung bzw. Merkmalsaufnahme („schrittweises Verfahren") werden das Rückwärts- und das Vorwärtsverfahren kombiniert. In Ergänzung zum Vorwärtsverfahren wird vor jedem Schritt zusätzlich untersucht, ob durch die Entfernung einer bereits aufgenommenen Prädiktorvariablen das Bestimmtheitsmaß nicht signifikant abnehmen würde.

Grundsätzlich ist zu allen dargestellten Varianten festzustellen, dass es sich um exploratorische, hypothesengenerierende Verfahren handelt, die vor allem im Rahmen von Modellbildungen Bedeutung haben.

Die Interpretation der Ergebnisse der Merkmalsselektionsverfahren ist oft schwierig und mit großer Sorgfalt vorzunehmen. Die im vorigen Kapitel beschriebenen Multikollinearitäts- und Suppressionseffekte können in jedem Schritt der Verfahren die Ergebnisse beeinflussen. Sie führen auch dazu, dass die dargestellten Vorgehensweisen der Vorwärts-, Rückwärts- und der schrittweisen Verfahren zu grundsätzlich unterschiedlichen optimalen Merkmalsmengen führen können. Dieser Effekt resultiert unter anderem daraus, dass sich die Bedeutung von einzelnen Prädiktorvariablen in Abhängigkeit von den anderen im Merkmalssatz enthaltenen Variablen sehr stark verändern kann. So lassen sich leicht Beispiele konstruieren, in denen die mit der Kriteriumsvariablen am höchsten korrelierende Prädiktorvariable, die beim Vorwärtsverfahren als erste aufgenommen wird, wegen Multikollinearitätseffekten im Rückwärtsverfahren als erste ausgeschlossen wird, weil sie im Zusammenwirken aller Prädiktorvariablen infolge von Korrelationen unter den Prädiktoren am entbehrlichsten ist. Da es sich bei den Merkmalsselektionsverfahren um hypothesengenerierende Methoden handelt, ist der Vergleich der Ergebnisse unterschiedlicher Verfahren zulässig und oft nützlich.

Im Anwendungsbeispiel ergeben sich bei Anwendung der dargestellten Verfahren die in Tabelle 2.7 dargestellten optimalen Merkmalsmengen. In diesem Fall stimmen die Ergebnisse der Verfahren weitgehend überein. Vier Prädiktorvariablen sind in allen jeweils bestimmten optimalen Merkmalsmengen enthalten. Für die Auswahl von Lernpotential oder Anspruch sollten abschließende inhaltliche Überlegungen entscheidend sein, da die resultierende Differenz des Bestimmtheitsmaßes (0.3%) minimal ist.

Tabelle 2.7: Optimale Merkmalsmengen bei unterschiedlichen Selektionsverfahren

Rückwärtsverfahren	Vorwärtsverfahren	Schrittweises Verfahren
Ehrgeiz	Ehrgeiz	Ehrgeiz
Kreativität	Kreativität	Kreativität
Hierarchie	Hierarchie	Hierarchie
Lernpotential	Anspruch	Anspruch
Vielfalt	Vielfalt	Vielfalt
$R^2 = .916$	$R^2 = .913$	$R^2 = .913$

Tabelle 2.8: Änderung des Bestimmtheitsmaßes im Rückwärtsverfahren

Schritt	Enthaltene Prädiktorvariablen	t-Wert	Ausgeschlossene Prädiktorvariablen	R^2
1	Ehrgeiz	2.38		.929
	Kreativität	3.13		
	Leistungsstreben	.76		
	Hierarchie	1.66		
	Lohn	−.59		
	Arbeitsbedingungen	−.58		
	Lernpotential	1.68		
	Vielfalt	3.97		
	Anspruch	.92		
2	Ehrgeiz	2.38	Arbeitsbedingungen	.928
	Kreativität	3.28		
	Leistungsstreben	.79		
	Hierarchie	1.66		
	Lohn	−.57		
	Lernpotential	1.66		
	Vielfalt	4.04		
	Anspruch	.91		
3	Ehrgeiz	2.54	Arbeitsbedingungen	.926
	Kreativität	3.43	Lohn	
	Leistungsstreben	.88		
	Hierarchie	2.11		
	Lernpotential	1.59		
	Vielfalt	4.17		
	Anspruch	1.35		
4	Ehrgeiz	5.40	Arbeitsbedingungen	.923
	Kreativität	3.38	Lohn	
	Hierarchie	2.31	Leistungsstreben	
	Lernpotential	1.55		
	Vielfalt	4.12		
	Anspruch	1.31		
5	Ehrgeiz	5.18	Arbeitsbedingungen	.916
	Kreativität	3.16	Lohn	
	Hierarchie	2.84	Leistungsstreben	
	Lernpotential	3.31	Anspruch	
	Vielfalt	5.04		

In Tabelle 2.8 ist die Veränderung des Bestimmtheitsmaßes am Beispiel der Rückwärtselimination dargestellt. Es wird deutlich, dass nach der Entfernung von vier
Prädiktorvariablen aus dem Merkmalssatz das Bestimmtheitsmaß lediglich um 1.3%
von 92.9% auf 91.6% abgenommen hat. Die entfernten Variablen leisten im Zusammenwirken mit den übrigen Prädiktorvariablen offenbar nur einen unbedeutenden
Beitrag zur Beschreibung der Motivation. An den Veränderungen der angegebenen t-
Werte wird deutlich, wie sich die statistische Sicherheit der in der Analyse verbleibenden Variablen verändert, wenn andere Variablen ausgeschlossen werden. So
nimmt die statistische Sicherheit des Regressionskoeffizienten zur Prädiktorvariablen
Ehrgeiz deutlich zu (von $t = 2.54$ zu $t = 5.40$), nachdem die mit Ehrgeiz hoch korrelierende Variable Leistungsstreben ($r = .82$) aus dem Merkmalssatz in Schritt 4 ausgeschlossen wurde.

Die Vorgehensweise der Merkmalsselektionsverfahren und die Auswirkungen der
Auswahlschritte auf die statistischen Gütekriterien der jeweiligen Regressionen werden in Abschnitt 2.3 ausführlich anhand des Beispiels in SPSS dargestellt.

Hierarchische Regressionsanalyse

Im Unterschied zu den Merkmalsselektionsverfahren sind mit den Methoden der
hierarchischen Regressionsanalyse Untersuchungen über den Erklärungsbeitrag inhaltlich strukturierter Merkmalsmengen möglich.

Das Anliegen des Verfahrens soll anhand der Beispieldaten erläutert werden. Ein
besonderes Anliegen der in Abschnitt 2.1 dargestellten Untersuchung zur Motivation
am Arbeitsplatz besteht in der Beurteilung der Bedeutung der gestaltbaren Tätigkeitsinhalte Lernpotential, Vielfalt und Anspruch auf die Motivation. Hierfür ist jedoch die Darstellung der Beziehungen zwischen den Tätigkeitsinhalten und der Motivation allein nicht hinreichend, da die Motivation auch wesentlich von den Persönlichkeitseigenschaften Ehrgeiz, Kreativität und Leistungsstreben sowie den Rahmenbedingungen Hierarchie, Lohn und Arbeitsbedingungen beeinflusst wird. Andererseits bestehen zum Teil hohe Korrelationen zwischen den Prädiktoren. So wird zum
Beispiel ein ehrgeiziger, kreativer Arbeitnehmer eher eine führende, gutbezahlte Tätigkeit angestrebt und gefunden haben, die sich durch Vielfalt und Komplexität der
Tätigkeiten auszeichnet, als ein vergleichbarer wenig ehrgeiziger und wenig kreativer Arbeitnehmer. Für die Arbeitspsychologen, die sich mit Möglichkeiten zur Gestaltung der Arbeitsinhalte befassen, ist nun besonders die Frage interessant, welcher
Beitrag zur Beeinflussung der Motivation durch die gestaltbaren Tätigkeitsinhalte
zusätzlich zu den ohnehin wirkenden Persönlichkeitseigenschaften und den von Psychologen nicht zu beeinflussenden Rahmenbedingungen zu erwarten ist.

Regressionsanalytisch lässt sich diese Fragestellung beantworten, indem die Prädiktorvariablen inhaltlich in die in Tabelle 2.9 (vgl. Tabelle 2.1) dargestellten Blöcke
eingeteilt werden. In der Regressionsanalyse werden zunächst die in Block 1 enthaltenen Persönlichkeitsmerkmale einbezogen und das durch die Variablen Ehrgeiz,
Kreativität und Leistungsstreben zu erzielende Bestimmtheitsmaß R_1^2 ermittelt.

Tabelle 2.9: Inhaltlich strukturierte Merkmalsblöcke

1. Persönlichkeitsmerkmale	2. Rahmenbedingungen	3. Inhalte der Tätigkeit
Ehrgeiz	Hierarchie	Lernpotential
Kreativität	Lohn	Vielfalt
Leistungsstreben	Arbeitsbedingungen	Anspruch

Anschließend werden zusätzlich die Variablen der Rahmenbedingungen (Hierarchie, Lohn, Arbeitsbedingungen) einbezogen, es ergibt sich das Bestimmtheitsmaß R_2^2. Mit Hilfe des F-Tests (siehe Bortz und Schuster, 2011) wird geprüft, ob die Zunahme der Bestimmtheitsmaße ΔR_{12}^2 signifikant von Null verschieden ist. Analog wird mit der dritten Merkmalsmenge verfahren. Hier liefert der Signifikanztest von ΔR_{23}^2 die Antwort auf die Frage, ob durch die Hinzunahme der gestaltbaren Tätigkeitsmerkmale das multiple Bestimmtheitsmaß signifikant erhöht wird. Die Ergebnisse der Analyse sind in Abbildung 2.7 und in Tabelle 2.10 dargestellt. Die gestaltbaren Merkmale Lernpotential, Vielfalt und Komplexität führen zu einer sehr signifikanten Zunahme des Bestimmtheitsmaßes von 15%.

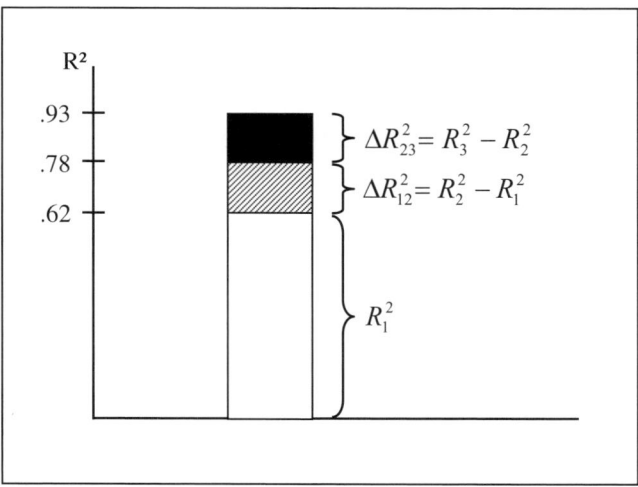

Abbildung 2.7: Veränderungen des Bestimmtheitsmaßes

Tabelle 2.10: Ergebnisse der hierarchischen Regressionsanalyse

Schritt	Prädiktoren	R^2	ΔR^2	Signifikanz der Änderung
1	Block 1	.62	.62	$p < .001$
2	Block 1, Block 2	.78	.17	$p < .05$
3	Block 1, Block 2, Block 3	.93	.15	$p < .01$

2.2.4 Moderator- und Mediatoranalyse

Sehr wichtige Spezialfälle regressionsanalytischer Untersuchungen bestehen in der Analyse von Moderator- und Mediatoreffekten. Die Grundüberlegungen sollen an Hand des Anwendungsbeispiels veranschaulicht werden (Abbildung 2.8).

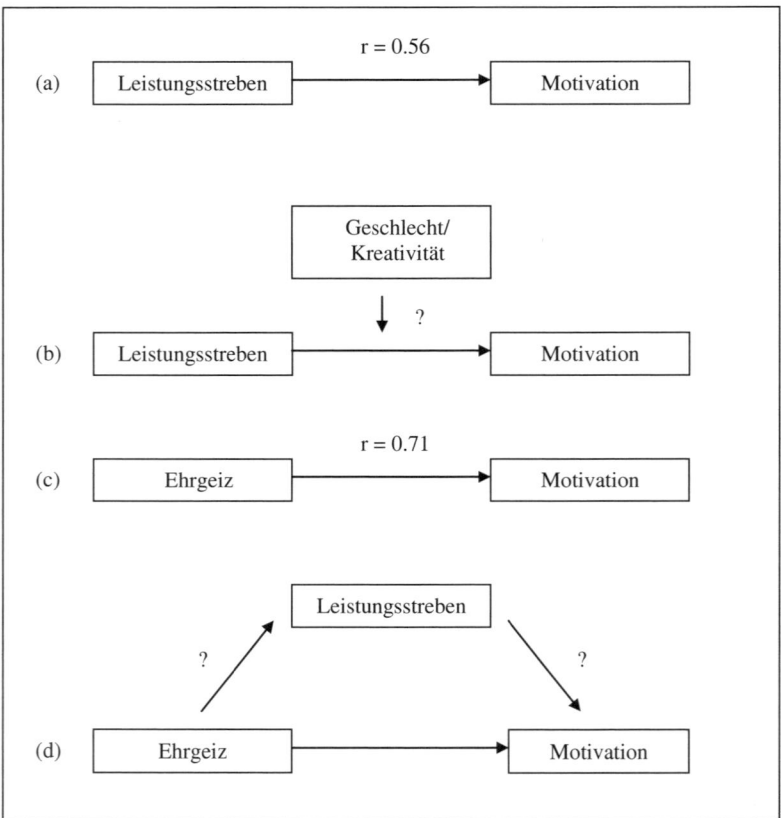

Abbildung 2.8: Veranschaulichung direkter Zusammenhänge (a), (c),
eines Moderatoreffekts (b) bzw. eines Mediatoreffekts (d)

In Abschnitt 2.1.1 war der Produkt-Moment-Korrelationskoeffizient der beiden Variablen Leistungsstreben und Motivation berechnet worden ($r = .56$, $p < .01$). Aus inhaltlichen Überlegungen wurde der Zusammenhang zwischen beiden Variablen als lineare Regressionsbeziehung mit dem Prädiktor Leistungsstreben und der Kriteriumsvariablen Motivation modelliert (Abbildung 2.8 (a)). Neben diesem direkten Effekt sind jedoch auch andere Modelle für die Erklärung des Zusammenhanges zwischen den beiden betrachteten Variablen möglich.

In Abbildung 2.8 (b) ist ein Moderatoreffekt schematisch dargestellt. Eine Variable wird als Moderatorvariable bezeichnet, wenn von Ihrer Ausprägung die Stärke des Zusammenhanges von zwei Variablen abhängt. Im Beispiel wäre denkbar, dass die Beeinflussung der Motivation durch das Leistungsstreben in der Gruppe der Männer bedeutend stärker ist als in der Gruppe der Frauen oder umgekehrt. Das bedeutet, bei getrennten Regressionsanalysen in den beiden Geschlechtergruppen würden sich die jeweiligen Regressionskoeffizienten b_1 stark unterscheiden. Analog könnte die metrische Variable Kreativität als Moderatorvariable angesehen werden, wenn zum Beispiel die Stärke der Beeinflussung der Motivation durch das Leistungsstreben mit zunehmender Kreativität der Probanden abnehmen würde.

Eine andere Art der Beeinflussung des Zusammenhanges zwischen den Variablen Leistungsstreben und Motivation wird durch einen Mediatoreffekt (Abbildung 2.8 (c) und (d)) beschrieben. Der Produkt-Moment-Korrelationskoeffizient zwischen Ehrgeiz und Motivation beträgt $r = 0.71$ ($p < .01$). Hier könnte man im Beispiel davon ausgehen, dass die Beeinflussung der Motivation durch die Variable Ehrgeiz nicht oder nicht nur auf direktem Wege erfolgt, sondern dass dieser Zusammenhang ganz oder wenigstens teilweise durch eine Mediatorvariable vermittelt wird. Im Beispiel soll von der inhaltlichen Überlegung ausgegangen werden, dass unterschiedlicher Ehrgeiz seinen Ausdruck in unterschiedlichem Leistungsstreben der Probanden findet, und dass durch unterschiedliches Leistungsstreben Motivationsunterschiede erklärt werden können.

Analyse von Moderatoreffekten: Nominalskalierte Moderatorvariable

Die Analyse von Moderatoreffekten basiert darauf, einen Interaktionsterm als Produkt von Prädiktor und potentieller Moderatorvariable zu bilden und in die multiple Regression zur Vorhersage der Kriteriumsvariablen einzubeziehen. Signifikanz des Interaktionsterms bedeutet dabei eine signifikante Moderatorwirkung der Moderatorvariablen.

Nominalskalierte Variablen sind in multiplen Regressionen durch Kodiervariablen auszudrücken (siehe Kapitel 3.1.5). Für die im Anwendungsbeispiel zu untersuchende potentielle Moderatorvariable Geschlecht wird die Dummykodierung benutzt. Alle weiblichen Probanden erhielten den Wert 0, alle männlichen Personen den Wert 1. Für die multiple Regression zur Vorhersage der Kriteriumsvariablen Y aus der Prädiktorvariablen X, der Moderatorvariablen M und der Produktvariablen X·M ergibt sich folgendes Modell:

$$y_i = b_0 + b_1 \cdot x_i + b_2 \cdot m_i + b_3 \cdot x_i \cdot m_i + e_i \quad (i = 1,...,n) \tag{2.18}$$

y_i: Wert der Kriteriumsvariablen Y des i-ten Probanden
x_i: Wert der Prädiktorvariablen X des i-ten Probanden
m_i: Wert der Moderatorvariablen M des i-ten Probanden
e_i: Residuum des i-ten Probanden
b_0, b_1, b_2, b_3: Regressionskoeffizienten
n: Anzahl der Probanden

Durch Umstellen von Gleichung (2.18) erhält man folgenden Ausdruck:

$$y_i = (b_0 + b_2 \cdot m_i) + (b_1 + b_3 \cdot m_i) \cdot x_i + e_i \quad (i = 1,...,n) \tag{2.19}$$

In diesen Ausdruck können nun für die Variable M die beiden Werte 0 (weibliche Probanden) bzw. 1 (männliche Probanden) eingesetzt werden, was zu folgenden Ausdrücken führt:

für $m_i = 0$ (weibliche Probanden):
$$y_i = (b_0 + b_2 \cdot 0) + (b_1 + b_3 \cdot 0) \cdot x_i + e_i = b_0 + b_1 \cdot x_i + e_i \ (i = 1,...,n) \tag{2.20}$$

für $m_i = 1$ (männliche Probanden):
$$y_i = (b_0 + b_2 \cdot 1) + (b_1 + b_3 \cdot 1) \cdot x_i + e_i = (b_0 + b_2) + (b_1 + b_3) \cdot x_i + e_i \ (i = 1,...,n) \tag{2.21}$$

Beim Vergleich der bedingten Regressionen in den Gruppen nach Formel (2.20) bzw. (2.21) wird deutlich, dass b_3 den Unterschied der bedingten Anstiege und damit die Interaktion von Prädiktor- und Moderatorvariable beschreibt. Die Signifikanzprüfung von b_3 im Rahmen der multiplen Regression nach Modell (2.18) liefert also die entscheidende Aussage über eine statistisch nachweisbare Moderatorwirkung von M. b_1 entspricht in diesem Modell dem bedingten Regressionsanstieg in der mit 0 kodierten Gruppe (im Beispiel weibliche Probanden).

Zur Verminderung von Interpretationsproblemen empfehlen Cohen et al. (2003) generell die Zentrierung (Abziehen des Stichprobenmittelwertes von jedem Wert) der metrischen Prädiktorvariablen (siehe folgender Abschnitt). Die Schätzungen für b_1 und b_3 sowie die Ergebnisse der entsprechenden Signifikanztests werden davon nicht beeinflusst.

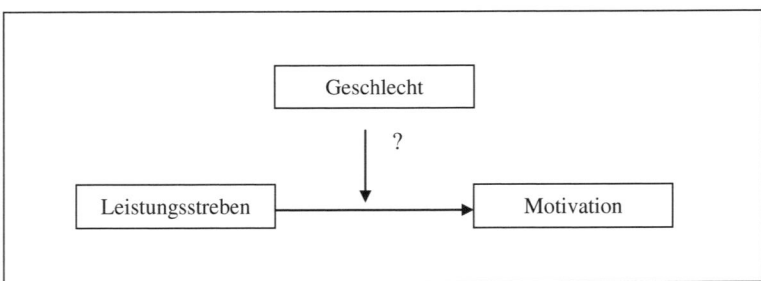

Abbildung 2.9: Moderatorvariable Geschlecht

Im Anwendungsbeispiel (Abbildung 2.9) ergibt sich die folgende Regressionsgleichung, wobei die Variable Leistungsbereitschaft vor der Analyse und damit auch vor der Bildung des Produktterms mit der Variablen Geschlecht zentriert wurde: Motivation = 9.94 + 0.435 · Leistungsstreben $_{zentriert}$ + 10.8 · Geschlecht − 0.444 · Leistungsstreben $_{zentriert}$ · Geschlecht. Alle Regressionskoeffizienten sind signifikant von 0 verschieden ($b_1 = 0.435$, $p < .001$; $b_2 = 10.8$, $p = .14$; $b_3 = -0.444$, $p = .02$). Für die Beurteilung des Moderatoreffekts ist das Ergebnis bezüglich b_3 entscheidend: Der bedingte Anstieg der Regressionsfunktion ist in der Gruppe der männlichen Probanden um 0.444 geringer ($b_3 = -0.444$) als in der Gruppe der weiblichen Probanden, dort beträgt er $b_1 = 0.435$ (siehe Abbildung 2.10). Wegen der Signifikanz von b_3 ($p = 0.02$) kann ein signifikanter Moderatoreffekt der Variablen Geschlecht nachgewiesen werden.

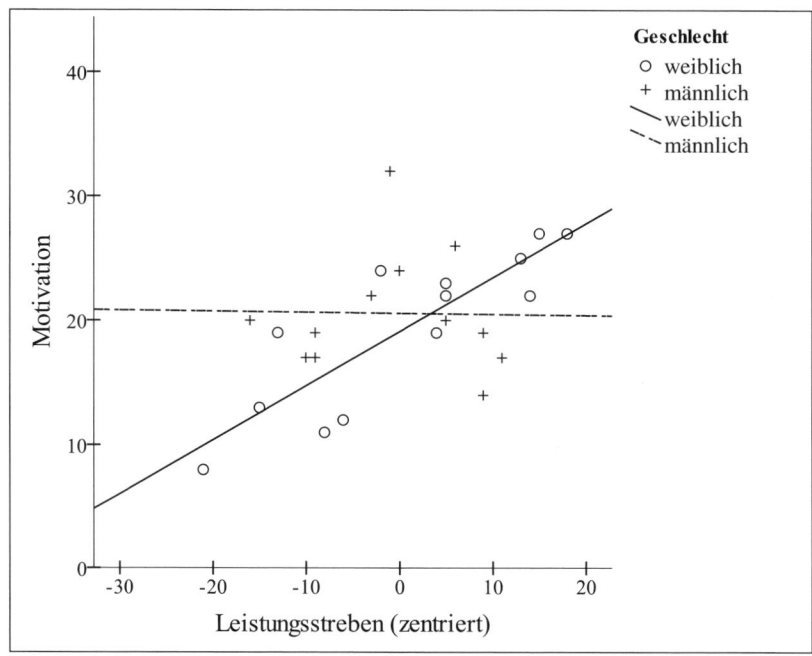

Abbildung 2.10: Bedingte Regressionen (getrennt nach Geschlechtern)

Wenn die nominalskalierte Moderatorvariable mehr als 2 Stufen hat, erhöht sich die Anzahl der erforderlichen Kodiervariablen und damit die Zahl der Produktterme. Hier empfiehlt sich die Anwendung einer hierarchischen Regressionsanalyse (siehe Abschnitt 2.2.3), in der alle Produktterme in einem Schritt aufgenommen werden. Die statistische Beurteilung des Zuwachses des Bestimmtheitsmaßes in diesem Schritt liefert die Grundlage für den Nachweis eines Interaktionseffektes.

Analyse von Moderatoreffekten: Metrische Moderatorvariable

Die Vorgehensweise bei der Untersuchung der Moderatorwirkung von metrischen Variablen basiert ebenfalls auf der Bildung eines Produktterms zwischen der Prädiktorvariablen X und der (möglichen) Moderatorvariablen M. Signifikanz des Produktterms in der multiplen Regressionsanalyse ist gleichbedeutend mit dem Nachweis der Moderatorwirkung. Analog zu Formel (2.18) ergibt sich das Regressionsmodell als $y_i = b_0 + b_1 \cdot x_i + b_2 \cdot m_i + b_3 \cdot x_i \cdot m_i + e_i$ bzw. nach der Umstellung analog zu (2.19) als $y_i = (b_0 + b_2 \cdot m_i) + (b_1 + b_3 \cdot m_i) \cdot x_i + e_i$ (i = 1,...,n).

Bezogen auf das Anwendungsbeispiel (Abbildung 2.11) ergibt sich daraus folgende Darstellung:

$$\text{Motivation}_i = (b_0 + b_2 \cdot \text{Kreativität}_i)$$
$$+ (b_1 + b_3 \cdot \text{Kreativität}_i) \cdot \text{Leistungsstreben}_i + e_i \quad (2.22)$$

Der Anstieg der linearen Regression zwischen Leistungsstreben und Motivation $b_1^* = b_1 + b_3 \cdot \text{Kreativität}_i$ wird vom Wert der Kreativität beeinflusst. Wenn sich die Regressionsanstiege in Abhängigkeit vom Kreativitätswert unterscheiden, liegt Interaktion von Leistungsstreben und Kreativität und damit im gegebenen Modell eine Moderatorwirkung von Kreativität vor. Dieser Effekt liegt genau dann vor, wenn im Modell nach Formel (2.22) der Regressionskoeffizient b_3 ungleich 0 ist.

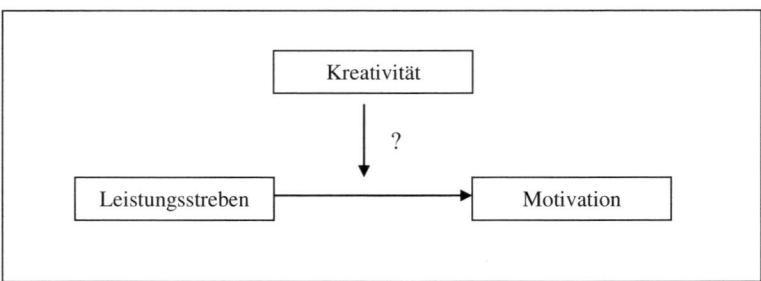

Abbildung 2.11: Moderatorvariable Kreativität

Für die konkrete Vorgehensweise zum Nachweis eines Moderatoreffekts ist zu beachten, dass sowohl die Prädikatorvariable X als auch die Moderatorvariable M vor der Analyse, d.h. auch bereits vor der Bildung der Produktvariablen, zu zentrieren sind (siehe Cohen et al., 2003). Der Grund liegt darin, dass ohne die Zentrierung hohe Korrelationen zwischen den Ausgangsvariablen und der Produktvariablen entstehen, was zu hoher Multikollinearität und den damit verbundenen Problemen in der multiplen Regressionsanalyse führt (siehe Abschnitt 2.2.2). Bei der Zentrierung werden von allen Werten die Stichprobenmittelwerte der jeweiligen Variablen abgezogen. Die zentrierten Variablen haben den Mittelwert 0. Wenn die Produktvariable von Prädiktor- und Moderatorvariable auf der Basis der zentrierten Werte gebildet wird, reduzieren sich die Korrelationen und damit die Multikollinearität mit ihren unangenehmen Folgen (siehe Abschnitt 2.2.2) deutlich.

Der Effekt soll weiter am Anwendungsbeispiel verdeutlicht werden. Als potentieller Moderator soll hier die Variable Kreativität untersucht werden, Prädiktor ist Leistungsstreben. In den Tabellen 2.11 und 2.12 wird deutlich, dass die Korrelationen zwischen den Ausgangsvariablen und ihrem Produkt deutlich vermindert sind, wenn die Variablen vorher zentriert werden.

Tabelle 2.11: Korrelationsmatrix von unzentrierten Variablen und ihrem Produkt ($^{**}p < .01$)

	Leistungsstreben	Kreativität	Leistungsstreben x Kreativität
Leistungsstreben	1		
Kreativität	−.02	1	
Leistungsstreben x Kreativität	.63**	.71**	1

Tabelle 2.12: Korrelationsmatrix von zentrierten Variablen und ihrem Produkt (**p < .01)

	Leistungsstreben$_z$	Kreativität$_z$	Leistungsstreben$_z$ x Kreativität$_z$
Leistungsstreben$_z$	1		
Kreativität$_z$	−.02	1	
Leistungsstreben$_z$ x Kreativität$_z$	−.25	.05	1

In der multiplen Regressionsanalyse ergibt sich die folgende Regressionsgleichung, wobei die Variablen Leistungsbereitschaft und Kreativität vor der Analyse und damit auch vor der Bildung des Produktterms zentriert wurden: Motivation = 19.95 + 0.282 · Leistungsstreben $_{zentriert}$ + 0.258 · Kreativität $_{zentriert}$ − 0.007 · Leistungsstreben $_{zentriert}$ · Kreativität $_{zentriert}$.

Für die Beurteilung des Moderatoreffekts ist das Ergebnis bezüglich b$_3$ entscheidend: Der Test dieses Regressionskoeffizienten (b$_3$ = −0.007) führt nicht zu einem signifikanten Ergebnis (p = .546), deshalb kann keine Moderatorwirkung der Variablen Kreativität nachgewiesen werden. Grafisch kann man sich dieses Ergebnis zum Beispiel veranschaulichen, indem die Anstiege der Regressionsanalyse in Teilgruppen verglichen werden, die auf der Grundlage der Werte der Moderatorvariablen gebildet werden. In Abbildung 2.12 sind die Ergebnisse der Regressionsanalyse in der Gruppe der Probanden mit hoher Kreativität (Werte der zentrierten Kreativität größer als 0) denen in der Gruppe mit niedriger Kreativität gegenübergestellt. Dabei wird deutlich, dass die Anstiege der Regressionsfunktion in beiden Gruppen annähernd gleich sind, was das Ergebnis einer fehlenden Moderatorwirkung der Variablen Kreativität veranschaulicht.

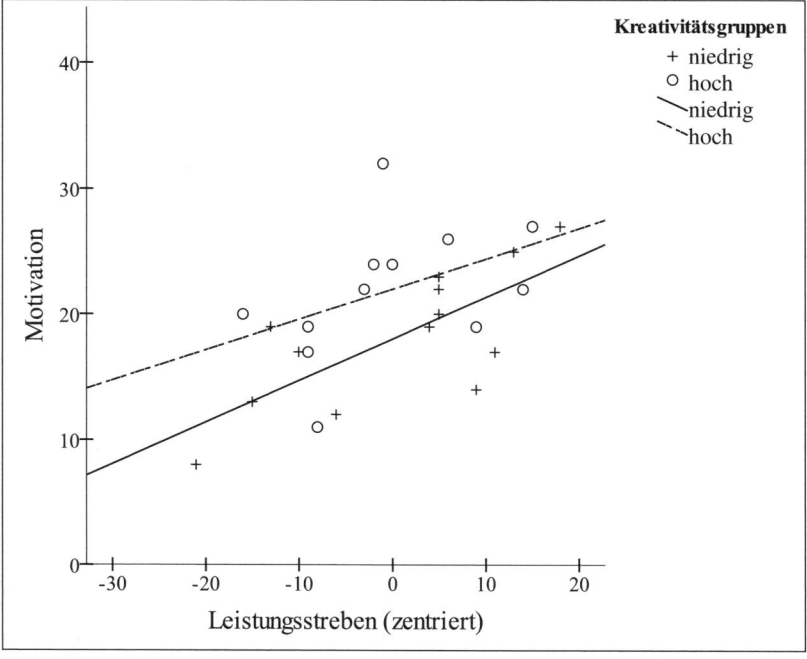

Abbildung 2.12: Bedingte Regressionen (getrennt nach Kreativitätsgruppen)

Analyse von Mediatoreffekten

In der Mediatoranalyse soll im Anwendungsbeispiel untersucht werden, ob der Einfluss der Prädiktorvariablen Ehrgeiz auf die Kriteriumsvariable Motivation völlig oder teilweise durch die Mediatorvariable Leistungsstreben vermittelt wird (Abbildung 2.13). Die inhaltlich zu Grunde liegende Überlegung könnte sein, dass sich unterschiedlicher Ehrgeiz der Probanden in unterschiedlichem Leistungsstreben in der Tätigkeit widerspiegelt und dass aus den Unterschieden im Leistungsstreben die Variabilität der Motivation zu erklären sein könnte. Mit der Mediatoranalyse soll untersucht werden, ob die Beeinflussung der Kriteriumsvariablen Motivation durch die Prädiktorvariable Ehrgeiz direkt oder indirekt (über die Variable Leistungsstreben) erfolgt.

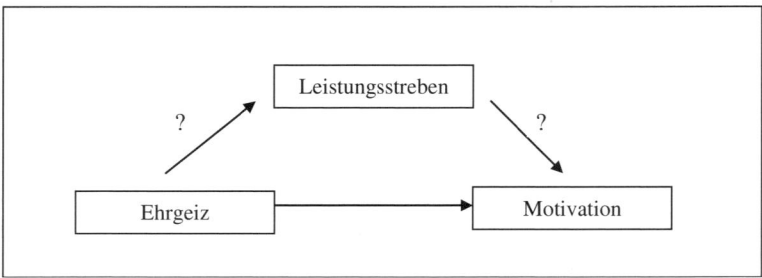

Abbildung 2.13: Mediatorvariable Leistungsstreben

In einem ersten Schritt der Mediatoranalyse ist zu untersuchen, ob es zwischen allen beteiligten Variablen signifikante Korrelationen gibt. Wenn es zwischen Ehrgeiz und Leistungsstreben oder zwischen Leistungsstreben und Motivation keine signifikanten Korrelationen gäbe, würde sich die Suche nach indirekten Effekten (vermittelt über Leistungsstreben) erübrigen, Leistungsstreben könnte keine Mediatorvariable sein. Gäbe es keine signifikante Korrelation zwischen Ehrgeiz und Motivation, gäbe es keine Beziehung zwischen Prädiktor und Kriterium, die durch eine Mediatorvariable vermittelt werden könnte. Allerdings muss man in diesem Fall die Möglichkeit beachten, dass der direkte Effekt und der Mediatoreffekt unterschiedliche Vorzeichen aufweisen könnten. In diesem Fall könnte es trotz der nicht vorhandenen Korrelation zwischen Prädiktor und Kriterium eine relevante Mediation geben. Im Beispiel gibt es signifikante Korrelationen zwischen allen beteiligten Variablen (Tabelle 2.13).

Tabelle 2.13: Korrelationsmatrix zur Mediatoranalyse ($p < .01$)

	Leistungsstreben	Ehrgeiz	Motivation
Leistungsstreben	1		
Ehrgeiz	$.81^{**}$	1	
Motivation	$.56^{**}$	$.71^{**}$	1

Für die eigentliche Mediatoranalyse wird eine multiple Regressionsanalyse mit dem Kriterium Motivation und den Prädiktoren Leistungsmotivation und Ehrgeiz durchgeführt.

Wenn im Ergebnis dieser Analyse der Regressionskoeffizient zum Prädiktor Ehrgeiz $b_{Ehrgeiz}$ gleich 0 wäre, während gleichzeitig der Regressionskoeffizient zur Variablen Leistungsstreben $b_{Leistungsstreben}$ als ungleich Null geschätzt würde, könnte man von vollständiger Mediation sprechen. Der Einfluss der Variablen Ehrgeiz auf die Variable Motivation würde vollständig über die Mediatorvariable Leistungsstreben vermittelt. Im Beispiel ergeben sich die beiden signifikanten Regressionskoeffizienten $b_{Ehrgeiz} = 0.254$ (p = .021) und $b_{Leistungsstreben} = 0.295$ (p = .002). Damit ist von partieller Mediation auszugehen, d.h. die Wirkung von Ehrgeiz auf Motivation teilt sich in einen direkten und in einen indirekten Effekt auf. Ein Mediatoreffekt kann nachgewiesen werden, wenn der indirekte Effekt signifikant ist bei gleichzeitiger Verringerung des direkten Effekts gegenüber dem Modell ohne Mediator.

Zur Prüfung, ob der indirekte Effekt (über Leistungsstreben) signifikant ist, wird häufig der Sobel-Test (siehe Baron und Kenny, 1986) verwendet. Zur Durchführung des Sobel-Tests sind zwei einfache lineare Regressionen „entlang des indirekten Pfades" durchzuführen. In der ersten Regressionsanalyse ist Leistungsstreben die Kriteriums- und Ehrgeiz die Prädiktorvariable, während in der zweiten Analyse Motivation das Kriterium und Leistungsstreben der Prädiktor ist. Aus beiden Analysen werden die Regressionskoeffizienten (unstandardisiert) und deren Standardfehler für die Berechnung des Wertes der Teststatistik des Sobel-Tests benötigt.

$$t_{Sobel} = \frac{b_1 \cdot b_2}{\sqrt{b_1^2 \cdot s_{b2}^2 + b_2^2 \cdot s_{b1}^2}} \qquad (2.23)$$

t_{Sobel}: Wert der Teststatistik des Sobel-Tests
b_1: Regressionskoeffizient für die Regression zwischen Prädiktor und Mediator
s_{b1}: Standardfehler der Schätzung für b_1
b_2: Regressionskoeffizient für die Regression zwischen Mediator und Kriterium
s_{b2}: Standardfehler der Schätzung für b_2

Im Beispiel ergibt sich der Wert $t_{Sobel} = \dfrac{0.896 \cdot 0.292}{\sqrt{0.896^2 \cdot 0.090^2 + 0.292^2 \cdot 0.131^2}} = 2.93$

(p < .01). Damit ist ein signifikanter partieller Mediatoreffekt der Variable Leistungsstreben im Rahmen des untersuchten Modells nachgewiesen.

Das in diesem Abschnitt vorgestellte Verfahren zum Nachweis von Mediation ist in einfachen Modellen durchführbar, setzt aber große Stichprobenumfänge voraus. In diesem Fall kann der Wert t_{Sobel} (Formel (2.23)) direkt mit dem Quantil der standardisierten Normalverteilung $z_{0.975} = 1.96$ verglichen werden. Eid et al. (2010) empfehlen die Anwendung von Bootstrapping-basierten Verfahren zur Überprüfung indirekter Effekte (siehe auch Hayes, 2009).

Alternativ bietet sich die Analyse von Mediatoreffekten unter Verwendung von linearen Strukturgleichungsmodellen an (siehe Kapitel 10). Dort kann die Testung indirekter Effekte im Rahmen des jeweiligen Modells unmittelbar durchgeführt werden (siehe Erläuterungen zu Abbildung 10.24 in Kapitel 10). Deshalb ist vor allem in komplexeren Modellen die Anwendung von linearen Strukturgleichungsmodellen zur Analyse von Mediation dem hier beschriebenen Vorgehen in der Regel vorzuziehen.

2.3   Anwendungsbeispiel in SPSS

Die in den vorhergehenden Abschnitten dargestellten Berechnungen sollen nun mit SPSS nachvollzogen werden. Entsprechend der bisher verwendeten Gliederung werden zunächst einfache und multiple Regressionen berechnet und dann die Folgen von Multikollinearität veranschaulicht. Abschließend wird das Vorgehen bei der Merkmalsselektion, bei der hierarchischen Regression und bei der Analyse von Moderator- bzw. Mediatoreffekten erläutert.

2.3.1   Einfache lineare Regression

Im Ordner Regression der Website zum Buch befindet sich die Datei Arbeitsmotivation.sav. Diese Datei enthält die Daten aus Tabelle 2.2. Öffnen Sie die Datei oder geben Sie die Daten in SPSS ein. Im Unterschied zu den in Tabelle 2.1 dargestellten Variablennamen Y, X_1, ..., X_{10} wurden in der Datei Kurzbezeichnungen der inhaltlichen Bedeutung der Variablen verwendet.

Wählen Sie im Hauptmenü unter Analysieren die Option Regression, Linear. Es erscheint das Dialogfenster aus Abbildung 2.14.

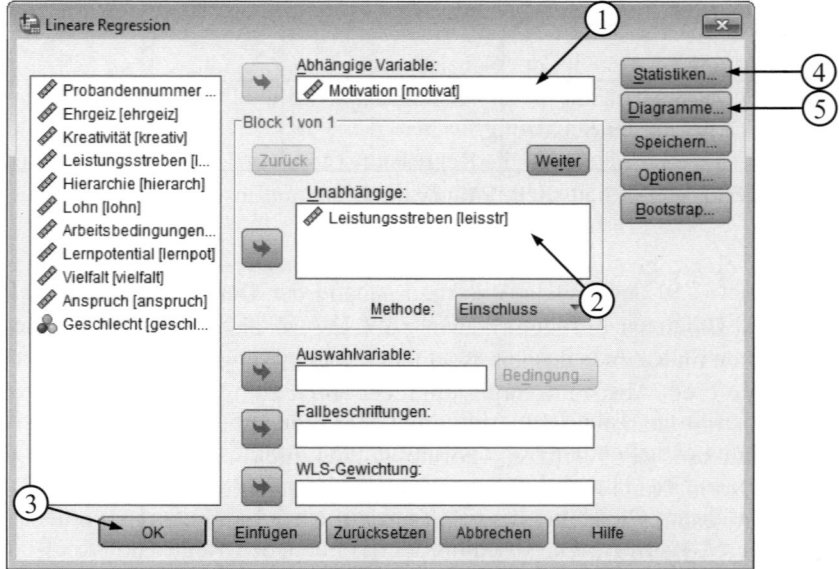

Abbildung 2.14: Dialogfenster Lineare Regression

Verschieben Sie die Variable Motivation in das freie Feld für die Abhängige Variable [1] und die Variable Leistungsstreben in das Feld für die Unabhängige Variable [2]. Starten Sie dann die Analyse [3]. Die Optionen Statistiken [4] und Diagramme [5] werden später erläutert. Die Ergebnisse der Analyse werden anhand der nächsten drei Abbildungen erläutert. Abbildung 2.15 zeigt die Tabelle Modellzusammenfassung. Hier ist zunächst der multiple Korrelationskoeffizient R abgebildet [1]. Da in unserem Fall nur eine Prädiktorvariable in die Analyse eingeht, ist R identisch mit der bivariaten Produkt-Moment-Korrelation r zwischen Motivation und Leistungsstreben. Der quadrierte (multiple) Korrelationskoeffizient [2], das multiple Bestimmtheitsmaß (vgl. Abschnitt 2.1.3), gibt den Varianzanteil der Arbeitsmotivation an, der durch den Prädiktor Leistungsstreben aufgeklärt wird.

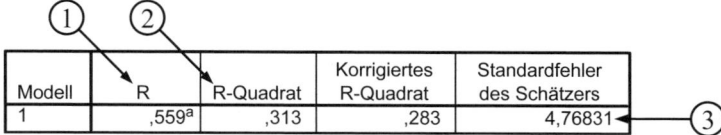

Modell	R	R-Quadrat	Korrigiertes R-Quadrat	Standardfehler des Schätzers
1	,559[a]	,313	,283	4,76831

Abbildung 2.15: Modellzusammenfassung
(Prädiktor: Leistungsstreben)

Ein zweites wichtiges Maß für die globale Güte der Regression ist der Standardfehler des Schätzers (vgl. Abschnitt 2.1.4). In unserem Datensatz beträgt er 4.77 [3].

Das Bestimmtheitsmaß R^2 kann mittels F-Test geprüft werden (vgl. Abschnitt 2.1.4). Dabei wird geprüft, ob der Anteil der erklärten Varianz signifikant von Null verschieden ist. In Abbildung 2.16 sind die Ergebnisse der entsprechenden Analyse mit Quadratsummen [1], Freiheitsgraden [2], F-Wert [3] und p-Wert [4] abgebildet.

Modell		Quadratsumme	df	Mittel der Quadrate	F	Sig.
1	Regression	238,015	1	238,015	10,468	,004[a]
	Nicht standardisierte Residuen	522,945	23	22,737		
	Gesamt	760,960	24			

Abbildung 2.16: Statistische Prüfung des Bestimmtheitsmaßes
(Prädiktor: Leistungsstreben)

Die Formel (2.9) der Prüfstatistik kann anhand der Quadratsummen und Freiheitsgrade nachvollzogen werden: F = (238.02 / 1) / (522.95 / 23) = 10.47. Der Zusammenhang zwischen Arbeitsmotivation und Leistungsstreben ist sehr signifikant (p = .004 < .01).

In der nächsten Tabelle in Abbildung 2.17 sind die Koeffizienten der Regressionsgleichung enthalten. Die Regressionsgerade ist in diesem Fall bestimmt durch den Nulldurchgang b_0 [1] und den Anstieg b_1 [2]: Y = .29 · X + 13.82 (vgl. Abschnitt 2.1.1). Mit dieser Gleichung lässt sich anhand eines bekannten x-Werts der zugehörige y-Wert schätzen (vgl. Abschnitt 2.1.4). Für jeden Regressionskoeffizienten ist der Standardfehler [3] angegeben. Dividiert man einen Regressionskoeffizienten durch den zugehörigen Standardfehler, erhält man den t-Wert [4] zum Test der Null-hypothese H_0: b = 0. Der jeweilige p-Wert ist in der letzten Spalte dargestellt [5].

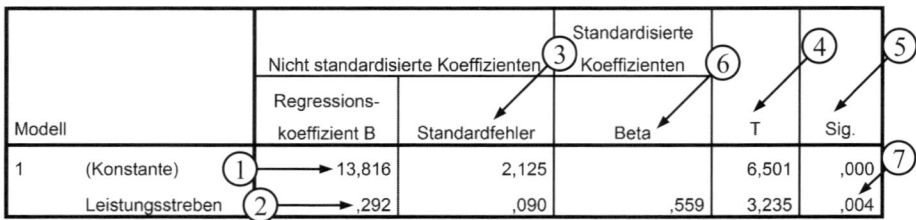

Modell		Nicht standardisierte Koeffizienten		Standardisierte Koeffizienten		
		Regressions-koeffizient B	Standardfehler	Beta	T	Sig.
1	(Konstante)	13,816	2,125		6,501	,000
	Leistungsstreben	,292	,090	,559	3,235	,004

Abbildung 2.17: Koeffizienten (Prädiktor: Leistungsstreben)

Führt man vor der Berechnung der Regressionsgleichung für die x- und y-Werte eine z-Standardisierung durch, so erhält man anstelle des Regressionskoeffizienten b_1 das standardisierte β-Gewicht [6]. Für den Nulldurchgang ergibt sich infolge der Stan-dardisierung der Wert Null (vgl. Abschnitt 2.2.2). Bei der einfachen Regression ist das β-Gewicht identisch mit r. Demzufolge entspricht in diesem Fall auch das Ergeb-nis der Signifikanzprüfung von b_1 dem der Prüfung von R^2 [7] (vgl. hierzu Abbil-dung 2.16 [4]).

In Abschnitt 2.1.2 wurden die Voraussetzungen der einfachen linearen Regression beschrieben. Die Prüfung von zwei dieser Voraussetzungen (Unabhängigkeit der Modellfehler, Homoskedastizität) soll hier behandelt werden. Für die Prüfung der statistischen Unabhängigkeit der Modellfehler kann der Durbin-Watson-Koeffizient verwendet werden. Dieser Kennwert deckt Autokorrelationen der Modellfehler auf. Mit Autokorrelationen (1. Ordnung) sind hier Abhängigkeiten jeweils in der Abfolge benachbarter Modellfehler gemeint (zu Autokorrelationen siehe auch Kapitel 7). Wählen Sie im Dialogfenster Lineare Regression die Option Statistiken (Abbildung 2.14 [4]). Es öffnet sich das Dialogfenster aus Abbildung 2.18. Fordern Sie die Dur-bin-Watson-Statistik an [1] und starten Sie anschließend die Analyse.

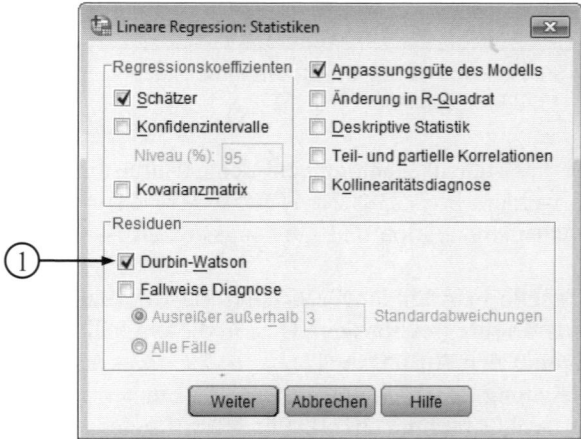

Abbildung 2.18: Dialogfenster Statistiken

In der Modellzusammenfassung in Abbildung 2.19 erscheint nun eine weitere Spalte mit der Durbin-Watson-Statistik [1]. Diese Prüfgröße nimmt Werte zwischen 0 und 4 an. Ein Wert nahe 0 deutet auf eine positive Autokorrelation (1. Ordnung) hin, d.h. es besteht eine positive Korrelation der Modellfehler mit ihren jeweils benachbarten Werten. Bei Werten nahe 4 sind die Modellfehler negativ abhängig von ihren benachbarten Modellfehlern, man spricht von negativer Autokorrelation. Bei Werten zwischen 1.5 und 2.5 – und demzufolge auch hier im Beispiel – kann man davon ausgehen, dass keine störende Autokorrelation besteht (vgl. Brosius, 2011).

Modell	R	R-Quadrat	Korrigiertes R-Quadrat	Standardfehler des Schätzers	Durbin-Watson-Statistik
1	,559[a]	,313	,283	4,768	2,007

Abbildung 2.19: Modellzusammenfassung (Prädiktor: Leistungsstreben)

Autokorrelationen können dann auftreten, wenn die Probanden oder Fälle eine inhaltliche Ordnung aufweisen, also zum Beispiel dann, wenn Zeitreihen als Prädiktoren eingesetzt werden. Als Folge von Autokorrelation können die Standardfehler unterschätzt und somit die Ergebnisse der Signifikanztests verzerrt werden.

Homoskedastizität liegt vor, wenn die Varianz der Modellfehler unabhängig vom Wert des Prädiktors ist. Residuen als Modellfehlerwerte der Probanden sind definiert als Differenz zwischen dem beobachteten und dem vorhergesagten Wert (vgl. Formel (2.2)). Diese Voraussetzung wird häufig grafisch per Augenschein geprüft. Man berechnet hierzu ein Streudiagramm mit den z-standardisierten vorhergesagten Werten der Kriteriumsvariablen auf der x-Achse und den z-standardisierten Residuen der vorhergesagten Werte auf der y-Achse. Innerhalb der Regressionsanalyse von SPSS besteht die Möglichkeit, Streudiagramme zu erstellen. Wählen Sie im Dialogfenster der Linearen Regression die Option Diagramme (Abbildung 2.14 [5]). Es erscheint das in Abbildung 2.20 dargestellte Dialogfenster. Im linken Feld [1] sind die Variablen aufgelistet, die auf einer der beiden Achsen dargestellt werden können.

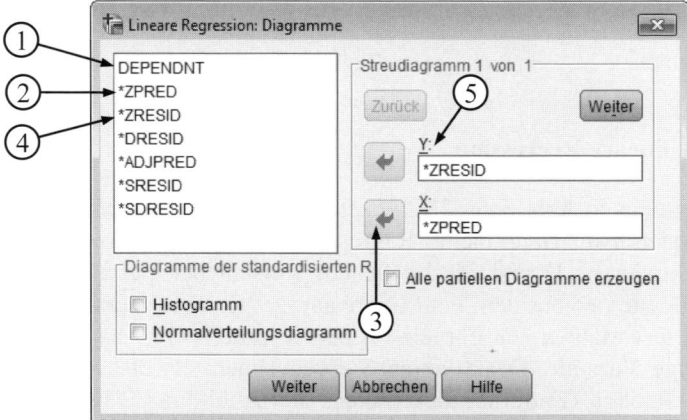

Abbildung 2.20: Dialogfenster Diagramme

Verschieben Sie die Variable ZPRED, d.h. die z-standardisierten vorhergesagten Werte [2] über die entsprechende Pfeiltaste [3] in das Feld für die x-Achse. Verschieben Sie dann die z-standardisierten Residuen ZRESID [4] in das Feld für die y-Achse [5].

Abbildung 2.27 zeigt das entstehende Streudiagramm, dessen Darstellung gegenüber dem Original-SPSS-Output im Diagramm-Editor modifiziert wurde (Darstellung der Punkte, der Achsen usw.). Die Verteilung der Punktwolke zeigt keine systematischen Varianzveränderungen. Die Messwerte bilden in etwa ein horizontal verlaufendes Band um den Mittelwert 0 der Residuen. Die Varianzen der Schätzfehler scheinen also unabhängig vom geschätzten Wert des Kriteriums zu sein. Es kann davon ausgegangen werden, dass die Voraussetzung der Homoskedastizität nicht entscheidend verletzt ist. Hätte die Punktwolke zum Beispiel die Form eines nach rechts größer werdenden Trichters, würde das bedeuten, dass die Varianz der Schätzfehler mit steigenden geschätzten Kriteriumswerten größer würde. Dies würde gegen die Annahme von Homoskedastizität sprechen (Heteroskedastizität).

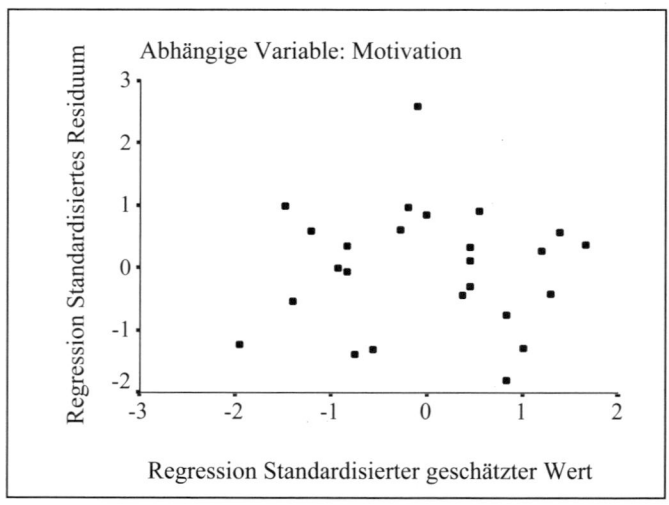

Abbildung 2.21: Streudiagramm (Prädiktor: Leistungsstreben)

2.3.2 Multiple lineare Regression

Suchen Sie erneut das in Abbildung 2.22 gezeigte Dialogfenster der linearen Regression auf (Analysieren im Hauptmenü, Regression, Linear). Entfernen Sie hier zunächst durch Aktivieren [1] und anschließendes Verschieben per Pfeiltaste [2] die Variable Leistungsstreben aus dem Feld Unabhängige Variable. Verschieben Sie nun sämtliche Prädiktorvariablen von Ehrgeiz [3] bis Anspruch [4] in das frei gewordene Feld Unabhängige Variable. Deaktivieren Sie gegebenenfalls die Anforderung der Durbin-Watson-Statistik (Entfernen des Hakens aus Abbildung 2.18 [1]). Behalten Sie die übrigen Einstellungen bei und starten sie anschließend die Analyse.

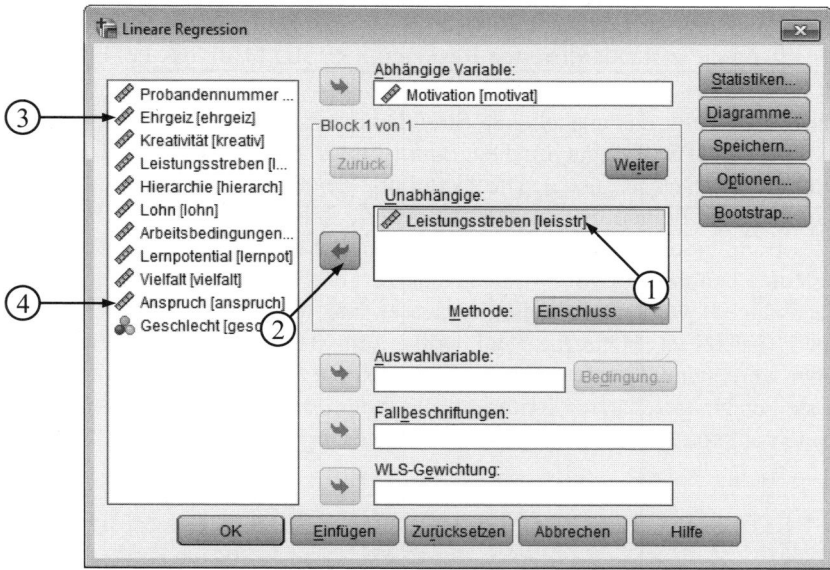

Abbildung 2.22: Dialogfenster Lineare Regression

Die ausgegebenen Kennwerte entsprechen im Prinzip den in Abbildung 2.15 bis 2.17 besprochenen. Nachfolgend soll deshalb nur auf einige Kennwerte eingegangen werden. Abbildung 2.23 zeigt die Modellzusammenfassung der multiplen Regression (vgl. Abbildung 2.15).

Modell	R	R-Quadrat	Korrigiertes R-Quadrat	Standardfehler des Schätzers
1	,964	,929	,887	1,891

Abbildung 2.23: Modellzusammenfassung (alle Prädiktoren)

Der multiple Korrelationskoeffizient [1] beschreibt den Zusammenhang zwischen den neun Prädiktorvariablen und dem Kriterium Motivation. Er entspricht der bivariaten Korrelation zwischen den durch die neun Prädiktoren vorhergesagten und den beobachteten Werten von Motivation. Dem Bestimmtheitsmaß [2] ist zu entnehmen, dass 93% der Varianz der Variablen Motivation durch die neun Prädiktoren aufgeklärt werden kann.

Abbildung 2.24 zeigt die Koeffizienten der multiplen Regressionsgleichung. Hier kann nun eine erste Einschätzung der Bedeutung der einzelnen Prädiktoren für das multiple Vorhersagemodell vorgenommen werden. Der Regressionskoeffizient des Prädiktors Leistungsstreben aus der einfachen linearen Regression ist im multiplen Kontext deutlich kleiner, er beträgt nur noch .05 [1]. Nur die Prädiktoren Arbeitsbedingungen und Lohn haben noch geringere Regressionskoeffizienten. Das größte Gewicht für die Vorhersage in der multiplen Regressionsgleichung ist für die Variable Vielfalt [2] zu verzeichnen. Der t-Wert für den Test der H_0: b = 0 dieser Variablen ist in unserem Beispiel ebenfalls am größten [3].

Modell		Nicht standardisierte Koeffizienten		Standardisierte Koeffizienten		
		Regressions-koeffizient B	Standardfehler	Beta	T	Sig.
1	(Konstante)	-3,842 ⑥	5,052	④ ⑤	-,760	,459
	Ehrgeiz	① ,193	,081	,337	2,381	,031
	Kreativität	,153	,049	,234	3,127	,007
	Leistungsstreben	,049	,065	,095	,761	,458
	Hierarchie	,246	,148	,235	1,664	,117
	Lohn	-,001	,001	-,077	-,589	,564
	Arbeitsbedingungen	-,031	,054	② -③	-,576	,573
	Lernpotential	,165	,098	,199	1,683	,113
	Vielfalt	,206	,052	,354	3,973	,001
	Anspruch	,053	,058	,124	,920	,372

Abbildung 2.24: Koeffizienten der multiplen Regressionsgleichung

An den β-Gewichten wird ersichtlich, dass der Prädiktor Ehrgeiz innerhalb der Regressionsgleichung den zweithöchsten Erklärungsbeitrag leistet. Bei geringerem Beta-Gewicht [4] hat die Variable Kreativität den zweithöchsten t-Wert [5], was in diesem Fall auf den geringen Standardfehler zurückzuführen ist [6]. Eine Interpretation des Vorhersagemodells auf Grundlage von nur einem Kennwert (zum Beispiel β-Gewicht) würde also zu kurz greifen. Zwei weitere Aspekte, die u.a. in die Interpretation einbezogen werden müssen, werden im nächsten Abschnitt besprochen.

2.3.3 Redundanz und Suppression

Das Phänomen der Multikollinearität (oder Kollinearität) soll zunächst analog zu Abschnitt 2.2.2 anhand eines Regressionsmodells mit Motivation als Kriterium und Ehrgeiz, Kreativität und Leistungsstreben als Prädiktoren veranschaulicht werden. Öffnen Sie hierzu erneut das Dialogfenster Lineare Regression (Analysieren im Hauptmenü, Regression, Linear) und entfernen Sie, wie in Abbildung 2.25 gezeigt, die übrigen sechs Prädiktoren aus dem Feld der Unabhängigen Variablen [1]. Wählen Sie anschließend die Schaltfläche Statistiken [2]. Es erscheint das in Abbildung 2.25 links abgebildete Dialogfenster Statistik. Aktivieren Sie hier zusätzlich zu den Voreinstellungen die Optionen Deskriptive Statistik [3] und Kollinearitätsdiagnose [4]. Bestätigen Sie dann die Änderung und starten Sie die Analyse.

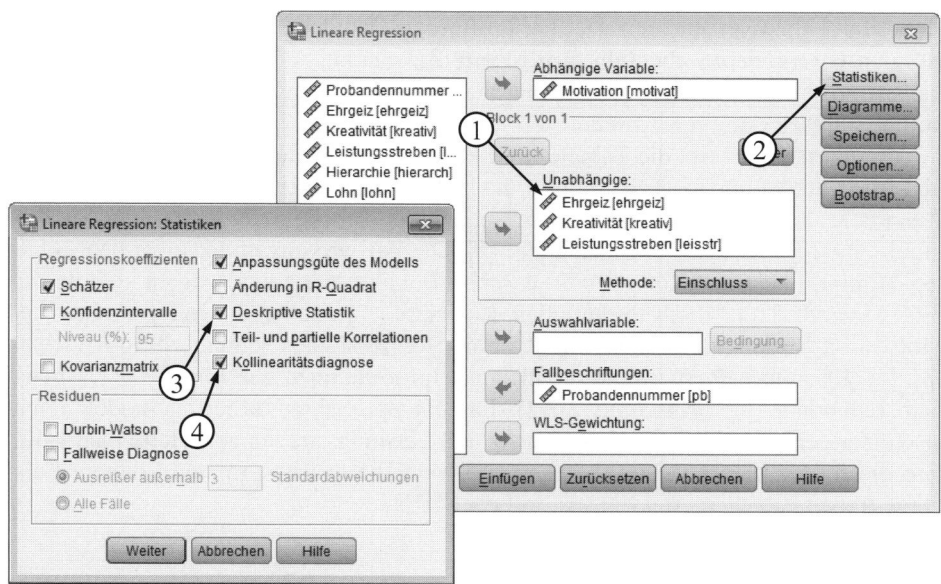

Abbildung 2.25: Dialogfenster Lineare Regression und Statistiken

Zu Beginn der Ergebnisausgabe wird nun zusätzlich eine Tabelle ausgegeben, in der für jede Variable Mittelwerte, Standardabweichungen und Stichprobengröße angegeben sind. Dieser Tabelle folgt die Korrelationsmatrix aus Abbildung 2.26. Im oberen Drittel der Tabelle sind die bereits aus Tabelle 2.3 bekannten bivariaten Korrelationskoeffizienten abgebildet. Die relativ hohen Korrelationen zwischen den Prädiktoren mit dem Kriterium [1] deuten darauf hin, dass alle drei Variablen zur Vorhersage der Motivation von Nutzen sind. Zumal diese Korrelationen – wie aus dem mittleren Drittel der Tabelle ersichtlich ist – jeweils auf dem 5%-Niveau signifikant größer als Null sind [2].

		Motivation	Ehrgeiz	Kreativität	Leistungsstreben
Korrelation nach Pearson	Motivation	1,000	,708	,379	,559
	Ehrgeiz	,708	1,000	,053	,818
	Kreativität	,379	,053	1,000	-,016
	Leistungsstreben	,559	,818	-,016	1,000
Sig. (Einseitig)	Motivation		,000	,031	,002
	Ehrgeiz	,000		,401	,000
	Kreativität	,031	,401		,469
	Leistungsstreben	,002	,000	,469	
N	Motivation	25	25	25	25
	Ehrgeiz	25	25	25	25
	Kreativität	25	25	25	25
	Leistungsstreben	25	25	25	25

Abbildung 2.26: Korrelationsmatrix

Dabei ist der p-Wert für die einseitige Prüfung der Nullhypothese (dabei hier jeweils $H_0: \rho \leq 0$) angegeben. Die sehr signifikante Korrelation zwischen Ehrgeiz und Leistungsstreben von r = .82 [3] ist offenbar die Ursache für die zu beobachtenden Multikollinearitätseffekte (vgl. Abschnitt 2.2.1 und Abbildung 2.28).

Abbildung 2.27 zeigt die Tabelle für die Koeffizienten der multiplen Regressionsgleichung, in der nun zwei Spalten für die Kollinearitätsstatistik hinzugefügt sind [1]. Aus Platzgründen wurden zwei andere Spalten der Tabelle nicht dargestellt. Sie sind durch eine leere Spalte gekennzeichnet [2]. Die Auswirkungen der oben beobachteten Multikollinearität (Korrelation zwischen Prädiktorvariablen) zeigen sich an den β-Gewichten. Trotz der substantiellen Korrelation zwischen Leistungsstreben und Motivation ist dieser Prädiktor innerhalb der Regressionsgleichung völlig irrelevant [3], [4]. Er enthält überwiegend die gleichen Informationen wie Ehrgeiz und ist deshalb redundant (vgl. Abschnitt 2.2.2). Für ein optimales Vorhersagemodell reicht also einer der beiden Prädiktoren Ehrgeiz und Leistungsstreben aus. Hätte man lediglich die β-Gewichte beachtet, hätte man fälschlicherweise vermuten können, Leistungsstreben habe keinerlei Einfluss auf die Motivation.

Modell		Standardisierte Koeffizienten				Kollinearitätsstatistik	
		Beta	T	Sig.		Toleranz	VIF
1	(Konstante)		2,116	,046			
	Ehrgeiz	,688	2,913	,008		,326	3,067
	Kreativität	,343	2,528	,020		,987	1,014
	Leistungsstreben	,002	,008	,994		,327	3,059

Abbildung 2.27: Koeffizienten der multiplen Regressionsgleichung inkl. Kollinearitätsstatistik (Prädiktoren: Ehrgeiz, Kreativität, Leistungsstreben)

Die Korrelationsmatrix bietet also wichtige Zusatzinformationen. Diese Informationen sind bei drei Prädiktorvariablen und den deutlichen Verhältnissen im Beispiel noch gut überschaubar. Steigt die Anzahl der Prädiktoren, kann die Suche nach Multikollinearitätseffekten recht schnell unübersichtlich werden. Eine Hilfe bietet der Kennwert Toleranz [5]. Hierbei wird für jeden Prädiktor P eine multiple Regression gerechnet, in der dieser Prädiktor zum Kriterium wird und durch die übrigen Prädiktoren vorhergesagt werden soll. Die Toleranz ergibt sich dann, indem das Bestimmtheitsmaß dieser Regression von 1 abgezogen wird ($\text{Toleranz}_p = 1 - R_p^2$). Der Varianzinflationsfaktor VIF [6] ist der Kehrwert der Toleranz. Eine niedrige Toleranz bzw. ein hoher VIF-Wert deuten darauf hin, dass der entsprechende Prädiktor in Multikollinearitätseffekte verwickelt ist. Brosius (2011) gibt als Faustregel an, dass bei einem Toleranzwert unter 0.1 der Verdacht auf Multikollinearität besteht, bei einem Wert unter 0.01 ist nahezu sicher davon auszugehen. Analog besteht der Verdacht auf Multikollinearität bei VIF-Werten größer als 10, Werte größer als 100 weisen nahezu sicher darauf hin. Klare Regeln für den Umgang mit Multikollinearität gibt es nicht. Der Anwender sollte ggf. die Ergebnisse von Untersuchungen mit unterschiedlichen Merkmalskonstellationen vergleichen. Die Entscheidung über das angemessene Vorgehen im konkreten Anwendungsfall wird in vielen Fällen wenigstens zum Teil subjektiv geprägt sein.

In der nachfolgenden Tabelle Kollinearitätsdiagnose aus Abbildung 2.28 kann ermittelt werden, welche Prädiktoren gemeinsam an einem Kollinearitätseffekt beteiligt sein könnten. Auf der Basis der Eigenwerte der Kreuzproduktmatrix werden die Varianzen der Regressionskoeffizienten in Komponenten zerlegt (im Beispiel vier Komponenten [1]). Ein niedriger Eigenwert [2] und dementsprechend ein hoher Konditionsindex [3] deutet auf hohe Korrelationen zwischen den Prädiktoren hin. Der Konditionsindex ist der Quotient aus dem maximalen Eigenwert und dem Eigenwert der jeweiligen Komponente.

Im zweiten Teil der Tabelle ist für jeden Prädiktor angegeben, welcher Anteil der Varianz des jeweiligen Koeffizienten welcher Komponente zugeordnet werden kann [4] (Brosius, 2011). So werden zum Beispiel 2% der Varianz des Regressionskoeffizienten von Ehrgeiz [5] der Komponente 2 zugeordnet und 98% der Komponente 4. Sind nun einer Komponente zwei oder mehr substantielle Varianzanteile zugeordnet und hat diese Komponente zusätzlich einen hohen Konditionsindex, so ist dies ein Hinweis darauf, dass diese Prädiktoren gemeinsam an einem Kollinearitätseffekt beteiligt sind. Nach Brosius (2011) weisen Konditionsindizes > 10 auf mäßige und Indizes > 30 auf starke Multikollinearität hin. Im Beispiel ist dies für die Komponente 4 der Fall [6], deren hohe Varianzanteile bei Ehrgeiz und Leistungsstreben auf Kollinearitätseffekte zwischen diesen beiden Variablen hinweisen. Ausführlicher wird die Kollinearitätsdiagnose von Brosius (2011) beschrieben.

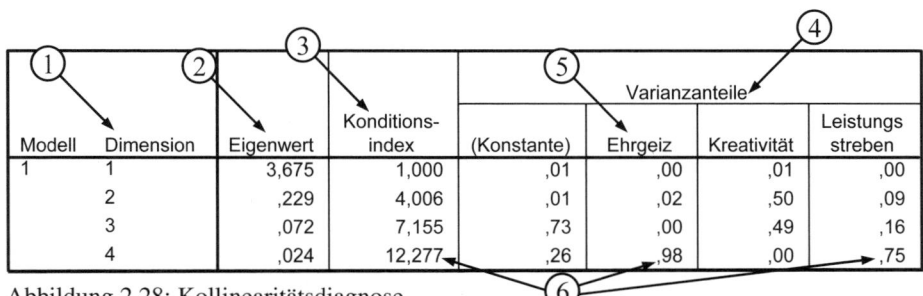

Abbildung 2.28: Kollinearitätsdiagnose
(Prädiktoren: Ehrgeiz, Kreativität, Leistungsstreben)

Eine problematische Folge von Kollinearitätseffekten ist, dass kleine Änderungen in den Daten (zum Beispiel durch zusätzliche Probanden) große Änderungen in den β-Gewichten nach sich ziehen könnten. So könnten sich hier zum Beispiel die Verhältnisse zwischen den β-Gewichten von Ehrgeiz und Leistungsstreben genau umkehren.

Eine mögliche Auswirkung von Multikollinearität ist also die Redundanz von Prädiktoren. Eine andere mögliche Folge ist der in Abschnitt 2.2.2 erläuterte Suppressionseffekt. Dieser Effekt soll anhand eines Regressionsmodells mit den Prädiktoren Hierarchie, Lohn und Arbeitsbedingungen veranschaulicht werden. Rechnen Sie dementsprechend analog zu Abbildung 2.25 ein Regressionsmodell mit den genannten Prädiktoren. Ermitteln Sie anhand der Korrelationsmatrix (vgl. Tabelle 2.5), zwischen welchen Prädiktoren Korrelationen bestehen und betrachten Sie anschließend die Auswirkungen anhand der Koeffizienten in Abbildung 2.29 (einige Spalten der Tabelle werden nicht dargestellt [1]). Die Prädiktoren Hierarchie und Lohn weisen eine Korrelation von r = .72 auf. Dies äußert sich allerdings nicht als Redundanzeffekt, d.h. in einem geringen β-Gewicht in einer der beiden Variablen. Vielmehr hat selbst der Prädiktor Lohn trotz seiner geringen Korrelation mit Motivation von r = −.04 ein hohes β-Gewicht [2].

Modell		Standardisierte Koeffizienten			Kollinearitätsstatistik	
		Beta	T	Sig.	Toleranz	VIF
1	(Konstante)		2,986	,007		
	Hierarchie	,843	3,444	,002	,444	2,255
	Lohn	-,632	-2,612	,016	,454	2,202
	Arbeitsbedingungen	,179	1,045	,308	,909	1,100

Abbildung 2.29: Koeffizienten der multiplen Regressionsgleichung inkl. Kollinearitätsstatistik (Prädiktoren: Hierarchie, Lohn, Arbeitsbedingungen)

Dies ist, wie in Abschnitt 2.2.2 ausgeführt, darauf zurückführen, dass durch die Einbeziehung von Lohn in die Regressionsgleichung Varianzanteile von Hierarchie unterdrückt werden, die keinen Beitrag zur Vorhersage leisten. Durch die Unterdrückung kommen die gemeinsamen Varianzanteile von Hierarchie und Motivation besser zur Geltung.

Der Anteil der erklärten Varianz durch die multiple Regression ist deshalb hier auch größer als die Summe der erklärten Varianzanteile von drei einzeln gerechneten einfachen Regressionen. Sie können diese Aussage überprüfen, indem Sie drei einfache Regressionen rechnen, je eine mit dem Prädiktor Hierarchie, Lohn und Arbeitsbedingungen. Ermitteln sie jeweils die Varianzaufklärung, wie in Abbildung 2.30 [1] für den Prädiktor Lohn gezeigt. Bilden Sie dann die Summe der drei Bestimmtheitsmaße und vergleichen Sie diese anschließend mit dem Bestimmtheitsmaß der multiplen Regression. Die Differenz ist der Gewinn an Varianzaufklärung, der durch den Suppressionseffekt entsteht. Vergleichen Sie Ihr Ergebnis mit den Angaben in Abschnitt 2.2.2 (.44 − .31 = .13). Auf die Multikollinearitätsdiagnose am vollständigen Modell mit allen Prädiktoren soll an dieser Stelle verzichtet werden. Ein weiteres Beispiel für eine Multikollinearitätsdiagnose wird innerhalb des Praxisbeispiels auf der Website zum Buch dargestellt.

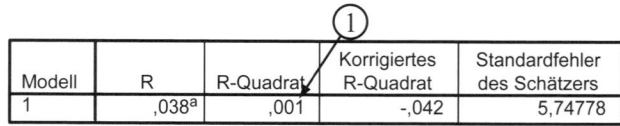

Modell	R	R-Quadrat	Korrigiertes R-Quadrat	Standardfehler des Schätzers
1	,038a	,001	-,042	5,74778

Abbildung 2.30: Modellzusammenfassung (Prädiktor: Lohn)

2.3.4   Merkmalsselektionsverfahren

Mit einer Merkmalsselektion wird eine optimale Prädiktorenmenge gesucht, mit der sich die Kriteriumsvariable bei möglichst geringem Aufwand bestmöglich vorhersagen lässt. Es werden diejenigen Prädiktoren gesucht, die den wesentlichen (statistisch abgesicherten) Beitrag zur Vorhersage leisten. Redundante Prädiktoren sollen aus dem Merkmalssatz entfernt werden.

Verschieben Sie zunächst im Dialogfenster Lineare Regression aus Abbildung 2.31 alle neun Prädiktoren in das Feld für die unabhängigen Variablen [1]. Unter Methode [2] können die in Abschnitt 2.2.3 besprochenen Merkmalsselektionsverfahren ausgewählt werden. Bisher wurde die voreingestellte Methode Einschluss verwendet, bei der keine Merkmalsselektion vorgenommen wird.

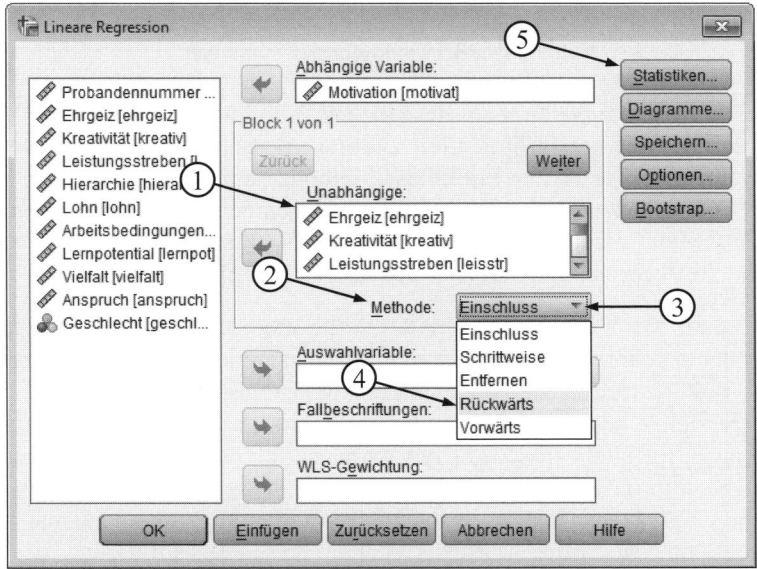

Abbildung 2.31: Dialogfenster Lineare Regression

Wählen Sie stattdessen nun die Methode Rückwärts, indem Sie zunächst über den kleinen Pfeil [3] das Auswahlfenster nach unten klappen und dann die Option Rückwärts [4] aktivieren. Wechseln Sie anschließend in das Dialogfenster Statistiken [5].

Aktivieren Sie hier, wie in Abbildung 2.32 gezeigt, die Option Änderung in R-Quadrat [1] um die Änderungsstatistiken zwischen den Vorhersagemodellen mit unterschiedlichen Merkmalssätzen berechnen zu lassen. Starten Sie anschließend die Analyse.

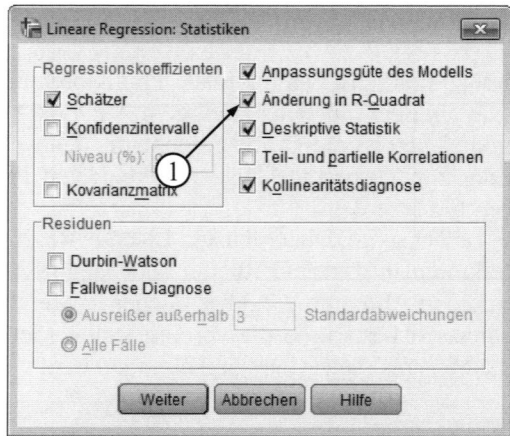

Abbildung 2.32: Dialogfenster Statistiken

In der ersten Tabelle der Ergebnisausgabe aus Abbildung 2.33 wird der Verlauf des Verfahrens der Merkmalselimination zusammenfassend beschrieben. Im Modell 1 werden zunächst wie in der Einschluss-Methode sämtliche Prädiktoren aufgenommen [1]. Anschließend werden schrittweise diejenigen Prädiktoren ausgeschlossen, deren Entfernung nicht zu einem signifikanten Verlust im Bestimmtheitsmaß führt. Dabei ist die Voreinstellung auf $\alpha \geq .10$ festgesetzt [2].

Modell	Aufgenommene Variablen	Entfernte Variablen	Methode
1	Anspruch, Lohn, Kreativität, Leistungsstreben, Arbeitsbedingungen, Vielfalt, Lernpotential, Hierarchie, Ehrgeiz	.	Einschluß
2	.	Arbeitsbedingungen	Rückwärts (Kriterium: Wahrscheinlichkeit von F-Wert für Ausschluß >= ,100).
3	.	Lohn	Rückwärts (Kriterium: Wahrscheinlichkeit von F-Wert für Ausschluß >= ,100).
4	.	Leistungsstreben	Rückwärts (Kriterium: Wahrscheinlichkeit von F-Wert für Ausschluß >= ,100).
5	.	Anspruch	Rückwärts (Kriterium: Wahrscheinlichkeit von F-Wert für Ausschluß >= ,100).

Abbildung 2.33: Aufgenommene/ Entfernte Variablen (Rückwärtsverfahren)

Man entfernt einen Prädiktor also dann, wenn der p-Wert der Veränderung im F-Wert .10 nicht unterschreitet. Dies ist im Beispiel für vier Prädiktoren der Fall [3]. Dementsprechend besteht der optimale Merkmalssatz in Modell 5 [4] aus fünf Prädiktoren (vgl. Tabelle 2.7).

Modell	R	R-Quadrat	Korrigiertes R-Quadrat	Standardfehler des Schätzers
1	,964ᵃ	,929	,887	1,891
2	,963ᵇ	,928	,892	1,851
3	,963ᶜ	,926	,896	1,814
4	,961ᵈ	,923	,897	1,803
5	,957ᵉ	,916	,894	1,837

a. Einflußvariablen : (Konstante), Anspruch, Lohn, Kreativität, Leistungsstreben, Arbeitsbedingungen, Vielfalt, Lernpotential, Hierarchie, Ehrgeiz
b. Einflußvariablen : (Konstante), Anspruch, Lohn, Kreativität, Leistungsstreben, Vielfalt, Lernpotential, Hierarchie, Ehrgeiz
c. Einflußvariablen : (Konstante), Anspruch, Kreativität, Leistungsstreben, Vielfalt, Lernpotential, Hierarchie, Ehrgeiz
d. Einflußvariablen : (Konstante), Anspruch, Kreativität, Vielfalt, Lernpotential, Hierarchie, Ehrgeiz
e. Einflußvariablen : (Konstante), Kreativität, Vielfalt, Lernpotential, Hierarchie, Ehrgeiz
f. Abhängige Variable: Motivation

Abbildung 2.34: Modellzusammenfassung (Rückwärtsverfahren, Teil 1)

Abbildung 2.34 zeigt den ersten Teil der Modellzusammenfassung. Hier sind für jedes der fünf Modelle die in Abbildung 2.15 erläuterten Kennwerte dargestellt. In der Legende sind die im jeweiligen Modell enthaltenen Prädiktoren angegeben [1]. Das Bestimmtheitsmaß, also der Anteil der durch das Modell erklärten Varianz, verringert sich leicht mit steigender Anzahl ausgeschlossener Prädiktoren [2]. Das Modell mit dem optimalen Merkmalssatz klärt 91.6% der Varianz auf [3] (vgl. Tabelle 2.7).

Mit dem korrigierten Bestimmtheitsmaß [4] kann die Varianzaufklärung im Verhältnis zur Anzahl der einbezogenen Prädiktoren (und der Anzahl der Probanden) bewertet werden (vgl. Abschnitt 2.2.2). Bis zu Modell 4 steigt das korrigierte Bestimmtheitsmaß leicht an [5]. Der Vorteil, den eine Vorhersage mit wenigen Prädiktoren bringt, wird bis zu diesem Modell also höher bewertet als der Nachteil, dass mit weniger Prädiktoren auch ein geringeres Bestimmtheitsmaß verbunden ist.

Anhand der Kennwerte des in Abbildung 2.35 gezeigten zweiten Teils der Tabelle kann nun ermittelt werden, inwieweit sich das Bestimmtheitsmaß durch den Ausschluss von Prädiktoren verändert [1]. In der vierten Spalte der Ergebnistabelle ist die Differenz von R^2 zum vorhergehenden Modell angegeben [2]. So ergibt sich durch Entfernen des Prädiktors Anspruch in Modell 5 ein Verlust an Varianzaufklärung von $\Delta R = .916 - .923 = -.007$ [3] (vgl. Abbildung 2.34). Die Änderungen in R^2 werden mittels F-Test statistisch geprüft [4]. Da die Änderungen sehr gering ausfallen, sind sie weit von der gesetzten Signifikanzgrenze von .10 entfernt [5]. Bezogen auf diesen Grenzwert besteht der optimale Merkmalssatz also aus den Prädiktoren Ehrgeiz, Kreativität, Hierarchie, Lernpotential und Vielfalt.

Modell	R	R-Quadrat	Änderungsstatistiken ← ① ② → Änderung in R-Quadrat	④ → Änderung in F	df1	⑤ df2	→ Sig. Änderung in F
1	,964	,929	,929	21,972	9	15	,000
2	,963	,928	-,002	,332	1	15	,573
3	,963	,926	-,001	,327	1	16	,575
4	,961	,923	-,003	,783	1	17	,389
5	,957	,916	③ → -,007	1,713	1	18	,207

Abbildung 2.35: Modellzusammenfassung (Rückwärtsverfahren, Teil 2)

Abbildung 2.36 zeigt die Koeffizienten der Modelle 3 bis 5 nach der Rückwärtsmethode (auf Modell 1 und 2 wurde aus Platzgründen verzichtet) (vgl. Tabelle 2.8).

Modell		Nicht standardisierte Koeffizienten Regressionskoeffizient B	 Standardfehler	Standardisierte Koeffizienten Beta	T		Sig.
3	(Konstante)	-7,154	2,027		-3,529		,003
	Ehrgeiz	,193	,076	,338	2,540		,021
	Kreativität	,159	,046	,244	3,431		,003
	Leistungsstreben	,055	,062	,105	,885		,389
	Hierarchie	,172	,081	,164	2,113		,050
	Lernpotential	,142	,089	④ ,171	1,588	③	,131
	Vielfalt	,206	,050	,355	4,168		,001
	Anspruch	,067	,049	,156	1,354		,193
4	(Konstante)	-7,065	2,013		-3,510		,002
	Ehrgeiz	,247	,046	,432	5,402		,000
	Kreativität	,156	,046	,238	3,382		,003
	Hierarchie	,185	,080	,176	2,314	①	,033
	Lernpotential	,137	,088	,166	1,551		,138
	Vielfalt	,201	,049	,346	4,117		,001
	Anspruch	,064	,049	,149	1,309		,207
5	(Konstante)	-6,761	2,036		-3,320	②	,004
	Ehrgeiz	,239	,046	⑤ → ,419	5,181		,000
	Kreativität	,146	,046	,223	3,158		,005
	Hierarchie	,218	,077	⑥ ,208	2,839		,010
	Lernpotential	,217	,066	,262	3,305		,004
	Vielfalt	,228	,045	,392	5,037		,000

Abbildung 2.36: Koeffizienten (Rückwärtsverfahren)

Hier kann die schrittweise Entfernung der Prädiktoren nachvollzogen werden. Es wird jeweils für den Prädiktor mit der kleinsten partiellen Korrelation mit dem Kriterium – bei Auspartialisieren der übrigen Prädiktoren – geprüft, ob eine Entfernung aus dem Modell zu einer relevanten Änderung in R² führt. Der Wegfall des Prädiktors mit der kleinsten partiellen Korrelation führt zur geringsten Verminderung des Bestimmtheitsmaßes.

In Modell 4 hat der Prädiktor Anspruch den geringsten t-Wert [1] (entspricht hier der Variablen mit dem geringsten partiellen Korrelationskoeffizienten). Der Tabelle Modellzusammenfassung (vgl. Abbildung 2.35 [5]) kann entnommen werden, dass die Änderung des Bestimmtheitsmaßes infolge der Entfernung von Anspruch aus Modell 4 beim entsprechenden F-Test die gesetzte Signifikanzgrenze $\alpha = .10$ nicht unterschreitet. Demnach wird Anspruch aus dem Modell entfernt.

In Modell 5 hat Hierarchie den kleinsten t-Wert [2]. Aus dem Fehlen eines sechsten Modells kann geschlossen werden, dass die Entfernung von Hierarchie zu einer bedeutsamen ($p < .10$) Verringerung des Bestimmtheitsmaßes führen würde. Demnach wird Hierarchie nicht aus Modell 5 entfernt. Wie in Abschnitt 2.2.3 erläutert, sind die β-Gewichte und Signifikanzen der einzelnen Prädiktoren abhängig von den übrigen Prädiktoren. Die Werte ändern sich also je nach Zusammensetzung der Prädiktoren von Modell zu Modell. So steigt zum Beispiel der t-Wert von Ehrgeiz nach der Entfernung von Leistungsstreben aus Modell 3 sehr deutlich an [3]. Dieser Effekt zeigt sich – weniger deutlich – auch in der Änderung des β-Gewichts [4]. Die Prädiktoren Ehrgeiz [5] und Vielfalt [6] sind in der optimalen Merkmalsmenge dominierend – und zwar sowohl bezüglich der β-Gewichte als auch bezüglich der t-Werte.

Modell		Beta In	T	Sig.	Partielle Korrelation
2	Arbeitsbedingungen	-,045^d	-,576	,573	-,147
3	Arbeitsbedingungen	-,042^b	-,558	,585	-,138
	Lohn	-,073^b	-,572	,575	-,141
4	Arbeitsbedingungen	-,043^c	-,575	,573	-,138
	Lohn	-,085^c	-,682	,505	-,163
	Leistungsstreben	,105^c	,885	,389	,210
5	Arbeitsbedingungen	-,035^d	-,461	,651	-,108
	Lohn	-,132^d	-1,202	,245	-,273
	Leistungsstreben	,095^d	,783	,444	,182
	Anspruch	,149^d	1,309	,207	,295

Abbildung 2.37: Ausgeschlossene Variablen (Rückwärtsverfahren)

In der Tabelle Ausgeschlossene Variablen in Abbildung 2.37 werden Informationen zu den aus dem Modell entfernten Prädiktoren gegeben. In der ersten Spalte wird angezeigt, welches β-Gewicht sich für den Prädiktor ergeben würde, wenn er im Modell aufgenommen wäre. So entspricht zum Beispiel $\beta = -.05$ von Arbeitsbedingungen [1] dem β-Gewicht im vollständigen Modell (vgl. Abbildung 2.24). Außerdem sind für jeden Prädiktor t-Wert [2] und p-Wert [3] zur Nullhypothese H_0: b = 0 angegeben. Es kann also für jeden Prädiktor beobachtet werden, wie sich seine Kennwerte im Kontext eines Modells mit den jeweils im Modell verbliebenen Prädiktoren verhalten würden. So wäre zum Beispiel die statistische Bedeutsamkeit des Suppressors Lohn zusammen mit den Prädiktoren aus Modell 5 deutlich höher als im Zusammenhang mit den Prädiktoren aus Modell 3 [4].

Als nächstes soll das Rückwärts- mit dem Vorwärtsverfahren verglichen werden. Wählen Sie hierzu im Dialogfenster Lineare Regression die Methode Vorwärts (vgl. Abbildung 2.31 [4]) und starten Sie anschließend die Analyse. Abbildung 2.38 zeigt die Reihenfolge der aufgenommenen Prädiktoren [1]. Im ersten Modell [2] wird die Regression (nur) mit dem Prädiktor Ehrgeiz berechnet, weil er die größte Korrelation mit Motivation aufweist. Diese Aussage kann anhand der Korrelationsmatrix nachgeprüft werden (vgl. u.a. Abbildung 2.26).

Modell	Aufgenomme ne Variablen	Entfernte Variablen	Methode
1	Ehrgeiz	·	Vorwährts- (Kriterium: Wahrscheinlichkeit von F-Wert für Aufnahme <= .050)
2	Anspruch	·	Vorwährts- (Kriterium: Wahrscheinlichkeit von F-Wert für Aufnahme <= .050)
3	Kreativität	·	Vorwährts- (Kriterium: Wahrscheinlichkeit von F-Wert für Aufnahme <= .050)
4	Vielfalt	·	Vorwährts- (Kriterium: Wahrscheinlichkeit von F-Wert für Aufnahme <= .050)
5	Hierarchie	·	Vorwährts- (Kriterium: Wahrscheinlichkeit von F-Wert für Aufnahme <= .050)

Abbildung 2.38: Aufgenommene/ Entfernte Variablen (Vorwärtsverfahren)

Ein neuer Prädiktor wird dann ins Modell aufgenommen, wenn er zu einer signifikanten Zunahme im Bestimmtheitsmaß führt, der Grenzwert für die Aufnahme ist also auf α = .05 festgelegt [3]. Genau wie beim Rückwärtsverfahren besteht der optimale Merkmalssatz aus fünf Prädiktoren. Die enthaltenen Prädiktoren stimmen bis auf einen überein. Der hier bereits im zweiten Schritt aufgenommene Prädiktor Anspruch [4] gehört nach dem Rückwärtsverfahren nicht zum optimalen Merkmalssatz (vgl. Abbildungen 2.34 und 2.36).

Modell	R	R-Quadrat	Korrigiertes R-Quadrat	Standard- fehler des Schätzers	Änderung in R- Quadrat	Sig. Änderung in F
1	,708	,501	,479	4,065	,501	,000
2	,863	,744	,721	2,973	,244	,000
3	,906	,820	,795	2,552	,076	,007
4	,944	,891	,869	2,039	,070	,002
5	,955	,913	,890	1,869	,022	,041

Abbildung 2.39: Modellzusammenfassung (Vorwärtsverfahren)

Wie erwartet steigt das in Abbildung 2.39 dargestellte Bestimmtheitsmaß mit zunehmender Anzahl von Prädiktoren an [1]. Es erreicht in Modell 5 mit R² = .913 [2]
ein nur unwesentlich geringeres R² als im optimalen Modell beim Rückwärtsverfahren (vgl. Abbildung 2.34 [3]).

Ebenso vergrößert sich das korrigierte Bestimmtheitsmaß [3]. Der Standardfehler
[4] dagegen sinkt mit steigender Anzahl von Prädiktoren. Für die p-Werte zu den
Änderungen im Bestimmtheitsmaß gilt ohne Ausnahme p < .05. [5].

In der Tabelle Koeffizienten in Abbildung 2.40 kann nachvollzogen werden, inwieweit sich die Kennwerte einzelner Prädiktoren durch die Aufnahme anderer Prädiktoren ändern. Im zweiten Modell haben Ehrgeiz und Anspruch zum Beispiel noch
ein ähnliches Gewicht [1]. Je mehr Prädiktoren aufgenommen werden, desto geringer
wird der relative Einfluss von Anspruch auf die Vorhersage. Im letzten Modell ist
Anspruch nur noch drittwichtigster Prädiktor der Modellgleichung [2] und hat nur
noch die viertgrößte statistische Bedeutsamkeit [3].

Modell		Nicht standardisierte Koeffizienten		Standardisierte Koeffizienten	T	Sig.
		Regressions-koeffizient B	Standardfehler	Beta		
1	(Konstante)	9,088	2,406		3,778	,001
	Ehrgeiz	,404	,084	,708	4,802	,000
2	(Konstante)	,063	2,642		,024	,981
	Ehrgeiz	,320	,064	,560	4,983	,000
	Anspruch	,221	,048	,515	4,580	,000
3	(Konstante)	-2,101	2,380		-,883	,387
	Ehrgeiz	,319	,055	,558	5,776	,000
	Anspruch	,203	,042	,474	4,862	,000
	Kreativität	,183	,061	,279	2,979	,007
4	(Konstante)	-6,502	2,263		-2,873	,009
	Ehrgeiz	,253	,048	,442	5,286	,000
	Anspruch	,150	,037	,350	4,101	,001
	Kreativität	,192	,049	,293	3,908	,001
	Vielfalt	,190	,053		3,589	,002
5	(Konstante)	-6,833	2,080		-3,285	,004
	Ehrgeiz	,271	,045	,474	6,076	,000
	Anspruch	,116	,037	,271	3,147	,005
	Kreativität	,177	,045	,271	3,903	,001
	Vielfalt	,181	,049	,311	3,706	,001
	Hierarchie	,181	,083	,173	2,193	,041

Abbildung 2.40: Koeffizienten (Vorwärtsverfahren)

Anders verhält es sich bei Ehrgeiz: Der t-Wert ist im letzten Modell sogar am höchsten [4]. Im Gegensatz zu den Ergebnissen der Rückwärtsmethode ist Ehrgeiz in diesem Modell der alleinig dominierende Prädiktor.

In der zweiten Spalte der Tabelle Ausgeschlossene Variablen in Abbildung 2.41 wird angezeigt, welches β-Gewicht sich für den Prädiktor ergeben würde, wenn er als nächstes in das Modell aufgenommen würde [1]. Demnach entspricht β = .52 von Anspruch [2] dem β-Gewicht dieses Prädiktors im Modell 2 (vgl. Abbildung 2.40 [1]). Für die Aufnahme eines neuen Prädiktors wird nun jeweils derjenige Prädiktor untersucht, durch dessen Aufnahme das höchste Bestimmtheitsmaß resultieren würde (vgl. Abschnitt 2.2.3). Dies ist für die Variable mit der höchsten partiellen Korrelation mit dem Kriterium und somit in Modell 1 für Anspruch der Fall [3]. Führt die Aufnahme des Prädiktors zu einem signifikanten Anstieg im Bestimmtheitsmaß, wird der Prädiktor aufgenommen. Abbildung 2.39 [5] ist zu entnehmen, dass diese Bedingung für Anspruch erfüllt ist, der Prädiktor wird also im zweiten Modell aufgenommen. Von den nicht angenommenen Prädiktoren in Modell 2 hat zwar Vielfalt das höchste β-Gewicht [4], Kreativität jedoch den höchsten partiellen Korrelationskoeffizienten [5]. Da die Zunahme von R² zudem signifikant ist (Abbildung 2.39 [5]), wird Kreativität in Modell 3 aufgenommen. Von den nicht angenommenen Prädiktoren in Modell 5 hat Lernpotential zwar den höchsten partiellen Korrelationskoeffizienten [6], da dieser jedoch nicht signifikant ist, wird der Prädiktor nicht aufgenommen und es gibt kein Modell 6.

Modell		Beta In	T	Sig.	Partielle Korrelation
1	Kreativität	,343	2,601	,016	,485
	Leistungsstreben	-,060	-,228	,822	-,049
	Hierarchie	,423	3,509	,002	,599
	Lohn	,216	1,413	,172	,288
	Arbeitsbedingungen	,119	,746	,464	,157
	Lernpotential	,450	3,437	,002	,591
	Vielfalt	,483	3,580	,002	,607
	Anspruch	,515	4,580	,000	,699
2	Kreativität	,279	2,979	,007	,545
	Leistungsstreben	,051	,265	,793	,058
	Hierarchie	,239	2,072	,051	,412
	Lohn	,150	1,324	,200	,278
	Arbeitsbedingungen	-,037	-,299	,768	-,065
	Lernpotential	,156	,964	,346	,206
	Vielfalt	,309	2,617	,016	,496
5	Leistungsstreben	,094	,768	,453	,178
	Lohn	-,025	-,201	,843	-,047
	Arbeitsbedingungen	-,028	-,360	,723	-,085
	Lernpotential	,166	1,551	,138	,343

Abbildung 2.41: Ausgeschlossene Variablen

Als Grenzwert für die Entfernung bzw. Aufnahme eines Prädiktors wurde oben jeweils der in SPSS voreingestellte Wert von α = .10 bei der Rückwärtsmethode (vgl. Abbildung 2.33 [3]) bzw. α = .05 bei der Vorwärtsmethode (vgl. Abbildung 2.38 [3]) verwendet. Diese Werte können, wie in Abbildung 2.42 gezeigt, im Dialogfenster Lineare Regression unter Optionen [1] geändert werden. Setzen Sie den Wert für den Ausschluss auf .01 [2] und den Wert für die Aufnahme auf .005 [3]. Rechnen Sie anschließend eine Regression nach der Rückwärtsmethode und vergleichen Sie die Anzahl der ausgeschlossenen Prädiktoren. Bei α < .01 als Grenzwert werden nun fünf statt vier Prädiktoren ausgeschlossen. Der Grenzwert für die Aufnahme musste geändert werden, da er in der Umsetzung der Regression in SPSS immer einen kleineren Wert als das Ausschlusskriterium annehmen muss, für das Rückwärtsverfahren hat er allerdings keine Bedeutung. Beim schrittweisen Verfahren werden wie beim Vorwärtsverfahren sukzessiv Prädiktoren aufgenommen. Allerdings wird hier bei jedem Modell analog zum Rückwärtsverfahren geprüft, ob im neuen Modell überflüssige Prädiktoren enthalten sind. Hier kommen also beide in Abbildung 2.42 [2] und [3] geänderten Kriterien zum Einsatz. Im vorliegenden Fall ergeben sich durch das schrittweise Verfahren die gleichen Ergebnisse wie beim Vorwärtsverfahren, und zwar sowohl mit den voreingestellten als auch mit den geänderten Aufnahme- und Ausschlusskriterien. Sie können diese Aussage überprüfen, indem Sie im Dialogfenster Lineare Regression die Methode Schrittweise (vgl. Abbildung 2.31 [4]) wählen und anschließend die Analyse rechnen.

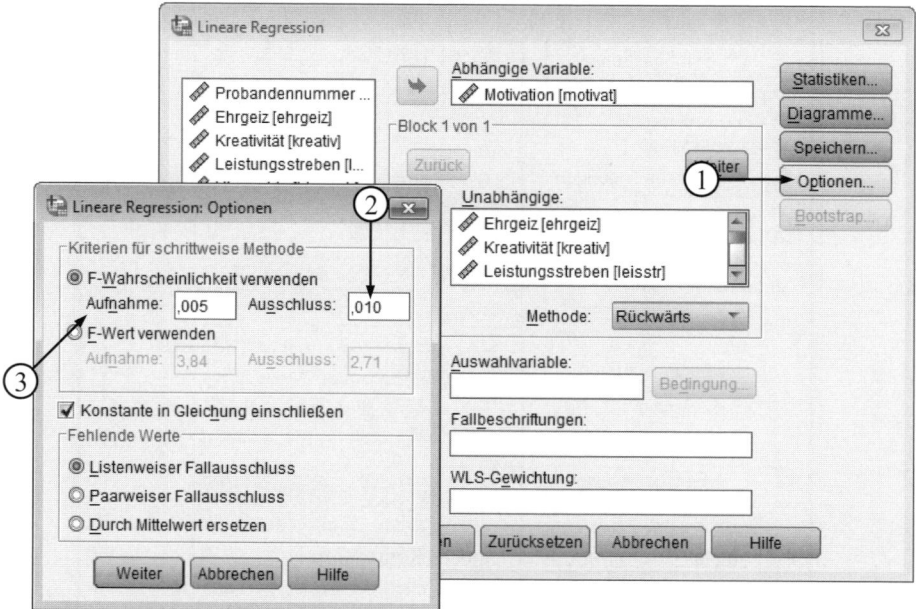

Abbildung 2.42: Dialogfenster Lineare Regression und Optionen

2.3.5   Hierarchische Regression

Bei der hierarchischen Regression wird untersucht, inwieweit sich theoretisch voneinander unterscheidbare Merkmalsblöcke (Gruppen von Prädiktoren) auf das Kriterium auswirken. Im Beispiel interessiert insbesondere, ob die von Psychologen beeinflussbaren Inhalte der Tätigkeit *zusätzlich* zu den kaum beeinflussbaren Rahmenbedingungen und Persönlichkeitsmerkmalen einen Einfluss auf die Motivation haben (vgl. Tabelle 2.9).

Für die Durchführung sind in dem in Abbildung 2.43 abgebildeten Dialogfenster Lineare Regression zunächst sämtliche Variablen aus dem Feld der Unabhängigen Variablen zu entfernen [1]. Wählen Sie dann als Methode Einschluss [2]. Verschieben Sie anschließend die Persönlichkeitsmerkmale Ehrgeiz, Kreativität und Leistungsstreben zurück in das Feld der Unabhängigen Variablen [1] und klicken Sie auf Weiter [3]. Das Feld ist nun wieder frei und Sie können den zweiten Merkmalsblock definieren. Er besteht aus den Rahmenbedingungen Hierarchie, Lohn und Arbeitsbedingungen. Eröffnen Sie dann über Weiter [3] den dritten Block und geben Sie die Inhalte der Tätigkeit Lernpotential, Vielfalt und Anspruch ein. Über Zurück [4] können sie die vorhergehenden Merkmalsblöcke einsehen und gegebenenfalls modifizieren. Die übrigen Einstellungen aus den vorigen Analysen können beibehalten werden. Starten Sie anschließend die Analyse.

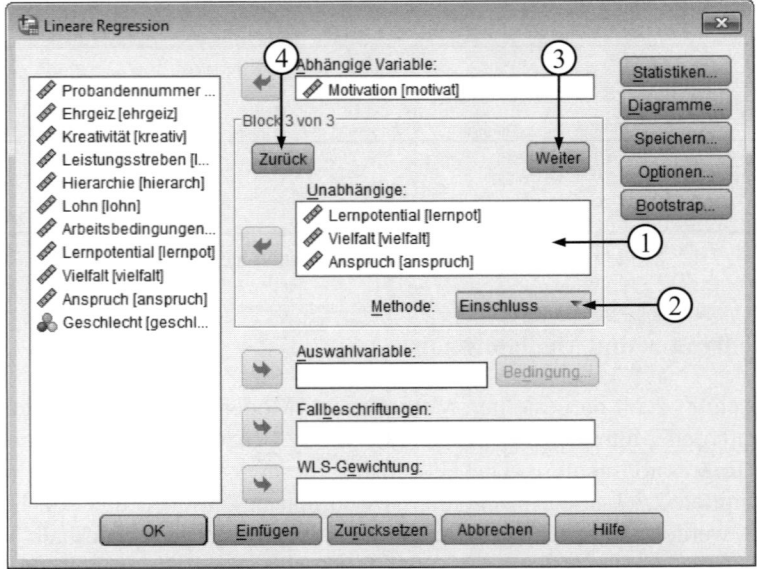

Abbildung 2.43: Dialogfenster Lineare Regression

In der Tabelle Aufgenommene/Entfernte Variablen in Abbildung 2.44 ist die Reihenfolge der aufgenommenen Merkmalsblöcke dargestellt [1]. Die einzelnen Modelle [2] beziehen sich in diesem Fall also nicht auf Merkmalssätze, die aufgrund statistischer Berechnungen post hoc gebildet wurden, sondern auf a priori zusammengestellte Merkmalssätze.

Modell	① Aufgenommene Variablen	Entfernte Variablen	Methode
1	Leistungsstreben, Kreativität, Ehrgeiz	.	Einschluß
2	Hierarchie, Arbeitsbedingungen, Lohn	.	Einschluß
3	Vielfalt, Lernpotential, Anspruch	.	Einschluß

② Modell

Abbildung 2.44: Aufgenommene und entfernte Variablen (Hierarchische Regression)

Der in Abbildung 2.45 (unvollständig) dargestellten Tabelle ist zu entnehmen, dass sich sowohl durch den zweiten als auch den dritten Merkmalsblock eine deutliche Änderung im Bestimmtheitsmaß [1] ergibt. Diese Änderungen sind jeweils signifikant von Null verschieden [2]. Gemäß den Berechnungen des Modells können die Arbeitspsychologen davon ausgehen, dass sich ca. 15% der Varianz der Arbeitsmotivation über die Inhalte der Tätigkeiten beeinflussen lassen, wenn die Ausprägungen der übrigen Prädiktoren als gegeben angesehen werden.

Modell	R	R-Quadrat	Änderung in R-Quadrat	Änderungsstatistiken			
				Änderung in F	df1	df2	Sig. Änderung in F
1	,786	,618	,618	11,328	3	21	,000
2	,885	,784	① ,166	4,594	3	18	② ,015
3	,964	,929	,146	10,340	3	15	,001

Abbildung 2.45: Modellzusammenfassung (Hierarchische Regression)

2.3.6. Moderator- und Mediatoranalyse

Die in Abschnitt 2.2.4 dargestellten Methoden zur Moderator- bzw. Mediatoranalyse basieren auf den Methoden der Korrelationsanalyse sowie der einfachen und der multiplen Regressionsanalyse. Die Umsetzung dieser Verfahren in SPSS wurde in den Abschnitten 2.3.1 und 2.3.2 bereits ausführlich beschrieben und soll hier nicht wiederholt werden. In den folgenden beiden Abschnitten sollen deshalb lediglich Besonderheiten dargestellt werden, die bei der Analyse von Moderator- bzw. Mediatoreffekten in der Regressionsanalyse mit SPSS zu beachten sind.

Moderatoranalyse

Bei der Moderatoranalyse sind Interaktionsterme zwischen der Prädiktor- und der Moderatorvariablen zu bilden und in multiple Regressionsanalysen zur Vorhersage des Kriteriums einzubeziehen. Metrische Variablen sind vor der entsprechenden Berechnung des Produktterms zu zentrieren. Diese Vorgehensweise soll am Beispiel des metrischen Prädiktors Leistungsstreben und der metrischen potentiellen Moderatorvariablen Kreativität erläutert werden.

Bei der Zentrierung von Variablen werden neue Variablen gebildet, die den Mittelwert 0 und die unveränderte Varianz der jeweiligen Ausgangsvariablen aufweisen. Dazu ist von jedem Wert der Mittelwert der jeweiligen Variablen abzuziehen. In SPSS ist zunächst der Mittelwert der relevanten Variablen zu berechnen. Nach Anklicken von Analysieren, Deskriptive Statistiken, Deskriptive Statistik öffnet sich das Dialogfenster aus Abbildung 2.46.:

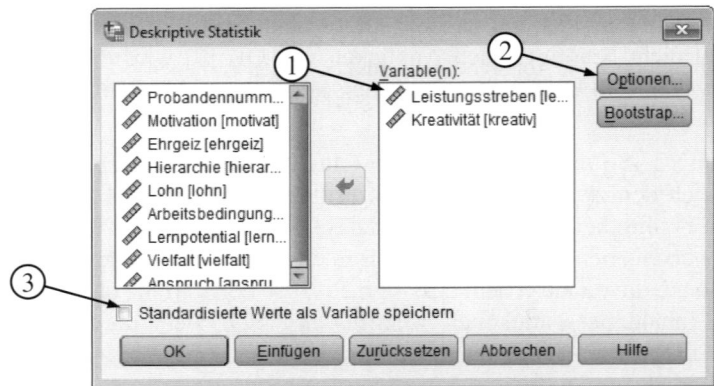

Abbildung 2.46: Dialogfenster Deskriptive Statistik

Prädiktor- und Moderatorvariable sind in das Feld Variablen(n) einzutragen [1], unter Optionen [2] ist ein Haken bei Mittelwert zu setzen. Haken bei anderen kenngrößen sind nicht zu setzen bzw. zu entfernen. Wenn man Standardisierte Variablen als Werte speichern [3] ankreuzen würde, würden automatisch z-standardisierte Variablen (Mittelwert jeweils 0, Standardabweichung 1) erzeugt werden. Da hier aber lediglich zentriert werden soll, die ursprüngliche Varianz der Variablen also nicht verändert werden soll, würde diese Einstellung im vorliegenden Fall nicht den gewünschten Effekt haben. Die Ergebnistabelle ist in Abbildung 2.47 dargestellt.

	N	Mittelwert
Leistungsstreben	25	21,04
Kreativität	25	17,04
Gültige Werte (Listenweise)	25	

Abbildung 2.47: Deskriptive Statistiken

Die berechneten Mittelwerte [1] können zur Erzeugung der zentrierten Variablen benutzt werden. Nach Anklicken von Transformieren und Variable berechnen im Hauptmenü erscheint das in Abbildung 2.48 dargestellte Dialogfenster.

Im Fenster Zielvariable ist zunächst ein Name für die zu erzeugende zentrierte Variable einzugeben, die zentrierte Variable Kreativität soll kreativ_zentr heißen

[1]. Danach ist im Fenster Numerischer Ausdruck die Berechnungsvorschrift für die neue Variable anzugeben. Im vorliegenden Beispiel soll von der Variablen Kreativität (kreativ [2]) deren Mittelwert 17.0400 [3] (vgl. Abbildung 2.48) abgezogen werden [3]. Der Mittelwert muss in jedem Fall so genau wie möglich eingetragen werden. Variablennamen können nach Markieren [4] über die Pfeiltaste [5] in das Feld Numerischer Ausdruck übernommen werden, alternativ können Sie über die PC-Tastatur eingetragen werden. Entsprechend können Ziffern oder Symbole für arithmetische Operationen über das entsprechende Funktionsfeld [6] oder über die PC-Tastatur in das Feld Numerischer Ausdruck eingetragen werden. Die Möglichkeiten der Eingabe unterschiedlicher Funktionen [7] oder die Beschränkung der Berechnungen auf ausgewählte Probanden [8] werden im vorliegenden Beispiel nicht benötigt. Nach Anklicken von OK [9] wird die zentrierte Variable kreativ_zentr im Dateneditor angezeigt (siehe später Abbildung 2.50).

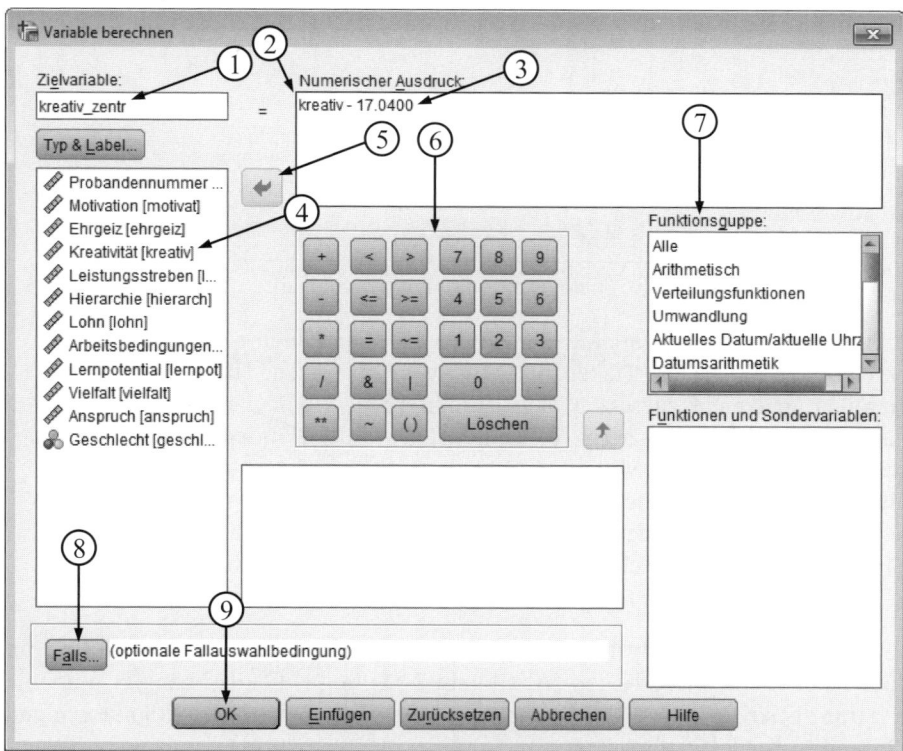

Abbildung 2.48: Dialogfenster Variable berechnen (zentrierte Variable)

Über Analysieren, Deskriptive Statistiken, Deskriptive Statistik kann geprüft werden, dass diese Variable tatsächlich den Mittelwert 0 hat bei unveränderter Standardabweichung.

Nachdem analog die zentrierte Variable der Leistung (leist_zentr) gebildet wurde, kann nach erneutem Anklicken von Transformieren und Variable berechnen im Hauptmenü der Produktterm der beiden zentrierten Variablen gebildet werden Abbildung 2.49).

In das Feld Zielvariable ist ein Name für die Produktvariable einzutragen [1], die aus den beiden zentrierten Variablen der Leistung und der Kreativität gebildet wird [2]. Pragmatisch wird der Produktterm hier mit interaktion_leist_kreat bezeichnet, korrekt müsste er interaktion_leist_zentr_kreat_zentr heißen. Nach der Berechnung werden alle neu erzeugten Variablen im Dateneditor dargestellt (Abbildung 2.50). Der Wert 12.32 [1] in der Produktvariablen entsteht als Produkt von −2.04 [2] und −6.04 [3].

Es ist zu empfehlen, für die neu erzeugten Variablen Label (z.B. Kreativität zentriert) vorzusehen und in der Variablenansicht des Dateneditors einzutragen.

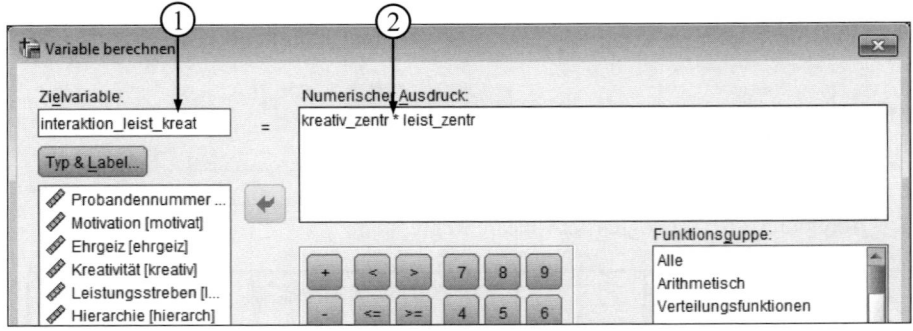

Abbildung 2.49: Dialogfenster Variable berechnen (Produktvariable)

anspruch	geschlecht	kreativ_zentr	leist_zentr	interaktion_leist_kreat
66	männlich	12,96	-1,04	-13,48
36	männlich	-6,04	8,96	-54,12
17	weiblich	-2,04	-6,04	12,32
49	weiblich	-1,04	17,96	-18,68
62	männlich	4,96	-16,04	-79,56
51	weiblich	-1,04	-15,04	15,64
55	männlich	2,96	-9,04	-26,76

Abbildung 2.50: Dateneditor mit neu berechneten Variablen

Nach Anklicken von Analysieren, Regression und Linear im Hauptmenü sind im Dialogfenster Lineare Regression (Abbildung 2.51) in das Feld Abhängige Variable Motivation [1] sowie in das Feld Unabhängige die beiden zentrierten Prädiktoren und ihre Produktvariable [2] einzutragen.

Entscheidend für die Beurteilung der Moderatorwirkung der Variablen Kreativität ist das Ergebnis der multiplen Regressionsanalyse bezüglich der Produktvariablen. Da sich im Beispiel in Abbildung 2.52 kein signifikanter Effekt ergibt (p = .546 [1]), kann die Annahme einer Moderatorwirkung der Variablen Kreativität nicht unterstützt werden.

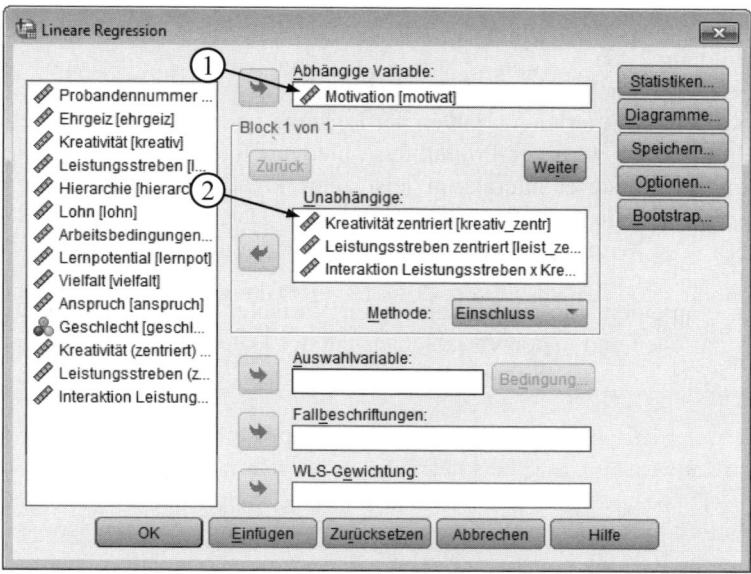

Abbildung 2.51: Dialogfenster Lineare Regression

Modell		Nicht standardisierte Koeffizienten		Standardi-sierte Koeffizienten		
		Regressions-koeffizient B	Standardfehler	Beta	T	Sig.
1	(Konstante)	19,950	,874		22,828	,000
	Kreativität zentriert	,258	,104	,394	2,481	,022
	Leistungsstreben zentriert	,282	,085	,541	3,306	,003
	Interaktion Leistungsstreben x Kreativität	-,007	,011	-,101	-,614	,546

Abbildung 2.52: Koeffizienten der multiplen Regressionsgleichung

Mediatoranalyse

Für die Mediatoranalyse sind Verfahren der einfachen bzw. multiplen Regressions-analyse anzuwenden, deren Durchführung in den Abschnitten 2.3.1 und 2.3.2 be-schrieben wurde. Die Berechnung des Wertes der Teststatistik des Sobel-Tests ent-sprechend Formel (2.23) muss per Hand durchgeführt werden, wobei alternativ meh-rere Internetseiten komfortable Berechnungsmöglichkeiten einschließlich der Anga-be der entsprechenden p-Werte anbieten.

Im Ordner Regressionsanalyse auf der Website zum Buch ist der Datensatz *Be-rufskompetenz.sav* enthalten. Es handelt sich dabei um Daten aus der For-schungspraxis, die zur weiteren Beschäftigung mit dem Verfahren verwendet werden können. In der Datei *Berufskompetenz.pdf* im gleichen Ordner werden der Gegenstand der Untersuchung erläutert und die Auswertung und Interpretation der Daten beschrieben. Gegenstand dieser Untersuchung von Pietrzyk (2002) sind Brüche in Berufsbiographien. Solche Brüche können durch Arbeitslosigkeit, aber auch durch die Übernahme von Tätigkeiten entstehen, die der Qualifikation des Arbeitnehmers nicht entsprechen. In der Untersuchung wird analysiert, wie sich Merkmale der Arbeitstätigkeit zusätzlich zu verschiedenen Persönlichkeitsvariablen auf Kompetenz- und Zufriedenheitsvariablen auswirken. Dazu liegen Datensätze von 239 Probanden vor, die im Rahmen einer Feldstudie erhoben wurden. Die gestellten Fragestellungen sollen unter Verwendung multipler und hierarchischer Regressionsanalysen bearbeitet werden.

Zusätzlich werden auf der Website zum Buch im Ordner Regressionsanalyse die Daten zum Anwendungsbeispiel Arbeitsmotivation (*Arbeitsmotivation.sav*) sowie Syntax-Dateien für die Bearbeitung der Anwendungsaufgabe Arbeitsmotivation aus diesem Kapitel (*Arbeitsmotivation.sps*) sowie zur Praxisaufgabe Berufskompetenz (*Berufskompetenz.sps*) bereitgestellt.

Kapitel 3
Varianzanalyse

Inhaltsübersicht

3.1   Einfaktorielle Varianzanalyse 98
3.1.1 Modell 98
3.1.2 Voraussetzungen 100
3.1.3 Statistische Hypothesen.. 102
3.1.4 Quadratsummenzerlegung und Signifikanzprüfung 102
3.1.5 Vorgehensweise nach dem Allgemeinen linearen Modell 105
3.1.6 Multiple Vergleiche.. 108
3.2   Zweifaktorielle Varianzanalyse.. 109
3.2.1 Modell, Voraussetzungen und statistische Hypothesen 109
3.2.2 Quadratsummenzerlegung und Signifikanzprüfung 110
3.2.3 Vorgehensweise nach dem Allgemeinen linearen Modell 115
3.3   Kovarianzanalyse... 116
3.4   Multivariate Varianzanalyse 118
3.5   Varianzanalyse mit Messwiederholungen 120
3.5.1 Typische Anwendungssituationen.. 121
3.5.2 Verwendung linearer Kontraste... 121
3.5.3 Signifikanzprüfung... 124
3.6   Anwendungsbeispiel in SPSS 125
3.6.1 Einfaktorielle Varianzanalyse 125
3.6.2 Zweifaktorielle Varianzanalyse... 131
3.6.3 Kovarianzanalyse.. 134
3.6.4 Multivariate Varianzanalyse 135
3.6.5 Varianzanalyse mit Messwiederholungen 138

Mit der Varianzanalyse wird in diesem Kapitel ein klassisches statistisches Auswertungsverfahren vorgestellt, das in seinen Ursprüngen auf R. A. Fisher (1918, 1925) zurückgeht. Wegen der Vielzahl der zur Verfügung stehenden varianzanalytischen Methoden findet es bei der Auswertung empirischer Untersuchungen sehr breite Verwendung.

Grundsätzliches Anliegen ist die statistische Beurteilung des Einflusses von nominalskalierten (kategorialen) Faktoren auf intervallskalierte abhängige Variablen. Dabei kann nicht nur ein Einflussfaktor mit zwei Ausprägungen wie zum Beispiel beim t-Test berücksichtigt werden, sondern es kann simultan die Wirkung von mehreren, mehrfach gestuften Faktoren und deren Wechselwirkungen betrachtet werden. Nach der Anzahl der unabhängigen Einflussfaktoren unterscheidet man einfaktorielle (Abschnitt 3.1) oder mehrfaktorielle (3.2) Analysen. Bei zusätzlich auszuwertenden intervallskalierten Kovariablen ist die Anwendung der Kovarianzanalyse möglich (3.3).

Wenn sich die zu untersuchenden statistischen Hypothesen gleichzeitig auf mehrere abhängige Variablen beziehen, ist die multivariate Varianzanalyse anzuwenden (3.4). Ein weiterer wichtiger Ansatz besteht in der Varianzanalyse mit Messwiederholungen (3.5). Sie wird angewendet, wenn wiederholte Messungen an den gleichen Probanden vorliegen. Neben der Darstellung der Verfahren zur Überprüfung der globalen Hypothesen wird auf die Möglichkeit von multiplen Tests (vor allem in Abschnitt 3.1) sowie auf die Analyse linearer Kontraste (vor allem in Abschnitt 3.5) eingegangen. Neben den klassischen varianzanalytischen Ansätzen nach Fisher werden auch die Grundüberlegungen des in SPSS realisierten Ansatzes (Allgemeines lineares Modell) dargestellt.

Ausführliche Darstellungen zur Varianzanalyse geben unter anderem Dunn und Clark (1987), Hays (1994), Sahai und Ageel (2000), Aron und Aron (2002), Tabachnick und Fidell (2006), Bühner und Ziegler (2009), Bortz und Schuster (2010) sowie Eid et al. (2010). Einführungen in die hier nicht behandelten Modelle mit zufälligen Effekten geben Brown und Prescott (2006) sowie Leonhart (2009).

Anwendungsbeispiel: Kommunikationstraining

Im Auftrag des Arbeitsamtes wurde ein Kommunikationstraining entwickelt. Innerhalb der formativen Evaluation wird das Training nun an verschiedenen Berufsgruppen durchgeführt. In Tabelle 3.1 sind die erhobenen Variablen aufgelistet, in Tabelle 3.2 die erfassten Daten. Vor dem Training werden bei allen Teilnehmern drei Variablen aus dem Bereich des sozialen Verhaltens erhoben (vgl. abhängige Variablen in Tabelle 3.1). Anschließend wird mit der einen Hälfte der Probanden das Training durchgeführt (Experimentalgruppe), die andere Hälfte erhält als Kontrollintervention ein Training zum allgemeinen Gesundheitsverhalten (Variable Bedingung in Tabelle 3.1). Direkt nach dem Training erfolgt die erste Postmessung, drei Monate später die zweite (vgl. Messwiederholungsvariablen in Tabelle 3.1).

Tabelle 3.1: Liste der Variablen zum Beispiel Kommunikationstraining

Variablen	Label	Bemerkungen
Abhängige Variablen		
AV1	Kommunikation	Einschätzung der Kommunikationsfähigkeit durch Experten (Verhaltensbeobachtung)
AV2	Selbstsicherheit	Fragebogen
AV3	Soziale Kompetenz	Fragebogen
Messwiederholungsvariablen		
AV1_T2	Kommunikation T2	Kommunikationsfähigkeit direkt nach dem Training
AV1_T3	Kommunikation T3	Kommunikationsfähigkeit 3 Monate nach dem Training
Unabhängige Variablen (Faktoren)		
UV1	Beruf	1 = Versicherungsvertreter, 2 = Lehrer, 3 = Programmierer
UV2	Geschlecht	1 = männlich, 2 = weiblich
UV3	Bedingung	Untersuchungsgruppe: 1 = Trainings-, 2 = Kontrollgruppe
Kovariable		
COV	Alter	

Tabelle 3.2: Daten zum Beispiel Kommunikationstraining

Pb	Kommunikation	Selbstsicherheit	Soziale Kompetenz	Kommunikation T2	Kommunikation T3	Beruf	Geschlecht	Bedingung	Alter
1	5	18	22	6	11	3	1	1	23
2	14	12	34	14	16	1	2	1	28
3	8	12	28	12	11	2	2	1	29
4	6	15	26	9	4	3	2	2	27
5	11	15	29	12	12	2	1	1	23
6	8	20	34	13	12	3	2	1	27
7	11	16	32	11	11	1	2	2	25
8	12	14	27	15	12	2	2	2	36
9	10	15	34	13	11	1	1	1	32
10	10	16	27	10	9	1	1	2	34
11	9	18	32	10	12	1	2	1	29
12	9	16	29	12	10	1	1	1	31
13	10	14	32	8	9	1	2	2	26
14	9	16	30	9	11	3	2	1	27
15	7	16	33	8	11	3	2	2	28
16	8	15	26	8	10	2	2	1	24
17	5	16	20	8	8	3	1	1	29
18	12	19	29	11	9	2	1	2	28
19	11	14	31	10	12	1	1	2	25
20	10	18	31	10	12	2	1	2	27
21	9	16	30	12	11	2	1	1	30
22	9	16	34	9	10	2	2	2	28
23	7	17	28	9	8	3	1	2	30
24	5	18	21	6	2	3	1	2	24

Um die Ergebnisse der Evaluation besser einordnen zu können, soll zunächst geprüft werden, ob sich die Angehörigen der verschiedenen Berufsgruppen bezüglich ihrer Kommunikationsfähigkeit unterscheiden. Zudem soll der Einfluss des Geschlechts, eine etwaige Interaktion von Geschlecht und Berufsgruppe sowie ein möglicher Einfluss der Kovariablen Alter untersucht werden. Eventuelle Unterschiede zwischen den Berufgruppen sollen dann multivariat bezüglich des „sozialen Verhaltens" untersucht werden. Hierzu werden sämtliche abhängigen Variablen des ersten Messzeitpunkts, also Kommunikation, Selbstsicherheit und soziale Kompetenz, gleichzeitig in die Analyse einbezogen. Die Effektivität des Trainings wird schließlich anhand einer Varianzanalyse mit Messwiederholungen (eine Prä- und zwei Postmessungen) mit der Variablen Kommunikation geprüft.

3.1 Einfaktorielle Varianzanalyse

Mit der einfaktoriellen Varianzanalyse kann die Wirkung eines mehrfach gestuften Faktors auf eine abhängige Variable untersucht werden. Im Anwendungsbeispiel wird der Einfluss des ausgeübten Berufs auf die Kommunikationsfähigkeit analysiert. Dabei wird untersucht, welcher Anteil der Varianz der Variablen Kommunikationsfähigkeit durch die unterschiedlichen Berufsgruppen Versicherungsvertreter, Lehrer und Programmierer erklärt werden kann. Wenn zusätzlich begründet angenommen werden muss, dass die Kommunikationsfähigkeit der Probanden neben dem Beruf zusätzlich vom Alter abhängt, muss das varianzanalytische Modell um diese intervallskalierte Kovariable erweitert werden (siehe Abschnitt 3.3).

3.1.1 Modell

Im Anwendungsbeispiel ergeben sich für die drei Berufsgruppen die in Tabelle 3.3 dargestellten Mittelwerte und Standardabweichungen der Variablen Kommunikation (erster Messzeitpunkt).

Tabelle 3.3: Deskriptive Maßzahlen der Kommunikationsfähigkeit

Beruf	Mittelwert	Standardabweichung
Versicherungsvertreter	10.50	1.60
Lehrer	9.88	1.64
Programmierer	6.50	1.51

Basierend auf diesen empirischen Werten können die zu den jeweiligen Berufsgruppen gehörenden Verteilungen wie in Abbildung 3.1 dargestellt werden, wobei die Stichprobenmittelwerte als Schätzungen für die Mittelwerte der drei Teilpopulationen (Versicherungsvertreter μ_1, Lehrer μ_2 und Programmierer μ_3) und die in den Gruppen ermittelten Standardabweichungen als Schätzwerte für die gemeinsame

Standardabweichung σ in der Population angenommen werden (siehe Abschnitt 3.1.2, Voraussetzung II). Zusätzlich sind die Werte der ersten vier Probanden aus Tabelle 3.2 in die Abbildung eingetragen. Dabei wird der Wert des Probanden 1 mit y_{31} bezeichnet, da dieser Proband die erste Versuchsperson in der dritten Berufsgruppe (Programmierer) ist. Entsprechend werden die Werte der Kommunikationsfähigkeit der Probanden 2, 3 und 4 mit y_{11}, y_{21} und y_{32} bezeichnet.

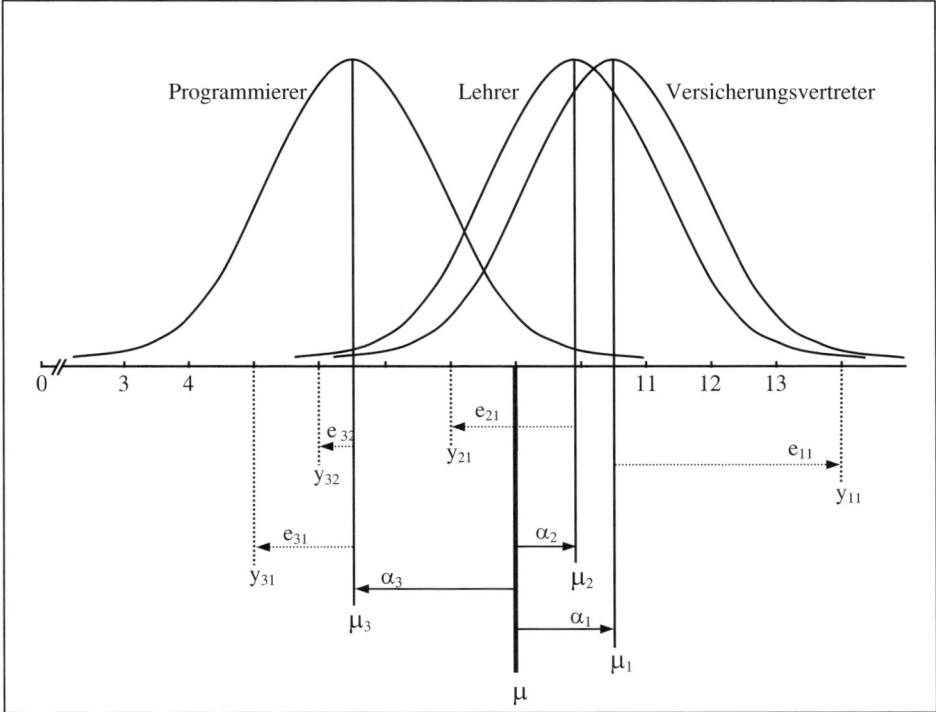

Abbildung 3.1: Modell der einfaktoriellen Varianzanalyse mit den Werten der Probanden 1 bis 4 (Variable Kommunikationsfähigkeit)

Gemäß dem Modell der einfaktoriellen Varianzanalyse ergeben sich die Werte der einzelnen Probanden wie folgt:

$$y_{ij} = \mu_i + e_{ij} = \mu + \alpha_i + e_{ij} \ (i = 1,...,k; j = 1,...,n_i) \tag{3.1}$$

y_{ij}: Wert der abhängigen Variablen des j-ten Probanden unter der i-ten Faktorstufe
μ: Mittelwert der abhängigen Variablen in der Population
μ_i: Mittelwert der abhängigen Variablen in der Teilpopulation unter der i-ten Faktorstufe
α_i: Effekt der Teilpopulation unter der i-ten Faktorstufe
e_{ij}: Residuum des j-ten Probanden unter der i-ten Faktorstufe
k: Anzahl der Faktorstufen
n_i: Anzahl der Probanden unter der i-ten Faktorstufe

Mit Abbildung 3.1 können die Modellannahmen der einfaktoriellen Varianzanalyse veranschaulicht werden. Nach der Modellvorstellung setzt sich jeder Messwert der abhängigen Variablen folglich zusammen aus dem Gesamtmittelwert, einem durch die jeweilige Faktorstufe verursachten Einfluss und dem Residuum, d.h. der Abweichung der einzelnen Probanden vom Mittelwert der jeweiligen Teilpopulation. Der Wert y_{11} des ersten Probanden aus der Gruppe der Versicherungsvertreter (des zweiten Probanden aus dem Beispieldatensatz) setzt sich nach dem Modell zusammen aus dem Gesamtmittelwert μ, dem Einfluss der ersten Faktorstufe „Versicherungsvertreter" α_1, der zu einem gegenüber μ größeren Mittelwert in der Teilpopulation der Versicherungsvertreter führt, und der individuellen (in diesem Fall positiven) Abweichung dieses Probanden vom Mittelwert μ_1 seiner Gruppe. Demgegenüber weicht der Wert y_{31} des ersten Probanden aus der Teilpopulation der Programmierer (des ersten Probanden aus dem Beispieldatensatz) negativ vom Mittelwert μ_3 der Programmierer ab, das Residuum e_{31} dieses Probanden hat einen negativen Wert.

In den Residuen sind alle nicht kontrollierbaren Einflüsse und alle messfehlerbedingten Einflüsse zusammengefasst. Die Zufallsvariable, deren Realisierungen bzw. Werte die Residuen sind, wird als Modellfehler oder als Residualvariable bezeichnet.

3.1.2 Voraussetzungen

Die Voraussetzungen der einfaktoriellen Varianzanalyse können ebenfalls anhand von Abbildung 3.1 veranschaulicht werden.

I Statistische Unabhängigkeit der Modellfehler

Diese Voraussetzung besagt, dass die Abweichungen der einzelnen Probanden vom Mittelwert ihrer Teilpopulation unabhängig von den Abweichungen der anderen Probanden sein müssen. Sie wäre zum Beispiel verletzt, wenn in einer der Gruppen ein Proband mehrfach untersucht worden wäre. Hätte dieser Proband zum Beispiel im ersten Test innerhalb seiner Gruppe eine sehr gute Kommunikationsfähigkeit, also ein hohes positives Residuum, wäre beim zweiten Test ebenfalls ein positives Residuum zu erwarten, die Modellfehler wären also nicht unabhängig voneinander. Demgegenüber kann die Voraussetzung zum Beispiel als erfüllt angesehen werden, wenn zufällig ausgewählte Probanden den Faktorstufen zufällig zugeordnet werden und unter den Faktorstufen verschiedene Stichproben untersucht werden.

II Homogenität der Varianzen der Modellfehler zwischen den Gruppen

Die Varianzen der Modellfehler unter den einzelnen Faktorstufen, die den Varianzen der abhängigen Variablen unter den einzelnen Faktorstufen entsprechen, müssen homogen sein. In Abbildung 3.1 sind Verteilungen mit gleichen Varianzen unter den drei Faktorstufen dargestellt. Diese Voraussetzung kann mit entsprechenden Homogenitätstests (zum Beispiel mit dem relativ robusten Levene-Test, siehe Diehl und Arbinger, 2001; Rudolf und Kuhlisch, 2008) geprüft werden.

III Normalverteilung der Modellfehler innerhalb der Gruppen

Die Voraussetzung der Normalverteilung der Modellfehler in den Gruppen des Versuchsplanes entspricht der Voraussetzung der Normalverteilung der abhängigen Variablen unter den einzelnen Faktorstufen. In Abbildung 3.1 sind Normalverteilungen unter den drei Faktorstufen des Anwendungsbeispiels dargestellt. Diese Voraussetzung kann mit entsprechenden Anpassungstests (zum Beispiel Kolmogorov-Smirnov-Test, siehe Diehl und Arbinger, 2001; Rudolf und Kuhlisch, 2008) innerhalb der Stichproben unter den einzelnen Faktorstufen untersucht werden.

Bewertung der Voraussetzungen

Voraussetzung I ist durch entsprechende Versuchsplanung bzw. Stichprobenziehung immer zu gewährleisten. Abhängige Modellfehler führen zu erheblichen Verfälschungen der Testergebnisse. Bei wiederholten Messungen an den gleichen Probanden sind die Verfahren der Varianzanalyse mit Messwiederholung anzuwenden (vgl. Abschnitt 3.5).

Bezüglich der Folgen einer Verletzung der Voraussetzungen II oder III gibt es umfangreiche Untersuchungen in der Literatur (zusammengefasst zum Beispiel bei Bortz und Schuster, 2010). Eine detaillierte Untersuchung der daraus resultierenden Befunde ist in jedem speziellen Anwendungsfall erforderlich, da beide Voraussetzungen gemeinsam in der Praxis nur selten sicher als erfüllt gelten können. So wird der unter Voraussetzung III als Möglichkeit beschriebene Test auf Normalverteilung innerhalb der Gruppen des Versuchsplanes in der Praxis nur selten durchgeführt, da der Test bei geringen Stichprobenumfängen nur geringe Teststärke hat, während bei großen Stichprobenumfängen die Normalverteilungsvoraussetzung an Bedeutung verliert. Aus den Untersuchungen zur Robustheit (das heißt zur Unempfindlichkeit gegenüber Verletzungen der Voraussetzungen) der Varianzanalyse lassen sich folgende grobe Empfehlungen ableiten (ausführlicher siehe Bortz und Schuster, 2010; Diehl und Arbinger, 2001).

- Die Robustheit der Varianzanalyse ist generell größer, wenn die Stichprobenumfänge n_i unter allen Faktorstufen gleich groß sind. Deshalb sollten in der Phase der Versuchsplanung möglichst gleich große Gruppen vorgesehen werden.
- Wenn die Voraussetzung der Varianzhomogenität gegeben ist (was allerdings bei kleinen Stichproben ($n_i < 10$) nicht hinreichend geprüft werden kann), ist die Varianzanalyse relativ robust gegen Verletzungen der Normalverteilungsvoraussetzung.
- Bei Verletzung der Varianzhomogenität oder bei kleinen Stichproben (bei denen die Voraussetzungen II und III nicht geprüft werden können) empfiehlt sich die Anwendung der robusten Verfahren nach Brown-Forsythe bzw. Welch (vgl. Diehl und Arbinger, 2001), die für die einfaktorielle Varianzanalyse in SPSS realisiert sind (siehe Abschnitt 3.6). Alternativ ist die Verwendung der nichtparametrischen Varianzanalyse (Kruskal-Wallis-Test, siehe Diehl und Arbinger, 2001; Rudolf und Kuhlisch, 2008) möglich.

3.1.3 Statistische Hypothesen

Ziel der einfaktoriellen Varianzanalyse ist die Untersuchung der Wirkung des unabhängigen Faktors auf die abhängige Variable. Die Wirkung der Faktorstufen wird im varianzanalytischen Modell (Formel (3.1)) durch die Terme α_i (i = 1,...,k) beschrieben. Daraus folgen unmittelbar die für den Nachweis der Wirkung des Faktors relevanten statistischen Hypothesen:

H_0: $\alpha_i = 0$ für alle i (i = 1,...,k)   (3.2)
H_1: $\alpha_i \neq 0$ für mindestens ein i (i = 1,...,k)   (3.3)

Alternativ wird die H_0 oft auch dargestellt als H_0: $\mu_1 = \mu_2 = ... = \mu_k$, wobei mit μ_i (i = 1,...,k) die Mittelwerte in den Teilpopulationen unter den jeweiligen Faktorstufen bezeichnet werden. Beim Vorliegen von mehr als zwei Faktorstufen impliziert die Ablehnung der Nullhypothese (Formel (3.2)) die Frage, zwischen welchen Faktorstufen der nachgewiesene Unterschied zu finden ist. Diese Frage kann mit multiplen Vergleichen oder durch die Analyse linearer Kontraste untersucht werden (siehe Abschnitt 3.1.6 bzw. 3.5.2).

Zur Prüfung der statistischen Hypothesen stehen bei der einfaktoriellen Analyse wie auch bei den in den folgenden Abschnitten behandelten varianzanalytischen Verfahren zwei unterschiedliche Vorgehensweisen zur Verfügung: die Quadratsummenzerlegung nach Fisher und die Vorgehensweise nach dem Allgemeinen linearen Modell.

Der klassische Ansatz besteht in der Quadratsummenzerlegung nach Fisher. Dieses Vorgehen wurde über viele Jahre ausschließlich angewendet und war in den Statistikprogrammen enthalten. In den aktuellen Versionen von SPSS sind diese klassischen Ansätze nur für den Fall der einfaktoriellen Varianzanalyse über die Menüs erreichbar, für komplexere Modelle ist der Einsatz der entsprechenden Syntax-Befehle erforderlich (siehe Zöfel, 2002; Brosius, 2005).

In den letzten Jahren wurden die Methoden des Allgemeinen linearen Modells weiterentwickelt, die unter anderem die Behandlung aller varianzanalytischen Fragestellungen gestatten. In den aktuellen SPSS-Versionen werden die varianzanalytischen Verfahren über das Allgemeine lineare Modell realisiert.

Im Folgenden wird zunächst der Quadratsummenzerlegungsansatz nach Fisher dargestellt, mit dem die grundsätzlichen Anliegen der Varianzanalyse am Spezialfall gleich großer Gruppen ($n_i = n$; i = 1,...,k) demonstriert werden sollen. Im danach folgenden Abschnitt 3.2.5 werden die Grundprinzipien des Allgemeinen linearen Modells anhand der einfaktoriellen Varianzanalyse dargestellt. Damit kann das klassische Vorgehen mit dem in SPSS realisierten Vorgehen nach dem Allgemeinen linearen Modell verglichen werden.

3.1.4 Quadratsummenzerlegung und Signifikanzprüfung

In Abbildung 3.1 wird deutlich, dass die Gesamtvarianz der abhängigen Variablen (totale Quadratsumme) durch zwei Varianzursachen hervorgerufen wird. Einerseits wird ein Teil der Gesamtvarianz durch die Unterschiede der Mittelwerte der Verteilungen unter den verschiedenen Faktorstufen verursacht (Faktor- bzw. Treatment-quadratsumme). Andererseits resultiert ein weiterer Varianzanteil aus der Variabilität der Werte der Probanden um den Mittelwert der jeweiligen Faktorstufe (Fehler- bzw. Residualquadratsumme). Die Größe des Quotienten dieser beiden Quadratsummen ist die für den Nachweis der Wirkung des Faktors entscheidende Größe. Für die Berechnung des Verhältnisses sind die drei Quadratsummen sowie die daraus geschätzten mittleren Quadratsummen erforderlich.

Quadratsummenzerlegung

Die totale Quadratsumme ergibt sich aus den quadratischen Abweichungen aller Werte der abhängigen Variablen vom Gesamtmittelwert.

$$QS_{total} = \sum_{i=1}^{k} \sum_{j=1}^{n_i} (y_{ij} - \overline{y})^2 = \sum_{i=1}^{k} \sum_{j=1}^{n} (y_{ij} - \overline{y})^2 \qquad (3.4)$$

QS_{total}: totale Quadratsumme

y_{ij}: Wert der abhängigen Variablen des j-ten Probanden unter der i-ten Faktorstufe

$\overline{y}$: Mittelwert der abhängigen Variablen in der Stichprobe

k: Anzahl der Faktorstufen

n_i: Anzahl der Probanden unter der i-ten Faktorstufe mit $n_i = n$ (i = 1,...,k)

Im Beispiel ergibt sich für die Variable Kommunikation der arithmetische Mittelwert 8.96, für die totale Quadratsumme ergibt sich der Wert $QS_{total} = 126.96$. Diese totale Quadratsumme kann nun aufgeteilt werden in die Faktor- oder Treatmentquadratsumme QS_{Faktor}, die auf die Wirkung der unterschiedlichen Faktorstufen zurückzuführen ist, und die Fehler- oder Residualquadratsumme QS_{Fehler}, die durch die Variabilität der Messwerte unter den einzelnen Faktorstufen zu erklären ist.

$$QS_{total} = QS_{Faktor} + QS_{Fehler} \qquad (3.5)$$

Die Faktorquadratsumme ergibt sich, indem für jeden Probanden die Differenz des jeweiligen Gruppenmittelwertes vom Gesamtmittelwert gebildet und quadriert wird.

$$QS_{Faktor} = \sum_{i=1}^{k} \sum_{j=1}^{n_i} (\overline{y}_i - \overline{y})^2 = \sum_{i=1}^{k} n_i \cdot (\overline{y}_i - \overline{y})^2 = \sum_{i=1}^{k} n \cdot (\overline{y}_i - \overline{y})^2 \qquad (3.6)$$

QS_{Faktor}: Faktorquadratsumme (Treatmentquadratsumme)

$\overline{y}$: Mittelwert der abhängigen Variablen in der Stichprobe

$\overline{y}_i$: Mittelwert der abhängigen Variablen in der Teilstichprobe unter der i-ten Faktor-
    stufe

k: Anzahl der Faktorstufen

n_i: Anzahl der Probanden unter der i-ten Faktorstufe mit $n_i = n$ (i = 1,...,k)

Im Beispiel sind die Mittelwerte der Kommunikationsfähigkeit in Tabelle 3.3 dargestellt. Die Faktorquadratsumme berechnet sich als $QS_{Faktor} = 8 \cdot (10.50 - 8.96)^2 + 8 \cdot$
$(9.88 - 8.96)^2 + 8 \cdot (6.50 - 8.96)^2 = 74.08$.

Für die Berechnung der Fehlerquadratsumme wird die Summe der quadrierten
Abweichungen aller Messwerte vom Mittelwert unter der jeweiligen Faktorstufe berechnet.

$$QS_{Fehler} = \sum_{i=1}^{k} \sum_{j=1}^{n_i} (y_{ij} - \overline{y}_i)^2 = \sum_{i=1}^{k} \sum_{j=1}^{n} (y_{ij} - \overline{y}_i)^2 \qquad (3.7)$$

QS_{Fehler}: Fehlerquadratsumme (Residualquadratsumme)

y_{ij}: Wert der abhängigen Variablen des j-ten Probanden unter der i-ten Faktorstufe

$\overline{y}_i$: Mittelwert der abhängigen Variablen in der Teilstichprobe unter der i-ten Faktorstufe

k: Anzahl der Faktorstufen

n_i: Anzahl der Probanden unter der i-ten Faktorstufe mit $n_i = n$ (i = 1,...,k)

Im Beispiel ergibt sich die Residual- oder Fehlerquadratsumme als $QS_{Fehler} = (5 -$
$6.50)^2 + (14 - 10.50)^2 + (8 - 9.88)^2 + ... + (5 - 6.50)^2 = 52.88$. Damit ist die totale
Quadratsumme vollständig in die Treatment- und die Fehlerquadratsumme zerlegt
worden.

Mittlere Quadratsummen

Bevor das Verhältnis der durch die Wirkung der Faktorstufen erklärbaren Quadratsummenanteile und der Fehlerquadratsummenanteile untersucht werden kann, sind
die mittleren Quadratsummen aus den Quadratsummen (Formel (3.6) und (3.7)) unter Berücksichtigung der jeweiligen Freiheitsgrade zu schätzen. Damit ergeben sich
folgende mittleren Quadratsummen:

$$MQ_{Faktor} = QS_{Faktor} / (k - 1) \qquad (3.8)$$

QS_{Faktor}: Faktorquadratsumme

MQ_{Faktor}: mittlere Faktorquadratsumme

k: Anzahl der Faktorstufen

$$MQ_{Fehler} = QS_{Fehler} / (N - k) \qquad (3.9)$$

QS_{Fehler}: Fehlerquadratsumme

MQ_{Fehler}: mittlere Fehlerquadratsumme

k: Anzahl der Faktorstufen

N: Anzahl der Probanden ($N = \sum_{i=1}^{k} n_i = k \cdot n$)

Im Beispiel ergeben sich die mittleren Quadratsummen $MQ_{Faktor} = 37.04$ sowie
$MQ_{Fehler} = 2.52$.

Signifikanztest

Der Quotient F aus der erklärten mittleren Quadratsumme MQ_{Faktor} und der nicht erklärten mittleren Quadratsumme MQ_{Fehler} ist bei Gültigkeit der Nullhypothese (Formel (3.2)) ein Wert einer mit $(k - 1)$, $(N - k)$ Freiheitsgraden F-verteilten Teststatistik.

$$F = \frac{MQ_{Faktor}}{MQ_{Fehler}} \hspace{6cm} (3.10)$$

Im Beispiel ergibt sich ein sehr signifikanter $(p < .01)$ F-Wert $F = 14.7$. Die statistische Nullhypothese (Formel (3.2)) ist folglich abzulehnen.

Effektgröße

Für die Auswertung empirischer Untersuchungen zur Beurteilung der Effekte von unabhängigen Faktoren ist es grundsätzlich empfehlenswert, zusätzlich zu den Ergebnissen des Signifikanztests Aussagen über die Größe des Effekts zu treffen. Insbesondere bei Untersuchungen mit großen Stichprobenumfängen können signifikante Effekte nachgewiesen werden, die jedoch wegen geringer Effektgrößen praktisch bedeutungslos sind. Für varianzanalytische Untersuchungen wird das Effektgrößemaß Eta-Quadrat verwendet, das den Anteil an der totalen Quadratsumme angibt, der durch die Wirkung des Faktors erklärt werden kann:

$$\eta^2 = \frac{\text{erklärte Quadratsumme}}{\text{totale Quadratsumme}} = \frac{QS_{Faktor}}{QS_{total}} \hspace{4cm} (3.11)$$

η^2 kann Werte zwischen 0 und 1 annehmen. Das Effektgrößemaß ist unabhängig vom Stichprobenumfang. Im Fall $\eta^2 = 1$ würde die Variabilität der abhängigen Variablen vollständig durch die Wirkung des Faktors erklärt. Im Anwendungsbeispiel ergibt sich der Wert $\eta^2 = .58$, das heißt, 58% der Quadratsumme der Variablen Kommunikation (der totalen Quadratsumme) kann durch die unterschiedlichen Berufe erklärt werden. Die praktische Beurteilung der Effektgrößemaße in empirischen Untersuchungen ist vollständig vom Kontext der jeweiligen Anwendung abhängig. Inhaltliche Überlegungen und Erwartungen sowie Ergebnisse aus vergleichbaren Untersuchungen können einen Maßstab für die Beurteilung liefern.

3.1.5 Vorgehensweise nach dem Allgemeinen linearen Modell

Mit dem Allgemeinen linearen Modell können die Verfahren der Varianz- und der Regressionsanalyse übergreifend dargestellt und bearbeitet werden. Ausführliche deutschsprachige Monographien zum Allgemeinen linearen Modell liegen von Moosbrugger (2002) und von Werner (1997) vor. Grundsätzlich besteht das Allgemeine lineare Modell in einer Erweiterung der Modelle der multiplen Korrelations- bzw. Regressionsanalyse dahingehend, dass die unabhängigen Variablen bzw. Faktoren der Varianzanalyse in den Regressionsansatz integriert werden. Dazu werden die nominalskalierten varianzanalytischen Faktoren durch Indikatorvariablen kodiert, deren Anzahl sich aus der um 1 reduzierten Anzahl der Stufen des jeweiligen Faktors ergibt und die die Information der jeweiligen Faktorvariablen vollständig enthalten. Diese Indikatorvariablen werden in die regressionsanalytischen Verfahren eingeschlossen, so dass die simultane Berücksichtigung von intervallskalierten und nominalskalierten Merkmalen sowie von deren Wechselwirkungen möglich ist.

Für die Durchführung der Berechnungen in SPSS ist die Kenntnis der Kodierungsregeln nicht zwingend erforderlich, da die entsprechenden Schritte vom Programm automatisch vorgenommen werden. Trotzdem ist das Verständnis der wesentlichen Vorgehensweisen und Konzepte für das Verständnis der Ergebnisse insbesondere komplexer varianzanalytischer Designs sehr wichtig. In diesem Abschnitt sollen deshalb die grundlegenden Ideen der Kodierung der nominalskalierten Variablen und der Auswertungen mit dem Allgemeinen linearen Modell am Beispiel der einfaktoriellen Varianzanalyse und des Anwendungsbeispiels im Vergleich zum Vorgehen der Quadratsummenzerlegung nach Fisher dargestellt werden.

Kodierung der nominalskalierten Variablen

Im Fall zweistufiger Faktoren wie dem Geschlecht ist die Kodierung unmittelbar klar. Jeder der Probanden erhält einen der Werte 0 bzw. 1, zum Beispiel erhalten in der Kodierungsvariablen alle Männer den Wert 0 und alle Frauen den Wert 1. In der so erzeugten Variablen ist die komplette Information des Faktors Geschlecht enthalten. Bei mehrstufigen Faktoren sind mehrere Kodiervariable erforderlich. Um alle Informationen des Faktors aufzunehmen, sind bei k Faktorstufen k − 1 orthogonale, d.h. unabhängige Kodiervariablen zu erzeugen. Am Beispiel der dreistufigen unabhängigen Variablen Beruf sollen die Prinzipien der Dummy- und der Effektkodierung veranschaulicht werden. In den Tabellen 3.4 und 3.5 sind die Schemata für die drei Stufen des Faktors Beruf dargestellt.

Tabelle 3.4: Dummykodierung des Faktors Beruf

Beruf	Kodiervariable cd_1	Kodiervariable cd_2
Versicherungsvertreter	1	0
Lehrer	0	1
Programmierer	0	0

Tabelle 3.5: Effektkodierung des Faktors Beruf

Beruf	Kodiervariable ce_1	Kodiervariable ce_2
Versicherungsvertreter	1	0
Lehrer	0	1
Programmierer	− 1	− 1

In Tabelle 3.4 (Dummykodierung) erhalten alle Versicherungsvertreter in der ersten Kodiervariablen cd_1 den Wert 1 und in cd_2 den Wert 0. Alle Lehrer erhalten in der

Kodiervariablen cd_2 den Wert 1, in cd_1 den Wert 0. Eine weitere Kodiervariable ist nicht erforderlich, weil klar ist, dass alle Probanden, die weder in cd_1 noch in cd_2 einen Wert von 1 aufweisen, der dritten Kategorie (Programmierer) angehören. Mit den beiden dummykodierten Variablen cd_1 und cd_2 wird die Information des Faktors Beruf also vollständig erfasst. Die Effektkodierung (Tabelle 3.5) unterscheidet sich von der Dummykodierung nur dadurch, dass die Probanden der letzten (k-ten) Kategorie, im Beispiel die Programmierer, in beiden Kodiervariablen ce_1 und ce_2 den Wert −1 zugewiesen bekommen. Diese Form der Kodierung wird im folgenden Abschnitt benutzt (siehe auch Abschnitt 3.6). Bezüglich der im Zusammenhang mit der Varianzanalyse stehenden zentralen Fragestellungen ergeben sich bei beiden Kodierungen identische Ergebnisse. Unterschiede gibt es bei der Interpretation der berechneten Regressionskoeffizienten (siehe Cohen et al., 2003).

Multiple Regression mit Kodiervariablen

Alternativ zum Fisher'schen Ansatz der Quadratsummenzerlegung werden bei der Durchführung der einfaktoriellen Varianzanalyse mit den Methoden des Allgemeinen linearen Modells die beiden Kodiervariablen ce_1 und ce_2 als Prädiktorvariablen in einer multiplen Regressionsanalyse mit der Kriteriumsvariablen Kommunikationsfähigkeit verwendet. Zur Überprüfung der Nullhypothese (Formel (3.2)) der einfaktoriellen Varianzanalyse entspricht dem F-Wert nach dem Fisher'schen Ansatz (Formel (3.10)) exakt folgender F-Wert der Regressionsanalyse:

$$F = \frac{R^2 \cdot (N-k)}{(1-R^2) \cdot (k-1)} \tag{3.12}$$

R^2: multiples Bestimmtheitsmaß der multiplen Regression
N: Anzahl der Probanden
k: Anzahl der Faktorstufen

Bei Bortz und Schuster (2010) wird dargestellt, wie sich der F-Wert aus Formel (3.12) aus dem F-Wert (Formel (3.10)) nach dem Quadratsummenzerlegungsansatz ergibt. Das Ergebnis im Beispiel stimmt folglich (bis auf Rundungsfehler) mit dem Ergebnis nach dem Ansatz von Fisher überein. Mit $R^2 = .58$, N = 24 und k = 3 ergibt sich der sehr signifikante (p < .01) F-Wert F = 14.7. Im Fall der einfaktoriellen Varianzanalyse erhält man also die gleichen Ergebnisse, wenn man die Analyse nach dem klassischen Quadratsummenzerlegungsansatz nach Fisher oder nach multiplen Regressionsanalysen mit den Kodiervariablen als Prädiktoren (Allgemeines lineares Modell) berechnet (siehe Abschnitt 3.6). Bei komplexeren Modellen können sich, bedingt durch die unterschiedliche Vorgehensweise, geringe Unterschiede in den Ergebnissen ergeben.

3.1.6 Multiple Vergleiche

Im Anwendungsbeispiel ergab sich ein sehr signifikanter (p < .01) Mittelwertunterschied der Berufsgruppen in der Variablen Kommunikationsfähigkeit. Zur weitergehenden Interpretation ist die Frage zu beantworten, zwischen welchen der drei betrachteten Berufsgruppen die Unterschiede bestehen. Dabei muss der Anwender grundsätzlich zwischen a priori und a posteriori aufgestellten Einzelvergleichs-Hypothesen unterscheiden.

A-priori-Einzelvergleichshypothesen

A-priori-Einzelvergleichshypothesen werden bereits in der Planungsphase einer Untersuchung aufgestellt. Sie spezifizieren die Erwartung darüber, in welcher Weise die zu erwartenden globalen Effekte auf einzelne Faktorstufen zurückzuführen sind. Eine mögliche a priori formulierte Hypothese im Anwendungsbeispiel könnte in der Annahme bestanden haben, dass die Kommunikationsfähigkeit bei Lehrern und bei Versicherungsvertretern, die beide in ihrem Beruf oft und überzeugend reden müssen, stärker als bei Programmierern ausgeprägt sein wird. Der in der Varianzanalyse ermittelte, sehr signifikante Einfluss des Faktors Beruf müsste dann auf diesen Unterschied zurückzuführen sein, während zwischen Lehrern und Versicherungsvertretern kein Unterschied vermutet wird. Diese Hypothese kann dadurch geprüft werden, dass der Mittelwert von Lehrern und Versicherungsvertretern mit dem Mittelwert der Programmierer verglichen wird. Wenn – und das ist in der Praxis häufig der Fall – nur eine oder maximal zwei vor der Untersuchung aufgestellte Einzelvergleichshypothesen zu untersuchen sind, können diese a priori formulierten Hypothesen ohne Korrektur des α-Fehler-Niveaus geprüft werden (vgl. Horn und Vollandt, 1995, Bortz und Schuster, 2010). Andernfalls bieten sich dafür Verfahren für Einzelvergleiche auf der Basis linearer Kontraste an. Eine ausführliche einführende Darstellung zu den Konstruktionsbedingungen und zur Analyse linearer Kontraste geben Bortz und Schuster (2010). Auf die Anwendung linearer Kontraste wird in diesem Text in Zusammenhang mit einem sehr wichtigen Anwendungsfall im Abschnitt zur Varianzanalyse mit Messwiederholungen eingegangen (Abschnitt 3.5).

A-posteriori-Mehrfachvergleiche

Wenn vor der Untersuchung keine begründeten Hypothesen über die konkret erwarteten Unterschiede bzw. Effekte aufgestellt werden konnten, liegt eine grundsätzlich andere Situation vor. Hier können zwischen allen Stufen des Faktors die Unterschiede zu finden sein, die zur Signifikanz des F-Tests der einfaktoriellen Varianzanalyse geführt haben. Somit muss bei Nachfolgetests zur Varianzanalyse in jedem Fall das α-Fehler-Niveau kontrolliert werden. In solchen Anwendungssituationen werden vor allem multiple Vergleiche (Post-Hoc-Tests) angewendet, die bei Kontrolle des multiplen α-Fehler-Niveaus paarweise alle Mittelwerte vergleichen. Horn und Vollandt (1995) vergleichen die statistischen Eigenschaften unterschiedlicher multipler Vergleiche. Gute Eigenschaften hat danach der Tukey-Test, der das multiple α-Fehler-Niveau einhält und eine höhere Güte als andere entsprechende Verfahren hat. Bei diesem Test wird die jeweilige Nullhypothese $H_{0(ij)}$: $\mu_i = \mu_j$ zugunsten der Alternativhypothese $H_{1(ij)}$: $\mu_i \neq \mu_j$ abgelehnt (i = 1,...,k_A; j = 1,...,k_B), falls $|t_{ij}| > q_{k,f,1-\alpha} \cdot 2^{-1/2}$ gilt, wobei t_{ij} die aus dem t-Test bekannte Statistik und $q_{k,f,1-\alpha}$ das $(1-\alpha)$-Quantil der Verteilung der studentisierten Spannweite mit dem Parameter k (Anzahl der Faktorstufen) und dem Freiheitsgrad f = $n_1 + n_2 + ... + n_k - k$ ist (siehe Horn und Vollandt, 1995; Rudolf und Kuhlisch, 2008).

Im Anwendungsfall liefert der Tukey-Test sehr signifikante Mittelwertunterschiede zwischen Lehrern und Programmierern sowie zwischen Versicherungsvertretern und Programmierern (jeweils p < .01).

3.2 Zweifaktorielle Varianzanalyse

In mehrfaktoriellen Varianzanalysen können die Haupt- und die Wechselwirkungseffekte von mehreren unabhängigen Variablen auf die abhängige Variable untersucht werden. Die Prinzipien sollen nachfolgend am Beispiel der zweifaktoriellen Varianzanalyse dargestellt werden. Im Anwendungsbeispiel ist als zusätzlicher Faktor das Geschlecht zu berücksichtigen, es sind also die Wirkungen des Geschlechts und des Berufs sowie die Wechselwirkungen von Geschlecht und Beruf auf die Kommunikationsfähigkeit zu untersuchen.

3.2.1 Modell, Voraussetzungen und statistische Hypothesen

Modell

Die Modellvorstellung der einfaktoriellen Varianzanalyse (Formel (3.1)) wird für die zweifaktorielle Varianzanalyse um die Wirkung des Haupteffekts des zweiten Faktors und um den Wechselwirkungseffekt erweitert:

$$y_{ijl} = \mu_{ij} + e_{ijl} = \mu + \alpha_i + \beta_j + (\alpha\beta)_{ij} + e_{ijl} \ (i = 1,...,k_A; j = 1,...,k_B; l = 1,...,n_{ij}) \qquad (3.13)$$

y_{ijl}: Wert der abhängigen Variablen des l-ten Probanden unter der i-ten Stufe des Faktors A und der j-ten Stufe des Faktors B

μ: Mittelwert der abhängigen Variablen in der Population

μ_{ij}: Mittelwert der abhängigen Variablen in der Teilpopulation unter der i-ten Stufe des Faktors A und der j-ten Stufe des Faktors B

α_i: Effekt der Teilpopulation unter der i-ten Stufe des Faktors A

β_j: Effekt der Teilpopulation unter der j-ten Stufe des Faktors B

$(\alpha\beta)_{ij}$: Wechselwirkungseffekt der Teilpopulation unter der i-ten Stufe des Faktors A und der j-ten Stufe des Faktors B

e_{ijl}: Residuum des l-ten Probanden unter der i-ten Stufe des Faktors A und unter der j-ten Stufe des Faktors B

k_A: Anzahl der Stufen des Faktors A

k_B: Anzahl der Stufen des Faktors B

n_{ij}: Anzahl der Probanden unter der i-ten Stufe von A und der j-ten Stufe von B

Nach dieser Modellvorstellung setzt sich jeder Messwert zusammen aus dem Gesamtmittelwert, aus Einflüssen, die aus der Wirkung der beiden Faktorenstufen resultieren, aus einem Einfluss, der aus der Wechselwirkung der Stufen der beiden Faktoren entsteht, sowie aus der Abweichung der Werte der einzelnen Probanden von ihrem Gruppenmittelwert.

Voraussetzungen

Grundsätzlich gelten für zwei- und mehrfaktorielle Varianzanalysen die Voraussetzungen und die Bewertung der Verletzung von Voraussetzungen analog zur einfaktoriellen Varianzanalyse. Die Voraussetzungen der Normalverteilung und der Varianzhomogenität beziehen sich hier auf die Zellen des Versuchsplanes. Sehr wichtig für die Robustheit des Verfahrens sind auch im mehrfaktoriellen Fall gleich große Zellenbesetzungen, das heißt die Anzahl der Probanden unter jeder Faktorstufenkombination soll möglichst gleich sein.

Statistische Hypothesen

Die statistischen Hypothesen beziehen sich auf die Haupteffekte und auf die Wechselwirkungseffekte der Faktoren. Bezüglich der Haupteffekte lauten die Hypothesenpaare

H_0: $\alpha_i = 0$ für alle i (i = 1,…,k_A)   (3.14)

H_1: $\alpha_i \neq 0$ für mindestens ein i (i = 1,…,k_A)   (3.15)

    bzw.

H_0: $\beta_j = 0$ für alle j (j = 1,…,k_B)   (3.16)

H_1: $\beta_j \neq 0$ für mindestens ein j (j = 1,…,k_B).   (3.17)

Für die Wechselwirkungseffekte ergeben sich die statistischen Hypothesen

H_0: $(\alpha\beta)_{ij} = 0$ für alle Paare (ij) (i = 1,…,k_A ; j = 1,…,k_B)   (3.18)

H_1: $(\alpha\beta)_{ij} \neq 0$ für mindestens ein Paar (ij) (i = 1,…,k_A ; j = 1,…,k_B).   (3.19)

Wie bei der einfaktoriellen Varianzanalyse soll auch hier zunächst der klassische Quadratsummenzerlegungsansatz nach Fisher für den Fall gleicher Zellenbesetzungen $n_{ij} = n$ (i = 1,...,k_A; j = 1,...,k_B) vorgestellt werden, anschließend wird die Umsetzung der zweifaktoriellen Varianzanalyse mittels des Allgemeinen linearen Modells kurz beschrieben, die in SPSS realisiert wird.

3.2.2 Quadratsummenzerlegung und Signifikanzprüfung

Das Prinzip der Quadratsummenzerlegung entspricht weitgehend dem in Abschnitt 3.1.4 beschriebenen Vorgehen. Zusätzlich ist der auf den Wechselwirkungseffekt zurückzuführende Varianzanteil zu bestimmen.

Quadratsummenzerlegung

Die totale Quadratsumme ergibt sich aus den quadratischen Abweichungen aller Werte der abhängigen Variablen vom Gesamtmittelwert.

$$QS_{total} = \sum_{i=1}^{k_A} \sum_{j=1}^{k_B} \sum_{l=1}^{n_{ij}} (y_{ijl} - \overline{y})^2 = \sum_{i=1}^{k_A} \sum_{j=1}^{k_B} \sum_{l=1}^{n} (y_{ijl} - \overline{y})^2 \tag{3.20}$$

QS_{total}: totale Quadratsumme

y_{ijl}: Wert der abhängigen Variablen des l-ten Probanden unter der i-ten Stufe des Faktors A und der j-ten Stufe des Faktors B

$\overline{y}$: Mittelwert der abhängigen Variablen in der Stichprobe

k_A: Anzahl der Stufen des Faktors A

k_B: Anzahl der Stufen des Faktors B

n_{ij}: Probandenzahl je Stufenkombination mit $n_{ij} = n\,(i = 1, ..., k_A; j = 1, ..., k_B)$

Im Beispiel beträgt der arithmetische Mittelwert der Variablen Kommunikationsfähigkeit 8.96, für die totale Quadratsumme ergibt sich der Wert $QS_{total} = 126.96$. Dieser Wert entspricht der im Fall der einfaktoriellen Varianzanalyse ermittelten Quadratsumme, da die gleichen Daten verwendet werden. Diese totale Quadratsumme kann nun aufgeteilt werden in die Quadratsumme $QS_{Faktoren}$, die auf die Wirkung der unterschiedlichen Faktorstufenkombinationen zurückzuführen ist, und die Fehler- oder Residualquadratsumme QS_{Fehler}, die durch die Varianz der Werte der Variablen unter den einzelnen Faktorstufenkombinationen zu erklären ist.

$$QS_{total} = QS_{Faktoren} + QS_{Fehler} \tag{3.21}$$

Die Faktorenquadratsumme ergibt sich, indem für jeden Probanden die Differenz des jeweiligen Zellenmittelwertes vom Gesamtmittelwert gebildet und quadriert wird.

$$QS_{Faktoren} = \sum_{i=1}^{k_A} \sum_{j=1}^{k_B} \sum_{l=1}^{n_{ij}} (\overline{y}_{ij} - \overline{y})^2 = \sum_{i=1}^{k_A} \sum_{j=1}^{k_B} n \cdot (\overline{y}_{ij} - \overline{y})^2 \tag{3.22}$$

$QS_{Faktoren}$: Faktorenquadratsumme

$\overline{y}$: Mittelwert der abhängigen Variablen in der Stichprobe

$\overline{y}_{ij}$: Mittelwert der abhängigen Variablen in der Teilstichprobe unter der i-ten Stufe des Faktors A und der j-ten Stufe des Faktors B

k_A: Anzahl der Stufen des Faktors A

k_B: Anzahl der Stufen des Faktors B

n_{ij}: Probandenzahl je Stufenkombination mit $n_{ij} = n\,(i = 1, ..., k_A; j = 1, ..., k_B)$

Für das Anwendungsbeispiel sind die Mittelwerte der Kommunikationsfähigkeit in den Zellen des Versuchsplanes in Tabelle 3.6 dargestellt. Zusätzlich sind die Zeilenmittelwerte (Mittelwerte der Geschlechter), die Spaltenmittelwerte (Mittelwerte der Berufsgruppen) sowie der Gesamtmittelwert angegeben.

Tabelle 3.6: Mittelwerte der Kommunikationsfähigkeit

	Versicherungsvertreter	Lehrer	Programmierer	
männlich	10.00	10.50	5.50	$\overline{y}_{B1} = 8.67$
weiblich	11.00	9.25	7.50	$\overline{y}_{B2} = 9.25$
	$\overline{y}_{A1} = 10.50$	$\overline{y}_{A2} = 9.88$	$\overline{y}_{A3} = 6.50$	$\overline{y} = 8.96$

In jeder Zelle ist der Mittelwert der jeweils vier Probanden dargestellt. Die Faktorenquadratsumme berechnet sich als $QS_{Faktoren} = 4 \cdot (10.00 - 8.96)^2 + 4 \cdot (10.50 - 8.96)^2 + 4 \cdot (5.50 - 8.96)^2 + 4 \cdot (11.00 - 8.96)^2 + 4 \cdot (9.25 - 8.96)^2 + 4 \cdot (7.50 - 8.96)^2 = 87.21$.

Im Unterschied zur einfaktoriellen Varianzanalyse kann die Faktorenquadratsumme weiter auf die Haupt- bzw. Wechselwirkungseffekte aufgespalten werden. Zunächst erfolgt die Berechnung der Quadratsummen QS_A und QS_B, die auf die Wirkung der Faktoren A und B zurückzuführen sind.

$$QS_A = \sum_{i=1}^{k_A} \sum_{j=1}^{k_B} \sum_{l=1}^{n_{ij}} (\overline{y}_{Ai} - \overline{y})^2 = \sum_{i=1}^{k_A} n_i \cdot (\overline{y}_{Ai} - \overline{y})^2 \qquad (3.23)$$

QS_A: Quadratsumme Faktor A

$\overline{y}$: Mittelwert der abhängigen Variablen in der Stichprobe

$\overline{y}_{Ai}$: Mittelwert der abhängigen Variablen in der Teilstichprobe unter der i-ten Stufe des Faktors A

n_i: Anzahl der Probanden unter der i-ten Stufe des Faktors A mit $n_i = n \cdot k_B$

k_A: Anzahl der Stufen des Faktors A

k_B: Anzahl der Stufen des Faktors B

n_{ij}: Probandenzahl je Stufenkombination mit $n_{ij} = n \, (i = 1, ..., k_A; j = 1, ..., k_B)$

$$QS_B = \sum_{i=1}^{k_A} \sum_{j=1}^{k_B} \sum_{l=1}^{n_{ij}} (\overline{y}_{Bj} - \overline{y})^2 = \sum_{j=1}^{k_B} n_j \cdot (\overline{y}_{Bj} - \overline{y})^2 \qquad (3.24)$$

QS_B: Quadratsumme Faktor B

$\overline{y}$: Mittelwert der abhängigen Variablen in der Stichprobe

$\overline{y}_{Bj}$: Mittelwert der abhängigen Variablen in der Teilstichprobe unter der j-ten Stufe des Faktors B

n_j: Anzahl der Probanden unter der j-ten Stufe des Faktors B mit $n_j = n \cdot k_A$

k_A: Anzahl der Stufen des Faktors A

k_B: Anzahl der Stufen des Faktors B

n_{ij}: Probandenzahl je Stufenkombination mit $n_{ij} = n \, (i = 1, ..., k_A; j = 1, ..., k_B)$

Im Beispiel ergibt sich für $QS_{Beruf} = 8 \cdot (10.50 - 8.96)^2 + 8 \cdot (9.88 - 8.96)^2 + 8 \cdot (6.50 - 8.96)^2 = 74.08$ die gleiche Quadratsumme wie im Fall der einfaktoriellen Varianzanalyse. Für den Haupteffekt Geschlecht erhält man $QS_{Geschlecht} = 12 \cdot (8.67 - 8.96)^2 + 12 \cdot (9.25 - 8.96)^2 = 2.04$.

Zur Quadratsumme des Wechselwirkungseffekts führt die folgende Überlegung: Gäbe es keine Wechselwirkungs- oder Interaktionseffekte, würden sich die Zellenmittelwerte direkt aus dem Gesamtmittelwert und den Mittelwerten der einzelnen Faktorstufen ergeben. Für die erste Zelle im Versuchsplan aus Tabelle 3.6, die männlichen Versicherungsvertreter, müsste sich der Zellenmittelwert ergeben aus dem Mittelwert aller Versicherungsvertreter und dem Mittelwert aller Männer, wovon der Gesamtmittelwert abgezogen werden müsste, als $10.50 + 8.67 - 8.96 = 10.22$. Die Differenz des empirischen Zellenmittelwertes 10.00 von dem so berechneten Wert 10.22 ist auf Wechselwirkungseffekte zurückzuführen, weil die männlichen Versicherungsvertreter im Mittel unter dem Mittelwert liegen, der durch die ausschließliche Wirkung der Haupteffekte zu erklären ist. Die Summation über die Quadrate der so berechneten Differenzwerte aller Zellen führt zur Wechselwirkungs- oder Interaktionsquadratsumme.

$$QS_{AxB} = \sum_{i=1}^{k_A} \sum_{j=1}^{k_B} \sum_{l=1}^{n_{ij}} (\overline{y}_{ij} - (\overline{y}_{Ai} + \overline{y}_{Bj} - \overline{y}))^2 = n \cdot \sum_{i=1}^{k_A} \sum_{j=1}^{k_B} (\overline{y}_{ij} - (\overline{y}_{Ai} + \overline{y}_{Bj} - \overline{y}))^2 \qquad (3.25)$$

QS_{AxB}: Interaktionsquadratsumme von A und B

$\overline{y}$: Mittelwert der abhängigen Variablen in der Stichprobe

$\overline{y}_{Ai}$: Mittelwert der abhängigen Variablen in der Teilstichprobe unter der i-ten Stufe des Faktors A

$\overline{y}_{Bj}$: Mittelwert der abhängigen Variablen in der Teilstichprobe unter der j-ten Stufe des Faktors B

$\overline{y}_{ij}$: Mittelwert der abhängigen Variablen in der Teilstichprobe unter der i-ten Stufe des Faktors A und der j-ten Stufe des Faktors B

k_A: Anzahl der Stufen des Faktors A

k_B: Anzahl der Stufen des Faktors B

n_{ij}: Probandenzahl je Stufenkombination mit $n_{ij} = n\,(i = 1,...,k_A; j = 1,...,k_B)$

Im Beispiel ergibt sich die Quadratsumme $QS_{AxB} = (10.00 - (10.50 + 8.67 - 8.96))^2 + (10.50 - (9.88 + 8.67 - 8.96))^2 + ... + (7.50 - (6.50 + 9.25 - 8.96))^2 = 11.08$.

Für die Berechnung der Fehlerquadratsumme wird die Summe der quadrierten Abweichungen aller Messwerte vom Mittelwert unter der jeweiligen Faktorstufe berechnet.

$$QS_{Fehler} = \sum_{i=1}^{k_A} \sum_{j=1}^{k_B} \sum_{l=1}^{n_{ij}} (y_{ijl} - \overline{y}_{ij})^2 = \sum_{i=1}^{k_A} \sum_{j=1}^{k_B} \sum_{l=1}^{n} (y_{ijl} - \overline{y}_{ij})^2 \qquad (3.26)$$

QS_{Fehler}: Fehlerquadratsumme

y_{ijl}: Wert der abhängigen Variablen des l-ten Probanden unter der i-ten Stufe des Faktors A und der j-ten Stufe des Faktors B

$\overline{y}_{ij}$: Mittelwert der abhängigen Variablen in der Teilstichprobe unter der i-ten Stufe des Faktors A und der j-ten Stufe des Faktors B

k_A: Anzahl der Stufen des Faktors A

k_B: Anzahl der Stufen des Faktors B

n_{ij}: Probandenzahl je Stufenkombination mit $n_{ij} = n\,(i = 1, ..., k_A; j = 1, ..., k_B)$

Im Beispiel ergibt sich die Fehlerquadratsumme als $QS_{Fehler} = (5.00 - 5.50)^2 + (14.00 - 11.00)^2 + (8.00 - 9.25)^2 + ... + (5.00 - 5.50)^2 = 39.75$. Damit ist die totale Quadratsumme vollständig in die Faktoren- und die Fehlerquadratsumme zerlegt worden.

$$QS_{total} = QS_{Faktoren} + QS_{Fehler} = QS_A + QS_B + QS_{AxB} + QS_{Fehler} \qquad (3.27)$$

Die mittleren Quadratsummen der einzelnen Effekte ergeben sich wie im einfaktoriellen Fall aus dem Quotienten der Quadratsummen und der Freiheitsgrade.

$$
\begin{aligned}
MQ_A &= QS_A / (k_A - 1); \\
MQ_B &= QS_B / (k_B - 1); \\
MQ_{AxB} &= QS_{AxB} / (k_A - 1) \cdot (k_B - 1)
\end{aligned}
\qquad (3.28)
$$

MQ_A: Mittlere Quadratsumme Faktor A

MQ_B: Mittlere Quadratsumme Faktor B

MQ_{AxB}: Mittlere Interaktionsquadratsumme von A und B

k_A, k_B: Anzahl der Stufen der Faktoren A bzw. B

$$MQ_{Fehler} = QS_{Fehler} / (k_A \cdot k_B \cdot (n - 1)) \qquad (3.29)$$

MQ_{Fehler}: Mittlere Fehlerquadratsumme

n: Anzahl der Probanden unter jeder Faktorstufenkombination

Im Beispiel ergeben sich die mittleren Quadratsummen $MQ_{Beruf} = 37.04$, $MQ_{Geschlecht} = 2.04$, $MQ_{Beruf\,x\,Geschlecht} = 5.54$ sowie $MQ_{Fehler} = 2.21$.

Signifikanztests

Für die statistische Hypothesenprüfung resultieren die empirischen F-Werte gemäß Formel (3.10) aus dem Verhältnis der mittleren Quadratsummen der einzelnen Effekte zur mittleren Fehlerquadratsumme.

$$F_A = \frac{MQ_A}{MQ_{Fehler}}; \quad F_B = \frac{MQ_B}{MQ_{Fehler}}; \quad F_{AxB} = \frac{MQ_{AxB}}{MQ_{Fehler}} \qquad (3.30)$$

Im Beispiel ergeben sich der sehr signifikante Wert $F_{Beruf} = 16.77$ ($p < .001$) sowie die nicht signifikanten Werte $F_{Geschlecht} = .93$ ($p > .05$) sowie $F_{Beruf\,x\,Geschlecht} = 2.51$ ($p > .05$). Lediglich der Haupteffekt des Faktors Beruf ist signifikant. Signifikante Einflüsse des Geschlechts auf die Kommunikationsfähigkeit oder Wechselwirkungseffekte zwischen Beruf und Geschlecht lassen sich nicht nachweisen.

Effektgröße

Das Effektgrößemaß η^2 kann gemäß Formel (3.11) berechnet werden. Im Beispiel ergibt sich $\eta^2_{Beruf} = .58$, $\eta^2_{Geschlecht} = .016$, $\eta^2_{Beruf\,x\,Geschlecht} = .087$. Bei mehrfaktoriellen Plänen hat die Berechnung der Effektgröße nach Formel (3.11) jedoch den Nachteil, dass die resultierenden Werte stark davon abhängen, welche weiteren Effekte im Modell berücksichtigt werden. Die totale Quadratsumme im Nenner von Formel (3.11) setzt sich im Fall der zweifaktoriellen Varianzanalyse zusammen gemäß $QS_{total} = QS_A + QS_B + QS_{AxB} + QS_{Fehler}$. Wenn im Fall drei- oder vierfaktorieller Varianzanalysen weitere Faktoren- und Wechselwirkungseffekte mit ihren Quadratsummen in die Berechnung der QS_{total} eingehen, wird das Effektgrößemaß der einzelnen Effekte somit stark von den übrigen Faktoren beeinflusst. Ein wesentlicher Nachteil dieses Vorgehens wird deutlich, wenn Effektgrößemaße aus unterschiedlichen Studien verglichen werden sollen, in denen die Anzahl der Faktoren und somit die Zusammensetzung von QS_{total} unterschiedlich ist (vgl. Diehl und Arbinger, 2001). Deshalb ist in SPSS für alle varianzanalytischen Verfahren die Berechnung des partiellen Eta-Quadrat realisiert, in dem im Nenner jeweils nur die Quadratsumme der jeweiligen Effekte und die Fehlerquadratsumme berücksichtigt werden:

$$\eta^2_{partiell} = \frac{\text{erklärte Quadratsumme}}{\text{erklärte Quadratsumme} + \text{Fehlerquadratsumme}} = \frac{QS_{Effekt}}{QS_{Effekt} + QS_{Fehler}} \quad (3.31)$$

Damit ergeben sich die partiellen Effektgrößemaße für die zweifaktorielle Varianzanalyse gemäß

$$\eta_p^2{}_A = \frac{QS_A}{QS_A + QS_{Fehler}}, \quad \eta_p^2{}_B = \frac{QS_B}{QS_B + QS_{Fehler}}, \quad \eta_p^2{}_{AxB} = \frac{QS_{AxB}}{QS_{AxB} + QS_{Fehler}} \quad (3.32)$$

Im Beispiel ergeben sich die partiellen Effektgrößemaße $\eta_p^2{}_{Beruf} = .65$, $\eta_p^2{}_{Geschlecht} = .05$, $\eta_p^2{}_{Beruf\ x\ Geschlecht} = .22$. Die Interpretation der praktischen Bedeutung dieser Effekte kann nur im Zusammenhang mit der jeweiligen Fragestellung, im Unterschied zu den Ergebnissen vergleichbarer Untersuchungen usw. beurteilt werden.

3.2.3   Vorgehensweise nach dem Allgemeinen linearen Modell

Das Vorgehen nach dem Allgemeinen linearen Modell, das in SPSS realisiert ist, basiert auch bei mehrfaktoriellen varianzanalytischen Designs auf dem Prinzip der Darstellung der Faktoren durch entsprechende Kodiervariablen. Für das Anwendungsbeispiel wurde die Kodierung der dreistufigen Variablen Beruf bereits in Abschnitt 3.1.5 beschrieben. Für die Variable Geschlecht mit zwei Ausprägungen ist nur eine Kodiervariable erforderlich, in der beispielsweise allen Männern der Wert 0 und allen Frauen der Wert 1 zugewiesen wird. Der Wechselwirkungseffekt von Beruf und Geschlecht wird dargestellt, indem die Produkte der beiden Kodiervariablen für den Faktor Beruf und der Kodiervariablen für den Faktor Geschlecht gebildet und als Kodiervariablen für den Wechselwirkungseffekt verwendet werden. In Tabelle 3.7 sind die entsprechenden insgesamt fünf Kodiervariablen im Anwendungsbeispiel dargestellt, wobei für den Faktor Beruf die Effektkodierung verwendet wird (vgl. Tabelle 3.4). Die Durchführung der Varianzanalyse nach dem Allgemeinen linearen Modell kann man sich erneut veranschaulichen, indem man die fünf Kodiervariablen aus Tabelle 3.7 als Prädiktoren einer multiplen Regressionsanalyse unterzieht. Die Ergebnisse nach dem Allgemeinen linearen Modell entsprechen hier den Ergebnissen des Vorgehens nach Fisher.

Es muss jedoch daran erinnert werden, dass die Darstellung der zweifaktoriellen Varianzanalyse in dieser Abhandlung für den Fall gleicher Zellenbesetzungen (orthogonales Design) vorgenommen wurde (im Beispiel $n = n_{ij} = 4$). In diesem speziellen Fall sind die Haupteffekte und die Interaktionseffekte voneinander unabhängig, die Ergebnisse sind eindeutig.

Im allgemeineren Fall ungleich großer Zellenbesetzungen (nichtorthogonales Design) sind die varianzanalytischen Effekte und damit auch die Kodiervariablen korreliert. Da das Allgemeine lineare Modell auf regressionsanalytischen Methoden basiert, treten die aus der multiplen Regressionsanalyse bekannten Effekte der Multikollinearität auch bei diesem Vorgehen auf, so dass nicht eindeutig getrennt werden kann, wie die einzelnen varianzanalytischen Effekte die abhängige Variable beeinflussen. Das trifft analog auf kovarianzanalytische, multivariate oder Messwiederholungsansätze zu, die in den nächsten Abschnitten behandelt werden.

Tabelle 3.7: Kodierungsvariablen der Faktoren Beruf und Geschlecht

Beruf	Geschlecht	c_{Beruf1}	c_{Beruf2}	$c_{Geschlecht}$	$c_{Beruf1 \times Geschlecht}$	$c_{Beruf2 \times Geschlecht}$
Versicherungsvertreter	männlich	1	0	0	0	0
Lehrer	männlich	0	1	0	0	0
Programmierer	männlich	− 1	− 1	0	0	0
Versicherungsvertreter	weiblich	1	0	1	1	0
Lehrer	weiblich	0	1	1	0	1
Programmierer	weiblich	− 1	− 1	1	− 1	− 1

Andererseits ist es aber möglich, die Effekte hierarchisch (analog zur hierarchischen Regression) in das Modell aufzunehmen oder unvollständige Modellansätze (zum Beispiel ohne Wechselwirkungseffekte höherer Ordnung) zu untersuchen, wenn entsprechende inhaltliche Vorkenntnisse vorliegen. Für diese unterschiedlichen Situationen stehen im Allgemeinen linearen Modell verschiedene Berechnungsvorschriften für die Quadratsummen zur Verfügung, die auch zu jeweils unterschiedlichen Ergebnissen führen. Der Anwender hat sich im jeweiligen Anwendungsfall vor der Datenauswertung für das angemessene Vorgehen zur Quadratsummenberechnung zu entscheiden (siehe Werner, 1997).

3.3   Kovarianzanalyse

Mit der Kovarianzanalyse kann zusätzlich zu den nominalskalierten Faktoren der Einfluss von intervallskalierten Kovariablen (zum Beispiel Alter) auf die abhängige Variable untersucht werden. Das Verfahren stellt im klassischen Sinne eine Verknüpfung der Methoden der Varianz- und der Regressionsanalyse dar. Im Ansatz nach dem Allgemeinen linearen Modell werden zusätzlich zu den Kodiervariablen der varianzanalytischen Effekte intervallskalierte Prädiktoren aufgenommen. Im Anwendungsbeispiel ist in Abschnitt 3.2 bereits der Einfluss des ausgeübten Berufs auf die Kommunikationsfähigkeit untersucht worden. Wenn zusätzlich begründet angenommen werden muss, dass die Kommunikationsfähigkeit der Probanden neben dem Beruf zusätzlich vom Alter abhängt, muss das varianzanalytische Modell (Formel (3.1)) um eine intervallskalierte Kovariable (in SPSS: Kovariate) erweitert werden.

$$y_{ij} = \mu + \alpha_i + b \cdot (x_{ij} - \overline{x}) + e_{ij} \; (i = 1,\ldots,k; \, j = 1,\ldots,n_i) \tag{3.33}$$

y_{ij}: Wert der abhängigen Variablen des j-ten Probanden unter der i-ten Faktorstufe

μ: Mittelwert der abhängigen Variablen in der Population

α_i: Effekt der Teilpopulation unter der i-ten Faktorstufe

e_{ij}: Residuum des j-ten Probanden unter der i-ten Faktorstufe

b: Regressionskoeffizient zwischen Kovariable und abhängiger Variable

$x_{ij} - \overline{x}$: Wert der Kovariablen (zentriert) des j-ten Probanden unter der i-ten Faktorstufe

k: Anzahl der Faktorstufen

n_i: Anzahl der Probanden unter der i-ten Faktorstufe

Zusätzlich zu den Voraussetzungen der einfaktoriellen Varianzanalyse, die in Abschnitt 3.1.2 dargestellt wurden und die auch für die Kovarianzanalyse zutreffen, wird im Modell der Kovarianzanalyse die Homogenität der Regression in den Zellen des Versuchsplanes vorausgesetzt, d.h. der Zusammenhang zwischen der Kovariablen und der abhängigen Variablen soll unter allen Faktorstufen mit dem gleichen Regressionskoeffizient b beschrieben werden können. Allerdings ist die Kovarianzanalyse gegen Verletzungen dieser Voraussetzungen robust, besonders bei gleich großen Zellenbesetzungen (siehe Bortz und Schuster, 2010). Bei der Quadratsummenzerlegung, die hier nicht im Detail vorgestellt werden soll, werden die Effekte des varianzanalytischen Faktors und der Kovariablen gleichermaßen berücksichtigt. Wie bei den verschiedenen varianzanalytischen Verfahren können auch in der Kovarianzanalyse die Effekte in unterschiedlicher Reihenfolge berücksichtigt werden, wodurch verschiedene Ergebnisse entstehen können.

Die Kovarianzanalyse wird oft mit einer Varianzanalyse über Regressionsresiduen gleichgesetzt. Diese Vorgehensweise beschreibt eine sehr häufig anzutreffende Situation, in der zunächst regressionsanalytisch der Einfluss der Kovariablen aus der abhängigen Variablen eliminiert wird. Danach werden die Residuen varianzanalytisch weiterverarbeitet. Im Beispiel könnte so der (störende) Alterseinfluss beseitigt werden, ehe die eigentlich interessierende einfaktorielle Varianzanalyse über die Regressionsresiduen Aussagen über den Berufseinfluss liefert. Umgekehrt gibt es jedoch ebenso praktische Fragestellungen, in denen der (regressionsanalytische) Zusammenhang zwischen Prädiktoren und einem Kriterium untersucht werden soll und dieser Zusammenhang von der Wirkung eines nominalskalierten Faktors überlagert wird. So kann bei der Untersuchung des Zusammenhangs von Lernaufwand und Lernergebnis bei Schülern das Geschlecht das Ergebnis der Zusammenhangsanalyse beeinflussen bzw. verfälschen. In diesem Fall bietet sich eine Berechnung der Effekte in der umgekehrten Reihenfolge an. Als Kompromiss aus beiden Ansätzen wird oft die gleichzeitige (simultane) Berechnung aller Effekte durchgeführt. In jedem konkreten Anwendungsfall muss die Entscheidung über das anzuwendende konkrete Vorgehen in einer Kombination von inhaltlichen und statistischen Gesichtspunkten vor der Datenanalyse getroffen werden.

Im Anwendungsbeispiel lässt sich bei simultaner Schätzung aller Effekte kein signifikanter Einfluss des Alters auf die Kommunikationsfähigkeit nachweisen (p > .05), der Einfluss des Faktors Beruf bleibt auch bei Berücksichtigung des Alters als Kovariable signifikant (p < .001).

3.4   Multivariate Varianzanalyse

Multivariate (oder mehrdimensionale) Varianzanalysen müssen angewendet werden, wenn sich die inhaltlichen Fragestellungen bzw. die zu untersuchenden statistischen Hypothesen auf mehrere abhängige Variablen beziehen. Im Anwendungsbeispiel soll die globale inhaltliche Hypothese untersucht werden, dass der ausgeübte Beruf Auswirkungen auf das „soziale Verhalten" der Probanden hat. Das „soziale Verhalten" wird durch die Variablen Kommunikationsfähigkeit, Selbstsicherheit und soziale Kompetenz beschrieben. Sowohl aus inhaltlichen Überlegungen als auch aus der Analyse der empirischen Zusammenhänge wird klar, dass die drei abhängigen Variablen untereinander korrelieren.

Problem der α-Fehler-Kumulation

In einer solchen Situation kann die gestellte inhaltliche Frage nicht dadurch beantwortet werden, dass drei univariate Varianzanalysen durchgeführt werden und bei wenigstens einem signifikanten Einzelergebnis ein signifikanter Effekt bezüglich des sozialen Verhaltens angenommen wird. Der Grund liegt in der bei einem solchen Vorgehen in Kauf genommenen α-Fehler-Kumulation. Anhand des Anwendungsbeispiels kann dieser Effekt beschrieben werden. Angenommen, es gäbe in der Population in keiner der Variablen Kommunikationsfähigkeit, Selbstsicherheit und soziale Kompetenz einen Unterschied, der auf den Faktor Beruf zurückzuführen wäre. Dann gäbe es natürlich auch keinen entsprechenden Effekt im „sozialen Verhalten", das durch diese drei Variablen ausgedrückt wird. Wenn nun drei univariate Tests mit einem Signifikanzniveau von jeweils $\alpha = .05$ durchgeführt würden, wäre für jeden dieser Tests die Wahrscheinlichkeit, dass die Nullhypothese korrekterweise beibehalten wird, gleich $1 - \alpha = 1 - .05 = .95$. Die Wahrscheinlichkeit, dass in allen drei Tests die Nullhypothese korrekterweise beibehalten wird, ergäbe sich im Fall von völlig voneinander unabhängigen Variablen und damit unabhängiger Tests als $(1 - \alpha)^3 = (1 - .05)^3 = .95^3 = .86$, im Fall von perfekt korrelierenden Variablen bliebe diese Wahrscheinlichkeit .95 (da in diesem Fall alle Tests das gleiche Ergebnis aufweisen würden).

In Abhängigkeit von der Stärke der Korrelationen zwischen den drei abhängigen Variablen läge also die Wahrscheinlichkeit, die Nullhypothese bei allen Tests korrekterweise beizubehalten, zwischen .86 und .95. Entsprechend läge die resultierende

Wahrscheinlichkeit für einen Fehler 1. Art (α-Fehler) für die Beantwortung der inhaltlichen globalen Fragestellung nicht bei dem vorgegebenen Signifikanzniveau von .05, sondern sie läge tatsächlich zwischen .05 und .14.

Ein bekannter Ausweg zur Sicherung des Signifikanzniveaus für die Beantwortung der inhaltlichen Frage besteht in α-Fehler-Adjustierungen. Eine konservative Methode geht auf Bonferroni zurück. Hierbei würden im Beispiel die drei univariaten Tests nicht jeweils mit dem Signifikanzniveau von .05, sondern mit einem Signifikanzniveau von jeweils .05 / 3 durchgeführt, wobei sich der Nenner 3 aus der Anzahl der durchgeführten Tests ergibt. Analog zu der Argumentation im vorhergehenden Absatz lässt sich zeigen, dass das resultierende α-Fehler-Niveau in Abhängigkeit von der Stärke der Korrelationen der abhängigen Variablen hier zwischen .05 / 3 und .05 liegen würde. Diese Methode ist konservativ, das Signifikanzniveau von .05 für den Gesamttest würde eingehalten. Allerdings würde das Verfahren zur Überprüfung der globalen Hypothese erheblich an Teststärke einbüßen, wenn das nominelle α-Fehler-Niveau von .05 deutlich unterschritten wird.

Multivariate Prüfgrößen

In diesen Situationen bieten sich multivariate Tests zur Hypothesenprüfung an. Ihr Vorteil besteht darin, dass die Zusammenhänge der abhängigen Variablen untereinander bei der Berechnung der Teststatistik berücksichtigt werden, so dass das Signifikanzniveau für die globale Hypothese von (im Beispiel) .05 weder über- noch unterschritten wird. Die statistischen Hypothesen beziehen sich jeweils auf die Menge der abhängigen Variablen, die als Vektoren dargestellt werden können. Das Prinzip der Bildung multivariater Prüfgrößen soll an einem einfachen Beispiel illustriert werden. Im Folgenden ist die Formel zur Berechnung der Testgröße für den t-Test gegen eine Konstante der entsprechenden multivariaten Testgröße Hotellings T^2 gegenübergestellt. Beim einfachen t-Test gegen eine Konstante wird die Nullhypothese H_0: $\mu = \mu_0$ mit der bekannten Teststatistik

$$t = \frac{\sqrt{n} \ | \ \overline{x} - \mu_0 \ |}{s} \quad \text{bzw.} \quad t^2 = n \cdot (\overline{x} - \mu_0) \cdot (s^2)^{-1} \cdot (\overline{x} - \mu_0) \tag{3.34}$$

geprüft. Der multivariate T^2-Test nach Hotelling prüft die Nullhypothese H_0: $\boldsymbol{\mu} = \boldsymbol{\mu}_0$, wobei $\boldsymbol{\mu}$ den Erwartungswertvektor $\boldsymbol{\mu} = (\mu_1 \ \mu_2 ... \ \mu_p)^T$ der p abhängigen Variablen kennzeichnet. Der Wert der Teststatistik wird nach folgender Formel berechnet:

$$T^2 = n \cdot (n-1) \cdot (\mathbf{x} - \boldsymbol{\mu}_0)^T \cdot \mathbf{S}^{-1} \cdot (\mathbf{x} - \boldsymbol{\mu}_0) \tag{3.35}$$

n: Stichprobenumfang
x: Mittelwertvektor der abhängigen Variablen in der Stichprobe
S: empirische Varianz-/Kovarianzmatrix der abhängigen Variablen in der Stichprobe
$(\ )^T$: Matrix in der Klammer wird transponiert (d.h. Zeilen werden als Spalten dargestellt)

Am gewählten Beispiel werden die Analogien und die Unterschiede des univariaten und des multivariaten Maßes deutlich. Beim T^2-Wert gehen zusätzlich zu den Mittelwerten und Varianzen die Kovarianzen der abhängigen Variablen in die Berechnung der Teststatistik ein. Das Ausmaß der Abhängigkeit der abhängigen Variablen wird demzufolge bei der Berechnung des T^2-Wertes berücksichtigt, womit die oben beschriebenen Probleme der α-Fehler-Kumulierung oder des zu konservativen Testens vermieden werden. Eine detaillierte Darstellung der verschiedenen multivariaten Prüfgrößen und ihrer Eigenschaften kann im Rahmen dieser Einführung nicht erfolgen. Das Prinzip der Konstruktion unterschiedlicher multivariater Teststatistiken wird von Bortz und Schuster (2010) für verschiedene der hier dargestellten varianzanalytischen Pläne beschrieben.

Ein signifikantes Ergebnis des multivariaten Tests lässt die Interpretation zu, dass der entsprechende varianzanalytische Effekt einen signifikanten Einfluss auf die abhängigen Variablen hat, wobei das α-Fehler-Niveau korrekt eingehalten wurde. Mit nachfolgenden univariaten Analysen kann nun exploratorisch weiter untersucht werden, in welcher oder in welchen der abhängigen Variablen der Effekt auftritt.

Die Voraussetzungen der multivariaten Analysen entsprechen den Voraussetzungen der univariaten Analysen, wobei an die Stelle der Normalverteilungsannahme in den Zellen des Versuchsplanes die Annahme multivariater Normalverteilung tritt und an die Stelle der Varianzhomogenität die Homogenität der Varianz-/Kovarianzmatrizen. Die multivariate Varianzanalyse ist bei großen Stichprobenumfängen robust gegen Verletzungen dieser Voraussetzungen, wenn die Stichproben unter den Faktorstufenkombinationen gleich groß sind. Unter bestimmten Voraussetzungen ist die Teststatistik nach Pillai den anderen in SPSS realisierten Statistiken in der Robustheit überlegen (siehe Tabachnick und Fidell, 2006).

Im Anwendungsbeispiel wird mit einer einfaktoriellen multivariaten Varianzanalyse geprüft, ob der Beruf einen Einfluss auf das „soziale Verhalten" der Probanden hat, das durch die Variablen Kommunikationsfähigkeit, Selbstsicherheit und soziale Kompetenz erfasst wird. Der Test von Pillai führt zu einem sehr signifikanten Ergebnis ($p < .001$). Nachfolgende exploratorische univariate Varianzanalysen zeigen nur in der Variablen Kommunikationsfähigkeit einen Effekt des Faktors Beruf ($p < .001$), in den beiden anderen abhängigen Variablen dagegen zeigt sich kein Effekt ($p > .05$ bzw. $p > .10$).

3.5   Varianzanalyse mit Messwiederholungen

Die Verfahren der Varianzanalyse mit Messwiederholungen gehören zu den in der Psychologie und in den Sozialwissenschaften am häufigsten eingesetzten statistischen Datenauswertungsmethoden. Die Situationen, in denen sie Verwendung finden, sind dadurch gekennzeichnet, dass an den gleichen Probanden wiederholte Messungen vorgenommen werden.

3.5.1   Typische Anwendungssituationen

Varianzanalysen mit Messwiederholungen können überall dort zur Datenauswertung eingesetzt werden, wo Probanden unter verschiedenen Bedingungen wiederholt untersucht werden. So können Veränderungen der Reaktionsgeschwindigkeiten bei zunehmender Ermüdung untersucht werden oder der Einfluss aktueller Ereignisse auf die politische Einstellung von Probanden.

Besonders häufig werden sie zum Nachweis von Therapie-, Behandlungs- oder Trainingseffekten eingesetzt. Dabei wird in der Regel eine Behandlungs- oder Trainingsgruppe mit einer nicht behandelten bzw. nicht trainierten Kontrollgruppe verglichen. Da die Bedingungen für eine Randomisierung, wonach man große Therapie- und Kontrollgruppen durch Zufallsauswahl bildet, in der Praxis oft nicht erfüllt werden können (wegen geringer Stichprobengrößen oder wegen nur eingeschränkt möglicher Zufallsauswahl), wird meist ein Prä-Post-Design durchgeführt mit mindestens einer Vormessung in beiden Gruppen, der Durchführung des Treatments in der Treatmentgruppe und mindestens einer Nachmessung in beiden Gruppen (vgl. Tabelle 3.8). Der Messwiederholungsfaktor ist die Zeit, da die gleichen Probanden im Zeitverlauf mindestens zweimal untersucht wurden. Der unabhängige varianzanalytische Faktor kann als Treatment-Faktor bezeichnet werden (mit den zwei Stufen erfolgtes Treatment bzw. nicht erfolgtes Treatment). Daraus resultiert das Design einer zweifaktoriellen Varianzanalyse mit Messwiederholung in einem Faktor. Eine alternative Auswertungsmöglichkeit besteht in einer einfaktoriellen Kovarianzanalyse mit den Ausgangswerten (Prämessung) als Kovariable, die aber nur unter bestimmten Bedingungen eine höhere Güte hat als der im folgendem beschriebene Ansatz (Bonate, 2000).

Im Anwendungsbeispiel sollen Daten eines Kommunikationstrainings ausgewertet werden. Nach der Prämessung erhielten die Probanden der Treatmentgruppe ein Kommunikationstraining, die Probanden der Kontrollgruppe erhielten kein Training. Danach wurden zwei Postmessungen in beiden Gruppen durchgeführt, um den Erfolg und die Stabilität des Trainings zu untersuchen. Anhand dieses Beispiels sollen die Grundüberlegungen der Varianzanalyse mit Messwiederholung dargestellt werden, ohne im Detail auf die Einzelheiten der entsprechenden Quadratsummenzerlegungen einzugehen. Gleichzeitig soll die Verwendung von linearen Kontrasten zur Prüfung spezieller Hypothesen veranschaulicht werden.

3.5.2   Verwendung linearer Kontraste

In Tabelle 3.8 ist das Schema der Mittelwerte der Kommunikationsfähigkeit im Anwendungsbeispiel dargestellt. Im Beispiel entspricht dem Treatment das Training der Kommunikationsfähigkeit.

Tabelle 3.8: Daten im Prä-Postdesign mit Treatment- und Kontrollgruppe

	Prämessung T_1	Training	1. Postmessung T_2	2. Postmessung T_3
Treatmentgruppe	$\bar{y}_{11}$	ja	$\bar{y}_{12}$	$\bar{y}_{13}$
Kontrollgruppe	$\bar{y}_{21}$	nein	$\bar{y}_{22}$	$\bar{y}_{23}$

Um für solche Versuchspläne die optimale Strategie der Datenauswertung festzulegen, empfiehlt es sich unbedingt, die für die Beantwortung der jeweiligen Fragestellung angemessenen statistischen Hypothesen so konkret wie möglich zu spezifizieren. Im vorliegenden Beispiel geht es um den Nachweis der Wirkung des Kommunikationstrainings auf die abhängige Variable Kommunikationsfähigkeit. Mit den beiden Postmessungen soll darüber hinaus die zeitliche Stabilität der erzielten Effekte untersucht werden.

Im Ergebnis der Varianzanalyse kann der Einfluss von drei Effekten auf die Kommunikationsfähigkeit untersucht werden: Haupteffekt Gruppe (Treatment vs. Kontrollgruppe), Haupteffekt Zeit (Prämessung vs. 1. Postmessung vs. 2. Postmessung) sowie der Interaktionseffekt Gruppe x Zeit. Welcher dieser Effekte muss signifikant werden, um einen Trainingseffekt nachweisen zu können?

Ein im Ergebnis eventuell signifikanter Haupteffekt Gruppe ist dafür weder hinreichend noch notwendig, weil Gruppenunterschiede über alle Zeitpunkte bereits vor dem Training bestehen könnten. Ebenso ist ein signifikanter Haupteffekt Zeit weder hinreichend noch notwendig für den Nachweis einer Trainingswirkung, weil generelle Veränderungen im Zeitverlauf in beiden Gruppen gleichermaßen auftreten könnten.

Notwendig für den Nachweis der Wirkung des Trainings auf die Kommunikationsfähigkeit ist dagegen ein signifikanter Wechselwirkungseffekt, mit dem nachgewiesen werden kann, dass sich die Veränderungen im Zeitverlauf zwischen den Gruppen unterscheiden. Da der Zeitfaktor drei Stufen aufweist (Prä, Post 1, Post 2), ist der notwendige Effekt weiter zu spezifizieren. Im konkreten Beispiel ist klar, dass der unterschiedliche Verlauf der beiden Gruppen zwischen Prä- und Postphase zustande kommen muss. Nur dieser Nachweis ist für die Beantwortung der inhaltlichen Fragestellung hinreichend. Formal kann das entsprechende statistische Hypothesenpaar wie folgt dargestellt werden:

$$H_0: (\mu_{12} + \mu_{13}) / 2 - \mu_{11} \leq (\mu_{22} + \mu_{23}) / 2 - \mu_{21} \tag{3.36}$$

$$H_1: (\mu_{12} + \mu_{13}) / 2 - \mu_{11} > (\mu_{22} + \mu_{23}) / 2 - \mu_{21} \tag{3.37}$$

Der Nachweis der Alternativhypothese würde belegen, dass die Kommunikationsfähigkeit im Übergang von der Prä- zur Postphase, die durch den Mittelwert der beiden Postmessungen dargestellt wird, in der Treatmentgruppe signifikant stärker zunimmt als in der Kontrollgruppe, die kein Kommunikationstraining erhalten hat. Zur Kontrolle der Effekte innerhalb der Postphase bietet sich ein zweites, in diesem Fall zweiseitig formuliertes Hypothesenpaar an:

$$H_0: \mu_{12} - \mu_{13} = \mu_{22} - \mu_{23} \tag{3.38}$$
$$H_1: \mu_{12} - \mu_{13} \neq \mu_{22} - \mu_{23} \tag{3.39}$$

Die Annahme dieser Alternativhypothese würde zeigen, dass sich auch der Verlauf innerhalb der Postphase zwischen den Gruppen unterscheidet. Hier wären jedoch mehrere Ursachen möglich. Es könnte sein, dass der Trainingseffekt in der Treatmentgruppe nur kurzfristig war und deshalb die Treatmentgruppe im Vergleich zur Kontrollgruppe einen Abfall des Mittelwerts der Kommunikationsfähigkeit innerhalb der Postphase zu verzeichnen hat. Es wäre aber auch denkbar, dass sich die Unterschiede zwischen den Gruppen in der Postphase weiter erhöhen, weil das Training besonders langfristig wirkt. Hier ist die zweiseitige Hypothese zu prüfen, der gegebenenfalls eingetretene Effekt ist anhand der Daten zu beschreiben. (Zum Nachweis der „Gleichheit" des Verlaufs innerhalb der Postphase wäre die Anwendung von Äquivalenztests erforderlich. Siehe hierzu zum Beispiel Wellek, 1994.)

Somit ergeben sich zwei statistische Hypothesenpaare, deren Prüfung die relevanten Informationen über die Wirkung des Trainings liefern. Für die Untersuchung solcher spezieller Hypothesen, die vor Untersuchungsbeginn spezifiziert werden können, bietet sich innerhalb der varianzanalytischen Verfahren die Analyse linearer Kontraste an. Insbesondere handelt es sich hier um orthogonale Einzelvergleiche, deren Ergebnisse voneinander unabhängig sind. Wenn ein Faktor k Stufen hat, können k − 1 orthogonale Einzelvergleiche spezifiziert werden. SPSS bietet die Auswahl unter mehreren voreingestellten Kontrasten an, weitere Kontrastformen können vom Nutzer spezifiziert werden. Tabelle 3.9 gibt eine Übersicht über die in SPSS angebotenen Kontraste.

Tabelle 3.9: Übersicht über wichtige lineare Kontraste

Linearer Kontrast (SPSS-Bezeichnung)	Bedeutung
Abweichung	der Effekt jeder Faktorstufe (außer einer) wird mit dem Gesamteffekt verglichen.
Einfach	der Effekt jeder Faktorstufe (außer einer) wird mit dem Effekt einer Referenzfaktorstufe verglichen.
Differenz (umgekehrter Helmert)	der Effekt jeder Faktorstufe (außer der ersten) wird mit dem mittleren Effekt der vorhergehenden Faktorstufen verglichen.
Helmert	der Effekt jeder Faktorstufe (außer der letzten) wird mit dem mittleren Effekt der folgenden Faktorstufen verglichen.
Wiederholt	der Effekt jeder Faktorstufe (außer der ersten) wird mit dem Effekt der jeweils vorhergehenden Faktorstufe verglichen.
Polynomial	beurteilt lineare, quadratische usw. Effekte über die Faktorstufen, die für die Anwendung dieses Kontrasts gleichen Abstands sein müssen.

Für das vorliegende Beispiel bietet sich der Helmert-Kontrast an. Er vergleicht die Wirkung der ersten Stufe des Faktors Zeit (Prämessung) mit dem mittleren Effekt der beiden folgenden Faktorstufen (Postmessungen 1 und 2) sowie die Effekte des zweiten und des dritten Zeitpunktes (Postmessung 1 und 2). Die Auswahl des geeigneten Kontrasts ist vom Design und von den zu prüfenden Hypothesen abhängig. Wären im Anwendungsbeispiel zum Beispiel zwei Prämessungen und nur eine Postmessung erhoben worden, würde sich für die Auswertung anstelle des Helmert-Kontrastes der umgekehrte Helmert-Kontrast anbieten. Die linearen Kontraste, deren Anwendung hier am Beispiel der zweifaktoriellen Varianzanalyse mit Messwiederholungen in einem Faktor dargestellt wird, stehen auch für varianzanalytische Untersuchungen ohne Messwiederholungen zur Verfügung.

Bei der Anwendung in SPSS ist zu beachten, dass die Testung der Kontraste ohne Korrektur des α-Fehler-Niveaus bzw. ohne Adjustierung der p-Werte erfolgt. Diese Vorgehensweise kann nur dann empfohlen werden, wenn einzelne Kontraste untersucht werden sollen (vgl. Abschnitt 3.1.6).

3.5.3 Signifikanzprüfung

Die Theorie der Quadratsummenzerlegungen und der Signifikanztests bei unterschiedlichen Formen der Varianzanalyse mit Messwiederholungen ist zum Beispiel bei Bortz und Schuster (2010) und Diehl und Arbinger (2001) ausführlich dargestellt. Grundsätzlich wird bei der Quadratsummenzerlegung zusätzlich zum Vorgehen bei der Varianzanalyse ohne Messwiederholungen eine Aufteilung in Quadratsummenanteile innerhalb der Personen und in Anteile zwischen den Personen unterschieden. Die Quadratsumme zwischen den Personen enthält alle Effekte, in denen Messwiederholungsfaktoren keine Rolle spielen. Im Anwendungsbeispiel betrifft das den Faktor Treatment, bei dessen Signifikanzprüfung die Gruppen bezüglich ihrer mittleren Ausprägungen der Kommunikationsfähigkeit gemittelt über alle Zeitpunkte untersucht werden. Im Beispiel ergibt sich kein signifikanter Haupteffekt Treatment (p > .05).

Für die Prüfung aller Effekte, in denen der Messwiederholungsfaktor eine Rolle spielt (Zeit sowie Zeit x Treatment) werden die Kontrastvariablen benutzt. In SPSS kann man sich die Vorgehensweise veranschaulichen, indem als Hilfsvariablen die entsprechenden beiden Kontrastvariablen gebildet werden (siehe Abschnitt 3.6). Für die Prüfung der Effekte bietet SPSS zwei Verfahren an, die sich unter bestimmten Bedingungen in ihrer Güte unterscheiden (siehe O'Brien und Kaiser, 1985). Die Ergebnisse dieser Analysen sind dabei unabhängig davon, welche Kontrastvariable verwendet wurde, da die orthogonalen Kontrastvariablen alle Informationen über die Veränderungen im Zeitverlauf enthalten. Ein Verfahren besteht in der multivariaten Varianzanalyse der Kontrastvariablen. Das Ergebnis dieser multivariaten Analyse wird im SPSS-Output zur Messwiederholungsanalyse angegeben, man kann es zur Veranschaulichung ebenso erzielen, wenn man die Kontrastvariablen einer multivariaten Analyse unterzieht (Abschnitt 3.6). Es ergibt sich im Beispiel beim Test nach Pillai sowohl ein sehr signifikanter (p < .01) Zeit-, als auch ein sehr signifikanter (p < .01) Interaktionseffekt Zeit x Treatment. Die alternative Auswertungsmöglichkeit im

Rahmen des Messwiederholungsdesigns besteht in einem F-Test. Hierbei ist eine Korrektur der Freiheitsgrade erforderlich, falls die für den F-Test zusätzlich notwendige Sphärizitäts- oder Zirkularitätsbedingung verletzt ist (genaueres siehe Diehl und Arbinger, 2001; Eid et al., 2010). Diese Vorgehensweise hat unter bestimmten Voraussetzungen eine höhere Teststärke. Für die Entscheidung, ob die multivariate Analyse oder der F-Test mit Korrektur eingesetzt werden soll, empfehlen Bortz und Schuster (2010) eine Arbeit von Romaniuk et al. (1977).

Im Beispiel ergeben sich ebenfalls sowohl für den Haupteffekt Zeit als auch für den Interaktionseffekt sehr signifikante ($p < .01$) Effekte (Sphärizitätsbedingung nicht verletzt). Für den Nachweis der Trainingswirkung ist die Prüfung der einzelnen Kontraste im Wechselwirkungseffekt entscheidend. Hier ist innerhalb des Interaktionseffekts der Helmert-Kontrast sehr signifikant ($p < .01$), der die Prätestwerte mit den Posttestwerten vergleicht. Damit ist ein sehr signifikanter Trainingseffekt nachgewiesen, die Veränderungen der abhängigen Variablen Kommunikationsfähigkeit zwischen der Präphase und den Postphasen unterscheiden sich zwischen den Gruppen sehr signifikant. Der andere Helmert-Kontrast, der Gruppenunterschiede in den Veränderungen innerhalb der Postphase prüft, ist dagegen nicht signifikant ($p > .05$).

3.6   Anwendungsbeispiel in SPSS

Im Ordner Varianzanalyse der Website zum Buch befindet sich die Datei Kommunikationstraining.sav. Diese Datei enthält die Daten aus Tabelle 3.2. Öffnen Sie die Datei oder geben Sie die Daten in SPSS ein. Zunächst wird – analog zu den Abschnitten 3.1.4 und 3.1.5 – die Quadratsummenzerlegung nach Fisher mit dem Allgemeinen linearen Modell (ALM) verglichen. Hierzu werden beide Vorgehensweisen anhand einer einfaktoriellen Varianzanalyse mit der unabhängigen Variablen Beruf vorgestellt. Die zweifaktorielle Varianzanalyse, die Kovarianz- und die multivariate Varianzanalyse sowie die Varianzanalyse mit Messwiederholungen werden dann jeweils innerhalb des Allgemeinen linearen Modells berechnet.

3.6.1   Einfaktorielle Varianzanalyse

Die Quadratsummenzerlegung nach Fisher ist innerhalb der grafischen Nutzeroberfläche in SPSS nur für die einfaktorielle Varianzanalyse realisiert. Klicken Sie im Menü unter Analysieren, Mittelwerte vergleichen auf Einfaktorielle ANOVA. Es erscheint das Dialogfenster aus Abbildung 3.2. Verschieben Sie die Variable Kommunikation in das Feld für die abhängigen Variablen [1] und Beruf in das Feld für den Faktor [2]. Wählen Sie anschließend die Optionen [3]. (Auf die Schaltfläche Post Hoc [4] wird später eingegangen.)

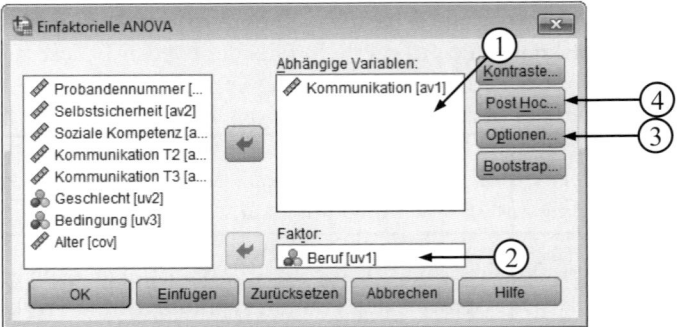

Abbildung 3.2: Einfaktorielle ANOVA

Es erscheint das Dialogfenster aus Abbildung 3.3. Lassen Sie deskriptive Statistiken anzeigen [1] und einen Test auf Homogenität der Varianzen [2] rechnen. Wählen Sie außerdem die alternativen Kennwerte von Brown-Forsythe und Welch [3]. Starten Sie anschließend die Analyse.

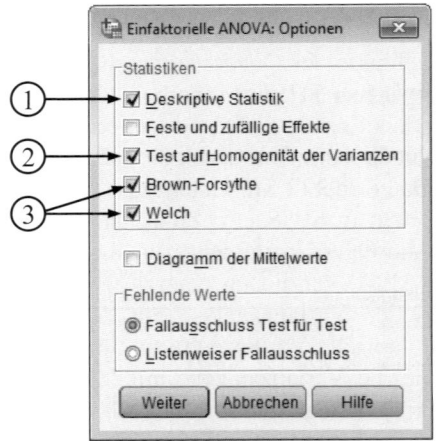

Abbildung 3.3: Dialogfenster
Optionen

Die nächste Abbildung 3.4 enthält die Tabelle der deskriptiven Statistiken. In den Spalten Mittelwert [1] und Standardabweichung [2] sind einige Informationen aus Tabelle 3.3 dargestellt. Zusätzlich zu den Schätzungen der jeweiligen Faktorstufen-mittelwerte werden der Standardfehler und die Unter- und Obergrenzen des zugehörigen Konfidenzintervalls ausgegeben [3].

In der Tabelle in Abbildung 3.5 sind die Ergebnisse des Levene-Tests auf Vari-anzhomogenität dargestellt (vgl. Abschnitt 3.1.2, Voraussetzung 2). Der niedrige Kennwert der Prüfstatistik [1] und der hohe p-Wert [2] deuten darauf hin, dass es keine bedeutenden Unterschiede zwischen den Varianzen der einzelnen Faktorstufen gibt. Allerdings ist die Teststärke bei n = 8 Probanden pro Faktorstufe sehr gering. Unterschiede zwischen den Varianzen der Faktorstufen können in diesem Fall nicht zuverlässig aufgedeckt werden (vgl. Abschnitt 3.1.2). Es bietet sich deshalb an, zusätzlich zu dem F-Test nach Fisher die robusteren Verfahren nach Brown-Forsythe und Welch einzubeziehen.

	N	Mittelwert	Standard-abweichung	Standard-fehler	95%-Konfidenzintervall für den Mittelwert	
					Untergrenze	Obergrenze
Versicherungsvertreter	8	10,50	1,604	,567	9,16	11,84
Lehrer	8	9,88	1,642	,581	8,50	11,25
Programmierer	8	6,50	1,512	,535	5,24	7,76
Gesamt	24	8,96	2,349	,480	7,97	9,95

Abbildung 3.4: ONEWAY deskriptive Statistiken

Levene-Statistik	df1	df2	Signifikanz
,174	2	21	,842

Abbildung 3.5: Test auf Homogenität der Varianzen

Abbildung 3.6 zeigt die Ergebnisse der Quadratsummenzerlegung nach Fisher. Hier sind die Quadratsummen zwischen [1] und innerhalb der Gruppen [2] dargestellt. Erstere entsprechen QS_{Faktor} aus Formel (3.6) und letztere QS_{Fehler} aus Formel (3.7). Addiert man diese beiden Quadratsummen, ergibt sich die Gesamtquadratsumme [3] QS_{total} aus Formel (3.4) (siehe Formel (3.5)).

	Quadratsumme	df	Mittel der Quadrate	F	Signifikanz
Zwischen den Gruppen	74,083	2	37,042	14,712	,000
Innerhalb der Gruppen	52,875	21	2,518		
Gesamt	126,958	23			

Abbildung 3.6: ONEWAY ANOVA

Teilt man die Quadratsummen durch die entsprechenden Freiheitsgrade [4], ergeben sich die jeweiligen mittleren Quadratsummen [5] (vgl. Formeln (3.8) und (3.9)). Dividiert man wiederum gemäß Formel (3.10) die mittlere Quadratsumme zwischen den Gruppen (Faktorquadratsumme) durch die mittlere Quadratsumme innerhalb der Gruppen (Fehlerquadratsumme), resultiert der F-Wert [6], der in diesem Fall sehr signifikant ist [7]. Man kann also zeigen, dass sich die Probanden der unterschiedlichen Berufsgruppen hinsichtlich ihrer mittleren Kommunikationsfähigkeit unterscheiden.

In Abbildung 3.7 sind die Ergebnisse der robusten Verfahren nach Brown-Forsythe und Welch dargestellt. Es zeigen sich in diesem Fall keine bedeutenden Unterschiede gegenüber dem F-Wert nach Fisher. Auch nach den robusten Verfahren sind dementsprechend sehr signifikante [1] Unterschiede zwischen den Berufgruppen zu beobachten.

	Statistik	df1	df2	Sig.
Welch-Test	14,754	2	13,983	,000
Brown-Forsythe	14,712	2	20,903	,000

Abbildung 3.7: Robuste Testverfahren zur Prüfung auf
Gleichheit der Mittelwerte

Nun soll die einfaktorielle Varianzanalyse nach dem ALM berechnet werden. Wählen Sie hierzu im Hauptmenü unter Analysieren die Option Allgemeines lineares Modell, Univariat. Es erscheint das Dialogfenster aus Abbildung 3.8. Verschieben Sie die Variable Kommunikation in das Feld für die abhängige Variable [1] und Beruf in das Feld für die festen Faktoren [2]. Eine unabhängige Variable wird als fester Faktor bezeichnet, wenn nur Aussagen über die ausgewählten Faktorstufen getroffen werden sollen.

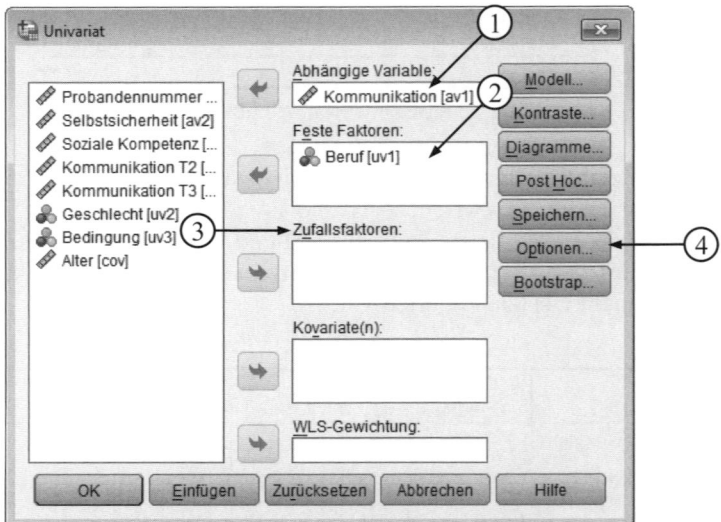

Abbildung 3.8: Dialogfenster Univariat

Wollte man im vorliegenden Beispiel generelle Aussagen für den Beruf als Einflussfaktor treffen und würde hierzu eine Zufallsstichprobe aus der Population ziehen, müsste man die Variable Beruf als Zufallsfaktor [3] behandeln, da die Faktorstufen zufällig zustande kamen. Wählen Sie für weitere Einstellungen die Optionen [4].

Es erscheint das Dialogfenster aus Abbildung 3.9. Aktivieren Sie die auch in Abbildung 3.3 gewählten Optionen Deskriptive Statistiken [1] und Homogenitätstests [2]. Die robusten Verfahren von Brown-Forsythe und Welch sind unter dem ALM von SPSS leider nicht verfügbar. Allerdings kann hier die Effektgröße berechnet werden [3]. Wählen Sie noch die Matrix der Kontrastkoeffizienten [4] und starten Sie anschließend die Analyse.

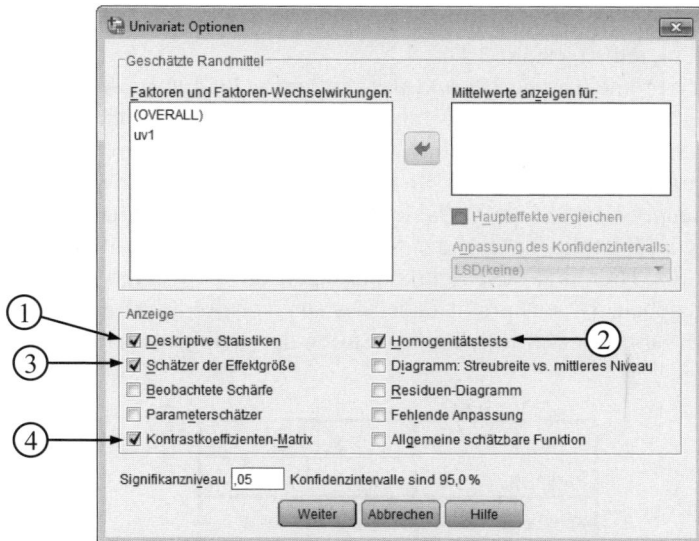

Abbildung 3.9: Dialogfenster Optionen

Die Tabelle der deskriptiven Statistiken beschränkt sich in der SPSS-Realisierung des ALM auf die Mittelwerte und Standardabweichungen der Faktorstufen (vgl. Abbildung 3.4). Die Tabelle für den Homogenitätstest von Levene entspricht exakt der Tabelle aus Abbildung 3.5.

Quelle	Quadratsumme vom Typ III	df	Mittel der Quadrate	F	Sig.	Partielles Eta-Quadrat
Korrigiertes Modell	74,083ᵃ	2	37,042	14,712	,000	,584
Konstanter Term	1926,042	1	1926,042	764,953	,000	,973
uv1	74,083	2	37,042	14,712	,000	,584
Fehler	52,875	21	2,518			
Gesamt	2053,000	24				
Korrigierte Gesamtvariation	126,958	23				

Abbildung 3.10: Tests der Zwischensubjekteffekte

In der Tabelle in Abbildung 3.10 sind die Ergebnisse der Quadratsummenzerlegung nach dem ALM abgebildet. Die Quadratsumme der unabhängigen Variablen [1] entspricht exakt der Quadratsumme zwischen den Gruppen aus Abbildung 3.6 [1] bzw. QS$_{Faktor}$ aus Formel (3.6). Ebenso entspricht die Fehlerquadratsumme [2] der Quadratsumme innerhalb der Gruppen (Abbildung 3.6 [2]) und die Korrigierte Gesamtvariation [3] der Gesamtquadratsumme (Abbildung 3.6 [3]). Diese Korrigierte Gesamtvariation ergibt sich aus der Gesamtquadratsumme des ALM [4] minus der Quadratsumme des Konstanten Terms [5]. Der konstante Term entspricht dem Nulldurchgang einer Regressionsgleichung mit dem Prädiktor Beruf und dem Kriterium Kommunikation (vgl. hierzu Abschnitt 2.1).

Die Werte der Freiheitsgrade [6] und der mittleren Quadratsummen [7] entsprechen den Werten aus der Tabelle in Abbildung 3.6. Ebenso entspricht der nach Formel (3.10) berechnete F-Wert [8] und dessen p-Wert [9] den Werten in Abbildung 3.6. Die Effektgröße von $\eta^2_p = .584$ [10] besagt, dass ca. 58% der Variation in der Variablen Kommunikation auf die Variable Beruf zurückzuführen sind.

In Abbildung 3.11 ist die Tabelle der Kontrastkoeffizienten für die unabhängige Variable abgebildet. Hier sind die Effektkodierungen für die Kodiervariablen L2 [1] und L3 [2] angegeben. L2 entspricht dabei ce_1 aus Tabelle 3.5, L3 entspricht ce_2. Durch die Kodiervariablen werden sämtlich Stufen der unabhängigen Variablen eindeutig definiert.

Parameter	Kontrast	
	L2	L3
Konstanter Term	0	0
[uv1=1]	1	0
[uv1=2]	0	1
[uv1=3]	-1	-1

Abbildung 3.11: Kontrastkodierung

Als nächstes soll der multiple Test nach Tukey für die A-posteriori-Mehrfachvergleiche gerechnet werden (vgl. Abschnitt 3.1.6). Wählen Sie hierzu im Dialogfenster der einfaktoriellen ANOVA die Option Post Hoc (vgl. Abbildung 3.2 [4]). Es erscheint das Dialogfenster aus Abbildung 3.12.

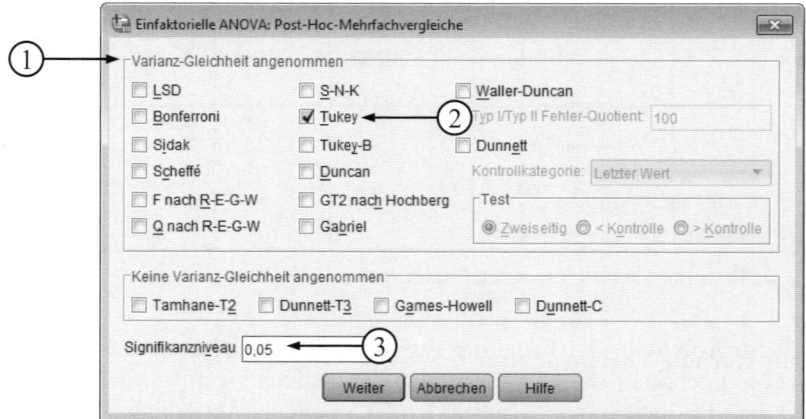

Abbildung 3.12: Dialogfenster Post-Hoc-Mehrfachvergleiche

Hier kann eine Vielzahl verschiedener multipler Vergleiche ausgewählt werden. Da die Standardabweichungen der einzelnen Faktorstufen im vorliegenden Beispiel sehr ähnlich sind, kommen die Tests in der oberen Hälfte in Frage [1]. Aktivieren Sie den

Tukey-Test [2]. Die Voreinstellung des Signifikanzniveaus von $\alpha = .05$ [3] ist beizubehalten. Innerhalb des ALM sind die gleichen multiplen Tests verfügbar (unter der
Schaltfläche Post Hoc in Abbildung 3.8). Starten Sie die Analyse.

In Abbildung 3.13 ist das Ergebnis des Tukey-Tests abgebildet. In der ersten Spalte werden die einzelnen Paarvergleiche aufgelistet [1]. Es werden jeweils die Mittel-
wertsdifferenzen der Paare angezeigt, so zum Beispiel für den Vergleich von Versicherungsvertretern und Programmierern $10.5 - 6.5 = 4$ [2]. Außerdem sind die p-
Werte [3] angegeben.

(I) Beruf	(J) Beruf	Mittlere Differenz (I-J)	Standardfehler	Signifikanz
Versicherungsvertreter	Lehrer	,625	,793	,714
	Programmierer	4,000	,793	,000
Lehrer	Versicherungsvertreter	-,625	,793	,714
	Programmierer	3,375	,793	,001
Programmierer	Versicherungsvertreter	-4,000	,793	,000
	Lehrer	-3,375	,793	,001

Abbildung 3.13: Mehrfachvergleiche

Eine andere Darstellungsweise der Ergebnisse des Tukey-Tests ist in Abbildung 3.14
zu sehen. Hier werden die Faktorstufen in so genannte homogene Untergruppen ge-
ordnet. Faktorstufen, deren Mittelwerte [1] sich nicht signifikant [2] unterscheiden,
bilden eine homogene Untergruppe. Hier werden also zwei Untergruppen gebildet
[3]: eine für die Programmierer und eine für die Lehrer und Versicherungsvertreter.

Beruf	N	Untergruppe für Alpha = 0.05.	
		1	2
Programmierer	8	6,50	
Lehrer	8		9,88
Versicherungsvertreter	8		10,50
Signifikanz		1,000	,714

Abbildung 3.14: Homogene Untergruppen

3.6.2 Zweifaktorielle Varianzanalyse

Zusätzlich soll nun die unabhängige Variable Geschlecht in die Analyse einbezogen
werden. Zwei und mehr zusätzliche Faktoren sind in SPSS nur innerhalb des ALM
realisiert. Wählen Sie dementsprechend im Hauptmenü unter Analysieren die Option
Allgemeines lineares Modell, Univariat. Es erscheint das Dialogfenster aus Abbildung 3.15.

Verschieben Sie hier die Variable Geschlecht in das Feld der festen Faktoren [1].
Behalten Sie ansonsten die in den Abbildungen 3.8 und 3.9 beschriebenen Änderungen bei. Wählen Sie zusätzlich die Option Diagramme [2].

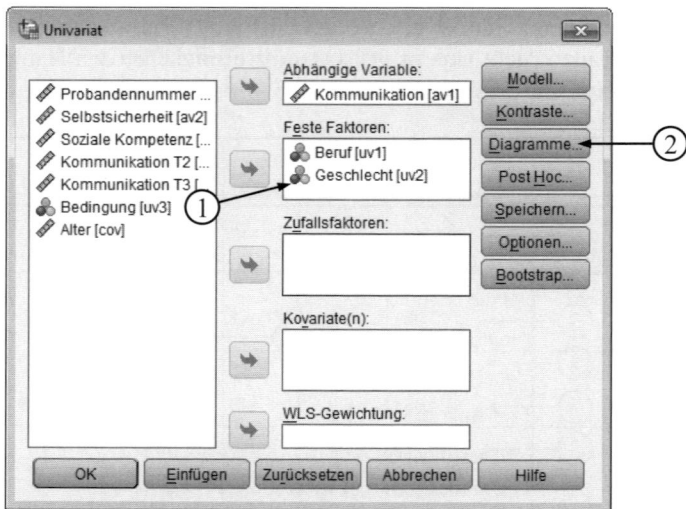

Abbildung 3.15: Dialogfenster Univariat

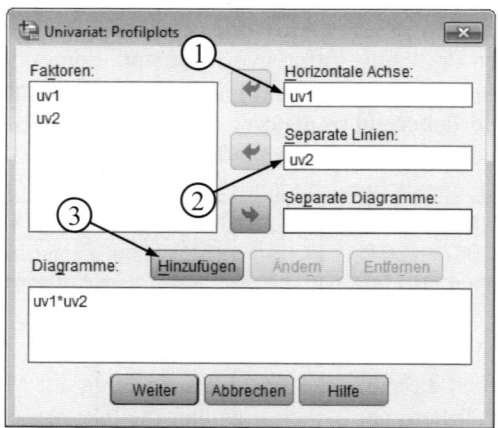

Abbildung 3.16: Dialogfenster Profilplots

Im Dialogfenster aus Abbildung 3.16 können Diagramme der Mittelwerte der einzelnen Faktorstufen spezifiziert werden. Es soll ein Diagramm erstellt werden, in dem der Beruf auf der x-Achse abgetragen wird und das Geschlecht durch zwei unterschiedliche Linien repräsentiert wird. Verschieben Sie dementsprechend uv1 in das Feld Horizontale Achse [1] und uv2 in das Feld Separate Linien [2]. Bestätigen Sie die Eingabe über die Schaltfläche Hinzufügen [3]. Starten Sie anschließend die Analyse.

Die Ergebnisse der Analyse sind in der nächsten Abbildung 3.17 zu sehen. Einige der Kennwerte haben sich gegenüber der einfaktoriellen Analyse (Abbildung 3.10) nicht geändert, so zum Beispiel die Gesamtquadratsumme [1] und die Quadratsumme des Faktors Beruf [2]. Die Fehlerquadratsumme [3] ist geringer geworden, da durch den neu hinzugekommenen Faktor Geschlecht zusätzliche Varianz aufgeklärt wird. Diese zusätzliche Varianz drückt sich in den Quadratsummen für den Haupteffekt QS_B [4] und die Wechselwirkung QS_{AxB} [5] aus.

Quelle		Quadratsumme vom Typ III	df	Mittel der Quadrate	F	Sig.	Partielles Eta-Quadrat	
Korrigiertes Modell	(8)	$87,208^a$	5	17,442	7,898	,000	(9)	,687
Konstanter Term		1926,042	1	1926,042	872,170	,000		,980
uv1	(2)	74,083	2	37,042	16,774	,000		,651
uv2	(4)	2,042	1	2,042	,925	,349		,049
uv1 * uv2	(5)	11,083	2	5,542	2,509	,109	(7)	,218
Fehler	(3)	39,750	18	2,208				
Gesamt		2053,000	24			(6)		
Korrigierte Gesamtvariation	(1)	126,958	23					

Abbildung 3.17: Tests der Zwischensubjekteffekte

Keiner der beiden Effekte ist jedoch signifikant [6]. Es ist inhaltlich zu beurteilen, ob die Varianzaufklärung des Wechselwirkungseffekts [7] praktisch bedeutsam ist. In diesem Fall könnten sie die Grundlage für eine Planung des Stichprobenumfanges einer nachfolgenden Untersuchung bilden. Die Quadratsumme des korrigierten Modells [8] setzt sich zusammen aus den Quadratsummen beider Haupteffekte und der Wechselwirkung: 74.08 + 2.04 + 11.08 = 87.21. Das partielle η^2 des korrigierten Modells [9] ist in dem Fall ein Maß für die Güte eines Vorhersagemodells mit den Prädiktoren Beruf und Geschlecht. Diese Effektgröße setzt sich allerdings nicht aus der Summe der partiellen η^2 der drei Effekte zusammen.

In Abbildung 3.18 ist die grafische Veranschaulichung der Mittelwertunterschiede aus Tabelle 3.6 zu sehen. Die x-Achse enthält die drei Stufen von Beruf, auf der y-Achse sind die Mittelwerte der Variablen Kommunikation abgetragen. Die gestrichelte Linie steht für die weiblichen [1], die durchgezogene Linie für die männlichen Teilnehmer [2]. Die Kommunikationsfähigkeit der Versicherungsvertreterinnen ist höher als die der Lehrerinnen, welche wiederum den Programmiererinnen überlegen sind. Bei den männlichen Teilnehmern zeigt sich ein anderes Muster. Während die Versicherungsvertreter und Programmierer jeweils niedrigere Werte besitzen als ihre weiblichen Kolleginnen, ist die Kommunikationsfähigkeit der Lehrer besser als die der Lehrerinnen.

Bei der Interpretation der in Abbildung 3.18 (mit im Diagramm-Editor modifizierten Achsenbeschriftungen und modifizierter Darstellung) dargestellten SPSS-Grafik ist zu berücksichtigen, dass die y-Achse (Kommunikation) nicht mit dem Nullpunkt beginnt, wodurch die vorhandenen Unterschiede durch die Form der Darstellung optisch vergrößert werden.

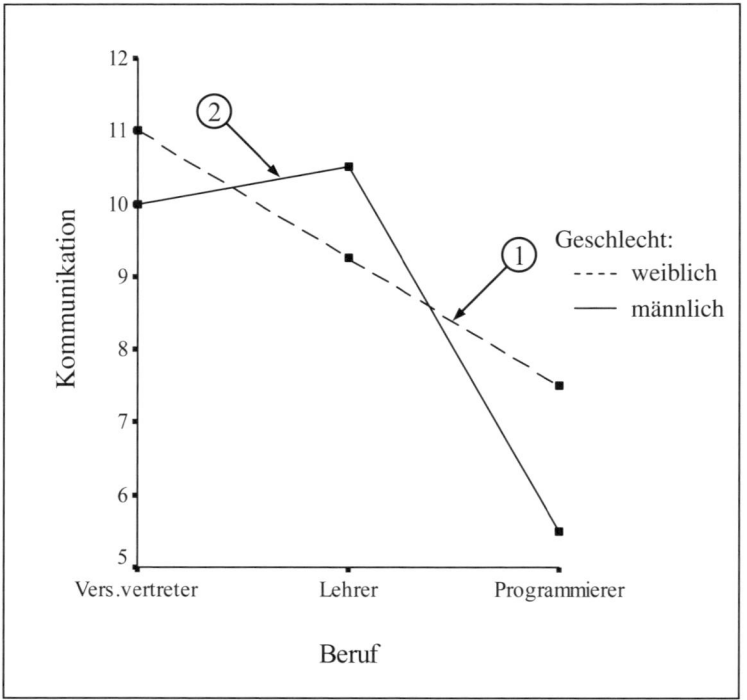

Abbildung 3.18: Profildiagramm

3.6.3   Kovarianzanalyse

Als nächstes soll geprüft werden, ob zusätzlich zum Beruf das Alter einen Einfluss auf die Kommunikationsfähigkeit hat und ob eventuell die Effekte der Variablen Beruf verschwinden, wenn das Alter als Kovariate mit in die Analyse einbezogen wird.

Verschieben Sie dementsprechend im Dialogfenster Univariat in Abbildung 3.19 die Variable Alter in das Feld für die Kovariaten [1]. Entfernen Sie die Variable Geschlecht aus dem Feld der festen Faktoren [2], da die Analyse lediglich mit dem Faktor Beruf und der Kovariaten Alter durchgeführt werden soll. Behalten Sie ansonsten die in den Abbildungen 3.8 und 3.9 beschriebenen Änderungen bei und starten Sie die Analyse.

Abbildung 3.20 zeigt die Ergebnisse eines Vorhersagemodells, in dem als Prädiktoren Beruf und Alter simultan in die Analyse eingehen (vgl. Abschnitt 3.3). Die Kovariable Alter hat keinen signifikanten Einfluss auf die Kommunikationsfähigkeit [1]. Der Effekt von Beruf bleibt sehr signifikant [2]. Allerdings sind der F-Wert und die Effektgröße [3] im Vergleich zur einfaktoriellen Analyse ohne Kovariable (vgl. Abbildung 3.10) verringert. In SPSS ist standardmäßig eine simultane Kovarianzanalyse realisiert. Ebenso könnte man auch den Einfluss der Kovariablen zunächst aus der abhängigen Variablen heraus partialisieren und anschließend eine Varianzanalyse mit den Regressionsresiduen als abhängige Variable rechnen.

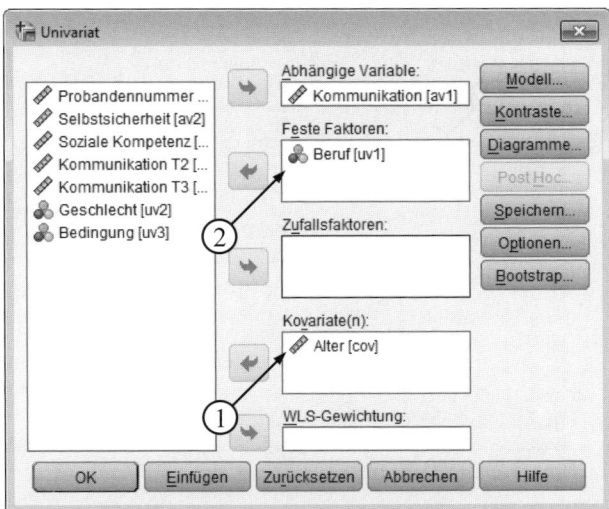

Abbildung 3.19: Dialogfenster Univariat

Quelle	Quadratsumme vom Typ III	df	Mittel der Quadrate	F	Sig.	Partielles Eta-Quadrat
Korrigiertes Modell	74,673[a]	3	24,891	9,521	,000	,588
Konstanter Term	16,533	1	16,533	6,324	,021	,240
cov	,589	1	,589	,225	,640	,011
uv1	66,763	2	33,382	12,769	,000	,561
Fehler	52,286	20	2,614			
Gesamt	2053,000	24				
Korrigierte Gesamtvariation	126,958	23				

Abbildung 3.20: Tests der Zwischensubjekteffekte

3.6.4 Multivariate Varianzanalyse

Mit einer multivariaten Varianzanalyse soll der Frage nachgegangen werden, ob der Beruf einen Einfluss auf das übergeordnete Konstrukt „soziales Verhalten" hat. Indikatoren für dieses Konstrukt sind die drei abhängigen Variablen Kommunikation, Selbstsicherheit und Soziale Kompetenz. Wählen Sie dementsprechend im Hauptmenü unter Analysieren die Option Allgemeines lineares Modell, Multivariat. Es erscheint das Dialogfenster aus Abbildung 3.21. Verschieben Sie die genannten drei Abhängigen Variablen in das gleichnamige Feld [1] und Beruf in das Feld der festen Faktoren [2]. Wählen Sie anschließend die Optionen [3] und aktivieren Sie in dem entsprechenden Dialogfenster Deskriptive Statistiken und Schätzer der Effektgröße (vgl. Abbildung 3.9 [1] und [3]). Starten Sie anschließend die Analyse.

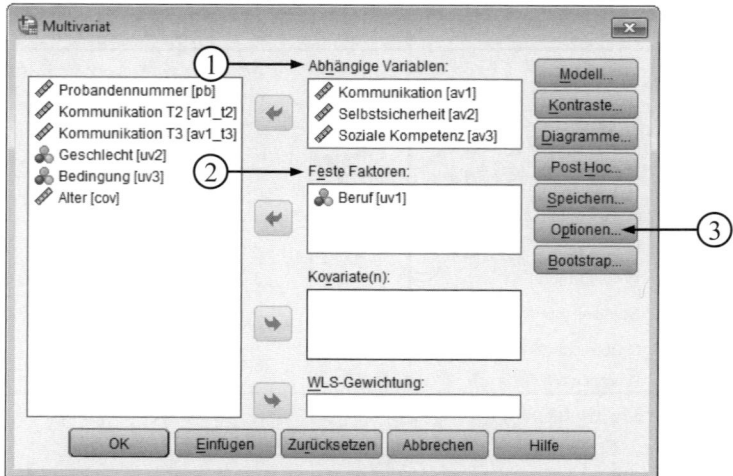

Abbildung 3.21: Dialogfenster Multivariat

Abbildung 3.22 enthält die deskriptiven Statistiken. Hier sind für alle abhängigen Variablen Mittelwerte und Standardabweichungen [1] abgebildet.

	Beruf	Mittelwert	Standard-abweichung	N
Kommunikation	Versicherungsvertreter	10,50	1,604	8
	Lehrer	9,88	1,642	8
	Programmierer	6,50	1,512	8
	Gesamt	8,96	2,349	24
Selbstsicherheit	Versicherungsvertreter	15,13	1,808	8
	Lehrer	15,63	2,200	8
	Programmierer	17,00	1,604	8
	Gesamt	15,92	1,976	24
Soziale Kompetenz	Versicherungsvertreter	31,38	2,387	8
	Lehrer	29,25	2,493	8
	Programmierer	26,75	5,418	8
	Gesamt	29,12	4,036	24

Abbildung 3.22: Deskriptive Statistiken

In Abbildung 3.23 sind die Ergebnisse der multivariaten Tests (ohne partielles Eta-Quadrat) abgebildet. Zur Beurteilung des Einflusses der Variablen Beruf auf die drei abhängigen Variablen wurden vier verschiedene Tests gerechnet. Das Prinzip der

Berechnung multivariater Testgrößen wurde für den einfachsten Fall des Tests gegen eine Konstante am Beispiel von Hotellings T^2 [1] in Abschnitt 3.4 dargestellt.

Effekt		Wert	F	Hypothese df	Fehler df	Sig.
Konstanter Term	Pillai-Spur	,993	956,790	3,000	19,000	,000
	Wilks-Lambda	,007	956,790	3,000	19,000	,000
	Hotelling-Spur	151,072	956,790	3,000	19,000	,000
	Größte charakteristische Wurzel nach Roy	151,072	956,790	3,000	19,000 ③	,000
uv1	Pillai-Spur ②	,650	3,208	6,000	40,000	,011
	Wilks-Lambda	,378	3,973	6,000	38,000	,004
	Hotelling-Spur ①	1,575	4,726	6,000	36,000	,001
	Größte charakteristische Wurzel nach Roy	1,528	10,186	3,000	20,000	,000

Abbildung 3.23: Multivariate Tests

Der Pillai-Spur-Test [2] ist der robusteste Kennwert, d.h. die Teststatistik ist vergleichsweise unempfindlich gegenüber Verletzungen der Voraussetzungen. Alle multivariaten Teststatistiken für die drei abhängigen Variablen sind signifikant [3].

Die Tabelle der Tests der Zwischensubjekteffekte in Abbildung 3.24 enthält die Ergebnisse von univariaten Varianzanalysen der einzelnen drei abhängigen Variablen, die allerdings nur exploratorisch interpretiert werden können. Dementsprechend stimmen zum Beispiel die Werte der Variablen Kommunikation exakt mit denen aus Abbildung 3.10 überein. Hier zeigen sich auch die Auswirkungen der hohen Standardabweichung der Programmierer in der Variablen Soziale Kompetenz (vgl. Abbildung 3.22). Die mittlere QS_{Faktor} der sozialen Kompetenz [1] ist etwas größer als die mittlere QS_{Faktor} der Kommunikationsfähigkeit.

Quelle	Abhängige Variable	Quadratsumme vom Typ III	df	Mittel der Quadrate	F	Sig.	Partielles Eta-Quadrat
Korrigiertes Modell	Kommunikation	74,083[a]	2	37,042	14,712	,000	,584
	Selbstsicherheit	15,083[b]	2	7,542	2,119	,145	,168
	Soziale Kompetenz	85,750[c]	2	42,875	3,117	,065	,229
Konstanter Term	Kommunikation	1926,042	1	1926,042	764,953	,000	,973
	Selbstsicherheit	6080,167	1	6080,167	1708,140	,000	,988
	Soziale Kompetenz	20358,375	1	20358,375	1479,968	,000	,986
uv1	Kommunikation	74,083	2 ①	37,042	14,712	,000	,584
	Selbstsicherheit	15,083	2	7,542	2,119	,145	,168
	Soziale Kompetenz	85,750	2	42,875	3,117	,065	,229
Fehler	Kommunikation	52,875	21	2,518			
	Selbstsicherheit	74,750	21	3,560	②		
	Soziale Kompetenz	288,875	21	13,756		③	

Abbildung 3.24: Tests der Zwischensubjekteffekte

Allerdings ist die mittlere QS_{Fehler} der sozialen Kompetenz [2] gut fünfmal so groß wie die der Kommunikationsfähigkeit. Demzufolge sind F-Wert [3] und Effektgröße [3] deutlich niedriger.

3.6.5 Varianzanalyse mit Messwiederholungen

Nach der Analyse der Daten der Prämessung soll nun die Effektivität des Kommunikationstrainings anhand einer Varianzanalyse mit Messwiederholungen geprüft werden. Hierbei gehen eine Prämessung und zwei Postmessungen in die Analyse ein. Wählen Sie Analysieren, Allgemeines lineares Modell, Messwiederholung. Es erscheint das Dialogfenster aus Abbildung 3.25.

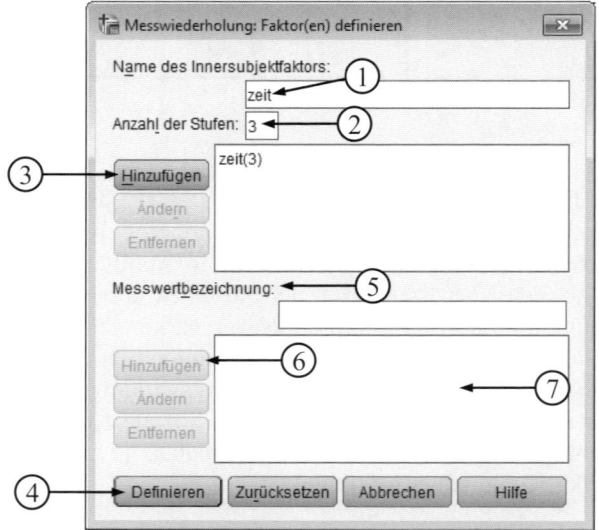

Abbildung 3.25: Dialogfenster Faktor(en) definieren

Hier ist der Messwiederholungsfaktor zu definieren. Anders als bei den übrigen Faktoren der Varianzanalyse wird er nicht durch einen Faktor mit verschiedenen Faktorstufen beschrieben, sondern durch verschiedene Variablen, die zu unterschiedlichen Zeitpunkten oder unter unterschiedlichen Bedingungen bei den gleichen Probanden erhoben wurden.

Wenn man mehrere abhängige Variablen zu untersuchen hätte, wären deren Namen im Feld Messwertbezeichnung [5] einzutragen und danach über die dann aktive Schaltfläche Hinzufügen [6] in das Feld [7] zu übernehmen. Das weitere Vorgehen wäre analog zu dem hier beschriebenen.

Ersetzen Sie als Name des Innersubjektfaktors Faktor 1 durch zeit [1] und legen Sie die Anzahl der Stufen auf 3 fest [2]. Übernehmen Sie den Faktor anschließend durch Hinzufügen [3] und rufen Sie per Definieren [4] das nächste Dialogfenster auf.

In dem sich öffnenden Dialogfenster aus Abbildung 3.26 sind die drei Variablen Kommunikation, Kommunikation T2 und Kommunikation T3 nacheinander in das

Feld der Innersubjektvariablen zu verschieben [1]. Beachten Sie dabei, dass die Reihenfolge der Variablen im Fenster mit der tatsächlichen (zeitlichen) Abfolge der Untersuchung übereinstimmt. Übernehmen Sie dann den Faktor Bedingung in das Feld der Zwischensubjektfaktoren [2]. Wählen Sie anschließend die Optionen [3] und lassen Sie in dem entsprechenden Dialogfenster deskriptive Statistiken und die Schätzer der Effektgröße anzeigen (vgl. Abbildung 3.9 [1] und [3]). Öffnen Sie dann das Dialogfenster Kontraste [4].

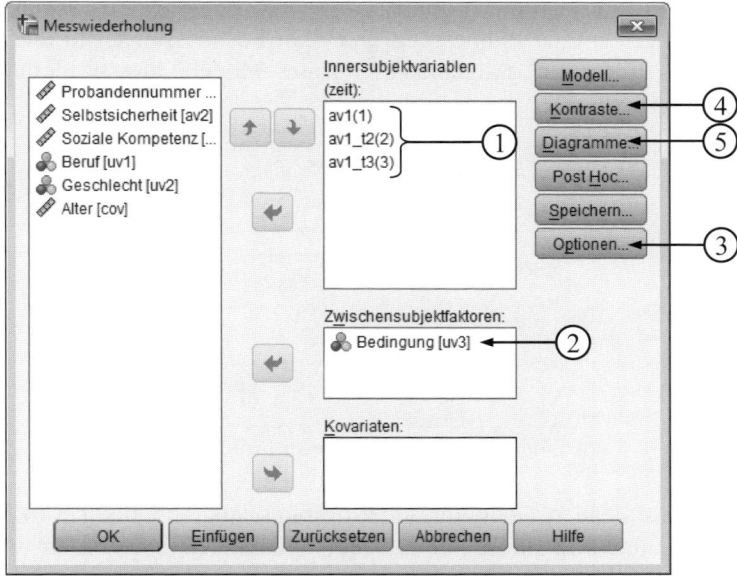

Abbildung 3.26: Dialogfenster Messwiederholung

Abbildung 3.27: Dialogfenster Kontraste

Es erscheint das Dialogfenster aus Abbildung 3.27. Ändern Sie den Kontrast-Typ des Innersubjektfaktors Zeit auf Helmert: Wählen Sie hierzu für die Variable zeit [1] aus der Liste der Kontraste die Option Helmert [2]. Als weitere Kontraste stehen hier die in Tabelle 3.9 aufgelisteten Kontraste zur Verfügung. So könnte zum Beispiel der Kontrast Differenz ausgewählt werden, wenn beispielsweise zwei gemittelte Prä-Werte mit einem Postwert verglichen werden sollen.

Aktualisieren Sie den gewählten Kontrast über die Schaltfläche Ändern [3] und bestätigen Sie die Eingaben mit Weiter. Wählen Sie dann im Dialogfenster Messwiederholung die Option Diagramme (vgl. Abbildung 3.26 [5]).

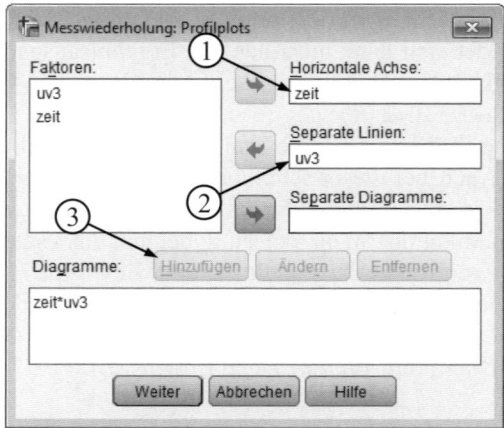

Abbildung 3.28: Dialogfenster Profilplots

In dem sich öffnenden Dialogfenster Profilplots aus Abbildung 3.28 können Diagramme für unterschiedliche Variablenkombinationen angefordert werden. Verschieben Sie den Messwiederholungsfaktor (zeit) in das Feld für die Horizontale Achse [1] und Bedingung (uv3) in das Feld Separate Linien [2]. Klicken Sie anschließend auf Hinzufügen [3], um das zu zeichnende Diagramm in das entsprechende Feld zu übernehmen. Bestätigen Sie die Änderungen und starten Sie die Analyse.

	Bedingung		Mittelwert	Standardabweichung	N
Kommunikation	Trainingsgruppe	①	8,75	2,417	12
	Kontrollgruppe	②	9,17	2,368	12
	Gesamt		8,96	2,349	24
Kommunikation T2	Trainingsgruppe	③	10,75	2,491	12
	Kontrollgruppe	⑤	9,67	2,188	12
	Gesamt		10,21	2,359	24
Kommunikation T3	Trainingsgruppe	④	11,25	1,865	12
	Kontrollgruppe	⑥	9,08	3,175	12
	Gesamt		10,17	2,777	24

Abbildung 3.29: Deskriptive Statistiken

Abbildung 3.29 enthält die deskriptiven Statistiken. Hier sind Mittelwerte und Standardabweichungen für alle Kombinationen aus Messzeitpunkt und Faktorstufe angegeben. Der Tabelle kann entnommen werden, dass die Kommunikationsfähigkeit im Mittel in der Prämessung in beiden Gruppen relativ ähnlich ist [1], [2].

In der Trainingsgruppe steigen die Werte dann sowohl von T_1 zu T_2 [3] als auch von T_2 zu T_3 [4] an. In der Kontrollgruppe ist von der ersten zur zweiten Messung ebenfalls eine – wenn auch geringere – Steigung zu beobachten [5]. Von T_2 zu T_3 fallen die Werte der Kontrollgruppe dann jedoch wieder ab [6].

Diese Mittelwerte sind im Profildiagramm in Abbildung 3.30 grafisch dargestellt. Das Diagramm befindet sich ganz am Ende der Ergebnisausgabe. Auf der x-Achse sind die Messzeitpunkte [1] und auf der y-Achse die Werte der Variablen Kommunikation abgetragen [2].

Die durchgezogene Linie steht für die Trainingsgruppe [3], die gestrichelte für die Kontrollgruppe [4]. Auch bei dieser Abbildung, deren Achsenbeschriftungen sowie Darstellungselemente im Diagramm-Editor modifiziert wurden, ist zu beachten, dass die y-Achse (Kommunikation) nicht bei Null beginnt und somit die vorhandenen Unterschiede optisch vergrößert dargestellt werden. Bevor die Grafik in Präsentationen oder Berichten verwendet wird, sollten entsprechende Änderungen an der Darstellung vorgenommen werden (z.B. Änderung des Ursprungs der y-Achse auf Null mit Hilfe des SPSS-Diagramm-Editors, siehe Brosius, 2011).

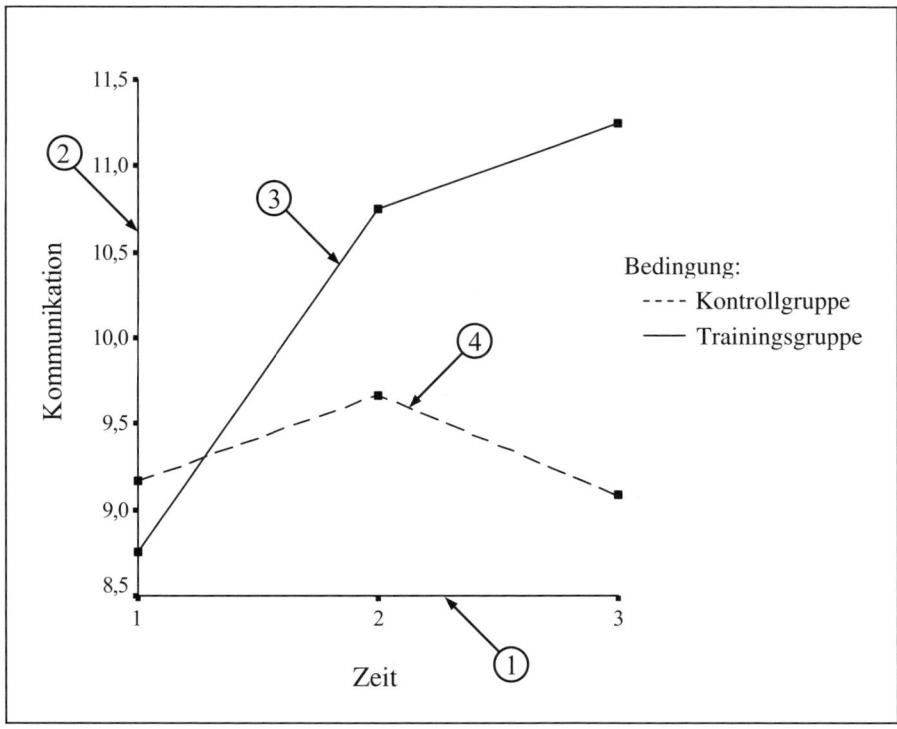

Abbildung 3.30: Profildiagramm

In der Ergebnisausgabe direkt über dem Profildiagramm befindet sich die Tabelle aus Abbildung 3.31. Sie enthält die Kennwerte der univariaten Varianzanalyse (vgl. Abbildung 3.10). Die Trainings- und die Kontrollgruppe unterscheiden sich nicht signifikant voneinander [1]. Dies ist jedoch kein Beleg gegen die Wirksamkeit des Trainings, da für den Wirkungsnachweis der Wechselwirkungseffekt von Zeit und Bedingung relevant ist.

Quelle	Quadratsumme vom Typ III	df	Mittel der Quadrate	F	Sig.	Partielles Eta-Quadrat
Konstanter Term	2294,519	1	2294,519	483,742	,000	,956
uv3	5,352	1	5,352	1,128	,300	,049
Fehler	104,352	22	4,743	①		

Abbildung 3.31: Tests der Zwischensubjekteffekte

In der Tabelle Multivariate Tests aus Abbildung 3.32 am Beginn der Ergebnisausgabe sind die Kennwerte der multivariaten Analyse abgebildet (vgl. Abbildung 3.23). In diesem Fall werden die beiden Kontraste jeweils als abhängige Variable aufgefasst. Der Haupteffekt Zeit-Effekt wird also durch eine multivariate Varianzanalyse der beiden Kontrastvariablen geprüft. Das signifikante Ergebnis [1] bestätigt, dass es insgesamt Unterschiede zwischen den verschiedenen Messzeitpunkten gibt. Die signifikante Wechselwirkung von Zeit und Bedingung [2] zeigt schließlich an, dass die gefundenen (Haupt-)Effekte jeweils nicht in allen Stufen gleichermaßen auftreten. Hintergrund dieses Resultats ist der multivariate Mittelwertvergleich der beiden Kontrastvariablen zwischen den Trainings- und Kontrollgruppe.

Effekt		Wert	F	Hypothese df	Fehler df	Sig.	Partielles Eta-Quadrat
zeit	Pillai-Spur	,515	11,161[a]	2,000	21,000	,000	,515
	Wilks-Lambda	,485	11,161[a]	2,000	21,000	,000	,515
	Hotelling-Spur	1,063	11,161[a]	2,000	21,000	,000	,515
	Größte charakteristische Wurzel nach Roy	1,063	11,161[a]	2,000	21,000	,000	,515
zeit * uv3	Pillai-Spur	,430	7,922[a]	2,000	21,000	,003	,430
	Wilks-Lambda	,570	7,922[a]	2,000	21,000	,003	,430
	Hotelling-Spur	,754	7,922[a]	2,000	21,000	,003	,430
	Größte charakteristische Wurzel nach Roy	,754	7,922[a]	2,000	21,000	,003	,430

Abbildung 3.32: Multivariate Tests

Dabei ist die Art der gewählten Kontraste (vgl. Abbildung 3.27 [2]) nicht relevant, so lange es sich um orthogonale Kontraste handelt. Es ergeben sich also auch bei der Verwendung von anderen orthogonalen Kontrasten die abgebildeten Ergebnisse.

Eine alternative Auswertungsmöglichkeit zur multivariaten Betrachtung der beiden Kontraste besteht in einem F-Test, bei dem eventuelle Verletzungen der Sphärizität durch Anpassung der Freiheitsgrade korrigiert werden können (siehe Abschnitt 3.5.3). Wie aus Abbildung 3.33 ersichtlich kann in unserem Fall wegen $\alpha > .05$ [1] die Sphärizitätsannahme als erfüllt angesehen werden. Falls eine Verletzung vorliegen würde, sollte der F-Test mit korrigierten Freiheitsgraden berechnet werden. In diesem Fall werden die Freiheitsgrade des F-Tests mit einem Wert Epsilon [2] multipliziert.

Innersubjekt-effekt	Mauchly-W	Approximiertes Chi-Quadrat	df	Sig.	Epsilon		
					Greenhouse-Geisser	Huynh-Feldt	Unter-grenze
zeit	,796	4,804	2	,091	,830	,930	,500

Abbildung 3.33: Mauchly-Test auf Sphärizität

In der Tabelle in Abbildung 3.34 sind die Ergebnisse dieses F-Tests dargestellt (ohne Quadratsummen). Da in unserem Fall die Sphärizitätsannahme als erfüllt angesehen werden soll, sind jeweils die Werte der ersten Zeile relevant. Sowohl der Haupteffekt Zeit [1] als auch die Wechselwirkung mit der Bedingung [2] sind sehr signifikant. Für den Fall, dass die Sphärizitätsannahme nicht erfüllt ist, können zum Beispiel die nach Greenhouse-Geisser oder Huynh-Feldt korrigierten Kennwerte gewählt werden. Anhand des entsprechenden Epsilons (vgl. Abbildung 3.33 [2]) kann die Berechnung der korrigierten Freiheitsgrade am Beispiel der Greenhouse-Geisser-Korrektur nachvollzogen werden. So ergibt sich für $df_{zeit} = 2 \cdot .83 = 1.66$ [3].

Quelle		df	Mittel der Quadrate	F	Sig.
zeit	Sphärizität angenommen	2	12,097	6,417	,004
	Greenhouse-Geisser ③	1,660	14,571	6,417	,006
	Huynh-Feldt	1,861	13,001	6,417	,005
	Untergrenze	1,000	24,194	6,417	,019
zeit * uv3	Sphärizität angenommen	2	10,097	5,356	,008
	Greenhouse-Geisser	1,660	12,162	5,356	,013
	Huynh-Feldt	1,861	10,851	5,356	,010
	Untergrenze	1,000	20,194	5,356	,030
Fehler(zeit)	Sphärizität angenommen	44	1,885		
	Greenhouse-Geisser	36,531	2,271		
	Huynh-Feldt	40,942	2,026		
	Untergrenze	22,000	3,770		

Abbildung 3.34: Tests der Innersubjekteffekte

In den beiden oben dargestellten Auswertungsalternativen wurden jeweils Gesamt-hypothesen über alle Messzeitpunkte hinweg getestet. Die Tabelle in Abbildung 3.35 enthält nun die Ergebnisse der F-Tests zu den einzelnen Kontrasten. In der jeweils ersten Zeile sind die Kennwerte des Kontrasts abgebildet, der die Prämessung mit dem Mittelwert der Postmessungen vergleicht. Der Haupteffekt Zeit ist in diesem Kontrast sehr signifikant [1]. Die Richtung des Effekts muss anhand der Mittelwerte von Trainings- und Kontrollgruppe je Messzeitpunkt (vgl. Abbildung 3.29) ermittelt werden: beide Gruppen zusammengenommen haben zu T_2 und T_3 höhere Werte als zu T_1: (10.21 + 10.17) / 2 > 8.96. Für die Fragestellung nach der Wirksamkeit des Kommunikationstrainings ist jedoch dieser Kontrast nicht bezüglich des Hauptef-fekts Zeit, sondern nur bezüglich des Interaktionseffekts relevant.

Quelle	zeit	Quadrat-summe vom Typ III	df	Mittel der Quadrate	F	Sig.
zeit	Niveau 1 vs. späteres	36,260	1	36,260	23,137	(1) → ,000
	Niveau 2 vs. Niveau 3	,042	1	,042	,008	(3) → ,931
zeit * uv3	Niveau 1 vs. späteres	25,010	1	25,010	15,958	(2) → ,001
	Niveau 2 vs. Niveau 3	7,042	1	7,042	1,292	(4) → ,268
Fehler(zeit)	Niveau 1 vs. späteres	34,479	22	1,567		
	Niveau 2 vs. Niveau 3	119,917	22	5,451		

Abbildung 3.35: Tests der Innersubjektkontraste

Hier zeigt sich ebenfalls ein sehr signifikanter Effekt [2]. Unter Zuhilfenahme der Mittelwerte kann dieser Effekt wie folgt interpretiert werden: die Verbesserungen in der Kommunikationsfähigkeit, die zwischen Prämessung und Postmessungen auftre-ten, sind in der Trainingsgruppe größer als in der Kontrollgruppe. Anhand der Mit-telwerte aus Abbildung 3.29 ergibt sich folgende Ungleichung (vgl. Formel (3.37) aus Abschnitt 3.5.2):

$$\frac{10.75 + 11.25}{2} - 8.75 = 2.25 \quad > \quad \frac{9.67 + 9.08}{2} - 9.17 = .21 \tag{3.40}$$

Es ist also ein signifikanter Trainingseffekt zu beobachten. Der zweite Kontrast, also der Vergleich zwischen den beiden Postmessungen, ist weder im Haupteffekt [3] noch in der Wechselwirkung [4] signifikant.

Zur Veranschaulichung der Kontraste sollen die oben dargestellten Berechnungen nun unter Verwendung von selbst berechneten Kontrastvariablen durchgeführt wer-den. Hierbei wird vor der Varianzanalyse für jeden Kontrast eine neue Variable be-rechnet, die rechnerisch den gewünschten Kontrast wiedergibt. Aktivieren Sie im Hauptmenü unter Transformieren die Option Variable berechnen. Es erscheint das Dialogfenster aus Abbildung 3.36. Geben Sie als Namen für die neue Variable des ersten Kontrasts kontr1 in das Feld für die Zielvariable ein [1]. Geben Sie dann in das Feld Numerischer Ausdruck die entsprechende Formel ein [2]. Verschieben Sie hierzu die entsprechenden Variablen aus dem linken Feld [3] über die Pfeiltaste [4] in das Feld Numerischer Ausdruck und geben Sie die Operatoren analog zu einem Taschenrechner über die Schaltflächen des Dialogfensters ein [5]. Die Eingaben im Dialogfenster können über die Schaltfläche Zurücksetzen [7] gelöscht werden. Alternativ können Sie die Formel auch über die Tastatur Ihres Rechners eingeben. Die Formel des ersten Kontrasts bezeichnet die Differenz zwischen den gemittelten Postmessungen und der Prämessung: (av1_t2 + av1_t3) / 2 − av1. Geben Sie diese Formel ein und klicken Sie auf OK [6], im Dateneditor erscheint nun die neue Variable kontr1. Wiederholen Sie den Vorgang für die zweite Kontrastvariable kontr2. Die Formel für den zweiten Kontrast besteht aus der Differenz zwischen den beiden Postmessungen: av1_t3 − av1_t2.

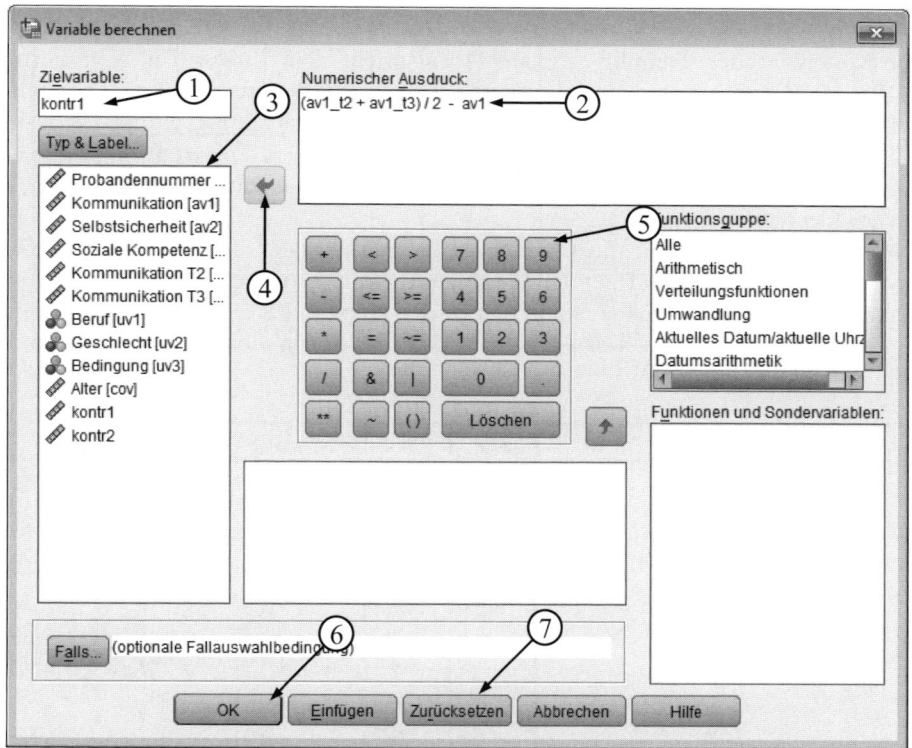

Abbildung 3.36: Dialogfenster Variable berechnen

Rechnen Sie nun eine multivariate Varianzanalyse mit den beiden neuen Variablen kontr1 und kontr2 als abhängigen Variablen und Bedingung als unabhängige Variable (vgl. Abbildung 3.21).

Am Beginn der Ergebnisausgabe erscheint die Tabelle Deskriptive Statistiken aus Abbildung 3.37. Hier sind Mittelwerte und Standardabweichungen der neuen Variablen getrennt nach den Stufen der Variablen Bedingung dargestellt. Es zeigt sich, dass die Verbesserung von der Prä- zu den beiden Postmessungen in der Trainingsgruppe [1] deutlich größer ausfällt als in der Kontrollgruppe [2].

	Bedingung	Mittelwert	Standardabweichung	N
kontr1	Trainingsgruppe	(1) ⟶ 2,2500	1,17744	12
	Kontrollgruppe	(2) ⟶ ,2083	1,32216	12
	Gesamt	1,2292	1,60826	24
kontr2	Trainingsgruppe	(3) ⟶ ,5000	2,11058	12
	Kontrollgruppe	(4) ⟶ -,5833	2,53909	12
	Gesamt	-,0417	2,34945	24

Abbildung 3.37: Deskriptive Statistiken

Der Mittelwert der Trainingsgruppe [1] entspricht dem linken Teil von Formel (3.40), der Mittelwert der Kontrollgruppe [2] entspricht dem rechten Teil. Die mittlere Differenz zwischen den beiden Postmessungen in der Trainingsgruppe ist positiv [3], d.h. diese Probanden haben sich noch weiter verbessert. Die Kontrollgruppe dagegen hat einen negativen Mittelwert [4], d.h. diese Probanden haben sich von T_2 zu T_3 verschlechtert.

Abbildung 3.38 enthält die Ergebnisse der multivariaten Tests der beiden Kontrastvariablen. Der Haupteffekt der Variablen Bedingung ist sehr signifikant [1]. Die Kennwerte der multivariaten Analyse dieses Haupteffekts entsprechen exakt den Werten der multivariaten Tests der Interaktion zwischen Zeit und Bedingung aus Abbildung 3.32.

Effekt		Wert	F	Hypothese df	Fehler df	Sig.
Konstanter Term	Pillai-Spur	,515	11,161	2,000	21,000	,000
	Wilks-Lambda	,485	11,161	2,000	21,000	,000
	Hotelling-Spur	1,063	11,161	2,000	21,000	,000
	Größte charakteristische Wurzel nach Roy	1,063	11,161	2,000	21,000	,000
uv3	Pillai-Spur	,430	7,922	2,000	21,000	(1) ⟶ ,003
	Wilks-Lambda	,570	7,922	2,000	21,000	,003
	Hotelling-Spur	,754	7,922	2,000	21,000	,003
	Größte charakteristische Wurzel nach Roy	,754	7,922	2,000	21,000	,003

Abbildung 3.38: Multivariate Tests

Ebenso entsprechen die Ergebnisse der univariaten Analyse der einzelnen Kontrastvariablen in Abbildung 3.39 den Ergebnissen der Tests der Innersubjektkontraste aus Abbildung 3.35. So entspricht zum Beispiel der p-Wert für den Haupteffekt des zweiten Kontrasts von .27 [1] dem p-Wert des Kontrasts Stufe 2 gegen Stufe 3 bezüglich der Interaktion von Messzeitpunkten und Bedingung (vgl. Abbildung 3.35 [4]).

Quelle	Abhängige Variable	Quadratsumme vom Typ III	df	Mittel der Quadrate	F	Sig.
Korrigiertes Modell	kontr1	25,010	1	25,010	15,958	,001
	kontr2	7,042	1	7,042	1,292	,268
Konstanter Term	kontr1	36,260	1	36,260	23,137	,000
	kontr2	,042	1	,042	,008	,931
uv3	kontr1	25,010	1	25,010	15,958	,001
	kontr2	7,042	1	7,042	1,292	,268
Fehler	kontr1	34,479	22	1,567		
	kontr2	119,917	22	5,451		
Gesamt	kontr1	95,750	24			
	kontr2	127,000	24			①
Korrigierte Gesamtvariation	kontr1	59,490	23			
	kontr2	126,958	23			

Abbildung 3.39: Tests der Zwischensubjekteffekte

Im Ordner Varianzanalyse auf der Website zum Buch ist der Datensatz *Unfall-opfer.sav* enthalten. Es handelt sich dabei um Daten aus der Forschungspraxis, die zur weiteren Beschäftigung mit dem Verfahren in SPSS verwendet werden können. In der Datei *Unfallopfer.pdf* im gleichen Ordner werden der Gegenstand der Untersuchung erläutert und die Auswertung und Interpretation der Daten beschrieben. In der Untersuchung von Karl et al. (2001) wurden Unfallopfer hinsichtlich einer posttraumatischen Belastungsstörung (PTSD) diagnostiziert und in erkrankte und nicht erkrankte Probanden aufgeteilt. Anschließend wurden den Probanden Bilder unterschiedlichen Inhalts (zum Beispiel traumarelevant) dargeboten. Während der Betrachtung wurde eine Reihe von biopsychologischen Parametern (zum Beispiel Herzfrequenz, Muskelaktivität) abgeleitet. Außerdem gaben die Probanden eine subjektive Bewertung der Bilder ab. Mittels Varianzanalyse soll nun ermittelt werden, ob sich die an PTSD erkrankten Unfallopfer in der Muskelaktivität und in den bildbezogenen Urteilen von den nicht erkrankten Unfallopfern unterscheiden.

Außerdem werden auf der Website zum Buch im Ordner Varianzanalyse die Daten zum Anwendungsbeispiel Kommunikationstraining (*Kommunikations-training.sav*) sowie Syntax-Dateien für die Bearbeitung der Anwendungsaufgabe Kommunikationstraining aus diesem Kapitel (*Kommunikations-training.sps*) sowie zur Praxisaufgabe Unfallopfer (*Unfallopfer.sps*) bereitgestellt.

Kapitel 4
Diskriminanzanalyse

Inhaltsübersicht

4.1   Lineare Diskriminanzanalyse bei zwei Gruppen............................ 152
4.1.1   Grundprinzip... 152
4.1.2   Schätzung der Diskriminanzfunktion 155
4.1.3   Kenngrößen und statistische Tests 158
4.1.4   Voraussetzungen und Anwendungsempfehlungen 160
4.1.5   Klassifikation: Zuordnung neuer Probanden 161
4.2   Lineare Diskriminanzanalyse bei mehr als zwei Gruppen.............. 164
4.2.1   Grundprinzip und Vorgehensweise 165
4.2.2   Klassifikation im Mehr-Gruppen-Fall 168
4.3   Anwendungsbeispiel in SPSS 170
4.3.1   Diskriminanzanalyse bei zwei gegebenen Gruppen........................ 171
4.3.2   Diskriminanzanalyse bei mehr als zwei gegebenen Gruppen 174

Die Diskriminanzanalyse gehört zu den klassischen multivariaten statistischen Auswertungsverfahren. Die zentrale Zielstellung des Verfahrens besteht darin festzustellen, ob die Zuordnung von Probanden zu gegebenen Gruppen (zum Beispiel Hyper-
toniker, Borderliner und Normotoniker) auf der Grundlage erhobener Merkmale
(z.B. Kenngrößen der Lebensweise oder der Arbeitstätigkeit bzw. -belastung) möglich ist bzw. mit welcher Güte eine solche Einordnung erfolgen kann. Darüber hinaus
ist die Aufgabenstellung der Diskriminanzanalyse aber allgemeiner, es geht generell
um die multivariate Analyse der Unterschiede gegebener Gruppen und dabei speziell
um die Frage, welche Variablen bzw. welche Kombinationen von Variablen bedeutend sind für die Beschreibung der Unterschiedlichkeit der Gruppen.

Die gebräuchlichste Form der Diskriminanzanalyse ist die lineare Diskriminanzanalyse, auf die in diesem Kapitel ausschließlich eingegangen wird. Die grundlegenden Prinzipien und die Vorgehensweise werden in Kapitel 4.1 am Beispiel der Diskriminanzanalyse bei zwei gegebenen Gruppen dargestellt. Neben der Beschreibung
der Schätzung der Diskriminanzfunktion sowie der Kenngrößen und der statistischen
Tests (Kapitel 4.1.1, 4.1.2 und 4.1.3) wird auf die Voraussetzungen der Diskriminanzanalyse sowie auf Gemeinsamkeiten und Unterschiede zu anderen multivariaten
Verfahren eingegangen (Kapitel 4.1.4). In Abschnitt 4.1.5 wird die Problematik der
Zuordnung neuer Probanden zu den gegebenen Gruppen beschrieben. In Kapitel 4.2
werden die Besonderheiten der Analyse bei mehr als zwei gegebenen Gruppen erläutert.

Ausführliche Beschreibungen der Grundlagen und der Vorgehensweise der Diskriminanzanalyse geben Ahrens und Läuter (1981), Tabachnick und Fidell (2007),
Bortz und Schuster (2010) sowie Backhaus et al. (2011).

Anwendungsbeispiel: Vorhersage des Studienerfolgs

In einer Untersuchung zu Prädiktoren des Studienerfolgs von Studenten naturwissen-
schaftlicher Studiengänge liegen Daten von 45 ehemaligen Studierenden vor. 15 von
ihnen hatten das Studium mit gutem Erfolg beendet (Abschlussnote besser als 2.5), 15
hatten einen befriedigenden Notendurchschnitt (zwischen 2.5 und 4.0), 15 ehemalige
Studierende hatten das Studium wegen nicht bestandener Prüfungen abbrechen müssen. Alle Probanden hatten vor Beginn ihres Studiums an einem Intelligenz- sowie an
einem Mathematiktest teilgenommen. Im Ergebnis psychologischer Untersuchungen
waren für jeden Probanden zudem jeweils ein Skalenwert der Gewissenhaftigkeit sowie der Verträglichkeit aus entsprechenden Fragebögen ermittelt worden. Alle Daten
stehen in standardisierter Form zur Verfügung, wobei metrisches Datenniveau vorliegt
und nach den Ergebnissen vergleichbarer Untersuchungen von Normalverteilung der
Variablen in den Teilpopulationen ausgegangen werden kann.

Tabelle 4.1: Liste der Variablen zum Beispiel Vorhersage des Studienerfolgs

Variablen	Label	Bemerkungen
Gruppenmerkmal		
Y	Studienerfolg	1 = ungenügend, 2 = befriedigend, 3 = gut
Variablen		
X_1	Intelligenztest	Normierte Skala (Min = 0; Max = 100)
X_2	Mathematiktest	Normierte Skala (Min = 0; Max = 100)
X_3	Gewissenhaftigkeit	Normierte Skala (Min = 0; Max = 100)
X_4	Verträglichkeit	Normierte Skala (Min = 0; Max = 100)

Tabelle 4.2: Daten zum Beispiel Studienerfolg

Pb	gruppe	X_1	X_2	X_3	X_4	Pb	gruppe	X_1	X_2	X_3	X_4
1	ungenügend	54	44	31	60	24	befriedigend	40	60	44	40
2	ungenügend	60	20	33	31	25	befriedigend	60	90	54	30
3	ungenügend	67	36	26	54	26	befriedigend	66	68	47	41
4	ungenügend	41	39	31	26	27	befriedigend	53	65	42	44
5	ungenügend	66	57	34	56	28	befriedigend	72	61	42	33
6	ungenügend	51	28	42	23	29	befriedigend	72	60	44	39
7	ungenügend	51	46	34	40	30	befriedigend	52	30	32	32
8	ungenügend	37	46	36	31	31	gut	71	41	37	30
9	ungenügend	57	54	28	49	32	gut	65	28	33	38
10	ungenügend	47	12	34	41	33	gut	67	76	38	28
11	ungenügend	50	67	27	53	34	gut	68	54	34	53
12	ungenügend	42	63	26	36	35	gut	75	33	25	54
13	ungenügend	60	64	29	40	36	gut	71	82	32	49
14	ungenügend	36	64	36	21	37	gut	68	64	34	33
15	ungenügend	60	71	42	40	38	gut	63	72	32	36
16	befriedigend	55	57	45	39	39	gut	48	54	41	34
17	befriedigend	65	59	43	45	40	gut	53	86	27	35
18	befriedigend	47	71	44	16	41	gut	62	71	31	53
19	befriedigend	57	46	45	47	42	gut	69	25	32	25
20	befriedigend	64	53	47	62	43	gut	67	72	31	28
21	befriedigend	51	66	40	46	44	gut	74	92	35	50
22	befriedigend	49	98	39	55	45	gut	76	75	37	12
23	befriedigend	75	53	40	33						

Anhand der Beispieldaten soll in einer ersten Untersuchung festgestellt werden, ob auf der Grundlage der beiden Variablen Intelligenztest und Mathematiktest eine Trennung der beiden Gruppen mit ungenügendem und befriedigendem Studienerfolg möglich ist. Dabei sollen die Möglichkeiten der Trennung der beiden Gruppen durch die gegebenen Variablen und die Güte der möglichen Klassifikation beurteilt werden. Zur Unterscheidung aller 3 Gruppen und zur Untersuchung der Klassifikationsgüte sollen in der zweiten Auswertung alle erfassten Merkmale einbezogen werden. Die Beiträge der einzelnen Variablen zur Unterscheidung der Gruppen und zur Zuordnung neuer Studienanfänger zu den gegebenen Gruppen sollen beurteilt werden.

4.1 Lineare Diskriminanzanalyse bei zwei Gruppen

In diesem Kapitel werden zunächst die grundlegenden Überlegungen und Prinzipien der Diskriminanzanalyse am Beispiel des Vorliegens von zwei Gruppen beschrieben. Ziel ist die Schätzung einer zur Trennung der Gruppen optimal geeigneten Diskriminanzfunktion als Linearkombination der gegebenen Variablen.

4.1.1   Grundprinzip

Ausgangspunkt der Diskriminanzanalyse sind gegebene Gruppen. Oft sind diese Gruppen natürlich vorgegeben (Gesunde/Kranke, Hypertoniker/Borderliner/Normotoniker, Wähler bestimmter Parteien), manchmal ergeben sie sich im Ergebnis von Clusteranalysen (siehe Kapitel 8) oder durch inhaltliche Überlegungen. Wenn man in die Bildung der Gruppen eingreifen kann, sollten die Gruppen möglichst ähnlich groß gewählt werden. Insbesondere sollte der Stichprobenumfang der kleinsten Gruppe nicht zu gering sein (siehe Abschnitt 4.1.4).

In der ersten Teilaufgabe des Anwendungsbeispiels soll untersucht werden, ob sich die Gruppe der Studenten mit befriedigenden Leistungen von der Gruppe mit ungenügenden Leistungen auf Grund der Ergebnisse des Mathematik- und des Intelligenztests unterscheiden lässt. Hintergrund dieser Aufgabe ist die Frage, ob bzw. in welcher Güte man den Studienerfolg durch die beiden Tests vor dem Studium vorhersagen kann.

Die Messwerte der beiden zu untersuchenden Gruppen im Mathematik- und im Intelligenztest sowie die Mittelwerte der beiden Gruppen (Gruppenzentroide) in beiden Variablen sind in Abbildung 4.1 dargestellt. Es wird deutlich, dass sich keine befriedigende Trennung der Gruppen erzielen ließe, wenn man jede der beiden Variablen einzeln dazu verwenden würde. Ein ähnliches Bild ergibt sich bei den Daten, die in Abbildung 4.2 dargestellt sind. Auch in diesem Beispiel gäbe es keine Möglichkeit, die beiden dargestellten Gruppen exakt zu trennen, wenn man dazu die beiden Merkmale isoliert benutzen würde.

Eine 100%-ige Trennung der beiden Gruppen aus Abbildung 4.2 wäre allerdings möglich, wenn man zur Unterscheidung der Gruppen eine neue Achse DA benutzen würde, die im Beispiel durch Drehung der X_1-Achse um -45 Grad entsteht (Abbildung 4.3). Dadurch kann in diesem Beispiel eine vollständige Trennung der Gruppen und eine eindeutige Zuordnung jedes Objektes zu einer der beiden Gruppen erreicht werden (veranschaulicht durch die gestrichelt dargestellte Trennlinie).

Für die Daten des Anwendungsbeispiels ist entsprechend Abbildung 4.4 die optimale Achse zu suchen, um eine bestmögliche Trennung der Gruppen erzielen zu können. Man erkennt in Abbildung 4.4, dass auf der Basis der dort eingezeichneten Diskriminanzachse DA und der gestrichelt dargestellten, bestmöglichen Trennlinie keine 100%ige Trennung der beiden Gruppen möglich ist. 3 Studierende mit befriedigendem Studienabschluss liegen in den Gruppe mit ungenügendem Abschluss, während 5 Studierende, die das Studium nicht erfolgreich beendet hatten, in der Gruppe mit befriedigendem Abschluss zu finden sind.

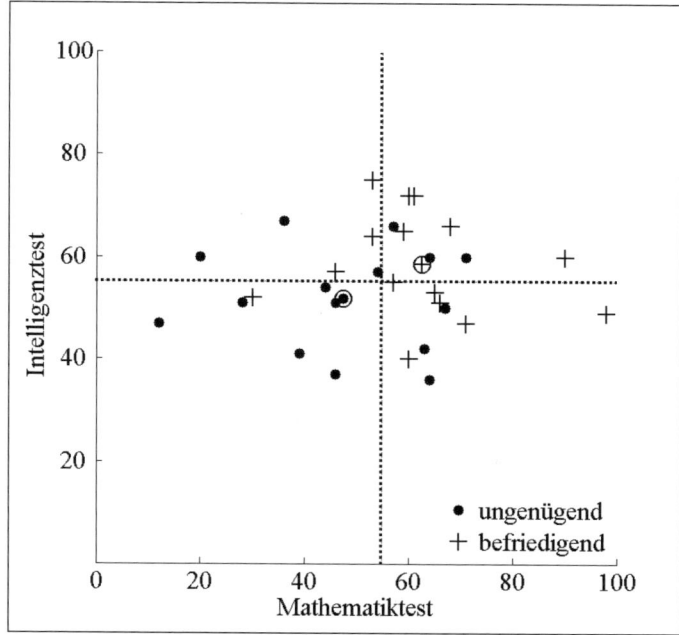

Abbildung 4.1: Streudiagramm von Mathematiktest und Intelli-
            genztest mit Gruppenzentroiden und Trennlinien
            (gestrichelt)

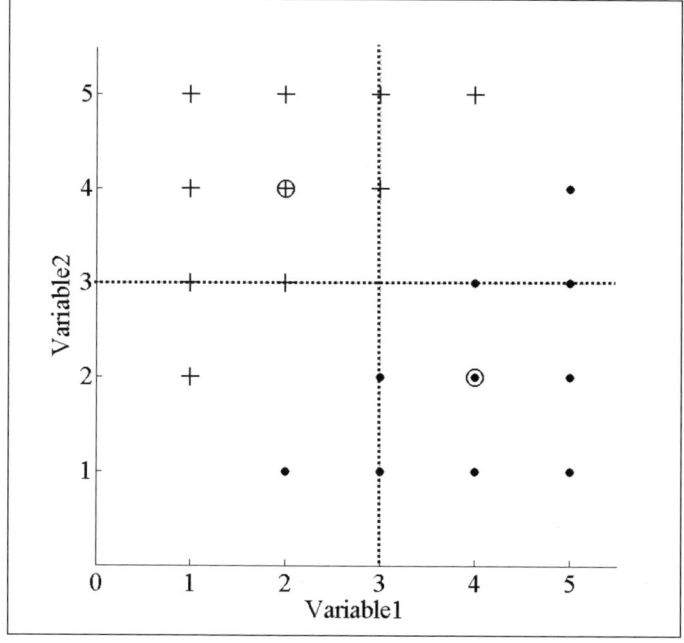

Abbildung 4.2: Streudiagramm (fiktive Daten) mit Gruppenzen-
            troiden und Trennlinien (gestrichelt)

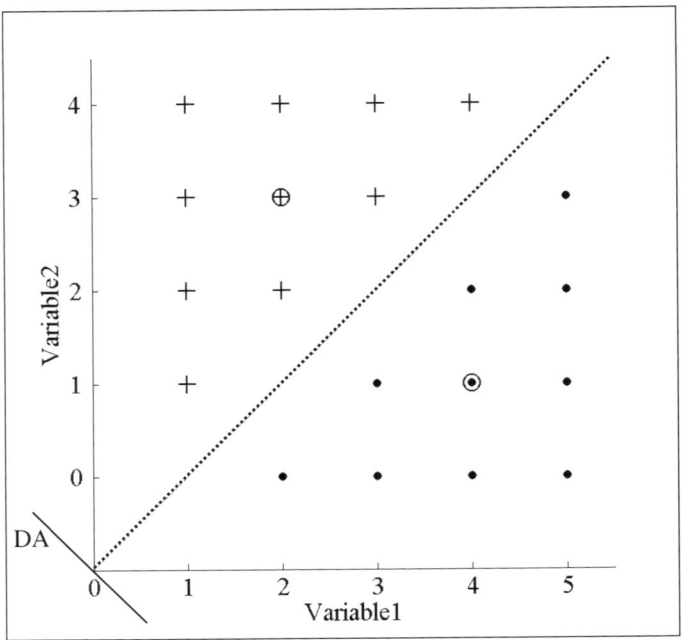

Abbildung 4.3: Streudiagramm (fiktive Daten) mit Gruppenzentroiden, Diskriminanzachse DA und Trennlinie
(gestrichelt)

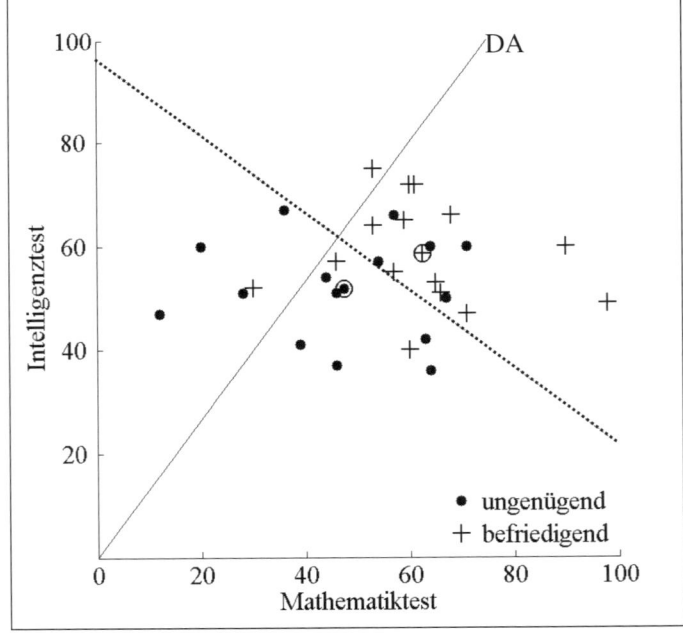

Abbildung 4.4: Streudiagramm von Mathematiktest und Intelligenztest, Gruppenzentroide, Diskriminanzachse
DA und Trennlinie (gestrichelt)

Die grundlegenden Überlegungen, die zu einer optimalen Trennung der Gruppen und damit im Beispiel zu der optimalen Achse führen, werden im folgenden Abschnitt behandelt.

4.1.2 Schätzung der Diskriminanzfunktion

In diesem Abschnitt sollen die Grundüberlegungen dargestellt werden, die zu einer optimalen Trennung der gegebenen Gruppen durch eine Linearkombination der erfassten Variablen führen. Ziel ist die Formulierung einer Diskriminanzfunktion (Trennfunktion), die eine optimale Trennung der gegebenen Gruppen gewährleistet und eine Grundlage dafür bildet, die Bedeutung der einzelnen Variablen für die Gruppentrennung beurteilen zu können. Bei den folgenden Darstellungen ist zu beachten, dass im statistischen Modell der Diskriminanzanalyse die Gruppen fest vorgegeben sind, während die Variablen Zufallsvariablen sind. Die in die Diskriminanzanalyse einbezogenen Variablen sind in diesem Sinne in Analogie zur Varianzanalyse (siehe Kapitel 3) abhängige Variablen.

Gesucht wird bei zwei gegebenen Variablen X_1 und X_2 eine Diskriminanzfunktion, die als Linearkombination der Variablen gebildet wird:

$$D = b_0 + b_1 \cdot X_1 + b_2 \cdot X_2 \tag{4.1}$$

Bei k gegebenen Variablen ergibt sich die Darstellung der Diskriminanzfunktion analog:

$$D = b_0 + b_1 \cdot X_1 + b_2 \cdot X_2 + ... + b_k \cdot X_k \tag{4.2}$$

D: Diskriminanzfunktion (kanonische Variable)
$X_1, X_2, ..., X_k$: Variablen
$b_0, b_1, b_2, ..., b_k$: Diskriminanzkoeffizienten

Die Werte der Diskriminanzfunktion für die einzelnen Probanden ergeben sich entsprechend aus folgender Beziehung:

$$d_i = b_0 + b_1 \cdot x_{1i} + b_2 \cdot x_{2i} + ... + b_k \cdot x_{ki} \quad (i = 1,...,n) \tag{4.3}$$

d_i: Wert der Diskriminanzfunktion des i-ten Probanden
$x_{1i}, x_{2i},..., x_{ki}$: Werte der Variablen $X_1, X_2, ..., X_k$ des i-ten Probanden
$b_0, b_1, b_2, ..., b_k$: Diskriminanzkoeffizienten
n: Umfang der Gesamtstichprobe

Die Parameter $b_0, b_1, b_2, ..., b_k$ sind aus den gegebenen Daten zu schätzen. Dafür sind die Anforderungen an eine optimale Diskriminanzfunktion zu definieren, die sich zunächst in zwei unterschiedlichen Eigenschaften beschreiben lassen:

Einerseits soll bei zwei gegebenen Gruppen 1 und 2 (im Anwendungsbeispiel entsprechen diese beiden Gruppen den Studierenden mit ungenügendem bzw. mit befriedigendem Studienerfolg) mit n_1 bzw. n_2 Probanden der Abstand der Mittelwerte der Diskriminanzfunktion zwischen den Gruppen möglichst groß sein (Abbildung 4.5 (c) im Vergleich zu (a)):

$$|\overline{d}_1 - \overline{d}_2| \xrightarrow[b_0,b_1,\ldots,b_k]{} \text{MAX} \tag{4.4}$$

$$\overline{d}_1 = \frac{1}{n_1} \sum_{i=1}^{n_1} d_{i1} : \text{Mittelwert der Diskriminanzfunktion in Gruppe 1}$$

$$\overline{d}_2 = \frac{1}{n_2} \sum_{i=1}^{n_2} d_{i2} : \text{Mittelwert der Diskriminanzfunktion in Gruppe 2}$$

n_1. n_2: Stichprobenumfänge in Gruppe 1 bzw. 2

Andererseits ist für die Berechnung der optimalen Diskriminanzfunktion zu fordern, dass die Überlappungsbereiche der beiden Gruppen möglichst gering sind (Abbildung 4.5 (c) gegenüber (b)). Diese Forderung ist äquivalent zu der Forderung nach minimalen Quadratsummen innerhalb der Gruppen:

$$QS_{\text{innerhalb}} = QS_1 + QS_2 = \sum_{i=1}^{n_1} \left(d_{i1} - \overline{d}_1\right)^2 + \sum_{i=1}^{n_2} \left(d_{i2} - \overline{d}_2\right)^2 \xrightarrow[b_0,b_1,\ldots,b_k]{} \text{MIN} \tag{4.5}$$

$$QS_1 = \sum_{i=1}^{n_1} \left(d_{i1} - \overline{d}_1\right)^2 : \text{Quadratsumme innerhalb Gruppe 1}$$

$$QS_2 = \sum_{i=1}^{n_1} \left(d_{i2} - \overline{d}_2\right)^2 : \text{Quadratsumme innerhalb Gruppe 2}$$

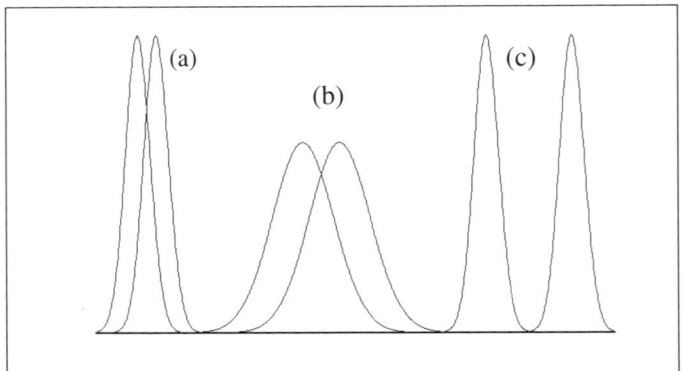

Abbildung 4.5: Verteilungen mit unterschiedlichen Abständen der Mittelwerte und unterschiedlichen Streuungen

Wenn man die beiden Forderungen (4.4) und (4.5) in einem Ausdruck darstellt, ergibt sich folgendes Diskriminanzkriterium Γ:

$$\Gamma = \frac{\text{Quadratsumme zwischen den Gruppen}}{\text{Quadratsumme innerhalb der Gruppen}} \qquad (4.6)$$

Die Quadratsummen entsprechen formal exakt den Quadratsummen der einfachen Varianzanalyse (Kapitel 3). Das Diskriminanzkriterium kann konkreter dargestellt werden durch die folgende Beziehung:

$$\Gamma = \frac{QS_{\text{Gruppen}}}{QS_{\text{Fehler}}} = \frac{n_1 \cdot \left(\overline{d}_1 - \overline{d}\right)^2 + n_2 \cdot \left(\overline{d}_2 - \overline{d}\right)^2}{QS_1 + QS_2} \qquad (4.7)$$

Γ : Diskriminanzkriterium

QS_{Gruppen}: Quadratsumme der Diskriminanzfunktion zwischen den Gruppen

QS_{Fehler}: Quadratsumme der Diskriminanzfunktion innerhalb der Gruppen

QS_1: Quadratsumme der Diskriminanzfunktion innerhalb Gruppe 1

QS_2: Quadratsumme der Diskriminanzfunktion innerhalb Gruppe 2

$\overline{d}$: Gesamtmittelwert der Diskriminanzfunktion in der Stichprobe

$\overline{d}_1, \overline{d}_2$: Mittelwerte der Diskriminanzfunktion in Gruppe 1 bzw. Gruppe 2

n_1, n_2: Stichprobenumfänge in Gruppe 1 bzw. in Gruppe 2

Die Diskriminanzkoeffizienten b_0, b_1, b_2, ..., b_k sollen so geschätzt werden, dass ein großer Wert im Zähler von Formel (4.7) sowie ein kleiner Wert im Nenner entstehen, dass also in der gesuchten Diskriminanzfunktion die Unterschiede zwischen den Gruppen möglichst groß sind im Verhältnis zur Variabilität innerhalb der Gruppen. Aus dieser Überlegung ergibt sich unmittelbar die Optimierungsaufgabe zur Bestimmung der Diskriminanzkoeffizienten b_0, b_1, b_2, ..., b_k und damit der Diskriminanzfunktion:

$$\Gamma \xrightarrow[b_0, b_1, ..., b_k]{} \text{MAX} \qquad (4.8)$$

Die Herleitung der konkreten Formeln zur Schätzung der Diskriminanzkoeffizienten wird von Backhaus et al. (2011) beschrieben. Die in den Abbildungen 4.3 und 4.4 skizzierte Diskriminanzachse ist im optimalen Fall eine Gerade durch den Koordinatenursprung mit dem Anstieg b_2 / b_1.

Für die Daten des Anwendungsbeispiels ergibt sich die nach Formel (4.8) optimale Diskriminanzfunktion als D = −6.177 + 0.048 · Mathematiktest + 0.064 · Intelligenztest. Der in Abbildung 4.4 berücksichtigte Anstieg der Diskriminanzachse ergibt sich aus dem Verhältnis der beiden geschätzten Diskriminanzkoeffizienten der Variablen Intelligenztest und Mathematiktest: $\hat{b}_2 / \hat{b}_1 = 0.064 / 0.048 = 1.333$.

Für die Daten aus Abbildung 4.2 erhält man die lineare Diskriminanzfunktion D = −0.156 − 0.94 · X_1 + 0.968 · X_2. Der Anstieg der Diskriminanzachse in Abbildung 4.3 beträgt deshalb (gerundet) −1.

4.1.3 Kenngrößen und statistische Tests

Kenngrößen

Für die Beurteilung der Güte der gefundenen Diskriminanzfunktion stehen mehrere Kennwerte und statistische Tests zur Verfügung. Einen umfassenden Überblick geben Backhaus et al. (2011). Wie auch bei anderen multivariaten Verfahren muss die Bewertung der Ergebnisse im Zusammenhang mit inhaltlichen Überlegungen oder mit den Ergebnissen vergleichbarer Untersuchungen vorgenommen werden.

Der Eigenwert γ entspricht dem maximal erreichbaren Wert des Diskriminanzkriteriums (Formel (4.8)), d.h. dem Wert von Γ für die ermittelten Diskriminanzkoeffizienten b_0, b_1, ..., b_k:

$$\gamma = \frac{QS_{Gruppen}}{QS_{Fehler}} = \frac{\text{erklärte Quadratsumme}}{\text{nicht erklärte Quadratsumme}} \qquad (4.9)$$

Im Anwendungsbeispiel ergibt sich der Eigenwert $\gamma = 0.354$. Als Kenngröße hat der Eigenwert den Nachteil, dass er nicht auf Werte zwischen 0 und 1 normiert ist. Deshalb werden andere Kenngrößen bevorzugt, von denen im Rahmen der Diskriminanzanalyse der kanonische Korrelationskoeffizient c gebräuchlich ist:

$$c = \sqrt{\frac{\gamma}{1+\gamma}} = \sqrt{\frac{\text{erklärte Quadratsumme}}{\text{Gesamtquadratsumme}}} \qquad (4.10)$$

Im hier behandelten Fall des Vorliegens von lediglich zwei Gruppen entspricht der kanonische Korrelationskoeffizient der Produkt-Moment-Korrelation zwischen den geschätzten Werten der Diskriminanzfunktion und der Gruppenvariablen. Im Anwendungsbeispiel ergibt sich der kanonische Korrelationskoeffizient c = 0.511.

Teststatistik

Die wichtigste statistische Prüfgröße im Rahmen der Diskriminanzanalyse ist Wilks' Lambda:

$$\Lambda = \frac{1}{1+\gamma} = \frac{\text{nicht erklärte Quadratsumme}}{\text{Gesamtquadratsumme}} \qquad (4.11)$$

Im Anwendungsbeispiel ergibt sich der Wert $\Lambda = 0.739$. Wilks' Lambda kann zum statistischen Testen benutzt werden, ob sich die beiden Gruppen in den mittleren Werten der Diskriminanzfunktion unterscheiden. Dazu wird aus Wilks' Lambda eine Teststatistik berechnet, die bei Gültigkeit der Nullhypothese (Gleichheit der Mittelwerte in den Teilpopulationen) χ^2-verteilt ist mit $k \cdot (g - 1)$ Freiheitsgraden. Ihre Werte ergeben sich aus folgender Beziehung:

$$\chi^2 = -\left(n - \frac{k+g}{2} - 1\right) \cdot \ln(\Lambda) \tag{4.12}$$

χ^2: Wert einer bei Gültigkeit der H_0 χ^2-verteilten Zufallsvariablen
Λ: Wert von Wilks' Lambda
g: Anzahl der Gruppen
k: Anzahl der Variablen
n: Gesamtstichprobenumfang

Im Anwendungsbeispiel ergibt sich ein Wert der Teststatistik gemäß Formel (4.12) von $\chi^2 = 8.175$ (df = 2, p = .017). Die gegebenen Gruppen unterscheiden sich in den Mittelwerten der Diskriminanzfunktion signifikant (p < .05). Wilks' Lambda und die χ^2-verteilte Teststatistik werden im Rahmen der Diskriminanzanalyse universell eingesetzt, insbesondere bei Diskriminanzanalysen auf der Grundlage von mehr als zwei Gruppen (siehe Kapitel 4.2).

Standardisierte Diskriminanzkoeffizienten

Die im Ergebnis der Lösung des Optimierungsproblems aus Formel (4.8) ermittelten Diskriminanzkoeffizienten sind, ähnlich wie z.B. Regressionskoeffizienten in multiplen Regressionsanalysen (Kapitel 4.2) in ihrer Größe abhängig von der Skalierung der Variablen. Deshalb sind sie nicht für die Zielstellung geeignet, die unterschiedlichen Einflüsse der Merkmale auf die Diskriminanzfunktion und damit auf die Trennung der gegebenen Gruppen beurteilen zu können. Zu diesem Zweck können standardisierte Diskriminanzkoeffizienten berechnet werden, die sich aus dem Produkt des unstandardisierten Diskriminanzkoeffizienten und der Standardabweichung der jeweiligen Variablen ergeben:

$$b_{i\,(stand)} = b_i \cdot s_i \quad (i = 1,...,k) \tag{4.13}$$

$b_{i\,(stand)}$: standardisierter Diskriminanzkoeffizient der i-ten Variablen
b_i: unstandardisierter Diskriminanzkoeffizient der i-ten Variablen

$$s_i = \sqrt{\frac{(n_1 - 1) \cdot s_{i1}^2 + (n_2 - 1) \cdot s_{i2}^2}{n_1 + n_2 - 2}} : \text{Standardabweichung der i-ten Variablen}$$

s_{i1}, s_{i2}: Standardabweichungen der i-ten Variablen in Gruppe 1 bzw. 2
n_1, n_2: Stichprobenumfänge in Gruppe 1 bzw. 2

Im Anwendungsbeispiel ergeben sich die standardisierten Diskriminanzkoeffizienten als $b_{Mathematiktest\,(stand)} = 0.825$ sowie $b_{Intelligenztest\,(stand)} = 0.644$. Der Einfluss des Mathematiktests auf die Trennung der Gruppen ist demnach höher einzuschätzen als der Einfluss des Intelligenztests.

Im Fall von mehr als zwei Variablen ist wegen möglicher Multikollinearitätseffekte die Analyse der standardisierten Diskriminanzkoeffizienten nicht hinreichend, um abschließende Aussagen über die Bedeutung der einzelnen Variablen zu gewinnen. Hier ist die zusätzliche Einbeziehung von Strukturkoeffizienten in die Analyse notwendig (siehe Abschnitt 4.2.1).

4.1.4 Voraussetzungen und Anwendungsempfehlungen

Voraussetzungen

Die Durchführung der statistischen Tests in der linearen Diskriminanzanalyse setzt voraus, dass die untersuchten Variablen in der Population multivariat normalverteilt sind und dass die Varianz-Kovarianz-Matrizen der Variablen über die Gruppen hinweg homogen sind. Bei der Überprüfung der multivariaten Normalverteilung beschränkt man sich in der Praxis oft auf die Überprüfung der Annahme der Normalverteilung in den einzelnen Gruppen. Für die Überprüfung der Homogenität der Varianz-Kovarianz-Matrix stellt SPSS einen Test auf der Grundlage von Box' M zur Verfügung (siehe Kapitel 4.3).

Tabachnick und Fidell (2007) diskutieren die Voraussetzungen der multivariaten Varianzanalyse und damit der Diskriminanzanalyse sehr ausführlich unter dem Blickpunkt der Robustheit des Verfahrens, d.h. hinsichtlich der unterschiedlichen Konsequenzen verletzter Voraussetzungen. Stark zusammengefasst und vereinfacht lassen sich ihre Empfehlungen wie folgt angeben: Wenn die Möglichkeit besteht, die Gruppen selbst zu definieren, sollte der Umfang der kleinsten Gruppe möglichst groß sein, weil der Stichprobenumfang der kleinsten Gruppe große Bedeutung für die Robustheit des Verfahrens hat. Wie auch bei varianzanalytischen Fragestellungen nimmt die Bedeutung der Verteilungsannahme mit wachsendem Stichprobenumfang generell ab. Als konservative Empfehlung kann man bei einer geringen Zahl an Variablen (ca. bis zu 5) von einem robusten Verfahren ausgehen, wenn der Stichprobenumfang in der kleinsten Gruppe mindestens 20 beträgt. Die Diskriminanzanalyse reagiert sensitiv gegenüber Ausreißern. Deshalb wird ein gruppenspezifischer Test auf uni- bzw. multivariate Ausreißer und eine Eliminierung oder Transformation eventueller Ausreißer vor der eigentlichen Analyse empfohlen. Bei ähnlich großen Gruppen sind die statistischen Tests der Diskriminanzanalyse relativ robust gegen Verletzungen der Homogenitätsvoraussetzung der Varianz-Kovarianz-Matrix. Bei kleinen Stichprobenumfängen und ungleich großen Gruppen gewinnt die Voraussetzung allerdings an Bedeutung. Ein Ausweg bei Verletzung dieser Voraussetzung kann in der Transformation der Variablen oder in der Berücksichtigung unterschiedlicher Kovarianzen in den Gruppen während der Analyse (siehe Kapitel 4.3) bestehen.

Eine spezielle Betrachtung ist erforderlich, wenn das Hauptziel in der Klassifikation besteht. In diesem Fall kann die Heterogenität der Varianz-Kovarianz-Matrizen bewirken, dass Probanden zu sehr in die Gruppe mit der größeren Varianz eingeordnet werden. Verletzungen der Normalverteilungsannahme können zu schlechteren Klassifikationsergebnissen führen – was allerdings nicht besagt, dass nicht auch bei Verletzungen der Normalverteilungsannahme sehr gute Klassifikationsergebnisse möglich sein können.

Bezüge zu anderen Verfahren

Sowohl in der Fragestellung als auch in der Vorgehensweise weist die Diskriminanzanalyse enge Berührungspunkte zu anderen multivariaten Verfahren auf. Bezüglich des methodischen Ansatzes und des Vorgehens finden sich starke Übereinstimmungen zur mehrdimensionalen Varianzanalyse. Bezüglich der Fragestellung gibt es eine weitgehende Analogie zu den Methoden der logistischen Regressionsanalyse im Zwei- sowie im Mehrgruppenfall (siehe Kapitel 5). Die Voraussetzungen und die Vorgehensweisen der Verfahren unterscheiden sich jedoch beträchtlich voneinander. Im statistischen Modell der Diskriminanzanalyse sind die Gruppen fest vorgegeben, während die Variablen Zufallsvariablen sind. Vor diesem Hintergrund geht die Diskriminanzanalyse, wie oben dargestellt ist, von multivariater Normalverteilung der Variablen (und damit von metrischem Skalenniveau) in der Population und von Homogenität der Varianz-Kovarianz-Matrizen der Variablen über die gegebenen Gruppen aus. Da diese Voraussetzungen bei der logistischen Regressionsanalyse nicht erfüllt sein müssen, ist dieses Verfahren robuster und flexibler einsetzbar. Wenn die genannten Voraussetzungen jedoch als gegeben angesehen werden können, ist die Diskriminanzanalyse in der Güte der Schätzungen und in der Effizienz überlegen. Diese Eigenschaften kommen insbesondere dann zum Tragen, wenn im Fall mehrerer Gruppen nur vergleichsweise wenige Probanden untersucht werden können.

4.1.5 Klassifikation: Zuordnung neuer Probanden

Klassifikation im Zwei-Gruppen-Fall

Im Zwei-Gruppen-Fall (wie im Anwendungsbeispiel) kann die Klassifikation der Probanden auf der Grundlage ihrer Werte in den Variablen auf einfache Weise durchgeführt werden. Um die Probanden aus den gegebenen Gruppen 1 und 2 (ungenügende bzw. befriedigende Studienleistungen) auf der Grundlage der Diskriminanzfunktion D = −6.177 + 0.048 · Mathematiktest + 0.064 · Intelligenztest (Abschnitt 4.1.2) zu den gegebenen Gruppen zuordnen zu können, sind zunächst für jeden Probanden die Werte der Diskriminanzfunktion zu berechnen. Für Proband 1 aus Gruppe 1 ergibt sich zum Beispiel der Wert der Diskriminanzfunktion als $d_{11} = -6.177 + 0.048 \cdot 44 + 0.064 \cdot 54 = -0.609$. Die Koeffizienten der Diskriminanzfunktion sind normiert, so dass der Mittelwert aller Werte der Diskriminanzfunktion gleich 0 ist. Im Beispiel beträgt der Mittelwert aller Werte der Diskriminanzfunktion in Gruppe 1 (ungenügender Studienerfolg) $\overline{d}_1 = -0.57$, während der Mittelwert in Gruppe 2 (befriedigender Studienerfolg) $\overline{d}_2 = 0.57$ ist. Damit ergibt sich die eindeutige Zuordnungsregel auf der Grundlage eines ermittelten Wertes der Diskriminanzfunktion d^* nach folgender Vorschrift:

d* < 0 → Zuordnung in Gruppe 1
d* > 0 → Zuordnung in Gruppe 2 (4.14)

Der Proband 1 aus Gruppe 1 wird demnach korrekt in Gruppe 1 klassifiziert. In Abbildung 4.6 sind die Ergebnisse der Diskriminanzanalyse für die Probanden der

Lernstichprobe (Gruppen 1 und 2) zusammengefasst. Man erkennt, dass nach Formel (4.14) 10 Probanden aus der Gruppe mit ungenügendem Studienerfolg korrekt in diese Gruppe eingeordnet werden, 5 Probanden werden auf Grund der Ergebnisse von Mathematik- und Intelligenztest in die Gruppe der Studierenden mit befriedigendem Erfolg eingeteilt. In der anderen Gruppe ergibt sich ein Verhältnis von richtigen und falschen Zuordnungen von 12:3. Insgesamt wurde damit bei 22 der 30 Probanden der Gruppen 1 und 2 der Studienerfolg auf der Grundlage der Ergebnisse des Intelligenz- und des Mathematiktests korrekt klassifiziert. Bei 8 Probanden ergab sich eine falsche Klassifikation.

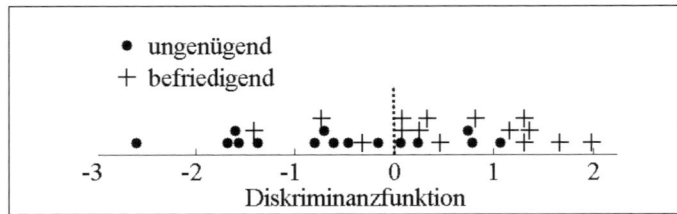

Abbildung 4.6: Werte der Diskriminanzfunktion in den Gruppen
der Lernstichprobe und Trennlinie (gestrichelt)

Da in Abbildung 4.4 die optimale Diskriminanzachse eingezeichnet wurde, ergibt sich bezüglich der Klassifizierung in den Abbildungen 4.4 und 4.6 ein identisches Bild. Eine Darstellung auf der Basis der Ausgangsmerkmale wie in Abbildung 4.4 ist allerdings nur im einfachsten Spezialfall von zwei Merkmalen möglich, während die Werte der Diskriminanzfunktion gemäß Abbildung 4.6 für eine beliebige große Zahl an Ausgangsvariablen dargestellt werden können.

Güte der Klassifikation / Kreuzvalidierung

Die in Tabelle 4.3 dargestellten Klassifikationsergebnisse sind der Ausgangspunkt für die Beurteilung der Güte der Klassifikation.

Tabelle 4.3: Klassifizierungsergebnisse (2 Gruppen)

		Vorhergesagte Gruppe	
		befriedigend	ungenügend
gegebene Gruppe	befriedigend	12	3
	ungenügend	5	10

73.3% der Probanden wurden korrekt klassifiziert, 8 Probanden (26.7%) wurden der falschen Gruppe zugeordnet. Die Beurteilung, ob ein Klassifikationsergebnis als befriedigend angesehen werden kann oder nicht, kann nur im Zusammenhang mit dem inhaltlichen Kontext getroffen werden. Dabei sind besonders die Konsequenzen falscher Gruppenzuordnungen zu beachten, die sich zudem zwischen den Gruppen erheblich unterscheiden können.

Rechnerische Bezugsgröße ist die Klassifikationsgüte bei zufälliger Zuordnung der Probanden zu den gegebenen Gruppen. Wenn man im Anwendungsbeispiel die Probanden rein zufällig einer der beiden Gruppen zuordnen würde, ergäbe sich eine Quote korrekter Zuordnungen von 50%. Bortz und Schuster (2010) geben einen Signifikanztest an, mit dem untersucht werden kann, ob die auf Grund der Diskriminanzanalyse ermittelte Quote korrekter Zuordnungen von der Zufallsquote abweicht. Wenn man im vorliegenden Anwendungsbeispiel die Absicht hätte, die Ergebnisse der Diskriminanzanalyse als eine Grundlage von Entscheidungen über die Zulassung oder Nichtzulassung zum Studium zu nutzen, dürfte die bei Einbeziehung der Ergebnisse von Intelligenz- und Mathematiktest ermittelte Klassifikationsgüte von 73% keinesfalls zufriedenstellend sein.

Die bei der Einordnung „neuer" Probanden in gegebene Gruppen zu erwartende Klassifikationsgüte wird bei dem bisher beschriebenen Vorgehen meist überschätzt. Dies ist dadurch zu erklären, dass die Daten jedes Probanden in die Berechnung der Werte der Diskriminanzfunktion eingegangen sind. Wenn die Zuordnung eines Probanden der Lernstichprobe zu den gegebenen Gruppen vorgenommen wird, waren die Daten dieses Probanden demnach bei der Schätzung der Diskriminanzkoeffizienten beteiligt, was bei der Vorhersage der Gruppenzugehörigkeit „neuer" Probanden nicht der Fall wäre. Um dem realen Vorgehen bei der Zuordnung neuer Probanden näher zu kommen, bietet sich die Methode der Kreuzvalidierung in folgender Form an: Wenn Daten von n Probanden der Lernstichprobe vorliegen, werden n Diskriminanzanalysen durchgeführt. In jeder dieser Analysen werden die Daten jeweils eines Probanden nicht in die Schätzung der Diskriminanzkoeffizienten einbezogen. Anschließend wird jeweils der nicht einbezogene Proband auf der Grundlage der so ermittelten Diskriminanzfunktion klassifiziert. Das Ergebnis der Kreuzklassifikation nach dieser aufwändigen, nur durch die Nutzung entsprechender Software praktisch realisierbaren Vorgehensweise ist für das Anwendungsbeispiel in Tabelle 4.4 dargestellt.

Tabelle 4.4: Klassifizierungsergebnisse (2 Gruppen) nach Kreuzvalidierung

		Vorhergesagte Gruppe	
		befriedigend	ungenügend
gegebene Gruppe	befriedigend	12	3
	ungenügend	6	9

Die mit der Methode der Kreuzklassifizierung geschätzte Klassifikationsgüte beträgt 70%.

Komplexe Klassifikationskonzepte

Der in diesem Abschnitt beschriebenen einfachen Klassifikationsmethode für den 2-Gruppenfall sind beim Vorliegen von mehr als zwei Gruppen oder in komplexeren Anwendungssituationen oft kompliziertere Methoden überlegen, die von SPSS angeboten werden und die nachfolgend in ihren Grundüberlegungen vorgestellt werden sollen.

Ein gebräuchliches Klassifizierungsverfahren basiert auf sogenannten Klassifizierungsfunktionen nach Fisher, die allerdings nur bei annähernd gleichen Kovarianzmatrizen der Gruppen verwendet werden können. Dabei wird für jede Gruppe eine eigene Klassifizierungsfunktion als Linearkombination der beobachteten Merkmale erstellt. Neue Probanden werden dann der Gruppe mit dem größten Wert der Klassifizierungsfunktion zugeordnet. Bei diesem Konzept können unterschiedliche A-priori-Wahrscheinlichkeiten der Gruppen berücksichtigt werden, die sich unter anderem dann ergeben können, wenn bestimmte Personengruppen in der Gesamtpopulation unterschiedlich häufig auftreten. Wenn zum Beispiel die Zahl der Studierenden mit unbefriedigenden Studienleistungen in der untersuchten Gesamtpopulation geringer wäre als vergleichsweise die Studierendenzahl der anderen beiden Gruppen, könnte man diesen Sachverhalt durch die Einbeziehung von unterschiedlichen A-priori-Wahrscheinlichkeiten berücksichtigen.

Ein zweites wichtiges Klassifizierungskonzept ist das Distanzkonzept, das besonders im Fall von mehr als zwei Gruppen und damit von eventuell mehr als einer relevanten Diskriminanzfunktion (siehe Abschnitt 4.2) bedeutend ist. Hier wird ein Proband derjenigen Gruppe zugeordnet, zu deren Zentroid der Diskriminanzfunktionen seine Werte den geringsten (zum Beispiel) euklidischen Abstand aufweisen.

Das flexibelste und praktisch bedeutendste Klassifikationskonzept ist das Wahrscheinlichkeitskonzept. Dabei wird für jeden Probanden bzw. für jedes zu klassifizierende Objekt die Entscheidung über die Gruppenzugehörigkeit auf der Grundlage einer bedingten Wahrscheinlichkeit getroffen. Jeder zu klassifizierende Proband wird derjenigen Gruppe zugeordnet, für die die bedingte Wahrscheinlichkeit maximal ist, hinsichtlich des für ihn berechneten Wertes der Diskriminanzfunktion zu dieser Gruppe zu gehören. Die große praktische Bedeutsamkeit dieser Vorgehensweise resultiert daraus, dass sie neben der Angabe unterschiedlicher A-priori-Wahrscheinlichkeiten auch die Berücksichtigung unterschiedlicher Kosten von Fehlklassifikationen ermöglicht. Die Kosten von Fehlklassifikationen können in praktischen Anwendungen sehr stark differieren. So können bei einem Probanden, der fälschlicherweise in die Gruppe der Kranken eingeordnet wird, überflüssige Behandlungskosten anfallen, während zum Beispiel langfristige stationäre Behandlungen und Rehabilitationsmaßnahmen die Folge zu spät erkannter Krankheiten sein können. Die Einbeziehung dieser unterschiedlichen Kosten kann die Ergebnisse der Klassifikation sehr deutlich beeinflussen. Die Grundlagen des Wahrscheinlichkeitskonzepts der Klassifikation werden von Backhaus et al. (2011) ausführlich beschrieben, die Umsetzung in SPSS wird in Abschnitt 4.3 dargestellt.

4.2 Lineare Diskriminanzanalyse bei mehr als zwei Gruppen

Wenn mit einer Diskriminanzanalyse Probanden in mehr als zwei gegebene Gruppen klassifiziert werden sollen, ist die Vorgehensweise derjenigen im Zwei-Gruppen-Fall sehr ähnlich. Auf die Besonderheiten soll in diesem Abschnitt eingegangen werden.

4.2.1 Grundprinzip und Vorgehensweise

Im Fall von mehr als zwei (g > 2) gegebenen Gruppen können maximal g−1 Diskriminanzfunktionen gebildet und für die Klassifikation benutzt werden. Dabei kann die Anzahl der Diskriminanzfunktionen nicht größer sein als die Anzahl k der Merkmale, so dass sich die Zahl der Diskriminanzfunktionen nach folgender Beziehung ergibt:

$$k_D = \min (g-1, k) \tag{4.15}$$

k_D: maximale Anzahl an Diskriminanzfunktionen
g: Anzahl der Gruppen
k: Anzahl der Variablen

Analog zur Hauptkomponentenanalyse (siehe Kapitel 9) werden orthogonale, voneinander unabhängige Diskriminanzfunktionen gebildet.

Die Bestimmung der Diskriminanzfunktionen erfolgt wie im Zwei-Gruppen-Fall durch die Maximierung des Diskriminanzkriteriums $\Gamma = QS_{Gruppen} / QS_{Fehler}$ (vgl. Formel (4.7)). Ebenfalls analog zum Zwei-Gruppen-Fall und zur Hauptkomponentenanalyse wird der jeweilige Maximalwert des Diskriminanzkriteriums als Eigenwert bezeichnet (siehe Formel (4.9)). Zu jeder Diskriminanzfunktion kann ein Eigenwert γ berechnet werden. Dabei wird die erste Diskriminanzfunktion nach dem Diskriminanzkriterium so berechnet, dass sich der maximal mögliche Eigenwert ergibt. Mit der zweiten Diskriminanzfunktion, die zur ersten orthogonal (unabhängig) ist, wird der maximale Anteil der Varianz erklärt, der nach der Ermittlung der ersten Diskriminanzfunktion als Rest verblieben ist. Dieses Grundprinzip wird analog bei der Berechnung der weiteren möglichen Diskriminanzfunktionen angewendet, so dass für die Eigenwerte folgende Beziehung gilt:

$$\gamma_1 \geq \gamma_2 \geq ... \geq \gamma_{k_D} \tag{4.16}$$

γ_i: Eigenwert der i-ten Diskriminanzfunktion (i = 1,...,k_D)
k_D: maximale Anzahl an Diskriminanzfunktionen

Die Summe der Eigenwerte entspricht dem Varianzanteil, der insgesamt durch die k_D Diskriminanzfunktionen aufgeklärt wird. Der Anteil einer einzelnen Diskriminanzfunktion an dieser Varianzaufklärung wird als Eigenwertanteil $\gamma_\%$ bezeichnet:

$$\gamma_{i\%} = \frac{\gamma_i}{\sum\limits_{j=1}^{k_D} \gamma_j} \tag{4.17}$$

$\gamma_{i\%}$: Eigenwertanteil der i-ten Diskriminanzfunktion (i = 1,...,k_D)
γ_i: Eigenwert der i-ten Diskriminanzfunktion (i = 1,...,k_D)
k_D: maximale Anzahl an Diskriminanzfunktionen

Die Summe der Eigenwertanteile beträgt 1, während jeder einzelne Eigenwertanteil zwischen 0 und 1 liegt. Demgegenüber können Eigenwerte auch Werte größer als 1 annehmen.

Statistische Tests der Diskriminanzfunktion sind wie im Zwei-Gruppen-Fall auf der Basis von Wilks' Lambda möglich (siehe Formel (4.11)). Dabei sind zwei wichtige Spezialfälle des Tests zu unterscheiden: Mit dem multivariaten Wilks' Lambda kann geprüft werden, ob generell eine Trennung der Gruppen auf der Basis aller Diskriminanzfunktionen möglich ist, während mit Wilks' Lambda für residuelle Diskriminanz untersucht werden kann, ob nach Einbeziehung der ersten k_1 Diskriminanzfunktionen die restlichen $k_2 = k_D - k_1$ noch signifikant zur Trennung der Gruppen beitragen können.

Der Wert des multivariaten Wilks' Lambda wird nach folgender Formel berechnet:

$$\Lambda = \prod_{j=1}^{k_D} \frac{1}{1+\gamma_j} \tag{4.18}$$

Der Wert von Wilks' Lambda für die residuelle Diskriminanz nach k_1 bereits berechneten Diskriminanzfunktionen lässt sich für die restlichen $k_2 = k_D - k_1$ nach folgender Beziehung bestimmen:

$$\Lambda = \prod_{j=k_1+1}^{k_D} \frac{1}{1+\gamma_j} \tag{4.19}$$

Die statistische Prüfung erfolgt analog zu dem in Formel (4.12) dargestellten χ^2-Test, wobei sich die Anzahl der Freiheitsgrade nach $(k - k_1) \cdot (g - k_1 - 1)$ ergibt. Für $k_1 = 0$ (d.h. Test des multivariaten Wilks' Lambda) ergibt sich demnach die Zahl der Freiheitsgrade als $k \cdot (g - 1)$ (vgl. Abschnitt 4.1.3).

Im Anwendungsbeispiel sind Diskriminanzfunktionen zur Trennung der 3 gegebenen Gruppen (guter, befriedigender bzw. ungenügender Studienerfolg) auf der Grundlage der 4 Merkmale Intelligenztest, Mathematiktest, Gewissenhaftigkeit und Verträglichkeit zu berechnen. Der Test auf der Grundlage von Box' M führt nicht zu einem signifikanten Ergebnis (p = .886), so dass von Homogenität der Varianz-Kovarianz-Matrix ausgegangen werden kann.

In Tabelle 4.5 sind für die auf der Grundlage des Diskriminanzkriteriums (Formel (4.8)) berechneten Diskriminanzkoeffizienten sowie die nach Formel (4.13) berechneten standardisierten Koeffizienten zusammengefasst. Die unstandardisierten Diskriminanzkoeffizienten werden zur Berechnung der Werte der Diskriminanzfunktion benötigt, die die Grundlage für die Klassifikation bilden (siehe Abschnitt 4.2.2). Die standardisierten Koeffizienten können erste Aufschlüsse über die Bedeutung der einzelnen Variablen für die Diskriminanzfunktionen liefern. Es wird deutlich, dass die erste Diskriminanzfunktion wesentlich von der Variablen Gewissenhaftigkeit beeinflusst wird, während sich in der zweiten vor allem die Ergebnisse des Intelligenz- und des Mathematiktests niederschlagen.

Tabelle 4.5: standardisierte und nichtstandardisierte Diskriminanzkoeffizienten

	Koeffizienten der Diskriminanzfunktion 1		Koeffizienten der Diskriminanzfunktion 2	
	unstandardisiert	standardisiert	unstandardisiert	standardisiert
Intelligenztest	−.02	−.16	.10	.93
Mathematiktest	.00	−.00	.03	.52
Gewissenhaftigkeit	.22	1.05	.00	.01
Verträglichkeit	.04	.42	−.03	−.38
Konstante	−8.49		−6.27	

Allerdings geben die standardisierten Diskriminanzkoeffizienten keinen vollständigen Aufschluss über die Zusammenhänge der einzelnen Variablen mit den Diskriminanzfunktionen, weil Verzerrungen durch Multikollinearität (siehe dazu Kapitel 2.2.2) auftreten können. Durch diese Effekte können Einflüsse von Variablen auf einzelne Diskriminanzfunktionen fälschlicherweise anderen Variablen zugeordnet werden. Aus diesem Grund bietet es sich an, die Strukturmatrix in die Beurteilung der Zusammenhänge zwischen den einzelnen Variablen und den Diskriminanzfunktionen (Tabelle 4.6) einzubeziehen. In dieser Matrix werden die gemittelten Korrelationskoeffizienten der einzelnen Ausgangsvariablen mit den Diskriminanzfunktionen dargestellt, wobei die Korrelationskoeffizienten in jeder einzelnen Gruppe berechnet und danach gemittelt werden.

Tabelle 4.6: Struktur-Matrix (gemittelte Korrelationen)

	Diskriminanzfunktion 1	Diskriminanzfunktion 2
Intelligenztest	−.07	.79
Mathematiktest	.16	.41
Gewissenhaftigkeit	.92	.17
Verträglichkeit	.06	−.12

Aus Tabelle 4.6 wird noch deutlicher, dass die erste Diskriminanzfunktion sehr stark von der Variablen Gewissenhaftigkeit beeinflusst wird, während sich in der zweiten überwiegend die Ergebnisse des Intelligenz- und des Mathematiktests niederschlagen. Die Variable Verträglichkeit spielt für die Unterscheidung der Gruppen eine sehr untergeordnete Rolle.

Auf die Möglichkeiten der Anwendung von Merkmalsselektionsverfahren zur Bestimmung optimaler Merkmalsmengen (vgl. Abschnitt 2.3.4) soll hier nicht eingegangen werden.

Tabelle 4.7: Gütemaße der Diskriminanzfunktionen

	Diskriminanzfunktion 1	Diskriminanzfunktion 2
Eigenwert γ	1.33	.67
Eigenwertanteil $\gamma_\%$	.67	.34
kanonischer Korrelationskoeffizient c	.76	.63

In Tabelle 4.7 sind für beide Diskriminanzfunktionen die Eigenwerte γ (nach Formel (4.9)), die Eigenwertanteile $\gamma_\%$ (nach Formel (4.17)) sowie die kanonischen Korrelationskoeffizienten c (nach Formel (4.10)) zusammengefasst.

In Tabelle 4.8 sind die Ergebnisse der Signifikanztests auf der Grundlage von Wilks' Lambda dargestellt. Abgebildet sind die Werte von Wilks' Lambda Λ nach Formel (4.18) bzw. (4.19), der Chi-Quadrat-Wert χ^2 nach Formel (4.12), die Anzahl df der Freiheitsgrade gemäß $df = (k - k_1) \cdot (g - k_1 - 1)$ mit $g = 3$, $k = 4$, $k_1 = 0$ bzw. 1 sowie der p-Wert zum jeweiligen Test.

Tabelle 4.8: Ergebnisse der Signifikanztests

	Λ	χ^2	df	p
Diskriminanzfunktionen 1 und 2	.26	55.2	8	<.001
Diskriminanzfunktion 2	.60	20.8	3	<.001

Mit Hilfe der in den Tabellen 4.7 und 4.8 dargestellten Ergebnisse kann die Bedeutung der beiden Diskriminanzfunktionen eingeschätzt werden. Aus Tabelle 4.7 wird deutlich, dass beide Diskriminanzfunktionen erhebliche Beiträge zur Varianzaufklärung leisten, auch wenn die erste Funktion entsprechend den oben beschriebenen Konstruktionsprinzipien den größeren Eigenwert aufweist. In der ersten Ergebniszeile in Tabelle 4.8 ist der Signifikanztest auf der Grundlage des multivariaten Wilks' Lambda nach Formel (4.18) dargestellt, mit dem geprüft wird, ob eine Trennung der beiden Gruppen unter Einbeziehung beider Diskriminanzfunktionen möglich ist (vergleiche Formel (4.18)). In der folgenden Zeile wird das Ergebnis des Tests von Wilks' Lambda für die residuelle Diskriminanz nach Formel (4.19) angegeben, mit dem untersucht wird, ob die zweite Diskriminanzfunktion einen signifikanten Beitrag zur Gruppentrennung zusätzlich zur ersten Diskriminanzfunktion leistet. Beide Tests führen zu signifikanten Ergebnissen. Demnach sollten beide Diskriminanzfunktionen für die Klassifizierung verwendet werden.

4.2.2 Klassifikation im Mehr-Gruppen-Fall

Die Prinzipien der Klassifikation entsprechen auch im Mehr-Gruppen-Fall den in Abschnitt 4.1.5 beschriebenen Vorgehensweisen. Im vorliegenden Beispiel sind die Werte der beiden gebildeten Diskriminanzfunktionen für die Einteilung der Probanden der Lernstichprobe zu den gegebenen Gruppen zu nutzen.

In Abbildung 4.7 sind die Werte der Diskriminanzfunktionen für die Probanden der Lernstichprobe dargestellt, die mit Hilfe der für das Beispiel berechneten Diskriminanzfunktionen (siehe Tabelle 4.5) berechnet wurden. Die in der Grafik erkennbaren Trennlinien begrenzen die Gebiete für die Zuordnung der einzelnen Probanden zu den gegebenen Gruppen. In jedem Teilbereich ist die Klassifizierungswahrscheinlichkeit für die jeweilige Gruppe höher als für andere Gruppen. Die Zuordnung der Teilbereiche in Abbildung 4.7 zu den Gruppen ist durch die Lage der Gruppenzentroide eindeutig beschrieben.

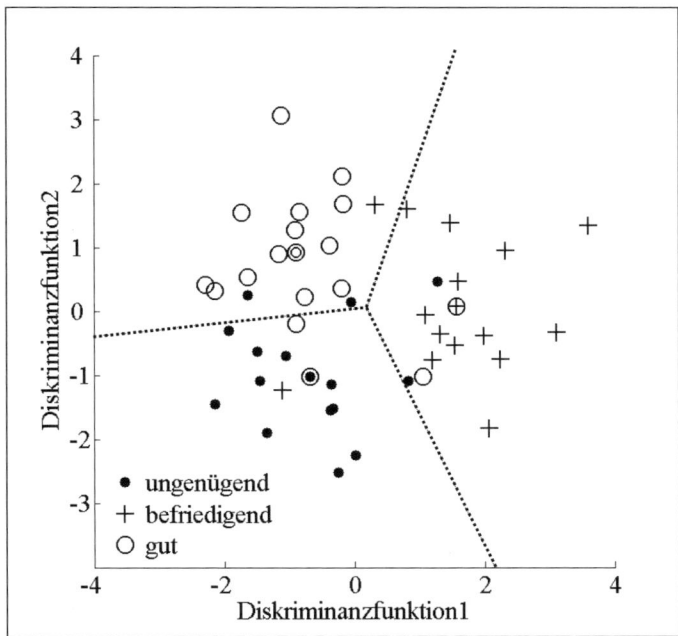

Abbildung 4.7: Werte der Diskriminanzfunktion 1 und 2 in den
              Gruppen der Lernstichprobe mit Gruppenzentroi-
              den und Trennlinien (gestrichelt)

Bei der detaillierten Betrachtung von Abbildung 4.7 soll zunächst auf die Gruppen
der Probanden mit befriedigendem bzw. ungenügendem Studienerfolg eingegangen
werden. In Abschnitt 4.1.5 (siehe besonders Abbildung 4.6) hatte sich gezeigt, dass
eine befriedigende Trennung dieser beiden Gruppen nicht möglich ist, wenn für die
Bildung der Diskriminanzfunktion lediglich die Variablen Intelligenztest und Mathematiktest einbezogen werden können. Die Klassifikationsgüte lag nur bei 73%
(bei Schätzung dieser Quote durch Kreuzvalidierung war der Wert noch geringer), 8
der 30 Probanden dieser beiden Gruppen wurden falsch zugeordnet.

   In Abbildung 4.7 kann man erkennen, dass bei der Klassifikation in 3 gegebene
Gruppen die Unterschiede zwischen den Gruppenzentroiden der ungenügenden bzw.
der befriedigenden Gruppe in der Diskriminanzfunktion 1 deutlich größer sind als in
der Diskriminanzfunktion 2. Auch hier sind demnach die Variablen Intelligenztest
und Mathematiktest, die vor allem die Werte der Diskriminanzfunktion 2 beeinflussen, allein zur Trennung dieser beiden Gruppen nicht geeignet. Eine größere Bedeutung hat die Variable Gewissenhaftigkeit, deren Ausprägungen sich maßgeblich in
Diskriminanzfunktion 1 widerspiegeln. Durch die simultane Anwendung beider Diskriminanzfunktionen und damit auf der Grundlage der gestrichelt dargestellten
Trennlinien ergibt sich eine deutlich höhere Güte der Gruppentrennung.

   Die Ergebnisse der Klassifikation für alle 3 gegebenen Gruppen werden in den
Tabellen 4.9 bzw. 4.10 (nach Kreuzvalidierung, siehe Abschnitt 4.1.5) zusammengefasst.

Tabelle 4.9: Klassifizierungsergebnisse (3 Gruppen)

| | | vorhergesagte Gruppe | | |
		gut	befriedigend	ungenügend
gegebene Gruppe	gut	13	1	1
	befriedigend	1	13	1
	ungenügend	2	2	11

Tabelle 4.10: Klassifizierungsergebnisse (3 Gruppen) nach Kreuzvalidierung

| | | vorhergesagte Gruppe | | |
		gut	befriedigend	ungenügend
gegebene Gruppe	gut	13	1	1
	befriedigend	2	12	1
	ungenügend	3	2	10

Bei der Beurteilung der Klassifikationsergebnisse ist zu beachten, dass sich im Fall von 3 zufälligen Gruppen bei zufälliger Zuordnung eine Quote korrekter Klassifikationen von 33% ergeben würde. Unter diesem Gesichtspunkt ist der im Beispiel erzielte Anteil korrekter Zuordnungen von 82% (78% nach Kreuzvalidierung) ohne Zweifel deutlich besser einzuschätzen als das in Abschnitt 4.1.5 erzielte Ergebnis. Inwieweit die in der Stichprobe ermittelte bzw. die durch Kreuzvalidierung geschätzte Klassifikationsgüte praktisch zufriedenstellend ist, muss im jeweiligen Anwendungsfall entschieden werden. Dabei sind in die Beuteilung die „Kosten" von Fehlentscheidungen in den jeweiligen Gruppen ebenso einzubeziehen wie die Ergebnisse von Klassifizierungen in alternativen Situationen bzw. mit unterschiedlichen Variablen.

4.3 Anwendungsbeispiel in SPSS

Die in den vorhergehenden Abschnitten dargestellten Berechnungen sollen nun mit SPSS nachvollzogen werden. Entsprechend der bisher verwendeten Gliederung soll im ersten Abschnitt die Umsetzung der Diskriminanzanalyse in SPSS am Beispiel von zwei gegebenen Gruppen dargestellt werden. Dabei soll nur auf die wesentlichsten Ergebnisse der Diskriminanzanalyse eingegangen werden. Eine ausführlichere Darstellung der Möglichkeiten der Durchführung der Diskriminanzanalyse und eine umfassendere Ergebnisdarstellung sollen in Abschnitt 4.3.2 am Beispiel der Diskriminanzanalyse bei 3 gegebenen Gruppen gegeben werden.

4.3.1 Diskriminanzanalyse bei zwei gegebenen Gruppen

Im Ordner Diskriminanzanalyse der Website zum Buch befindet sich die Datei Studienerfolg.sav. Diese Datei enthält die Daten aus Tabelle 4.2. Öffnen Sie die Datei oder geben Sie die Daten in SPSS ein. In diesem Abschnitt soll die Durchführung der Diskriminanzanalyse für die Gruppen mit befriedigendem bzw. mit ungenügendem Studienerfolg unter Einbeziehung der Variablen Intelligenztest und Mathematiktest erläutert werden. Wählen Sie dazu im Hauptmenü unter Analysieren die Optionen Klassifizieren, Diskriminanzanalyse. Es erscheint das Dialogfenster aus Abbildung 4.8. Verschieben Sie die Variable Gruppe in das freie Feld für die Gruppenvariable [1] und die Variablen Intelligenztest und Mathematiktest in das Feld Unabhängige Variable(n) [2].

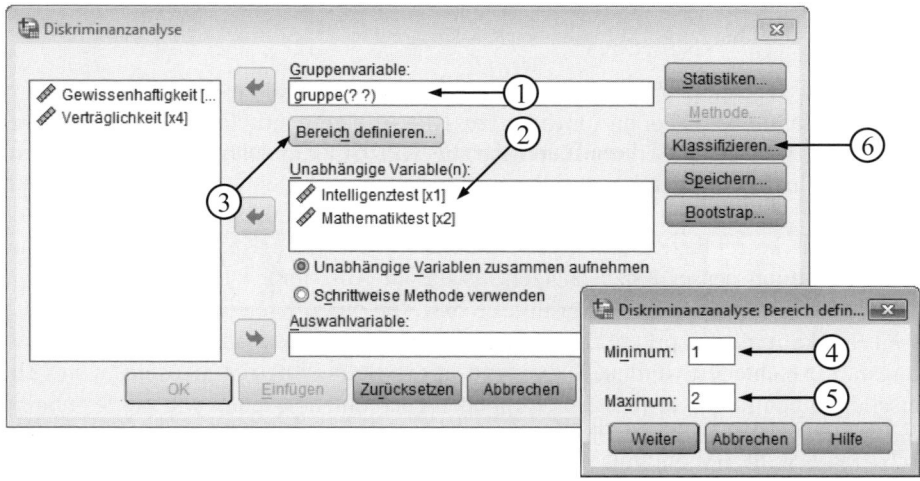

Abbildung 4.8: Dialogfenster Diskriminanzanalyse und Dialogfenster Bereich definieren

Im nächsten Schritt sind die in die Analyse einzubeziehenden Gruppen zu definieren. Nach Anklicken des Feldes mit der Gruppenvariablen [1] kann das Feld Bereich definieren [3] aktiviert werden, wonach sich das ebenfalls in Abbildung 4.8 dargestellte neue Dialogfenster Diskriminanzanalyse: Bereich definieren öffnet. Die Analyse soll in diesem Abschnitt für die Gruppen mit ungenügendem bzw. mit befriedigendem Studienerfolg durchgeführt werden, die in der Datendatei mit 1 bzw. mit 2 kodiert sind. Entsprechend sind im Feld Minimum der Wert 1 [4] und im Feld Maximum die Zahl 2 [5] einzutragen.

In diesem Abschnitt soll der Standardoutput zur Diskriminanzanalyse vorgestellt werden. Dementsprechend werden die im Dialogfenster aus Abbildung 4.8 möglichen Einstellungen erst später in Abschnitt 4.3.2 behandelt. Lediglich nach Anklicken von Klassifizieren [6] soll eine Voreinstellung verändert werden (Abbildung 4.9).

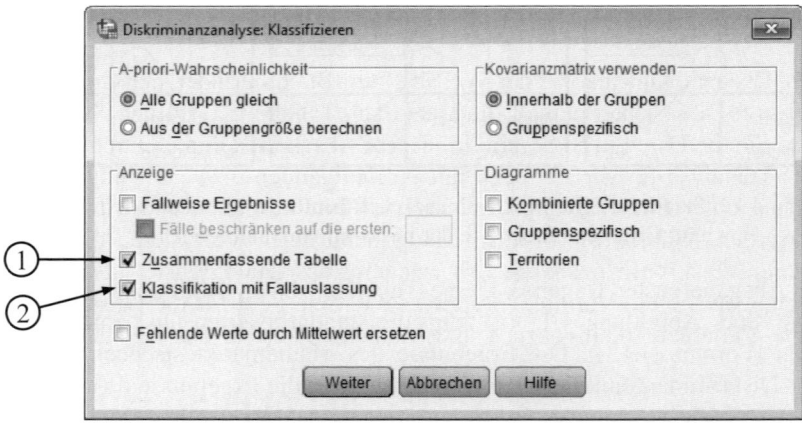

Abbildung 4.9: Dialogfenster Klassifizieren

Um eine Aussage zu den Klassifikationsergebnissen zu erhalten, sind die Häkchen zu Zusammenfassende Tabellen [1] bzw. zu Klassifikation mit Fallauslassung [2] zu setzen, wodurch in der Ergebnisausgabe die Klassifikationstabellen ohne bzw. mit Kreuzvalidierung angezeigt werden.

Funktion	Eigenwert	% der Varianz	Kumulierte %	Kanonische Korrelation
1	,354ᵃ	100,0	100,0	,511

Abbildung 4.10: Eigenwerte

Im Ergebnisfenster wird zunächst die Tabelle mit dem Eigenwert [1] (vgl. Formel (4.9)) dargestellt (Abbildung 4.10). Die 100%-Angaben in den folgenden beiden Spalten der Tabelle [2], [3] sind für die vorliegende Analyse redundant. Sie besagen, dass mit der betrachteten Diskriminanzfunktion 100% der Varianz aufgeklärt wird, die durch alle Diskriminanzfunktionen erklärt wird (Eigenwertanteil der Diskriminanzfunktion, siehe Formel (4.17)). Da beim Vorliegen von lediglich zwei Gruppen insgesamt nur eine Diskriminanzfunktion geschätzt wird, ist das Ergebnis trivial. Der kanonische Korrelationskoeffizient (Formel 4.10) beträgt 0.51 [4].

Test der Funktion(en)	Wilks-Lambda	Chi-Quadrat	df	Signifikanz
1	,739	8,175	2	,017

Abbildung 4.11: Wilks' Lambda

In Abbildung 4.11 ist das Ergebnis des Signifikanztests der Diskriminanzfunktion dargestellt. Abgebildet sind die Werte von Wilks' Lambda Λ nach Formel (4.11) [1], der Chi-Quadrat-Wert χ^2 nach Formel (4.12) [2], die Anzahl df der Freiheitsgrade gemäß $df = 2 \cdot (2 - 1)$ [3] sowie der p-Wert [4]. Wegen .017 < .05 ist das Ergebnis signifikant.

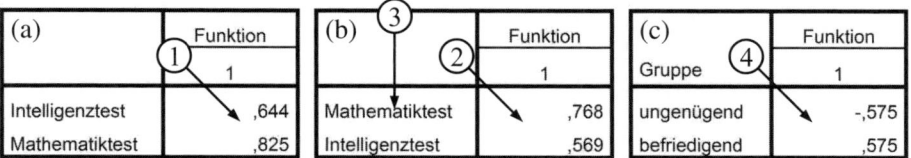

Abbildung 4.12: Standardisierte Diskriminanzkoeffizienten (a), Strukturkoeffizienten (b) und Gruppenmittelwerte der Diskriminanzfunktion (c)

Im SPSS-Ausgabefenster folgen 3 kleine Tabellen, die in Abbildung 4.12 zusammengefasst sind. Abbildung 4.12 (a) zeigt die standardisierten Diskriminanzkoeffizienten [1] (Formel (4.13)). Die Ergebnisse des Mathematiktests beeinflussen die Werte der Diskriminanzfunktion demnach stärker als die Ergebnisse des Intelligenztests, was durch die Strukturmatrix (b) bestätigt wird. Dargestellt werden die Korrelationskoeffizienten zwischen der Diskriminanzfunktion und den beiden Variablen, die in jeder der beiden Gruppen berechnet und danach gemittelt werden [2]. SPSS stellt die Variablen in der Strukturmatrix in geänderter Reihenfolge dar [3], beginnend mit der Variablen mit der höchsten Korrelation mit der Diskriminanzfunktion. Abbildung 4.12 (c) zeigt die Mittelwerte der Diskriminanzfunktion in beiden Gruppen [4]. Da keine anderen Vorgaben gemacht wurden, werden folglich diejenigen Probanden in die Gruppe mit ungenügendem Erfolg eingeordnet, deren Wert der Diskriminanzfunktion kleiner als 0 ist, bei positiver Werten erfolgt die Zuordnung in die Gruppe mit dem befriedigenden Erfolg. Die Klassifikation ist in Abbildung 4.7 dargestellt. Die von SPSS angegebenen zusammengefassten Klassifikationsergebnisse sind in Abbildung 4.13 dargestellt.

			Vorhergesagte Gruppenzugehörigkeit		
		Gruppe	ungenügend	befriedigend	Gesamt
Original	Anzahl	ungenügend	10	5	15
		befriedigend	3	12	15
		Ungruppierte Fälle	3	12	15
	%	ungenügend	66,7	33,3	100,0
		befriedigend	20,0	80,0	100,0
		Ungruppierte Fälle	20,0	80,0	100,0
Kreuzvalidiert[a]	Anzahl	ungenügend	9	6	15
		befriedigend	3	12	15
	%	ungenügend	60,0	40,0	100,0
		befriedigend	20,0	80,0	100,0

Abbildung 4.13: Klassifikationsergebnisse

In dem oberen Teil der Ergebnistabelle [1] sind die bereits in Tabelle 4.3 zusammengefassten Klassifikationsergebnisse angegeben. Zusätzlich werden die im Datensatz enthaltenen Probanden, die nicht zu einer der beiden Gruppen gehören, auf der Grundlage der Diskriminanzfunktion zugeordnet [2]. Diese Ergebnisse sind jedoch für unsere Fragestellung irrelevant. Im unteren Teil [3] werden die Ergebnisse der Kreuzvalidierung angegeben (vgl. Tabelle 4.4).

4.3.2 Diskriminanzanalyse bei mehr als zwei gegebenen Gruppen

In diesem Abschnitt soll die Umsetzung der Diskriminanzanalyse mit SPSS für alle 3 gegebenen Gruppen auf der Grundlage von allen vier erhobenen Merkmalen erläutert werden. Wählen Sie dazu im Hauptmenü unter Analysieren die Optionen Klassifizieren, Diskriminanzanalyse. Es erscheint das Dialogfenster aus Abbildung 4.14. Verschieben Sie die Variable Gruppe in das freie Feld für die Gruppenvariable [1] und die Variablen Intelligenztest, Mathematiktest, Gewissenhaftigkeit und Verträglichkeit in das Feld Unabhängige Variable(n) [2].

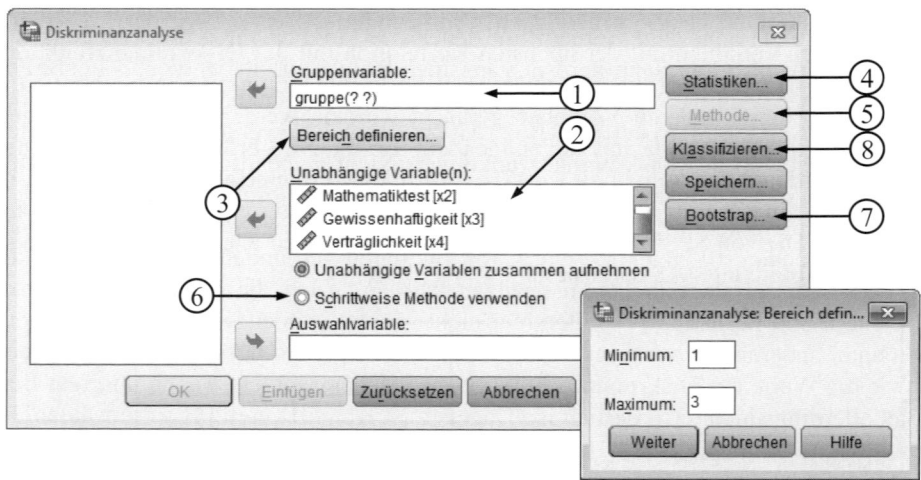

Abbildung 4.14: Dialogfenster Diskriminanzanalyse und Dialogfenster Bereich definieren

Im nächsten Schritt sind die in die Analyse einzubeziehenden Gruppen zu definieren. Nach Anklicken des Feldes mit der Gruppenvariablen [1] kann das Feld Bereich definieren [3] aktiviert werden, wonach sich das im rechten Teil von Abbildung 4.14 dargestellte Dialogfenster Diskriminanzanalyse: Bereich definieren öffnet. Die Analyse soll in diesem Abschnitt für alle Gruppen durchgeführt werden, die in der Datendatei mit 1 bis 3 kodiert sind. Entsprechend sind im Feld Minimum der Wert 1 und im Feld Maximum die Zahl 3 einzutragen. Anschließend ist Statistiken anzuklicken [4].

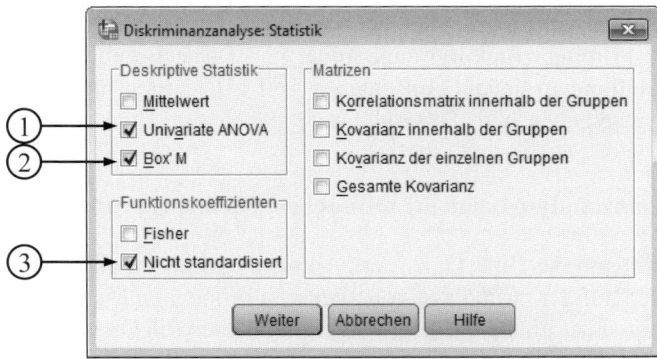

Abbildung 4.15: Dialogfenster Statistik

Im Dialogfenster Statistik aus Abbildung 4.15 können optionale Bestandteile der Ergebnisausgabe angefordert werden, die im Standard-Output nicht enthalten sind. Im vorliegenden Beispiel sollen aus dem Bereich der deskriptiven Statistik Univariate ANOVAs [1] angezeigt werden, mit denen die Möglichkeiten der Trennung der Gruppen auf der Grundlage der Ausgangsmerkmale beurteilt werden können. Zur Prüfung einer wichtigen Voraussetzung der Diskriminanzanalyse (Homogenität der Varianz-Kovarianz-Matrizen) soll Box' M [2] angegeben werden. Außerdem sollen die Koeffizienten der Diskriminanzfunktionen Nicht standardisiert [3] ausgegeben werden, da sie im Standard-Output nur in standardisierter Form enthalten sind.

In Abbildung 4.14 wird das Feld Methode [5] nur aktiv, wenn Schrittweise Methode verwenden [6] angeklickt wird. Auf die damit verbundenen Merkmalsselektionsverfahren soll hier nicht eingegangen werden. Auch die Möglichkeiten unter Speichern und Bootstrap [7] sollen hier nicht genutzt werden. Unter Speichern können unter anderem die vorhergesagte Gruppenzugehörigkeit der einzelnen Probanden sowie die Werte der Diskriminanzfunktion gespeichert werden, was in unserem Beispiel allerdings nicht erforderlich ist. Dagegen ist Klassifizieren [8] auszuwählen. Es erscheint das in Abbildung 4.16 dargestellte Dialogfenster.

In diesem Fenster können konkrete Analyseschritte sowie spezielle Ergebnisausgaben zur Klassifizierung festgelegt werden. Im Beispiel kann darauf verzichtet werden, spezielle A-priori-Wahrscheinlichkeiten aus den Gruppengrößen zu berechnen, die A-priori-Wahrscheinlichkeiten sollen für Alle Gruppen gleich [1] gewählt werden. Bezüglich der zu verwendenden Kovarianzmatrix kann ebenfalls die Voreinstellung Innerhalb der Gruppen [2] beibehalten werden. Es sollen Fallweise Ergebnisse [3] der Klassifizierung angezeigt werden, wobei aus Platzgründen für unsere Darstellung die Anzahl der dargestellten Fälle auf 5 beschränkt werden soll [4]. Die Klassifizierungsergebnisse sollen dargestellt werden (Zusammenfassende Tabelle [5]), zusätzlich sind die Ergebnisse der Kreuzvalidierung anzugeben (Klassifikation mit Fallauslassung [6]).Unter den Diagrammen soll Kombinierte Gruppen [7] angeklickt werden. Durch Anklicken von Territorien kann man eine optisch wenig ansprechende Gebietskarte für die Klassifizierung (siehe dazu Abbildung 4.7) erhalten, worauf hier verzichtet werden soll. Gruppenspezifische Diagramme sollen ebenfalls nicht angezeigt werden, da ihr Informationsgehalt eher gering ist.

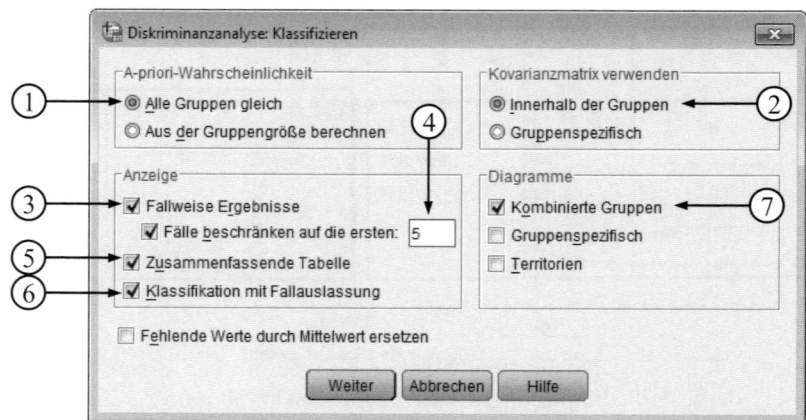

Abbildung 4.16: Dialogfenster Klassifizieren

Nachdem alle Einstellungen vorgenommen wurden, kann die Analyse gestartet werden.

	Wilks-Lambda	F	df1	df2	Signifikanz
Intelligenztest	,699	9,064	2	42	,001
Mathematiktest	,872	3,094	2	42	,056
Gewissenhaftigkeit	,466	24,111	2	42	,000
Verträglichkeit	,986	,298	2	42	,744

Abbildung 4.17: Univariate Mittelwertsvergleiche

Im ersten relevanten Teil der Ergebnisausgabe sind die Ergebnisse einfacher Varianzanalysen zur Untersuchung von Mittelwertsunterschieden der gegebenen Gruppen in den erfassten Variablen dargestellt. Als Teststatistik wird Wilks' Lambda benutzt. Signifikante Mittelwertsunterschiede erhält man für die Variablen Intelligenztest (p = .001 [1]) und Gewissenhaftigkeit (p < .001 [2]).

In Abbildung 4.18 sind die Ergebnisse des Box-Tests zur Prüfung der Homogenität der Varianz-Kovarianz-Matrizen dargestellt. Grundlage des Tests sind die logarithmierten Determinanten der Kovarianzmatrizen der 4 Merkmale [1]. Die deskriptive Betrachtung dieser Werte zeigt nur sehr geringe Unterschiede zwischen den Gruppen, der Signifikanztest führt nicht zu einem signifikanten Ergebnis [2]. Der Test liefert also keine Ergebnisse, die auf eine mögliche Verletzung der Voraussetzung der Homogenität der Varianz-Kovarianz-Matrizen hinweisen könnten.

In Fällen, in denen der Test zu einem signifikanten Ergebnis führt, bietet sich als ein Ausweg an, die Analyse auf der Grundlage gruppenspezifischer Kovarianzmatrizen (siehe Abbildung 4.16) durchzuführen.

(a) Gruppe	① Rang	Log- Determinante
ungenügend	4	17,743
befriedigend	4	17,832
gut	4	17,843
Gemeinsam innerhalb der Gruppen	4	18,160

(b)		
Box-M		14,865
F	Näherungswert	,639
	df1	20
	df2	6331,980
	Signifikanz ②	,886

Abbildung 4.18: Ergebnisse des Box-Tests

Im folgenden Teil des Ergebnisfensters wird die Tabelle mit den Eigenwerten (For-mel (4.9)) [1] dargestellt (Abbildung 4.19). In der Spalte % der Varianz wird der Eigenwertanteil der einzelnen Diskriminanzfunktionen dargestellt (nach Formel (4.17)) [2]. Auch bei der Analyse der Werte der kanonischen Korrelationen (verglei-che Formel (4.10)) [3] wird deskriptiv deutlich, dass offenbar beide Diskriminanz-funktionen bedeutende Beiträge zur Trennung der Gruppen liefern, auch wenn der Beitrag der ersten Funktion entsprechend den oben beschriebenen Konstruktions-prinzipien den größeren Eigenwert aufweist.

Funktion	Eigenwert ①	% der Varianz ②	Kumulierte %	Kanonische Korrelation ③
1	1,334[a]	66,5	66,5	,756
2	,673[a]	33,5	100,0	,634

Abbildung 4.19: Eigenwerte

Dieses Resultat wird durch das Ergebnis des in Abbildung 4.20 dargestellten Signifi-kanztests bestätigt.

Test der Funktion(en)	Wilks-Lambda ②	Chi-Quadrat	df	Signifikanz ③ ⑤
① 1 bis 2	,256	55,165	8	,000
2	,598	20,837	3	,000
④				

Abbildung 4.20: Wilks' Lambda

In der ersten Ergebniszeile [1] in Abbildung 4.20 ist der Signifikanztest auf der Grundlage des multivariaten Wilks' Lambda [2] dargestellt, mit dem geprüft wird, ob eine Trennung der beiden Gruppen unter Einbeziehung beider Diskriminanzfunktio-nen möglich ist (vergleiche Formel (4.18)). Wegen p < .001 [3] kann von einer signi-fikanten Trennung der Gruppen durch die beiden Diskriminanzfunktionen ausgegan-gen werden. In der folgenden Zeile [4] wird das Ergebnis des Tests von Wilks' Lambda für die residuelle Diskriminanz nach Formel (4.19) angegeben, mit dem geprüft wird, ob die zweite Diskriminanzfunktion einen signifikanten Beitrag zur Gruppentrennung zusätzlich zur ersten Diskriminanzfunktion leistet. Auch dieser

Test führt wegen p < .001 [5] zu einem signifikanten Ergebnis. Demnach sollen beide Diskriminanzfunktionen für die Klassifizierung verwendet werden.

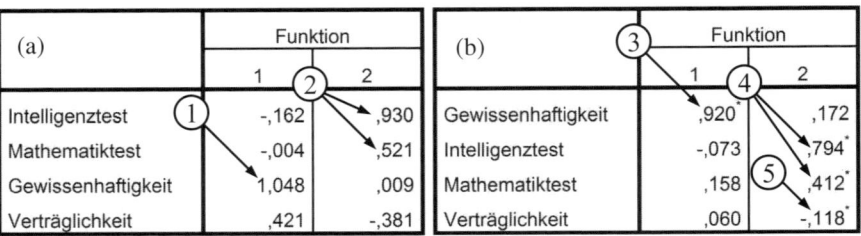

(a)		Funktion	
	1		2
Intelligenztest	-,162		,930
Mathematiktest	-,004		,521
Gewissenhaftigkeit	1,048		,009
Verträglichkeit	,421		-,381

(b)	Funktion		
	1		2
Gewissenhaftigkeit	,920		,172
Intelligenztest	-,073		,794*
Mathematiktest	,158		,412*
Verträglichkeit	,060		-,118*

Abbildung 4.21: Standardisierte Diskriminanzkoeffizienten (a) und Strukturkoeffizienten (b)

Die standardisierten Koeffizienten in Abbildung 4.21 (a) liefern erste Aufschlüsse über die Bedeutung der einzelnen Variablen für die Diskriminanzfunktionen. Es wird deutlich, dass die erste Diskriminanzfunktion wesentlich von der Variablen Gewissenhaftigkeit beeinflusst wird [1], während sich in der zweiten vor allem die Ergebnisse des Intelligenz- und des Mathematiktests [2] niederschlagen.

Allerdings geben die standardisierten Diskriminanzkoeffizienten wegen nicht auszuschließender Multikollinearitätseffekte keinen abschließenden Aufschluss über den Zusammenhang der einzelnen Variablen mit den Diskriminanzfunktionen. Aus diesem Grund sollte die Strukturmatrix (Abbildung 4.21 (b)) in die Beurteilung des Zusammenhanges einzelner Variablen mit den Diskriminanzfunktionen einbezogen werden. In dieser Matrix werden die gemittelten Korrelationskoeffizienten der einzelnen Ausgangsvariablen mit den Diskriminanzfunktionen dargestellt, wobei die Korrelationskoeffizienten in jeder der Gruppen berechnet und danach gemittelt werden. Aus den berechneten Koeffizienten wird noch deutlicher, dass die erste Diskriminanzfunktion sehr stark von der Variablen Gewissenhaftigkeit beeinflusst wird [3], während sich in der zweiten überwiegend die Ergebnisse des Intelligenz- und des Mathematiktests niederschlagen [4]. Die Variable Verträglichkeit spielt für die Unterscheidung der Gruppen eine sehr untergeordnete Rolle [5].

(a)	Funktion	
	1	2
Intelligenztest	-,017	,099
Mathematiktest	,000	,028
Gewissenhaftigkeit	,224	,002
Verträglichkeit	,035	-,032
(Konstant)	-8,493	-6,272

(b)		
	Funktion	
Gruppe	1	2
ungenügend	-,684	-1,010
befriedigend	1,574	,085
gut	-,890	,925

Abbildung 4.22: Nichtstandardisierte Diskriminanzkoeffizienten (a) und Gruppenzentroide der Diskriminanzfunktionen (b)

Die unstandardisierten Diskriminanzkoeffizienten (Abbildung 4.22 (a)) werden zur Berechnung der Diskriminanzwerte benötigt, die die Grundlage für die Klassifikation bilden (siehe Abschnitt 4.2.2). In Abbildung 4.22 (b) sind die Mittelwerte der beiden Diskriminanzfunktionen in den 3 Gruppen der Lernstichprobe angegeben [2] (vergleiche Abbildung 4.24).

			Höchste Gruppe				Zweithöchste Gruppe			Diskriminanzwerte	
			P(D>d | G=g)			Quadrierter Mahalanobis-Abstand zum			Quadrierter Mahalanobis-Abstand zum		
Fall-nummer	Tatsächliche Gruppe	Vorhergesagte Gruppe	p	df	P(G=g | D=d)	Zentroid	Gruppe	P(G=g | D=d)	Zentroid	Funktion 1	Funktion 2
Original 1	1	1	,827	2	,910	,381	3	,046	6,355	-,370	-1,541
2	1	1	,886	2	,750	,241	3	,229	2,610	-1,050	-,682
3	1	1	,358	2	,559	2,057	3	,438	2,548	-1,924	-,290
4	1	1	,547	2	,966	1,207	3	,031	8,101	-1,350	-1,883
5	1	3''	,520	2	,431	1,310	1	,347	1,742	-,050	,148
Kreuzvalidiert[a] 1	1	1	,451	4	,886	3,679	2	,059	9,081		
2	1	1	,377	4	,678	4,221	3	,297	5,870		
3	1	3''	,241	4	,584	5,482	1	,413	6,174		
4	1	1	,491	4	,961	3,414	3	,036	10,004		
5	1	3''	,478	4	,491	3,501	2	,263	4,751		

Abbildung 4.23: Fallweise Statistiken (für 5 Probanden)

In der Ergebnisausgabe (Abbildung 4.23) folgen die detaillierten Ergebnisse der Klassifikation der ersten 5 Probanden des Datensatzes (siehe Abbildung 4.16). Im oberen Teil der Tabelle sind die Klassifikationsergebnisse dargestellt, im unteren Teil die Ergebnisse nach Kreuzvalidierung. Die wichtigsten Resultate sollen am Beispiel der Probanden 1 und 3 veranschaulicht werden. Beide Probanden stammen aus Gruppe 1 [1]. Für Proband 1 ist die vorhergesagte Gruppe ebenfalls Gruppe 1 [2]. Die Wahrscheinlichkeit, bei den gegebenen Werten der Diskriminanzfunktion zu Gruppe 1 zu gehören, beträgt 0.910 [3] und ist damit deutlich höher als die Wahrscheinlichkeit 0.046 [4], zur „zweitwahrscheinlichsten" Gruppe 3 zu gehören. Das Ergebnis der Kreuzvalidierung stützt dieses Ergebnis für Proband 1. Für Proband 3 wird ebenfalls Gruppe 1 als die wahrscheinlichste [2] ermittelt, aber er gehört bei seinen berechneten Diskriminanzfunktionswerten nur mit einer Wahrscheinlichkeit von 0.559 zu Gruppe 1 [3]. Die Wahrscheinlichkeit, bei seinen Diskriminanzfunktionswerten zur „zweitwahrscheinlichsten" Gruppe 3 zu gehören, ist mit 0.438 ebenfalls relativ hoch [4]. Im Ergebnis der Kreuzvalidierung erhält man als wahrscheinlichste Gruppe für diesen Probanden Gruppe 3, die korrekte Gruppe 1 ist demnach lediglich am zweitwahrscheinlichsten. Weitere Spalten in Abbildung 4.23 beinhalten zum Beispiel den quadratischen Mahalanobisabstand (ein verallgemeinertes Distanzmaß, siehe Backhaus et al., 2011) zum jeweiligen Gruppenzentroiden [5] oder die Werte der Probanden in den beiden Diskriminanzfunktionen [6].

In Abbildung 4.24, die gegenüber dem SPSS-Output im Grafik-Editor bearbeitet wurde (vor allem durch Ersetzung farbiger Gruppenkennzeichnungen durch entsprechende Symbole, vergleiche auch Abbildung 4.7) sind die Werte der Diskriminanzfunktion aller Probanden sowie die jeweiligen Gruppenzentroiden dargestellt. Markiert sind die Probanden 1 [1] und 3 [3], deren Gruppenzuordnung in Zusammenhang mit Abbildung 4.23 diskutiert wurde. Die jeweiligen Werte der Diskriminanzfunktion sind in den letzten beiden Spalten von Abbildung 4.23 aufgeführt. Ebenfalls hervorgehoben ist der Gruppenzentroid von Gruppe 1 [2]. Auch aus dieser Grafik wird

klar, dass auf der Grundlage der Werte der Diskriminanzfunktionen Proband 1 wesentlich eindeutiger Gruppe 1 zuzuordnen ist als Proband 3.

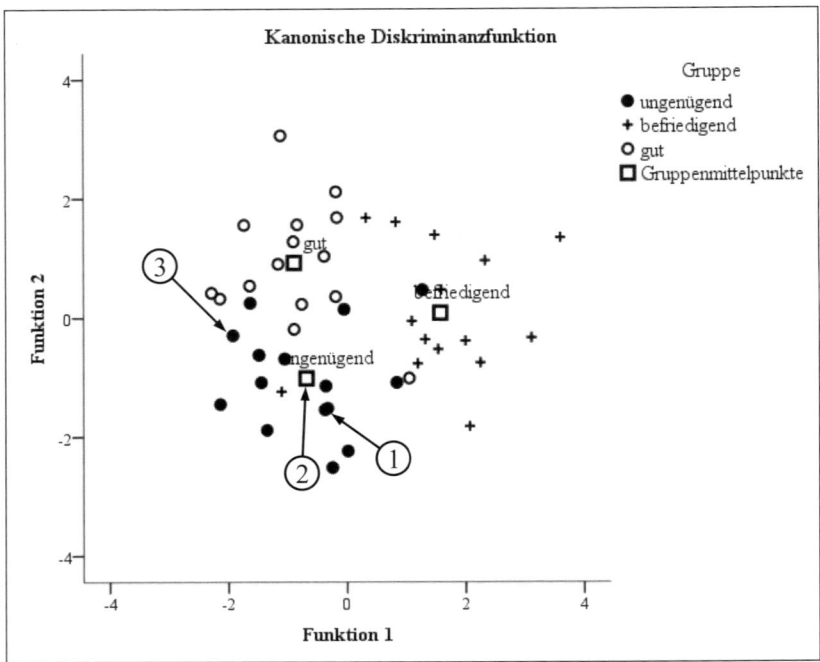

Abbildung 4.24: Klassifizierungsdiagramm

		Gruppe	Vorhergesagte Gruppenzugehörigkeit			Gesamt
			ungenügend	befriedigend	gut	
Original	Anzahl	ungenügend	11	2	2	15
		befriedigend	1	13	1	15
		gut	1	1	13	15
	%	ungenügend	73,3	13,3	13,3	100,0
		befriedigend	6,7	86,7	6,7	100,0
		gut	6,7	6,7	86,7	100,0
Kreuzvalidiert[a]	Anzahl	ungenügend	10	2	3	15
		befriedigend	1	12	2	15
		gut	1	1	13	15
	%	ungenügend	66,7	13,3	20,0	100,0
		befriedigend	6,7	80,0	13,3	100,0
		gut	6,7	6,7	86,7	100,0

Abbildung 4.25: Klassifizierungsergebnisse

In der Tabelle in Abbildung 4.25 sind die Klassifizierungsergebnisse ohne [1] bzw. mit [2] Kreuzvalidierung dargestellt, die in Abschnitt 4.2.2 ausführlich diskutiert worden sind.

Im Ordner Diskriminanzanalyse auf der beiliegenden Website zum Buch ist der Datensatz *Brücken in Arbeit.sav* enthalten. Es handelt sich dabei um Daten aus der Forschungspraxis, die zur weiteren Beschäftigung mit dem Verfahren verwendet werden können. In der Datei *Brücken in Arbeit.pdf* im gleichen Ordner werden der Gegenstand der Untersuchung erläutert und die Auswertung und Interpretation der Daten beschrieben. Gegenstand dieser Untersuchung von Schmidt (2010) sind Brüche in Berufsbiographien durch Arbeitslosigkeit. Auf der Grundlage der individuellen Bedürfnisse und Probleme junger Arbeitsloser wurde das Modellprojekt „Bridges – Brücken in Arbeit" entwickelt und umgesetzt. Die Versuchsgruppe "Bridges" wurde nach 18 Monaten mit jungen Arbeitslosen ohne Programm und mit Teilnehmern eines „Ein-Euro-Job"-Programms verglichen. Mit den Methoden der Diskriminanzanalyse soll untersucht werden, ob bzw. mit welcher Güte eine Trennung der (vor Untersuchungsbeginn homogenen) Gruppen auf der Grundlage von beschäftigungsrelevanten Personenmerkmalen und von Merkmalen der seelischen Gesundheit möglich ist.

Zusätzlich werden auf der Website zum Buch im Ordner Diskriminanzanalyse die Daten zum Anwendungsbeispiel Studienerfolg (*Studienerfolg.sav*) sowie Syntax-Dateien für die Bearbeitung der Anwendungsaufgabe Studienerfolg aus diesem Kapitel (*Studienerfolg.sps*) sowie zur Praxisaufgabe Berufskompetenz (*Brücken in Arbeit.sps*) bereitgestellt.

Kapitel 5
Logistische Regression

Inhaltsübersicht

5.1 Odds Ratio 186

5.2 Modell der logistischen Regression.. 188

5.2.1 Modellgleichung 189

5.2.2 Voraussetzungen 191

5.3 Schätzungen, Tests und Modellgüte.. 191

5.3.1 Parameterschätzungen 191

5.3.2 Statistische Tests 195

5.3.3 Beurteilung der Modellgüte 196

5.4 Anwendungsbeispiel in SPSS 197

5.4.1 Berechnung des Odds Ratio 197

5.4.2 Logistische Regression mit einem Prädiktor 200

5.4.3 Logistische Regression mit mehreren Prädiktoren......................... 209

In vielen empirischen Untersuchungen werden dichotome Kriterien (nominalskalierte Merkmale mit zwei möglichen Ausprägungen) analysiert. Das trifft besonders auf epidemiologische Studien zu, in denen verschiedene Einflussvariablen auf das Entstehen von Krankheiten untersucht werden. Das Kriterium nimmt in diesen Untersuchungen die Werte 0 (nicht krank) bzw. 1 (krank) an. Eine Vielzahl weiterer Anwendungsbeispiele (zum Beispiel geeignete vs. nicht geeignete Bewerber bei der Personalauswahl) führen ebenfalls zu dichotomen Kriterien. Die Methoden der multiplen linearen Regression (Kapitel 2) können in diesen Situationen nicht verwendet werden, da sie intervallskalierte Kriterien voraussetzen. Die Methode der logistischen Regressionsanalyse ermöglicht dagegen Regressionsanalysen mit dichotomen Kriterien, wobei die Prädiktoren beliebiges Datenniveau haben können.

Diese Methode wird vor allem im Rahmen epidemiologischer Untersuchungen als Standardwerkzeug zur Auswertung verwendet (siehe Höfler, 2004; Kreienbrock und Schach, 2005; Tabachnik und Fidell, 2007), aber auch in anderen Bereichen nahm die Zahl ihrer Anwendungen in den letzten Jahren sprunghaft zu.

Auf die Möglichkeit der Auswertung von nominalskalierten Kriterien mit mehr als zwei Ausprägungen (multinomiale logistische Regression) gehen Backhaus et al. (2011) ein. In Abschnitt 5.1 wird mit dem Odds Ratio ein sehr gebräuchliches epidemiologisches Maß eingeführt, das direkt im Ergebnis logistischer Regressionsanalysen ermittelt werden kann. Das Modell der logistischen Regression und seine Voraussetzungen werden in Abschnitt 5.2 dargestellt. In Abschnitt 5.3 werden die Grundlagen zu Schätzungen und Tests sowie zur Beurteilung der Modellgüte behandelt.

Anwendungsbeispiel: Alkoholmissbrauch

In einer Untersuchung einer Klinik für Kinder- und Jugendpsychiatrie zum Alkoholkonsum bzw. -missbrauch von Jugendlichen wurde bei 60 untersuchten Jugendlichen auf der Grundlage eines standardisierten Fragebogens festgestellt, ob bei ihnen Alkoholmissbrauch vorliegt oder nicht. Das Kriterium Alkohol hat somit die beiden Ausprägungen 0 (kein Missbrauch) und 1 (Missbrauch). Bei jeweils 30 Jugendlichen wurde Alkoholmissbrauch diagnostiziert bzw. nicht festgestellt. Als Prädiktoren, denen aus inhaltlichen Überlegungen unterstellt wird, dass sie zur Vorhersage von Alkoholmissbrauch beitragen könnten, wurden erbliche Belastungsfaktoren, die Bedeutung des Alkoholkonsums im sozialen Umfeld, das Alter der Jugendlichen und die Werte in Sensation Seeking (Reizhunger) erfasst. Eine Übersicht der erhobenen Variablen wird in Tabelle 5.1 gegeben, die erfassten Daten sind in Tabelle 5.2 dargestellt.

Tabelle 5.1: Liste der Variablen zum Beispiel Alkoholmissbrauch bei Jugendlichen

Variablen	Label	Bemerkungen
Kriterium: nominalskaliert		
Y	Alkohol	Alkoholmissbrauch: 0 = kein Missbrauch, 1 = Missbrauch
Prädiktoren: nominalskaliert		
X1	Erbe	erbliche Vorbelastung: 0 = nicht vorbelastet, 1 = vorbelastet
X2	Umfeld	Bedeutung des Alkoholkonsums im sozialen Umfeld: 0 = gering, 1 = mittel, 2 = groß
Prädiktoren: intervallskaliert		
X3	Alter	
X4	Reizhunger	Fragebogen zu Sensation Seeking

Tabelle 5.2: Daten zum Anwendungsbeispiel Alkoholmissbrauch

Pb	Alkohol	Erbe	Umfeld	Alter	Reiz-hunger	Pb	Alkohol	Erbe	Umfeld	Alter	Reiz-hunger
1	0	0	0	14	22	31	1	0	0	16	27
2	0	0	0	17	20	32	1	0	0	18	22
3	0	0	0	14	26	33	1	0	1	16	29
4	0	0	0	16	23	34	1	0	1	17	34
5	0	0	1	15	15	35	1	0	2	15	20
6	0	0	1	16	25	36	1	0	2	20	32
7	0	0	1	14	30	37	1	0	2	22	34
8	0	0	2	18	26	38	1	0	0	16	33
9	0	0	0	17	27	39	1	0	1	16	21
10	0	0	0	14	31	40	1	0	2	16	31
11	0	0	0	16	19	41	1	1	0	16	26
12	0	0	0	16	18	42	1	1	0	20	26
13	0	0	1	14	29	43	1	1	2	16	26
14	0	0	1	15	23	44	1	1	1	16	28
15	0	0	1	19	29	45	1	1	1	17	23
16	0	0	2	17	19	46	1	1	2	21	23
17	0	0	1	15	26	47	1	1	2	15	21
18	0	0	0	16	20	48	1	1	2	15	16
19	0	0	2	16	24	49	1	1	0	21	29
20	0	0	0	19	15	50	1	1	2	15	26
21	0	1	0	15	16	51	1	1	1	15	28
22	0	1	0	12	20	52	1	1	1	15	37
23	0	1	1	13	14	53	1	1	2	18	22
24	0	1	1	17	27	54	1	1	2	18	29
25	0	1	1	16	21	55	1	1	2	16	28
26	0	1	0	18	24	56	1	1	2	22	35
27	0	1	2	15	18	57	1	1	0	20	21
28	0	1	0	13	30	58	1	1	1	18	32
29	0	1	0	16	22	59	1	1	2	17	23
30	0	1	1	17	18	60	1	1	2	15	27

5.1 Odds Ratio

Zur Auswertung von epidemiologischen Untersuchungen existieren mehrere bekannte Maßzahlen, zum Beispiel Prävalenz, Inzidenz, Hazardrate, relatives Risiko und andere (siehe Höfler, 2004; Kreienbrock und Schach, 2005). Im Folgenden soll speziell auf den Parameter Odds Ratio (OR) eingegangen werden, weil er im Unterschied zu anderen genannten Parametern im Ergebnis logistischer Regressionsanalysen bei gleichzeitiger Berücksichtigung von mehreren unterschiedlich skalierten Prädiktoren ermittelt werden kann. Die grundsätzliche Bedeutung des Parameters soll im Anwendungsbeispiel anhand der Einflussvariablen erbliche Vorbelastung erläutert werden.

In Tabelle 5.3 sind die absoluten Häufigkeiten von Erbe x Alkohol dargestellt. Alkohol als Kriterium hat die beiden Ausprägungen kein Alkoholmissbrauch und Alkoholmissbrauch. Die Variable Erbe als Einflussgröße hat die beiden Ausprägungen nicht vorbelastet und vorbelastet. Die dargestellten Häufigkeiten bilden den Ausgangspunkt für die Berechnung des Odds Ratio.

Tabelle 5.3: Häufigkeiten (Kreuztabelle Erbe x Alkohol) im Anwendungsbeispiel

	nicht vorbelastet (E = 0)	vorbelastet (E = 1)
kein Alkoholmissbrauch (K = 0)	20	10
Alkoholmissbrauch (K = 1)	10	20
Summe	30	30

Aus den beobachteten Häufigkeiten in Tabelle 5.3 können bedingte Wahrscheinlichkeiten für die Kategorien des Kriteriums unter der Voraussetzung des Eintretens bestimmter Kategorien des Prädiktors geschätzt werden.

In Tabelle 5.4 sind die Wahrscheinlichkeiten schematisch für die typische Grundsituation epidemiologischer Untersuchungen dargestellt, in denen die Auswirkung einer (beliebigen) Exposition auf das Auftreten einer Krankheit, zum Beispiel einer psychischen Störung, untersucht wird. Mit p_{00} wird zum Beispiel die Wahrscheinlichkeit ausgedrückt, dass ein nichtexponierter Proband gesund ist. p_{11} bezeichnet die Wahrscheinlichkeit, dass exponierte Personen krank sind. Ein Proband wird als exponiert bezeichnet, wenn er einem Risikofaktor ausgesetzt ist (zum Beispiel erblicher Vorbelastung).

Tabelle 5.4: Bedingte Wahrscheinlichkeiten (Exposition x Gesundheit)

	nicht exponiert (E = 0)	exponiert (E = 1)
gesund (K = 0)	$p_{00} = P(K = 0 \mid E = 0)$	$p_{01} = P(K = 0 \mid E = 1)$
krank (K = 1)	$p_{10} = P(K = 1 \mid E = 0)$	$p_{11} = P(K = 1 \mid E = 1)$

In Tabelle 5.5 sind die Schätzungen dieser bedingten Wahrscheinlichkeiten für die Häufigkeiten aus Tabelle 5.3 angegeben. Die Wahrscheinlichkeit, dass ein nicht erblich vorbelasteter Jugendlicher keinen Alkoholmissbrauch aufweist, wird mittels der

Stichprobe mit 2/3 geschätzt. Entsprechend ergibt sich die Schätzung der Wahrscheinlichkeit des Alkoholmissbrauchs für einen nicht erblich vorbelasteten Jugendlichen zu 1/3.

Tabelle 5.5: Bedingte Wahrscheinlichkeiten im Anwendungsbeispiel

	nicht vorbelastet (E = 0)	vorbelastet (E = 1)
kein Alkoholmissbrauch (K = 0)	$p_{00} = P(K = 0 \mid E = 0)$ $= 20 / 30 = 2/3$	$p_{01} = P(K = 0 \mid E = 1)$ $= 10 / 30 = 1/3$
Alkoholmissbrauch (K = 1)	$p_{10} = P(K = 1 \mid E = 0)$ $= 10 / 30 = 1/3$	$p_{11} = P(K = 1 \mid E = 1)$ $= 20 / 30 = 2/3$

Vor der Definition und der Berechnung des Odds Ratio ist zunächst der Begriff des Odds einer Wahrscheinlichkeit p zu definieren. Er bezeichnet die Chance, mit der das betreffende Ereignis eintritt. Wenn ein Ereignis eine Auftretenswahrscheinlichkeit von p hat, ergibt sich der Wert Odds (p) (Chance für das Eintreten des Ereignisses) als

$$Odds\ (p) = p / (1 - p). \qquad (5.1)$$

Im Beispiel ergibt sich für einen nicht vorbelasteten Jugendlichen die Chance, keinen Alkoholmissbrauch aufzuweisen, als Odds (2/3) = 2/3 / (1 − 2/3) = 2. Das heißt, bei einem nicht vorbelasteten Jugendlichen besteht eine Chance von 2 zu 1, keinen Alkoholmissbrauch aufzuweisen. Dem gegenüber wird die Chance des Alkoholmissbrauchs bei erblich nicht vorbelasteten Jugendlichen mit Odds (1/3) = 1/3 / (1 − 1/3) = .5 geschätzt, das heißt, es besteht eine Chance von 1 zu 2. In Tabelle 5.6 sind die Odds (Chancen) im Anwendungsbeispiel zusammengefasst.

Tabelle 5.6: Odds im Anwendungsbeispiel

	nicht vorbelastet (E = 0)	vorbelastet (E = 1)
kein Alkoholmissbrauch (K = 0)	Odds (p_{00}) = Odds (2/3) $= 2 = 2 : 1$	Odds (p_{01}) = Odds (1/3) $= .5 = 1 : 2$
Alkoholmissbrauch (K = 1)	Odds (p_{10}) = Odds (1/3) $= .5 = 1 : 2$	Odds (p_{11}) = Odds (2/3) $= 2 = 2 : 1$

Das Odds Ratio als wichtige epidemiologische Maßzahl kann für den allgemeinen Fall epidemiologischer Untersuchungen auf drei unterschiedliche Arten charakterisiert und interpretiert werden:

- Das Odds Ratio beschreibt ein Chancenverhältnis. Es ergibt sich als die Chance, zu erkranken, wenn man exponiert ist, im Verhältnis zur Chance zu erkranken, wenn man nicht exponiert ist.
- Das Odds Ratio ist der Faktor, um den die Chance zu erkranken steigt, wenn man exponiert ist.

- Das Odds Ratio kann interpretiert werden als der Faktor, um den die Chance, exponiert gewesen zu sein, steigt, wenn man voraussetzt, dass eine Erkrankung bereits vorliegt.

Diese allgemeinen Bezeichnungen können auf das Anwendungsbeispiel übertragen werden, wenn man krank mit Alkoholmissbrauch und exponiert mit erblicher Vorbelastung gleichsetzt. Aus der Definition des Odds Ratio als Chancenverhältnis ergibt sich die folgende Berechnungsvorschrift:

$$OR = \text{Odds } (P(K = 1 \,/\, E = 1)) \,/\, \text{Odds } (P(K = 1 \,/\, E = 0))$$
$$= (p_{11} \,/\, p_{01}) \,/\, (p_{10} \,/\, p_{00}) \tag{5.2}$$

Im Anwendungsbeispiel beschreibt das Odds Ratio die Chance des Alkoholmissbrauchs bei erblich vorbelasteten Jugendlichen im Verhältnis zur Chance des Alkoholmissbrauchs bei erblich nicht vorbelasteten Jugendlichen. Das Odds Ratio ergibt sich in diesem Beispiel als:

$$OR = \text{Odds } (P(\text{Alkohol} = 1 \mid \text{Erbe} = 1)) \,/\, \text{Odds } (P(\text{Alkohol} = 1 \mid \text{Erbe} = 0))$$
$$= (p_{11} \,/\, p_{01}) \,/\, (p_{10} \,/\, p_{00}) = (2/3 \,/\, 1/3) \,/\, (1/3 \,/\, 2/3) = 4 \tag{5.3}$$

Das bedeutet, die Chance, dass Alkoholmissbrauch vorliegt, ist bei erblich vorbelasteten Jugendlichen viermal so groß wie bei erblich nicht vorbelasteten Jugendlichen.

Das Odds Ratio kann Werte zwischen 0 und $+\infty$ (unendlich) annehmen. Dabei hat die Exposition schützende Wirkung, wenn OR < 1 gilt. In diesem Fall ist die Chance zu erkranken bei Vorliegen der Exposition kleiner als bei Nichtvorliegen der Exposition. Für OR = 1 sind die Chancen zu erkranken unter Exposition bzw. unter Nicht-Exposition gleich groß. Man kann in diesem Fall davon ausgehen, dass die Exposition keinen Einfluss auf das Entstehen einer Erkrankung hat. Bei OR > 1 ist die Erkrankungschance bei Vorliegen der Exposition größer als bei Nichtvorliegen. Der Exposition ist in diesem Fall ein schädigender Einfluss zu unterstellen.

Für den hier beschriebenen einfachen Fall, bei dem nur eine Einflussvariable berücksichtigt wird, kann das Odds Ratio, wie auch die anderen oben erwähnten Maßzahlen, direkt aus den Häufigkeiten in den zweidimensionalen Kreuztabellen berechnet werden. In der Praxis sind jedoch fast immer mehrere Variablen zu berücksichtigen, die unterschiedliche Datenniveaus aufweisen können. Die logistische Regressionsanalyse hat den großen Vorteil, dass im Ergebnis Odds Ratios bei gleichzeitiger Berücksichtigung von mehreren Prädiktoren berechnet werden können.

5.2 Modell der logistischen Regression

Die logistische Regressionsanalyse ermöglicht Regressionsanalysen für den Fall eines dichotomen Kriteriums. Sie ist wie jede Art von Regression sehr flexibel einsetzbar, da die Prädiktoren beliebiges Skalenniveau aufweisen können.

5.2.1 Modellgleichung

Der in Abschnitt 2.2.1 dargestellte Modellansatz der multiplen linearen Regression kann wegen der dort notwendigen Voraussetzungen nicht ohne weiteres auf den Fall eines dichotomen Kriteriums erweitert werden. So wäre zum Beispiel bei der Anwendung einer linearen Regressionsanalyse nicht garantiert, dass die vorhergesagten Werte der abhängigen Variablen zwischen 0 und 1 liegen würden. Stattdessen benutzt die logistische Regression den folgenden Ansatz:

$$\ln\left(\frac{P(Y_i = 1)}{1 - P(Y_i = 1)}\right) = b_0 + b_1 \cdot x_{1i} + b_2 \cdot x_{2i} + ... + b_k \cdot x_{ki} \quad (i = 1,...,n) \tag{5.4}$$

Y_i: Kriteriumsvariable (dichotom) Y des i-ten Probanden
$x_{1i}, x_{2i}, ..., x_{ki}$: Werte der Variablen $X_1, X_2, ..., X_k$ des i-ten Probanden
$b_0, b_1,..., b_k$: Koeffizienten der logistischen Regression
n: Anzahl der Probanden

Die Darstellung der Linearkombination der Prädiktoren $X_1, ... X_k$ unterscheidet sich nicht vom Modell der multiplen linearen Regression (Kapitel 2). Der wesentliche Unterschied besteht in der Form des Kriteriums. Die Kriteriumsvariable in Formel (5.4) ist der natürliche Logarithmus der Chance, dass die Variable Y den Wert 1 annimmt. Diese logarithmierte Chance wird als Logit der Wahrscheinlichkeit $P(Y_i = 1)$ bezeichnet.

Bei der Wahrscheinlichkeit $P(Y_i = 1)$ handelt es sich korrekterweise um die bedingte Wahrscheinlichkeit $P(Y_i = 1|X_1 = x_{1i}, X_2 = x_{2i}, ..., X_k = x_{ki})$, d.h. um die Wahrscheinlichkeit zu erkranken bei gegebenen Werten der Prädiktoren. Zur Vereinfachung der Darstellung wird in Formel 5.4 und im weiteren Text dieses Kapitels anstelle des Ausdrucks der bedingten Wahrscheinlichkeit der Ausdruck $P(Y_i = 1)$ verwendet.

Der Wertebereich des Odds ($P(Y_i = 1)$) liegt zwischen 0 und ∞. Durch das Logarithmieren erweitert er sich auf den Bereich von $-\infty$ bis ∞. Nach Umstellen von Formel (5.4) nach $P(Y_i = 1)$ wird deutlich, dass mit der logistischen Regression direkt die Wahrscheinlichkeit des Ereignisses Y = 1 für jeden Probanden in Abhängigkeit von den Werten der Prädiktoren Variablen $X_1, ..., X_k$ modelliert wird:

$$P(Y_i = 1) = \frac{1}{1 + \exp\left(-(b_0 + b_1 \cdot x_{1i} + b_2 \cdot x_{2i} + ... + b_k \cdot x_{ki})\right)} \tag{5.5}$$

Die Wahrscheinlichkeit kann durch die Exponentialform im Nenner nur Werte zwischen 0 und 1 annehmen. Für e^x wird dabei die Bezeichnung exp(x) verwendet. Die Möglichkeit der Darstellung aus Formel (5.5) ist ein wichtiger Grund für die häufige Anwendung der logistischen Regressionsanalyse, weil die Wahrscheinlichkeit des Eintretens des interessierenden Ereignisses (P(Y = 1)) explizit angegeben werden kann. In Abbildung 5.1 ist die aus diesem Ansatz resultierende logistische Funktion dargestellt. Die Werte der geschätzten Wahrscheinlichkeit P(Y = 1) liegen zwischen 0 und 1. Wenn die Linearkombination der Prädiktoren den Wert z = 0 erreicht, ergibt sich für die Wahrscheinlichkeit des Eintretens des interessierenden Ereignisses P(Y = 1) = .50. Für positive z-Werte ist P(Y = 1) > .50, so dass für den betreffenden Probanden die Wahrscheinlichkeit für das Eintreten des Ereignisses Krankheit größer ist als die Wahrscheinlichkeit, dass es nicht eintritt. Für negative z-Werte ist die Wahrscheinlichkeit P(Y = 1) < .50, so dass für die betreffenden Probanden die Ausprägung Y = 0 wahrscheinlicher ist. Es ist somit für jeden Probanden eindeutig eine Prognose möglich, welcher der beiden Gruppen (gesund oder krank) er auf Grund der Werte der Prädiktoren angehören wird. Aus dem Verlauf der logistischen Funktion in Abbildung 5.1 wird deutlich, dass diese Prognose umso treffsicherer sein wird, je steiler der Anstieg der logistischen Funktionen um z = 0 ist. Ausführlichere Hinweise und Abbildungen zum Zusammenhang der Werte der logistischen Regressionskoeffizienten und der Form der logistischen Funktion sind bei Eid et al. (2010) und bei Backhaus et al. (2011) zu finden.

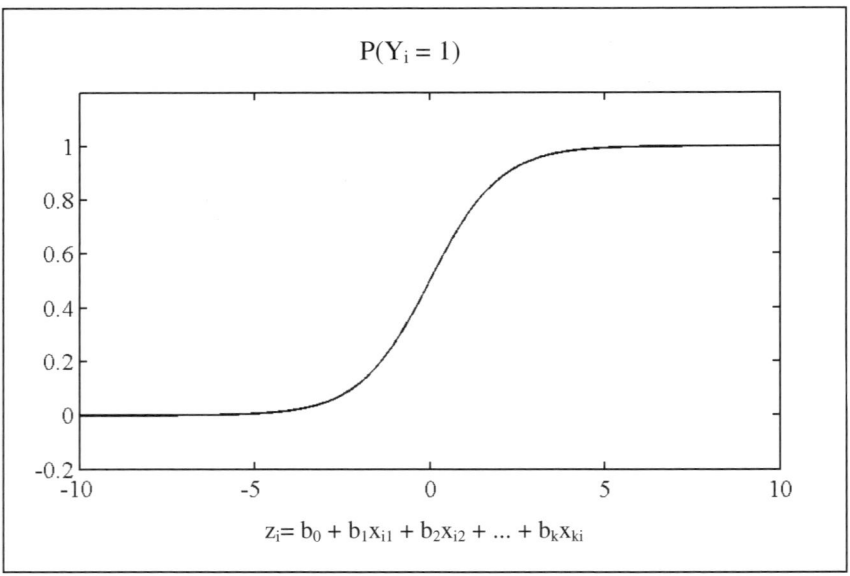

Abbildung 5.1: Logistische Funktion

Die praktische Bedeutung der logistischen Funktion zur Prognose kann man sich folgendermaßen veranschaulichen: Wenn ein Proband in den Werten der Prädiktoren viele Risikofaktoren für das Eintreten einer Krankheit aufweist, wird der resultierende z-Wert sehr hoch sein (zum Beispiel z = 8). Für die entsprechende Wahrscheinlichkeit gilt P(Y = 1) ≈ 1. Geringfügige, auch positive Veränderungen in den Prädiktoren führen zwar zu entsprechenden Veränderungen des z-Wertes (zum Beispiel zu z = 6). Die Wahrscheinlichkeit für das Eintreten der Krankheit bleibt jedoch trotzdem sehr hoch. Bei Versuchspersonen mit mittleren Ausprägungen der Risikovariablen (zum Beispiel z = 2) können Veränderungen in den Prädiktoren die geschätzte Wahrscheinlichkeit des Eintretens der untersuchten Krankheit deutlicher beeinflussen.

5.2.2 Voraussetzungen

Für die Anwendung der logistischen Regressionsanalyse ergeben sich folgende Voraussetzungen:

- Statistische Unabhängigkeit der Y_i
- Binomialverteilung der Y_i
- Fehlen leerer Zellen zwischen dem Kriterium und den kategorialen Prädiktoren
- Gültigkeit des logistischen Modells aus Formel (5.4) bzw. (5.5).

Dabei ist die zweite Voraussetzung trivial erfüllt, da das Kriterium nur die Werte 0 oder 1 annehmen kann. Die erste Voraussetzung kann analog zur linearen Regression (Kapitel 2) durch eine entsprechende Zufallsauswahl der Probanden gewährleistet werden. Somit sind lediglich die dritte und die vierte Voraussetzung für die logistische Regressionsanalyse spezifische Annahmen. Die dritte Voraussetzung besagt, dass bei der Betrachtung aller Vierfeldertafeln zwischen dem Kriterium und den kategorialen Prädiktoren keine leeren Zellen vorkommen dürfen, jede Merkmalskombination muss mindestens einmal vorkommen. Bei der Anwendung der Methode der logistischen Regressionsanalyse ist darüber hinaus zu beachten, dass die im folgenden Abschnitt beschriebenen Maximum-Likelihood-Schätzungen die erforderlichen Verteilungseigenschaften nur für große Stichprobenumfänge aufweisen. Vor diesem Hintergrund empfehlen Backhaus et al. (2011) die Anwendung der logistischen Regressionsanalyse nur dann, wenn für jede der beiden Ausprägungen des Kriteriums die Werte von jeweils wenigstens 25 Probanden vorliegen.

In den folgenden Abschnitten werden die Methoden für Schätzungen und Tests der Modellparameter dargestellt, und es wird auf die Möglichkeit der Berechnung von Odds Ratios für die einzelnen Prädiktoren eingegangen.

5.3 Schätzungen, Tests und Modellgüte

Wie bei der multiplen linearen Regression sind Schätzungen und Tests für die Regressionsparameter b_0, b_1, ..., b_k anzugeben. Die hierbei verwendeten Methoden unterscheiden sich aber deutlich von den in Kapitel 2 dargestellten.

5.3.1 Parameterschätzungen

Schätzung der logistischen Regressionskoeffizienten

Zur Parameterschätzung wird die Maximum-Likelihood-Methode verwendet. Dabei wird das Produkt der Wahrscheinlichkeiten, dass die Probanden (im Ergebnis der logistischen Regressionsanalyse) jeweils zur korrekten Gruppe zugeordnet werden, für alle Probanden maximiert ($\prod$: Symbol für Produkt):

$$L = \prod_{y_i=1} P(Y_i = 1) \prod_{y_i=0} (1 - P(Y_i = 1)) \qquad (5.6)$$

Der Wert L in Formel (5.6) kann maximal den Wert 1 annehmen. Dieser Wert kann theoretisch dann erreicht werden, wenn für jeden Probanden die Wahrscheinlichkeit gleich 1 ist, dass er der korrekten Gruppe (y = 1 oder y = 0) zugeordnet wird. Der minimal mögliche Wert von L beträgt 0, da alle in Formel (5.6) einbezogenen Wahrscheinlichkeiten Werte zwischen 0 und 1 haben. Für die Schätzungen und für die Tests im Rahmen der logistischen Regressionsanalyse wird an Stelle der Likelihood-Funktion die logarithmierte Likelihood-Funktion (LogLikelihood-Funktion) verwendet. Die gesuchten Parameter b_0, b_1, ..., b_k ergeben sich demnach durch Maximieren von:

$$LL = \ln(L) = \sum_{y_i=1} \ln(P(Y_i = 1)) + \sum_{y_i=0} \ln(1 - P(Y_i = 1)) \xrightarrow[b_0, b_1, \ldots, b_k]{} \text{Maximum} \qquad (5.7)$$

$$\text{mit } P(Y_i = 1) = \frac{1}{1 + \exp(-(b_0 + b_1 \cdot x_{1i} + b_2 \cdot x_{2i} + \ldots + b_k \cdot x_{ki}))}$$

Die LogLikelihood-Funktion kann Werte zwischen $-\infty$ und 0 annehmen. Für L = 1 ergibt sich LL = 0, für L = 0 würde LL = $-\infty$ resultieren. In Formel (5.7) wird die Kombination der logistischen Regressionskoeffizienten gesucht, die die LogLikelihood-Funktion maximiert und damit die bestmögliche Trennung zwischen den gegebenen Gruppen ermöglicht. Für den Fall von z-standardisierten Prädiktoren Z_1,..., Z_k ergibt sich aus Formel (5.5), dass hohe Werte der in diesem Fall resultierenden Regressionskoeffizienten β_0, β_1, ..., β_k zu einem steilen Anstieg der logistischen Funktion um z = 0 und damit zu einer guten Trennbarkeit der Gruppen führen. Insofern ist die Bedeutung der standardisierten Regressionskoeffizienten analog zur multiplen linearen Regressionsanalyse: Relativ hohe β-Gewichte weisen auf eine hohe Bedeutung der betreffenden Variablen innerhalb der logistischen Regressionsanalyse hin, Prädiktoren mit niedrigen β-Gewichten haben innerhalb der jeweiligen Analyse eine geringere Bedeutung. Aus Formel (5.7) wird deutlich, dass positive logistische Regressionskoeffizienten bei steigenden Werten des jeweiligen Prädiktors den Schätzwert für P(Y = 1) erhöhen, während negative Koeffizienten diese Wahrscheinlichkeit bei steigendem x-Wert verringern.

Kodierung von nominalskalierten Variablen

Nominalskalierte Variablen mit k > 2 Kategorien können vor der logistischen Regressionsanalyse in k − 1 Kontrastvariablen kodiert werden. Zusätzlich zu den in Kapitel 3 (Tabelle 3.9) angegebenen Kontrasten, die ebenfalls für logistische Regressionsanalysen analog angewendet werden können, gibt es im Rahmen der logistischen Regressionsanalyse in SPSS die Möglichkeit, die Kontrastvariable „Indikator" zu definieren. Hierbei kennzeichnen die Kontraste das Vorhandensein oder Nichtvorhandensein einer Kategoriezugehörigkeit. Als Referenzkategorie wird oft diejenige Kategorie ausgewählt, in der der jeweilige Risikofaktor am geringsten ausgeprägt ist. Im Beispiel ist die Bedeutung des Alkoholkonsums im sozialen Umfeld dreifach gestuft (siehe Tabelle 5.7). Wenn die Variable durch zwei Indikatorkontrastvariablen mit der Referenzkategorie „geringe Bedeutung" ($X_2 = 0$) kodiert wird, ergeben sich

zwei Kontrastvariablen, die das Vorhandensein der Kategorie „mittlere Bedeutung"
bzw. der Kategorie „hohe Bedeutung" widerspiegeln:

Tabelle 5.7: Indikator-Kodierung der Variablen Bedeutung des Alkoholkonsums

		Kontrast k_1	Kontrast k_2
Bedeutung des	gering	0	0
Alkoholkonsums im	mittel	1	0
sozialen Umfeld	groß	0	1

Die nach Formel (5.7) im Anwendungsbeispiel ermittelten Koeffizienten der logistischen Regressionsfunktion können Tabelle 5.8 entnommen werden.

Tabelle 5.8: Logistische Regressionskoeffizienten im Beispiel

	Regressionskoeffizient
Erbliche Vorbelastung	1.63
Bedeutung im Umfeld (gering vs. mittel)	.14
Bedeutung im Umfeld (gering vs. groß)	2.10
Alter	.42
Reizhunger	.23

Bestimmung des Odds Ratio

Ein wesentlicher Vorteil der logistischen Regressionsanalyse besteht darin, dass sich
Odds Ratio-Werte für alle Prädiktoren direkt aus den geschätzten logistischen Regressionskoeffizienten bestimmen lassen. Der Grundgedanke soll am Beispiel einer
einfachen Vierfeldertafel (Tabelle 5.3 bis 5.6) hergeleitet werden. In diesem Fall
ergibt sich die logistische Regressionsgleichung analog zu Formel (5.4) als

$$\ln\left(\frac{P(Y=1)}{1-P(Y=1)}\right) = \ln\left(\frac{P(Y=1\,|\,X=x)}{1-P(Y=1\,|\,X=x)}\right) = b_0 + b_1 \cdot x \tag{5.8}$$

Damit ergibt sich für das logarithmierte Odds Ratio mit den Bezeichnungen aus Tabelle 5.3 bis 5.6 und unter Verwendung von Formel (5.2) die folgende Beziehung:

$$\ln(OR) = \ln\left(\frac{Odds(P(K=1\,|\,E=1))}{Odds(P(K=1\,|\,E=0))}\right)$$

$$= \ln(Odds(P(K=1\,|\,E=1))) - \ln(Odds(P(K=1\,|\,E=0)))$$

$$= \ln\left(\frac{P(K=1\,|\,E=1)}{1-P(K=1\,|\,E=1)}\right) - \ln\left(\frac{P(K=1\,|\,E=0)}{1-P(K=1\,|\,E=0)}\right)$$

$$= (b_0 + b_1 \cdot 1) - (b_0 + b_1 \cdot 0) = b_1 \tag{5.9}$$

Eine Schätzung für den Wert des Odds Ratio ergibt sich demnach direkt aus dem Koeffizienten der logistischen Regressionsanalyse. Kreienbrock und Schach (2005) geben Herleitungen der Beziehung der Parameter der logistischen Regressionsanalyse zum Odds Ratio auch für allgemeinere Fälle an.

Zusammenfassend kann für die Beziehung des Odds Ratio zu den Parametern der logistischen Regressionsanalyse Folgendes festgestellt werden:

Für einen dichotomen (0 vs. 1-skalierten) Prädiktor gibt e^b das Odds Ratio direkt an, wobei b der logistische Regressionskoeffizient der betreffenden Variablen ist. Im Beispiel ergibt sich bezüglich der Variablen erbliche Vorbelastung (X_1) ein Odds Ratio von 5.12, d.h. für erblich vorbelastete Personen ist die „Chance" Alkoholmissbrauch zu betreiben, mehr als fünfmal so hoch wie die Chance für erblich nicht vorbelastete Personen (unter Berücksichtigung der Ausprägungen der anderen Prädiktoren).

Mehrfach gestufte nominal- und ordinalskalierte Variablen müssen durch Kontrastvariablen kodiert werden. Wenn im Beispiel die Variable Bedeutung des Alkoholkonsums (X_2) durch zwei Indikatorkontrastvariablen mit der Referenzkategorie „geringe Bedeutung" ($X_2 = 0$) kodiert wird (Tabelle 5.7), erhält man folgende Ergebnisse: Für die Kategorie „mittlere Bedeutung" ($X_2 = 1$) ergibt sich OR = 1.16, d.h. die „Chance" auf Alkoholmissbrauch ist für die Personen, in deren Umfeld die Bedeutung von Alkoholkonsum mittelmäßig ausgeprägt ist, in der Stichprobe 1.16 mal höher als bei Personen aus einem Umfeld mit geringer Bedeutung des Alkoholkonsums. Die Chancen sind also ungefähr gleich. Dagegen ergibt sich für die Kategorie „hohe Bedeutung" ($X_2 = 2$) der Wert OR = 8.13, d.h. die „Chance" auf Alkoholmissbrauch ist für die Personen, in deren Umfeld Alkoholkonsum hohe Bedeutung hat, über achtmal höher als bei Personen aus einem Umfeld mit geringer Bedeutung des Alkoholkonsums.

Odds Ratios können aus den Ergebnissen der logistischen Regressionsanalyse auch für intervallskalierte Prädiktoren (zum Beispiel X_3: Alter) bestimmt werden. Die Wahrscheinlichkeiten P(Y = 1) werden für unterschiedliche Ausprägungen x_{30} bzw. x_{31} des Prädiktors verglichen. Dabei gilt am Beispiel der Variablen X_3 mit dem geschätzten logistischen Regressionskoeffizienten b_3 OR (x_{31}, x_{30}) = exp($b_3 \cdot (x_{31} - x_{30})$), wobei für e^x die Bezeichnung exp(x) benutzt wird. Im Beispiel ergibt sich für den Vergleich von 14- und 20-jährigen Jugendlichen die Beziehung OR (20.14) = exp($0.42 \cdot (20 - 14)$) = 12.42, d.h. die „Chance" Alkoholmissbrauch zu betreiben ist nach den Ergebnissen der Stichprobe bei 20-jährigen Jugendlichen über zwölfmal so hoch wie bei 14-jährigen. Für viele Auswertungen ist günstig, dass die Referenzkategorie (im Beispiel 14 Jahre) beliebig festgelegt werden kann. Aus exp(b_3) = exp(0.42) = 1.52 ergibt sich unmittelbar, dass sich die „Chance" Alkoholmissbrauch zu betreiben für jeweils ein Jahr ältere Jugendliche um den Faktor 1.52 erhöht.

In Tabelle 5.9 sind die im Anwendungsbeispiel geschätzten Odds Ratio-Werte zusammenfassend dargestellt. Generell ist zu empfehlen, neben den Punktschätzungen für e^b auch Konfidenzintervalle (siehe Kreienbrock und Schach, 2005) berechnen zu lassen, die in Abbildung 5.28 im Abschnitt 5.4 enthalten sind.

Tabelle 5.9: Logistische Regressionskoeffizienten im Beispiel

	Odds Ratio
Erbliche Vorbelastung	5.12
Bedeutung im Umfeld (gering vs. mittel)	1.16
Bedeutung im Umfeld (gering vs. groß)	8.13
Alter	1.52
Reizhunger	1.26

5.3.2 Statistische Tests

Statistische Tests im Rahmen der logistischen Regressionsanalyse gehen in der Regel von der Beurteilung der Veränderungen des Wertes der LogLikelihood-Funktion aus, die auf die Wirkung des jeweils betrachteten Prädiktors zurückgeführt werden können. Die Prinzipien von zwei wesentlichen Tests sollen im Folgenden kurz beschrieben werden. Einige der vorgestellten Tests werden auch im Rahmen der Beurteilung der Modellgüte (Abschnitt 5.3.3) verwendet. Ausführlicher werden die hier behandelten Tests bei Eid et al. (2010) dargestellt.

Beim Likelihood-Ratio-Test (LR-Test) wird die Differenz des LogLikelihood-Wertes, der unter Einbeziehung von allen Prädiktoren erzielt werden kann (LL_V) von dem LogLikelihood- Wert, der ohne Berücksichtigung der jeweils betrachteten Variablen (LL_{V-1}) berechnet wird, statistisch geprüft:

$$LR = -2 \cdot (LL_{v-1} - LL_v) \tag{5.10}$$

Wenn ein Prädiktor völlig ohne Wirkung im Rahmen des logistischen Regressionsansatzes wäre (was praktisch nahezu unmöglich ist), würde sich ein LR-Wert von 0 ergeben. Die LR-Teststatistik ist asymptotisch χ^2-verteilt mit einem Freiheitsgrad.

Die Werte der Statistik des Wald-Tests ergeben sich (analog zum entsprechenden Test innerhalb der multiplen linearen Regressionsanalyse) aus dem Quadrat des Quotienten des jeweiligen Schätzwertes des logistischen Regressionskoeffizienten und seines Standardfehlers (siehe Backhaus et al., 2011):

$$w = \left(\frac{b}{s_b} \right)^2 \tag{5.11}$$

Bei einem Prädiktor ohne Einfluss im Rahmen der Analyse würde sich der (praktisch nahezu unmögliche) Wert W = 0 ergeben. W ist ebenfalls asymptotisch χ^2-verteilt mit einem Freiheitsgrad.

Im Beispiel ergaben sich nach dem Wald-Test sehr signifikante logistische Koeffizienten für die Variable Reizhunger (p < .01) und den zweiten Indikator-Kontrast der Variablen Bedeutung des Alkoholkonsums (p < .01). Ein signifikanter Koeffizient ergibt sich für die Variable erbliche Vorbelastung (p < .05).

5.3.3 Beurteilung der Modellgüte

Für die globale Beurteilung der Güte eines untersuchten Modells stehen verschiedene Parameter zur Verfügung (siehe Backhaus et al., 2011). Im folgenden Abschnitt werden einige ausgewählte Parameter vorgestellt, die in SPSS realisiert sind.

Parameter zur Beurteilung der Modellgüte

Der Likelihood-Ratio-Test wurde bereits im vorhergehenden Abschnitt zur Beurteilung von einzelnen Prädiktoren vorgestellt (Formel (5.10)). Zur Beurteilung der Modellgüte wird der maximierte LogLikelihood-Wert des Gesamtmodells dem LogLikelihood des Nullmodells gegenübergestellt, in dem die logistischen Regressionskoeffizienten alle gleich Null gesetzt sind.

$$LR = -2 \cdot (LL_0 - LL_v) \qquad (5.12)$$

Im Beispiel ergibt sich der Wert LR = 50.36. Je größer der Likelihood-Ratio-Wert ist, desto höher ist die Güte des Modells einzuschätzen. Die LR-Teststatistik ist χ^2-verteilt mit k Freiheitsgraden (k: Anzahl der Prädiktoren).

Cox und Snell-R^2 ist ein Maß, das die Likelihood-Werte des vollen und des Nullmodells gegenüberstellt, wobei das Ergebnis am Stichprobenumfang n relativiert wird:

$$Cox \,\&\, Snell\text{-}R^2 = 1 - \left[\frac{L_0}{L_v}\right]^{\frac{2}{n}} \qquad (5.13)$$

Dieses Maß hat den Nachteil, dass es zwar Werte zwischen 0 und 1 annehmen kann (wobei hohe Werte für eine hohe Güte des Modells zur Vorhersage sprechen), jedoch der Wert Eins selbst bei perfekter Vorhersage nicht erreicht werden kann. Diesen Nachteil vermeidet eine andere Statistik, Nagelkerke-R^2:

$$Nagelkerke\text{-}R^2 = \frac{Cox \,\&\, Snell\text{-}R^2}{1 - \left[L_0\right]^{\frac{2}{n}}} \qquad (5.14)$$

Durch die angegebene Modifikation des Cox und Snell-R^2 wird erreicht, dass Nagelkerke-R^2 Werte zwischen 0 und 1 annehmen kann. Der Wert lässt sich danach analog zum Bestimmtheitsmaß der multiplen linearen Regression als Varianzanteil des Kriteriums erklären, der durch das logistische Regressionsmodell erklärt werden kann. Im Beispiel ergeben sich die Werte Cox und Snell-R^2 = .42 bzw. Nagelkerke-R^2 = .56.

Weitere Aufschlüsse über die Güte des verwendeten Modells gibt in verschiedenen Anwendungssituationen die Klassifizierungstabelle (siehe Abschnitt 5.5).

Eine ausführlichere Darstellung der hier vorgestellten sowie verschiedene weitere Maße und Methoden zur Beurteilung der Modellgüte geben Eid et al. (2010) sowie Backhaus et al. (2011) an.

Methoden zur Modellbildung

Die logistische Regressionsanalyse bietet viele Auswertungsmöglichkeiten einschließlich der damit zusammenhängenden Probleme, die den im Zusammenhang mit der Behandlung der multiplen linearen Regressionsanalyse in Kapitel 2 dargestellten Methoden und Problemen entsprechen. Insbesondere können auch im Fall der logistischen Regressionsanalyse Schwierigkeiten mit Suppressionseffekten und mit Redundanz von Prädiktoren infolge von Multikollinearität auftreten. Zur Lösung dieser Probleme und zu Modellbildungen mit optimal zur Vorhersage geeigneten Merkmalsmengen stehen Merkmalsselektionsverfahren zur Verfügung. Daneben gibt es bei inhaltlich strukturierten Prädiktoren die Möglichkeit, hierarchische logistische Regressionsanalysen durchzuführen. Alle genannten Verfahren basieren auf den in diesem Kapitel behandelten LogLikelihood-Statistiken. Im Rahmen dieser Einführung soll deshalb auf diese Methoden nicht näher eingegangen werden.

5.4 Anwendungsbeispiel in SPSS

Der Ablauf der Berechnungen in SPSS folgt weitgehend der Reihenfolge aus den Abschnitten 5.1 bis 5.3. Zunächst wird die Berechnung des Odds Ratio beschrieben, danach folgt die Darstellung der logistischen Regression mit einer Prädiktorvariable. Abschließend wird die Durchführung der logistischen Regressionsanalyse mit allen Prädiktoren beschrieben. Die Daten des Anwendungsbeispiels finden sich auf der Website zum Buch im Ordner Logistische Regression unter dem Namen Alkohol-missbrauch.sav.

5.4.1 Berechnung des Odds Ratio

Das Odds Ratio (OR) soll wie oben anhand der erblichen Vorbelastung für Alkohol-missbrauch veranschaulicht werden. Dabei wird in diesem Abschnitt nur die grundsätzliche Vorgehensweise beschrieben. Die Berechnung des OR in SPSS soll im Rahmen der logistischen Regressionsanalyse (Abschnitt 5.4.2) dargestellt werden.

Zunächst wird eine Kreuztabelle der beiden Variablen Alkohol und Erbe erstellt. Wählen Sie im Hauptmenü unter Analysieren die Option Deskriptive Statistiken, Kreuztabellen. Es erscheint das Dialogfenster aus Abbildung 5.2.

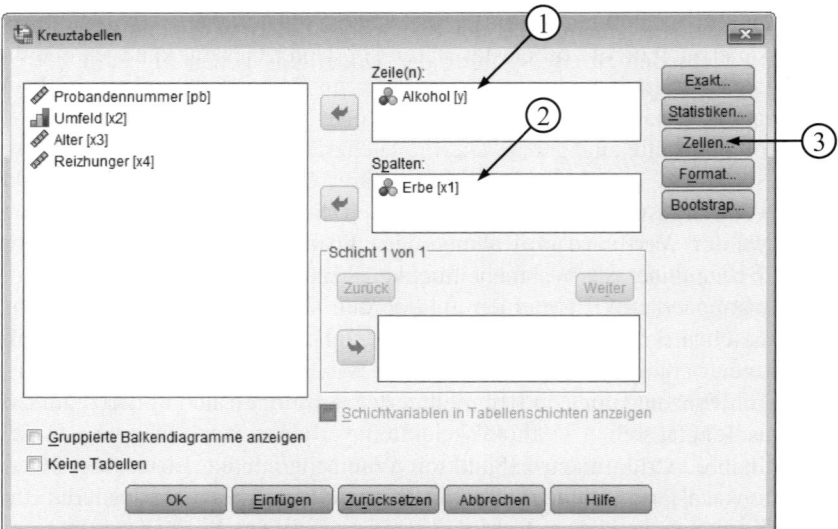

Abbildung 5.2: Dialogfenster Kreuztabellen

Verschieben Sie die Variable Alkohol in das Feld für die Zeilen [1] und Erbe in das Feld für die Spalten [2]. Wählen Sie anschließend die Schaltfläche Zellen [3]. Es erscheint das Dialogfenster aus Abbildung 5.3.

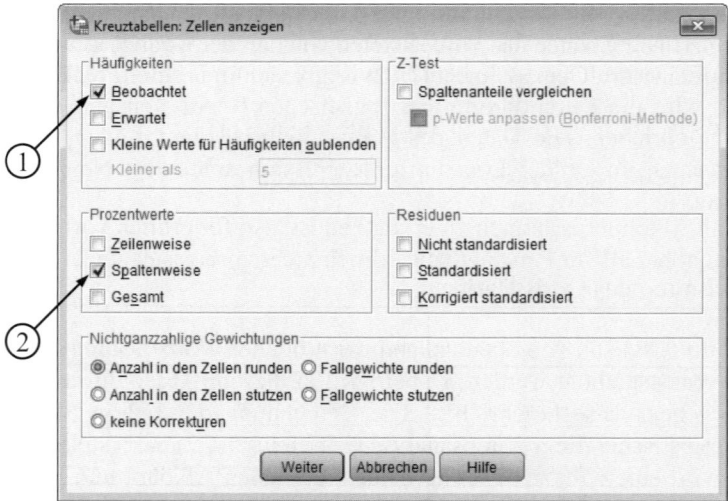

Abbildung 5.3: Dialogfenster Zellen anzeigen

Lassen Sie in der Kreuztabelle, zusätzlich zu den voreingestellten beobachteten Häufigkeiten [1], die spaltenweisen Prozentwerte [2] anzeigen. Starten Sie dann die Analyse.

In Abbildung 5.4 ist die resultierende Kreuztabelle abgebildet. In der jeweils ersten Zeile einer Zelle ist die Anzahl der Fälle der jeweiligen Bedingungskombination abgebildet. So erkrankten zum Beispiel zehn Jugendliche an Alkoholmissbrauch, obwohl sie erblich nicht vorbelastet waren [1]. Unter Gesamt kann jeweils die Randsumme der Häufigkeiten abgelesen werden, zum Beispiel erkrankten 30 Jugendliche unabhängig davon, ob sie vorbelastet waren oder nicht [2]. Darunter ist diese Anzahl in Prozent aller Fälle angegeben. Die Prävalenzrate für Alkoholmissbrauch beträgt in unserer Stichprobe also 50% [3]. In der zweiten Zeile jeder Zelle ist der spaltenweise Prozentwert dargestellt [4], also die Häufigkeit dieser Zelle relativiert an der Spaltensumme. Dieser Wert wird im Rahmen der epidemiologischen Forschung Risiko genannt. Er bezeichnet die Wahrscheinlichkeit, dass eine Person unter einer bestimmten Bedingung erkrankt. Unter der Bedingung, dass eine Person erblich vorbelastet ist, hat sie ein Erkrankungsrisiko von 66.7% [4]. Dies entspricht der in Tabelle 5.5 angegebenen bedingten Wahrscheinlichkeit p_{11} = 20 / 30 = 2/3. Ebenso entsprechen die übrigen Prozentzahlen in den Zellen den jeweiligen bedingten Wahrscheinlichkeiten aus Tabelle 5.5.

Die Chance (Odds) kann anhand der Wahrscheinlichkeiten aus der Kreuztabelle berechnet werden. Für eine erblich vorbelastete Person berechnet sich die Chance, an Alkoholmissbrauch zu erkranken, gemäß Formel (5.1) wie folgt:

$$\text{Odds}(p_{(\text{erkrankt / vorbelastet})}) = \frac{p_{(\text{erkrankt / vorbelastet})}}{1 - p_{(\text{erkrankt / vorbelastet})}} = \frac{p_{11}}{1 - p_{11}} = \frac{p_{11}}{p_{01}} = \frac{.67}{.33} = \frac{2}{1} = 2$$

In Odds ausgedrückt ergibt sich also für eine erblich vorbelastete Person eine Erkrankungs-Chance von 2 oder anders formuliert: „Die Chancen stehen 2 zu 1".

Beim Odds Ratio (OR) werden nun zwei Erkrankungschancen ins Verhältnis zueinander gesetzt: Die Chance der vorbelasteten wird an der Chance der nicht vorbelasteten Fälle relativiert. Gemäß Formel (5.2) ergibt sich in unserem Fall:

$$\text{OR} = \frac{\text{Odds}(p_{(\text{erkrankt / vorbelastet})})}{\text{Odds}(p_{(\text{erkrankt / nicht vorbelastet})})} = \frac{p_{11} / p_{01}}{p_{10} / p_{00}} = \frac{.67 / .33}{.33 / .67} = \frac{2}{.50} = 4$$

Die Chance an Alkoholmissbrauch zu erkranken ist also für erblich vorbelastete Personen viermal höher als für Personen, die erblich nicht vorbelastet sind.

Alkohol			nicht vorbelastet	vorbelastet	Gesamt
Alkohol	kein Missbrauch	Anzahl	20	10	30
		% innerhalb von Erbe	66,7%	33,3%	50,0%
	Missbrauch	Anzahl	① → 10	20	② → 30
		% innerhalb von Erbe	33,3% ④	→ 66,7% ③	→ 50,0%
Gesamt		Anzahl	30	30	60
		% innerhalb von Erbe	100,0%	100,0%	100,0%

Abbildung 5.4: Kreuztabelle Alkohol * Erbe

5.4.2　Logistische Regression mit einem Prädiktor

Prädiktor Erbliche Vorbelastung

Die oben dargestellten Berechnungen sollen nun mittels logistischer Regression wiederholt werden. Dabei soll zunächst lediglich die Variable Erbe als Risikofaktor eingesetzt werden. Wählen Sie im Hauptmenü unter Analysieren die Option Regression, Binär logistisch. Es erscheint das Dialogfenster aus Abbildung 5.5.

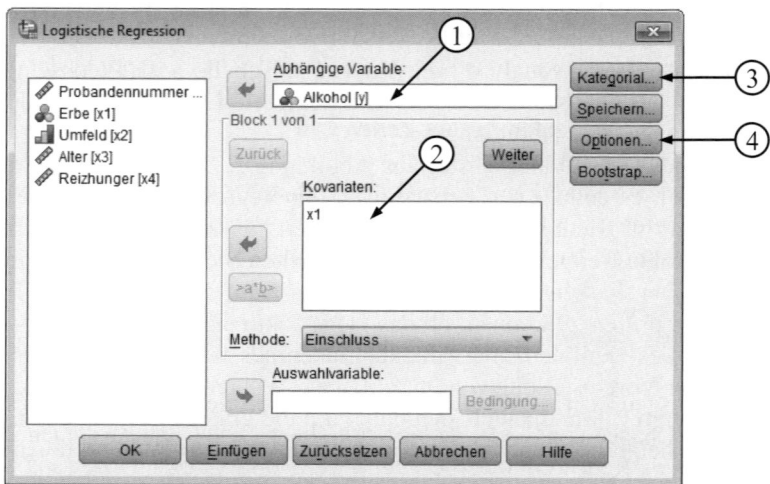

Abbildung 5.5: Dialogfenster Logistische Regression

Verschieben Sie Alkohol in das Feld für die Abhängige Variable [1] und Erbe in das Feld für die Kovariaten [2]. Da es sich bei Erbe um eine kategoriale Variable handelt, muss sie als solche definiert werden. Wählen Sie hierzu die Schaltfläche Kategorial [3].

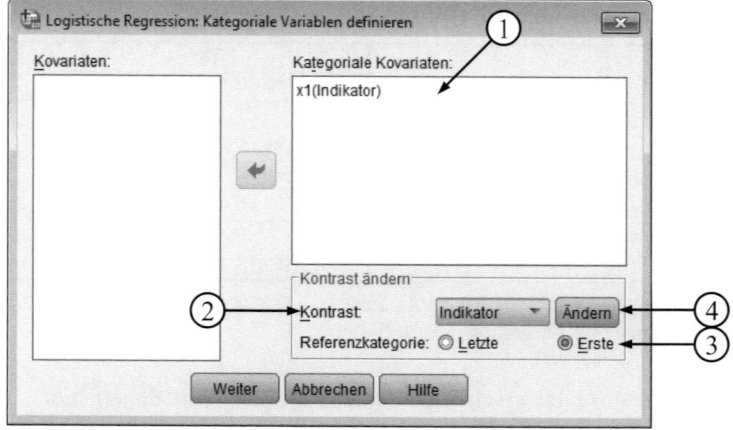

Abbildung 5.6: Dialogfenster Kategoriale Variablen definieren

Abbildung 5.6 enthält das sich öffnende Dialogfenster. Verschieben Sie hier die Variable Erbe in das Feld für die Kategorialen Kovariaten [1]. Für die kategorialen Variablen kann – ähnlich wie in der Varianzanalyse – ein Kontrast für die Stufen der Variablen spezifiziert werden. Der voreingestellte Kontrast Indikator [2] soll beibehalten werden. Hierbei wird eine Referenzkategorie mit den übrigen Stufen der Variablen verglichen.

Im vorliegenden Beispiel sollen die mit Null kodierten nicht vorbelasteten Personen als Referenz dienen. Aktivieren Sie dementsprechend im Dialogfenster aus Abbildung 5.6 unter Referenzkategorie die Erste [3] und übernehmen Sie die Änderung über die Schaltfläche Ändern [4]. Die übrigen Kontraste sind weitgehend identisch mit denen der Varianzanalyse (vgl. Kapitel 3, Tabelle 3.9). Wechseln Sie anschließend zurück ins Dialogfenster logistische Regression und wählen Sie dort die Schaltfläche Optionen (vgl. Abbildung 5.5 [4]).

Es erscheint das Dialogfenster aus Abbildung 5.7. Aktivieren Sie das Iterationsprotokoll [1], es enthält u.a. Schätzungen der Regressionskoeffizienten nach jedem Iterationsschritt. Die maximale Anzahl der Iterationen für die Maximum-Likelihood-Schätzung kann frei gewählt werden [2], behalten Sie jedoch die voreingestellten 20 Iterationen bei. Lassen Sie sich außerdem das Konfidenzintervall für Exp(B) ausgeben [3], um prüfen zu können, ob das Odds Ratio signifikant von 1 verschieden ist. Die Größe des Konfidenzintervalls kann ebenfalls frei gewählt werden [4] und soll auch auf der Voreinstellung von 95% bleiben. Wählen Sie schließlich das Klassifikationsdiagramm [5]. Es handelt sich dabei um die grafische Darstellung der geschätzten Wahrscheinlichkeiten für das Eintreten der Kategorie Missbrauch (des Kriteriums). Weitere Optionen dieses Dialogfensters werden in Abbildung 5.26 erläutert. Starten Sie zunächst die Prozedur.

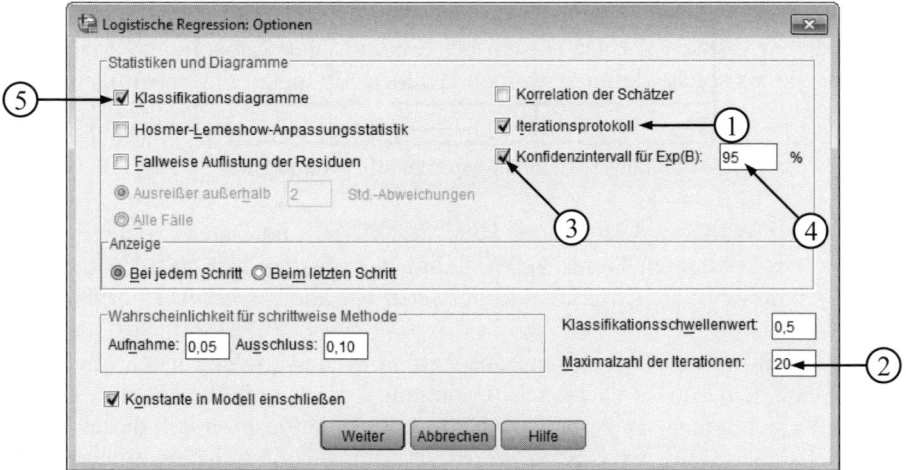

Abbildung 5.7: Dialogfenster Optionen

In der Ergebnisausgabe erscheinen viele Tabellen, von denen hier sukzessive die wichtigsten besprochen werden sollen. In der Tabelle aus Abbildung 5.8 ist die Rekodierung der kategorialen Variablen dargestellt. Um das Modell gemäß dem gewählten Kontrast berechnen zu können, muss SPSS zunächst eine neue Variable für Erbe generieren. In dieser sogenannten Indikator- oder Dummyvariable werden die Stufen von Erbe so dargestellt, dass sie den gewählten Kontrast repräsentieren. Unter Parameterkodierung [1] ist die Kodierung der Dummyvariablen angegeben, die in diesem Fall den Kontrast Indikator mit der ersten Kategorie als Referenzkategorie repräsentiert. Die Referenzkategorie wird dabei immer mit Null kodiert [2]. Die Rekodierung entspricht in diesem Fall der ursprünglichen Kodierung der Variablen Erbe (siehe Tabelle 5.1).

		Häufigkeit	Parametercodierung (1)
Erbe	nicht vorbelastet	30	,000
	vorbelastet	30	1,000

Abbildung 5.8: Kodierungen kategorialer Variablen

Als nächstes sind in der Ergebnisausgabe die Kennwerte des sogenannten Anfangsblocks dargestellt. Es handelt sich dabei um das in Abschnitt 5.4 erwähnte Nullmodell, in dem noch keine Risikofaktoren einbezogen werden, sondern die Schätzung lediglich auf Grundlage des konstanten Terms b_0 erfolgt. Dieses Modell dient insbesondere als Vergleichsmaßstab zur Beurteilung der Güte späterer Modelle. In Abbildung 5.9 ist (exemplarisch) das Iterationsprotokoll des Nullmodells abgebildet. Hier sind die Iterationen dokumentiert, die zur Maximum-Likelihood-Schätzung des Modells benötigt wurden. In diesem Fall war nur eine Iteration notwendig [1]. Der dabei geschätzte (maximierte) LogLikelihood-Wert (vgl. Abschnitt 5.3) beträgt $-LL_0 = 83.18$ [2]. Damit kann die Modellgüte abgeschätzt werden.

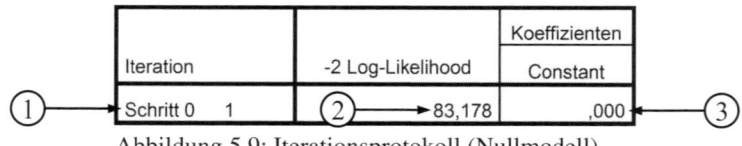

	Iteration	-2 Log-Likelihood	Koeffizienten Constant
Schritt 0	1	83,178	,000

Abbildung 5.9: Iterationsprotokoll (Nullmodell)

Je kleiner der Wert ist, desto besser kann das Modell die Daten beschreiben. Die Schätzung des konstanten Terms b_0 des Nullmodells beträgt hier Null [3], da ebenso viele an Alkoholmissbrauch erkrankte Personen wie nicht erkrankte Personen beobachtet wurden.

Im nächsten Teil der Ergebnisausgabe sind die Kennwerte des ersten (und in diesem Fall einzigen) Blocks dargestellt. In diesem Block wurde die Variable Erbe als Prädiktor aufgenommen. In Abbildung 5.10 ist das Iterationsprotokoll dieses Vorhersagemodells dargestellt. Es wurden drei Iterationen für die Schätzung benötigt [1]. Der LogLikelihood-Wert dieses letzten Vorhersagemodells beträgt $-2LL_V = 76.38$ [2]. Zur geschätzten Konstante b_0 [3] ist nun der Prädiktor Erbe hinzugekommen. Die Schätzung des Regressionskoeffizienten beträgt $b_1 = 1.39$ [4].

	Iteration	-2 Log-Likelihood	Koeffizienten	
			Constant	X1(1)
Schritt 1	1	76,391	-,667	1,333
	2	76,382	-,693	1,386
①——→	3	②——→ 76,382 ③—→	-,693 ④—→	1,386

Abbildung 5.10: Iterationsprotokoll (Vorhersagemodell)

Nun kann anhand der Differenz zwischen dem LogLikelihood-Wert des Vorhersa-gemodells ($-2LL_v$) und dem des Nullmodell ($-2LL_0$) eine Aussage über den Einfluss des Risikofaktors Erbe gemacht werden. Diese Differenz wird Likelihood-Ratio (LR) genannt (vgl. Abschnitt 5.3) und ist in der Tabelle Omnibus-Tests der Modellkoeffi-zienten in Abbildung 5.11 dargestellt. Die Differenzbildung [1] kann anhand der LogLikelihood-Werte des Nullmodells (Abbildung 5.9 [2]) und des Vorhersagemo-dells (Abbildung 5.10 [2]) nachvollzogen werden: 83.18 − 76.38 = 6.80. Der LR-Wert ist χ^2-verteilt und kann somit statistisch geprüft werden. Die Freiheitsgrade entsprechen der Anzahl der Risikofaktoren [2], das signifikante Ergebnis [3] besagt, dass die Nullhypothese „alle Regressionskoeffizienten sind Null" abgelehnt werden kann. Die Variable Erbe hat also einen signifikanten Einfluss auf den Alkoholmiss-brauch.

		Chi-Quadrat	df	Sig.
Schritt 1	Schritt	6,796	1	,009
	Block ①	6,796	② 1 ③	,009
	Modell	6,796	1	,009

Abbildung 5.11: Omnibus-Test der Modellkoeffizienten

In der folgenden Tabelle in Abbildung 5.12 sind die Parameter der Modellgüte des Vorhersagemodells abgebildet. In der ersten Spalte [1] ist der bereits bekannte ma-ximierte LogLikelihood-Wert von $-2LL_v$ = 76.38 abgebildet (vgl. Abbildung 5.10 [2]).

Schritt	-2 Log-Likelihood	Cox & Snell R-Quadrat	Nagelkerkes R-Quadrat
1 ①	76,382[a]	,107	,143

Abbildung 5.12: Modellzusammenfassung

Ähnlich wie bei der multiplen Regression wird außerdem ein Bestimmtheitsmaß R^2 ausgegeben. Es gibt den Anteil an der Gesamtvarianz an, der durch die Risikofakto-ren aufgeklärt wird (vgl. Abschnitt 2.1.3). In der logistischen Regression wird R^2 auf zwei unterschiedliche Arten geschätzt (vgl. Abschnitt 5.3.3). Nach Cox und Snell [2] ergibt sich R^2 = 10.7%, wobei nach dieser Schätzmethode selbst bei perfektem Zusammenhang keine 100%ige Varianzaufklärung erreicht werden kann. Auf Grundlage des Nagelkerke-R^2 [3] liegt die Varianzaufklärung bei 14.3%.

In Abbildung 5.13 ist die Klassifizierungstabelle des Vorhersagemodells abgebildet. Die Klassifizierungstabelle ist eine Kreuztabelle, in der die beobachteten Häufigkeiten [1] den vom Modell vorhergesagten Häufigkeiten [2] gegenübergestellt werden. So wurden zum Beispiel zehn erkrankte Personen von dem Modell fälschlicherweise als nicht erkrankt eingestuft [3].

① Beobachtet	② ──▶ Vorhergesagt		④
	Alkohol		
	kein Missbrauch	Missbrauch	Prozentsatz der Richtigen
Schritt 1 Alkohol kein Missbrauch	20	10	66,7
Missbrauch	③ ──▶ 10	20	66,7
Gesamtprozentsatz		⑤ ──▶	66,7

Abbildung 5.13: Klassifizierungstabelle (Vorhersagemodell)

Da lediglich die Prädiktorvariable Erbe in dem Vorhersagemodell enthalten war, entsprechen die Häufigkeiten den der Kreuztabelle in Abbildung 5.2. In der letzten Spalte [4] sind die Anteile der richtig vorhergesagten Fälle abgebildet. Die Vorhersage ist insgesamt in 66.7% der Fälle korrekt [5].

Abbildung 5.14 enthält die linke Hälfte der Tabelle Variablen der Gleichung. In der ersten Spalte sind die aus dem Iterationsprotokoll (Abbildung 5.10) bekannten Regressionskoeffizienten b_0 [1] und b_1 [2] dargestellt. Diese Koeffizienten werden hinsichtlich der Nullhypothese b = 0 statistisch geprüft. Angegeben sind Wald-Statistik [3], Freiheitsgrade [4] und p-Wert [5]. Die Nullhypothese kann also für b_1 abgelehnt werden, der Regressionskoeffizient des Prädiktors Erbe ist statistisch signifikant.

	Regressions-koeffizient B	Standard-fehler	③ Wald	④ df	⑤ Sig.
Schritt 1 x1(1) ② ──▶	1,386	,548	6,406	1	,011
Konstante ① ──▶	-,693	,387	3,203	1	,074

Abbildung 5.14: Variablen in der Gleichung (Prädiktor: Erbe, Teil 1)

Abbildung 5.15 enthält die letzten drei Spalten der Tabelle Variablen in der Gleichung. Hier ist unter Exp(B) das Odds Ratio dargestellt [1]: Exp(b) = OR = e^b, in diesem Beispiel also OR = $e^{1.39}$ = 4. Die Chance der erblich vorbelasteten Personen, an Alkoholmissbrauch zu erkranken, ist also viermal höher als die Chance der nicht vorbelasteten in der Referenzkategorie (vgl. Abschnitt 5.1).

			Exp(B)	(2)→ 95% Konfidenzintervall für EXP (B)	
				Unterer Wert	Oberer Wert
Schritt 1[a]	x1(1) (1)→		4,000	1,367	11,703
	Konstante		,500		

Abbildung 5.15: Variablen in der Gleichung (Prädiktor: Erbe, Teil 2)

Über das 95%-Konfidenzintervall [2] kann geprüft werden, ob das Odds Ratio signifikant größer als 1 ist. Sowohl die Untergrenze als auch die Obergrenze sind größer als 1, das Odds Ratio ist demnach auf dem 5%-Niveau signifikant von 1 verschieden.

Am Ende der Ergebnisausgabe erscheint das Klassifikationsdiagramm aus Abbildung 5.16, das gegenüber der SPSS-Ausgabe leicht modifiziert dargestellt ist. Wie aus Abschnitt 5.2.1 bekannt, modelliert das logistische Regressionsmodell nicht direkt die Zielvariable (erkrankt vs. nicht erkrankt), sondern die Wahrscheinlichkeit, dass die Krankheit unter den gegebenen Risikobedingungen auftritt. Für jede Person wird also ausgerechnet, wie wahrscheinlich es ist, dass sie in die Gruppe erkrankt gehört. Auf der x-Achse des Diagramms ist diese vom Modell berechnete Wahrscheinlichkeit abgetragen [1]. Darunter ist jeweils angegeben, zu welcher Gruppe eine Person mit dieser Wahrscheinlichkeit zugeordnet wird [2]. Im vorliegenden Beispiel werden alle Personen mit einer Wahrscheinlichkeit p ≤ .50 der Gruppe kein Missbrauch (k) zugeordnet, alle Personen mit p > .50 der Gruppe Missbrauch (M). Der Schwellenwert [3] liegt bei p =.50.

Auf der y-Achse ist die Häufigkeit der berechneten Wahrscheinlichkeiten abgetragen [4]. Jeder Buchstabe repräsentiert zwei Personen [5]. Für 30 Personen ergibt sich eine Wahrscheinlichkeit über p > .50 [6]. Für diese Personen wurde die Gruppenzugehörigkeit erkrankt vorhergesagt, laut dem Diagramm haben 10 · 2 = 20 von ihnen tatsächlich Missbrauch betrieben [7], 5 · 2 = 10 dagegen nicht [8].

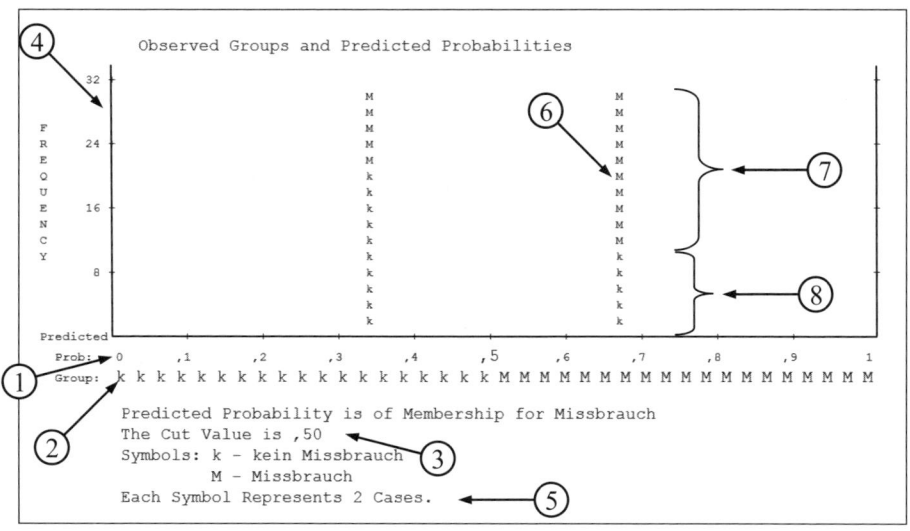

Abbildung 5.16: Klassifikationsdiagramm (Prädiktor: Umfeld)

Risikofaktor Bedeutung des Alkoholkonsums im Umfeld

Als nächstes soll nun eine logistische Regression mit der Variablen Umfeld als einzigem Risikofaktor berechnet werden. Stellen Sie sicher, dass sich Alkohol im Feld für die Abhängige Variable befindet (vgl. Abbildung 5.5 [1]) und verschieben Sie Umfeld als einzige Kovariate in das Feld für die Kovariaten (vgl. Abbildung 5.5 [2]). Weisen Sie der Variablen Umfeld im Dialogfenster Kategoriale Variable definieren den Kontrast Indikator zu. Wählen Sie dabei als Referenzkategorie die Erste (vgl. Abbildung 5.6). Starten Sie anschließend die Analyse.

Abbildung 5.17 zeigt die Parameterkodierung. Die Rekodierung weicht in diesem Fall von der Rekodierung der Variablen Erbe ab (vgl. Abbildung 5.8). Die dreifach gestufte Variable Umfeld wird in zwei Dummyvariablen [1] umkodiert.

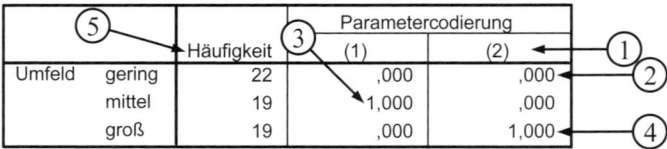

Abbildung 5.17: Kodierungen kategorialer Variablen

Da eine geringe Bedeutung des Alkoholkonsums im sozialen Umfeld als Referenzkategorie dient, bekommt diese Kategorie in beiden Dummyvariablen die Kodierung 0 zugewiesen [2]. In der ersten Dummyvariable wird die Stufe mittel mit der Stufe gering verglichen und demnach wird die Stufe mittel hier mit 1 kodiert [3]. Die zweite Dummyvariable dient dem Vergleich der Stufe groß mit der Stufe gering [4]. Die Spalte Häufigkeit enthält die Anzahl der Personen je Stufe [5].

In der auszugsweise dargestellten Tabelle Variablen in der Gleichung in Abbildung 5.18 ist u.a. der p-Wert zur Wald-Statistik angegeben [1] (vgl. Abbildung 5.14 [5]). Der Regressionskoeffizient der zweiten Dummyvariablen ist signifikant von Null verschieden [2]. Der Vergleich der Stufe gering mit der Stufe groß trägt also signifikant zur Vorhersage bei. Das Odds Ratio der Stufe mittel gegenüber der Stufe gering beträgt 1.56 [3]. Es ist jedoch nicht statistisch signifikant, da der untere Wert des Konfidenzintervalls unter 1 liegt [4]. Das OR der zweiten Dummyvariablen dagegen ist signifikant [5]. Die Chance zu erkranken ist für Personen aus einem Umfeld, in dem Alkohol eine große Bedeutung hat, achtmal höher [6] als für Personen aus einem Umfeld, in dem Alkohol eine geringe Bedeutung hat.

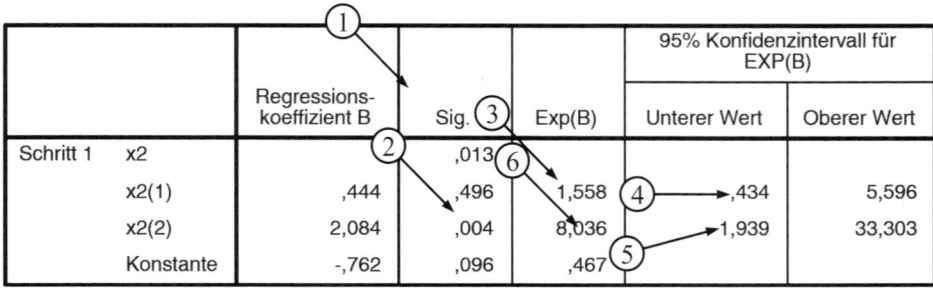

Abbildung 5.18: Variablen in der Gleichung (Prädiktor: Umfeld)

Prädiktor Alter

Schließlich soll noch eine logistische Regression mit dem Prädiktor Alter berechnet werden. Stellen Sie sicher, dass sich Alkohol im Feld für die Abhängige Variable befindet (vgl. Abbildung 5.5 [1]) und verschieben Sie Alter als einzige Kovariate in das Feld für die Kovariaten (vgl. Abbildung 5.5 [2]). Starten Sie die Analyse. Die Definition eines Kontrastes (vgl. Abbildung 5.6) entfällt hier, da es sich bei Alter um eine intervallskalierte Variable handelt.

Die Parameter der Tabellen aus den Abbildungen 5.9 bis 5.13 sind analog zu den kategorialen Prädiktoren zu interpretieren, ebenso die Ergebnisse des Signifikanztests [1] in Abbildung 5.19. Dagegen bedarf die Interpretation des Regressionskoeffizienten [2] und des Odds Ratio [3] einer gesonderten Erklärung. Die Größe des Regressionskoeffizienten b ist, wie aus der Regressionsanalyse bekannt, abhängig vom Wertebereich der Variablen (vgl. Abschnitt 2.2.2). Folglich ist auch das Odds Ratio OR = e^b nur im Kontext seines Wertebereichs zu interpretieren. Der OR-Wert, also die Erhöhung der Erkrankungschance, bezieht sich dabei auf jeweils eine Einheit des Risikofaktors.

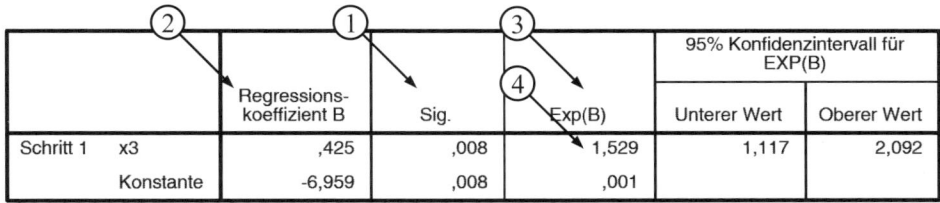

		Regressions-koeffizient B	Sig.	Exp(B)	95% Konfidenzintervall für EXP(B)	
					Unterer Wert	Oberer Wert
Schritt 1	x3	,425	,008	1,529	1,117	2,092
	Konstante	-6,959	,008	,001		

Abbildung 5.19: Variablen in der Gleichung (Prädiktor: Alter)

Jedes zusätzliche Jahr erhöht also die Chance, an Alkoholmissbrauch zu erkranken, um circa das 1.5-fache [4]. So hat ein 15-Jähriger verglichen mit einem 14-Jährigen eine 1.5-fache Erkrankungschance. Das gleiche gilt für einen 17-Jährigen im Vergleich zu einem 16-Jährigen. Bei steigendem Altersunterschied potenziert sich jedoch die Chance: ein 18-Jähriger hat verglichen mit einem 14-Jährigen die 5-fache Erkrankungschance: $1.5^4 = 5$. Die Potenz von 4 ergibt sich dabei durch die Differenz der Jahre (18 − 14 = 4). Die Abhängigkeit der Werte b und OR von der Größenordnung des Prädiktors wird im Anschluss an die folgende Abbildung veranschaulicht (siehe Abbildungen 5.21 und 5.22).

Am Ende der Ergebnisausgabe ist das Klassifikationsdiagramm aus Abbildung 5.20 zu sehen. Aus diesem Diagramm können bei einem metrischen Prädiktor mehr Informationen gezogen werden als bei einem einzelnen kategorialen Prädiktor. Die Wahrscheinlichkeitsschätzung bringt hier mehrere verschiedene Werte hervor und so können zum Beispiel die Fehlentscheidungen analysiert werden. So entstanden die Fehlentscheidungen bezüglich der nicht erkrankten Probanden („falsch positive") sowohl bei knappen Entscheidungen nahe p = .50 [1] als auch bei extremeren Wahrscheinlichkeiten [2]. Dagegen traten die Fehlentscheidungen bezüglich der erkrankten Probanden („falsch negative") nur relativ nah am cut-off-Wert auf [3]. Informationen dieser Art sind zum Beispiel dann sinnvoll, wenn man bei der Klassifikation in der Praxis im Hinblick auf unterschiedliche Kosten den Schwellenwert ändern will. Dies wäre zum Beispiel dann sinnvoll, wenn die Folgen einer falschen negativen

Diagnose weitaus schwerer wiegen würden als die Folgen einer falschen positiven Diagnose. Die Änderung des Klassifikationsschwellenwerts wird in Abbildung 5.25 beschrieben. Bei der Interpretation des Diagramms, das gegenüber der SPSS-Ausgabe leicht modifiziert dargestellt wird, ist in Abbildung 5.20 zu beachten, dass in diesem Fall – eher unglücklich – ein Buchstabe jeweils für 1.25 Personen steht [4].

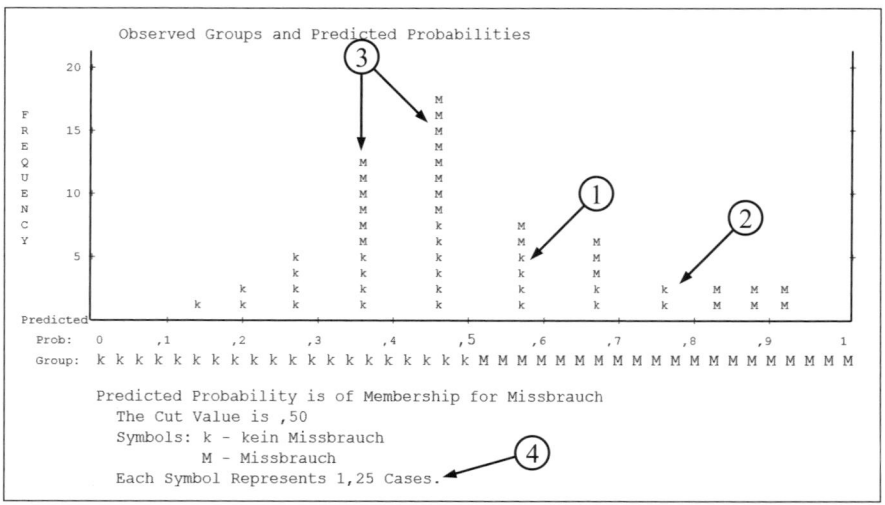

Abbildung 5.20: Klassifikationsdiagramm (Prädiktor: Alter)

Nun soll, wie erwähnt, die Abhängigkeit des OR vom Wertebereich des metrischen Prädiktors veranschaulicht werden.

Generieren Sie hierfür zunächst eine neue Variable, in der das Alter anstelle von Jahren in Monaten ausgedrückt wird. Wählen Sie hierzu im Hauptmenü des Daten-editors unter Transformieren die Option Variable berechnen, es erscheint das Dialog-fenster aus Abbildung 5.21 (zur Beschreibung des Dialogfensters siehe Abbildung 3.36 in Kapitel 3). Geben Sie als Zielvariable zum Beispiel den Namen X3_M ein [1]. Diese Variable soll sich aus der mit 12 multiplizierten Variablen X3 berechnen [2]. Führen Sie anschließend eine logistische Regression mit der Variablen X3_M als einzigem Prädiktor durch.

Bis auf die Werte b und OR sind die Parameter des Vorhersagemodells von der Transformation unberührt geblieben. So ist beispielsweise der p-Wert des Signifi-kanztests in Abbildung 5.22 [1] identisch mit dem aus Abbildung 5.19 [1]. Der Reg-ressionskoeffizient ist in diesem Modell dagegen weitaus geringer [2], ebenso der OR-Wert. Eine Erhöhung des Alters um eine Einheit zieht jetzt lediglich eine 1.036-fache Erkrankungschance nach sich [3]. So hat zum Beispiel ein 180 Monate alter Jugendlicher verglichen mit einem 12 Monate jüngeren 168 Monate alten Jugendli-chen die 1.5-fache Erkrankungschance: $1.036^{12} = 1.53$.

Diese Chancenerhöhung entspricht bis auf Rundungsungenauigkeiten dem OR-Wert für die Variable X3 als Prädiktor (vgl. Abbildung 5.19 [4]), und somit u.a. der Chancenerhöhung zwischen einem 14-jährigen (168 Monate) und 15-jährigen (180

Monate) Jugendlichen. Bei der Interpretation metrischer Risikofaktoren ist die Skalenabhängigkeit also immer zu beachten.

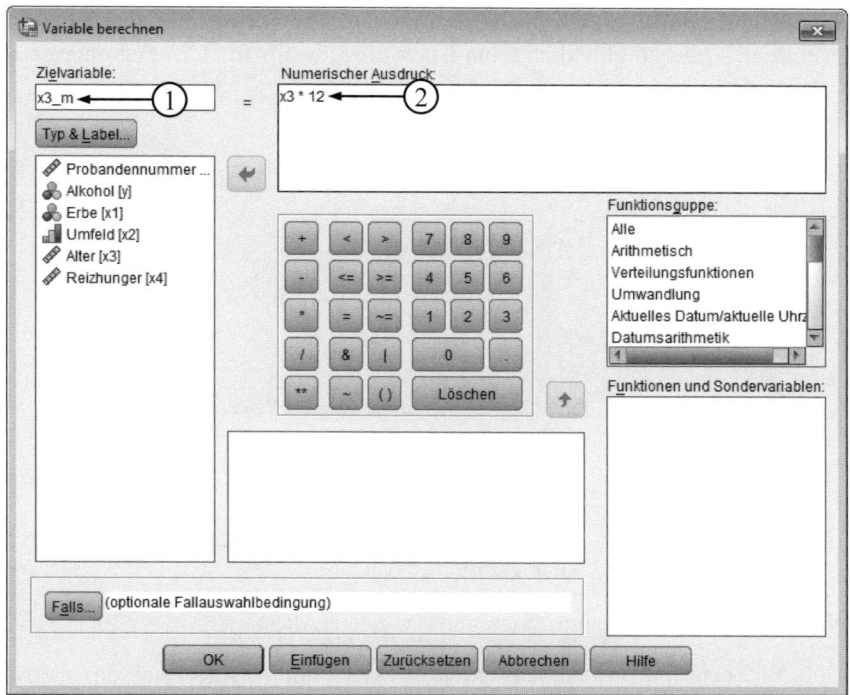

Abbildung 5.21: Dialogfenster Variable berechnen

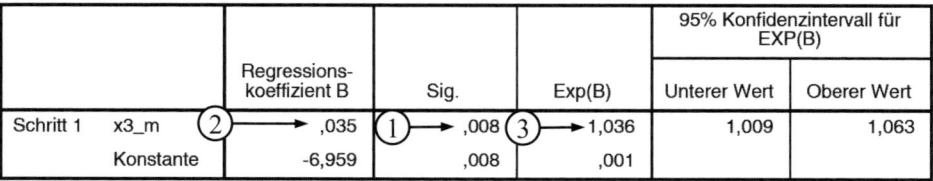

		Regressions-koeffizient B	Sig.	Exp(B)	95% Konfidenzintervall für EXP(B)	
					Unterer Wert	Oberer Wert
Schritt 1	x3_m	,035	,008	1,036	1,009	1,063
	Konstante	-6,959	,008	,001		

Abbildung 5.22: Variablen in der Gleichung (Prädiktor: Alter in Monaten)

5.4.3 Logistische Regression mit mehreren Prädiktoren

Nun soll das multifaktorielle Vorhersagemodell berechnet werden. Verschieben Sie dementsprechend im Dialogfenster logistische Regression in Abbildung 5.23 die Prädiktoren Erbe, Umfeld, Alter und Reizhunger in das Feld der Kovariaten [1] und Alkohol in das Feld der abhängigen Variablen [2]. Spezifizieren Sie anschließend Erbe und Umfeld als kategoriale Variablen [3] mit der ersten Kategorie als Referenzkategorie des Kontrasts Indikator (vgl. Abbildung 5.6). Wählen sie anschließend die Schaltfläche Speichern [4].

Analog zur linearen Regression könnten auch bei der logistischen Regression Merk-malsselektionsverfahren [5] (vgl. Abschnitt 2.3.4) oder hierarchische Regressions-modelle [6] (vgl. Abschnitt 2.3.5) berechnet werden. Darauf soll hier nicht eingegangen werden.

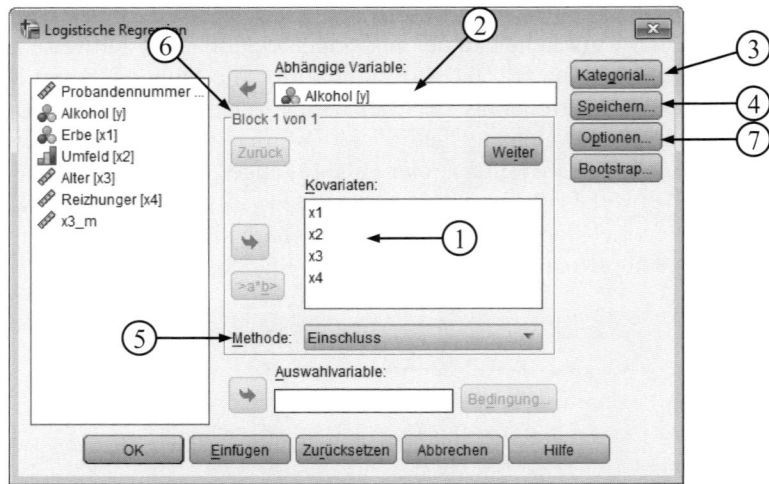

Abbildung 5.23: Dialogfenster Logistische Regression

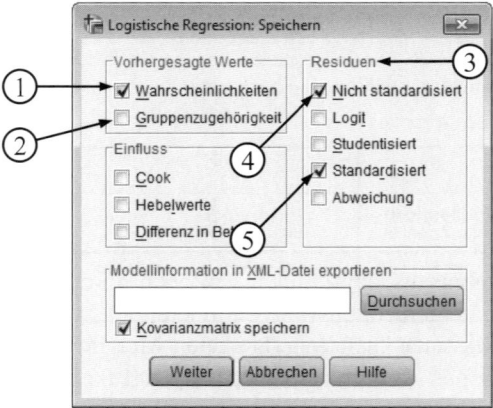

Abbildung 5.24: Dialogfenster Speichern

Abbildung 5.24 enthält das Dialogfenster Speichern, in dem neue Variablen generiert werden können. Aktivieren Sie unter Vorhergesagte Werte die Wahrscheinlichkeiten [1], um eine Variable zu erstellen, die für jede Person die Wahrscheinlichkeit angibt, dass sie zur Kategorie Missbrauch gehört. Die Werte dieser Variable entsprechen denen, die im Klassifikationsdiagramm dargestellt werden (vgl. zum Beispiel Abbildung 5.16 [1]). Hier könnten außerdem die vorhergesagten Gruppenzugehörigkeiten (Missbrauch vs. kein Missbrauch) als Variable gespeichert werden [2]. Unter Resi-

duen [3] wird pro Person die Differenz zwischen der wahren Gruppenzugehörigkeit
und der vorhergesagten Wahrscheinlichkeit einer Erkrankung gespeichert.

Diese Differenz kann in unterschiedlichen Transformationen ausgegeben werden.
Aktivieren Sie die nicht standardisierten [4] und die standardisierten [5] Residuen.
Wählen Sie anschließend die Schaltfläche Optionen im Dialogfenster Logistische
Regression (Abbildung 5.23 [7]).

Aktivieren Sie zusätzlich zu den bisherigen Optionen die fallweise Auflistung der
Residuen in Abbildung 5.25 [1]. SPSS gibt nun alle Fälle an, deren Residuen (vgl.
Abbildung 5.24 [3]) größer als zwei Standardabweichungen sind [2]. Der Faktor, mit
dem die Standardabweichung multipliziert werden soll, kann frei gewählt werden.
Alternativ könnten die Residuen aller Fälle [3] angefordert werden. Unter Klassifika-
tionsschwellenwert [4] kann angegeben werden, ab welcher Wahrscheinlichkeit ein
Fall der Kategorie Missbrauch zugeordnet werden soll (vgl. Abbildung 5.20). Es ist
die Voreinstellung von p = .50 beizubehalten. Starten Sie nun die Analyse.

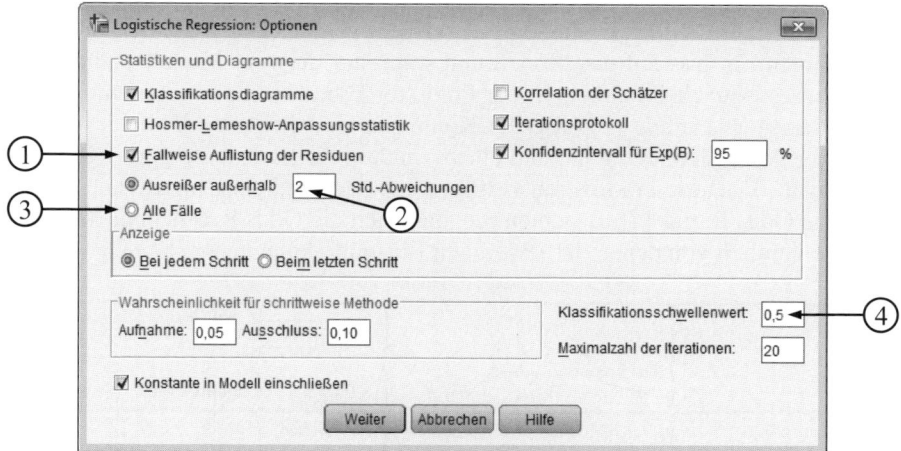

Abbildung 5.25: Dialogfenster Optionen

Die Parameter der Ergebnisausgabe können wie oben beschrieben interpretiert werden. In Abbildung 5.26 zeigt sich, dass die Parameter der Modellgüte in dem Modell
mit vier Prädiktoren günstiger ausfallen als in den Modellen mit jeweils nur einem
Prädiktor (vgl. zum Beispiel Abbildung 5.12). Der LogLikelihood-Wert ist mit 50.35
[1] nun um 30.83 kleiner als der LogLikelihood-Wert des Nullmodells ($-2LL_0 =$
83.18). Die Varianzaufklärung (Nagelkerke-R^2) ist mit 56.2% ebenfalls erheblich
gestiegen [2]. (vgl. hierzu auch Abschnitt 5.3).

Schritt	-2 Log-Likelihood	Cox & Snell R-Quadrat	Nagelkerkes R-Quadrat
1	50,354[a]	,421	,562

Abbildung 5.26: Modellzusammenfassung (Prädiktoren: Erbe,
Umfeld, Alter, Reizhunger)

In der Klassifizierungstabelle in Abbildung 5.27 zeigt sich, dass die Zuordnung der an Alkoholmissbrauch erkrankten Personen durch dieses Modell in insgesamt 80% der Fälle korrekt ist [1]. Damit hat sich der Prozentsatz zum Beispiel gegenüber der Vorhersage mit Erbe als einzigem Prädiktor um 13.3% erhöht (vgl. Abbildung 5.13).

	Beobachtet		Vorhergesagt		
			Alkohol		
			kein Missbrauch	Missbrauch	Prozentsatz der Richtigen
Schritt 1	Alkohol	kein Missbrauch	24	6	80,0
		Missbrauch	6	24	80,0
	Gesamtprozentsatz			①	80,0

Abbildung 5.27: Klassifizierungstabelle (Prädiktoren: Erbe, Umfeld, Alter, Reizhunger)

Anhand der Parameter der Modellgleichung in Abbildung 5.28 kann der Einfluss der Risikofaktoren im Vorhersagemodell abgelesen werden. Drei Faktoren haben einen signifikanten Einfluss auf das Modell und somit auf die vom Modell vorhergesagten Erkrankungswahrscheinlichkeiten: der Prädiktor Erbe [1], die zweite Dummyvariable des Prädiktors Umfeld [2] (also der Kontrast zwischen einem Umfeld, in dem Alkohol eine große Bedeutung hat und einem, in dem die Bedeutung gering ist) und der Reizhunger [3]. Diese Prädiktoren verfügen entsprechend über signifikant von 1 verschiedene Odds Ratios [4]. Beachten Sie, dass sich die Odds Ratios in diesem Modell teilweise deutlich von denen der jeweiligen Einzelmodelle unterscheiden.

		Regressions- koeffizient B	Sig.	Exp(B)	95% Konfidenzintervall für EXP(B)	
					Unterer Wert	Oberer Wert
Schritt 1	x1	1,633	,025	5,122	1,227	21,371
	x2		,056			
	x2(1)	,144	,862	1,155	,226	5,902
	x2(2)	2,096	,024	8,132	1,323	50,003
	x3	,417	,055	1,517	,991	2,322
	x4	,231	,005	1,260	1,073	1,479
	Konstante	-13,987	,001	,000		

Abbildung 5.28: Variablen in der Gleichung (Prädiktoren: Erbe, Umfeld, Alter, Reizhunger)

So gilt zum Beispiel das im Modell mit Erbe als einzigem Prädiktor ermittelte Odds Ratio von OR = 4 (vgl. Abbildung 5.15 [1]) nur für den Fall, dass alle anderen Einflussfaktoren nicht beachtet werden. In dem aktuellen Modell ist das OR = 5.12 [5], folglich haben erblich vorbelastete Personen eine 5-fache Erkrankungschance gegenüber erblich nicht vorbelasteten. Die vorhergesagten Chancenverhältnisse sind also u.a. auch von den anderen Variablen im Modell abhängig und beziehen sich demnach nur auf genau das vorliegende Modell. Ebenso können Prädiktoren, die einzeln einen signifikanten Beitrag zur Vorhersage leisten, zusammen mit anderen Prädikto-

ren an Bedeutung verlieren. Im Beispiel ist dies für den Prädiktor Alter der Fall. Der
Regressionskoeffizient ist in diesem Modell nicht signifikant [6].

Abbildung 5.29 zeigt das Klassifikationsdiagramm. In diesem Fall wird eine Person durch vier Buchstaben repräsentiert [1]. Hier können u.a. die jeweils sechs Fehlklassifikationen genauer analysiert werden. Der deutlichste falsch positive [2] und
falsch negative [3] Ausreißer ist jeweils mit einem Pfeil markiert.

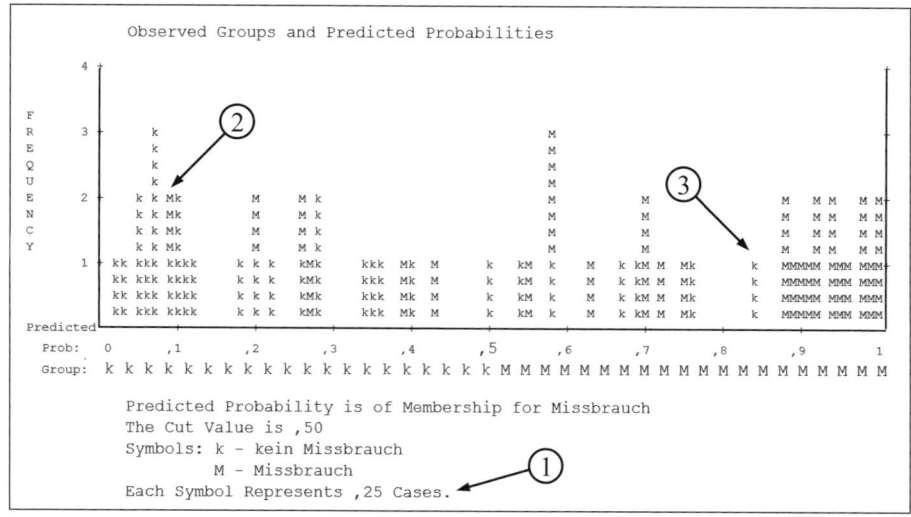

Abbildung 5.29: Klassifikationsdiagramm (Prädiktoren: Erbe, Umfeld, Alter, Reizhunger)

Anhand der Liste der Ausreißer in Abbildung 5.30 zeigt sich, dass bei den Fällen 8
und 39 [1] das Residuum – also die Differenz zwischen tatsächlicher Gruppenzugehörigkeit und vorhergesagter Wahrscheinlichkeit – größer als zwei Standardabweichungen ist. So wurde zum Beispiel Fall 39 aufgrund einer vorhergesagten Wahrscheinlichkeit von .09 [2] vom Modell als nicht erkrankt klassifiziert [3]. Ungeachtet
dessen ist Proband Nr. 39 an Alkoholmissbrauch erkrankt [4], was in dieser Spalte
durch zwei Sternchen symbolisiert wurde.

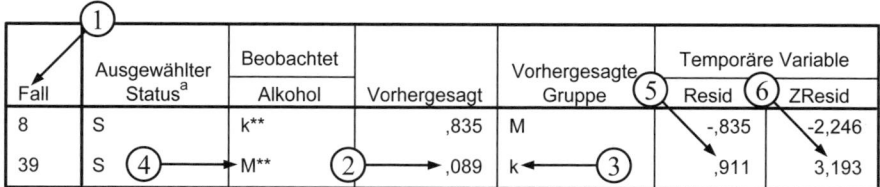

Abbildung 5.30: Fallweise Liste

Das Residuum beträgt $1 - .09 = .91$ [5]. Daraus ergibt sich ein standardisiertes Residuum von 3.19 [6]. Die in Abbildung 5.29 ([2] und [3]) markierten Ausreißer entsprechen den Fällen 8 und 39. Durch die Analyse der Ausreißer könnte man zum
Beispiel ermitteln, welche zusätzlichen Risikofaktoren in das Modell aufgenommen

werden müssen oder zu dem Schluss kommen, dass für die Ausreißer ein gesondertes Vorhersagemodell berechnet werden muss.

Im Ordner Logistische Regression auf der Website zum Buch ist die Datei *Depression.sav* enthalten. Sie enthält Daten einer bundesweiten Studie von Wittchen et al. (1999), die zur weiteren Beschäftigung mit dem Verfahren verwendet werden können. Bei dem Datensatz handelt es sich um einen sogenannten *Public Use File*, d.h. der komplette Datensatz (dem für das vorliegende Praxisbeispiel nur ein kleiner Teil entnommen wurde) ist der Öffentlichkeit zugänglich (siehe Jacobi, 2003). In der Textdatei *Depression.pdf* im gleichen Ordner werden die Einzelheiten der Studie berichtet und die Auswertung der Daten mittels logistischer Regressionsanalyse beschrieben. Die Untersuchung wurde in den Jahren 1997 bis 1999 als Zusatzmodul „Psychische Störungen" im Rahmen des vom Bundesgesundheitsministerium in Auftrag gegebenen Bundesgesundheitssurveys durchgeführt. Dabei wurden mit einem computergestützten klinischen Interview psychische Störungen untersucht. Es liegen die Daten von 4181 Probanden vor, anhand derer Risiko- und Schutzfaktoren für das Auftreten einer depressiven Störung ermittelt werden können und deren Bedeutsamkeit eingeschätzt werden kann. Nach einer speziellen Gewichtung (siehe hierzu Jacobi et al., 2002) können die Ergebnisse der logistischen Regression dabei als für Deutschland repräsentativ betrachtet werden.

Zusätzlich werden auf der Website zum Buch im Ordner Logistische Regression die Daten zum Anwendungsbeispiel Alkoholmissbrauch aus diesem Kapitel (*Alkoholmissbrauch.sav*) sowie Syntax-Dateien für die Bearbeitung der Anwendungsaufgabe (*Alkoholmissbrauch.sps*) sowie zur Praxisaufgabe Depression (*Depression.sps*) bereitgestellt.

Kapitel 6

Analyse mehrdimensionaler Häufigkeitstabellen

Inhaltsübersicht

6.1 Häufigkeitsanalyse in zweidimensionalen Kreuztabellen 217
6.2 Loglineare Modelle 222
6.2.1 Prinzip der loglinearen Modellierung 222
6.2.2 Hierarchische loglineare Modelle 224
6.3 Anwendungsbeispiel in SPSS 226
6.3.1 Kreuztabellen 226
6.3.2 Loglineare Modelle 230

Die Auswertung mehrdimensionaler Häufigkeitstabellen (Kontingenztafeln) ist in empirischen Untersuchungen erforderlich, wenn Zusammenhänge von nominalskalierten Variablen untersucht werden sollen. Im einfachsten Fall handelt es sich dabei um die Analyse zweidimensionaler Kreuztabellen für die Zusammenhangsanalyse von zwei nominalskalierten Variablen. Die dazu erforderlichen grundlegenden Methoden werden in Abschnitt 6.1 vorgestellt. Für die weiterführende Analyse drei- und mehrdimensionaler Häufigkeitstabellen stehen verschiedene Methoden zur Verfügung (siehe z.B. Langenheine, 1980; Hartung et al., 2005), die in den letzten Jahren verstärkt in die statistischen Programmpakete aufgenommen wurden.

In diesem Kapitel sollen in Abschnitt 6.2 die wichtigsten Prinzipien der hierarchischen loglinearen Analyse dargestellt werden. Mit diesen Methoden können mehrdimensionale Zusammenhangsstrukturen von nominalskalierten Variablen identifiziert werden. Darüber hinaus sind Analyseschritte zur Modellbildung möglich, bei denen redundante Wechselwirkungseffekte aus dem Modell ausgeschlossen werden.

Anwendungsbeispiel: Vollständigkeit von Tätigkeiten

Ein wichtiger Aspekt bei der Bewertung und Gestaltung von Arbeitsplätzen ist die sequentielle Vollständigkeit einer Tätigkeit. Der Arbeitsprozess kann hierfür zum Beispiel in die Teiltätigkeiten Vorbereiten, Ausführen, Kontrollieren und Organisieren (Tabelle 6.1) unterteilt werden. Eine Tätigkeit ist dann sequentiell vollständig, wenn eine einzelne Person sämtliche dieser Teiltätigkeiten durchführt. Häufig liegt jedoch Arbeitsteilung vor. Innerhalb einer arbeitspsychologischen Untersuchung wurden die Tätigkeiten von 80 Personen aus unterschiedlichen Fertigungsbetrieben dahingehend beurteilt, ob die oben beschriebenen Teiltätigkeiten zum Aufgabenbereich der Person gehören. Durch die Analyse der entstehenden mehrdimensionalen Häufigkeitstabellen soll nun herausgefunden werden, welche der Teiltätigkeiten gehäuft von ein und derselben Person durchgeführt wird. Tabelle 6.2 enthält die Daten der vier dichotomen Variablen.

Tabelle 6.1: Liste der Variablen zum Beispiel Vollständigkeit von Tätigkeiten

Variablen	Label	Bemerkungen
Teiltätigkeiten im Arbeitsprozess		
X_1	Vorbereiten	gehört zum Aufgabenbereich? 0 = nein, 1 = ja
X_2	Ausführen	gehört zum Aufgabenbereich? 0 = nein, 1 = ja
X_3	Kontrollieren	gehört zum Aufgabenbereich? 0 = nein, 1 = ja
X_4	Organisieren	gehört zum Aufgabenbereich? 0 = nein, 1 = ja

Tabelle 6.2: Daten zum Beispiel Vollständigkeit von Tätigkeiten

Pb	Vorbe-reiten	Ausfüh-ren	Kontrol-lieren	Organi-sieren	Pb	Vorbe-reiten	Ausfüh-ren	Kontrol-lieren	Organi-sieren
1	0	0	1	1	41	0	1	1	0
2	1	1	1	1	42	0	0	0	0
3	1	1	1	0	43	1	1	0	1
4	0	0	1	0	44	1	1	1	1
5	0	1	1	1	45	0	1	0	1
6	1	1	1	1	46	1	1	1	1
7	1	1	1	0	47	1	1	0	1
8	0	0	0	1	48	0	0	0	1
9	1	1	1	1	49	1	1	1	0
10	0	1	1	0	50	1	0	1	0
11	1	1	1	0	51	1	1	0	1
12	0	0	0	1	52	1	0	0	1
13	1	1	0	1	53	1	1	1	0
14	1	1	1	0	54	1	1	0	0
15	0	0	1	0	55	1	1	1	1
16	1	1	1	1	56	0	1	1	1
17	1	1	1	0	57	1	0	1	1
18	0	0	1	1	58	0	0	1	0
19	0	0	0	1	59	1	1	1	1
20	1	1	1	1	60	1	1	1	0
21	0	0	0	0	61	0	0	0	0
22	1	1	1	0	62	1	0	1	0
23	0	1	0	0	63	1	1	1	0
24	1	1	1	1	64	0	1	1	1
25	1	0	0	0	65	0	0	0	1
26	1	1	1	1	66	0	0	1	1
27	1	1	1	0	67	0	1	1	1
28	0	0	0	0	68	0	0	0	0
29	1	1	0	0	69	1	1	1	0
30	1	1	0	0	70	0	0	0	1
31	0	0	0	0	71	1	1	1	1
32	1	1	0	1	72	0	0	1	0
33	1	1	1	1	73	0	0	0	1
34	0	0	0	0	74	1	1	1	0
35	1	1	0	0	75	1	1	1	0
36	1	1	1	0	76	1	1	1	1
37	0	1	1	0	77	0	0	0	1
38	0	0	1	1	78	1	1	1	1
39	0	1	1	0	79	0	0	0	1
40	0	0	0	0	80	1	1	1	0

6.1 Häufigkeitsanalyse in zweidimensionalen Kreuztabellen

Ausgangspunkt der Zusammenhangsanalyse bei nominalskalierten Variablen ist die jeweilige Häufigkeitstabelle. In Tabelle 6.3 ist die Kreuztabelle der Variablen Vorbereiten und Ausführen dargestellt.

Tabelle 6.3: Kreuztabelle Vorbereiten x Ausführen (beobachtete Häufigkeiten)

| | | Ausführen | | |
		nein (j = 0)	ja (j = 1)	Zeilensumme
Vorbereiten	nein (i = 0)	$f_{00} = 25$	$f_{01} = 10$	$z_0 = 35$
	ja (i = 1)	$f_{10} = 5$	$f_{11} = 40$	$z_1 = 45$
	Spaltensumme	$s_0 = 30$	$s_1 = 50$	n = 80

Im Beispiel handelt es sich bei den untersuchten Merkmalen um Variable mit jeweils zwei möglichen Ausprägungen: die betreffende Teiltätigkeit ist vorhanden (1) oder nicht vorhanden (0). Daraus resultiert eine Kreuztabelle mit vier Zellen. Mit f_{ij} werden die beobachteten Häufigkeiten bezeichnet, also die Anzahl der Probanden, bei denen die beiden nominal skalierten Variablen die Ausprägungen i und j haben (i,j = 0,1). Zum Zeitpunkt der Untersuchung übten 25 der untersuchten Probanden eine Tätigkeit aus, bei der weder die Teiltätigkeit Vorbereiten noch die Teiltätigkeit Ausführen enthalten waren. Diese beiden Teiltätigkeiten waren bei 40 Probanden festzustellen. Bei den von den restlichen 15 Probanden ausgeübten Tätigkeiten waren entweder Vorbereiten (in fünf Fällen) oder Ausführen (in zehn Fällen) enthalten. Die Zeilen- bzw. Spaltensummen ergeben sich als Summe der Häufigkeiten in der jeweiligen Kategorie über alle Kategorien der jeweils anderen Variablen. So entspricht die Spaltensumme $s_0 = 30$ der Anzahl aller Tätigkeiten, in denen die Teiltätigkeit Ausführen nicht enthalten ist, während $z_0 = 35$ die Anzahl der Tätigkeiten ist, zu denen Vorbereiten nicht gehört.

Ein wichtiges allgemeines Prinzip bei der statistischen Auswertung von Kreuztabellen besteht darin, bei der Beurteilung der statistischen Bedeutsamkeit eines Effektes (Haupt- oder Wechselwirkungseffekt) den betrachteten Effekt aus dem Modell zur Vorhersage der Häufigkeiten in der Kreuztabelle auszuschließen. Anschließend wird untersucht, ob sich die beobachteten Häufigkeiten (im Beispiel in Tabelle 6.3) aus dem Modell vorhersagen lassen, in dem der zu untersuchende Effekt nicht enthalten ist. Die Abweichungen der so vorhergesagten von den beobachteten Werten werden statistisch beurteilt.

Im hier zunächst zu diskutierenden einfachsten Fall der Zusammenhangsanalyse von zwei Variablen gibt es drei wesentliche Effekte, mit denen die beobachteten Häufigkeiten (siehe Tabelle 6.3) erklärt werden können: mit den beiden Haupteffekten der Variablen (im Beispiel Vorbereiten und Ausführen) und mit dem Wechselwirkungseffekt der Variablen. Ein Haupteffekt einer Variablen ist umso bedeutsamer für das Zustandekommen der beobachteten Häufigkeiten in den Zellen der Kreuztabelle, je mehr die Verteilung der Werte dieser Variablen von einer Gleichverteilung abweicht. Im Beispiel ist der Haupteffekt der Variablen Ausführen (30mal nein, 50mal ja) bedeutsamer als der Haupteffekt der Variablen Vorbereiten (35mal nein, 45mal ja). Die Verteilung der Merkmalskategorien und damit die Bedeutung der jeweiligen Haupteffekte resultieren jedoch häufig aus Zufällen bei der Stichprobenerhebung und sind demzufolge oft nicht von inhaltlichem Interesse.

Zur Untersuchung des Wechselwirkungseffektes und damit des Zusammenhanges der betrachteten Variablen werden die erwarteten Häufigkeiten berechnet. Diese ergeben sich aus einem Modell, das nur die Haupteffekte berücksichtigt. Die erwarteten Häufigkeiten in der Kreuztabelle der zwei Variablen X_1 und X_2 erhält man für eine gegeben Stichprobe nach

$$e_{ij} = \frac{s_i \cdot z_j}{n} . \tag{6.1}$$

e_{ij}: erwartete Häufigkeit der Merkmalskombination (i,j) der Variablen X_1 und X_2
s_i: Spaltensumme der i-ten Kategorie der Variablen X_1
z_j: Zeilensumme der j-ten Kategorie der Variablen X_2
n: Stichprobenumfang

Die so ermittelten erwarteten Häufigkeiten sind für das Anwendungsbeispiel in Tabelle 6.4 dargestellt. Daraus wird deutlich, dass sich die erwarteten Häufigkeiten bei Fehlen eines Wechselwirkungseffektes ausschließlich aus den Haupteffekten ergeben, die durch die Spalten- bzw. Zeilensummen ausgedrückt werden. Das Verhältnis 35 zu 45 von Tätigkeiten ohne Vorbereiten zu Tätigkeiten mit Vorbereiten findet sich sowohl bei Tätigkeiten ohne Ausführen (13.1 zu 16.9) als auch bei Tätigkeiten mit Ausführen (21.9 zu 28.1). Anders ausgedrückt findet sich das Verhältnis 30 zu 50 von Tätigkeiten ohne bzw. mit der Teiltätigkeit Ausführen sowohl innerhalb der Tätigkeiten ohne Vorbereiten (13.1 zu 21.9) als auch bei denen mit Vorbereiten (16.9 zu 28.1). Diese beobachteten Häufigkeiten würden sich ergeben, wenn es keinen Wechselwirkungseffekt dieser beiden Variablen gäbe, also keine Merkmalskombinationen überdurchschnittlich häufig bzw. selten auftreten würden.

Tabelle 6.4: Kreuztabelle Vorbereiten x Ausführen (erwartete Häufigkeiten)

		Ausführen		
		nein (j = 0)	ja (j = 1)	Zeilensumme
Vorbereiten	nein (i = 0)	$e_{00} = 13.1$	$e_{01} = 21.9$	$z_0 = 35$
	ja (i = 1)	$e_{10} = 16.9$	$e_{11} = 28.1$	$z_1 = 45$
	Spaltensumme	$s_0 = 30$	$s_1 = 50$	$n = 80$

In Tabelle 6.5 sind für das Beispiel die beobachteten Häufigkeiten, die ohne Vorliegen eines Wechselwirkungseffektes erwarteten Häufigkeiten e_{ij}, die Residuen (Differenzen der beobachteten von den erwarteten Werten) sowie die standardisierten Residuen zusammengestellt. Die Residuen r_{ij} bzw. die standardisierten Residuen s_{ij} ergeben sich gemäß

$$r_{ij} = f_{ij} - e_{ij} \text{ bzw. } s_{ij} = \frac{r_{ij}}{\sqrt{e_{ij}}} \tag{6.2}$$

r_{ij}: Residuum der Merkmalskombination (i,j) der Variablen X_1 und X_2
f_{ij}: Häufigkeit der Merkmalskombination (i,j) der Variablen X_1 und X_2
e_{ij}: erwartete Häufigkeit der Merkmalskombination (i,j) der Variablen X_1 und X_2
s_{ij}: standardisiertes Residuum der Merkmalskombination (i,j) der Variablen
    X_1 und X_2

Aus Tabelle 6.5 wird unmittelbar deutlich, dass es große Abweichungen der beobachteten von den ohne Wechselwirkungseffekt erwarteten Häufigkeiten in der zweidimensionalen Kreuztabelle gibt.

Ohne Wechselwirkungseffekt wären zum Beispiel ca. 13 Tätigkeiten zu erwarten, zu denen weder die Teiltätigkeit Vorbereiten noch die Teiltätigkeit Ausführen gehören ($e_{00} = 13.1$). Die tatsächliche Anzahl liegt mit 25 deutlich höher ($f_{00} = 25$). Im hier vorliegenden Spezialfall einer Kreuztabelle mit jeweils zwei Zeilen und Spalten stimmen die Residuen (die Abweichungen der beobachteten von den erwarteten Häufigkeiten) betragsmäßig überein. Zu den Merkmalsausprägungen (nein, nein) bzw. (ja, ja) wurden jeweils ca. 12 Tätigkeiten mehr beobachtet, als man bei Fehlen des Wechselwirkungseffekts erwartet hätte, bei den Kombinationen (ja, nein) bzw. (nein, ja) sind es jeweils ca. 12 weniger.

Tabelle 6.5: Kreuztabelle Vorbereiten x Ausführen (beobachtete Häufigkeiten f_{ij}, erwartete Häufigkeiten e_{ij}, Residuen r_{ij} und standardisierte Residuen s_{ij})

| | | Ausführen | | |
		nein (j = 0)	ja (j = 1)	Zeilensumme
Vorbereiten nein (i = 0)		$f_{00} = 25$	$f_{01} = 10$	$z_0 = 35$
		$e_{00} = 13.1$	$e_{01} = 21.9$	
		$r_{00} = 11.9$	$r_{01} = -11.9$	
		$s_{00} = 3.3$	$s_{01} = -2.5$	
ja (i = 1)		$f_{10} = 5$	$f_{01} = 40$	$z_1 = 45$
		$e_{10} = 16.9$	$e_{01} = 28.1$	
		$r_{10} = -11.9$	$r_{01} = 11.9$	
		$s_{10} = -2.9$	$s_{01} = 2.2$	
Spaltensumme		$s_0 = 30$	$s_1 = 50$	$n = 80$

Für die statistische Untersuchung der Nullhypothese der Unabhängigkeit der beiden Variablen kann der χ^2-Test nach Pearson angewendet werden. Voraussetzung dafür sind erwartete Zellenhäufigkeiten von wenigstens 5. Geringfügige Verletzungen dieser Voraussetzung können toleriert werden. So fordern Bortz und Schuster (2010) lediglich, dass der Anteil der erwarteten Häufigkeiten, die den Wert 5 unterschreiten, 20% nicht überschreitet. Wenn kleinere erwartete Häufigkeiten vorliegen, kann der auch in SPSS realisierte exakte Test von Fisher angewendet werden (siehe zum Beispiel Diehl und Arbinger, 1992).

Der χ^2-Test bewertet die relativen Abweichungen der beobachteten von den erwarteten Häufigkeiten über alle Zellen der Kreuztabelle.

$$\chi^2 = \sum_{i=1}^{n_1} \sum_{j=1}^{n_2} \frac{(f_{ij} - e_{ij})^2}{e_{ij}} \qquad (6.3)$$

χ^2: Wert der Teststatistik
f_{ij}: Häufigkeit der Merkmalskombination (i,j) der Variablen X_1 und X_2
e_{ij}: erwartete Häufigkeit der Merkmalskombination (i,j) der Variablen X_1 und X_2
n_1: Anzahl der Merkmalsausprägungen der Variablen X_1
n_2: Anzahl der Merkmalsausprägungen der Variablen X_2

Die Testgröße χ^2 ist bei Gültigkeit der Nullhypothese (Unabhängigkeit der beiden Variablen) χ^2-verteilt mit $(n_1 - 1) \cdot (n_2 - 1)$ Freiheitsgraden, wobei n_1 bzw. n_2 der Anzahl der Merkmalsausprägungen der untersuchten Variablen X_1 und X_2 entspricht. Im Beispiel ergibt sich der Wert

$$\chi^2 = \frac{(25 - 13.1)^2}{13.1} + \frac{(10 - 21.9)^2}{21.9} + \frac{(5 - 16.9)^2}{16.9} + \frac{(40 - 28.1)^2}{28.1} = 30.6 \,.$$

Dieser χ^2-Wert ist bei einem Freiheitsgrad von 1 hoch signifikant (p < .001). Die Nullhypothese der statistischen Unabhängigkeit der Variablen Vorbereiten und Ausführen ist somit abzulehnen. Bei mehr als zwei Ausprägungen der untersuchten Variablen ergibt sich der χ^2-Wert ebenfalls analog zu Formel (6.3).

Damit ist das allgemeine Prinzip des χ^2-Tests angegeben, der auch in den folgenden Abschnitten die zentrale Bedeutung beim Test der dort zu untersuchenden statistischen Hypothesen hat. Weitere Einzelheiten zum χ^2-Test, zum Beispiel über die Möglichkeit der Kontinuitätskorrektur nach Yates oder über die statistische Beurteilung der standardisierten Residuen in einzelnen Zellen der Kreuztabelle, können Bortz und Schuster (2010) bzw. Bortz et al. (2000) entnommen werden. Eine Alternative zum χ^2-Test nach Pearson bietet der asymptotisch äquivalente (d.h. er führt bei großen Stichprobenumfängen zu dem gleichen Ergebnis) χ^2-Likelihood-Quotienten-Test (siehe Hartung et al., 2005).

Analog zur Korrelationsanalyse bei intervall- oder ordinalskalierten Daten können auch bei Nominaldaten Koeffizienten für die Stärke des Zusammenhanges berechnet werden. Das gebräuchlichste Maß ist der Kontingenzkoeffizient C, der auf der Grundlage des χ^2-Wertes aus Formel (6.3) ermittelt werden kann.

$$C = \sqrt{\frac{\chi^2}{\chi^2 + n}} \qquad (6.4)$$

C: Kontingenzkoeffizient
χ^2: χ^2-Wert nach Formel (6.3)
n: Stichprobenumfang

Im Beispiel ergibt sich für den Zusammenhang der Variablen Vorbereiten und Ausführen der Wert C = .53. Der Kontingentkoeffizient C ist ein Maß für die Stärke des Zusammenhanges. Bei seiner Interpretation sind jedoch einige Einschränkungen zu beachten. Das Quadrat des Kontingenzkoeffizienten kann nicht im Sinne des Bestimmtheitsmaßes (vgl. Kapitel 2) interpretiert werden. C kann nur Werte zwischen 0 und 1 annehmen, so dass keine Aussagen über die Richtung des Zusammenhanges ableitbar sind. Außerdem kann der Koeffizient nur theoretisch Werte zwischen 0 und 1 annehmen, da sein maximal möglicher Höchstwert von der Anzahl der Merkmalsausprägungen k bzw. l der nominalskalierten Variablen abhängt. Der maximal erreichbare Kontingenzkoeffizient ergibt sich nach Bortz und Schuster (2010) unter Verweis auf Pawlick (1959) für eine (k x l)-dimensionale Kreuztabelle nach

$$C_{max} = \sqrt{\frac{R-1}{R}} \quad \text{mit } R = \min(k, l). \tag{6.5}$$

Im vorliegenden Fall einer 2 x 2-dimensionalen Kreuztabelle wäre demnach der maximal mögliche Kontingenzkoeffizient (bei vollständiger Abhängigkeit der beiden Variablen, d.h. bei für alle Probanden jeweils gleichen Werten in beiden Variablen) $C_{max} = .71$. Dieser maximal mögliche Wert ist bei der Interpretation des im Beispiel berechneten Kontingenzkoeffizienten $C = .53$ zu berücksichtigen. Ein Überblick über weitere in SPSS verfügbare Zusammenhangsmaße wird in Abschnitt 6.3 gegeben.

6.2 Loglineare Modelle

Über die Analyse von zweidimensionalen Kreuztabellen hinausgehend besteht die zentrale Aufgabe bei der Analyse von mehr als zwei nominalskalierten Variablen darin, mehrdimensionale Zusammenhangsstrukturen aufzudecken. In diesem Abschnitt sollen die grundsätzlichen Prinzipien und Vorgehensweisen loglinearer (logarithmisch-linearer) Modelle vorgestellt werden (siehe auch Langenheine, 1980; Knoke und Burke, 1980; Fahrmeir und Tutz, 2001; Meiser, 2010). Dabei wird speziell auf die für praktische Anwendungen besonders wichtigen hierarchischen loglinearen Modelle eingegangen. Bei diesen werden Effekte niedrigerer Ordnung immer automatisch in das Modell einbezogen, wenn Effekte höherer Ordnung enthalten sind. Weitere wichtige Ansätze zur Analyse mehrdimensionaler Kreuztabellen stellen die Konfigurationsfrequenzanalyse (Krauth, 1993) sowie die logit-loglineare Analyse dar, bei der eine der nominalskalierten Variablen als abhängig von den anderen angesehen wird (siehe Hartung et al., 2005).

6.2.1 Prinzip der loglinearen Modellierung

Die grundsätzliche Vorgehensweise bei der loglinearen Modellierung soll hier zum leichteren Verständnis am Beispiel der beiden Variablen Vorbereiten und Ausführen dargestellt werden. Dabei ist zu berücksichtigen, dass sich eine loglineare Modellierung eigentlich nur bei mehr als zwei vorliegenden nominalskalierten Variablen anbietet. Bei nur zwei zu untersuchenden Variablen sind die im vorhergehenden Abschnitt behandelten Methoden zur Auswertung der Häufigkeitstabellen ausreichend. Auf eine formale allgemeine Darstellung soll hier verzichtet werden.

Das Prinzip der loglinearen Modelle besteht darin, dass die logarithmierten Zellenhäufigkeiten als Linearkombinationen der Wirkung von Haupteffekten und Wech-

selwirkungseffekten unterschiedlicher Ordnungen dargestellt werden. Die einzelnen
Effekte werden innerhalb dieser Modelle geschätzt und statistisch beurteilt. In fol-
genden Analyseschritten zur Modelloptimierung können für die Beschreibung der
Zellenhäufigkeiten redundante Effekte ausgeschlossen werden.

Tabelle 6.6 enthält die natürlichen Logarithmen der beobachteten Zellenhäufigkeiten aus Tabelle 6.3. Die Zeilen- und Spaltenmittelwerte sowie der Gesamtmittelwert ($\hat{\mu}$) ergeben sich aus den jeweiligen logarithmierten Zellenhäufigkeiten.

Tabelle 6.6:   Kreuztabelle Vorbereiten x Ausführen (natürliche Logarithmen ln (f_{ij}) der
               beobachteten Häufigkeiten)

		Ausführen		
		nein (j = 0)	ja (j = 1)	Zeilenmittelwert
Vorbereiten	nein (i = 0)	ln (25) = 3.22	ln (10) = 2.30	$\bar{z}_0 = 2.76$
	ja (i = 1)	ln (5) = 1.61	ln (40) = 3.69	$\bar{z}_1 = 2.65$
	Spaltenmittelwert	$\bar{s}_0 = 2.415$	$\bar{s}_1 = 2.995$	$\hat{\mu} = 2.705$

Alle dargestellten logarithmierten Häufigkeiten werden im vollständigen (saturierten)
Modell als Summe der Haupteffekte bzw. des Wechselwirkungseffektes der beiden
Variablen dargestellt, wobei in jeder Zelle der Gesamtmittelwert in das Modell auf-
genommen wird. Im dargestellten einfachsten Fall einer (2 x 2)-dimensionalen
Kreuztabelle ergeben sich so vier Bestimmungsgleichungen:

$$\ln (25) = 3.22 = \mu + \beta_{\text{Vorbereiten nein}} + \beta_{\text{Ausführen nein}} + \beta_{\text{Vorbereiten nein x Ausführen nein}} \qquad (6.6)$$

$$\ln (10) = 2.30 = \mu + \beta_{\text{Vorbereiten nein}} + \beta_{\text{Ausführen ja}} + \beta_{\text{Vorbereiten nein x Ausführen ja}} \qquad (6.7)$$

$$\ln (5) = 1.61 = \mu + \beta_{\text{Vorbereiten ja}} + \beta_{\text{Ausführen nein}} + \beta_{\text{Vorbereiten ja x Ausführen nein}} \qquad (6.8)$$

$$\ln (40) = 3.69 = \mu + \beta_{\text{Vorbereiten ja}} + \beta_{\text{Ausführen ja}} + \beta_{\text{Vorbereiten ja x Ausführen ja}} \qquad (6.9)$$

μ: Mittelwert der logarithmierten Zellenhäufigkeiten

$\beta_{\text{Vorbereiten nein}}$, $\beta_{\text{Vorbereiten ja}}$, $\beta_{\text{Ausführen nein}}$, $\beta_{\text{Ausführen ja}}$: Haupteffekte

$\beta_{\text{Vorbereiten nein x Ausführen nein}}$, $\beta_{\text{Vorbereiten nein x Ausführen ja}}$, usw.: Wechselwirkungseffekte

Die hier realisierte Modellvorstellung und die Prinzipien der Parameterschätzung
erinnern in ihrer Struktur stark an das entsprechende Vorgehen bei der Schätzung der
Quadratsummenanteile im Rahmen einer zweifaktoriellen Varianzanalyse (vgl. Kapitel 3). Im Fall von nur zwei nominalskalierten Variablen mit jeweils zwei Merkmalsausprägungen lassen sich die in den Formeln (6.6) bis (6.9) enthaltenen Effekte
einfach und direkt berechnen. So ergeben sich die Schätzungen der jeweiligen
Haupteffekte aus der Differenz des jeweiligen Zeilen- bzw. Spaltenmittelwertes vom
Gesamtmittelwert:

$$\hat{\beta}_{\text{Vorbereiten nein}} = \bar{z}_0 - \hat{\mu} = 2.76 - 2.705 = .055 \qquad (6.10)$$

$$\hat{\beta}_{\text{Vorbereiten ja}} = \bar{z}_1 - \hat{\mu} = 2.65 - 2.705 = -.055 \qquad (6.11)$$

$$\hat{\beta}_{\text{Ausführen nein}} = \bar{s}_0 - \hat{\mu} = 2.415 - 2.705 = -.29 \tag{6.12}$$

$$\hat{\beta}_{\text{Ausführen ja}} = \bar{s}_1 - \hat{\mu} = 2.995 - 2.705 = .29 \tag{6.13}$$

Auf ebenso einfache Weise lassen sich die Wechselwirkungseffekte schätzen. Man erhält die durch Wechselwirkungseffekte zu erklärenden Anteile der logarithmierten Häufigkeiten, indem man von jeder logarithmierten Häufigkeit die beiden Haupteffekte und den Gesamtmittelwert abzieht.

$$\hat{\beta}_{\text{Vorbereiten nein x Ausführen nein}} = \ln(25) - \hat{\beta}_{\text{Vorbereiten nein}} - \hat{\beta}_{\text{Ausführen nein}} - \hat{\mu}$$
$$= 3.22 - .055 + .29 - 2.71 = .75 \tag{6.14}$$

$$\hat{\beta}_{\text{Vorbereiten nein x Ausführen ja}} = \ln(10) - \hat{\beta}_{\text{Vorbereiten nein}} - \hat{\beta}_{\text{Ausführen ja}} - \hat{\mu}$$
$$= 2.30 - .055 - .29 - 2.705 = -.75 \tag{6.15}$$

$$\hat{\beta}_{\text{Vorbereiten ja x Ausführen nein}} = \ln(5) - \hat{\beta}_{\text{Vorbereiten ja}} - \hat{\beta}_{\text{Ausführen nein}} - \hat{\mu}$$
$$= 1.61 + .055 + .29 - 2.705 = -.75 \tag{6.16}$$

$$\hat{\beta}_{\text{Vorbereiten ja x Ausführen ja}} = \ln(40) - \hat{\beta}_{\text{Vorbereiten ja}} - \hat{\beta}_{\text{Ausführen ja}} - \hat{\mu}$$
$$= 3.69 + .055 - .29 - 2.705 = .75 \tag{6.17}$$

Bei der Analyse der berechneten Effekte wird deutlich, dass sich die Effekte je Haupteffekt zu Null addieren; für die Wechselwirkungseffekte gilt das gleiche. Das ist anhand der Formeln (6.6) bis (6.9) nachvollziehbar, weil die Effekte als Abweichungen vom Gesamtmittelwert μ modelliert sind.

Mit Hilfe der geschätzten Effekte können alle beobachteten Häufigkeiten aus Tabelle 6.3 dargestellt werden. So ergibt sich zum Beispiel für die erste Zelle (Anzahl der Tätigkeiten ohne Vorbereiten und ohne Ausführen) die logarithmierte Häufigkeit (vgl. Tabelle 6.6) als

$$\ln(f_{00}) = \hat{\mu} + \hat{\beta}_{\text{Vorbereiten nein}} + \hat{\beta}_{\text{Ausführen nein}} + \hat{\beta}_{\text{Vorbereiten nein x Ausführen nein}}$$
$$= 2.705 + .055 - .29 + .75 = 3.22 \tag{6.18}$$

Wegen $e^{3.22} = 25$ stimmt die beobachtete Häufigkeit mit der so berechneten Häufigkeit überein. Für die übrigen Zellen der Tabelle 6.3 können analoge Berechnungen durchgeführt werden.

Der Quotient der Parameterschätzungen und ihrer Standardabweichungen ist standardnormalverteilt, so dass die einzelnen Parameter des saturierten loglinearen Modells auf Signifikanz getestet werden können (siehe Hartung et al. 2005, zur Umsetzung in SPSS siehe Abschnitt 6.3). Im Beispiel ist der Wechselwirkungseffekt sehr signifikant ($z = 4.9$; $p < .01$).

6.2.2 Hierarchische loglineare Modelle

Das allgemeine Ziel der loglinearen Analyse besteht in der Untersuchung mehrdimensionaler Zusammenhangsstrukturen von nominalskalierten Variablen. Im Anwendungsbeispiel liegen die Werte von vier Variablen vor. Bei der Untersuchung des Zusammenhangs der Variablen Ausführen und Vorbereiten in den bisherigen Abschnitten waren die beiden anderen Variablen Kontrollieren und Organisieren unberücksichtigt geblieben. In der loglinearen Analyse wird nun untersucht, welche Effekte der vier Variablen statistisch bedeutsame Einflüsse bei der Modellierung der beobachteten Häufigkeiten haben. Zu untersuchen sind dabei die Haupteffekte der vier Variablen sowie die Wechselwirkungs- bzw. Interaktionseffekte zweiter, dritter und vierter Ordnung. Dabei werden im folgenden Text analog zur Darstellung in SPSS Wechselwirkungseffekte von zwei Variablen als Wechselwirkungseffekte zweiter Ordnung bezeichnet, Interaktionseffekte von drei Variablen als Wechselwirkungseffekte dritter Ordnung usw.

Ein erster Schritt zur Analyse der mehrdimensionalen Zusammenhänge besteht in der Anpassung eines gesättigten loglinearen Modells. Dabei werden alle Effekte analog zum Vorgehen in Abschnitt 6.2.1 geschätzt und getestet. Aus den so erhaltenen Ergebnissen lassen sich erste Rückschlüsse darauf ziehen, welche der untersuchten Effekte und Parameter für die Modellierung der beobachteten Häufigkeiten bedeutsam und welche Effekte redundant sind. Im Beispiel ergeben sich signifikante Parameter nur für zwei Wechselwirkungseffekte erster Ordnung: Ausführen x Vorbereiten ($z = 4.46$, $p < .01$) und Ausführen x Kontrollieren ($z = 2.24$, $p < .05$).

Ein zweiter wichtiger Analyseschritt ist durch die Bildung optimaler Modelle gekennzeichnet. Das Ziel besteht dabei darin, redundante Effekte aus dem Modell auszuschließen. Damit kann ein Modell entwickelt werden, das die inhaltlichen Zusammenhänge deutlich werden lässt, die für das Zustandekommen der beobachteten Häufigkeiten interpretiert werden können. Die grundsätzliche Vorgehensweise besteht darin, dass einzelne Effekte bei der Modellierung nicht berücksichtigt werden. Die Parameterschätzungen sind in den so entstehenden nicht gesättigten (unsaturierten) Modellen nicht explizit möglich. Als Schätzverfahren wird die Maximum-Likelihood-Methode verwendet (siehe Hartung et al., 2005). Mit χ^2-Tests wird geprüft, ob die durch die Nichtberücksichtigung bestimmter Effekte entstehenden χ^2-Werte signifikant sind.

Die Ergebnisse aus dem ersten Analyseschritt werden im Anwendungsbeispiel bestätigt. Lediglich das Weglassen der Wechselwirkungseffekte Ausführen x Vorbereiten ($\chi^2 = 25.48$, $p < .001$) und Ausführen x Kontrollieren ($\chi^2 = 6.65$, $p < .01$) würde zu sehr signifikanten χ^2-Werten nach Formel (6.3) führen, wenn alle anderen Effekte in das Modell aufgenommen werden. Das Ergebnis zeigt, dass es bestimmte Merkmalskombinationen der Variablen Ausführen und Vorbereiten sowie der Variablen Ausführen und Kontrollieren gibt, die unabhängig von den Werten der anderen Variablen überzufällig häufig bzw. selten vorkommen. Am Beispiel des Wechselwirkungseffektes Ausführen x Vorbereiten waren entsprechende bivariate Betrachtungen bereits in Abschnitt 6.2.1 vorgenommen worden.

Bei der Modellbildung in hierarchischen loglinearen Modellen werden Effekte niedrigerer Ordnung immer automatisch in das Modell einbezogen, wenn Effekte höherer Ordnung enthalten sind. Wenn also ein Modell zum Beispiel einen Wechselwirkungseffekt dritter Ordnung der Variablen X_1, X_2 und X_3 enthält, so werden in dem hierarchischen Modell automatisch die Wechselwirkungseffekte zweiter Ordnung (X_1 x X_2, X_2 x X_3, X_1 x X_3) sowie die Haupteffekte der Variablen X_1, X_2 und

X_3 berücksichtigt. Im Anwendungsbeispiel bedeutet das, dass ein Modell, das die beiden Wechselwirkungseffekte Ausführen x Vorbereiten und Ausführen x Kontrollieren enthält, immer auch die Haupteffekte der Variablen Ausführen, Vorbereiten und Kontrollieren berücksichtigt. Eine detaillierte Darstellung der Schätzmethoden und der Tests in hierarchischen loglinearen Modellen kann Hartung et al. (2005) entnommen werden. Die Vorgehensweise zur Modellbildung in SPSS wird im folgenden Abschnitt dargestellt.

6.3 Anwendungsbeispiel in SPSS

Anhand des oben eingesetzten Anwendungsbeispiels soll nun die Umsetzung des loglinearen Modells in SPSS beschrieben werden. Die zugehörigen Daten aus Tabelle 6.2 befinden sich im Ordner Analyse mehrdimensionaler Häufigkeitstabellen auf der Website zum Buch. Der Name der Datei lautet Vollständigkeit von Tätigkeiten.sav. Im folgenden Abschnitt wird zunächst die Analyse zweidimensionaler Kreuztabellen dargestellt. Anschließend wird die Vorgehensweise der loglinearen Modellierung am Beispiel von zwei Variablen sowie am vollständigen Datensatz (vier Variablen) beschrieben.

6.3.1 Kreuztabellen

Für die Analyse der Häufigkeiten zweier kategorialer Variablen werden Kreuztabellen (Kontingenztafeln) eingesetzt. Wählen Sie im Hauptmenü unter Analysieren die Option Deskriptive Statistiken, Kreuztabellen.

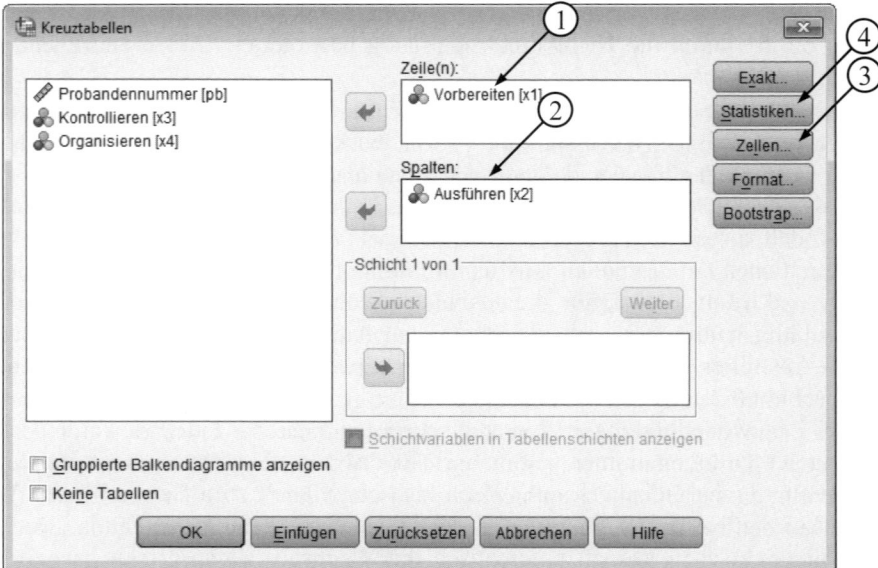

Abbildung 6.1: Dialogfenster Kreuztabellen

Es erscheint das Dialogfenster aus Abbildung 6.1. Verschieben Sie hier die Variable Vorbereiten in das Feld für die Zeilen [1] der Kreuztabelle und die Variable Ausführen in das Feld für die Spalten [2]. Wählen Sie anschließend die Schaltfläche Zellen [3].

In dem Dialogfenster in Abbildung 6.2 können die Kennwerte festgelegt werden, die in den Zellen der Kreuztabelle erscheinen sollen. Es soll eine Kreuztabelle analog zu Tabelle 6.5 generiert werden. Dementsprechend sind unter Häufigkeiten die beobachteten [1] und die erwarteten Häufigkeiten [2] auszuwählen sowie unter Residuen die nicht standardisierten [3] und die standardisierten Residuen [4]. Bestätigen Sie anschließend die Eingaben und starten Sie die Analyse.

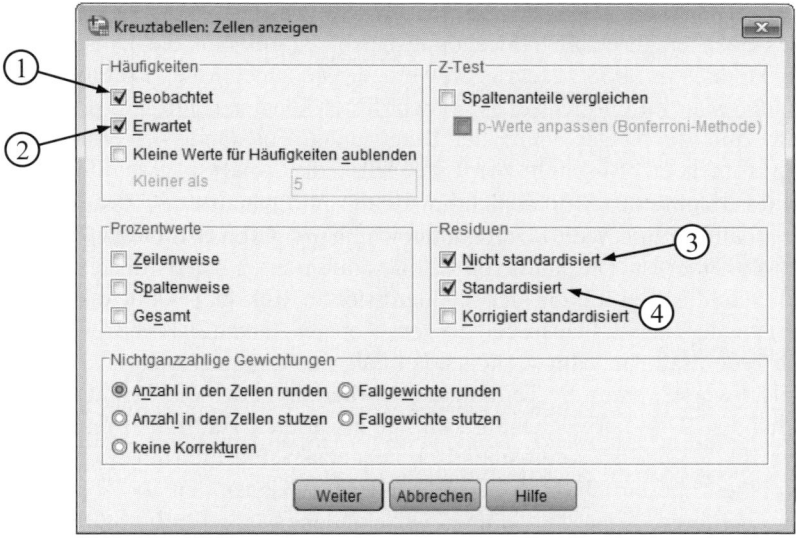

Abbildung 6.2: Dialogfenster Zellen anzeigen

Abbildung 6.3 zeigt die Kreuztabelle für die Variablen Vorbereiten und Ausführen. In der ersten Zeile jeder Zelle sind die beobachteten Häufigkeiten abgebildet [1]. Unter Gesamt kann jeweils deren Randsumme abgelesen werden, hier also 25 + 10 = 35 für die erste Zeile [2] und 25 + 5 = 30 für die erste Spalte [3]. In der zweiten Zeile jeder Zelle stehen die erwarteten Häufigkeiten [4]. Sie beschreiben jeweils die Anzahl der Fälle, die man „erwarten" würde, wenn die Variablen unabhängig voneinander wären. Diese Häufigkeiten berechnen sich aus dem Produkt der zugehörigen Randsummen, dividiert durch die Gesamtanzahl der Fälle, hier also zum Beispiel $13.1 = (35 \cdot 30) / 80$. Die Randsummen der erwarteten Häufigkeiten sind identisch mit den Randsummen der beobachteten Häufigkeiten. Wie bereits in Abschnitt 6.1 erwähnt, müssten unter der Unabhängigkeitsannahme die erwarteten mit den beobachteten Häufigkeiten übereinstimmen. Eine Abweichung der beiden Werte spricht also dafür, dass es einen Zusammenhang zwischen den Variablen gibt. Die Differenz zwischen den beiden Werten, also das Residuum, ist in der dritten Zeile jeder Zelle abgebildet [5].

			Ausführen		Gesamt
			nein	ja	
Vorbereiten	nein	Anzahl	① → 25	10 ② → 35	
		Erwartete Anzahl	④ → 13,1	21,9	35,0
		Residuen	⑤ → 11,9	-11,9	
		Standardisierte Residuen	⑥ → 3,3	-2,5	
	ja	Anzahl	5	40	45
		Erwartete Anzahl	16,9	28,1	45,0
		Residuen	-11,9	11,9	
		Standardisierte Residuen	-2,9	2,2	
Gesamt		Anzahl	③ → 30	50	80
		Erwartete Anzahl	30,0	50,0	80,0

Abbildung 6.3: Kreuztabelle Vorbereiten x Ausführen

Ein großes Residuum muss jedoch nicht unbedingt für einen großen Zusammenhang sprechen, da der absolute Wert des Residuums abhängig von den Größenverhältnissen der Häufigkeiten ist. Deshalb kann das Residuum auch standardisiert angezeigt werden [6]. Für die Beurteilung der standardisierten Residuen kann man der von Bühl (2010) angegebenen „Faustregel" folgen, wonach standardisierte Residuen über 2 statistisch bedeutsam sind. Im vorliegenden Fall sind zum Beispiel bei 11.9 Personen mehr als erwartet weder die Teiltätigkeit Vorbereiten noch die Teiltätigkeit Ausführen vorhanden. Diese Abweichung von der erwarteten Häufigkeit entspricht einem z-Wert von 3.3 und ist somit statistisch bedeutsam. Für die statistische Prüfung der Nullhypothese „es besteht kein Zusammenhang zwischen den Variablen" ist der χ^2-Test durchzuführen. Außerdem können verschiedene Maße für die Stärke der Abhängigkeit berechnet werden. Wählen Sie hierzu im Dialogfenster Kreuztabellen die Schaltfläche Statistiken (vgl. Abbildung 6.1 [4]).

Es erscheint das Dialogfenster aus Abbildung 6.4. Mit dem χ^2-Test [1] wird geprüft, ob die beiden Variablen unabhängig voneinander sind. Ein signifikanter χ^2-Wert legt nahe, dass es einen Zusammenhang gibt. Über Stärke und Richtung des Zusammenhangs gibt er jedoch keinen Aufschluss. Die übrigen Koeffizienten sind weitere Zusammenhangsmaße. Entsprechend dem Skalenniveau unserer Variablen kommen im vorliegenden Beispiel nur die Zusammenhangsmaße für Nominaldaten in Frage [2]. Aktivieren Sie hier den Kontingenzkoeffizient [3] und Phi und Cramer-V (= Cramers Index) [4]. Alle drei sind Zusammenhangsmaße auf der Basis des χ^2-Wertes. Sie unterscheiden sich in der Art ihrer Normierung und in ihrem Wertebereich. Die beiden übrigen Koeffizienten Lambda und Unsicherheitskoeffizient werden nach dem Prinzip der proportionalen Fehlerreduktion berechnet. Kurzbeschreibungen dieser Koeffizienten gibt Brosius (2011).

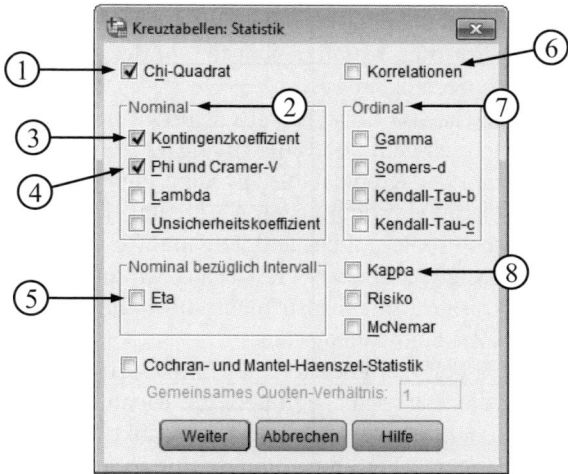

Abbildung 6.4: Dialogfenster Statistik

Liegt eine abhängige Variable in Intervall- und eine unabhängige Variable in Nominalskalenniveau vor, kann Eta [5] verwendet werden. Sind alle Daten intervallskaliert, können Korrelationen [6] berechnet werden. Im Fall von Ordinal-Daten sind die unter [7] angezeigten Koeffizienten zu verwenden. Außerdem stehen noch einige spezielle Koeffizienten zur Verfügung, wie zum Beispiel der Kappa-Koeffizient [8] zur Berechnung der Übereinstimmung zwischen den Ratings zweier Beurteiler. Bestätigen Sie die Eingaben mit Weiter und starten Sie die Analyse.

Abbildung 6.5 zeigt die Ergebnisse der χ^2-Tests. Relevant ist zunächst der χ^2-Wert nach Pearson. In der ersten Spalte steht der gemäß Formel (6.3) berechnete χ^2-Wert von 30.56 [1]. Er ist hochsignifikant [2].

	Wert	df	Asymptotische Signifikanz (2-seitig)	Exakte Signifikanz (2-seitig)	Exakte Signifikanz (1-seitig)
Chi-Quadrat nach Pearson ①	30,561[b]	1 ②	,000	③	④
Kontinuitätskorrektur[a]	28,041	1	,000		
Likelihood-Quotient	32,576	1	,000		
Exakter Test nach Fisher				,000	,000
Zusammenhang linear-mit-linear	30,179	1	,000		
Anzahl der gültigen Fälle	80				

Abbildung 6.5: χ^2-Tests

Wenn mehr als 20% der erwarteten Häufigkeiten unter 5 liegen, ist der χ^2-Test nach Pearson nicht zuverlässig. In diesem Fall müsste der exakte Test nach Fisher eingesetzt werden. Hier werden anstelle von asymptotischen Signifikanzen exakte Werte berechnet, die sowohl für eine zweiseitige [3] als auch für eine einseitige Prüfung [4] dargestellt sind.

In Abbildung 6.6 sind verschiedene Zusammenhangsmaße abgebildet. In der ersten Spalte steht jeweils der Wert des Koeffizienten [1], in der zweiten der (näherungsweise) p-Wert [2] des entsprechenden Tests.

Der Kontingenzkoeffizient von C = .53 [3] entspricht dem anhand Formel (6.4) berechneten. Der Wertebereich geht von 0 bis C_{max}. Der Wert C_{max} ist abhängig von der Zeilen- und Spaltenzahl der Kreuztabelle. Er kann theoretisch den Wert 1 erreichen, was jedoch praktisch nie vorkommt (vgl. Abschnitt 6.1).

Cramer-V [4] hat dieses Problem nicht und ist damit für den Vergleich mit anderen Korrelationsmaßen geeignet. Ebenso wie C kann Cramer-V nur positive Werte annehmen. Beide Koeffizienten sagen also nichts über die Richtung, sondern nur etwas über die Stärke des Zusammenhangs aus.

Im Gegensatz dazu geht der Wertebereich des Phi-Koeffizienten [5] von −1 bis 1, er gibt also sowohl über die Stärke als auch über die Richtung des Zusammenhangs Auskunft. Der Phi-Koeffizient ist identisch mit der Produkt-Moment-Korrelation der beiden dichotomen Variablen. Allerdings kann er nur in 2 x 2-Kreuztabellen verwendet werden.

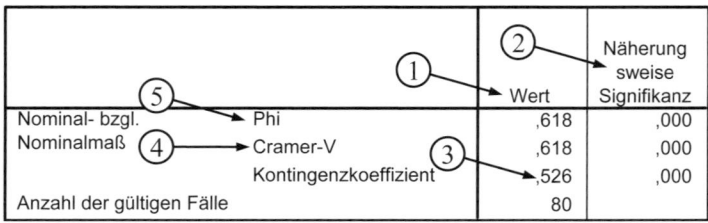

Abbildung 6.6: Symmetrische Maße

6.3.2   Loglineare Modelle

Wie in Abschnitt 6.2 erläutert, wird in loglinearen Modellen, vergleichbar zur Varianzanalyse, angenommen, dass sich der Wert einer Zelle aus Haupteffekten, Wechselwirkungen und Gesamtmittelwert der Variablen additiv („log*linear*") zusammensetzt. Die Häufigkeit einer Zelle kann genau dann in diese summativen Bestandteile zerlegt werden, wenn man mit den natürlichen Logarithmen („*log*linear") der Zellenhäufigkeiten arbeitet. Das loglineare Modell in SPSS soll zunächst anhand der zwei bereits in der Kreuztabelle eingesetzten Variablen Vorbereiten und Ausführen dargestellt werden. Wählen Sie im Hauptmenü unter Analysieren die Option Loglinear, Modellauswahl. Es erscheint das linke Dialogfenster aus Abbildung 6.7. Verschieben Sie die beiden Variablen Vorbereiten und Ausführen in das Feld der Faktoren [1] und definieren Sie den Bereich dieser Variablen. Markieren Sie hierzu beide Variablen (bei gedrückter Strg-Taste; sie sind nun farbig unterlegt) und wählen Sie anschließend die Schaltfläche Bereich definieren [2]. Geben Sie in dem sich öffnendem Dialogfenster rechts in Abbildung 6.7 als Minimum 0 [3] und als Maximum 1 [4] ein und bestätigen Sie die Eingabe mit Weiter. Natürlich kann auch jede Variable für sich definiert werden.

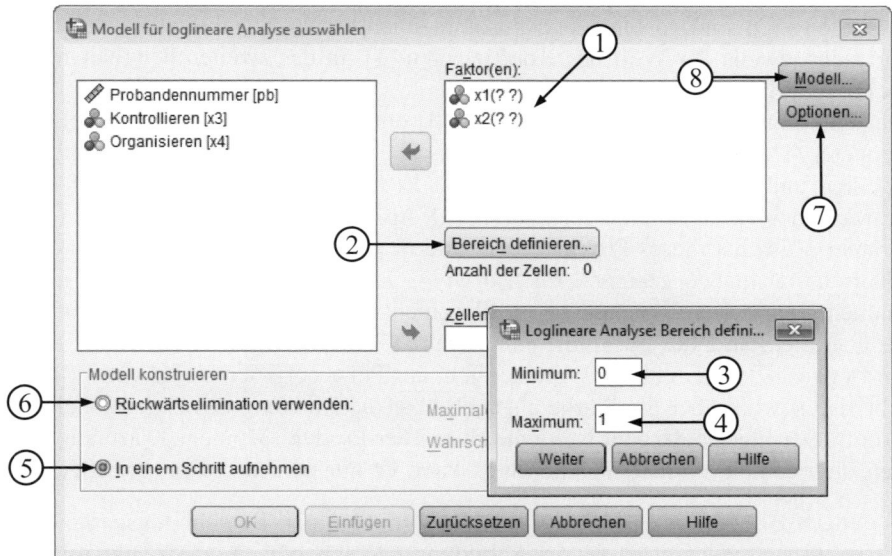

Abbildung 6.7: Dialogfenster Modell für loglineare Analyse auswählen und Bereich definieren

Aktivieren Sie nun unter der Rubrik Modell konstruieren die Option, nach der alle Effekte in einem Schritt aufzunehmen sind [5], da ein gesättigtes Modell mit sämtlichen Effekten berechnet werden soll. Im Fall der Rückwärtselimination [6] würde ein ungesättigtes Modell generiert, indem schrittweise einzelne redundante Effekte, die ein bestimmtes Ausschlusskriterium überschreiten, aus dem Modell entfernt werden würden. Hierfür kann die maximale Schrittanzahl und das Ausschlusskriterium festgelegt werden. Wählen Sie schließlich die Optionen [7].

In dem Dialogfenster Optionen aus Abbildung 6.8 sind unter Anzeigen die Häufigkeiten und Residuen zu aktivieren [1]. SPSS zeigt dann die vom Modell berechneten („erwarteten") Häufigkeiten, die beobachteten Häufigkeiten und die Differenz zwischen den beiden Werten an. Für das vollständige Modell sollen die Schätzungen der Parameter der einzelnen Effekte angezeigt werden [2] sowie die Assoziationstabelle [3]. Die Parameterschätzungen können in SPSS nur durchgeführt werden, wenn alle Zellenhäufigkeiten größer 0 sind. Diese Voraussetzung kann sichergestellt werden, indem zu der Häufigkeit jeder Zelle eine Konstante Delta [4] addiert wird. Um die Parameterschätzungen von SPSS mit den Berechnungen aus Abschnitt 6.2 besser vergleichen zu können, soll der voreingestellte Delta-Wert von .5 in diesem Fall allerdings auf 0 gesetzt werden [5]. Starten Sie die Analyse.

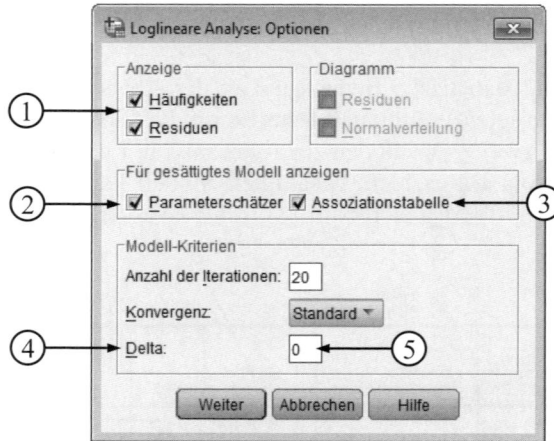

Abbildung 6.8: Dialogfenster Optionen

Nach einigen Hinweisen zu den verwendeten Variablen und Berechnungsparametern erscheint im Ausgabefenster der in Abbildung 6.9 abgebildete Ausschnitt mit den Häufigkeiten und Residuen jeder Bedingungskombination.

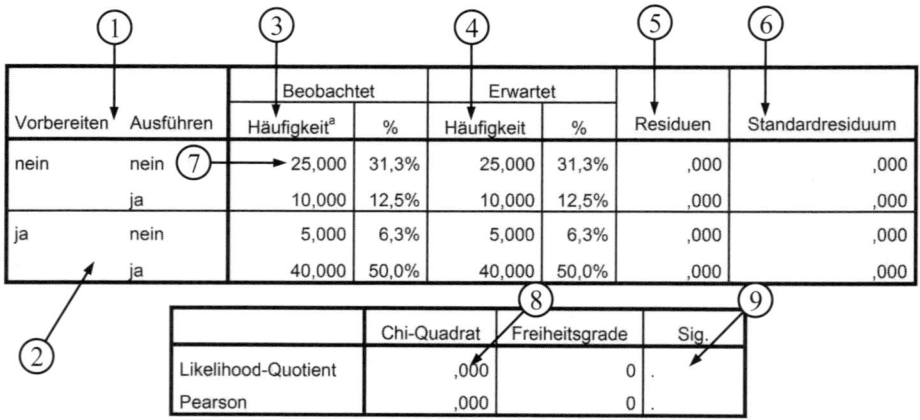

Abbildung 6.9: Häufigkeiten und Residuen der Bedingungskombinationen und χ^2-Tests

Links stehen zunächst die Namen der Variablen [1] und dann die Wertelabel [2] der entsprechenden Stufe. Rechts sind für jede Bedingungskombination die beobachteten Häufigkeiten [3] und die vom Modell berechneten erwarteten bzw. vorhergesagten Häufigkeiten [4] dargestellt. Außerdem werden die Residuen [5], d.h. die Differenzen zwischen vorhergesagten und beobachteten Werten, sowie die standardisierten Residuen [6] angezeigt.

Die beobachteten Häufigkeiten entsprechen denen aus Abbildung 6.3 bzw. Tabelle 6.3. Es wurden also zum Beispiel 25 Personen mit der Bedingungskombination Vorbereiten nein, Ausführen nein beobachtet [7]. Da ein saturiertes Modell berechnet wurde, also alle möglichen Effekte mit in die Schätzung einbezogen wurden, können die beobachteten Werte exakt berechnet und vorhergesagt werden. Dementsprechend stimmen die beobachteten Werte mit den erwarteten überein und alle Residuen haben den Wert Null.

Der χ^2-Test prüft die statistische Bedeutsamkeit der Abweichung zwischen beobachteten und vorhergesagten Werten und testet somit die Güte des Modells („goodness of fit"). Es stehen zwei χ^2-Methoden zur Auswahl, die Likelihood-Methode und der χ^2-Test nach Pearson. Da es beim gesättigten Modell keinerlei Abweichungen gibt, ist bei beiden der χ^2-Wert gleich Null [8]. Ein p-Wert ist für diesen Fall nicht definiert [9].

Effekt	Parameter	Schätzer	Standardfehler	Z-Wert	Sig.	95%-Konfidenzintervall	
						Untergrenze	Obergrenze
x1*x2	1	,749	,151	4,959	,000	,453	1,045
x1	1	,056	,151	,369	,712	-,240	,352
x2	1	-,291	,151	-1,925	,054	-,587	,005

Abbildung 6.10: Parameter der einzelnen Effekte

Die an die χ^2-Tests nachfolgenden Teile der Ergebnisausgabe werden später am Beispiel mit vier Variablen erläutert. An dieser Stelle sollen die in Abbildung 6.10 dargestellten Parameterschätzer der Effekte besprochen werden, die ganz am Ende der Ergebnisausgabe zu finden sind.

Hier werden zunächst die Parameter der Wechselwirkungseffekte angezeigt [1]. Dabei wird allerdings nur der Koeffizient für die beiden ersten Stufen der an der Wechselwirkung beteiligten Variablen angegeben, hier also der Koeffizient $\beta_{\text{Vorbereiten nein x Ausführen nein}}$ = .75 (vgl. Formel (6.14)). Die restlichen drei (redundanten) Koeffizienten (vgl. Formeln (6.15) bis (6.17)) müssen aus dem ersten Koeffizienten erschlossen werden. Stellt man sich die Koeffizienten in einer Kreuztabelle vor, so ergibt sich pro Spalte und Zeile jeweils eine Gesamtsumme von Null. Die fehlenden Koeffizienten ergeben sich im vorliegenden Beispiel der zweistufigen Variablen also einfach durch Änderung des Vorzeichens, also zum Beispiel $\beta_{\text{Vorbereiten nein x Ausführen: ja}}$ = −.75 (vgl. Formel (6.15)). Zusätzlich zu dem Koeffizienten sind jeweils noch der Standardfehler [2], der z-Wert des Koeffizienten mit dem dazugehörigen p-Wert [3] sowie die untere [4] und obere [5] Grenze des Konfidenzintervalls (95%) für den Koeffizienten angegeben. Im Beispiel ergibt sich wegen p < .01 ein sehr signifikanter Wechselwirkungseffekt.

Für die beiden Haupteffekte ist ebenfalls jeweils nur der Koeffizient für die erste Faktorstufe angegeben. Gemäß Formel (6.10) ergibt sich also bis auf dortige Rundungsungenauigkeiten $\beta_{\text{Vorbereiten nein}}$ = .056 [6] und gemäß Formel (6.12) $\beta_{\text{Ausführen nein}}$ = −.29 [7]. Der jeweils fehlende redundante Koeffizient kann ebenfalls durch Änderung des Vorzeichens ermittelt werden (vgl. Formeln (6.11) und (6.13)). Anhand der Grenzen der Konfidenzintervalle ist ersichtlich, dass keiner der beiden Haupteffekte signifikant ist.

Als nächstes soll das Modell um die Variablen Kontrollieren und Organisieren erweitert werden. Verschieben Sie dementsprechend im Dialogfenster Modell für loglineare Analyse auswählen die beiden Variablen zusätzlich zu Vorbereiten und Ausführen in das Feld für die Faktoren (vgl. Abbildung 6.7 [1]). Definieren Sie anschließend deren Wertebereich analog zu Abbildung 6.7 [2], [3], [4] (Minimum: 0, Maximum: 1) und starten Sie die Analyse. Die Anzahl der Zellen hat sich nun von vier auf $2 \cdot 2 \cdot 2 \cdot 2 = 16$ Zellen erhöht. Neben den Haupteffekten haben nun sechs Wechselwirkungen zweiter Ordnung, vier Wechselwirkungen dritter und eine Wechselwirkung vierter Ordnung Einfluss auf das Zustandekommen der Logarithmen in den einzelnen Zellen.

Die bereits bekannten Teile der Ausgabe, also die Häufigkeiten inklusive χ^2-Tests und die Parameterschätzer sind analog zu den Abbildungen 6.9 und 6.10 zu interpretieren. In den beiden in Abbildung 6.11 dargestellten Tabellen wird geprüft, ob die Effekte bestimmter Ordnungen einen signifikanten Beitrag zur Varianzaufklärung leisten. Die Prüfung erfolgt wiederum durch einen χ^2-Test für den Unterschied zwischen dem saturierten (vollständigen) Modell und dem Modell, das entsteht, wenn man die Effekte bestimmter Ordnungen aus dem saturierten Modell entfernt.

In der vierten Zeile ist der χ^2-Wert nach Pearson abgebildet, der durch Entfernen der Wechselwirkungen vierter Ordnung aus dem Modell entsteht [1]. Der Likelihood-Ratio-χ^2-Wert [7] basiert auf der Maximum-Likelihood-Theorie und ist asymptotisch äquivalent zum χ^2-Wert nach Pearson. Er soll hier nicht näher betrachtet werden. Der χ^2-Wert [2] von 0.01 und der zugehörige p-Wert [3] von .90 zeigen einen sehr geringen, nicht signifikanten Effekt dieser Wechselwirkung. Das bedeutet, dass zwischen dem saturierten Modell und dem Modell, das alle Effekte bis auf die Wechselwirkung vierter Ordnung einschließt, kaum ein Unterschied besteht.

In der dritten Zeile [4] sind die Ergebnisse dargestellt, die sich ergeben, wenn alle Effekte dritter Ordnung und zusätzlich der Effekt vierter Ordnung entfernt werden. Das ungesättigte Erklärungsmodell enthält also jetzt nur noch die Wechselwirkungen zweiter Ordnung und die Haupteffekte. Auch hier ergibt sich kein signifikantes Ergebnis (p = .94). Grundsätzlich werden in einer Zeile die Effekte $(K-1)$-ter Ordnung und alle Effekte höherer Ordnung entfernt. Das entstandene unsaturierte Modell wird dann mit dem saturierten verglichen.

In der ersten Zeile [5] ergeben sich dementsprechend der maximale χ^2-Wert und ein p-Wert von Null, da hier alle Haupteffekte und Wechselwirkungen aus dem Modell entfernt wurden und so der maximale Unterschied zum saturierten Modell besteht.

Im zweiten Teil der Tabelle wird auf die gleiche Weise der Beitrag der Effekte jeder einzelnen Ordnung berechnet. So zeigt die erste Zeile, dass die Haupteffekte, mit einem Beitrag von 12.03 [6] am Gesamt-χ^2-Wert von 68.00 beteiligt sind.

In Abbildung 6.12 ist die sogenannte Assoziationstabelle dargestellt. Sie enthält die partiellen Likelihood-χ^2-Werte [1] und die zugehörigen p-Werte [2] für die einzelnen Effekte. Der größte χ^2-Wert ist für die Interaktion zweiter Ordnung von Vorbereiten x Ausführen zu beobachten [3]. Bestimmte Kombinationen dieser beiden Variablen (zum Beispiel beide Teiltätigkeiten sind vorhanden bzw. nicht vorhanden) kommen also überzufällig häufig bzw. selten vor – unabhängig davon, ob Kontrollieren und Organisieren zur Tätigkeit gehören. Der Wert für die Interaktion vierter Ordnung fehlt in dieser Tabelle, da er in den beiden vorherigen Tabellen (vgl. zum Beispiel Abbildung 6.11 [2]) bereits enthalten ist. In der letzten Spalte [4] ist jeweils die Anzahl der Iterationen angezeigt, die zur Schätzung des Parameters benötigt wurde.

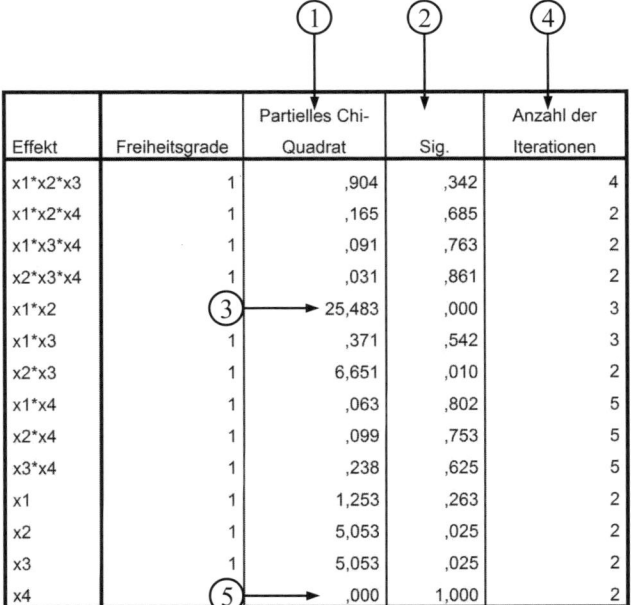

	K	Freiheitsgrade	Likelihood-Quotient		Pearson		Anzahl der Iterationen
			Chi-Quadrat	Sig.	Chi-Quadrat	Sig.	
Effekte der Ordnung k	1	15	59,594	,000	68,000	,000	0
und höher[a]	2	11	48,234	,000	55,973	,000	2
	3	5	1,222	,943	1,221	,943	5
	4	1	,014	,905	,014	,905	2
Effekte der Ordnung k[b]	1	4	11,360	,023	12,027	,017	0
	2	6	47,012	,000	54,753	,000	0
	3	4	1,207	,877	1,207	,877	0
	4	1	,014	,905	,014	,905	0

Abbildung 6.11: Test auf Signifikanz aller Effekte einer bestimmten Ordnung

Effekt	Freiheitsgrade	Partielles Chi-Quadrat	Sig.	Anzahl der Iterationen
x1*x2*x3	1	,904	,342	4
x1*x2*x4	1	,165	,685	2
x1*x3*x4	1	,091	,763	2
x2*x3*x4	1	,031	,861	2
x1*x2	1	25,483	,000	3
x1*x3	1	,371	,542	3
x2*x3	1	6,651	,010	2
x1*x4	1	,063	,802	5
x2*x4	1	,099	,753	5
x3*x4	1	,238	,625	5
x1	1	1,253	,263	2
x2	1	5,053	,025	2
x3	1	5,053	,025	2
x4	1	,000	1,000	2

Abbildung 6.12: Tests auf Signifikanz einzelner Effekte
(Assoziationstabelle)

Anhand der Abbildungen 6.11 und 6.12 kann nun bestimmt werden, welche Effekte in ein selbstdefiniertes unsaturiertes Vorhersagemodell einbezogen werden sollen. Von den Wechselwirkungseffekten sind zwei signifikant, und zwar die beiden Interaktionen zweiter Ordnung von Vorbereiten x Ausführen und Ausführen x Kontrollieren. Diese beiden Effekte sollen deshalb als einzige Wechselwirkungseffekte in das Modell aufgenommen werden. Da es sich um ein hierarchisches Modell handelt, werden damit automatisch auch die Haupteffekte der beteiligten Variablen Vorbereiten, Ausführen und Kontrollieren ins Modell aufgenommen. Die vierte Variable Organisieren ist weder an einem signifikanten Wechselwirkungseffekt beteiligt, noch weist sie einen signifikanten Haupteffekt auf [5]. Sie soll deshalb nicht in das Vorhersagemodell aufgenommen werden.

Innerhalb der loglinearen Analyse von SPSS kann nun das durch die beiden Interaktionen erster Ordnung definierte loglineare Modell spezifiziert werden. Wählen Sie hierzu im Dialogfenster Modell für loglineare Analyse die Schaltfläche Modell (vgl. Abbildung 6.7 [8]). Es erscheint das Dialogfenster aus Abbildung 6.13. Aktivieren Sie unter Modell angeben Anpassen [1], um das unsaturierte Modell spezifizieren zu können. In das Feld Modellbildende Klasse [2] müssen nun die gewünschten Wechselwirkungen der jeweils höchsten Ordnung eingetragen werden. Würde die Modellbildende Klasse zum Beispiel nur aus der Wechselwirkung vierter Ordnung bestehen, wäre damit ein saturiertes Modell definiert. Wie erwähnt soll das Modell hier durch die beiden Wechselwirkungen zweiter Ordnung $X_1 \times X_2$ und $X_2 \times X_3$ definiert werden. Klicken Sie dazu zunächst im Feld Faktoren bei gedrückter Strg-Taste auf die beiden Variablen X_1 und X_2, so dass beide Variablen farbig unterlegt sind [3].

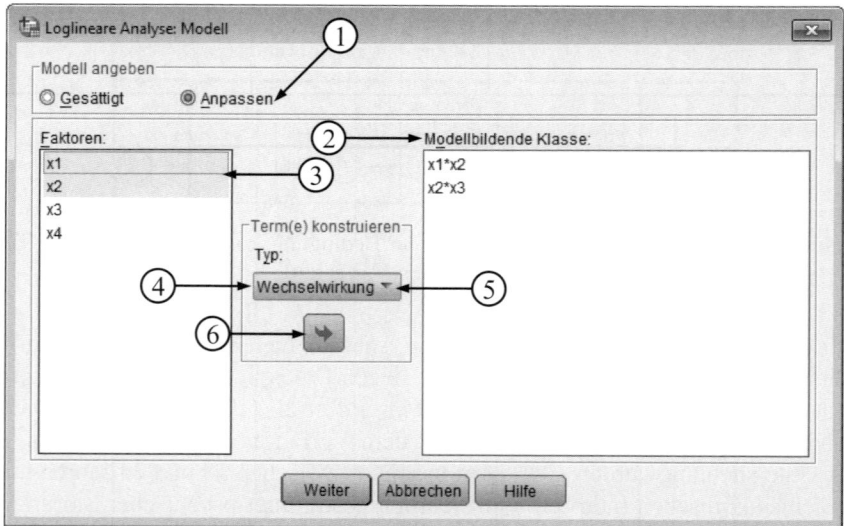

Abbildung 6.13: Dialogfenster Modell

Wählen Sie dann im Auswahlfenster für die Art des Effektes [4] die Option Wechselwirkung, indem Sie über das kleine Dreieck [5] die Optionsliste aufrufen. Verschieben Sie anschließend die Variablen über die gewohnte Schaltfläche [6] in das Feld Modellbildende Klasse. Wiederholen Sie den Vorgang mit den Variablen X_2 und X_3. Bestätigen Sie die Eingaben mit Weiter und starten Sie die Analyse.

In dem in Abbildung 6.14 gezeigten Ausschnitt der Ergebnisausgabe sind zunächst unter Design 1 diejenigen Effekte aufgelistet, die das Modell definieren [1]. Da nicht mehr alle Effekte zur Berechnung der erwarteten Häufigkeiten zur Verfügung stehen, weichen diese nun von den beobachteten Häufigkeiten ab. So wurden zum Beispiel acht Personen beobachtet [2], die in allen vier Variablen der Kategorie nein zugeordnet wurden. Nach dem Vorhersagemodell wurden jedoch nur 7.92 erwartet [3]. Das Residuum beträgt .08 [4], was nach Standardisierung einen Wert von .03 ergibt [5].

Die Abweichungen zwischen den beobachteten und den erwarteten Häufigkeiten werden mit dem χ^2-Test [6] geprüft. Die Nullhypothese (Übereinstimmung der empirisch ermittelten mit den vom Modell vorhergesagten Häufigkeiten) wird in diesem Fall nicht abgelehnt (p = .997 [7]). Das berechnete Modell kann die beobachteten Häufigkeiten also sehr gut vorhersagen. Die Parameterschätzer, die Tests auf Signifikanzen der Effekte einzelner Ordnungen sowie die Assoziationstabelle werden bei ungesättigten Modellen nicht ausgegeben. Deshalb endet die Ergebnisausgabe nach den χ^2-Werten.

Modellbildende Klasse	x1*x2, x2*x3 ← (1)

Vorbereiten	Ausführen	Kontrollieren	Organisieren (2)	Beobachtet (3) Häufigkeit	Beobachtet %	Erwartet (4) Häufigkeit	Erwartet %	Residuen	Standardresiduum (5)
nein	nein	nein	nein	8,000	10,0%	7,917	9,9%	,083	,030
			ja	9,000	11,3%	7,917	9,9%	1,083	,385
		ja	nein	4,000	5,0%	4,583	5,7%	-,583	-,272
			ja	4,000	5,0%	4,583	5,7%	-,583	-,272

	Chi-Quadrat	Freiheitsgrade	Sig.
Likelihood-Quotient	1,928 ← (6)	10	,997 ← (7)
Pearson	2,190	10	,995

Abbildung 6.14: Ausschnitt der Häufigkeiten der Bedingungskombinationen und χ^2-Tests (unsaturiertes Modell mit allen Variablen)

In der Datei *Gesundheit.sav* im Ordner Analyse mehrdimensionaler Häufigkeitstabellen auf der Website zum Buch liegen Daten aus dem Forschungsprojekt A4 „Gesundheit in Dresden" von Margraf et al. (2001) vor. Diese Daten können zur weiteren Beschäftigung mit dem Verfahren verwendet werden. In der Untersuchung wurden 1340 Dresdnerinnen zwischen 18 und 24 Jahren mittels eines klinischen Interviews hinsichtlich bestimmter psychischer Störungen diagnostiziert. Mit Hilfe loglinearer Modelle können nun Wechselwirkungen zwischen den unterschiedlichen Störungen untersucht werden. In der Datei *Gesundheit.pdf* werden der Gegenstand der Untersuchung und die Auswertung beschrieben.

Zusätzlich werden auf der Website zum Buch im Ordner Analyse mehrdimensionaler Häufigkeitstabellen die Daten zum Anwendungsbeispiel Vollständigkeit von Tätigkeiten (*Vollständigkeit von Tätigkeiten.sav*) sowie Syntax-Dateien für die Bearbeitung der Anwendungsaufgabe Vollständigkeit von Tätigkeiten aus diesem Kapitel (*Vollständigkeit von Tätigkeiten.sps*) sowie zur Praxisaufgabe Gesundheit in Dresden (*Gesundheit.sps*) bereitgestellt.

Kapitel 7
Zeitreihenanalyse

Inhaltsübersicht

7.1   Zeitreihendarstellung und Stationarität.. 242
7.1.1   Zeitreihendarstellung.. 242
7.1.2   Stationarität von Zeitreihen 244
7.2   Trendanalyse 245
7.2.1   Nichtparametrische Glättungsverfahren 245
7.2.2   Parametrische Trendanalyse 247
7.3   Schwingungsanalyse 249
7.3.1   Autokorrelationsanalyse 249
7.3.2   Spektralanalyse... 252
7.4   Überblick über weitere Methoden der Zeitreihenanalyse 256
7.5   Anwendungsbeispiel in SPSS 258
7.5.1   Darstellung der Zeitreihe... 258
7.5.2   Trendanalyse 261
7.5.3   Schwingungsanalyse 266
7.5.4   Analysen nach Therapiebeginn... 275

Mit der Zeitreihenanalyse wird in diesem Kapitel eine Gruppe von Verfahren vorgestellt, die sich in ihren Voraussetzungen und Vorgehensweisen von den anderen statistischen Verfahren grundlegend unterscheidet. Bei den bisher behandelten Methoden der multivariaten Statistik besteht die Ausgangssituation darin, dass voneinander
unabhängige Messungen der interessierenden Variablen an mehreren (unterschiedlichen) Probanden vorgenommen und die so erhaltenen Daten ausgewertet werden. In
Vorbereitung einer Zeitreihenanalyse werden im Unterschied dazu im Zeitverlauf
wiederholte Messungen an demselben Probanden vorgenommen. Diese Messungen
sind somit nicht unabhängig voneinander. Die Ermittlung der Art der Abhängigkeit
aufeinanderfolgender Messwerte ist ein wesentliches Anliegen der Zeitreihenanalyse.
Dabei müssen hinreichend lange Zeitreihen vorliegen. Besonders die Anwendung
vieler spektralanalytischer Verfahren erfordert in Abhängigkeit von der Fragestellung oft wenigstens ca. 100 Messwerte. Somit unterscheiden sich Zeitreihenanalysen
im hier dargestellten Sinn grundlegend von Zeitreihenversuchsplänen aus der klassischen Versuchsplanung bzw. Statistik, wo diese Bezeichnung bereits beim Vorliegen
von mehr als zwei Messzeitpunkten benutzt wird.

In der Psychologie und in anderen Sozialwissenschaften gibt es zwei wesentliche
Anwendungsbereiche von Zeitreihenanalysen. Oft werden sie eingesetzt, um für jeweils einzelne Probanden aus vorliegenden Zeitreihendaten komprimierte Messwerte
zu ermitteln, die mit Verfahren der klassischen Statistik zum Vergleich zwischen
Probandengruppen verwendet werden können. Solche Methoden werden vor allem in
der Biopsychologie benutzt. In psychophysiologischen Untersuchungen zum Beispiel
fallen Zeitreihen des Elektroenzephalogramms (EEG), des Elektrokardiogramms
(EKG) oder aus kontinuierlichen Blutdruckmessungen an. Aus diesen Zeitreihen
werden vor allem mit Methoden der Spektralanalyse Kenngrößen gewonnen, die in
Beziehung zu psychischen Prozessen und Eigenschaften gesetzt werden können.

Ein zweiter wichtiger Anwendungsbereich der Zeitreihenanalyse betrifft den
Nachweis der Wirkung von Therapien oder Interventionen im Einzelfall. Das Anliegen besteht hier darin, Veränderungen in der Abhängigkeitsstruktur oder im Trend
der Zeitreihen nach Einsetzen der Behandlung im Vergleich zur vorhergehenden
Kontrollphase zu zeigen.

Die Zeitreihenanalyse kann weder eindeutig den univariaten noch den multivariaten statistischen Verfahren zugeordnet werden. Wegen den zunehmenden Anwendungen in der Psychologie und den Sozialwissenschaften wird im Rahmen dieses
Buches eine Einführung in wesentliche Methoden der Zeitreihenanalyse dargestellt.
Es werden Methoden der Trendanalyse (Abschnitt 7.2) und der Schwingungsanalyse
(Autokorrelationsanalyse und Spektralanalyse) behandelt (Abschnitt 7.3). Auf Methoden der parametrischen Zeitreihenmodellierung und des Nachweises von Thera-
pie- bzw. Interventionswirkungen auf der Grundlage parametrischer Zeitreihenmo-
dellierungen kann im Rahmen dieser Einführung nur hingewiesen werden (Abschnitte 7.4).

Ausführliche Darstellungen zur Analyse von Zeitreihen geben zum Beispiel
Chatfield (1983), Metzler und Nickel (1986), Schmitz (1989), Diggle (1990), Bo-
werman und O'Conell (1993), Cromwell et al. (1994), Brockwell und Davis (1996),
Schlittgen und Streitberg (1997), Pollok (1999) sowie Box et al. (2008).

Anwendungsbeispiel: Befindenstherapie

Die Daten in Tabelle 7.1 und Abbildung 7.1 stammen von einem Patienten, der im dreiwöchigen Schichtdienst arbeitet und über eine stetige Verschlechterung seines Allgemeinbefindens klagt. Während einer 80-tägigen Beobachtungsphase wird sein Befinden täglich auf einer Skala mit Werten zwischen 0 und 100 von einem Psychologen bewertet. Am 81. Tag beginnt eine psychotherapeutische Behandlung, die insbesondere auf die Problematik des Schichtdienstes eingeht. Mit Methoden der Zeitreihenanalyse sind zunächst die Eigenschaften der Zeitreihe in der Kontrollphase bis zum 80. Tag zu untersuchen (Trendanalyse, Schwingungsanalyse). Anschließend ist zu prüfen, ob und wie sich diese Eigenschaften in der Behandlungsphase ändern. Die Behandlung könnte sich sowohl in veränderten Schwingungseigenschaften der Daten als auch in einem veränderten Trend auswirken.

Tabelle 7.1: Daten zum Beispiel Befindenstherapie

Tag	Befinden	Tag	Befinden	Tag	Befinden	Tag	Befinden	Tag	Befinden
1	88	33	51	65	45	97	24	129	47
2	92	34	53	66	46	98	33	130	53
3	93	35	52	67	29	99	43	131	45
4	75	36	41	68	27	100	26	132	58
5	74	37	47	69	32	101	35	133	54
6	76	38	45	70	27	102	37	134	49
7	74	39	52	71	26	103	44	135	47
8	78	40	60	72	6	104	43	136	35
9	60	41	58	73	8	105	48	137	33
10	59	42	56	74	11	106	41	138	48
11	56	43	54	75	20	107	41	139	55
12	72	44	46	76	27	108	38	140	58
13	65	45	48	77	28	109	40	141	54
14	66	46	48	78	30	110	48	142	45
15	80	47	36	79	27	111	47	143	60
16	59	48	46	80	31	112	43	144	58
17	58	49	48	81	22	113	41	145	58
18	56	50	40	82	27	114	32	146	57
19	69	51	33	83	35	115	26	147	60
20	73	52	23	84	38	116	24	148	53
21	72	53	24	85	41	117	41	149	51
22	73	54	32	86	33	118	46	150	57
23	83	55	32	87	31	119	47	151	49
24	81	56	34	88	27	120	43	152	62
25	52	57	36	89	26	121	52	153	59
26	54	58	36	90	35	122	43	154	49
27	62	59	33	91	31	123	58	155	53
28	60	60	31	92	37	124	56	156	41
29	50	61	30	93	24	125	56	157	39
30	47	62	39	94	17	126	55	158	54
31	45	63	36	95	21	127	57	159	62
32	42	64	36	96	19	128	49	160	65

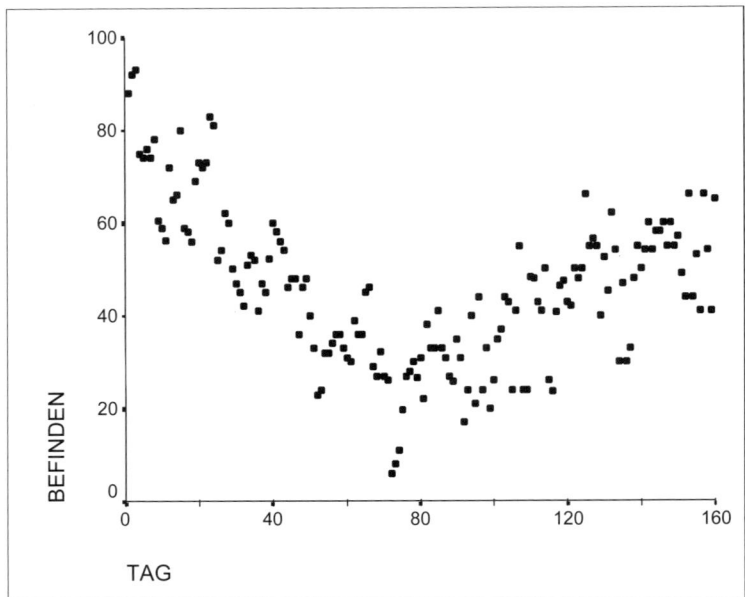

Abbildung 7.1: Daten zum Beispiel Befindenstherapie

7.1   Zeitreihendarstellung und Stationarität

Vor der Behandlung von wesentlichen Methoden der Zeitreihenanalyse soll zunächst auf einige Bezeichnungsfragen und auf die Stationarität als eine wichtige Vorausset-zung für viele Auswertungsverfahren eingegangen werden.

7.1.1   Zeitreihendarstellung

Gegeben sind n Messwerte $y(t_1)$, $y(t_2)$,..., $y(t_n)$ zu den Zeitpunkten t_1, t_2,..., t_n mit $t_1 < t_2 < ... < t_n$. Für fast alle Verfahren der Zeitreihenanalyse werden gleichabständige (äquidistante) Stützstellen vorausgesetzt, d.h. es muss gelten

$$t_n - t_{n-1} = t_{n-1} - t_{n-2} = ... = t_2 - t_1 = \Delta t. \tag{7.1}$$

In vielen Anwendungssituationen ergeben sich äquidistante Zeitreihenwerte automa-tisch aus der Art der Datenerfassung. Im Anwendungsbeispiel werden täglich Daten erfasst, so dass die Messwerte in gleichen Abständen vorliegen. Bei physiologischen Zeitreihen wie dem EEG werden die kontinuierlich vorliegenden Zeitreihen von den entsprechenden Datenerfassungsalgorithmen äquidistant erfasst. Zeitreihen mit nichtäquidistanten Stützstellen können praktisch aus zwei Gründen vorkommen:
Ein Grund besteht in Messwertausfällen bei sonst äquidistant erhobenen Daten. Bei täglichen Erhebungen über 160 Tage im Anwendungsbeispiel sind Messwertausfälle zum Beispiel infolge von Krankheit des Probanden, Urlaub o.ä. oft nicht zu vermei-

den. Bei Zeitreihendaten dürfen diese fehlenden Werte auf keinen Fall ignoriert werden. In der „normalen Statistik" werden bei fehlenden Werten einzelner Probanden
diese Personen gegebenenfalls aus der Analyse ausgeschlossen. Da es sich dort um
voneinander unabhängige Messwerte handelt, werden die Ergebnisse der Analysen
dadurch meist nicht systematisch beeinflusst. Zeitreihendaten sind dagegen nicht
unabhängig voneinander. Wenn man einzelne oder mehrere fehlende Messwerte einfach ignorieren würde, hätte das unter anderem Auswirkungen auf die zu ermittelnden Schwingungsparameter und auf die Abhängigkeitsstruktur der Zeitreihe. Deshalb
ist es bei fehlenden Werten in Zeitreihen immer erforderlich, Interpolationsverfahren
anzuwenden, um die fehlenden Werte zu ersetzen. Dabei sollte die Anzahl der durch
Interpolationen zu ersetzenden Werte möglichst gering sein und in der Regel keinesfalls 5% aller Einzelwerte übersteigen. Die einfachste Methode zur Ersetzung von
einzelnen Fehlwerten besteht darin, den Mittelwert des vorhergehenden und des folgenden Zeitreihenwertes zu verwenden. Eine allgemein verwendbare Methode mit
besseren Eigenschaften besteht in der Spline-Interpolation (zum Beispiel Schlittgen
und Streitberg, 1997), bei der nicht nur die unmittelbar benachbarten Messwerte einbezogen werden. Eine Fehlwertersetzung ist auch auf der Basis der in Abschnitt 7.2.1
dargestellten Verfahren möglich.

Ein zweiter Grund für nichtäquidistante Zeitreihen besteht darin, dass die zu analysierenden Daten nicht gleichabständig zur Verfügung stehen. Ein typisches Beispiel aus der Psychophysiologie betrifft die aus dem Elektrokardiogramm gewonnenen Zeitreihen der Herzperiodendauern. Zum Zeitpunkt jedes Herzschlages erhält
man hier ein entsprechendes Signal. Da die Zeitspannen zwischen zwei Herzschlägen
nicht gleich sind, ergeben sich hier nichtäquidistante Zeitreihenwerte als Ausgangspunkt für die weiteren Analysen. Auch hier ist in der Regel vor der Durchführung
zeitreihenanalytischer Untersuchungen die Anwendung von entsprechenden Interpolationsverfahren zur Erzeugung gleichabständiger Zeitreihenwerte erforderlich.

Beim Vorliegen äquidistanter Zeitreihenwerte gemäß Formel (7.1) wird vor den
weiteren Schritten die Normierung

$$\Delta t = 1 \tag{7.2}$$

vorgenommen. Diese Normierung vereinfacht die folgenden Darstellungen und Berechnungen. Im Anwendungsbeispiel beträgt der Abstand zwischen zwei Messzeitpunkten einen Tag, so dass die Normierung gemäß Formel (7.2) praktisch unnötig
ist. In Anwendungsfällen, in denen der Abstand zwischen zwei realen Messungen
ungleich 1 ist (zum Beispiel bei Befindenseinschätzungen alle zwei Tage, bei EEG-
Aufzeichnungen mit 256 Abtastwerten pro Sekunde usw.) muss die vorgenommene
Normierung bei der Interpretation der Ergebnisse berücksichtigt werden. Nach der
Normierung gemäß Formel (7.2) werden Zeitreihen mit n Werten in der Regel vereinfacht dargestellt als

$$\{y_t, t = 1,...,n\} \quad \text{bzw.} \quad \{y_t, t = 0,..., n-1\}. \tag{7.3}$$

7.1.2   Stationarität von Zeitreihen

Viele Verfahren der Zeitreihenanalyse, insbesondere die in Abschnitt 7.3 behandelten Verfahren der Schwingungsanalyse, setzen stationäre Zeitreihen voraus. Eine Zeitreihe ist stationär, wenn sie

- keine langfristigen Änderungen im Mittel (Trend) sowie
- keine langfristigen Änderungen der Varianz

aufweist. In Abbildung 7.2 sind die Daten des Anwendungsbeispiels in der Kontrollphase dargestellt. Es ist deutlich zu erkennen, dass es in diesem Abschnitt keine langfristigen Änderungen der Varianz gibt. Der Streubereich der Befindensdaten bleibt im Zeitverlauf relativ konstant. Trotzdem handelt es sich nicht um eine stationäre Zeitreihe, weil eine langfristige Änderung der Zeitreihenwerte im Mittel zu erkennen ist. Die Befindensdaten nehmen während der Kontrollphase im Mittel deutlich ab. Eine statistisch präzise Definition von Stationarität, bei der die Zeitreihenwerte als Realisierungen eines stochastischen Prozesses angesehen werden, kann zum Beispiel Chatfield (1983) entnommen werden.

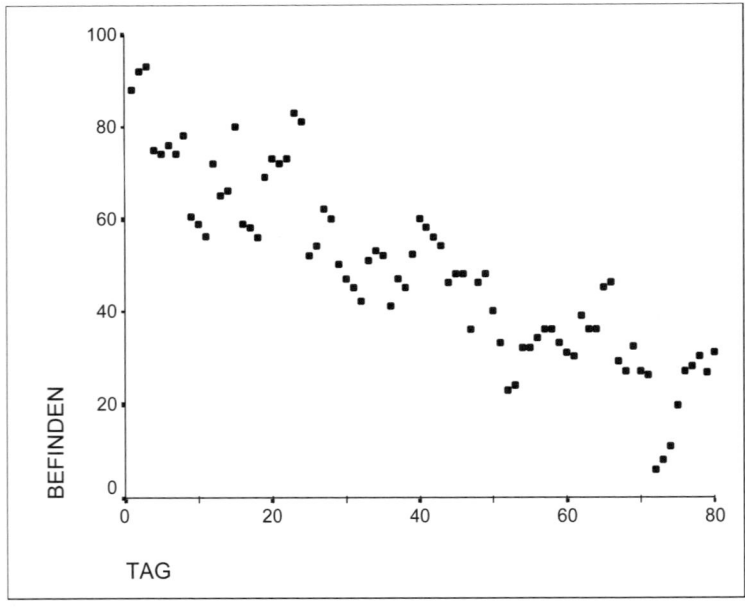

Abbildung 7.2: Befindensdaten in der Kontrollphase

Wenn Zeitreihen mit langfristigen Änderungen im Mittel (Trend) untersucht werden, kann es zwei unterschiedliche Ziele der Analyse geben:

- die Eliminierung der Trendkomponenten, um damit die Voraussetzung für die Anwendung weiterer zeitreihenanalytischer Verfahren (zum Beispiel Schwingungsanalyse) zu schaffen oder

- die Bestimmung und Untersuchung der Trendkomponenten, die wesentliche Aussagen über das Verhalten der Zeitreihendaten und über eventuelle Veränderungen in den Daten durch die Wirkung von Behandlungen enthalten können.

Im folgenden Abschnitt werden Verfahren behandelt, mit denen das Ziel der Eliminierung bzw. der Untersuchung von Trendkomponenten verfolgt werden kann.

7.2 Trendanalyse

Für die Analyse von Trendkomponenten in Zeitreihen stehen nichtparametrische (zum Beispiel exponentielles Glätten) und parametrische Verfahren (zum Beispiel lineare Trendanalyse) zur Verfügung.

7.2.1 Nichtparametrische Glättungsverfahren

Nichtparametrische Glättungsverfahren verfolgen das Ziel, die typischen Verlaufseigenschaften einer Zeitreihe zu ermitteln, ohne dass spezielle Annahmen über die Art des Trends gemacht werden müssen. Diese Verfahren werden vor allem dann eingesetzt, wenn man erste Anhaltspunkte über den Trend der vorliegenden Zeitreihe gewinnen will oder wenn eine bestimmte Trendform nicht über den gesamten zu untersuchenden Zeitabschnitt festgelegt werden kann.

Gleitende Durchschnitte

Ein einfaches Glättungsverfahren besteht in der Bildung gleitender Durchschnitte. In den folgenden beiden Formeln sind exemplarisch die Glättungsvorschriften dargestellt, in denen drei bzw. fünf Zeitreihenwerte einbezogen werden. Dabei werden alle Werte gleich gewichtet.

$$\hat{y}_t = (y_{t-1} + y_t + y_{t+1})/3 \quad (t = 2,..., n-1) \tag{7.4}$$

In Formel (7.4) werden in die Glättungsvorschrift zu jedem Zeitpunkt t der Wert der Zeitreihe y_t sowie die beiden benachbarten Zeitreihenwerte einbezogen. Dabei werden alle Werte mit dem gleichen Koeffizienten 1/3 gewichtet. In Formel (7.5) wird der einbezogene Wertebereich vor bzw. nach dem Zeitpunkt t um je einen weiteren Zeitreihenwert erweitert, alle Werte werden gleichwertig mit dem Koeffizienten 1/5 gewichtet:

$$\hat{y}_t = (y_{t-2} + y_{t-1} + y_t + y_{t+1} + y_{t+2})/5 \quad (t = 3,..., n-2) \tag{7.5}$$

Die Anzahl der in jeden Glättungsschritt einbezogenen Werte und deren Gewichtung sind frei wählbar, wobei die Summe aller Gewichtungsfaktoren den Wert 1 haben soll. Der Grad der zu erzielenden Glättung der Zeitreihe wird bei diesem Verfahren umso höher, je mehr Zeitreihenwerte jeweils in den Glättungsprozess einbezogen

werden und je gleichberechtigter alle Werte gewichtet werden. Bei wenigen einbezogenen Werten oder bei stärkerer Gewichtung des Originalwertes zum Zeitpunkt t
bzw. der unmittelbar benachbarten Werte verringert sich der Glättungseffekt entsprechend. In Abbildung 7.3 ist exemplarisch die Zeitreihe der Befindensdaten in der
Kontrollphase des Anwendungsbeispiels nach gleitender Durchschnittsbildung dargestellt. Als Glättungsvorschrift wurden hier drei Zeitreihenwerte einbezogen. Dabei
wurden alle Werte mit dem gleichen Koeffizienten gewichtet. Der erzielte Glättungseffekt ist relativ schwach, der allgemeine, abfallende Trend der Zeitreihe in der Kontrollphase ist jedoch trotzdem erkennbar.

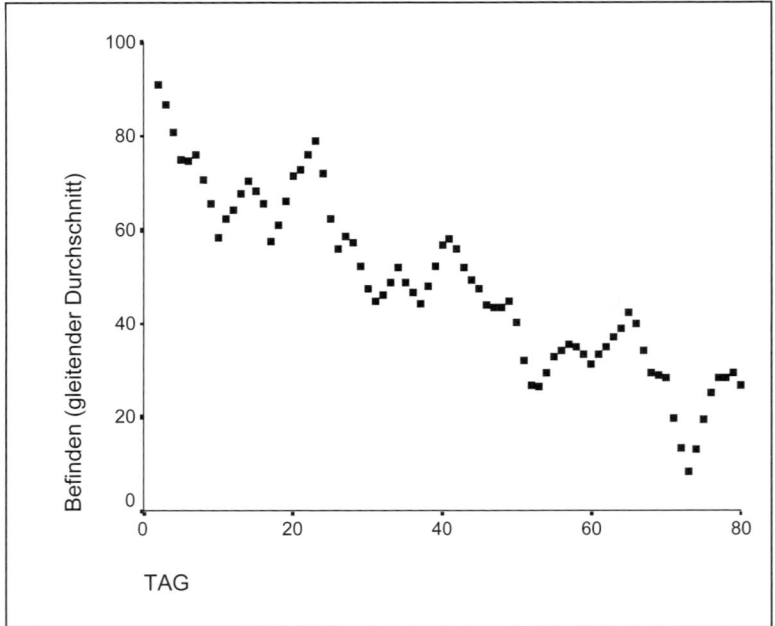

Abbildung 7.3: Gleitender Durchschnitt der Befindensdaten in der
Kontrollphase

Exponentielles Glätten

Das Prinzip des Verfahrens des exponentiellen Glättens besteht darin, für jeden Zeitreihenwert y_{t+1} einen geglätteten Schätzwert zu ermitteln, der sich aus einer gewichteten Summe des Zeitreihenwertes y_t und des zurückliegenden Schätzwertes ergibt:

$$\hat{y}_{t+1} = \alpha \cdot y_t + (1-\alpha) \cdot \hat{y}_t \qquad (7.6)$$

Aus Formel (7.6) erhält man

$$\hat{y}_{t+1} = \sum_{u=0}^{\infty} \alpha \cdot (1-\alpha)^u \cdot y_{t-u} . \qquad (7.7)$$

In Formel (7.7) wird deutlich, dass sich der Schätzwert für den Zeitpunkt t + 1 aus der Summe der exponentiell gewichteten Werte bis zum Zeitpunkt t ergibt. Dabei ist α ($0 < \alpha \leq 1$) der Parameter des Glättungsverfahrens. Bei $\alpha = 1$ geht nur der aktuelle Wert in die Schätzung ein, der Schätzwert entspricht also dem Zeitreihenwert. Je mehr sich α dem Wert 0 nähert, umso mehr werden zurückliegende Werte gewichtet. Der Glättungseffekt ist also umso größer, je kleiner α ist. Praktisch muss man oft den günstigsten Wert α durch Probieren mehrerer Werte ermitteln. In Tabelle 7.2 ist für $\alpha = .20$ und für $\alpha = .80$ der Einfluss der sechs zurückliegenden Zeitreihenwerte bei der Berechnung des Schätzwertes für den Zeitpunkt t + 1 angegeben.

Tabelle 7.2: Beiträge $\alpha \cdot (1 - \alpha)^u$ vorhergehender Zeitreihenwerte y_{t-u} zur Schätzung $\hat{y}_{t+1}$

	y_t	y_{t-1}	y_{t-2}	y_{t-3}	y_{t-4}	y_{t-5}
$\alpha = .20$	.200	.160	.128	.102	.082	.066
$\alpha = .80$	.800	.160	.032	.006	.001	.000

In Formel (7.7) wird von einer theoretisch unendlich langen Zeitreihe ausgegangen, deren Werte zur Schätzung zum Zeitpunkt t herangezogen werden. Für die praktischen Berechnungen wird als Startwert y_0 der arithmetische Mittelwert aller Zeitreihenwerte verwendet. Bei trendbehafteten Zeitreihen liefert das Verfahren von Holt und Winters eine notwendige Modifikation. Hierbei werden lokale Trendkomponenten rekursiv angepasst. Auf eine detaillierte Darstellung der Modifikation soll hier verzichtet werden (siehe Schlittgen und Streitberg, 1997).

In Abbildung 7.4 sind die Daten der Kontrollphase exponentiell geglättet (nach dem Verfahren von Holt und Winters mit Trendberücksichtigung, Parameter $\alpha = .20$) dargestellt. Der für die Kontrollphase typische Verlauf wird in dieser Darstellung deutlicher als in den Abbildungen 7.2 und 7.3 (was dadurch erklärt wird, dass für die Glättung in Abbildung 7.3 nur die jeweils unmittelbar benachbarten Zeitreihenwerte benutzt wurden): Die Zeitreihenwerte fallen im Mittel langfristig ab. Dieser Trend wird von Schwankungen überlagert, zu deren näherer Untersuchung die im Abschnitt 7.3 dargestellten Verfahren eingesetzt werden können.

7.2.2 Parametrische Trendanalyse

Bei der parametrischen Trendanalyse wird ein spezieller Typ einer Trendfunktion vorausgesetzt. Die Parameter dieser Trendfunktion werden danach mit Hilfe der Methode der kleinsten Quadrate (vgl. Kapitel 2) ermittelt. Die Zeit wird als unabhängige Variable verwendet, die Zeitreihenvariable als Kriterium.

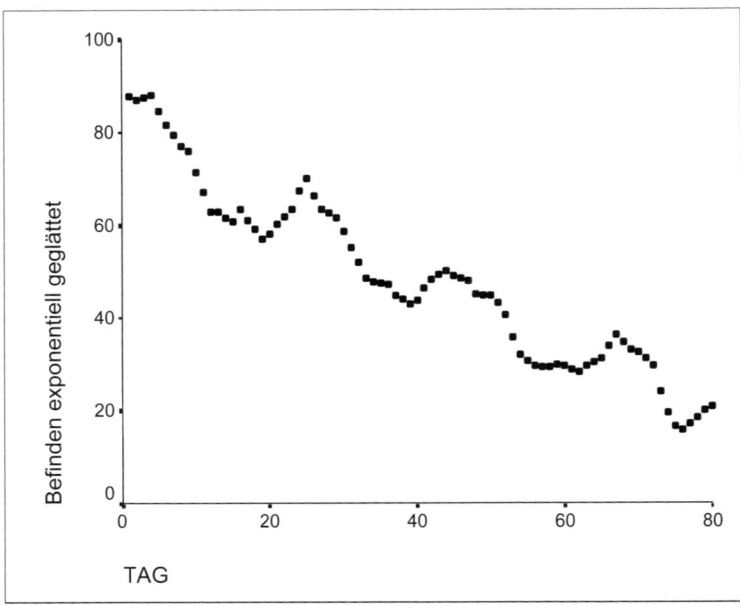

Abbildung 7.4: Befindensdaten in der Kontrollphase, exponentiell
geglättet ($\alpha = .20$)

Als Funktionstyp können sowohl nichtlineare als auch lineare Funktionen vorgegeben werden. In der Praxis werden häufig lineare Trendkomponenten ermittelt. Alternativ zur Berechnung nichtlinearer Trendkomponenten wird häufig eine Transformation der Zeitreihenvariablen (zum Beispiel logarithmische Transformation) durchgeführt, um danach an die transformierte Zeitreihenvariable eine lineare Trendfunktion anpassen zu können. Im Fall der Analyse eines linearen Trends ergibt sich das Modell

$$y_t = b_0 + b_1 \cdot t + e_t \ (t = 1, \dots, n). \tag{7.8}$$

Dieses Modell wurde für den Fall einer beliebigen intervallskalierten unabhängigen Variablen in Kapitel 2 ausführlich behandelt. Die Punktschätzung der Parameter erfolgt mit der Methode der kleinsten Quadrate. Im Anwendungsbeispiel ergibt sich für die Kontrollphase die in Abbildung 7.5 dargestellte lineare Trendfunktion. Das Befinden des Patienten verschlechtert sich pro Tag durchschnittlich um .76 Einheiten. Die Varianzaufklärung (Bestimmtheitsmaß, vgl. Kapitel 2) der Variablen Befinden beträgt 79.7%. Eine der durch die Zeitreihenanalyse zu beantwortenden Fragen besteht darin, ob sich dieser Trend durch die Wirkung der Behandlung abschwächt oder umkehrt (siehe Abschnitt 7.5).

In Abbildung 7.5 werden die Schwankungen der Zeitreihe um die Trendfunktion deutlich. Die Eliminierung des Trends aus einer gegebenen Zeitreihe wird in Abschnitt 7.5.3 beschrieben. Die Analyse der Schwingungen der Zeitreihe ist mit den im folgenden Abschnitt behandelten Methoden möglich.

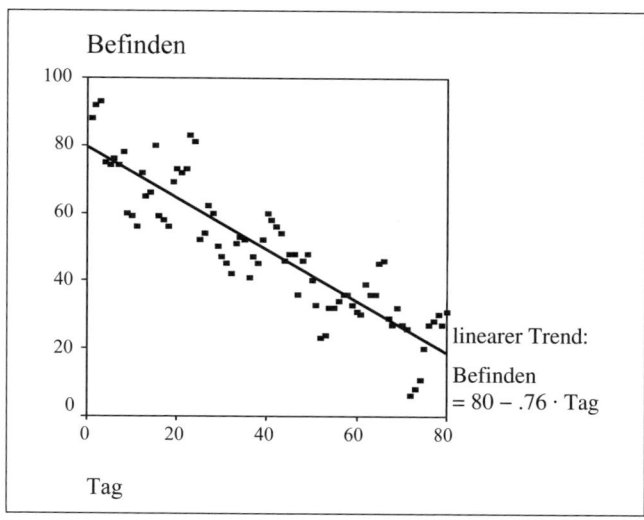

Abbildung 7.5: Linearer Trend der Befindensdaten in der Kontrollphase

7.3 Schwingungsanalyse

Schwingungskomponenten in Zeitreihen sind von Trendkomponenten, von zufälligen Einflüssen und von Fehlerkomponenten überlagert und deshalb in der Regel nicht ohne spezielle Verfahren zu identifizieren. Mit Hilfe der Methoden der Schwingungsanalyse können solche rhythmischen Veränderungen in den Zeitreihendaten identifiziert und analysiert werden. Zur Identifizierung einer rhythmischen Komponente in einer vorliegenden Zeitreihe kann das Verfahren der Autokorrelationsanalyse benutzt werden. Zur Analyse von mehreren überlagerten Schwingungen ist die Spektralanalyse einzusetzen.

7.3.1 Autokorrelationsanalyse

Die Autokorrelationsanalyse einer Zeitreihe geht von folgender Grundüberlegung aus: Wenn in einer Zeitreihe eine rhythmische Schwankung enthalten ist, dann wiederholen sich die Werte der Zeitreihe im Abstand von einer Grundschwingung dieser Schwankung. Daraus wurde die Methode entwickelt, die Zeitreihe „mit sich selbst" zu korrelieren und dabei schrittweise eine Verschiebung zu berücksichtigen.

Im ersten Analyseschritt wird die Autokovarianzfunktion berechnet, die in der folgenden Form günstige statistische Eigenschaften hat (zur Herleitung der Formel und zur Angabe von Konfidenzintervallen siehe Schlittgen und Streitberg, 1997):

$$c_k = \frac{1}{n} \sum_{t=1}^{n-k} (y_{t+k} - \bar{y}) \cdot (y_t - \bar{y}) \qquad (k = 0, ..., n/4) \tag{7.9}$$

n: Anzahl der Zeitreihenwerte

Die Autokorrelationsfunktion ergibt sich daraus gemäß

$$r_k = \frac{c_k}{c_0} \qquad (k = 0, ..., n/4). \tag{7.10}$$

Die Anzahl der Verschiebungen sollte nicht deutlich ein Viertel der Anzahl der Zeitreihendaten überschreiten, da die Anzahl der für die jeweilige Korrelationsberechnung zur Verfügung stehenden Daten und damit die Genauigkeit der Schätzung mit größer werdendem k abnimmt.

In Abbildung 7.6 ist das Prinzip der Autokorrelationsanalyse veranschaulicht: Die im ersten Teilbild (a) dargestellte Zeitreihe hat offenkundig einen streng sinusförmigen Verlauf, alle Werte wiederholen sich nach vier Zeitpunkten. Wird nun die Zeitreihe dupliziert und mit der Ausgangsreihe korreliert, ergibt sich eine Korrelation von 1.

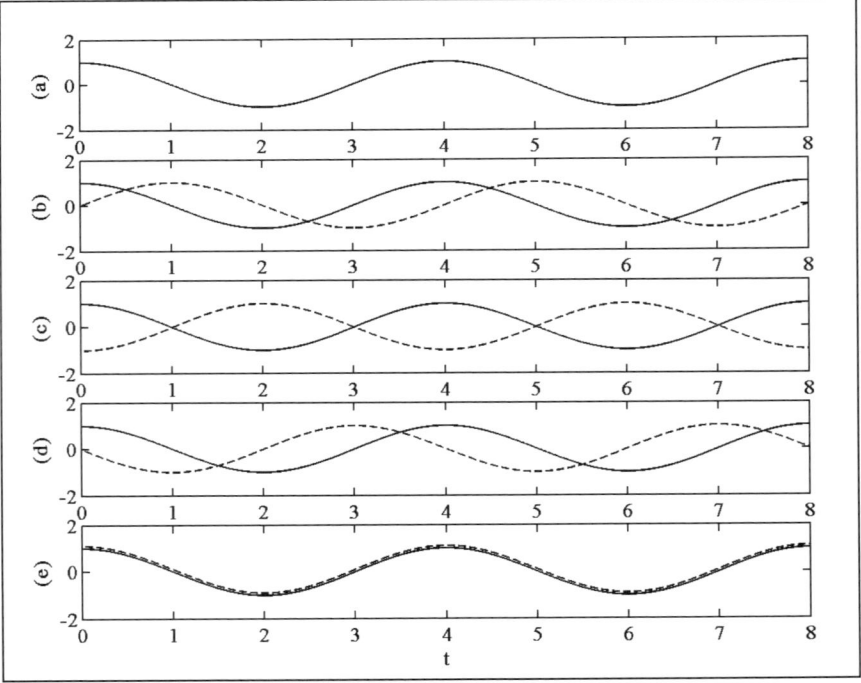

Abbildung 7.6: Prinzip der Autokorrelationsanalyse

Wenn die duplizierte Zeitreihe um einen Zeitpunkt verschoben wird, wird die Korrelation deutlich kleiner (b). Nach einer Verschiebung um zwei Zeitpunkte, ergibt sich eine deutlich negative Korrelation der beiden Reihen (c). Nach einer Verschiebung um einen weiteren Zeitpunkt, insgesamt also um drei Zeitpunkte, ergibt sich wieder eine sehr geringe Korrelation der beiden Reihen (d). Der eigentliche Sinn der Autokorrelationsanalyse wird deutlich, wenn die Ausgangszeitreihe um vier Zeitpunkte, also um die Länge einer Grundschwingung verschoben wird (e). Wenn die Originalzeitreihe mit der so um eine Grundschwingung verschobenen Reihe korreliert wird, ergibt sich erneut eine Korrelation von 1. Somit gestattet die Autokorrelationsfunktion die Identifikation der Grundschwingung, wenn sich die untersuchte Zeitreihe nur aus einer Schwingungskomponente zusammensetzt. Dabei ist zu beachten, dass in Abbildung 7.6 eine ideale Schwingung ohne zufällige Schwankungen dargestellt ist. In praktischen Zeitreihen ist die Schwingungskomponente von zufälligen Einflüssen überlagert, so dass die Korrelation von 1, wie in Teilabbildung 7.6 (e) praktisch nicht erreicht wird (vergleiche dazu Abbildung 7.7).

Für die praktische Anwendung der Autokorrelationsanalyse ist zu beachten, dass stationäre Zeitreihen vorausgesetzt werden. Deshalb ist nach der linearen Trendanalyse der Trend aus den Zeitreihendaten zu eliminieren (siehe Abschnitt 7.5.3). Die Auswirkungen einer Trendkomponente auf die Ergebnisse der Autokorrelationsanalyse werden in Abschnitt 7.5.3 veranschaulicht. Im Ergebnis der Autokorrelationsanalyse der trendbereinigten Zeitreihe aus der Kontrollphase (Differenzen der Zeitreihenwerte und der Trendfunktion in Abbildung 7.5) ergibt sich die in Abbildung 7.7 dargestellte Autokorrelationsfunktion, von der die ersten 30 Koeffizienten angegeben sind.

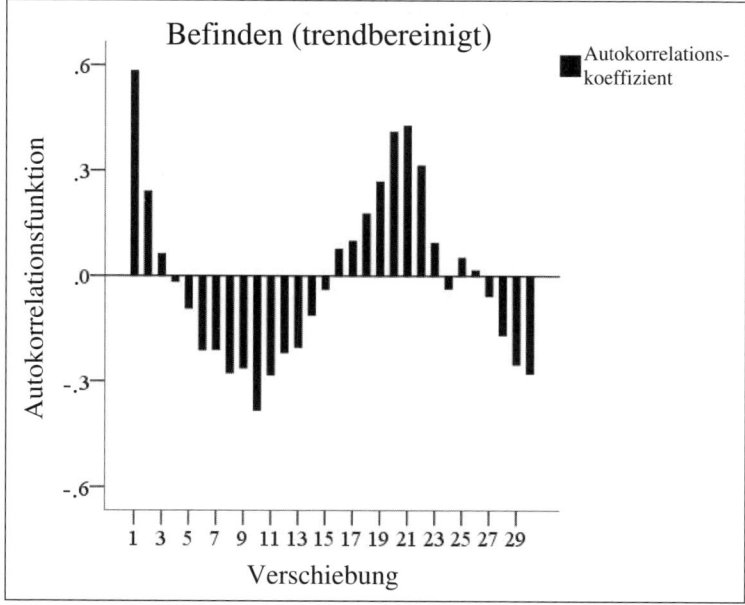

Abbildung 7.7: Autokorrelationsfunktion der trendbereinigten
Befindensdaten in der Kontrollphase

In Abbildung 7.7 ist klar ersichtlich, dass die Autokorrelationsfunktion einen deutlichen (positiven) Gipfel bei einer Verschiebung von 21 Tagen aufweist. Überlagert
von anderen Einflüssen und von zufälligen Störeinflüssen weist die grundlegende
Struktur der trendbereinigten Zeitreihe also eine Rhythmik mit einer 21-Tage-
Periodik auf. Die Hypothese, dass diese Rhythmik durch den Schichtdienst verursacht wird, erscheint im Anwendungsbeispiel naheliegend. Es wird zu untersuchen
sein, inwieweit sich dieser Einfluss nach Beginn der Therapie verändert (siehe Abschnitt 7.5.4).

7.3.2 Spektralanalyse

Als Grundmodell der Spektralanalyse, die ebenfalls stationäre Zeitreihen voraussetzt,
werden sinus- bzw. kosinusförmige Schwingungskomponenten angesehen. Sie können durch die Parameter Amplitude A, Periodendauer T (bzw. Frequenz f) und Phasenverschiebung Φ beschrieben werden. In Abbildung 7.8 ist die Grundform einer
Kosinusschwingung dargestellt. Die Amplitude der Schwingung entspricht der maximalen Auslenkung von der Nulllinie. Im dargestellten Beispiel beträgt die Amplitude A = 4. Die Periodendauer beschreibt den Zeitbereich, in dem eine volle Schwin-
gungsdauer (eine Grundschwingung) absolviert ist, im Beispiel beträgt die Periodendauer T = 80 Tage. In Abbildung 7.8 sind zwei volle Schwingungsdauern dargestellt.
Die alternativ zur Periodendauer oft benutzte Frequenz ergibt sich als reziproker
Wert der Periodendauer, im Beispiel als f = 1/80. Sie gibt an, dass pro Tag der acht-
zigste Teil einer Grundschwingung absolviert wird. Mit der Phasenverschiebung Φ
wird ausgedrückt, wie weit eine Schwingung gegenüber der Grundform einer Kosinusschwingung verschoben ist.

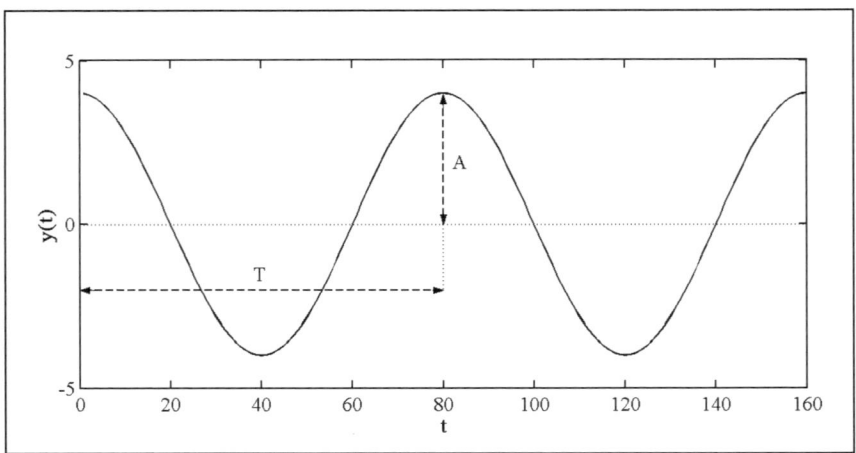

Abbildung 7.8: Kosinusschwingung (Amplitude 4, Periodendauer 80 Tage)

Bei einer Phasenverschiebung um $-\pi/2$ ergibt sich eine Sinusschwingung. Im dargestellten Beispiel ist die Grundform einer Kosinusschwingung dargestellt, somit ergibt
sich $\Phi = 0$. Die Zeitreihenwerte y_t ergeben sich allgemein nach der Beziehung

$$y_t = A \cdot \cos (2 \cdot \pi \cdot f \cdot t + \Phi), \tag{7.11}$$

für die in Abbildung 7.8 dargestellte Schwingung ergibt sich entsprechend

$$y_t = 4 \cdot \cos (2 \cdot \pi \cdot (1/80) \cdot \text{Tag}) \quad (\text{Tag} = 1,...,160). \tag{7.12}$$

Das Grundmodell der Spektralanalyse geht davon aus, dass die (trendbereinigten) Zeitreihenwerte als Überlagerung von mehreren Kosinus- bzw. Sinusschwingungen entstehen, die sich in ihrer Periodendauer bzw. Frequenz und in ihrer Amplitude unterscheiden. In Formel (7.13) wird veranschaulicht, wie eine Zeitreihe aus der Überlagerung von zwei Kosinusschwingungen entsteht.

$$y_t = A_1 \cdot \cos (2 \cdot \pi \cdot f_1 \cdot t + \Phi_1) + A_2 \cdot \cos (2 \cdot \pi \cdot f_2 \cdot t + \Phi_2) \quad (t = 1,...,n) \tag{7.13}$$

Für die in Abbildung 7.9 dargestellte Überlagerung von zwei Sinusschwingungen erhält man die resultierende Zeitreihe nach

$$y_t = 1 \cdot \cos (2 \cdot \pi \cdot 1/10 \cdot t - \pi/2) + 0.5 \cdot \cos (2 \cdot \pi \cdot 1/2 \cdot t - \pi/2)$$

$$= 1 \cdot \sin (2 \cdot \pi \cdot 1/10 \cdot t) + 0.5 \cdot \sin (2 \cdot \pi \cdot 1/2 \cdot t) \quad (t = 1,...,n). \tag{7.14}$$

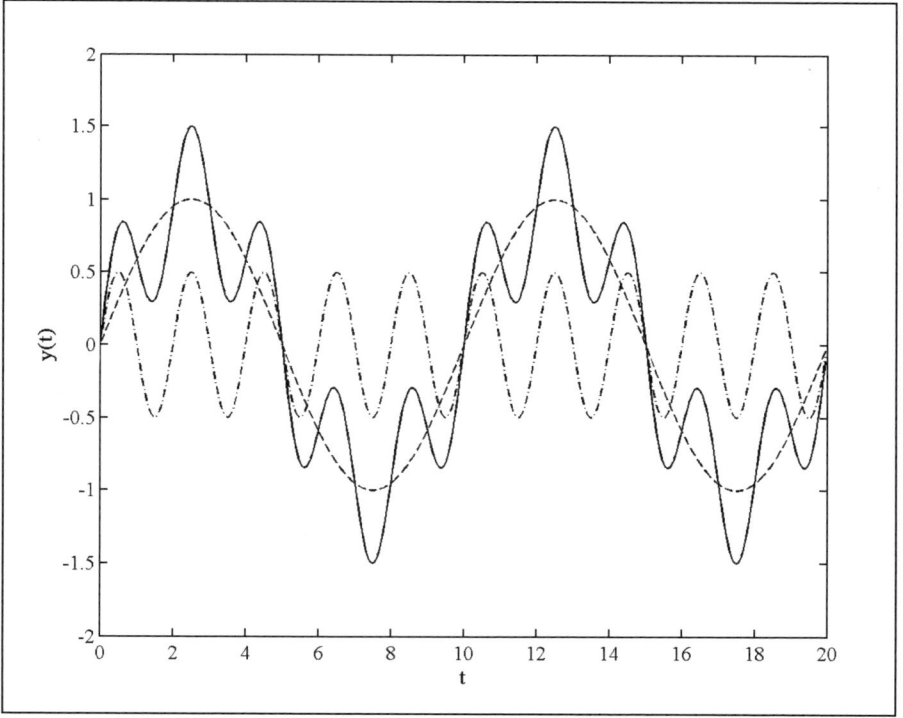

Abbildung 7.9: Überlagerung (durchgezogene Linie) von zwei Sinusschwingungen (gestrichelte Linien)

Die Zusammensetzung der Zeitreihe aus ihren Schwingungskomponenten kann durch ein Periodogramm (siehe Abbildung 7.10) oder andere Formen eines Spektrums dargestellt werden. Das Periodogramm basiert in seiner ursprünglichen Idee auf dem Modell der Fourier-Analyse. Danach kann jede stationäre Zeitreihe $\{y_t, t = 1,...,n\}$ als Überlagerung von $(n-1) / 2$ Kosinusschwingungen dargestellt werden. Die folgenden Formeln sind für ungerade n angegeben, für gerade n ergeben sich analoge Darstellungen, siehe zum Beispiel Metzler und Nickel (1986).

$$y_t = \overline{y} + \sum_{i=1}^{(n-1)/2} A_i \cdot \cos(2 \cdot \pi \cdot f_i \cdot t + \Phi_i) \text{ mit } f_i = i / n; t = 1,...,n; n \text{ ungerade} \qquad (7.15)$$

Die Frequenzen $f_i = i / n$ werden üblicherweise als harmonische Frequenzen bzw. die entsprechenden Teilschwingungen als harmonische Schwingungen bezeichnet. Eine wesentliche Eigenschaft des Fourier-Modells aus Formel (7.15) besteht darin, dass die Varianz der Zeitreihe $\{y_t, t = 1,...,n\}$ vollständig durch die Teilschwingungen erklärt wird. Die Beschreibung liefert die sogenannte Parsevalsche Gleichung:

$$\sum_{i=1}^{n}(y_t - \overline{y})^2 = n \sum_{i=1}^{(n-1)/2} A_i^2 / 2 \qquad (7.16)$$

Die grafische Darstellung von

$$I(f_i) = n \cdot A_i^2 / 2 \qquad (i = 1,..., (n-1)/2) \qquad (7.17)$$

$I(f_i)$: Wert des Periodogramms der Teilschwingung der Frequenz f_i
A_i: Amplitude der Teilschwingung der Frequenz f_i
n: Anzahl der Zeitreihenwerte

wird als Periodogramm bezeichnet. Ein hoher Wert im Periodogramm bei der Frequenz $f_i = i / n$ bzw. bei der Periodendauer $T_i = 1 / f_i = n / i$ bedeutet, dass die entsprechende Teilschwingung einen hohen Anteil der Varianz der Zeitreihe erklärt. Da die Anzahl der in Formel (7.15) enthaltenen Teilschwingungen ohne Berücksichtigung der tatsächlich in praktischen Zeitreihen enthaltenen Anzahl an Teilschwingungen festgelegt ist, kann erst die Analyse des Periodogramms Aufschlüsse über die relevanten Schwingungskomponenten liefern. Einzelheiten über die statistische Analyse des Periodogramms geben Schlittgen und Streitberg (1997) an.

Für die in Abbildung 7.9 dargestellte Zeitreihe, die aus der Überlagerung von zwei Teilschwingungen entstanden ist, ergibt sich das in Abbildung 7.10 dargestellte Periodogramm. Dabei wird für die Darstellung in Abbildung 7.10 angenommen, dass n = 200 Zeitreihenwerte vorliegen. Es wird deutlich, dass die Varianz der Zeitreihe aus Abbildung 7.9 ausschließlich durch zwei Teilschwingungskomponenten erklärt wird, andere harmonischen Teilschwingungen existieren nicht. Im Ergebnis der Analyse von praktischen Zeitreihen kommt es nicht zu einer idealisierten Darstellung wie in Abbildung 7.10, da die in der Zeitreihe enthaltenen Schwingungskomponenten in der Praxis von zufälligen Fehlern, so genanntem Rauschen überlagert sind.

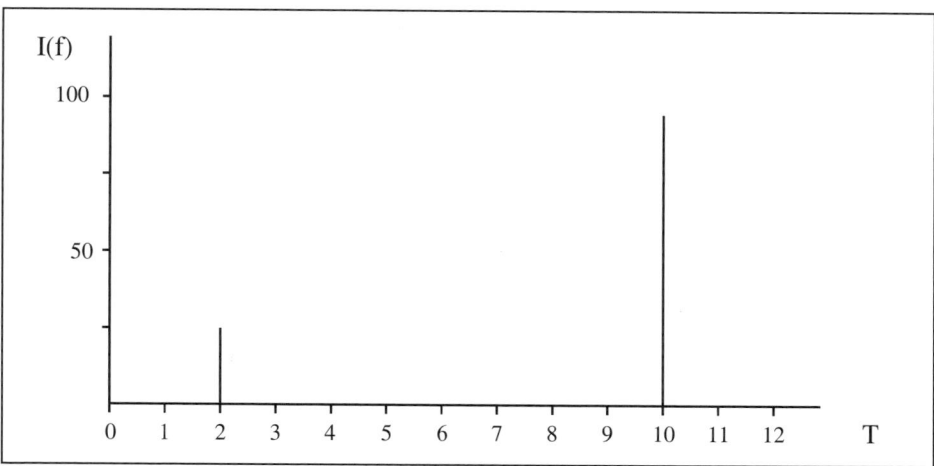

Abbildung 7.10: Periodogramm der Zeitreihe aus Abbildung 7.9 (n = 200)

Im Anwendungsbeispiel liefert das in Abbildung 7.11 dargestellte Periodogramm der trendbereinigten Zeitreihe in der Kontrollphase ein eindeutiges Ergebnis. Die Schwingungskomponente mit der Periodenlänge von 21 Tagen leistet einen dominierenden Beitrag zur Varianzaufklärung, alle anderen Schwingungskomponenten tragen nicht wesentlich zur Varianzaufklärung bei.

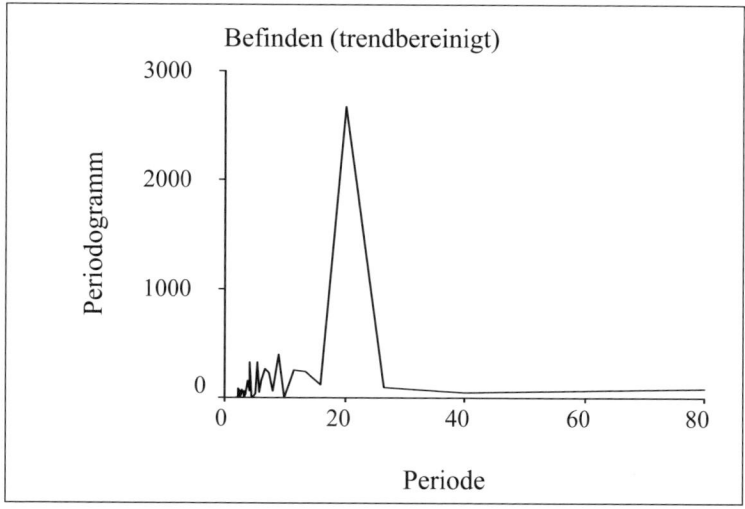

Abbildung 7.11: Periodogramm der Befindensdaten in der Kontrollphase

Zusammenfassend kann zu den Zeitreihendaten in der Kontrollphase festgestellt werden, dass eine langfristige Verschlechterung des Befindens stattfindet (negativer linearer Trend). Zusätzlich unterliegt das Befinden rhythmischen Schwankungen im 3-Wochen-Rhythmus, die gegebenenfalls auf den Schichtrhythmus zurückgeführt werden können. In Abschnitt 7.5 wird dargestellt, ob und wie sich diese Beschreibung in der Behandlungsphase nach Beginn der Therapie verändert.

7.4   Überblick über weitere Methoden der Zeitreihenanalyse

Im Rahmen der kurzen Einführung in den bisherigen Abschnitten konnten nur einige grundlegende Verfahren der Zeitreihenanalyse skizziert werden. Im Folgenden werden weitere wichtige Möglichkeiten dargestellt, die für Anwendungen in der Psychologie und in den Sozialwissenschaften von besonderer Bedeutung sind.

Weiterführende Verfahren der Spektralanalyse

Bei praktischen Anwendungen der Spektralanalyse, vor allem im Rahmen biopsychologischer Fragestellungen, ergeben sich eine Reihe von Problemen. Zu deren Lösung werden Methoden angewendet, die über das in Abschnitt 7.3 dargestellte grundlegende Modell der Fourier-Analyse hinausgehen.

In SPSS sind sogenannte Fenstertechniken realisiert. Sie ermöglichen eine Glättung des Periodogramms, um zufällige extreme Periodogrammwerte zu verringern und um den sogenannten Leakage-Effekt zu unterdrücken. Mit dem Leakage-Effekt werden Verzerrungen im Periodogramm beschrieben, die dann auftreten, wenn die tatsächlichen Frequenzen von Teilschwingungskomponenten nicht mit den harmonischen Frequenzen in Formel (7.15) zusammenfallen. Das ist bei 80 Zeitreihenwerten zum Beispiel dann der Fall, wenn eine Teilschwingung mit der Frequenz 5.5 / 80 enthalten ist. Deren Frequenz liegt zwischen den harmonischen Frequenzen 5 / 80 und 6 / 80. Diese Komponente verfälscht das Spektrum bei mehreren benachbarten Frequenzen erheblich, was durch die Fenstertechniken eingeschränkt wird.

Eine über die Fenstertechniken noch hinausgehende wichtige spektralanalytische Methode stellen Filtertechniken dar. Dabei werden Teilschwingungskomponenten bestimmter Frequenzbereiche aus der Zeitreihe herausgefiltert, wobei alle anderen Schwingungskomponenten unterdrückt werden. Diese zum Beispiel bei der Untersuchung von EEG-Frequenzbändern standardmäßig angewendete Methode ermöglicht eine Untersuchung der Veränderungen der spektralen Eigenschaften im Zeitverlauf. Dazu existieren auch weitere Verfahren, wobei die Anwendung spezieller Software erforderlich ist (siehe zum Beispiel Strang und Nguyen, 1997, Wagner et al., 1998).

Parametrische Zeitreihenmodellierung

Neben der parametrischen oder nichtparametrischen Modellierung von Trendkomponenten gibt es weitergehende Methoden der Modellierung der Abhängigkeitsstruktur von Zeitreihen, sogenannte ARIMA-Modelle (autoregressive integrated moving average). Dabei werden die Werte der Zeitreihe aus zurückliegenden Werten und aus zufälligen Einflüssen zum betrachteten Zeitpunkt und von zurückliegenden Zeitpunkten geschätzt. Das einfachste Beispiel für eine parametrische Zeitreihenmodellierung stellt das autoregressive Modell 1. Ordnung AR (1) dar. Dabei werden die Werte der Zeitreihe modelliert aus dem vorhergehenden Zeitreihenwert und aus dem Wert der Zufallsvariablen Modellfehler E_t zum Zeitpunkt t (e_t: Residuum zum Zeitpunkt t). Bei den Zufallsvariablen E_t (t = 1,...,n) handelt es sich um eine Folge von unabhängigen, normalverteilten Zufallsvariablen.

$$y_t = a \cdot y_{t-1} + e_t \qquad (t = 2, \ldots, n)$$
(7.18)

a : autoregressiver Parameter erster Ordnung
e_t: Residuum zum Zeitpunkt t

Der Parameter a wird aus den Daten geschätzt. Hohe Schätzwerte für a weisen auf eine hohe Abhängigkeit benachbarter Zeitreihenwerte hin, a = 0 würde sich für unabhängige Zeitreihenwerte ergeben. Einen Überblick über die auch in SPSS realisierten Verfahren der ARIMA-Modellierung geben zum Beispiel Schlittgen und Streitberg (1997).

Modellierung von Interventionseffekten

Auf der ARIMA-Modellierung von Zeitreihen basieren Methoden zur Modellierung und statistischen Beurteilung von Interventionseffekten. Dabei wird in das parametrische Zeitreihenmodell (zum Beispiel aus Formel (7.18)) eine zusätzliche Variable aufgenommen, die die Wirkung der Intervention beschreiben soll. Oft handelt es sich dabei um eine dichotome Variable. Eine wichtige Möglichkeit zur Modellierung einer Intervention besteht in einer Variable, die in der Kontrollphase den Wert 0 und in der Behandlungsphase den Wert 1 annimmt. Die Interventionsvariablen werden in das Modell aufgenommen und statistisch geprüft. Signifikante Koeffizienten dieser Funktionen belegen die Hypothese der angenommenen Interventionswirkung. Die Anwendung dieser auch in SPSS realisierten Möglichkeit der Modellierung von Interventionseffekten erfordert genaue Vorkenntnisse über die beabsichtigte Interventionswirkung und über die Auswirkungen auf das parametrische Zeitreihenmodell einschließlich der Interventionsvariablen (siehe zum Beispiel Schlittgen und Streitberg, 1997).

Zusammenhangsanalyse von Zeitreihen

Neben der Untersuchung einzelner Zeitreihen sind in praktischen Anwendungen oft auch die Beziehungen von unterschiedlichen Reihen von Interesse. Wenn im Anwendungsbeispiel neben den Befindensdaten zusätzlich täglich die Gesamtarbeitszeit (im Beruf und im privaten Bereich) erfasst worden wäre, könnte der Zusammenhang dieser beiden Zeitreihen von Interesse sein. Daneben wäre denkbar, dass sich Arbeitszeiten zeitverzögert auf das Befinden auswirken. Zur Beantwortung dieser Fragen kann die auch in SPSS realisierte Kreuzkorrelationsanalyse angewendet werden. Analog zur Autokorrelationsanalyse (siehe Abschnitt 7.3.1) wird zunächst die Korrelation der beiden Zeitreihen ermittelt. Anschließend wird eine der beiden Reihen um einen, danach um zwei usw. Zeitpunkt(e) verschoben. Die so entstehenden Korrelationen werden berechnet. Das Verfahren liefert Aussagen zur ursprünglichen Korrelation der betrachteten Zeitreihen sowie über zeitversetzte Korrelationen (siehe zum Beispiel Schlittgen und Streitberg, 1997).

7.5 Anwendungsbeispiel in SPSS

In der Umsetzung in SPSS werden zunächst die Eigenschaften der Zeitreihe analog zu der oben beschriebenen Vorgehensweise ermittelt. Es werden also Kenngrößen, Trend und Rhythmik der Zeitreihe in der Kontrollphase vor Beginn der Behandlung berechnet. Anschließend wird untersucht, wie sich die Charakteristika der Zeitreihe nach Therapiebeginn ändern. Die Daten aus Tabelle 7.1 sind in der Datei Befindenstherapie.sav auf der Website zum Buch im Ordner Zeitreihenanalyse gespeichert.

7.5.1 Darstellung der Zeitreihe

Zunächst soll die Zeitreihe grafisch dargestellt werden.

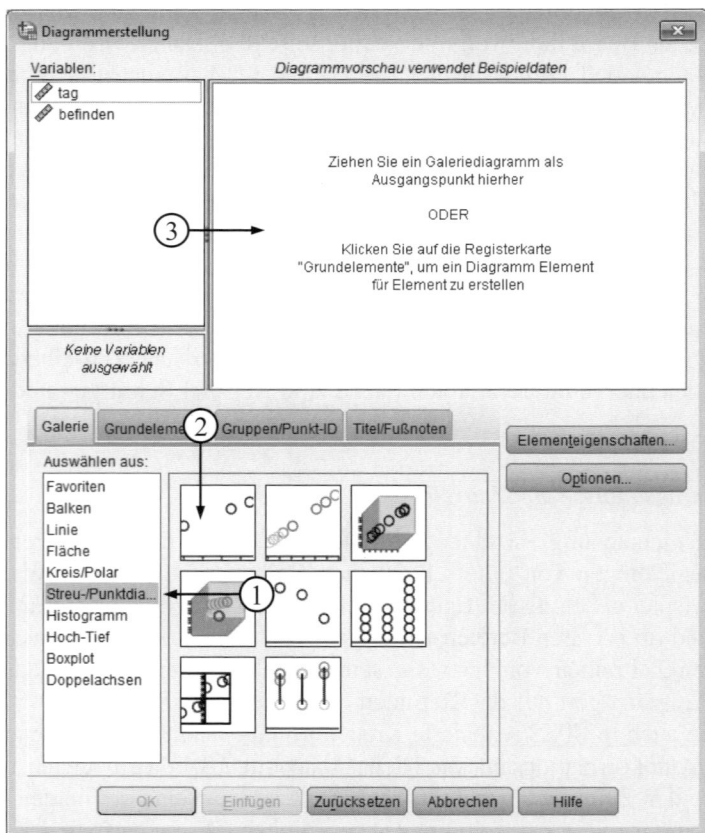

Abbildung 7.12: Dialogfenster Diagrammerstellung

Hierzu ist im Hauptmenü unter Diagramme die Option Diagrammerstellung auszuwählen. Das Hinweisfenster kann mit OK einfach wieder geschlossen werden, es erscheint das Dialogfenster aus Abbildung 7.12.

Wählen Sie Streu-/Punktdiagramm [1] und anschließend Einfaches Streudiagramm
[2] (die Bezeichnung erfahren Sie, wenn Sie mit der Maus über die Schaltfläche fah-
ren und etwas warten). Ziehen Sie anschließend die Schaltfläche per Drag & Drop
auf das Fenster Diagrammvorschau [3]

Es erscheint die Vorschau des zu erstellenden Diagramms aus Abbildung 7.13.
Verschieben Sie die Variable Tag [1] in das Feld für die x-Achse [2] und Befinden in
das Feld für die y-Achse. Unter Elementeigenschaften [3] könnte man die entstehende Grafik mit Überschriften bzw. Achsenbezeichnungen versehen, unter Optionen
[4] den Umgang mit fehlenden Werten festlegen. Durch Anklicken der dann aktiven
Schaltfläche OK [5] wird die Analyse gestartet.

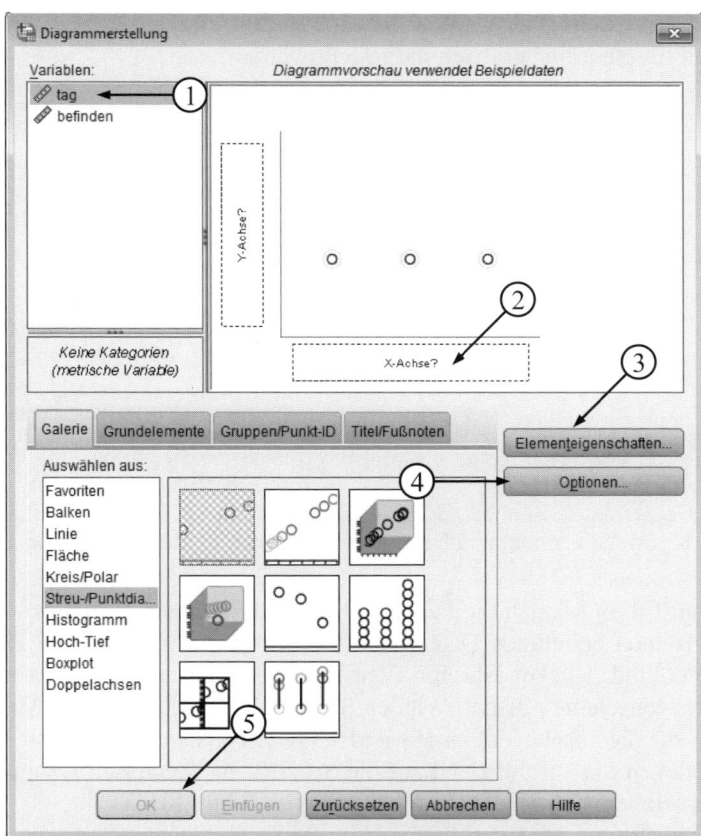

Abbildung 7.13: Dialogfenster Diagrammerstellung

In Abbildung 7.14 ist das Streudiagramm (bereits im Diagramm-Editor) dargestellt.
Der Diagramm-Editor wird geöffnet, indem man im Ausgabefenster einen Doppel-
klick auf das Streudiagramm ausführt. Wie eingestellt wurde, ist auf der y-Achse das
Befinden [1] und auf der x-Achse die Variable Tag [2] abgetragen. Das Diagramm
entspricht, bis auf eine geringere Ausdehnung der x-Achse, dem aus Abbildung 7.1.
Die im Nachhinein eingefügte Gerade [3] markiert den Zeitpunkt des Behandlungs-

beginns. Es ist zu erkennen, dass sich das Befinden vom ersten bis zum 80. Tag im
Mittel verschlechtert. Nach dem 80. Tag steigen die Werte wieder an. Über die gesamte Untersuchungszeit bleibt die Varianz relativ konstant, d.h. die Werte schwanken in einem relativ gleichmäßigen Bereich.

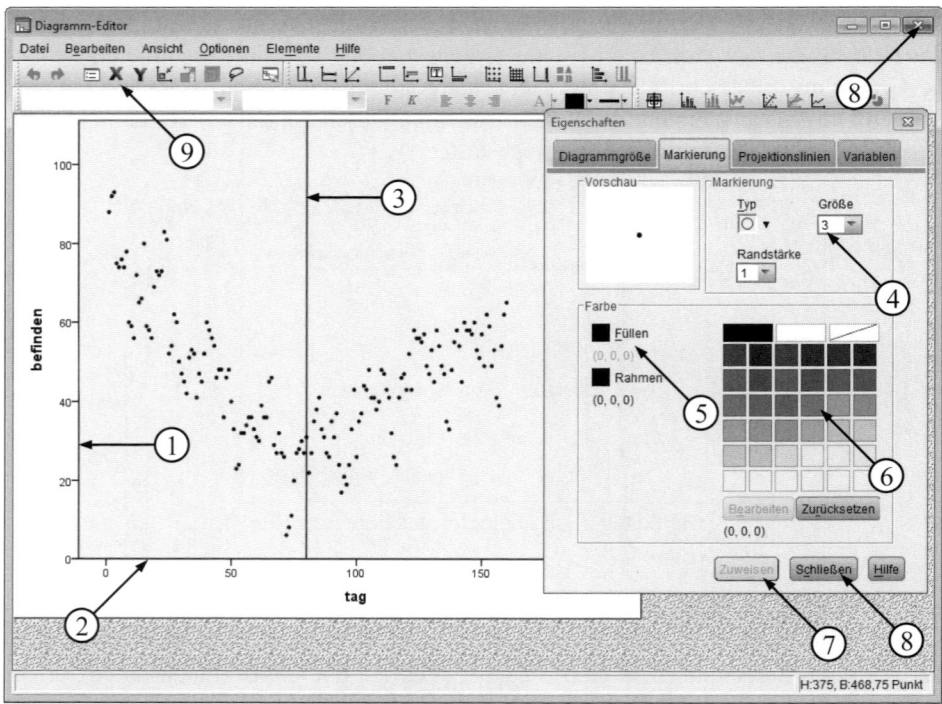

Abbildung 7.14: Streudiagramm und Dialogfenster Marker im SPSS Diagramm-Editor

Im Diagramm-Editor können die Parameter des Diagramms modifiziert werden. Klicken Sie auf einen beliebigen Datenpunkt im Diagramm, so dass alle Datenpunkte
gelb umrandet sind. Klicken Sie nun doppelt auf einen Datenpunkt, woraufhin sich
das Fenster Eigenschaften öffnet. Wählen Sie hier 3 als Größe für die Markierungen
[4], klicken auf die Fläche Füllen [5] und unmittelbar danach auf eine Farbe Ihrer
Wahl [6]. Klicken Sie anschließend auf die Schaltfläche Zuweisen [7] um die Änderung zu übernehmen. Schließen Sie den Diagramm-Editor [8].

Klicken Sie nun auf die Schaltfläche X in der Symbolleiste [9] um die x-Achse zu
bearbeiten. Es öffnet sich das in Abbildung 7.15 dargestellte Dialogfenster. Der Rei-
ter Skala ist nach Voreinstellung aktiviert [1]. Legen Sie hier ein Maximum von 160
fest [2]. Als erste Unterteilung ist 40 einzutragen [3], d.h. alle 40 Einheiten wird die
x-Achse durch einen Teilstrich markiert. Wenn Sie die Diagrammeinstellungen geändert haben, können Sie die Änderungen durch Anklicken der Schaltfläche Zuweisen wirksam werden lassen. Anschließend kann das Fenster des SPSS Diagramm
Editors geschlossen werden, um so wieder zur Ergebnisausgabe zurückzukehren.

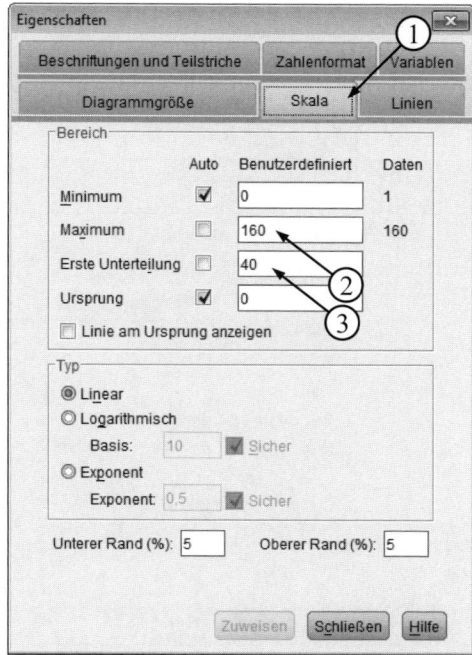

Abbildung 7.15: Dialogfenster Eigenschaften

7.5.2 Trendanalyse

Die weiteren Berechnungen sollen zunächst lediglich mit den Befindensdaten vor der Behandlung durchgeführt werden. Wählen Sie demnach im Hauptmenü unter dem Menüpunkt Daten die Option Fälle auswählen. Es erscheint das Dialogfenster aus Abbildung 7.16. Analog zu Abbildung 8.7 im Kapitel Clusteranalyse könnten nun die ersten 80 Fälle ausgewählt werden. Im vorliegenden Fall bietet sich jedoch eine andere Vorgehensweise an. Aktivieren Sie deshalb die Option Falls Bedingung zutrifft [1] und wählen Sie die Schaltfläche Falls... [2].

Im Dialogfenster in Abbildung 7.17 können die Bedingungen festgelegt werden, unter denen ein Fall auszuwählen ist. Die Bedingungen sind als Formeln in das freie Feld [1] einzutragen. Dazu können die Variablen wie gewohnt über die Pfeiltaste [2] verschoben und die Schalter [3] analog zu einem Taschenrechner verwendet werden. Alternativ kann die Bedingung auch über die Tastatur des Computers eingegeben werden. Spezifizieren Sie als Bedingung, dass alle Fälle ausgewählt werden sollen, für die tag < 81 gilt [1].

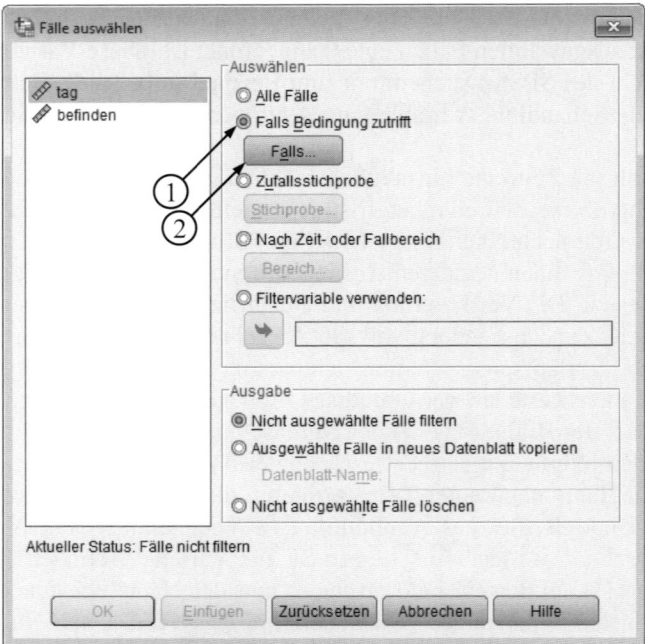

Abbildung 7.16: Dialogfenster Fälle auswählen

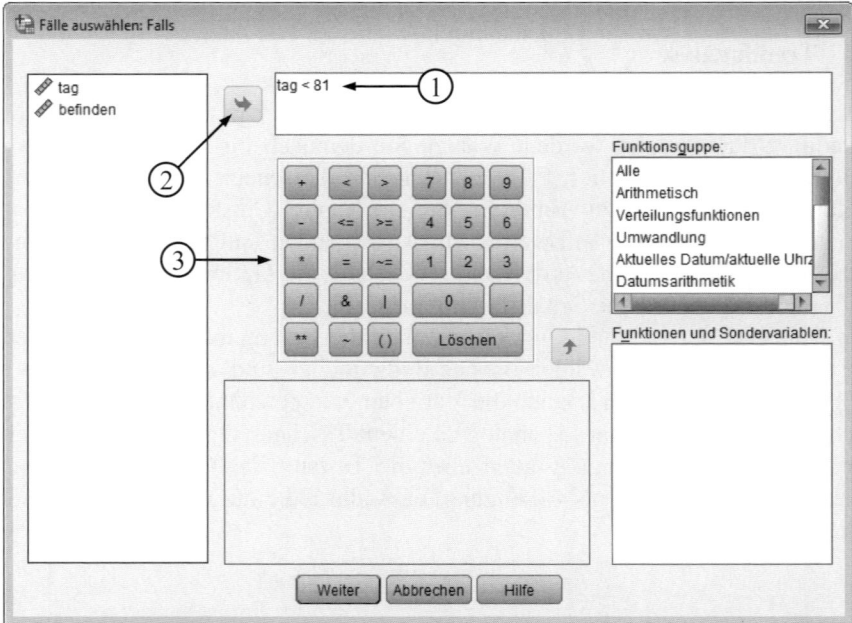

Abbildung 7.17: Dialogfenster Fälle auswählen: Falls

Bestätigen Sie die Änderungen mit Weiter und das Ende der Bearbeitung im Dialogfenster aus Abbildung 7.16 mit OK. Neben der Auswahl der Fälle 1 bis 80 erscheint

nun im Dateneditor die Variable filter_$, bei der allen ausgewählten Fällen eine 1 und allen nicht ausgewählten Fällen eine 0 zugeordnet ist. Diese Variable kann in der Variablenansicht des SPSS-Dateneditors zum Beispiel in behandl (Behandlung) umbenannt und als Behandlungsvariable eingesetzt werden (0 = Behandlung, 1 = keine Behandlung).

Zunächst soll die Zeitreihe hinsichtlich möglicher Trends geprüft werden, d.h. es wird untersucht, ob die Zeitreihe langfristige Änderungen im Mittel aufweist. In Abbildung 7.14 wurde nach einer ersten visuellen Prüfung ein linearer Trend vermutet, der bis zum 80. Tag einen negativen Anstieg und in den folgenden Tagen eine positive Steigung besitzt. Die Verifizierung und Quantifizierung des linearen Trends wird später behandelt. Zunächst jedoch soll die Zeitreihe geglättet werden, um eventuell weitere typische Verlaufseigenschaften sichtbar zu machen. Beim Glätten werden die einzelnen Befindenswerte auf der Grundlage umliegender oder vorhergehender Werte gewichtet. Bei der Bildung gleitender Durchschnitte (siehe Abschnitt 7.2.1) gehen die umliegenden Werte mit vorher festgesetzten Gewichten in die Schätzung ein. Wählen Sie im Hauptmenü unter Transformieren die Option Zeitreihen erstellen. Es erscheint das Dialogfenster aus Abbildung 7.18. Hier können neue Variablen bzw. Zeitreihen berechnet werden. Verschieben Sie die Variable Befinden in das Feld für neue Variablen [1]. In diesem Feld erscheint nun der Name der neuen Variable, in der die berechneten Schätzungen gespeichert werden sollen. Unter Name und Funktion kann einerseits der Name der Variablen geändert [2] und andererseits die Funktion, d.h. die Berechnungsvorschrift der Schätzung, festgelegt werden. Wählen Sie als Funktion den zentrierten gleitenden Durchschnitt [3] und geben Sie unter Spanne 3 ein [4]. Bestätigen Sie die Eingabe durch Anklicken von Ändern [5].

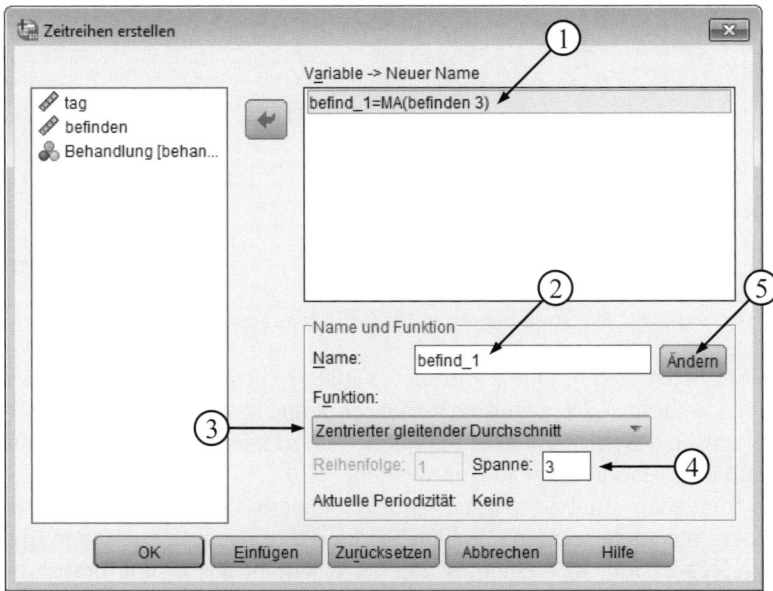

Abbildung 7.18: Dialogfenster Zeitreihen erstellen

Es wird nun jeder Wert geschätzt, indem der Mittelwert aus drei aufeinanderfolgenden Werten gebildet wird (vgl. Formel 7.4). Die drei Werte sind der zu schätzende Wert selbst und die beiden benachbarten Werte. Als weitere Funktionen könnte beispielsweise der Median aufeinanderfolgender Werte oder die Differenz zwischen aufeinanderfolgenden Werten gebildet werden. Beim letztgenannten Fall handelt es sich allerdings nicht um ein Glättungsverfahren. Starten Sie nun die Berechnung.

Im Dateneditor erscheint nun die neue Variable befind_1 mit den gleitenden Durchschnittswerten. Für die ersten und letzten Werte kann kein Durchschnitt berechnet werden, deshalb sind hier fehlende Werte eingetragen. Berechnen Sie analog zu Abbildung 7.12 und 7.13 ein Streudiagramm mit der Variablen Tag als x-Achse und der neuen Variablen Befind_1 als y-Achse (ggf. ist Befinden vorher aus dem entsprechenden Feld für die y-Achse zu entfernen). In Abbildung 7.19 ist das Diagramm abgebildet. Es entspricht dem aus Abbildung 7.3. Der negative (lineare) Trend ist nun deutlicher zu sehen. Zudem zeigen sich in scheinbar regelmäßigen Abständen temporäre Verbesserungen des Befindens [1].

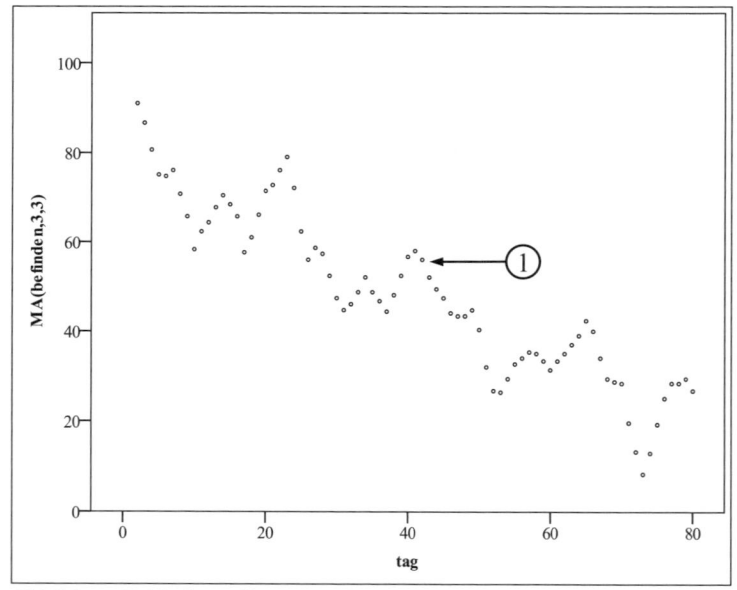

Abbildung 7.19: Streudiagramm für Befinden (gleitender Durchschnitt)

Eine weitere Möglichkeit, eine Zeitreihe zu glätten, besteht im exponentiellen Glätten (siehe Abschnitt 7.2.1). Dieses Verfahren kann in der aktuellen SPSS-Version allerdings nur über Syntax-Befehle realisiert werden (siehe Website zum Buch). Hier soll deshalb nicht darauf eingegangen werden.

In den folgenden Analyseschritten soll der lineare Trend (siehe Abschnitt 7.2.2) eingehender untersucht werden. Wählen Sie hierzu im Hauptmenü unter Analysieren die Option Regression, Kurvenanpassung. Es erscheint das Dialogfenster aus Abbildung 7.20. Verschieben Sie die Variable Befinden in das Feld für die Abhängigen Variable(n) [1] und Tag in das für die Unabhängige Variable [2]. Die Definition von Uhrzeit als unabhängige Variable [3] hätte im vorliegenden Datensatz den gleichen

Effekt: Bei Aktivierung dieser Option interpretiert SPSS die fortlaufenden Werte der abhängigen Variablen als Zeitreihe gleichabständiger Messungen, was dem Inhalt der Variablen Tag entspricht.

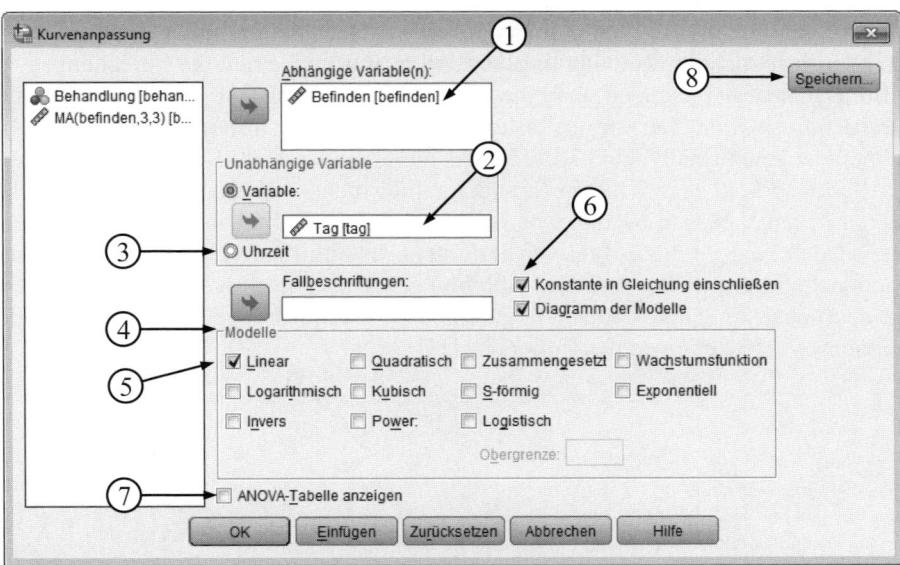

Abbildung 7.20: Dialogfenster Kurvenanpassung

Unter Modelle [4] können verschiedene zu modellierende Trendtypen ausgewählt werden. In exploratorischen Untersuchungen kann anhand der Ergebnisausgabe entschieden werden, welchem Typ die Zeitreihe am besten entspricht. Wählen Sie zunächst nur das lineare Modell [5] (bereits voreingestellt). Behalten Sie die Voreinstellung Konstante (= y-Achsenabschnitt) in Gleichung einschließen bei [6]. Andernfalls würde die Regressionskurve (hier Regressionsgerade) durch den Nullpunkt gezwungen, was im vorliegenden Fall wenig sinnvoll erscheint. Unter ANOVA-Tabelle anzeigen [7] könnten die Ergebnisse einer Varianzanalyse mit der unabhängigen Variablen Tag und der abhängigen Variablen Befinden ausgegeben werden. Im vorliegenden Beispiel genügt jedoch die Berechnung der Regressionskoeffizienten und deren Signifikanzprüfung. Starten Sie die Analyse.

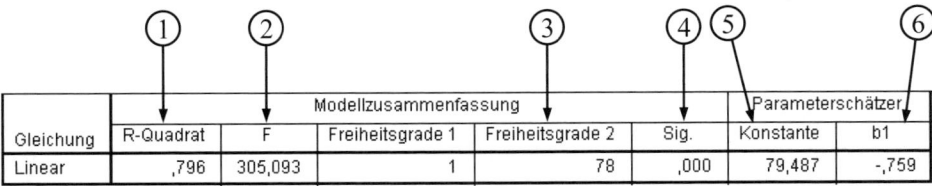

		Modellzusammenfassung				Parameterschätzer	
Gleichung	R-Quadrat	F	Freiheitsgrade 1	Freiheitsgrade 2	Sig.	Konstante	b1
Linear	,796	305,093	1	78	,000	79,487	-,759

Abbildung 7.21: Ergebnisse der Kurvenanpassung für Befinden

Nach der Berechnung der Kurvenanpassung erhält man die in Abbildung 7.21 dargestellten Kennziffern der Regression (siehe Kapitel 2): Das multiple Bestimmtheitsmaß [1] kennzeichnet das Ausmaß der Varianzaufklärung und somit die Güte des Modells. Weiter sind abgebildet der F-Wert [2], die Freiheitsgrade [3], die Irrtumswahrscheinlichkeit [4], die Regressionskonstante (y-Achsenabschnitt) [5] und der Anstieg der Regressionsgeraden [6]. Die Varianzaufklärung ist sehr signifikant.

Im Diagramm aus Abbildung 7.22 sind auf der x-Achse [1] die Variable Tag und auf der y-Achse [2] die Variable Befinden dargestellt.

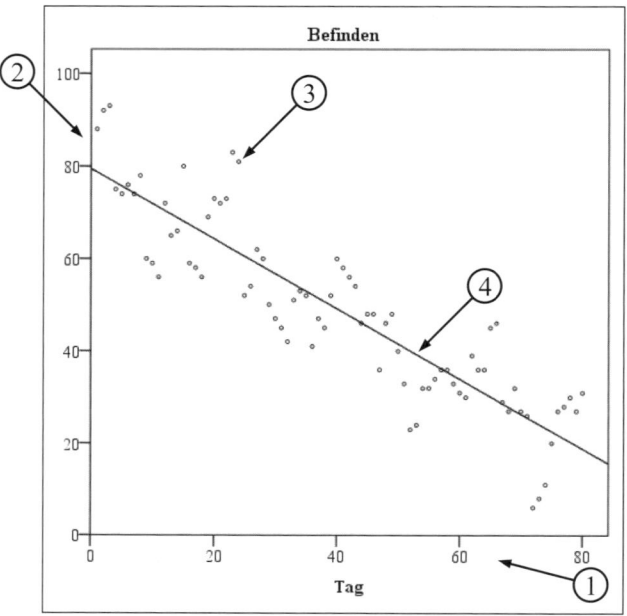

Abbildung 7.22: Ergebnisse der Kurvenanpassung für Befinden

Abgebildet sind die beobachteten Werte der Zeitreihe [3] und die Regressionsgerade [4]. Das Diagramm entspricht dem aus Abbildung 7.5.

Die Trendanalyse könnte nun mit weiteren (plausibel erscheinenden) Modellen wiederholt werden. Auf diese Weise könnte anhand der Kennwerte der Kurvenanpassung ermittelt werden, ob ein anderer Trendtyp den Daten noch besser entspricht. Die sinnvollste Lösung im vorliegenden Beispiel ist allerdings der lineare Trend.

7.5.3 Schwingungsanalyse

Im Weiteren sollen die Schwingungseigenschaften der Zeitreihe ermittelt werden (siehe Abschnitt 7.3). Hierzu werden zunächst eine Autokorrelations- und anschließend eine Spektralanalyse berechnet. Wählen Sie demnach im Hauptmenü unter Analysieren die Option Vorhersage, Autokorrelationen. Es erscheint das Dialogfenster aus Abbildung 7.23. Verschieben Sie die Variable Befinden in das Feld für die Variablen [1].

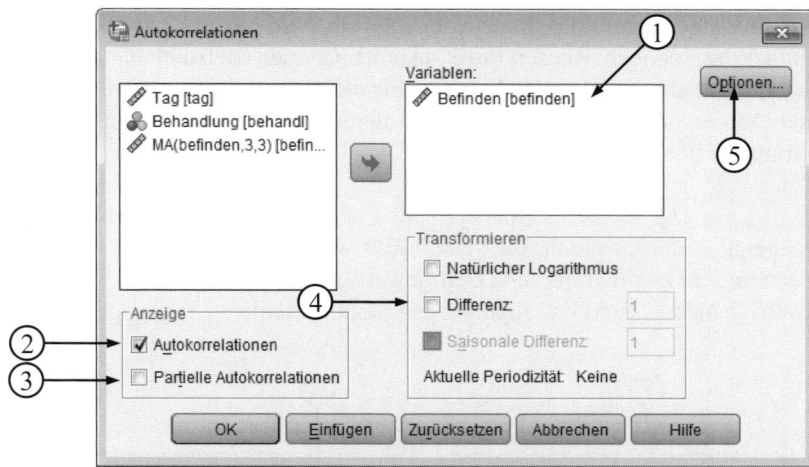

Abbildung 7.23: Dialogfenster Autokorrelationen

Unter Anzeigen soll lediglich die Option Autokorrelation aktiviert werden [2], die ebenfalls voreingestellte Option Partielle Autokorrelationen ist zu deaktivieren [3]. Unter Transformieren könnte man zum Beispiel den hier vorliegenden linearen Trend bereinigen, indem man Differenzen zweier aufeinanderfolgender Werte berechnen lässt [4]. Hier soll die Trendbereinigung jedoch zu einem späteren Zeitpunkt durchgeführt werden (vgl. Abbildung 7.31 und 7.32). Wählen Sie stattdessen die Schaltfläche Optionen [5].

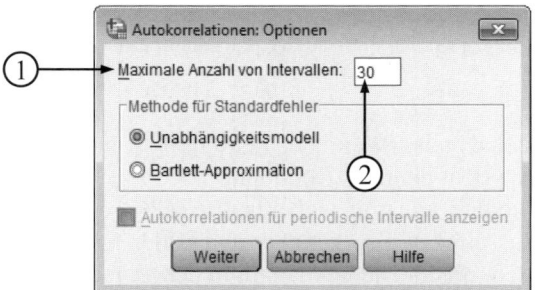

Abbildung 7.24: Dialogfenster Optionen

In dem Dialogfenster Optionen in Abbildung 7.24 kann die maximale Anzahl von Intervallen angegeben werden [1], für welche die Autokorrelation berechnet werden soll. Die Autokorrelation ist die Korrelation einer Zeitreihe „mit sich selbst", d.h. die Zeitreihe aus Abbildung 7.2 wird dupliziert, das Duplikat wird um eine bestimmte Anzahl von Einheiten verschoben und anschließend wird die Korrelation zwischen Original und Duplikat berechnet. Man beginnt mit der Verschiebung („Lag") um eine Einheit – hier also um einen Tag – und berechnet die Korrelation zwischen den beiden Reihen. Dann verschiebt man das Duplikat um einen weiteren Tag, das Duplikat ist gegenüber der Originalzeitreihe nun also um zwei Tage verschoben (Lag =

2). Man berechnet die Korrelation, verschiebt das Duplikat um eine weitere Einheit usw. Die maximale Anzahl von Intervallen gibt an, wie oft das Duplikat um eine weitere Einheit verschoben werden soll. Im vorliegenden Beispiel bietet sich eine Anzahl von 30 an, da mit Sicherheit keine Periodizitäten zu erwarten sind, deren Länge einen Monat übersteigt. Geben Sie dementsprechend als größten Lag 30 ein [2] und starten Sie die Analyse.

Abbildung 7.25 zeigt die numerische Ausgabe der Autokorrelationsfunktion für die ersten 15 Lags [1]. In dieser Spalte ist also angegeben, um wie viele Tage das Duplikat gegenüber der Originalreihe verschoben wurde. Die Größe des Zusammenhangs zwischen der Originalreihe und dem jeweiligen Duplikat ist in Form des Korrelationskoeffizienten [2] und des zugehörigen Standardfehlers [3] angegeben.

①	②	③	④ Box-Ljung-Statistik		⑤
Lag	Autokorrelation	Standardfehler[a]	Wert	df	Sig.[b]
1	,888	,110	65,490	1	,000
2	,782	,109	116,922	2	,000
3	,710	,108	159,862	3	,000
4	,672	,108	198,870	4	,000
5	,634	,107	234,013	5	,000
6	,577	,106	263,485	6	,000
7	,535	,105	289,225	7	,000
8	,472	,105	309,489	8	,000
9	,438	,104	327,246	9	,000
10	,397	,103	342,028	10	,000
11	,404	,103	357,547	11	,000
12	,391	,102	372,321	12	,000
13	,370	,101	385,693	13	,000
14	,363	,100	398,814	14	,000
15	,355	,100	411,542	15	,000

Abbildung 7.25: Ergebnisse der Autokorrelationsanalyse

Die Box-Ljung Statistik [4] prüft die Nullhypothese, dass es sich bei den Werten der Autokorrelation um zufällige Schwankungen um Null – und somit um „weißes Rauschen" – handelt. Da jedoch alle Werte sehr signifikant sind [5], kann man davon ausgehen, dass es einen systematischen Zusammenhang zwischen den aufeinanderfolgenden Zeitpunkten gibt.

In Abbildung 7.26 ist die Autokorrelationsfunktion (ACF) als Diagramm dargestellt. Es enthält die grafisch dargestellten Informationen aus Abbildung 7.25 in modifizierter Form. Auf der x-Achse [1] sind die Lags abgetragen, auf der y-Achse [2] die Größe der Korrelationskoeffizienten, wobei der dargestellte Wertebereich der y-

Achse im Diagramm-Editor modifiziert wurde. Wenn ein Koeffizient außerhalb der Konfidenzhöchstgrenzen [3] liegt, kann er als statistisch bedeutsam angesehen werden.

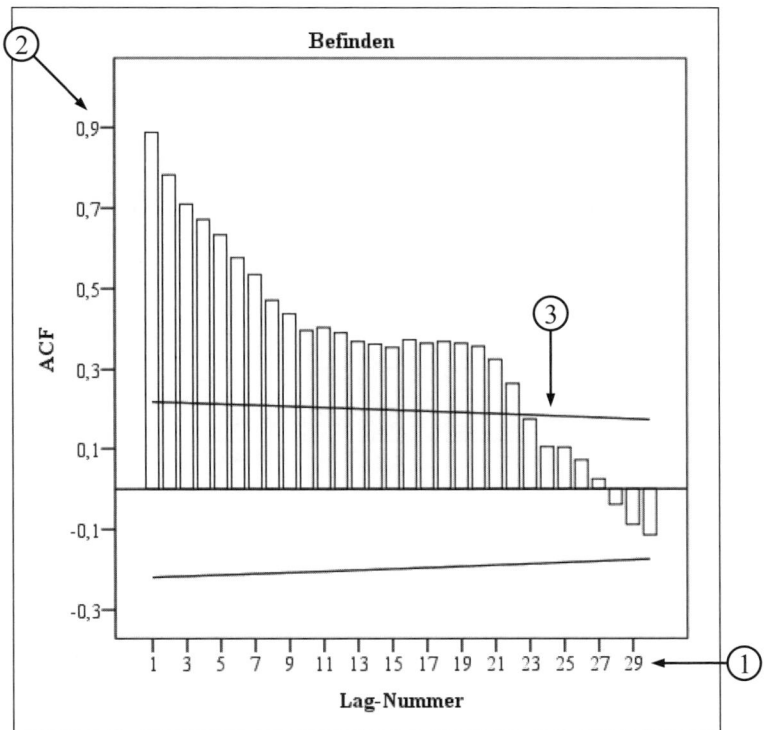

Abbildung 7.26: Autokorrelationsfunktion für Befinden

Im vorliegenden Fall verändern sich die Autokorrelationskoeffizienten von Lag zu Lag sehr langsam. Dieser gleichmäßige Verlauf zeigt, dass das Befinden stark vom Befinden der jeweils vorangegangenen Tage abhängt, und deutet somit auf den bereits oben ermittelten Trend in der Zeitreihe hin. Die Zeitreihe ist also nicht stationär. Stationarität ist allerdings eine wichtige Voraussetzung für die Anwendung von Schwingungsanalysen und somit auch von Autokorrelationen. Eventuelle periodische Veränderungen können nicht analysiert werden, da sie vom Trend überlagert werden. Der Trend muss also vor der Analyse bereinigt werden.

Bevor der Trend jedoch bereinigt wird, soll demonstriert werden, wie sich eine Überlagerung durch einen Trend in den Ergebnissen der Spektralanalyse manifestiert. Wählen Sie im Hauptmenü unter Analysieren die Option Vorhersage, Spektralanalyse. Es erscheint das Dialogfenster aus Abbildung 7.27. Verschieben Sie hier die Variable Befinden in das Feld für die Variablen [1]. Jede Zeitreihe kann als komplexe Schwingung betrachtet werden, die sich aus einer Reihe einfacher Sinus- bzw. Kosinusschwingungen zusammensetzt. Die Spektralanalyse (auch Fourier-Analyse genannt) berechnet, mit welchem Gewicht die einzelnen Schwingungen in die Gesamtschwingung eingehen. Die Anzahl dieser sogenannten „harmonischen Schwingungen" ist n / 2, hier also 40. Die kleinste harmonische Schwingung im vorliegenden Beispiel hat eine Frequenz von 40/80 (40 Schwingungen in 80 Tagen), also eine Periode von 2 Tagen. Die nächst kleineren Frequenzen sind 39/80, 38/80 usw. bis hin zur größten Schwingung mit einer Frequenz von 1/80, also einer Periode von 80 Tagen.

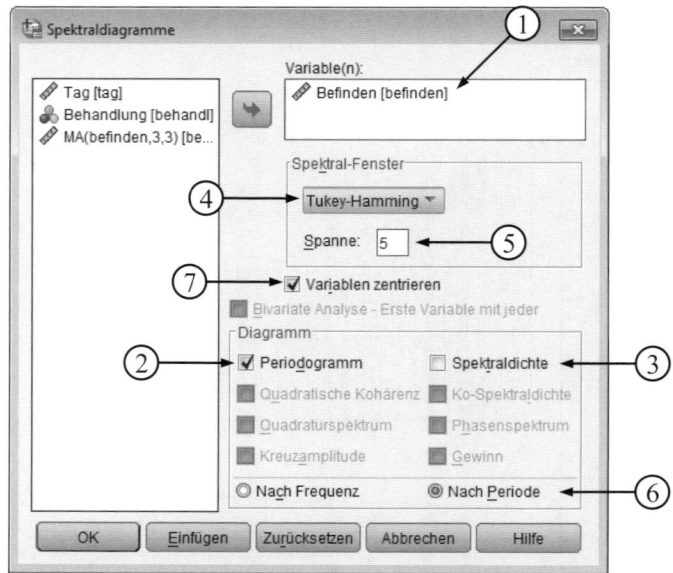

Abbildung 7.27: Dialogfenster Spektraldiagramme

Im Periodogramm [2] werden die harmonischen Schwingungen und ihre zugehörigen Gewichte in Form eines Polygons dargestellt (vgl. Abbildung 7.11). Behalten Sie die voreingestellte Aktivierung bei. Bei der Grafik Spektraldichte [3] wird die Linie des Polygons in Abbildung 7.12 geglättet. Unter Spektralfenster [4] und Spannweite [5] könnte ein Verfahren zur Glättung des Spektrums ausgewählt werden, um u.a. den Leakage-Effekt zu unterdrücken (vgl. Abschnitt 7.4, siehe Schlittgen und Streitberg, 1997). Aktivieren Sie die Option Nach Periode [6] um die harmonischen Schwingungen im Diagramm nach der Periodendauer (und nicht nach der Frequenz) angeben zu lassen. Die Länge der Schwingungen wird im vorliegenden Beispiel in Tagen angegeben. Die Option Variablen zentrieren [7] setzt den Mittelwert der Zeitreihe auf Null. Dies ist vor allem bei sehr großen Variablenwerten sinnvoll, da sonst die Gewichte der harmonischen Schwingungen verzerrt würden. Behalten Sie die voreingestellte Aktivierung bei und starten Sie die Analyse.

In Abbildung 7.28 ist das entstehende Periodogramm dargestellt, wobei im Diagramm-Editor die entsprechend der Voreinstellung verwendete wissenschaftliche Notation der Zahlen (z.B. 1.0E4) durch die gebräuchliche Notation (z.B. 10000) ersetzt wurde. Die x-Achse [1] enthält die harmonischen Schwingungen, aus denen sich die Zeitreihe zusammensetzt. Die Einheit ist Periode in Tagen. Auf der y-Achse sind die zugehörigen Gewichtungen abgetragen [2]. Bei beiden Achsen ist zu beachten, dass die Einheiten (entsprechend der Voreinstellung) logarithmisch skaliert sind. Mit steigenden Werten bedeuten also gleiche Abstände im Diagramm immer größere Unterschiede. Eine Änderung der Skalierung wäre im Diagramm-Editor möglich (siehe Erläuterungen zu Abbildung 7.31).

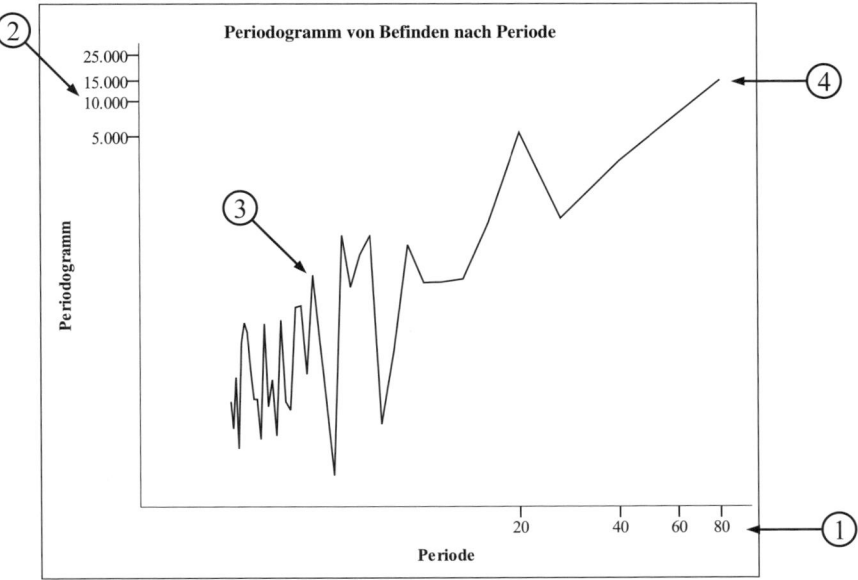

Abbildung 7.28: Periodogramm für Befinden

Einzelne deutliche Spitzen im Periodogramm weisen auf die Dominanz von Schwingungen mit bestimmten Perioden hin. Zum Beispiel würde eine Spitze bei sieben auf eine Wochenrhythmik hinweisen. In dem Periodogramm in Abbildung 7.28 sind allerdings keine deutlichen Spitzen zu erkennen. Stattdessen nimmt die Gewichtung der Schwingungen mit steigender Periodenlänge relativ gleichmäßig zu [3] und das Maximum ist bei der größten Schwingung von 80 Tagen [4]. Dieser Verlauf, insbesondere das Maximum bei 80 Tagen, deutet auf den Trend hin. Den Effekt kann man sich stark vereinfacht folgendermaßen veranschaulichen: Eine Trendkomponente, im Beispiel ein negativer linearer Trend, wird vom Verfahren als Beginn einer „unendlich langen Schwingung" identifiziert, woraus der Maximalwert bei der größten Periodendauer resultiert.

Vor der schwingungsanalytischen Auswertung ist also, wie bereits erwähnt, eine Trendbereinigung erforderlich. Da im vorliegenden Beispiel ein deutlicher linearer Trend beobachtet wurde, kann die Trendbeseitigung hier mit parametrischen Methoden erfolgen. Führen Sie für die parametrische Trendbereinigung erneut eine Kurvenanpassung durch.

Spezieller Hinweis zur technischen Umsetzung: In der zum Zeitpunkt der Anfertigung des Manuskripts dieses Buches verfügbaren deutschsprachigen SPSS-Version war die Durchführung der nachfolgend beschriebenen Schritte zur Speicherung der Residuen nur über die SPSS-Syntax möglich. Die notwendigen Befehle sind auf der Website zum Buch enthalten. Da mit dem Erscheinen der 2. Auflage dieses Lehrbuches der IBM SPSS Statistics 19.0.0.2 FixPack (Patch) zur Verfügung stehen soll und damit das Problem auch für die kommenden Versionen von SPSS behoben sein wird, erfolgt die Beschreibung im Folgenden auf der Grundlage der Dialogfenster. Alternativ wäre sowohl aktuell als auch zukünftig die Speicherung der nicht standardisierten Residuen über die Dialogfenster der einfachen linearen Regressionsanalyse (siehe Abschnitte 2.1 und 2.3.1) möglich (Auswahl von Speichern in Abbildung 2.8).

Für die dialoggesteuerte Durchführung der parametrischen Trendbereinigung wählen Sie im Hauptmenü unter Analysieren die Option Regression, Kurvenanpassung sowie im Dialogfenster Kurvenanpassung die Schaltfläche Speichern (vgl. Abbildung 7.20 [8]). Es erscheint das Dialogfenster aus Abbildung 7.29. Veranlassen Sie das Speichern der Residuen [1]. SPSS speichert nun die Abweichungen der beobachteten Werte von der Regressionsgerade in einer neuen Variablen ERR_1.

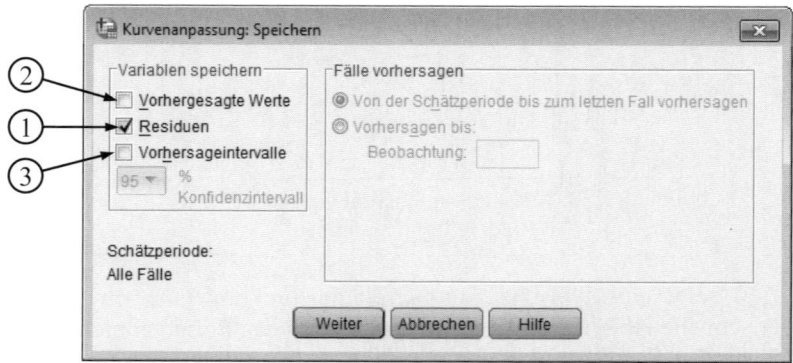

Abbildung 7.29: Dialogfenster Speichern

Diese neue Variable enthält die vom linearen Trend bereinigte Zeitreihe. Die Option Vorhergesagte Werte [2] würde eine neue Variable speichern, die für jeden Tag den entsprechenden Wert der Regressionskurve enthält. Unter Vorhersageintervalle [3] erhielte man je eine Variable für die obere und die untere Grenze des gewünschten Konfidenzintervalls der Regressionskurve. Bestätigen Sie die Eingabe mit Weiter und starten Sie die Analyse.

Nach Abarbeitung der Prozedur erscheint die Variable ERR_1 in der letzten Spalte im Dateneditor. In der Variablenansicht des SPSS-Dateneditors könnte man das Label dieser Variablen zum Beispiel in Befinden (trendbereinigt) ändern. Die Schwingungsanalysen können nun mit dieser trendbereinigten Variablen erneut berechnet werden. Rechnen Sie zunächst eine Autokorrelation analog zu Abbildung 7.23. Wählen Sie dazu im Hauptmenü unter Analysieren die Option Vorhersage, Autokorrelationen. Geben Sie dabei als Variable ERR_1 anstelle von Befinden ein (vgl. Abbildung 7.23 [1]). Starten Sie anschließend die Analyse.

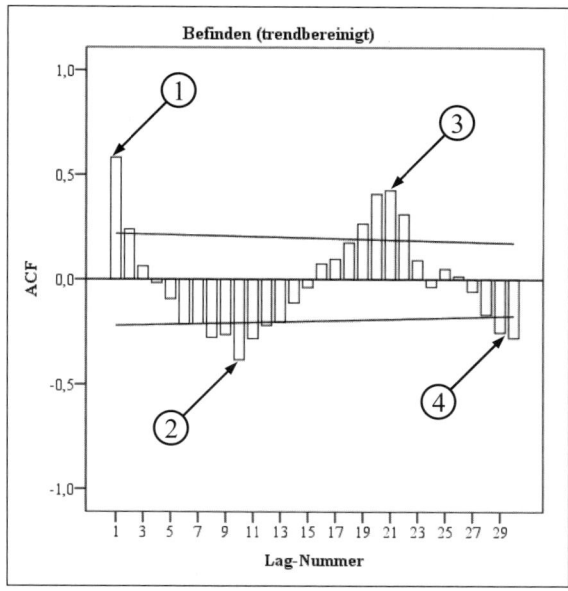

Abbildung 7.30: Autokorrelationsfunktion für
Befinden (trendbereinigt)

Abbildung 7.30 zeigt eine typische Autokorrelationsfunktion einer rhythmischen Zeitreihe. Der schnelle Abfall nach Lag 1 [1] zeigt, dass das Befinden nicht von den kurz zurückliegenden Tagen – außer dem Vortag – abhängt (natürlich immer abgesehen von dem – nun beseitigten – allgemeinen Trend). Ein erstes Minimum ist um Lag 10 herum zu entdecken [2]. Nach jeweils zehn Tagen steht das Befinden also in einem negativen Zusammenhang zu dem Zeitpunkt, der jeweils 10 Tage zurückliegt. Eine positive Korrelation zeigt sich um Lag 21 [3]. Insgesamt weist die Autokorrelation also auf eine dominierende Drei-Wochen-Rhythmik hin. Die Korrelationskoeffizienten werden mit steigender Lag-Nummer immer kleiner [4], was unter anderem daran liegt, dass weniger Werte für ihre Berechnung übrig bleiben.

Ebenso wie die Autokorrelation soll nun auch eine Spektralanalyse mit den trendbereinigten Daten der Variablen ERR_1 gerechnet werden (vgl. Abbildung 7.27). Abbildung 7.31 enthält das resultierende Periodogramm. Hier zeigt sich eine deutliche Spitze bei ca. 20 Tagen [1]. Der bereits in der Autokorrelationsfunktion beobachtete 3-Wochen-Rhythmus zeigt sich also auch hier.

Es ist zu beachten, dass diese Spitze durch die logarithmische Skalierung der y-Achse weniger deutlich erscheint, als dies bei einer linearen Skalierung der Fall wäre. Wechseln Sie für die Änderung der Skalierung in den SPSS Diagramm Editor (vgl. Abbildung 7.14). Klicken Sie dann doppelt auf die y-Achse [2], es erscheint das Dialogfenster Eigenschaften (Abbildung 7.32).

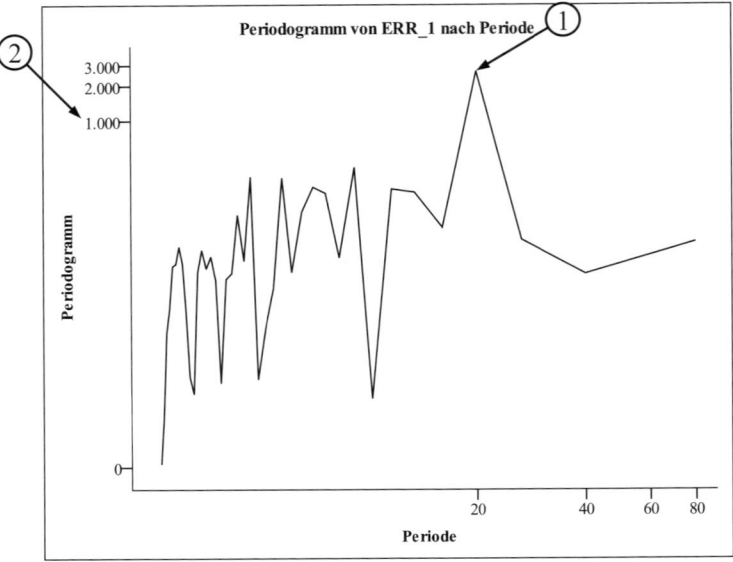

Abbildung 7.31: Periodogramm für Befinden (trendbereinigt)

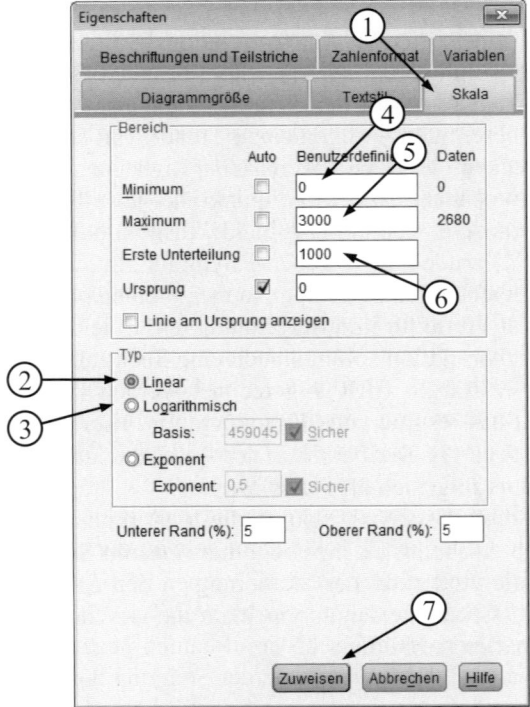

Abbildung 7.32: Dialogfenster Eigenschaften

In dem in Abbildung 7.32 gezeigten Dialogfenster kann u.a. die Skalierung festgelegt werden (vgl. Abbildung 7.14 und 7.15). Skala [1] ist voreingestellt aktiviert. Wählen Sie unter Typ die Option Linear [2], um so von der logarithmischen Darstellung [3] auf eine lineare zu wechseln. Geben Sie als Minimum des Skalenbereichs 0 [4] und als Maximum 3000 [5] ein. Das Inkrement der ersten Unterteilung soll entsprechend der Voreinstellung 1000 betragen [5]. Bestätigen Sie die Änderungen mit Zuweisen [7].

Auf dieselbe Weise kann auch die Skalierung der x-Achse linear dargestellt werden. Als Bereich würde sich hier 0 bis 80 anbieten, als Inkrement 20. Mit diesen Einstellungen ergibt sich exakt das Periodogramm aus Abbildung 7.11. Die auf den 3-Wochen-Rhythmus hinweisende Spitze ist dort weitaus deutlicher zu erkennen als in Abbildung 7.31.

Zusammenfassend kann gesagt werden, dass sich das Befinden des Patienten innerhalb der ersten 80 Tage linear verschlechtert und regelmäßigen Schwankungen unterliegt, deren Verlauf sich alle drei Wochen wiederholt. Der Patient arbeitet, wie erwähnt, im dreiwöchigen Schichtdienst, d.h. in einem Zyklus von je einer Woche Früh-, Spät- und Nachtschicht. Die Befindensschwankungen könnten also Auswirkungen dieses Schichtdienstes sein.

7.5.4   Analysen nach Therapiebeginn

Nun soll geprüft werden, ob sich das Befinden des Patienten in der Therapiephase ändert. Hierzu sollen sowohl die Trend- als auch die Schwingungsanalysen für die Fälle ab dem Behandlungsbeginn am 81. Tag berechnet werden. Wählen Sie hierzu zunächst die entsprechenden Fälle aus, indem sie im Dialogfenster Fälle auswählen als Bedingung für die Auswahl Tag > 80 spezifizieren (vgl. Abbildung 7.16 und 7.17). Der gleiche Effekt ergäbe sich durch die Bedingung behandl = 0 (falls die Filtervariable in Abbildung 7.17 in die Behandlungsvariable behandl umbenannt wurde).

Aus der grafischen Darstellung der Daten in der Behandlungsphase ergeben sich klare Hinweise auf einen linearen Trend (siehe Abbildung 7.14). Rechnen Sie demnach analog zu Abbildung 7.20 eine Kurvenanpassung für einen linearen Trend und speichern Sie die Residuen (vgl. Abbildung 7.29; beachte ggf. den speziellen Hinweis zur technischen Umsetzung in Abschnitt 7.5.3). Abbildung 7.33 enthält die numerische Ausgabe der Kurvenanpassung (vgl. Abbildung 7.21). Die Varianzaufklärung dieser Regression ist mit $R^2 = .56$ [1] geringer als die des negativen Trends vor Therapiebeginn. Allerdings ist der positive Trend nach der Behandlung ebenfalls sehr signifikant [2]. Die Größe des Effekts kann anhand der Steigungen b_1 vor und nach Behandlungsbeginn abgeschätzt werden. Vorher ist $b_1 = -.76$ zu beobachten (vgl. Abbildung 7.21 [6]), nachher ergibt sich der Wert $b_1 = .39$ [3]. Da sich der Verlauf des Befindens von einem jeweils sehr signifikanten negativen zu einem positiven Trend entwickelt hat und die Änderung in der Steigung des Trends sehr deutlich in Richtung einer Verbesserung weist, kann schon an dieser Stelle die Wirksamkeit der Therapie für diesen Patienten als belegt angesehen werden. Das Label der neu gebildeten Variablen ERR_2, welche die Regressionsresiduen enthält, könnte beispielsweise in Befinden (Therapiephase, trendbereinigt) umbenannt werden.

| | Modellzusammenfassung | | | | | Parameterschätzer | |
Gleichung	R-Quadrat	F	Freiheitsgrade 1	Freiheitsgrade 2	Sig.	Konstante	b1
Linear	,564	100,974	1	78	,000	-2,832	,385

Abbildung 7.33: Ergebnisse der Kurvenanpassung für Befinden (Therapiephase)

Mit den trendbereinigten Daten (ERR_2) kann nun eine Autokorrelation berechnet werden (vgl. Abbildung 7.23 und 7.24). In Abbildung 7.34 sind die Ergebnisse dargestellt. Der 3-Wochen-Rhythmus wird auch für die Behandlungsphase deutlich [1].

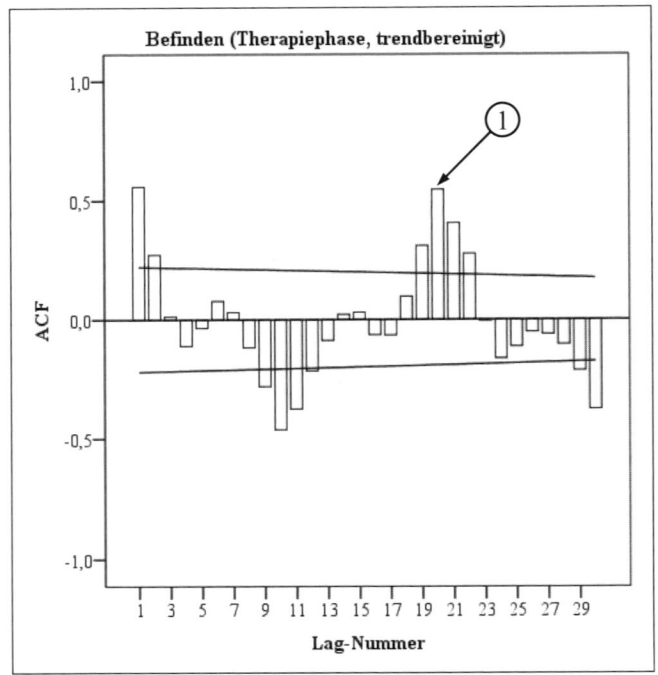

Abbildung 7.34: Autokorrelationsfunktion für Befinden
(Therapiephase, trendbereinigt)

Mit der Spektralanalyse (vgl. Abbildung 7.27) kann nun geprüft werden, ob neben dem 3-Wochen-Rhythmus noch weitere Periodizitäten vorhanden sind. Abbildung 7.35 enthält das Periodogramm. In diesem Fall wurde lediglich die Skalierung der y-Achse [1] auf lineare Abstände umgestellt, die logarithmische Skalierung der x-Achse wurde dagegen beibehalten [2].

Es zeigt sich einerseits der nun bereits sehr gut bekannte 3-Wochen-Rhythmus [3] und zudem ein weniger stark ausgeprägter 7-Tage-Rhythmus [4].

Zusammenfassend kann eingeschätzt werden, dass sich nach Beginn der Therapie der allgemeine negative Trend des Befindens umgekehrt hat. Die Beeinflussung des Befindens durch den Schichtrhythmus besteht weiter.

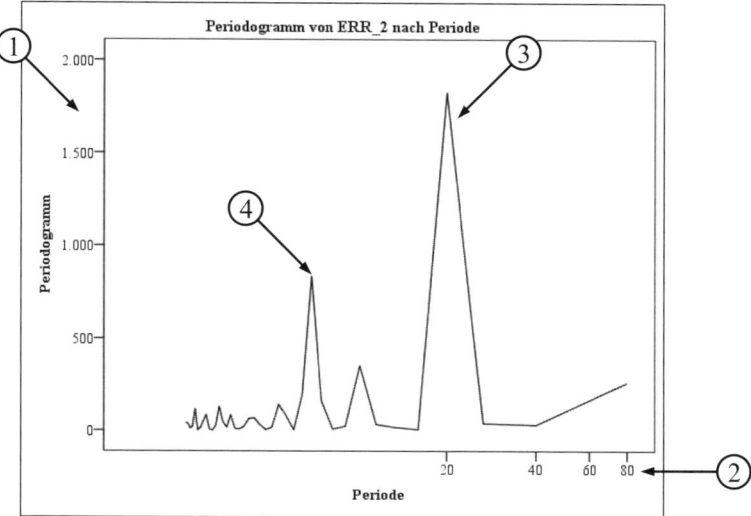

Abbildung 7.35: Periodogramm für Befinden (Therapiephase, trendbereinigt)

In einer Untersuchung von Volke et al. (2002) wurde der Einfluss bestimmter kognitiver Anforderungen auf EEG-Parameter und auf Parameter des Herz-Kreislauf-Systems untersucht. In der Datei *Schach.sav* im Ordner Zeitreihenanalyse auf der Website zum Buch liegen ausgewählte Daten der Untersuchung vor, die zur weiteren Beschäftigung mit dem Verfahren genutzt werden können. Das Anliegen der Untersuchung sowie eine Beschreibung der Auswertungsschritte sind in der Datei *Schach.pdf* zu finden. In der Untersuchung wurde als Beispiel für eine komplexe kognitive Tätigkeit das Schachspiel gewählt. In einem speziellen Teil der Untersuchung spielten Schachspieler (Oberliga bzw. 2. Bundesliga) gegen das Schachprogramm Fritz. Neben anderen physiologischen Parametern wurde dabei die Herzfrequenz kontinuierlich erfasst (3 Werte pro Sekunde). Die oben genannte Datei enthält 1012 aufeinanderfolgende Messungen der Herzrate eines Probanden, aus einer Phase in der Mitte der Partie. Mit den behandelten Methoden der Zeitreihenanalyse sollen die Eigenschaften der Zeitreihe (Trend, Spektrum) analysiert werden.

Zusätzlich werden auf der Website zum Buch im Ordner Zeitreihenanalyse die Daten zum Anwendungsbeispiel Befindenstherapie (*Befindenstherapie.sav*) sowie Syntax-Dateien für die Bearbeitung der Anwendungsaufgabe Befindenstherapie aus diesem Kapitel (*Befindenstherapie.sps*) sowie zur Praxisaufgabe Schach (*Schach.sps*) bereitgestellt.

Kapitel 8

Clusteranalyse

Inhaltsübersicht

8.1 Vorgehensweise.. 281

8.1.1 Distanz- und Ähnlichkeitsmaße.. 281

8.1.2 Clusterbildung: Average-Linkage-Methode 286

8.2 Interpretation einer hierarchischen Clusterlösung........................... 290

8.3 Anwendungsbeispiel in SPSS 292

8.3.1 Clusteranalyse mit zwei Variablen und fünf Probanden 292

8.3.2 Clusteranalyse mit fünf Variablen und 20 Probanden 298

Die Clusteranalyse ist ein exploratorisches, Hypothesen generierendes Verfahren. Sie verfolgt das Ziel, Probanden oder andere Objekte, an denen verschiedene Variablen erhoben wurden, in Gruppen aufzuteilen. Dabei bestehen typische Anwendungssituationen der Clusteranalyse vor allem dann, wenn vor der Analyse keine Informationen über die Anzahl der Gruppen und über die zu erwartenden Charakteristika der Gruppen vorliegen. Die Objekte sollen sich innerhalb der Gruppen möglichst wenig unterscheiden, zwischen den Gruppen sollen dagegen möglichst große Unterschiede bestehen. Meist werden Verfahren der Clusteranalyse zur Gruppierung von Personen eingesetzt, grundsätzlich ist aber auch eine Clusterung von Variablen möglich. Im folgenden Text wird davon ausgegangen, dass Personen gruppiert werden sollen.

Grundlage der Clusteranalyse sind Ähnlichkeits- bzw. Distanzmaße zwischen den Probanden bzw. zwischen den gebildeten Clustern (siehe Abschnitt 8.1.1). Innerhalb der clusteranalytischen Verfahren werden besonders bei kleinen und bei mittleren Stichprobenumfängen vor allem hierarchische Verfahren verwendet. Diese Verfahren sollen in diesem Kapitel vorgestellt werden. Dabei werden schrittweise die Personen der Stichprobe vereinigt, indem man bei n Probanden zunächst von n Clustern ausgeht, die aus je einem Probanden bestehen. Diese Cluster werden schrittweise zu größeren Clustern vereinigt. Am Ende des Vorgehens sind alle Probanden in einem einzigen großen Cluster zusammengefasst. Verschiedene Methoden zur Clusterbildung werden in Abschnitt 8.1.2 beschrieben. Nach der hierarchischen Analyse ist zu entscheiden, welche Zahl von Clustern für die weiteren Auswertungen angenommen werden soll (Abschnitt 8.2). Ähnlich wie bei der Faktorenanalyse (Kapitel 4) ist die Entscheidung für eine bestimmte Clusterzahl oft nicht eindeutig. Sie muss unter gleichzeitiger Berücksichtigung von statistischen und inhaltlichen Gesichtspunkten erfolgen.

Weitergehende Darstellungen der Clusteranalyse geben zum Beispiel Bacher (1996), Fahrmeir et al. (1996), Hartung und Elpelt (1999), Everitt et al. (2001), Johnson und Wichern (2007) oder Bortz und Schuster (2010).

Anwendungsbeispiel: Weiterbildung von Fluglotsen

Im Rahmen eines Weiterbildungsprogramms sollen 25 Fluglotsen in Gruppen mit einem ähnlichen Fähigkeitsprofil aufgeteilt werden. Die Inhalte der Weiterbildung sollen dann individuell auf die jeweiligen Gruppen abgestimmt werden. In jeder Gruppe sollen dabei diejenigen Fähigkeiten besonders trainiert werden, in denen die Gruppenmitglieder Defizite aufweisen. In Tabelle 8.1 sind die intervallskalierten Variablen zusammengefasst. Tabelle 8.2 enthält die gemessenen Daten (hohe Werte entsprechen guten Leistungen im jeweiligen Test). In der Variablen Konzentration sind maximal 20 Punkte zu erreichen, in den anderen Variablen liegt die erreichbare Höchstpunktzahl bei 10.

Tabelle 8.1: Liste der Variablen zum Beispiel Weiterbildung von Fluglotsen

Variablen	Label	Bemerkungen
X_1	Technik	Technisches Verständnis
X_2	Englisch	Englischkenntnisse
X_3	Entscheidung	Entscheidungsverhalten in komplexen, dynamischen Situationen
X_4	Kapazität	Mehrfacharbeitskapazität
X_5	Konzentration	Konzentrationsfähigkeit unter Belastungsbedingungen

Tabelle 8.2: Daten zum Beispiel Weiterbildung von Fluglotsen

Pb	Technik	Englisch	Entscheidung	Kapazität	Konzentration
1	4	3	1	1	11
2	2	8	8	2	16
3	4	2	5	5	19
4	1	1	2	5	20
5	8	8	1	3	14
6	8	9	1	4	16
7	8	9	3	3	15
8	7	3	3	1	11
9	6	5	3	3	15
10	6	8	3	4	15
11	9	2	1	6	20
12	8	1	2	7	20
13	5	1	6	6	19
14	8	4	1	1	11
15	2	8	7	4	14
16	7	9	3	2	16
17	7	8	4	2	15
18	2	9	9	3	18
19	7	8	4	2	16
20	4	3	1	5	18

8.1 Vorgehensweise

Das Vorgehen bei einer Clusteranalyse ist durch die Auswahl geeigneter Distanz-
bzw. Ähnlichkeitsmaße sowie durch die Anwendung einer problemangepassten Methode zur Clusterung charakterisiert.

8.1.1 Distanz- und Ähnlichkeitsmaße

Grundlage der Clusteranalyse sind Distanz- bzw. Ähnlichkeitsmaße, die zwischen
den zu gruppierenden Probanden bestimmt werden müssen. Ähnlichkeitsmaße bilden
die Ähnlichkeit von zwei Personen (Objekten, Clustern) ab, Distanzmaße die Unähn-
lichkeit. In SPSS ist eine Vielzahl solcher Maße realisiert. Dabei stehen Distanz- und

Ähnlichkeitsmaße für intervallskalierte und für nominalskalierte Daten zur Verfügung.

Eine umfangreiche Übersicht über verschiedene Distanz- und Ähnlichkeitsmaße und ihre Anwendung geben zum Beispiel Steinhausen und Langer (1977) oder Johnson und Wichern (2007). In Abschnitt 8.3 wird eine Übersicht über die in SPSS verfügbaren Distanzmaße gegeben (Abbildung 8.9). Für jeden Anwendungsfall ist konkret zu untersuchen, welches Distanz- oder Ähnlichkeitsmaß für das jeweilige Problem am besten geeignet ist. Anhand des Anwendungsbeispiels sollen in diesem Abschnitt exemplarisch zwei Distanzmaße für intervallskalierte Daten vorgestellt und verglichen werden.

Vor der konkreten Berechnung von Distanz- bzw. Ähnlichkeitsmaßen sind zwei weitere Vorüberlegungen erforderlich.

Die erste Vorüberlegung betrifft eventuell notwendige Standardisierungen. Viele Distanz- bzw. Ähnlichkeitsmaße, bei denen mehrere Werte zu einem Maß zusammengefasst werden, erfordern eine Standardisierung der beteiligten Variablen. Wenn man vor der Berechnung dieser Maße auf eine Standardisierung verzichten würde, hätten Variablen mit großem Mittelwert und großer Streuung (z.B. erreichte Punktzahlen zwischen 50 und 200 Punkten) einen deutlich größeren Einfluss bei der Berechnung des Distanzmaßes als Variablen mit kleinerem Wertebereich (z.B. Fehlerzahlen zwischen 6 und 12 Fehlern). So ist es bei den im Folgenden exemplarisch dargestellten Distanzmaßen erforderlich, dass alle beteiligten Variablen vor der Berechnung z-standardisiert werden (Mittelwert 0, Standardabweichung 1). Auf dieser Grundlage können die beteiligten Variablen anschließend gleichwertig bei der Berechnung verwendet werden.

Eine zweite Vorüberlegung betrifft die Anzahl der Variablen in unterschiedlichen Merkmalskomplexen. In vielen Anwendungssituationen gehen Variablen aus verschiedenen Merkmalsbereichen in eine Clusteranalyse ein. Ein Problem kann dabei entstehen, wenn die Merkmalsbereiche durch unterschiedlich viele Variablen besetzt sind (z.B. zehn Persönlichkeitsmerkmale, zwei Merkmale der Arbeitstätigkeit). Da alle Merkmale gleichwertig in die Analyse eingehen, wird ein Merkmalsbereich, der durch mehr Variablen beschrieben wird, das Ergebnis der Clusteranalyse wesentlich mehr beeinflussen als ein Merkmalsbereich mit nur wenigen Variablen. Wenn die Anzahl der Variablen der Bedeutung der jeweiligen Merkmalskomplexe entspricht, entsteht ein dieser unterschiedlichen Bedeutung angemessenes Ergebnis. Wenn jedoch die unterschiedliche Anzahl der Variablen nur zufällig zustande gekommen ist, wird das Ergebnis der Clusteranalyse verfälscht. In solchen Situationen sollte man diesen Effekt vor der Clusteranalyse vermeiden. Als eine Möglichkeit bieten sich faktorenanalytische Herangehensweisen an (vgl. Kapitel 9), wonach für jeden Merkmalsbereich die gleiche Anzahl Faktoren gleichberechtigt in die Clusteranalyse eingeht. Wenn im oben erwähnten Beispiel alle zehn Persönlichkeitsmerkmale und die beiden Merkmale der Arbeitstätigkeit in die Clusteranalyse einbezogen würden, ergäbe sich eine Clusterstruktur, die ganz wesentlich von den Ausprägungen der Persönlichkeitsvariablen bestimmt wäre. Die Merkmale der Arbeitstätigkeit hätten dagegen nur eine untergeordnete Bedeutung. Um diesen Effekt zu vermeiden, könnte man jeweils einen Faktor für die Persönlichkeitsmerkmale bzw. für die Merkmale der Arbeitstätigkeit ermitteln. Wenn diese beiden Faktoren anschließend als Variablen in die Analyse einbezogen werden, spiegelt die dann ermittelte Clusterstruktur beide Merkmalsbereiche gleichberechtigt wider. Eine andere Möglichkeit besteht darin, bereits in der Phase der Versuchsplanung für alle relevanten Merkmalsbereiche die gleiche Anzahl an Variablen für die spätere Clusteranalyse vorzusehen.

Euklidische Distanz

In Abbildung 8.1 sind exemplarisch die Werte der ersten drei Probanden in den Variablen Entscheidung (X_3) und Kapazität (X_4) sowie die entsprechenden Euklidischen Distanzen dargestellt. Die Euklidische Distanz entspricht in der zweidimensionalen Darstellung dem „direkten Weg" zwischen zwei Datenpunkten. Wie oben dargestellt wurde, ist vor der praktischen Durchführung der Clusteranalyse auf der Basis Euklidischer Distanzen eine z-Standardisierung der beteiligten Variablen erforderlich. Zur besseren Veranschaulichung sind die Variablen in der Abbildung 8.1 allerdings nicht z-standardisiert angegeben.

Die Euklidische Distanz zwischen zwei verschiedenen Probanden i und j berechnet sich bei k gegebenen Variablen $X_1, X_2, ..., X_k$ gemäß

$$d_{ij}^{E} = \sqrt{\sum_{l=1}^{k}(x_{li} - x_{lj})^2} \quad (i, j = 1,...,n) \tag{8.1}$$

d_{ij}^{E}:   Euklidische Distanz der Probanden i und j
x_{li}:   Wert der l-ten Variablen X_l beim i-ten Probanden (l = 1,...,k)
n: Anzahl der Probanden
k: Anzahl der Variablen

Im Beispiel ergeben sich für die beiden Variablen Entscheidung (X_3) und Kapazität (X_4) die in Tabelle 8.3 dargestellten Distanzen zwischen den drei Probanden. Zum Beispiel ergibt sich die Euklidische Distanz der Probanden 1 und 2 gemäß

$$d_{12}^{E} = \sqrt{(x_{31} - x_{32})^2 + (x_{41} - x_{42})^2} = \sqrt{(1-8)^2 + (1-2)^2} = \sqrt{49+1} = 7.07 \tag{8.2}$$

Bei der Analyse der Euklidischen Distanzen werden drei allgemeine Eigenschaften von Distanzmaßen deutlich:
- Die Distanz jedes Objektes zu sich selbst ist gleich 0.
- Die Distanzmatrix ist symmetrisch.
- Alle Distanzen sind positiv, negative Distanzmaße können nicht auftreten.

Bezüglich der Euklidischen Distanz der Variablen Entscheidung und Kapazität der ersten drei Probanden (siehe Abbildung 8.1 sowie Tabelle 8.3) sind sich die Probanden 2 und 3 am ähnlichsten, gefolgt von den Probanden 1 und 3. Die größte Distanz weisen die Probanden 1 und 2 auf. Hierbei ist zu berücksichtigen, dass durch die Quadrierung der Differenzwerte je Variable in Formel (8.1) bzw. (8.2) große Abstände in einer Variablen zu einer größeren Euklidischen Distanz führen als gleichmäßige kleinere Differenzen in den Variablen. Die Probanden 1 und 2 unterscheiden sich in der Variablen Entscheidung stark, woraus der relativ hohe Wert der Euklidischen Distanz resultiert.

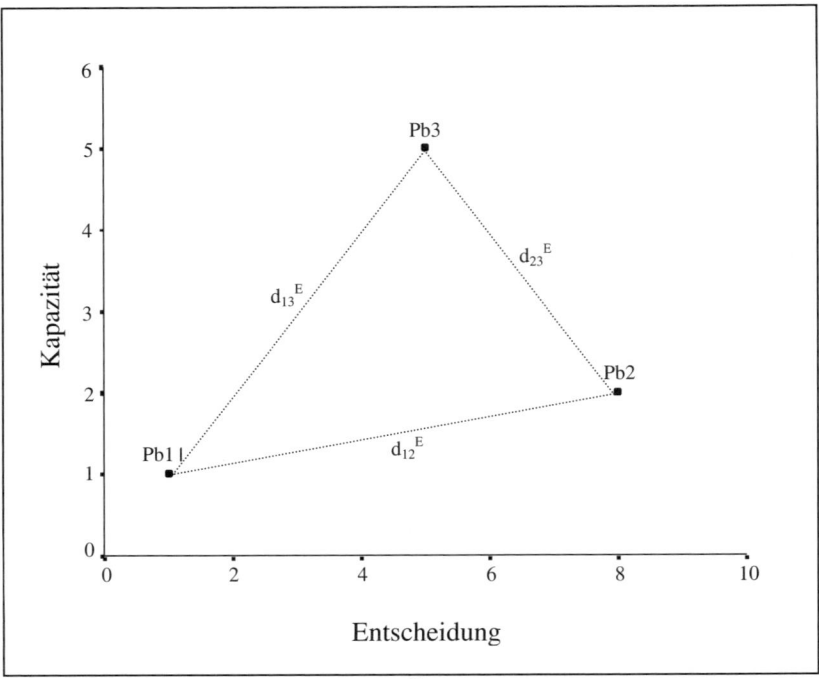

Abbildung 8.1: Euklidische Distanzen d^E der Probanden 1, 2 und 3

Tabelle 8.3: Euklidische Distanzen der Probanden 1, 2 und 3
(Variablen Kapazität und Entscheidung)

	Pb1	Pb2	Pb3
Pb1	.00		
Pb2	7.07	.00	
Pb3	5.66	4.24	.00

City-Block-Metrik

Abbildung 8.2 enthält neben den Werten der Probanden 1, 2 und 3 die City-Block-Abstände. Der Begriff City-Block-Metrik (oft auch nur Block-Metrik) lässt sich daran veranschaulichen, dass der Weg zuerst entlang der Variablen Kapazität und anschließend entlang der Variablen Entscheidung führt. Vor der praktischen Durchführung der Clusteranalyse auf der Basis des City-Block-Distanzmaßes ist eine z-Standardisierung erforderlich. Auch in diesem Beispiel sind die Variablen zur besseren Veranschaulichung nicht z-standardisiert angegeben.

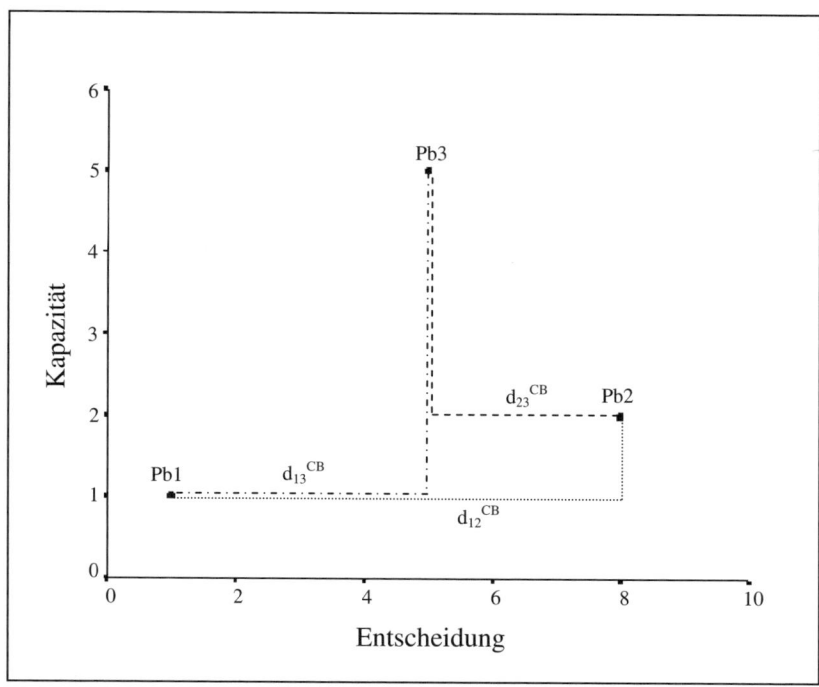

Abbildung 8.2: City-Block- Distanzen d^{CB} der Probanden 1, 2 und 3

Die City-Block-Distanz zwischen zwei verschiedenen Probanden i und j berechnet sich bei gegebenen Variablen $X_1, X_2, ..., X_k$ gemäß

$$d_{ij}^{CB} = \sum_{l=1}^{k} |x_{li} - x_{lj}| \quad (i, j = 1,...,n) \tag{8.3}$$

d_{ij}^{CB}: City-Block-Distanz der Probanden i und j
x_{li}: Wert der l-ten Variablen X_l beim i-ten Probanden (l = 1,...,k)
n: Anzahl der Probanden
k: Anzahl der Variablen

Im Beispiel ergeben sich für die beiden Variablen Entscheidung (X_3) und Kapazität (X_4) die in Tabelle 8.4 dargestellten Distanzen zwischen den drei Probanden. Die City-Block-Distanz der Probanden 1 und 2 ergibt sich im Beispiel gemäß

$$d_{12}^{CB} = |x_{31} - x_{32}| + |x_{41} - x_{42}| = |1 - 8| + |1 - 2| = 7 + 1 = 8 \tag{8.4}$$

Bei der Auswertung der City-Block-Distanzen ergibt sich erneut die geringste Distanz zwischen den Probanden 2 und 3. Im Unterschied zur Anwendung der Euklidischen Distanz hat der erste Proband jedoch die gleiche Distanz zu den Probanden 2 und 3, die Summe der betragsmäßigen Differenzen der Variablen zwischen den Probanden 1 und 2 bzw. 1 und 3 ist gleich. Das unterschiedliche Ergebnis ist durch die verschiedenen Herangehensweisen der beiden Distanzmaße zu erklären.

Tabelle 8.4: City-Block-Distanzen der Probanden 1, 2 und 3

	Pb1	Pb2	Pb3
Pb1	.00		
Pb2	8.00	.00	
Pb3	8.00	6.00	.00

Während bei der Euklidischen Distanz die Differenzwerte in den einzelnen Variablen quadratisch in das Distanzmaß eingehen, erfolgt bei der City-Block-Metrik nur eine lineare Einbeziehung. Große Abweichungen werden hier also nicht stärker gewichtet als kleine. Der relativ große Abstand zwischen Proband 1 und Proband 2 in der Variablen Entscheidung hat bei der City-Block-Methode also relativ weniger Bedeutung als bei der Euklidischen Distanz.

An dem gewählten Beispiel wird deutlich, dass die Wahl des Distanz- bzw. Ähnlichkeitsmaßes das Ergebnis der folgenden Schritte der Clusterbildung stark beeinflussen kann. Die Wahl des angemessenen Distanzmaßes ist deshalb vor der Durchführung der Clusteranalyse unter Berücksichtigung inhaltlicher und statistischer Gesichtspunkte vorzunehmen. So würde man sich bei der Auswahl zwischen den beiden hier dargestellten Maßen dann für die Euklidische Distanz entscheiden, wenn größere Abweichungen in einzelnen Variablen bei der Gruppenbildung stärker gewichtet werden sollen als gleichmäßige geringere Abweichungen in mehreren Variablen.

8.1.2   Clusterbildung: Average-Linkage-Methode

Auf der Basis der Distanz- bzw. Ähnlichkeitsmaße existieren verschiedene Methoden zur Clusterbildung. Exemplarisch soll in diesem Abschnitt eine wichtige Methode, die Average-Linkage-Methode, vorgestellt werden. Bortz und Schuster (2010) stellen alternativ die Ward-Methode ausführlich dar und geben einen Überblick über weitere Methoden. Zur Illustration der hier dargestellten Methode werden die Daten der Variablen Entscheidung und Kapazität von den ersten fünf Probanden aus der Datenmatrix verwendet. Der Prozess der Clusterung wird in Abbildung 8.3 veranschaulicht. Die Euklidischen Distanzen, die in diesem Abschnitt exemplarisch als Distanzmaß für die Clusterbildung verwendet werden sollen, auf der Basis der z-transformierten Variablen sind in Tabelle 8.5 dargestellt. Die Methode Average-Linkage (zwischen den Gruppen) basiert auf dem Prinzip, dass die Distanz zwischen zwei Clustern als Mittelwert aller Distanzwerte gebildet wird, bei denen jeweils einer der Probanden einem der beiden Cluster angehört.

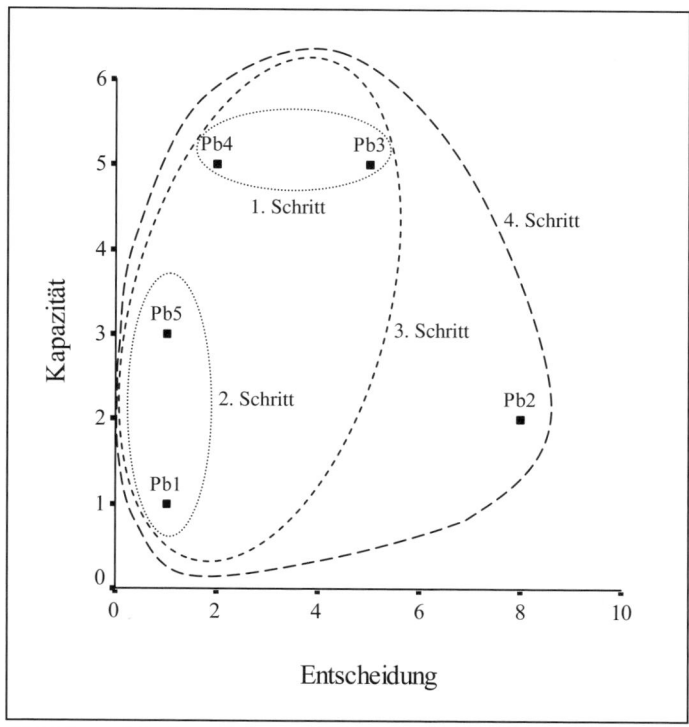

Abbildung 8.3: Streudiagramm der Probanden 1 bis 5

Die in Abbildung 8.3 skizzierten vier Schritte sollen im Folgenden erläutert werden. Im ersten Schritt des Vorgehens werden die Probanden 3 und 4 zu einem Cluster vereinigt. Diese beiden Probanden weisen die geringste Distanz auf (vgl. Tabelle 8.5). Die Distanz innerhalb dieses Clusters beträgt .98. Die Distanzen dieses Clusters zu den anderen Probanden werden bestimmt, indem die Distanzen der Probanden 3 und 4 zu den anderen Probanden gemittelt werden. So hat das Cluster (Pb3, Pb4) zu Proband 5 die mittlere Distanz $(d_{35}^{E} + d_{45}^{E}) / 2 = (1.72 + 1.17) / 2 = 1.45$. Somit resultiert nach dem ersten Fusionierungsschritt eine modifizierte Distanzmatrix, in der die Probanden 3 und 4 durch das Cluster (Pb3, Pb4) ersetzt sind (Tabelle 8.6). Für das neu gebildete Cluster wird die mittlere Distanz innerhalb des Clusters in die Hauptdiagonale der Tabelle eingetragen.

Tabelle 8.5: Euklidische Distanzen der Probanden 1 bis 5 (z-standardisierte Variablen)

	Pb1	Pb2	Pb3	Pb4	Pb5
Pb1	.00				
Pb2	2.36	.00			
Pb3	2.59	1.94	.00		
Pb4	2.26	2.59	.98	.00	
Pb5	1.12	2.36	1.72	1.17	.00

Tabelle 8.6: Euklidische Distanzen nach dem ersten Fusionierungsschritt

	Pb1	Pb2	(Pb3, Pb4)	Pb5
Pb1	.00			
Pb2	2.36	.00		
(Pb3, Pb4)	2.43	2.27	.98	
Pb5	1.12	2.36	1.45	.00

Die geringste Distanz besteht in dieser modifizierten Distanzmatrix zwischen den Probanden 1 und 5 (d_{15}^E = 1.12). Diese beiden Probanden werden im nächsten Schritt zu einem Cluster vereinigt, wodurch die in Tabelle 8.7 dargestellte Distanzmatrix entsteht. Die Distanz zwischen Proband 2 und dem Cluster aus den Probanden 1 und 5 ergibt sich als $(d_{12}^E + d_{52}^E) / 2 = (2.36 + 2.36) / 2 = 2.36$. Die Distanz zwischen den Clustern (Pb1, Pb5) und (Pb3, Pb4) erhält man, indem alle Distanzen gemittelt werden, bei denen jeweils ein Proband einem der Cluster angehört (vgl. Tabelle 8.5) als $(d_{13}^E + d_{14}^E + d_{53}^E + d_{54}^E) / 4 = (2.59 + 2.26 + 1.72 + 1.17) / 4 = 1.94$. (Die Berechnungen der nach den jeweiligen Fusionierungsschritten entstehenden Distanzen werden hier und im Folgenden jeweils anhand der Distanzen der einzelnen Probanden dargestellt, um eine klare Darstellung des Prinzips zu ermöglichen. Alternativ und rechnerisch effektiver ist die Berechnung auch unter Verwendung der jeweils im vorhergehenden Fusionierungsschritt ermittelten Distanzen möglich.)

Tabelle 8.7: Euklidische Distanzen nach dem zweiten Fusionierungsschritt

	(Pb1, Pb5)	Pb2	(Pb3, Pb4)
(Pb1, Pb5)	1.12		
Pb2	2.36	.00	
(Pb3, Pb4)	1.94	2.27	.98

In der so erzeugten Distanzmatrix (Tabelle 8.7) ergibt sich die geringste Distanz mit 1.94 zwischen den beiden Clustern (Pb1, Pb5) und (Pb3, Pb4), sodass diese beiden Cluster im nächsten (dritten) Fusionierungsschritt zu einem Cluster vereinigt werden, das aus den vier Probanden Pb1, Pb5, Pb3 und Pb4 besteht. Die nach diesem Fusionierungsschritt entstehende Distanzmatrix ist in Tabelle 8.8 dargestellt. Die Distanz zwischen dem Cluster (Pb1, Pb3, Pb4, Pb5) und dem zweiten Probanden ergibt sich als $(d_{12}^E + d_{32}^E + d_{42}^E + d_{52}^E) / 4 = (2.36 + 1.94 + 2.59 + 2.36) / 4 = 2.31$. Die mittlere Distanz innerhalb des Clusters (Pb1, Pb3, Pb4, Pb5) erhält man, indem alle Distanzen der betreffenden Probanden untereinander gemittelt werden. Dabei ergibt sich eine mittlere Distanz innerhalb des Clusters von 1.64.

Tabelle 8.8: Euklidische Distanzen nach dem dritten Fusionierungsschritt

	Pb2	(Pb1, Pb3, Pb4, Pb5)
Pb2	.00	
(Pb1, Pb3, Pb4, Pb5)	2.31	1.64

Nach dem dritten Fusionierungsschritt sind nur noch zwei Probandengruppen (bestehend aus vier bzw. aus einem Probanden) geblieben, die im letzten Schritt einer hierarchischen Clusteranalyse vereinigt werden. Im Ergebnis ergibt sich ein einziges Cluster, in dem alle Probanden zusammengefasst sind. Die mittlere Distanz in diesem Gesamt-Cluster entspricht dem Mittelwert aller Distanzen der fünf Probanden aus Tabelle 8.5 und ist in Tabelle 8.9 dargestellt.

Tabelle 8.9: Euklidische Distanzen nach dem vierten Fusionierungsschritt

	(Pb1, Pb2, Pb3, Pb4, Pb5)
(Pb1, Pb2, Pb3, Pb4, Pb5)	1.91

Im Ergebnis des Fusionierungsalgorithmus hat eine schrittweise Vereinigung der fünf Probanden stattgefunden, wobei die mittleren Distanzen innerhalb der entstandenen Cluster sukzessive zugenommen haben. Dieser Prozess kann grafisch am besten mit Hilfe eines Dendrogramms veranschaulicht werden (Abbildung 8.4).

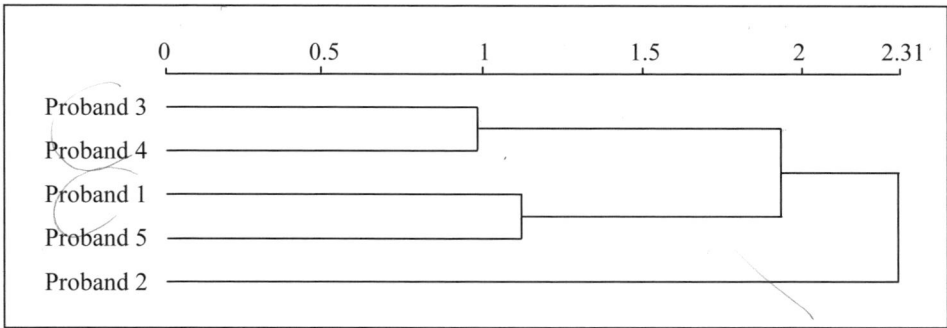

Abbildung 8.4: Dendrogramm

Im Dendrogramm ist der Prozess der Clusterbildung schematisch dargestellt. Zu Beginn der hierarchischen Clusterung bilden alle Probanden symbolisch ein eigenes Cluster, die Distanz in allen Clustern ist gleich 0. Im ersten Fusionierungsschritt wurden die Probanden 3 und 4 vereinigt, die eine Distanz von .98 aufweisen. Die Probanden 1 und 5 mit einer Distanz von 1.12 werden im nächsten Schritt zusammengefasst. Der dritte Vereinigungsschritt betrifft die beiden Cluster (Pb3, Pb4) und (Pb1, Pb5). Die Distanz zwischen diesen beiden Clustern beträgt 1.94. Im letzten Fusionierungsschritt wird das Cluster (Pb1, Pb3, Pb4, Pb5) mit dem Probanden 2 vereinigt. Die Distanz vor der Vereinigung beträgt 2.31.

In SPSS wird für die Darstellung des Dendrogramms die Achse der Distanzmaße skaliert. Grundlage dafür sind die Distanzen derjenigen Cluster, die in aufeinanderfolgenden Fusionierungsschritten vereinigt wurden. Es wird der minimale Wert dieser Distanzen (im Beispiel min = .98 vor dem ersten Fusionierungsschritt (Tabelle 8.5)) sowie der maximale Wert (im Beispiel max = 2.31 vor dem vierten Fusionierungsschritt (Tabelle 8.8)) ermittelt. Anschließend werden die in Abbildung 8.4 dargestellten Distanzen transformiert gemäß Formel (8.5):

$$d_{trans} = (d - min) \cdot 25 / (max - min) \tag{8.5}$$

Durch diese Transformation werden die Distanzwerte auf einen Bereich zwischen 0 und 25 umgerechnet, wobei der transformierte Wert 0 dem nichttransformierten minimalen Wert entspricht und der transformierte Wert 25 dem nichttransformierten Maximum. Zum Beispiel ergibt sich für die Probanden 1 und 5 der transformierte Distanzwert gemäß Formel (8.5) als $d_{15,trans}^{E} = (1.12 - .98) \cdot 25 / (2.31 - .98) = 2.63$. Im Ergebnis dieser Transformation werden die Relationen der Distanzunterschiede deutlicher.

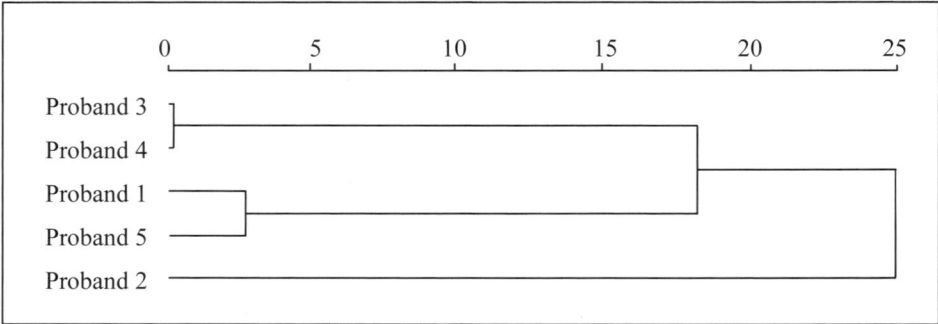

Abbildung 8.5: Dendrogramm mit transformierten Distanzen

8.2   Interpretation einer hierarchischen Clusterlösung

Im Ergebnis des hierarchischen Clusterungsverfahrens im Anwendungsbeispiel ergibt sich das in Abbildung 8.6 dargestellte Dendrogramm. Mit Hilfe dieser grafischen Darstellung lassen sich Hypothesen über die Anzahl der in den Daten enthaltenen Gruppen aufstellen. Erste Angaben über mögliche sinnvolle Gruppenzahlen ergeben sich aus der Anzahl der Daten (bei 10 bis 20 Probanden sind mehr als drei bis vier Untergruppen selten sinnvoll) sowie aus inhaltlichen Vorüberlegungen. Im Dendrogramm kann man eine Gruppenanzahl ermitteln, indem man in der Grafik an einer Stelle, an der ein großer Distanzsprung bis zum nächsten Fusionierungsschritt erfolgen würde, einen Schnitt setzt (siehe Abbildung 8.6; gestrichelte Linie).

Im Beispiel bestehen drei Cluster bei einer (skalierten) Distanz von höchstens 17, im nächsten Fusionierungsschritt würden zwei Cluster mit einer dann entstehenden Distanz von über 23 vereinigt. Dieser Zusammenschluss würde die Heterogenität der resultierenden Cluster aber bedeutend erhöhen. Deshalb bietet es sich an, drei Cluster als Hypothese für die weiteren Analysen zu verwenden (vgl. Abbildung 8.18). Ob im Beispiel eine 3-Cluster-Lösung sinnvoll nutzbar ist, kann nur auf der Grundlage inhaltlicher Überlegungen entschieden werden. Ähnlich wie bei der Faktorenanalyse (Kapitel 4) muss eine sinnvolle Clusterlösung neben guten statistischen Eigenschaften auch inhaltlich interpretierbar sein.

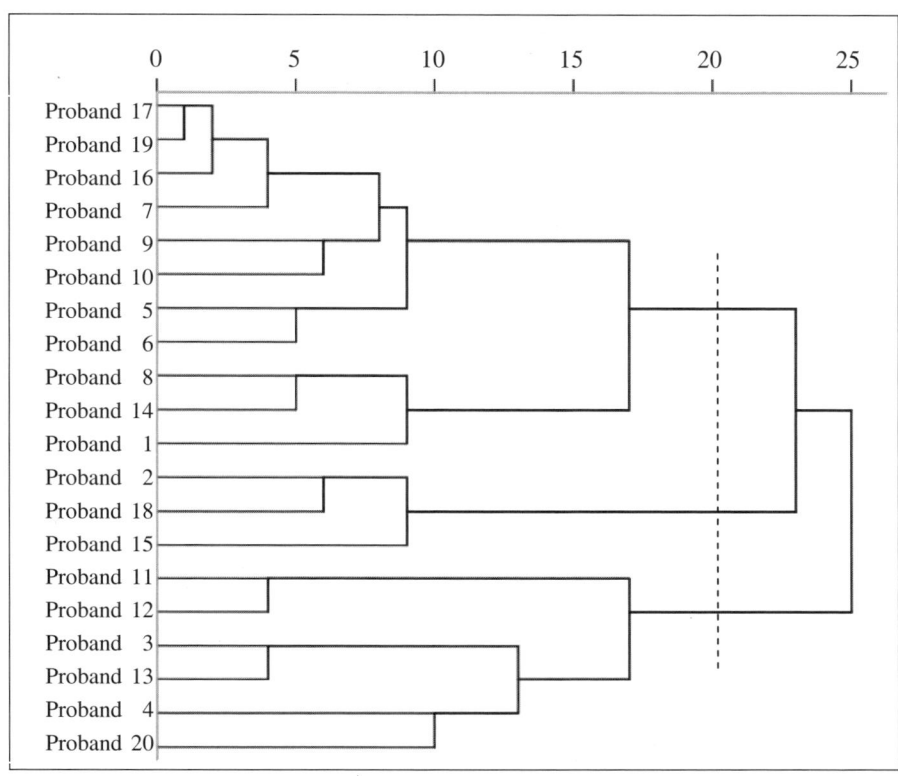

Abbildung 8.6: Dendrogramm im Anwendungsbeispiel

In vielen Fällen bietet es sich an, die Cluster über die Mittelwerte der zu den Clustern gehörenden Probanden zu interpretieren. Die Mittelwerte der Probanden in den drei Clustern aus Abbildung 8.6 sind in Tabelle 8.10 dargestellt. Diese Clusterlösung bietet gute Möglichkeiten, die Weiterbildungsmaßnahmen gezielt vorzunehmen. In der ersten Gruppe, die elf Personen umfasst, sollte vorrangig auf eine Verbesserung in den Variablen Entscheidung, Kapazität und Konzentration hingearbeitet werden, Englischkenntnisse und technisches Verständnis haben bereits ein hohes Niveau. Die drei Fluglotsen der zweiten Gruppe weisen Defizite im technischen Verständnis und in der Mehrfacharbeitskapazität auf, während die Englischkenntnisse und das Entscheidungsverhalten in komplexen Situationen in dieser Gruppe deutlich besser als in den anderen Gruppen sind. Die dritte Gruppe ist durch die mit Abstand schlechtesten Englisch-Kenntnisse charakterisiert, verbesserungswürdig sind zusätzlich die Werte in der Variablen Entscheidung.

Bei der Interpretation der Ergebnisse einer Clusteranalyse ist immer zu berücksichtigen, dass es sich um ein rein exploratorisches, Hypothesen generierendes Verfahren handelt. Die nach statistischen Überlegungen auf der Basis der Distanzen zwischen den Clustern ermittelte Clusterlösung muss nicht in jedem Fall auch die inhaltlich am besten interpretierbare und damit praktisch am besten nutzbare Lösung sein.

Tabelle 8.10: Mittelwerte der Probanden in den Clustern der 3-Cluster-Lösung

Proband	Cluster 1 1, 5, 6, 7, 8, 9, 10, 14, 16, 17, 19	Cluster 2 2, 15, 18	Cluster 3 3, 4, 11, 12, 13, 20
Technik	6.91	2.00	5.17
Englisch	6.73	8.33	1.67
Entscheidung	2.45	8.00	2.83
Kapazität	2.36	3.00	5.67
Konzentration	14.09	16.00	19.33

Insofern kann es durchaus sinnvoll sein, mehrere Clusterlösungen (im Beispiel kämen die 3-, 4- oder 5-Clusterlösung in Betracht) inhaltlich zu untersuchen. Die endgültige Entscheidung für diejenige Lösung, die für weitere Analysen benutzt werden soll, muss immer in der Analyse einer Kombination statistischer und inhaltlicher Gesichtspunkte getroffen werden.

8.3   Anwendungsbeispiel in SPSS

Im Folgenden werden die erläuterten Berechnungen mit SPSS nachvollzogen. Aus didaktischen Gründen soll analog zur obigen Vorgehensweise zunächst eine Clusteranalyse mit nur zwei Variablen und fünf Probanden gerechnet werden. Im Anschluss daran folgt die Berechnung einer Clusteranalyse mit dem kompletten Datensatz. Die Daten aus Tabelle 8.1 sind in der Datei mit dem Namen Weiterbildung von Fluglotsen.sav im Ordner Clusteranalyse der Website zum Buch enthalten.

8.3.1   Clusteranalyse mit zwei Variablen und fünf Probanden

Die Auswahl bestimmter Probanden aus dem Datensatz lässt sich unter Daten, Fälle auswählen realisieren. In Abbildung 8.7 ist links das entsprechende Dialogfeld abgebildet. Unter Auswählen [1] stehen mehrere Vorgehensweisen für die Auswahl zur Verfügung. Voreingestellt werden natürlich alle Fälle in die Analysen einbezogen [2]. Aktivieren Sie die Option Nach Zeit- oder Fallbereich [3] und klicken Sie anschließend auf die Schaltfläche Bereich [4]. Es erscheint das rechte Dialogfenster in Abbildung 8.7. Hier kann der Bereich der Fälle angegeben werden, für den die Analyse durchgeführt werden soll. Tragen Sie für den ersten Fall eine 1 ein [5] und für den letzten eine 5 [6]. Bestätigen Sie die Eingabe mit Weiter. Im Hauptdialogfeld kann noch entschieden werden, was mit den nicht ausgewählten Fällen passieren soll. Behalten Sie die Voreinstellung Nicht ausgewählte Fälle filtern [7] bei. Andernfalls, bei Aktivierung der Option Nicht ausgewählte Fälle löschen [8], würden in unserem Beispiel die Fälle 6 bis 20 aus dem Datenfenster gelöscht werden. Starten Sie die Auswahl mit OK. Im Dateneditor sind nun die nicht ausgewählten Fälle durchgestrichen und werden aus allen folgenden Analysen ausgeschlossen, bis eine neue Fallauswahl festgelegt wird.

Nun kann die Clusteranalyse durchgeführt werden. Im Hauptmenü unter Analysieren befindet sich der Unterpunkt Klassifizieren. Hier stehen neben der Hierarchischen Clusteranalyse die Two-Step-Clusteranalyse und die Clusterzentrenanalyse zur Auswahl. Die beiden letzteren eigenen sich insbesondere für große Stichproben, bei der Two-Step-Analyse können zusätzlich nominale und intervallskalierte Variablen kombiniert ausgewertet werden.

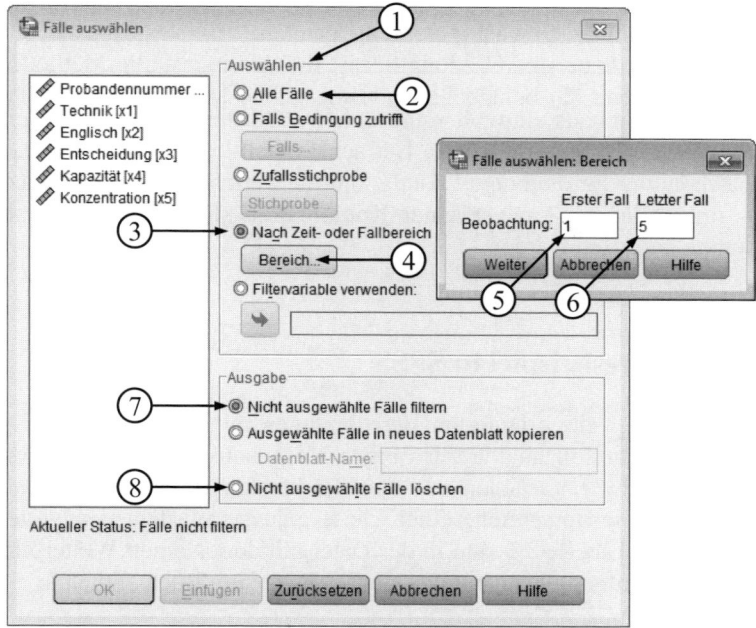

Abbildung 8.7: Dialogfenster Fälle auswählen und Bereich

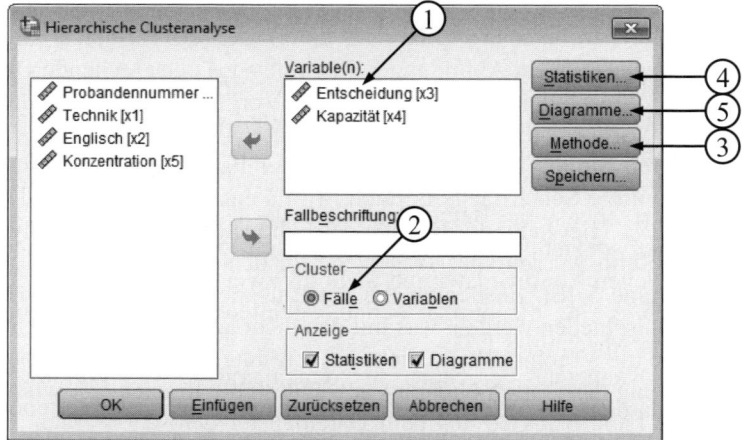

Abbildung 8.8: Dialogfenster Hierarchische Clusteranalyse

Wählen Sie Hierarchische Cluster, es erscheint das Dialogfenster aus Abbildung 8.8. Verschieben Sie die Variablen Entscheidung und Kapazität in das Feld Variablen [1]. Unter Cluster ist die Voreinstellung Fälle beizubehalten [2], da im vorliegenden Beispiel die Probanden (Fälle) gruppiert werden sollen. Alternativ zu der Gruppierung von Personen könnten auch Variablen gruppiert werden. Für eine derartige Zielstellung ist jedoch meist die Faktorenanalyse (Kapitel 4) das geeignetere Verfahren. Wählen Sie anschließend die Schaltfläche Methode [3]. Auf die Schaltflächen Statistiken [4] und Diagramme [5] wird später eingegangen.

Unter Cluster-Methode in Abbildung 8.9 ist die voreingestellte Methode Linkage zwischen den Gruppen [1] beizubehalten. Hier stehen alternativ weitere Methoden zur Verfügung.

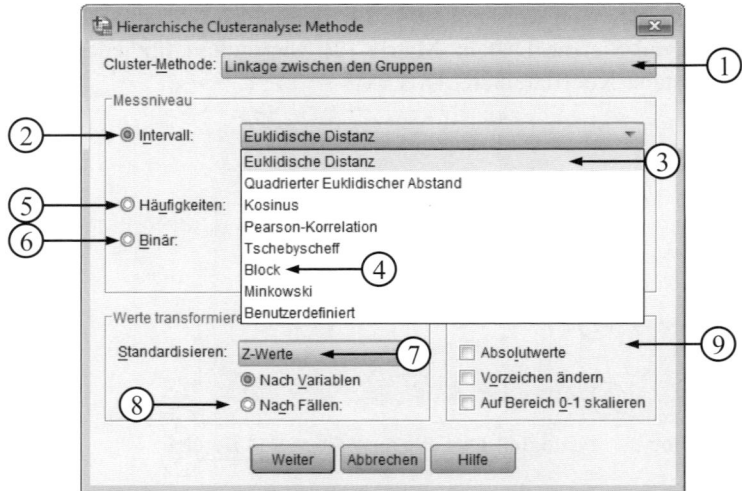

Abbildung 8.9: Dialogfenster Methode

Da die Variablen im vorliegenden Beispiel intervallskaliert sind, ist unter Maß Intervall (voreingestellt) beizubehalten [2]. Hier steht eine Reihe von unterschiedlichen Distanzmaßen zur Verfügung. Wählen Sie die Euklidischen Distanz [3]. Die Berechnung des Abstands zwischen zwei Clustern nach dieser Methode wurde in Abschnitt 8.1.1 erläutert, ebenso die Berechnung nach der City-Block-Metrik [4]. Für Häufigkeiten wurden spezielle Distanzmaße entwickelt [5], ebenso für dichotome (binäre) Daten [6]. Liegen Nominaldaten mit mehr als zwei Stufen vor, muss für jede (bis auf eine) Kategorie eine dichotome Variable gebildet werden (vgl. Dummycodierung beim ALM in Abschnitt 3.1.5).

Um ein Distanzmaß berechnen zu können, müssen die Variablen in der Regel vorher standardisiert werden, da sonst Variablen mit großen Wertebereichen (hoher Streuung) stärker gewichtet würden, als Variablen, in denen nur niedrige Werte (geringe Streuung) möglich sind. Für die Euklidische Distanz und die City-Block-Metrik ist eine Transformation in z-Werte notwendig. Öffnen Sie unter Werte transformieren die Liste für die Art der Standardisierung und wählen Sie Z-Werte aus der Liste [7].

Falls Variablen anstelle der Fälle geclustert werden sollen (vgl. Abbildung 8.8 [2]), müsste die Option Nach Fällen [8] aktiviert werden. Hier soll jedoch die Voreinstellung Nach Variablen beibehalten werden. Die Optionen für Maße transformieren [9] (die Überschrift der Kategorie ist in der Abbildung durch die Liste der Distanzmaße verdeckt) beziehen sich auf eine nachträgliche Transformation der Distanzmaße. Durch Aktivierung von Vorzeichen ändern könnten beispielsweise Ähnlichkeitskoeffizienten in Unähnlichkeitskoeffzienten transformiert werden. Hier sollen jedoch keine Maße transformiert werden. Bestätigen Sie mit Weiter.

Wählen Sie nun im Dialogfenster Hierarchische Clusteranalyse die Schaltfläche Statistiken (vgl. Abbildung 8.8 [4]). Es erscheint das Dialogfenster aus Abbildung 8.10. SPSS gibt voreingestellt eine Zuordnungsübersicht aus [1], anhand derer schrittweise nachvollzogen werden kann, welche Fälle zu Clustern zusammengefasst wurden. Aktivieren Sie die Distanz-Matrix [2]. Sie enthält für jedes Fall-Paar den zugehörigen Distanz-Koeffizienten.

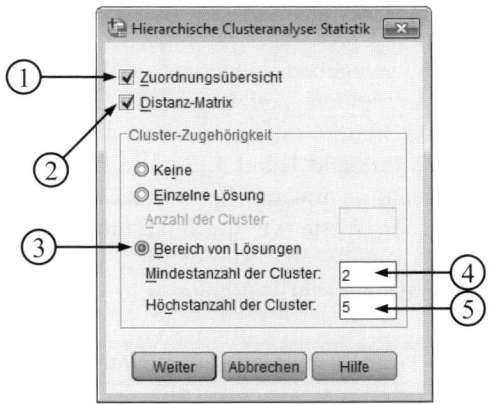

Abbildung 8.10: Dialogfenster
Statistik

Aktivieren Sie außerdem unter Cluster-Zugehörigkeit die Option Bereich von Lösungen [3] und geben Sie unter Mindestanzahl der Cluster 2 [4] und Höchstanzahl der Cluster 5 [5] ein. Man erhält dadurch eine Tabelle, in der abzulesen ist, welcher Fall welchem Cluster zugeordnet wurde, und zwar für die Lösungen mit 2, 3, 4 und 5 Clustern.

Klicken Sie anschließend auf die Schaltfläche Diagramme im Hauptdialogfeld (vgl. Abbildung 8.8 [5]) um das Dialogfeld in Abbildung 8.11 zu erhalten. Aktivieren Sie hier das Dendrogramm [1] für eine grafische Veranschaulichung des Clusterungsprozesses. Unterdrücken Sie die voreingestellte Ausgabe des Eiszapfen-Diagramms [2]. Bestätigen Sie die Eingaben mit Weiter und starten Sie über die Schaltfläche OK im Hauptdialogfenster Hierarchische Clusteranalyse (vgl. Abbildung 8.8) die Analyse.

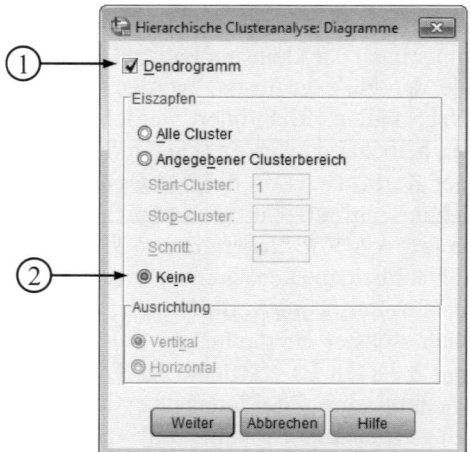

Abbildung 8.11: Dialogfenster
Diagramme

Die Tabelle Näherungsmatrix in Abbildung 8.12 zeigt die Distanzmatrix für die fünf Probanden (Fälle). Hier wird die paarweise Euklidische Distanz (vgl. Formel (8.1)) zwischen den fünf Probanden angegeben. Je kleiner ein Wert ist, desto ähnlicher sind sich zwei Fälle bezüglich der beiden Variablen Entscheidung und Kapazität. Am ähnlichsten sind sich Proband 3 und 4 mit einem Wert von .98 [1]. Die größten Unterschiede bestehen zwischen Proband 1 und 3 [2]. Die Distanzwerte beiderseits der Hauptdiagonalen sind redundant (symmetrische Matrix), d.h. die rechte obere Hälfte der Tabelle enthält die gleichen Werte wie die linke untere Hälfte. Die Werte entsprechen exakt denen von Tabelle 8.5, sie wurden in diesem Fall mit zuvor z-standardisierten Werten berechnet (vgl. Abschnitt 8.1).

Fall	Euklidisches Distanzmaß				
	1:Case 1	2:Case 2	3:Case 3	4:Case 4	5:Case 5
1:Case 1	,000	2,362	2,592	2,260	1,118
2:Case 2	2,362	,000	1,944	2,585	2,362
3:Case 3	2,592	1,944	,000	,984	1,723
4:Case 4	2,260	2,585	,984	,000	1,165
5:Case 5	1,118	2,362	1,723	1,165	,000

Abbildung 8.12: Näherungsmatrix (Distanzmatrix)

Hätte man im Dialogfenster Methode unter Werte transformieren die Option keine Standardisierung gewählt (Abbildung 8.9 [7]), würde man eine Distanzmatrix mit absoluten Distanzen erhalten. Diese Matrix ist in Tabelle 8.3 für die ersten drei Probanden abgebildet.

In der Tabelle Zuordnungsübersicht in Abbildung 8.13 kann schrittweise verfolgt werden, in welcher Reihenfolge die einzelnen Cluster gebildet wurden [1]. Dabei werden Fälle – also einzelne Probanden – bereits als „Cluster" bezeichnet. Als erstes

wurden die Cluster 3 und 4 zu einem Cluster zusammengefasst [2]. Ein neu gebilde-
tes Cluster wird dabei immer nach der kleinsten Fallzahl benannt, hier also Cluster 3.

| Schritt | Zusammengeführte Cluster | | Koeffizienten | Erstes Vorkommen des Clusters | | Nächster Schritt |
	Cluster 1	Cluster 2		Cluster 1	Cluster 2	
1	3	4	,984	0	0	3
2	1	5	1,118	0	0	3
3	1	3	1,935	2	1	4
4	1	2	2,314	3	0	0

Abbildung 8.13: Zuordnungsübersicht

In der letzten Spalte kann man ablesen, in welchem Schritt dieses neugebildete Cluster 3 mit einem weiteren Cluster zusammengeführt werden wird, in diesem Fall also
im dritten Schritt [3]. In diesem dritten Schritt wird Cluster 3 mit dem aus Proband 1
und Proband 5 bestehenden Cluster 1 zusammengeführt [4]. Der Koeffizient [5] gibt
die mittlere Distanz vor der Fusionierung der jeweiligen Cluster an. Die Distanz zwischen Fall 3 und 4 von .98 [6] ist bereits aus Abbildung 8.12 [1] bekannt. Die Distanz der in Schritt 3 zusammengeführten Cluster von 1.94 [7] ist in Tabelle 8.7 in der
linken unteren Zelle angegeben, die Distanz der in Schritt 4 zusammengeführten
Cluster von 2.31 [8] in Tabelle 8.8.

Als nächstes soll das am Ende der Ergebnisausgabe platzierte Dendrogramm aus
Abbildung 8.14 betrachtet werden.

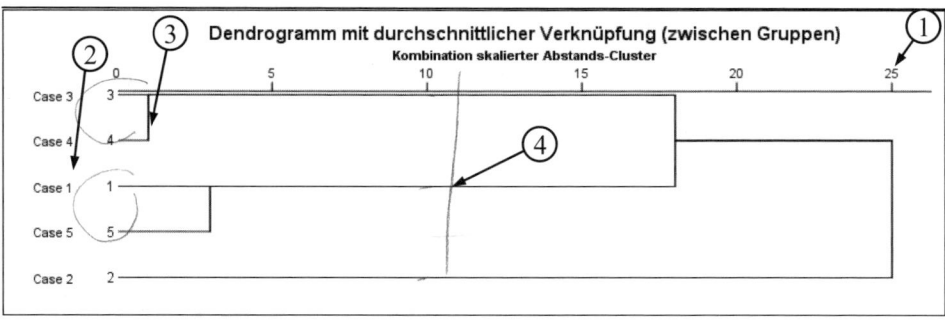

Abildung 8.14: Dendrogramm

Es handelt sich dabei um die grafische Darstellung der mittleren Distanzen vor der
jeweiligen Fusionierung. Hier kann, wie in der Zuordnungsübersicht, die Reihenfolge der Fusionierungen verfolgt werden. Die Distanzen sind standardisiert dargestellt,
sie gehen von 0 bis 25 [1] (vgl. Formel (8.5)). In der linken Spalte sind die Probanden (Cases) aufgelistet [2].

Die Reihenfolge der Fälle in der Liste ist so gewählt, dass der Fusionierungspro-
zess möglichst übersichtlich durch die Linien rechts von den Fallzahlen dargestellt
werden kann. Jede vertikale Linie zeigt dabei die Zusammenführung von zwei Clus-

tern an, so z.B. die Bildung von Cluster 3 aus Proband 3 und 4 [3]. Auf der standardisierten Skala ergibt sich für die Distanz zwischen diesen Probanden ca. ein Wert von 1. Allerdings sind diese Werte eher unbedeutend, da es bei der grafischen Darstellung vor allem auf die Relationen zwischen den Distanzen ankommt.

Zwischen der zweiten und der dritten Clusterbildung ist ein deutlicher (Distanz-) Sprung zu erkennen [4]. Die Distanz innerhalb des Clusters 1, bestehend aus Proband 1 und 5 ist weitaus niedriger als innerhalb des danach gebildeten Clusters, das aus den Probanden 1, 3, 4 und 5 besteht. Der dritte Fusionierungsschritt führt hier also zu einem Cluster mit einer erheblich größeren mittleren Distanz der zugehörigen Probanden und erscheint deshalb aus dieser Sicht als weniger sinnvoll.

In der Ergebnisausgabe vor dem Dendrogramm ist die Tabelle Cluster-Zugehörigkeit aus Abbildung 8.15 abgebildet. Anhand dieser Tabelle kann für jeden Fall ermittelt werden, in welchem Cluster sich dieser Fall bei einer bestimmten Clusterlösung befindet. So gehört beispielsweise Proband 1 in allen Clusterlösungen Cluster 1 an [1], Proband 5 ist bei der Lösung mit vier Clustern in Cluster 4 [2] und bei den Lösungen mit drei und zwei Clustern im Cluster 1 [3]. Da bei fünf Probanden nur vier Cluster gebildet werden, erscheint folgerichtig keine Spalte für eine Lösung mit fünf Clustern.

Fall	4 Cluster	3 Cluster	2 Cluster
1:Case 1	1	1	1
2:Case 2	2	2	2
3:Case 3	3	3	1
4:Case 4	3	3	1
5:Case 5	4	1	1

Abildung 8.15: Cluster-Zugehörigkeit

8.3.2   Clusteranalyse mit fünf Variablen und 20 Probanden

Berechnen Sie nun eine neue Analyse mit sämtlichen Probanden.

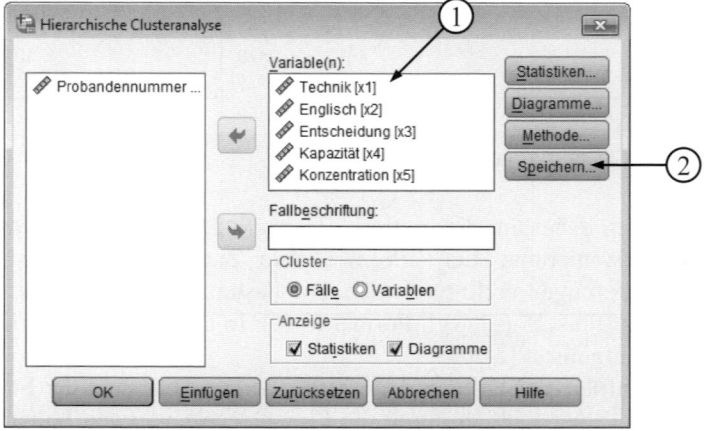

Abbildung 8.16: Dialogfenster Hierarchische Clusteranalyse

Aktivieren Sie hierzu im Dialogfeld Fälle auswählen unter Auswählen die Option Alle Fälle (vgl. Abbildung 8.7 [2]). Im Dateneditor dürfte nun kein Fall mehr durchgestrichen sein. Die erneute Analyse soll außerdem mit allen fünf Fähigkeitsvariablen (vgl. Tabelle 8.2) durchgeführt werden. Verschieben Sie demnach alle fünf Variablen in das entsprechende Feld im Dialogfeld Hierarchische Clusteranalyse aus Abbildung 8.16 [1]. Behalten Sie die übrigen Einstellungen aus Abschnitt 8.3.1 bei und starten Sie die Analyse. Auf die Schaltfläche Speichern [2] wird später eingegangen.

Die (hier nicht abgebildete) Distanzmatrix enthält nun die Distanzen zwischen den 20 Probanden bezogen auf einen fünfdimensionalen Raum. Jede der fünf Variablen entspricht dabei einer Dimension. Die Zuordnungsübersicht in Abbildung 8.17 enthält die Informationen der schrittweisen Fusionierung. Anhand der Distanzkoeffizienten können nun statistisch sinnvolle Clusterlösungen identifiziert werden. Wenn die Distanz nach einem Fusionierungsschritt deutlich größer ist als die Distanzen der vorhergehenden Cluster, könnte dies darauf hinweisen, dass diese Fusionierung nicht sinnvoll ist. Der erste sprunghafte Anstieg der Differenz zwischen zwei aufeinanderfolgenden Distanzen ist im Anwendungsbeispiel im 15. Fusionierungsschritt zu beobachten [1]. Würde man die Fusionierung nach dem 14. Schritt abbrechen, blieben sechs Cluster übrig, da von 20 ursprünglichen Clustern bereits 14 fusioniert wurden (20 − 14 = 6). Bezogen auf die Distanzkoeffizienten wäre es also sinnvoll, die Probanden in sechs Gruppen einzuteilen.

Schritt	Zusammengeführte Cluster		Koeffizienten	Erstes Vorkommen des Clusters		Nächster Schritt
	Cluster 1	Cluster 2		Cluster 1	Cluster 2	
1	17	19	,344	0	0	2
2	16	17	,566	0	1	3
3	7	16	,852	0	2	10
4	11	12	,859	0	0	16
5	3	13	,859	0	0	15
6	5	6	,939	0	0	11
7	8	14	,961	0	0	13
8	2	18	1,024	0	0	12
9	9	10	1,095	0	0	10
10	7	9	1,293	3	9	11
11	5	7	1,428	6	10	17
12	2	15	1,547	8	0	18
13	1	8	1,552	0	7	17
14	4	20	1,581	0	0	15
15	3	4	2,031	5	14	16
16	3	11	2,575	15	4	19
17	1	5	2,617	13	11	18
18	1	2	3,438	17	12	19
19	1	3	3,709	18	16	0

Abbildung 8.17: Zuordnungsübersicht

Nach diesem Kriterium ebenfalls sinnvoll sind die Lösungen mit fünf [2] und insbesondere die mit drei Gruppen [3]. Bei der Lösung mit drei Gruppen ist der Distanzsprung zum nächsten Fusionierungsschritt mit 3.44 – 2.62 = .82 am größten. Diese Lösung ist aus mathematischen Gründen auch deshalb zu favorisieren, da bei 20 Probanden eine Gruppenanzahl von 3 zahlenmäßig sinnvoll erscheint. Die endgültige Entscheidung für eine bestimmte Clusterlösung hängt jedoch von inhaltlichen Überlegungen ab, auf die weiter unten eingegangen wird.

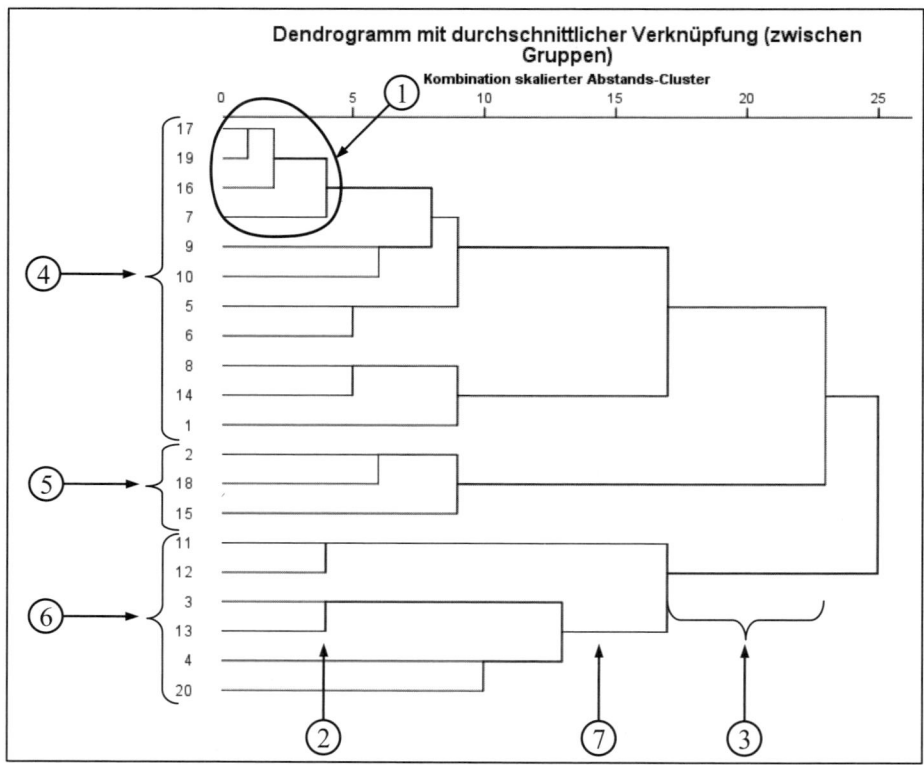

Abbildung 8.18: Dendrogramm (Distanzmaß: euklidische Distanz)

Das Dendrogramm in Abbildung 8.18 kann noch geeigneter für die Identifikation der mathematisch sinnvollsten Clusterlösung sein als die Zuordnungsübersicht. Hier kann z.B. einfacher ermittelt werden, wie viele Probanden sich in den einzelnen Clustern befinden. Der Name eines Clusters wird hier, wie in der Zuordnungsübersicht, immer durch die kleinste Fallzahl festgelegt. So heißt z.B. das aus Fall 17, 19, 16 und 7 gebildete Cluster Cluster 7 [1]. Der Zuordnungsübersicht aus Abbildung 8.17 ist zu entnehmen, dass dieses Cluster im dritten Schritt zusammengeführt wurde. Anhand des Dendrogramms könnte in diesem Fall nicht unterschieden werden, ob es im dritten, vierten oder fünften Schritt gebildet wurde, da die entsprechenden Distanzen alle in etwa auf einer (gedanklich von Pfeil [2] aus nach oben verlaufenden) vertikalen Linie liegen [2]. Analog zum Distanzsprung in der Zuordnungsübersicht ist eine sinnvolle Clusterlösung im Dendrogramm an einer vergleichsweise langen Strecke ohne vertikale Linie zu erkennen. Die längste dieser Strecken und somit der größte Distanzsprung ist durch Pfeil [3] gekennzeichnet. Eine gedachte Linie in

Pfeilrichtung (siehe Abbildung 8.6) schneidet insgesamt drei horizontale Linien. Jede dieser Linien steht für ein Cluster. Die Strecke deutet demnach auf eine Lösung mit drei Clustern hin. Es handelt sich dabei um die Cluster 1 [4], bestehend aus elf Probanden, Cluster 2 [5] mit drei Probanden und Cluster 3 [6] mit sechs Probanden. Die durch Pfeil [7] markierte Strecke deutet auf die Lösung mit 5 Clustern hin, die aus statistischer Sicht ebenfalls sinnvoll ist.

Die Entscheidung für eine bestimmte Clusterlösung kann nicht nur aus statistischen Gesichtspunkten heraus getroffen werden, sondern muss vor allem auf inhaltlichen Überlegungen basieren. Im vorliegenden Fall muss also geprüft werden, ob die statistisch sinnvollste Lösung mit drei Clustern inhaltlich gut interpretierbar ist oder ob eine andere Lösung inhaltlich sinnvoller erscheint.

Hierzu vergleicht man die Gruppenmittelwerte der fünf Fähigkeitsvariablen in den drei Clustern. Für die Berechnung der Gruppenmittelwerte müssen zunächst neue Variablen generiert werden, in denen pro Clusterlösung jeder Proband einem bestimmten Cluster zugeordnet wird. Wählen Sie im Dialogfenster Hierarchische Clusteranalyse die Schaltfläche Speichern (Abbildung 8.16 [2]). Es erscheint das Dialogfenster Speichern aus Abbildung 8.19. Aktivieren Sie hier Bereich von Lösungen [1]. Es sollen vier neue Variablen gebildet werden, und zwar für die Clusterlösungen von drei bis sechs Clustern [2, 3]. Bestätigen Sie die Änderung mit Weiter und starten Sie anschließend die Analyse.

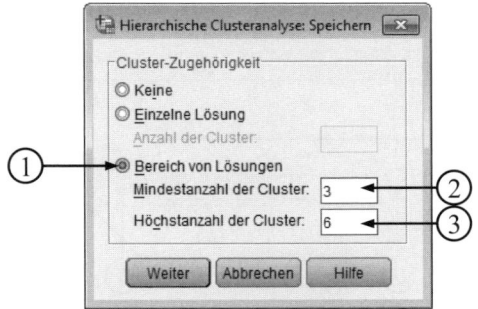

Abbildung 8.19: Dialogfenster
Speichern

Da die gleiche Analyse wie vorher berechnet wurde, enthält das Ausgabefenster die analogen Ergebnisse. Im Dateneditor erscheinen jedoch zusätzlich die neuen Variablen CLU6_1, CLU5_1, CLU4_1 und CLU3_1. In diesen Gruppenvariablen ist für jeden Proband angegeben, zu welcher Gruppe er in der entsprechenden Clusterlösung gehört. So haben z.B. in Variable CLU3_1 die Probanden 2, 15 und 18 den Wert 2, d.h. sie gehören in der Lösung mit drei Clustern dem zweiten Cluster an. Die Gruppenvariablen enthalten also genau die Information der Tabelle Cluster-Zugehörigkeit (vgl. Abbildung 8.15 für fünf Probanden). Alle vier neu gebildeten Variablen haben in SPSS automatisch das Label Average Linkage (Between Groups) als Hinweis auf die Art ihrer Entstehung bekommen (vgl. Abschnitt 8.1.2).

Mittels der Gruppenvariablen können nun je Clusterlösung Mittelwerte für die einzelnen Gruppen berechnet werden. Hierzu ist im Hauptmenü unter Analysieren Tabellen, Benutzerdefinierte Tabellen auszuwählen.

Es erscheint das Hinweisfenster aus Abbildung 8.20. In vielen Fällen ist es sinnvoll kategoriale Variablen mit Wertelabels zu versehen, um die Interpretation der noch zu erstellenden Tabelle zu vereinfachen (z.B. eine Variable Geschlecht mit den Ausprägungen 0 und 1).

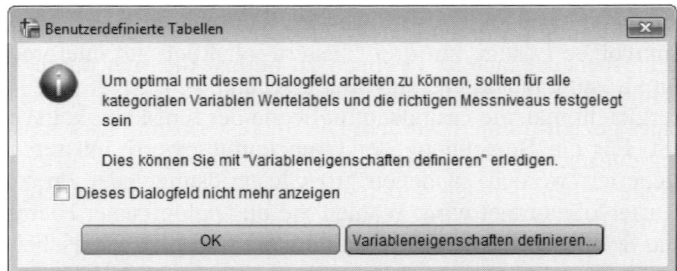

Abbildung 8.20: Hinweisfenster Benutzerdefinierte Tabellen

Die vorhin erstellten Variablen CLU6_1, CLU5_1, etc. sind kategorial, bedürfen aber keiner Wertelabels. Daher kann an dieser Stelle der Hinweis einfach mit OK bestätigt werden, woraufhin das Dialogfenster aus Abbildung 8.21 erscheint.

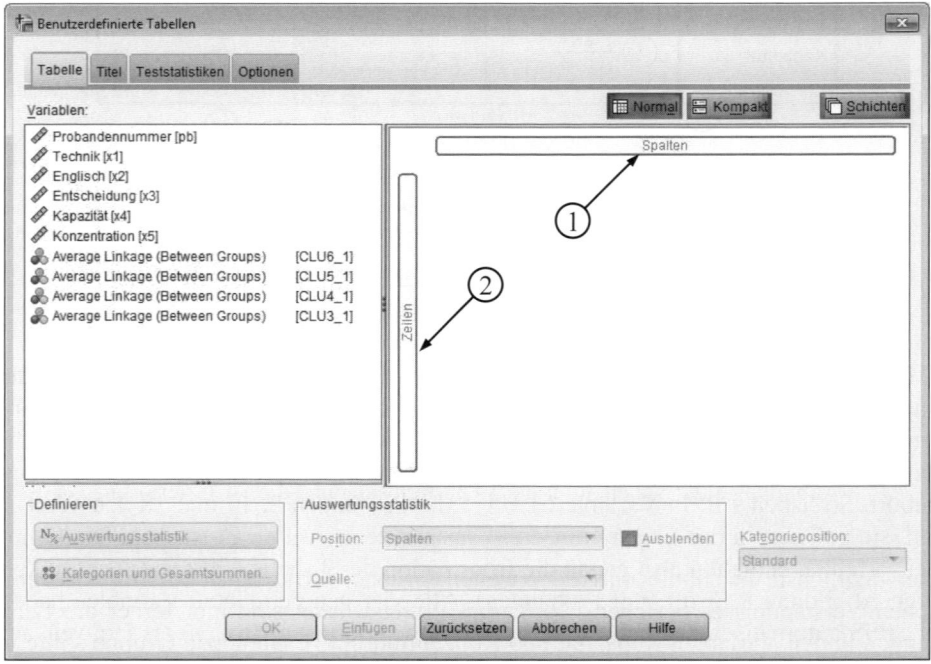

Abbildung 8.21: Dialogfenster Benutzerdefinierte Tabellen

Verschieben Sie die Variable CLU3_1 auf das Kästchen Spalten [1], woraufhin eine vorläufige Form der Tabelle angezeigt wird. Markieren Sie nun alle fünf Fähigkeits-variablen, indem sie die oberste anklicken und mit gedrückter Shift-Taste die unterste anklicken und verschieben Sie sie auf das Kästchen Zeilen [2]. Bestätigen Sie mit OK.

Erstellen Sie die Tabellen analog für die 5-Clusterlösung auf der Grundlage der Variablen CLU5_1. Abbildung 8.22 zeigt die Mittelwertstabellen für die 3-Clusterlösung und die 5-Clusterlösung. Die Interpretation der Clusterlösungen erfolgt unter Berücksichtigung der Intention der Gruppierung. Das Ziel der Gruppenbildung im Anwendungsbeispiel lautete, Gruppen zu bilden, die sich durch Defizite in bestimmten Fähigkeiten von den anderen Gruppen unterscheiden. Diese Bereiche sollten dann später gezielt trainiert werden. Die 3-Clusterlösung lässt hinsichtlich dieser Fragestellung gut interpretieren. Die erste Gruppe weist in den letzten drei Fähigkeiten [1] Defizite gegenüber den anderen Gruppen auf. Insbesondere bezüglich der Konzentrationsfähigkeit sind beide anderen Gruppen besser.

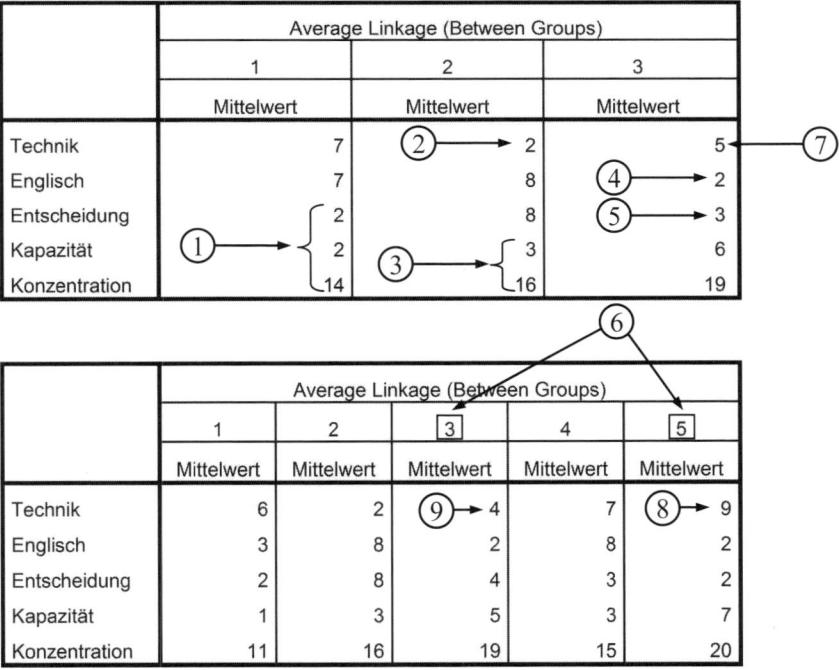

Abbildung 8.22: Tabellen für die 3-Clusterlösung und die 5-Clusterlösung

Der deutlichste Nachholbedarf der zweiten Gruppe dürfte hinsichtlich des technischen Verständnisses bestehen [2]. Verbesserungswürdig sind hier ferner die Leistungen in den Variablen Kapazität und Konzentration [3]. Die letzte Gruppe sollte in erster Linie ihre Englischkenntnisse verbessern [4] und zusätzlich das Entscheidungsverhalten trainieren [5].

Die 5-Clusterlösung lässt sich inhaltlich ebenfalls gut interpretieren. Hier wird z.B. die Gruppe 3 der 3-Clusterlösung aufgeteilt in Gruppe 3 und 5 [6]. Hierdurch wird deutlich, dass die relativ guten Werte im technischen Verständnis [7] den Probanden aus Gruppe 5 zu verdanken sind [8], die Probanden aus Gruppe 3 haben dagegen ein relatives Defizit in dieser Variablen [9]. Die 5-Clusterlösung ist also differenzierter. Dieser Vorteil ist im Anwendungsbeispiel jedoch nicht höher zu werten als die besseren statistischen Kennwerte und die praktikablere (sinnvollere) Anzahl an Gruppen der 3-Clusterlösung. Deshalb wird letztere ausgewählt.

Als nächstes sollen als Distanzmaß die City-Block-Metrik eingesetzt werden. Die Ergebnisse sollen mit den Resultaten verglichen werden, die auf Grundlage Euklidischer Distanzen ermittelt wurden (vgl. Abschnitt 8.1.1). Wählen Sie hierzu im Dialogfenster Methode unter den Maßen für Intervalldaten die Option Block (vgl. Abbildung 8.9 [4]) und berechnen Sie eine neue Analyse. Anhand des Dendrogramms in Abbildung 8.23 können einige Gemeinsamkeiten und Unterschiede dargestellt werden.

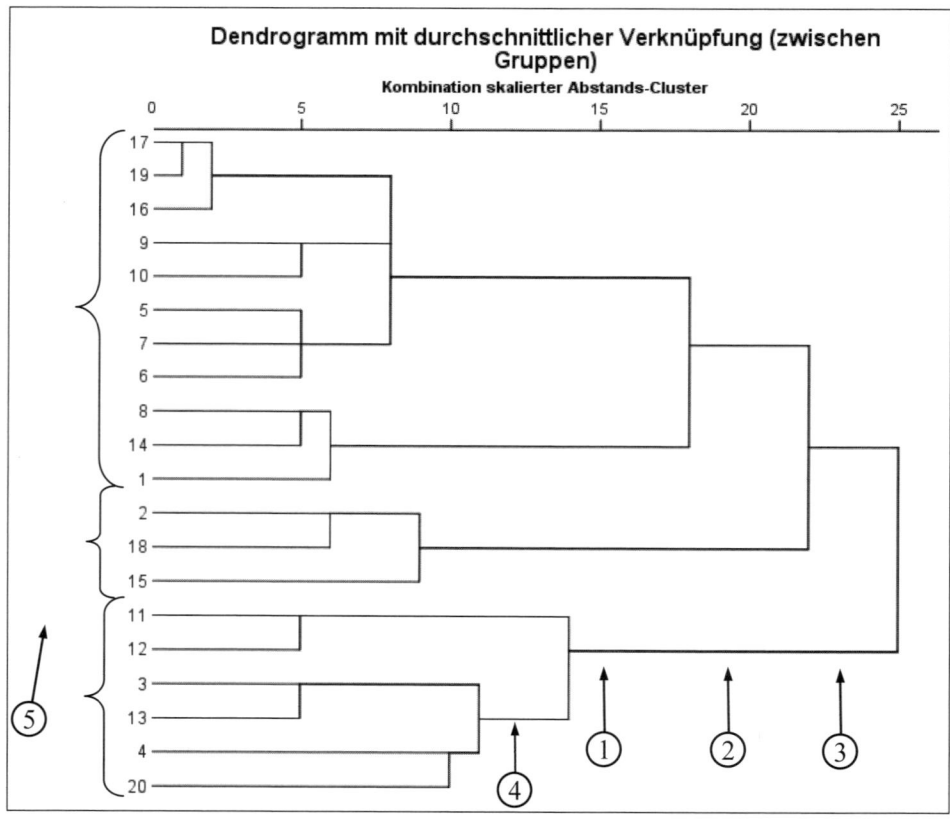

Abbildung 8.23: Dendrogramm (Distanzmaß: City-Block-Metrik)

Der Distanzsprung von der 4-Clusterlösung zur nächsten Fusionierung [1] ist bei der City-Block-Metrik – ganz im Gegensatz zur Euklidischen Distanz – fast so groß wie der entsprechende Sprung der 3-Clusterlösung [2]. Ebenfalls große Distanzsprünge sind für eine Lösung mit 2 [3] und 5 [4] Clustern zu beobachten. Die Zuordnungen der Probanden zu den Clustern sind für alle Lösungen ab der 6-Clusterlösung identisch mit der Zuordnung bei der Euklidischen Distanz! So finden sich beispielsweise genau die drei Cluster 1, 2, und 3 der 3-Clusterlösung aus Abbildung 8.18 auch hier [5]. Dementsprechend sind auch die Cluster-Zugehörigkeits-Tabelle und die Gruppenvariablen für diese Clusterlösungen identisch. Die inhaltliche Interpretation ist bei der City-Block-Metrik folglich die gleiche wie bei der Euklidischen Distanz.

Im Ordner Clusteranalyse auf der Website zum Buch ist der Datensatz Weiterbildung von *Arbeitserleben.sav* enthalten. Es handelt sich dabei um Daten aus der Forschungspraxis, die zur weiteren Beschäftigung mit dem Verfahren verwendet werden können. In der Textdatei Weiterbildung von *Arbeitserleben.pdf* im gleichen Ordner wird der Gegenstand der Untersuchung erläutert, und es wird die clusteranalytische Auswertung und Interpretation der Daten beschrieben. Bei dem Praxisbeispiel handelt es sich um das von der Bundesanstalt für Arbeitsschutz und Arbeitsmedizin geförderten Projekt „ Positives Arbeitserleben" von Triemer und Rau (2001). In der Datei sind die Ergebnisse einer objektiven Arbeitsanalyse für die Arbeitsplätze von 124 Beschäftigten enthalten. Es handelt sich dabei um die Einstufung des jeweiligen Arbeitsplatzes anhand von 20 tätigkeitsbeschreibenden Merkmalen aus fünf übergeordneten Merkmalskomplexen. Es soll untersucht werden, ob sich anhand der Ergebnisse der Tätigkeitsanalyse Gruppen von Arbeitsplätzen mit ähnlichen Merkmalsausprägungen bilden lassen. Hierzu soll eine Clusteranalyse mit den fünf z-standardisierten Summenwerten der jeweils zu einem Merkmalskomplex zugehörigen Merkmale gerechnet werden.

Außerdem werden auf der Website zum Buch im Ordner Clusteranalyse die Daten zum Anwendungsbeispiel Weiterbildung von Fluglotsen (*Weiterbildung von Fluglotsen.sav*) sowie Syntax-Dateien für die Bearbeitung der Anwendungsaufgabe Weiterbildung von Fluglotsen aus diesem Kapitel (*Weiterbildung von Fluglotsen.sps*) sowie zur Praxisaufgabe Arbeitserleben (*Arbeitserleben.sps*) bereitgestellt.

Kapitel 9
Faktorenanalyse

Inhaltsübersicht

9.1	Modell und Voraussetzungen der Faktorenanalyse	310
9.2	Hauptkomponentenmethode	311
9.2.1	Prinzip der Faktorextraktion	311
9.2.2	Kennwerte der Faktorenanalyse	313
9.3	Bestimmung der Anzahl der Faktoren	315
9.4	Varimax-Rotation	318
9.5	Interpretation und Beurteilung der Güte der Faktorenlösung	321
9.5.1	Interpretation der Faktorenlösung	321
9.5.2	Analyse der Kommunalitäten	322
9.6	Anwendungsbeispiel in SPSS	324
9.6.1	Vollständiges Modell	324
9.6.2	Extraktion und Rotation der Faktoren des optimalen Modells	329

Mit der Faktorenanalyse wird in diesem Kapitel auf ein Verfahren eingegangen, das in der Psychologie und in den Sozialwissenschaften herausragende Bedeutung hat. Das resultiert vor allem daraus, dass bei Untersuchungen am Menschen häufig nicht beobachtbare Merkmale interessieren, zu deren Beschreibung jeweils mehrere messbare Variablen erfasst werden. Die Aufgabe der Faktorenanalyse (vgl. Diehl und Kohr, 1999) besteht darin,

- Faktoren aus der Korrelationsmatrix der beobachteten Variablen so zu extrahieren, dass möglichst wenig Information über die Beziehungen der gemessenen Variablen untereinander verloren geht und
- die Faktoren so zu strukturieren, dass sich eine möglichst einfache, sinnvolle und interpretierbare Struktur ergibt und dass die Faktoren bezüglich der gemeinsamen Anteile der Ausgangsvariablen identifiziert und benannt werden können.

Mit dieser Aufgabenstellung ist die Faktorenanalyse eindeutig ein exploratorisches, Hypothesen generierendes Verfahren. Da sie das Ziel hat, die Beziehungen zwischen den gemessenen Variablen mit wenigen Faktoren zu erklären, ist sie ein datenreduzierendes Verfahren. Schwerpunktmäßig wird sie im Rahmen der Entwicklung von Fragebögen oder von Testverfahren eingesetzt. Daneben bietet sie Möglichkeiten zur Beurteilung bzw. zur Überprüfung der Dimensionalität komplexer Merkmale (zum Beispiel Intelligenz, Persönlichkeitsmerkmale). Statistische Aussagen zu Hypothesen über Faktorstrukturen sind durch konfirmatorische Faktorenanalysen im Rahmen der Analyse linearer Strukturgleichungsmodelle (Kapitel 9) möglich.

Für die oben genannten Aufgabenstellungen steht eine große Anzahl faktorenanalytischer Verfahren zur Verfügung (siehe zum Beispiel Überla, 1971; Revenstorf, 1976; Bühner, 2006), die im Rahmen dieser Einführung nicht umfassend behandelt werden können. Im Folgenden sollen deshalb die Grundprinzipien der am häufigsten verwendeten Vorgehensweisen dargestellt werden. Das betrifft für die erste Aufgabenstellung (Faktorenextraktion) die Hauptkomponentenanalyse und für die zweite Aufgabenstellung (Erzeugung inhaltlich gut interpretierbarer Faktoren) das Verfahren der Varimax-Rotation. In Abschnitt 9.6 werden weitere faktorenanalytische Ansätze genannt, die in SPSS realisiert sind.

Anwendungsbeispiel: Adjektive gruppieren

Im Rahmen des lexikalischen Ansatzes in der Persönlichkeitspsychologie wird versucht, in einer großen Menge von Adjektiven einzelne Gruppen von inhaltlich zusammenhängenden Adjektiven zu identifizieren. Hierzu schätzen die Probanden eine ihnen bekannte Person dahingehend ein, inwieweit die jeweiligen Adjektive auf die bekannte Person zutreffen. Von Adjektiven, deren Einschätzungen hoch korrelieren, wird angenommen, dass sie eine gemeinsame, übergeordnete Eigenschaft beschreiben. Zur Demonstration des lexikalischen Ansatzes in einem Psychologieseminar sollten die 30 Teilnehmerinnen eine bekannte Person auswählen und diese anschließend bezüglich der in Tabelle 9.1 abgebildeten Adjektive beschreiben. Die Einschätzung erfolgte jeweils auf einer neunstufigen Skala (1 = trifft überhaupt nicht zu, 9 = trifft voll zu).

Tabelle 9.1: Liste der Variablen zum Beispiel Lexikalischer Ansatz

Variablen	Adjektive	Variablen	Adjektive
X_1	angriffslustig	X_7	akkurat
X_2	penibel	X_8	gewissenhaft
X_3	streitbar	X_9	kleinlich
X_4	kämpferisch	X_{10}	übergenau
X_5	grimmig	X_{11}	herausfordernd
X_6	gründlich	X_{12}	hitzig

Tabelle 9.2: Daten zum Beispiel Lexikalischer Ansatz

Pbn	angriffslustig	penibel	streitbar	kämpferisch	grimmig	gründlich	akkurat	gewissenhaft	kleinlich	übergenau	herausfordernd	hitzig
1	4	6	3	4	5	5	5	1	5	6	4	5
2	9	3	8	6	4	2	2	2	1	1	1	4
3	5	1	4	2	3	2	1	3	1	1	2	3
4	8	1	6	8	4	2	1	2	1	1	8	4
5	7	3	6	7	4	3	3	4	3	3	7	4
6	2	4	3	3	5	4	4	3	1	4	3	5
7	4	3	3	4	5	5	4	6	2	3	4	6
8	3	5	3	4	4	5	5	4	1	5	4	4
9	1	4	1	5	3	4	4	4	2	4	1	3
10	4	7	3	6	4	6	6	5	3	7	1	4
11	2	6	2	5	2	6	6	6	6	6	2	2
12	6	4	4	7	3	5	5	2	1	1	3	3
13	4	8	3	5	5	6	7	5	1	1	5	5
14	8	7	7	8	7	6	5	4	7	7	7	7
15	7	8	7	8	6	7	5	4	8	8	6	6
16	5	9	5	7	5	8	7	3	7	7	7	6
17	6	8	6	7	5	7	6	4	8	8	7	5
18	8	9	7	6	7	8	8	3	9	9	5	5
19	4	8	5	5	3	7	7	3	8	8	5	7
20	3	7	4	4	5	8	7	3	7	7	4	3
21	2	8	3	5	5	8	8	5	7	9	5	5
22	4	7	4	4	3	8	7	8	7	7	4	3
23	6	6	5	6	5	7	7	8	6	6	6	5
24	9	4	8	8	7	6	5	7	4	4	8	7
25	9	2	8	8	8	3	3	4	2	2	8	8
26	2	1	1	3	3	2	3	4	1	1	3	3
27	4	3	3	5	3	3	3	3	3	3	5	3
28	6	2	5	7	5	3	3	4	2	2	7	5
29	4	1	3	5	3	2	2	3	1	1	5	3
30	9	2	8	8	7	3	2	3	2	2	8	7

Mittels Faktorenanalyse sollen nun die Adjektive zu möglichst wenigen Gruppen (Faktoren) zusammengefasst werden. Durch diese Datenreduktion soll möglichst wenig der Information der einzelnen Adjektive verloren gehen und die extrahierten Faktoren sollen möglichst eindeutig interpretierbar sein.

9.1   Modell und Voraussetzungen der Faktorenanalyse

Ausgangspunkt der Faktorenanalyse ist die Korrelationsmatrix der p beobachteten Variablen X_1, X_2, ..., X_p. Bei den Variablen soll es sich in der Regel um intervallskalierte Variablen handeln, deren lineare Zusammenhänge mit dem Produkt-Moment-Korrelationskoeffizienten dargestellt werden können. Da mit der Berechnung der Korrelationen implizit eine z-Transformation der beteiligten Variablen verbunden ist, kann man von p z-standardisierten Variablen Z_1, Z_2, ..., Z_p ausgehen, die jeweils den Mittelwert 0 und die Varianz 1 aufweisen. Damit ergibt sich die Gesamtvarianz der in die Analyse einbezogenen Variablen als $p \cdot 1 = p$. Im Beispiel beträgt die Gesamtvarianz bei zwölf in die Faktorenanalyse einbezogenen Variablen also genau 12. Bei der Darstellung des Modells der Faktorenanalyse muss zwischen dem Modell der Hauptkomponentenanalyse und anderen faktorenanalytischen Modellen unterschieden werden.

Die allgemeine Modellvorstellung der Hauptkomponentenanalyse geht davon aus, dass sich die Werte der Probanden der einzelnen Variablen als Linearkombination der (nicht messbaren) Ausprägungen der Faktoren der einzelnen Probanden darstellen lassen. Dabei nimmt man entsprechend dem grundsätzlichen Anliegen der Faktorenanalyse (Datenreduktion) an, dass die Anzahl der m Faktoren deutlich geringer ist als die Anzahl der p Ausgangsvariablen. Das entsprechende Modell der Hauptkomponentenanalyse ergibt sich damit gemäß Formel 9.1:

$$z_{ik} = a_{i1} \cdot f_{1k} + a_{i2} \cdot f_{2k} + ... + a_{im} \cdot f_{mk} \quad (i = 1,...,p; \ k = 1,...,n) \tag{9.1}$$

z_{ik}: Wert des k-ten Probanden in der i-ten Variablen
a_{ij}: Faktorladung des j-ten Faktors auf die i-te Variable $(j = 1,...,m)$
f_{jk}: Wert des k-ten Probanden im j-ten Faktor $(j = 1,...,m)$
p: Anzahl der Variablen
m: Anzahl der Faktoren $(m \leq p)$
n: Anzahl der Probanden

Jeder Wert der Probanden in den einzelnen Variablen lässt sich also aus den Werten der nicht messbaren Faktoren beschreiben. Dabei haben die einzelnen Faktoren unterschiedliche Wirkungen auf das Zustandekommen der Werte der Variablen. Die Stärke des Einflusses wird durch die Faktorladungen beschrieben. Nach dem Modell der Hauptkomponentenanalyse wird angenommen, dass sich die Variablen vollständig durch die Faktoren erklären lassen. Somit würden die Varianzen und die Korrelationen der p Ausgangsvariablen vollständig durch die Faktoren beschrieben werden. In praktischen Untersuchungen ist diese Bedingung für m = p erfüllt, d.h. wenn man genau so viele Faktoren extrahiert wie Ausgangsvariablen zur Verfügung stehen, können die Variablen vollständig dargestellt werden. Die Varianzen der Variablen und die Korrelationen zwischen den Variablen können so aus den Faktorwerten reproduziert werden. Das Anliegen faktorenanalytischer Untersuchungen ist aber nun gerade, die Variablen durch wenige, inhaltlich gut interpretierbare Faktoren zu beschreiben (m < p). In diesem Fall ist eine vollständige Varianzaufklärung nicht möglich, d. h. es bleiben nicht erklärte Varianzanteile der Variablen bestehen.

Die Modellvorstellungen anderer faktorenanalytischer Ansätze unterscheiden sich vom Modell der Hauptkomponentenanalyse darin, dass bereits in der Modellvorstellung nicht davon ausgegangen wird, dass sich die Varianz der Variablen durch wenige Faktoren vollständig aufklären lässt. Demzufolge wird das Modell aus Formel (9.1) um einen variablenspezifischen Term erweitert, der die nicht durch die Faktoren aufgeklärten Varianzanteile enthält. Eine Darstellung dieser Modellvorstellung und der daraus resultierenden Probleme der Schätzung der entsprechenden Varianzanteile kann Diehl und Kohr (1999) oder Bühner (2006) entnommen werden. Diehl und Kohr kommen zu dem Fazit, dass sich in praktischen Anwendungen die Ergebnisse der nach diesem Ansatz durchgeführten Faktorenanalysen in der Regel nur unwesentlich von den Ergebnissen der Hauptkomponentenanalyse unterscheiden. Diese Einschätzung kann anhand der Ergebnisse der Analyse der Daten des Anwendungsbeispiels unterstrichen werden (siehe Kapitel 9.6).

Die Anwendung der Faktorenanalyse setzt die Kenntnis der Korrelationsmatrix der einbezogenen Variablen voraus. Grundsätzlich wird dabei von intervallskalierten Variablen und von der Matrix der Produkt-Moment-Korrelationskoeffizienten ausgegangen. Die Durchführung von Faktorenanalysen auf der Basis von ordinalskalierten Variablen und von dichotomen Variablen ist jedoch ebenfalls möglich. In diesen Fällen muss jedoch die Interpretation der Ergebnisse mit besonderer Sorgfalt vorgenommen werden (siehe Diehl und Kohr, 1999). Um stabile Ergebnisse faktorenanalytischer Untersuchungen zu erzielen, sollte die Anzahl der Probanden möglichst groß sein. Die gelegentlich angegebene Faustregel, wonach die Anzahl der Probanden dreimal so groß sein soll wie die Anzahl der Variablen, kann in diesem Zusammenhang nur eine Minimalforderung beschreiben (vgl. Abschnitt 9.5.1). Eine weitere Einschränkung der Anwendungsmöglichkeiten der Faktorenanalyse ergibt sich, wenn alle Korrelationskoeffizienten zwischen den einbezogenen Variablen sehr klein sind. In diesem Fall ist die gegebene Stichprobe zur Durchführung einer Faktorenanalyse ungeeignet. SPSS berechnet deshalb verschiedene Statistiken zur Überprüfung der Eignung der gegebenen Stichproben-Korrelationsmatrix für die Faktorenanalyse (siehe Abschnitt 9.6).

9.2   Hauptkomponentenmethode

Die Hauptkomponentenmethode ist ein sehr häufig angewendetes Verfahren zur Extraktion von Faktoren bzw. Hauptkomponenten.

9.2.1   Prinzip der Faktorextraktion

Mit der Hauptkomponentenanalyse werden Faktoren ermittelt, die den folgenden beiden Bedingungen genügen:
- Die Faktoren (Hauptkomponenten) sind wechselseitig unabhängig.
- Die Faktoren (Hauptkomponenten) klären sukzessive maximale Varianz auf.

Diese Bedingungen können erfüllt werden, indem rechnerisch eine Drehung des Ausgangskoordinatensystems der Variablen vorgenommen wird. Im allgemeinen Fall handelt es sich dabei um ein p-dimensionales Koordinatensystem, im Anwendungsbeispiel um ein zwölfdimensionales System. Das Prinzip soll im zweidimensionalen Fall am Beispiel der beiden Variablen A_1 und A_2 erläutert werden. In Abbildung 9.1 ist die Punktwolke der z-standardisierten Werte der Probanden in den Variablen A_1 und A_2 dargestellt. Die Varianz von beiden Variablen ist nach der z-Standardisierung jeweils 1. Nun wird die erste Hauptkomponente gesucht, die den maximal möglichen Anteil der Gesamtvarianz dieser Variablen erklärt. Aus der Abbildung wird deutlich, dass in dem neu aufzubauenden Koordinatensystem die erste Achse direkt durch die Punktwolke führen muss.

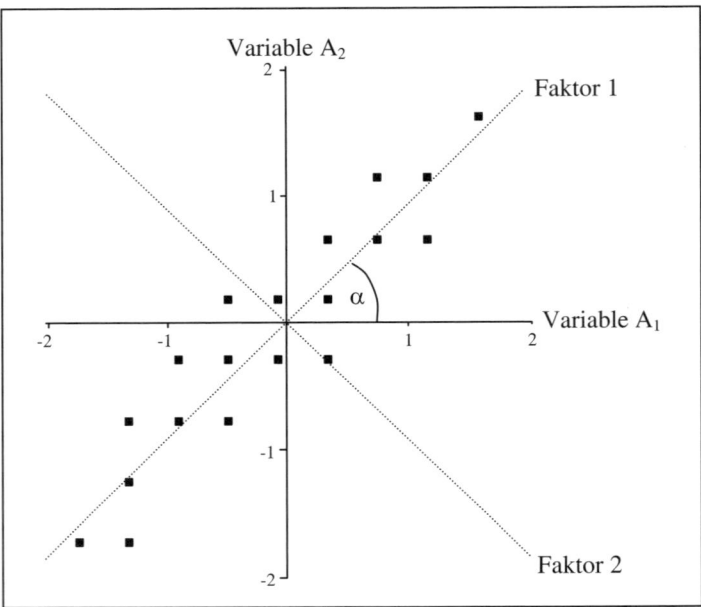

Abbildung 9.1: Faktorenbestimmung nach der Hauptkomponenten-Methode

Die zweite Achse ergibt sich dann in diesem einfachen Beispiel automatisch im rechten Winkel zur ersten Achse, da die Hauptkomponenten unabhängig sein sollen. Insgesamt ist das Ausgangskoordinatensystem der beiden Variablen A_1 und A_2 um den Winkel α gedreht worden. Die formelmäßige Darstellung der notwendigen Berechnungen ist bei Bortz und Schuster (2010) dargestellt. Im Anwendungsbeispiel ist das zwölfdimensionale Koordinatensystem nach den gleichen Prinzipien zu drehen. Es ergeben sich zwölf Hauptkomponenten. Dabei wird die Varianz der Ausgangsvariablen (infolge der Standardisierung ergibt sich eine Gesamtvarianz von 12) auf die Hauptkomponenten umverteilt, die sukzessive maximale Varianz aufklären und wechselseitig unabhängig sind. Aus Tabelle 9.3 wird deutlich, dass die durch die einzelnen Hauptkomponenten erklärten Varianzanteile sehr unterschiedlich sind. Die ersten beiden Hauptkomponenten klären zusammen knapp 76% der Gesamtvarianz der zwölf Variablen auf (siehe Abbildung 9.12 in Abschnitt 9.6).

Tabelle 9.3: Varianzaufklärung der Hauptkomponenten

Hauptkomponente	1	2	3	4	5	6	7	8	9	10	11	12	Σ
Varianzaufklärung	4.9	4.2	.9	.7	.5	.3	.2	.2	<.1	<.1	<.1	<.1	12

9.2.2 Kennwerte der Faktorenanalyse

Im Ergebnis der Hauptkomponentenanalyse entstehen die Faktoren als Achsen des gedrehten p-dimensionalen (im Beispiel 12-dimensionalen) Koordinatensystems. Diese Faktoren und ihre Beziehungen zu den Ausgangsvariablen können durch Kennwerte beschrieben werden, von denen einige bereits bei der Formulierung des Modells der Hauptkomponentenanalyse in Formel (9.1) verwendet wurden.

Faktorwert

Die Faktorwerte (Faktorscores) f_{jk} bezeichnen den Wert des k-ten Probanden im j-ten Faktor (k = 1,...,n; j = 1,...,m). Sie entstehen, indem die Projektionen der Probanden auf die neuen Achsen pro Achse z-standardisiert werden. Die Berechnung der Faktorwerte aus den Werten der Variablen erfolgt unter Verwendung von Faktorgewichten (Faktorscore-Koeffizienten), die sich von den Faktorladungen unterscheiden. Auf die Darstellung der Formeln zur Berechnung der Faktorwerte soll hier verzichtet werden (siehe dazu Bortz und Schuster, 2010). Ein hoher Faktorwert drückt eine hohe Ausprägung der durch den Faktor repräsentierten nicht messbaren bzw. nicht beobachtbaren Eigenschaft aus.

Faktorladung

Die Faktorladung a_{ij} (Faktorladung des j-ten Faktors auf die i-te Variable (j = 1,...,m; i=1,...,p)) aus Formel (9.1) entspricht der Korrelation zwischen der i-ten Variablen und dem j-ten Faktor. Hohe Faktorladungen drücken gemäß dem Modell der Hauptkomponentenanalyse (Formel (9.1)) aus, dass der jeweilige Faktor, der eine nicht messbare Eigenschaft einer Person repräsentiert, einen hohen Einfluss auf die Ausprägungen der Variablen hat. Die Höhe der Faktorladungen hat entscheidende Bedeutung bei der Zuordnung von Variablen zu Faktoren und der daraus folgenden inhaltlichen Interpretation der Faktoren (siehe Abschnitt 9.5). Im Anwendungsbeispiel ergeben sich für die ersten vier Hauptkomponenten die in Tabelle 9.4 gezeigten Faktorladungen.

Tabelle 9.4: Faktorladungen der ersten vier Hauptkomponenten

HK	angriffslustig	penibel	streitbar	kämpferisch	grimmig	gründlich	akkurat	gewissenhaft	kleinlich	übergenau	herausfordernd	hitzig
1	.33	.80	.51	.49	.62	.83	.73	.30	.85	.79	.49	.61
2	.86	−.51	.77	.68	.58	−.52	−.61	−.26	−.33	−.49	.65	.55
3	−.06	−.18	−.11	−.01	.06	.03	.05	.89	−.17	−.17	.17	.08
4	.26	.00	.19	.34	−.40	.02	−.04	.16	.18	.02	−.03	−.47

Aus dem Ansatz der Hauptkomponentenanalyse, wonach die Hauptkomponenten sukzessive maximale Varianz aufklären, ist klar, dass die 12 Ausgangsvariablen die höchsten Korrelationen und damit die größten gemeinsamen Varianzanteile mit der ersten Hauptkomponente aufweisen. Ähnlich hohe Faktorladungen ergeben sich in der zweiten Hauptkomponente. Das ist nachvollziehbar, weil sich die erklärten Gesamtvarianzanteile mit 4.9 bzw. 4.2 (Tabelle 9.3) nicht wesentlich unterscheiden. Mit der dritten Hauptkomponente weist nur die Variable gewissenhaft eine sehr hohe Korrelation auf, für die vierte Hauptkomponente überschreitet keine Faktorenladung den Wert .5. Dem entspricht die sehr geringe Varianzaufklärung dieser beiden Komponenten (vgl. Tabelle 9.3). Aus Tabelle 9.4 wird deutlich, dass eine Zuordnung der Variablen zu den Faktoren keinesfalls eindeutig möglich ist. So hat zum Beispiel die Variable grimmig annähernd gleich große Faktorladungen in den ersten beiden Hauptkomponenten. Zur Verbesserung der Zuordnungsmöglichkeiten und damit der Interpretierbarkeit der Faktoren können Rotationsverfahren genutzt werden, auf die in Abschnitt 9.4 eingegangen wird.

Eigenwert

Der Eigenwert des j-ten Faktors λ_j gibt an, welcher Anteil der Gesamtvarianz aller Variablen durch diesen Faktor aufgeklärt wird. Die entsprechenden Werte des Anwendungsbeispiels sind bereits in Tabelle 9.3 dargestellt. Die dort angegebene Varianzaufklärung eines Faktors entspricht seinem Eigenwert. Da die Faktorladungen den Korrelationen zwischen den Faktoren und den Variablen entsprechen, drücken die quadrierten Faktorladungen den Varianzanteil einer Variablen aus, der durch den jeweiligen Faktor aufgeklärt wird. Aus der Summe dieser Varianzanteile über alle Variablen ergibt sich der Anteil des einzelnen Faktors an der Aufklärung der Gesamtvarianz.

$$0 \leq \lambda_j = \sum_{i=1}^{p} a_{ij}^{\,2} \leq p \quad (j = 1,\ldots,m) \tag{9.2}$$

Große Eigenwerte einzelner Komponenten deuten darauf hin, dass viele der analysierten Variablen untereinander hoch korrelieren. Hauptkomponenten mit geringen Eigenwerten werden aus der Faktorenlösung in der Regel ausgeschlossen (siehe Abschnitt 9.3). Im Anwendungsbeispiel haben zwei Hauptkomponenten einen Eigenwert größer 4. Die übrigen zehn Hauptkomponenten haben Eigenwerte kleiner als 1, die Varianzaufklärung dieser Faktoren liegt unter der Varianz von einer Ausgangsvariablen. Für eine Datenreduktion sind diese Faktoren somit nicht geeignet. Die Analyse der Eigenwerte ist von grundsätzlicher Bedeutung bei der Bestimmung der für die Interpretation zu verwendenden Faktorenzahl, auf die in Abschnitt 9.3 weiter eingegangen wird.

Kommunalität

Die Kommunalität h_i^2 der i-ten Variablen gibt den Anteil der Varianz dieser Variablen an, der durch alle Faktoren gemeinsam aufgeklärt wird. Analog zur Darstellung zum Eigenwert ist auch hier die Grundlage der Berechnung, dass die Faktorladungen den Korrelationen zwischen den Faktoren und den Variablen entsprechen. Somit ergibt sich die Kommunalität einer Variablen aus der Summe der quadrierten Faktorladungen dieser Variablen auf allen m Faktoren.

$$0 \leq h_i^2 = \sum_{j=1}^{m} a_{ij}^2 \leq 1 \ (i = 1,...,p) \tag{9.3}$$

Wenn für eine Faktorenlösung alle m = p Hauptkomponenten verwendet werden, lässt sich die Varianz aller Ausgangsvariablen vollständig aufklären. In diesem Fall sind die Kommunalitäten aller Variablen gleich 1. Wenn – entsprechend dem Anliegen der Faktorenanalyse – die Anzahl der Faktoren m kleiner ist als die Anzahl der Variablen p, vermindern sich die Kommunalitäten der einzelnen Variablen. Sie entsprechen im Mittel dem Anteil der Gesamtvarianz der p Variablen, der durch die m verwendeten Faktoren erklärt werden kann. Wenn die Kommunalitäten von einzelnen Variablen deutlich unter diesem Wert liegen, wird die Varianz dieser Variablen durch die verwendete Faktorenlösung unterdurchschnittlich aufgeklärt. Auf mögliche Schlussfolgerungen daraus wird in Abschnitt 9.5 eingegangen, in dem die Kommunalitäten als ein wesentliches Kriterium für die Beurteilung der Güte einer Faktorenlösung dargestellt werden.

9.3   Bestimmung der Anzahl der Faktoren

Das grundsätzliche Anliegen der Faktorenanalyse besteht darin, die Varianz der p beobachteten Variablen durch wenige, inhaltlich gut interpretierbare Faktoren zu erklären. Im Modell der Hauptkomponentenanalyse (Formel (9.1)) soll die Anzahl m der Faktoren also gering sein, wobei eine nicht aufgeklärte Restvarianz der Variablen toleriert wird.

Bei der Entwicklung von Fragebögen oder von psychologischen Tests gibt es oft inhaltliche Vorstellungen, wie viele und welche nicht beobachtbaren (latenten) Faktoren durch die Fragebogen- bzw. Test-Items erfasst werden sollen. Diese Vorstellungen werden jedoch nicht in jedem Fall durch die empirischen Daten gestützt. In vielen Anwendungssituationen gibt es aber über die Anzahl der Faktoren und somit die Anzahl der Dimensionen nur sehr unscharfe Annahmen, d.h. die Anzahl der Faktoren ist vor allem aus den Daten zu bestimmen. Alle im Folgenden vorgestellten

Verfahren zur Bestimmung der Anzahl der Faktoren beruhen auf der Analyse der Eigenwerte der Faktoren. Im Anwendungsbeispiel (Tabelle 9.3) haben, wie erwähnt, zwei Faktoren einen Eigenwert größer 4, die Eigenwerte der restlichen zehn Faktoren sind kleiner 1.

Kaiser-Guttman-Kriterium

Das Kaiser-Guttman-Kriterium besagt, dass nur Faktoren mit einem Eigenwert größer 1 für die weitere Analyse und Interpretation benutzt werden sollen. Die so weiter verwendeten Faktoren sind im Sinne einer Datenreduktion sinnvoll, weil sie einen Varianzanteil aufklären, der über der Varianz 1 einer z-standardisierten Ausgangsvariablen liegt. Praktische Ergebnisse zeigen jedoch, dass vor allem bei Faktorenanalysen mit vielen Ausgangsvariablen die Zahl der substanziellen Faktoren nach diesem Kriterium überschätzt wird. Obwohl das Kaiser-Guttman-Kriterium in SPSS voreingestellt ist (vergleiche Abschnitt 9.6), sollte es nicht als ein hinreichendes Kriterium für die Bestimmung der Faktorenanzahl benutzt werden.

Scree-Test

In der Praxis wird sehr häufig der „Scree-Test" (vgl. Bortz und Schuster, 2010) verwendet. Die Bezeichnung „Test" ist allerdings irreführend, weil es sich um ein rein heuristisches Vorgehen ohne Signifikanztests handelt. Trotzdem führt das Vorgehen in vielen Anwendungssituationen zu brauchbaren Hinweisen zur Anzahl der sinnvoll weiter zu untersuchenden Faktoren. Ausgangspunkt ist das Eigenwertdiagramm, der so genannte Screeplot aus Abbildung 9.2. Hier sind die Eigenwerte der nach der Hauptkomponentenmethode ermittelten Faktoren aus Tabelle 9.3 dargestellt. Die Idee des Scree-Tests geht nun davon aus, dass strukturell in den Daten enthaltene Faktoren Eigenwerte haben, die sich deutlich von den übrigen Eigenwerten unterscheiden. Die restlichen Eigenwerte weisen nur zufällige Abweichungen von Null auf, gehen also relativ gleichförmig gegen 0. Deshalb sucht man im Eigenwertdiagramm nach dem „Knick", der die wesentlichen von den unwesentlichen Eigenwerten trennt.

Im Beispiel (Abbildung 9.2) ist das Ergebnis eindeutig: die ersten beiden Eigenwerte sind relativ groß, danach folgt ein deutlicher Knick im Eigenwertdiagramm, ab dem dritten Eigenwert gehen die Werte gleichförmig gegen 0. Dabei ist nach dem Prinzip der Hauptkomponentenanalyse klar, dass von den verbleibenden Eigenwerten der Eigenwert des dritten Faktors am größten ist (allerdings auch schon kleiner als 1). Bei vielen Ausgangsvariablen ergibt sich oft die Situation, dass auch Eigenwerte nach dem „Knick" größer als 1 sind, ohne dass sie deswegen auf strukturell bedeutende Faktoren hinweisen. Deshalb kann das im vorhergehenden Abschnitt behandelte Kaiser-Guttman-Kriterium im Unterschied zum Scree-Test in solchen Anwendungssituationen nur als notwendiges, nicht aber als hinreichendes Kriterium für die weitere Berücksichtigung eines Faktors dienen.

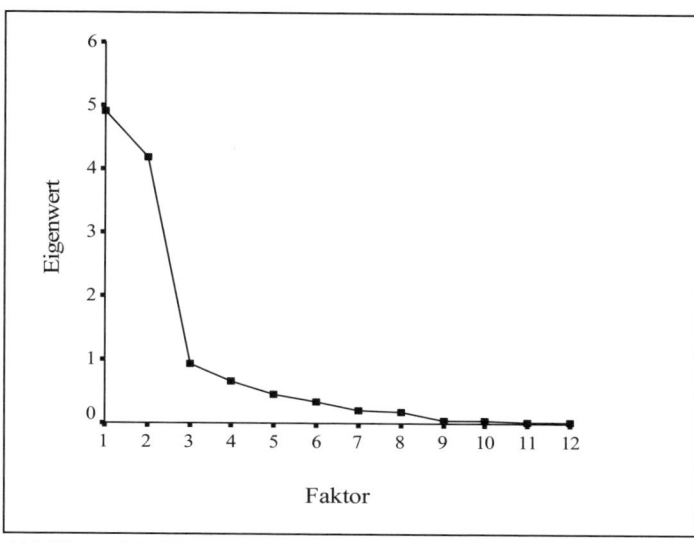

Abbildung 9.2: Eigenwertdiagramm (Screeplot)

Parallel-Analyse und Signifikanztests

Einen ähnlichen Ansatz wie der Scree-Test verfolgt die Parallelanalyse nach Horn (ausführlich in Bortz und Schuster, 2010). Hier wird der Eigenwertverlauf der Hauptkomponenten aus den empirischen Daten mit dem Eigenwertverlauf verglichen, der sich bei der Hauptkomponentenanalyse von normalverteilten Zufallsvariablen ergibt. Es werden diejenigen Faktoren weiter analysiert, deren Eigenwerte über den Eigenwerten der entsprechenden Hauptkomponenten aus Zufallsvariablen liegen. In Abbildung 9.3 ist das Eigenwertdiagramm aus Abbildung 9.2 dem Eigenwertdiagramm gegenübergestellt, das sich bei der Hauptkomponentenanalyse von zwölf standardnormalverteilten Zufallsvariablen ergeben hat. Auch nach diesem Ansatz würde man sich für die Analyse von zwei Faktoren entscheiden.

Neben der Parallelanalyse geben verschiedene Autoren Signifikanztests zur Bestimmung der Faktorenzahl an. Eine Übersicht über die wichtigsten Ansätze gibt Bühner (2006).

Inhaltliche Interpretierbarkeit

Entscheidende Bedeutung bei der Bestimmung der Anzahl der Faktoren hat die spätere Interpretierbarkeit der Faktorenlösung. Da es sich bei der Faktorenanalyse um ein exploratorisches, Hypothesen generierendes Verfahren handelt, müssen statistische und inhaltliche Überlegungen eine Einheit bilden, um tragfähige Aussagen erzeugen zu können. Die dargestellten statistischen Überlegungen (zum Beispiel der Scree-Test) liefern wichtige Anhaltspunkte für die Anzahl der weiter zu analysierenden Faktoren. Abschließend ist aber eine Beurteilung der Verwendbarkeit der Lösung mit der ermittelten Faktorenanzahl erst möglich, wenn nach der im folgenden

Abschnitt beschriebenen Rotation die Faktoren sinnvoll interpretiert werden können. Wenn die Anzahl der zu verwendenden Faktoren sich nicht – wie im hier verwendeten Beispiel – sehr eindeutig aus dem Scree-Test ergibt, der „Knick" im Eigenwertdiagramm also weniger eindeutig ist, sollte man die Interpretierbarkeit mehrerer Lösungen vergleichen. Bei Faktorenlösungen mit „ähnlichen" statistischen Eigenschaften sollte man der inhaltlich besser interpretierbaren Lösung den Vorzug geben (siehe auch Abschnitte 9.4 und 9.5).

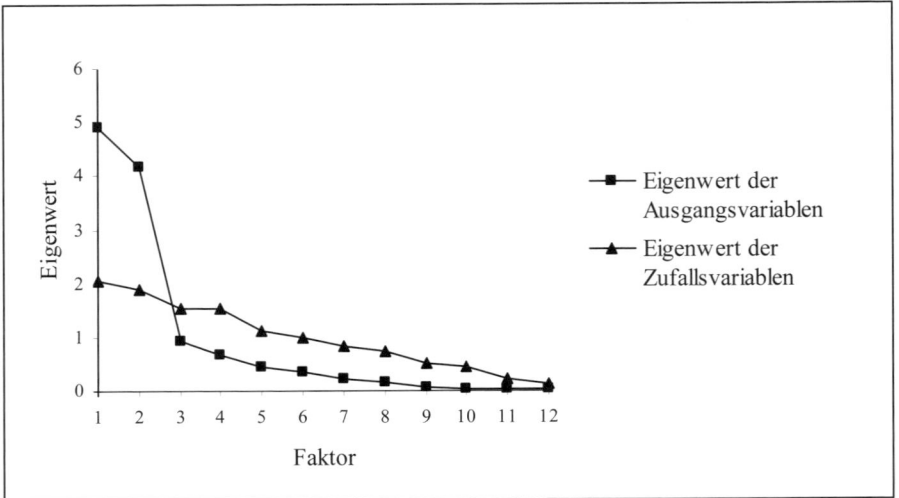

Abbildung 9.3: Gegenüberstellung der Eigenwertdiagramme der zwölf Ausgangsvariablen und von zwölf standardnormalverteilten Zufallsvariablen

9.4   Varimax-Rotation

Das Vorgehen der Hauptkomponentenanalyse führt zu einer Faktorenstruktur, bei der der erste Faktor einen maximalen Anteil an der Varianz der Ausgangsvariablen aufklärt. Dies entspricht der Tatsache, dass dieser Faktor hohe gemeinsame Varianzanteile und damit betragsmäßig hohe Faktorladungen mit relativ vielen der Ausgangsvariablen aufweist. Mit sukzessiv abnehmenden Varianzanteilen gilt das analog für die weiteren Faktoren. Die somit entstehende Faktorenstruktur ist aber inhaltlich in der Regel nicht gut zu interpretieren.

Gute Interpretierbarkeit würde sich bei einer Einfachstruktur ergeben, wenn die Faktoren und die Variablen einander möglichst eindeutig zugeordnet werden können. Das ist der Fall, wenn

- auf jedem Faktor einige Variablen möglichst hoch und andere möglichst niedrig laden und wenn
- auf verschiedenen Faktoren unterschiedliche Variablen hohe Faktorladungen aufweisen.

In Tabelle 9.5 und in Abbildung 9.4 sind die ersten beiden Faktoren mit ihren Faktorladungen dargestellt. Eine Interpretation der Faktoren erscheint schwer möglich.

Zum Beispiel können die Variablen gründlich, Hitzig oder übergenau keinem der Faktoren eindeutig zugeordnet werden. Außerdem weisen viele Variablen hohe Faktorladungen und damit hohe Korrelationen mit beiden Faktoren auf.

Um das Ziel einer Einfachstruktur und damit gut interpretierbarer Faktoren zu erreichen, wurden verschiedene Rotationsverfahren entwickelt, bei denen die Varianz der ersten m Faktoren auf m rotierte Faktoren umverteilt wird. Am häufigsten wird die Varimax-Rotation verwendet. Dabei handelt es sich um ein orthogonales Rotationsverfahren, bei dem die entstehenden rotierten Faktoren unkorreliert sind und die Gesamtvarianzaufklärung der m Faktoren nicht verändert wird. Im Beispiel bleibt die Gesamtvarianzaufklärung der beiden Faktoren auch nach der Rotation bei 75.6% (siehe Abbildung 9.17 in Abschnitt 9.6).

Tabelle 9.5: Unrotierte und Varimax-rotierte Faktorladungen (2 Faktoren)

Faktor	angriffslustig	penibel	streitbar	kämpferisch	grimmig	gründlich	akkurat	gewissenhaft	kleinlich	übergenau	herausfordernd	hitzig
Unrotierte Faktorladungen												
F_1	.33	.80	.51	.49	.62	.83	.73	.30	.85	.79	.49	.61
F_2	.86	−.51	.77	.68	.58	−.52	−.61	−.26	−.33	−.49	.65	.55
Faktorladungen nach der Varimax-Rotation												
F_1'	−.22	.95	−.03	.01	.18	.98	.95	.40	.88	.93	.03	.18
F_2'	.89	.04	.92	.84	.83	.05	−.08	−.04	.22	.06	.81	.80

Die erklärte Varianz der beiden Faktoren wird mit dem Ziel einer Einfachstruktur umverteilt. Das Kriterium der Varimax-Rotation besteht darin, dass die Varianz der quadrierten Faktorladungen maximiert wird. Somit ist das Ziel dieser Rotation eine Einfachstruktur, bei der auf jedem Faktor jeweils einige Variablen möglichst hoch laden und die übrigen Variablen möglichst geringe Ladungen aufweisen. Grafisch ist das Rotationsverfahren in Abbildung 9.4 veranschaulicht. Die entstehenden rotierten Faktorladungen sind in Tabelle 9.5 und in Abbildung 9.5 dargestellt. Aus Tabelle 9.5 und aus den Abbildungen 9.4 und 9.5 wird klar, dass durch die Varimax-Rotation eine deutlich bessere Zuordnung der Variablen zu den Faktoren erzielt wurde, womit die Interpretation der Faktoren ermöglicht wird (siehe folgender Abschnitt).

In der Literatur zur Faktorenanalyse werden weitere Rotationsverfahren dargestellt (Bortz und Schuster, 2010; Überla, 1971). Neben orthogonalen Rotationen können auch oblique (schiefwinklige) Rotationsverfahren angewendet werden. Hierbei wird zugelassen, dass die rotierten Faktoren korrelieren. Dadurch ist manchmal eine noch bessere Interpretierbarkeit der Faktoren gegeben (Bühner, 2006), allerdings wird das Ziel der Datenreduktion nicht konsequent weitergeführt. In vielen Anwendungsfällen ergeben sich keine substanziellen Unterschiede der Lösungen.

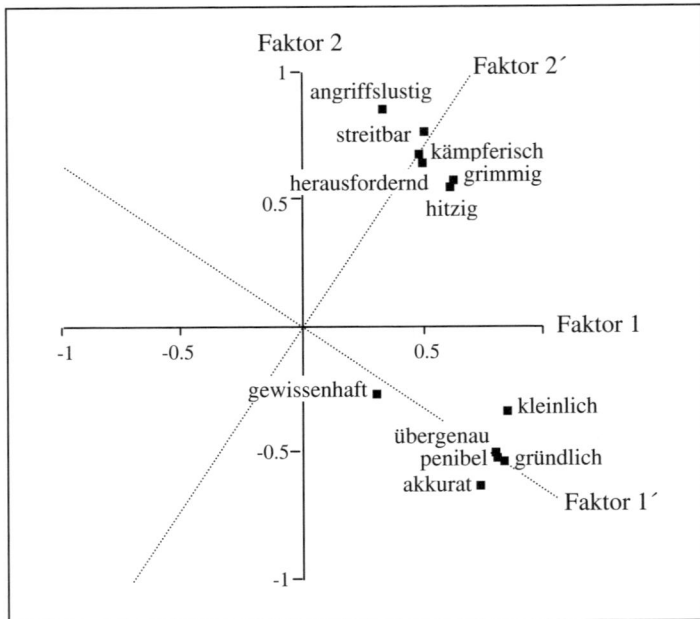

Abbildung 9.4: Unrotierte Faktorladungen (2 Faktoren)

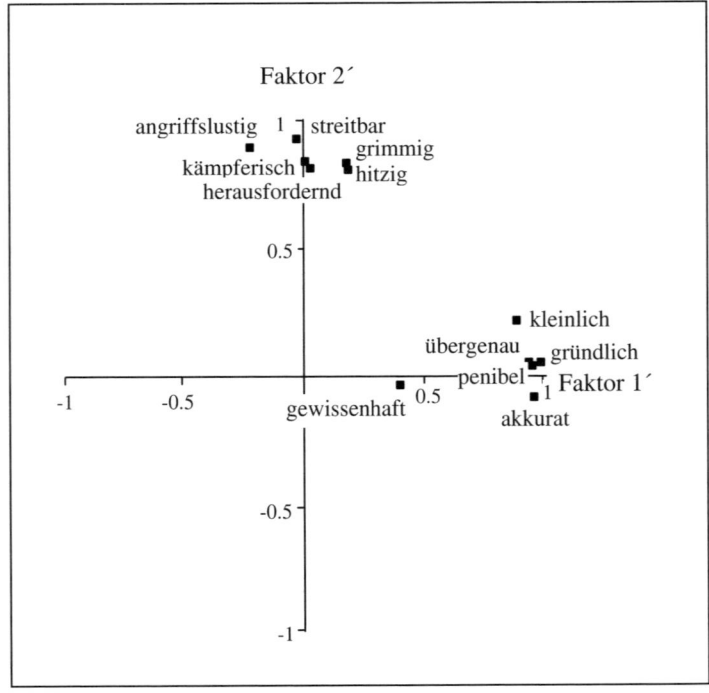

Abbildung 9.5: Varimax-rotierte Faktorladungen (2 Faktoren)

9.5   Interpretation und Beurteilung der Güte der Faktorenlösung

Nach der Faktorextraktion (z.B. Hauptkomponentenanalyse), der Bestimmung der Faktorenzahl (z.B. Scree-Test) und der Faktorenrotation (z.B. Varimax-Methode) ist die entstandene Faktorenlösung zu interpretieren und bezüglich ihrer Güte einzuschätzen.

9.5.1   Interpretation der Faktorenlösung

Anhand der Faktorladungen der rotierten Lösung kann eine inhaltliche Interpretation der Faktorlösung vorgenommen werden. Für die Interpretation der Faktoren werden in der entsprechenden Literatur verschiedene Empfehlungen gegeben. Einige Empfehlungen sollen im Folgenden kurz zusammengefasst werden. Allerdings sollte beachtet werden, dass es sich bei der Faktorenanalyse um kein Verfahren handelt, das den Anspruch hat, Faktorenlösungen zu beweisen. Vielmehr ist die Faktorenanalyse ein Verfahren zum Finden von Hypothesen, das in seinem Vorgehen statistische und inhaltliche Aspekte eng verknüpft. Insofern sollen die Regeln auch nicht als starre Vorschriften, sondern eher als Empfehlungen verstanden werden. Bortz und Schuster (2010) zitieren nach Guadagnoli und Velicer (1988) folgende Bedingungen:

- Wenn pro Faktor wenigstens zehn Variablen zugeordnet werden können, ist ein Stichprobenumfang von ca. 150 Probanden für eine Interpretation ausreichend.
- Wenn auf jeden Faktor wenigstens vier Variablen mit Ladungen über .60 entfallen, kann die Faktorenstruktur ungeachtet der Stichprobengröße interpretiert werden.
- Wenn auf jeden Faktor wenigstens zehn bis zwölf Variablen mit Ladungen über .40 entfallen, kann die Faktorenstruktur ungeachtet der Stichprobengröße interpretiert werden.
- Faktorenstrukturen, in denen auf Faktoren nur wenige Variablen mit geringen Ladungen entfallen, sollten nur bei Stichprobenumfängen größer 300 interpretiert werden. Bei geringeren Stichprobenumfängen sollte die Interpretation von den Ergebnissen einer Wiederholungsuntersuchung an einer anderen Stichprobe abhängig gemacht werden.

Ein zusätzlich zu beachtender Aspekt besteht in der Stabilität der Faktorenlösung in unterschiedlichen Teilstichproben. Wenn zum Beispiel ein Fragebogen entwickelt werden soll, der bei Gesunden und bei (psychisch) Kranken zur Anwendung kommen soll, um in entsprechenden Stichproben die mittleren Skalenwerte zu vergleichen, ist es nicht hinreichend, eine Faktorenstruktur in einer großen Gesamtstichprobe aus Gesunden und Kranken zu finden. Zusätzlich muss diese Faktorenstruktur in beiden Teilstichproben (Gesunde und Kranke) zu finden sein. Nur in diesem Fall können in der späteren Anwendung die Ausprägungen der Faktoren zwischen den Gruppen verglichen werden.

Faktorenlösungen, die inhaltlich nicht interpretiert werden können, sind in der Regel praktisch unbrauchbar. Nicht eindeutig interpretierbare Fragebogen- oder Testskalen können in der psychologischen Praxis nicht benutzt werden. Nur in seltenen Anwendungsfällen ist man lediglich an einer Zusammenfassung von Variablen für weitere Auswertungsschritte interessiert (Läuter, 1992; Kropf, 2000).

Im Anwendungsbeispiel ergibt sich eine relativ eindeutige Interpretation der Ergebnisse. Die Variablen penibel, gründlich, akkurat, gewissenhaft, kleinlich und übergenau korrelieren hoch mit Faktor 1, die übrigen Variablen können eindeutig dem Faktor 2 zugeordnet werden. Eine inhaltliche Beschreibung der Faktoren ist im Beispiel klar möglich. Faktor 1 kann als Perfektionismus bezeichnet werden. Hohe Ausprägungen der Probanden in Perfektionismus bewirken hohe Werte in den zugehörigen Variablen. Negative hohe Faktorladungen treten im Beispiel nicht auf, sie müssten andernfalls bei der Interpretation als negative Korrelationen berücksichtigt werden. Der zweite Faktor kann als Aggressivität beschrieben werden. Das inhaltliche Ergebnis der Faktorenanalyse im Anwendungsbeispiel wird in Abbildung 9.6 zusammengefasst.

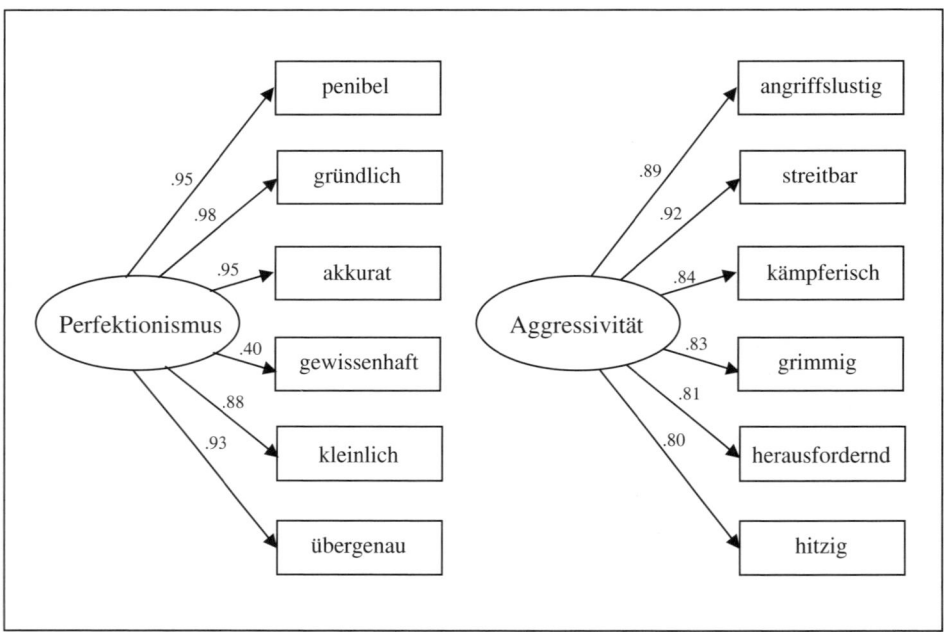

Abbildung 9.6: Inhaltliches Ergebnis der Faktorenanalyse im Anwendungsbeispiel

9.5.2 Analyse der Kommunalitäten

Neben der inhaltlichen Interpretation und der Stabilität der Faktorenlösung in relevanten Teilstichproben sind die Kommunalitäten (vgl. Abschnitt 9.2.2) der einzelnen Variablen zu analysieren. Da die Anzahl m der Faktoren kleiner ist als die Anzahl p der Variablen, kann die Gesamtvarianz der Variablen durch die Faktoren nicht vollständig aufgeklärt werden. Die Gesamtvarianzaufklärung ergibt sich aus der Summe der Eigenwerte der Faktoren. Im Anwendungsbeispiel ergibt sich bei zwölf Variablen durch die beiden verwendeten Faktoren die Summe der Eigenwerte als 4.9 + 4.2 = 9.1 (siehe Tabelle 9.3), das entspricht einer Gesamtvarianzaufklärung von 75,6%. Die Varianzaufklärung der einzelnen Variablen (also die Kommunalitäten) liegen aber nicht für jede Variable bei dem gleichen Wert von (im Beispiel) 75,6%, sondern sie variieren um diesen Wert. Wenn alle Variablen durch die ermittelten Faktoren ähnlich gut erfasst werden, schwanken die Kommunalitäten nur wenig um den ermittelten Anteil der Gesamtvarianzaufklärung. Wenn jedoch einzelne Variablen durch die Faktorenlösung schlecht repräsentiert werden, resultieren für diese Variablen vergleichsweise geringe Kommunalitäten. Für das Anwendungsbeispiel sind die Kommunalitäten der einzelnen Variablen in Tabelle 9.6 dargestellt.

Tabelle 9.6: Kommunalitäten der Variablen

	penibel		kämpferisch		gründlich		gewissenhaft		übergenau		hitzig
angriffslustig		streitbar		grimmig		akkurat		kleinlich		herausfordernd	
Kommu-nalität .85	.90	.85	.70	.72	.96	.91	.16	.82	.87	.66	.68

Bei einer Gesamtvarianzaufklärung von 75.6% liegt der Anteil aufgeklärter Varianz bei elf der zwölf Ausgangsvariablen über 66%. Die Varianz der Variablen gewissenhaft wird nur zu einem Anteil von 16% aufgeklärt. Dieser Varianzerklärungsanteil dürfte in jeder inhaltlichen Situation im Verhältnis zur erklärten Gesamtvarianz völlig unbefriedigend sein.

Für die Interpretation niedriger Kommunalitäten bei einzelnen (oder mehreren) Variablen und für das weitere Vorgehen sind folgende Überlegungen möglich:

- Die Variablen mit niedriger Kommunalität werden durch die ermittelten Faktoren nicht erfasst, die Ausprägungen dieser Variablen werden möglicherweise durch andere Faktoren beeinflusst. Es kann somit versucht werden, ob ein zusätzlich in der Analyse berücksichtigter Faktor die Varianz dieser Variablen aufklärt.
- In der Entwicklungsphase von Fragebögen oder Tests ist es möglich, dass Items oder Aufgaben nicht eindeutig oder unscharf formuliert werden. Ebenso ist es möglich, dass sich die in der Planungsphase getroffene Annahme, die Variablen werden von den zu untersuchenden Faktoren beeinflusst, durch die empirischen Daten nicht bestätigt werden kann. In der Entwicklungsphase sollte man die entsprechenden Variablen überarbeiten, umformulieren bzw. präziser formulieren oder gegebenenfalls aus der Variablenmenge ausschließen.
- Wenn die aktuelle Untersuchung sich auf einen bereits entwickelten Fragebogen oder einen veröffentlichten Test bezieht, dessen Faktorenstruktur anhand von großen Stichproben untersucht und ermittelt worden ist, können kleine Kommunalitäten besonders bei kleinen Stichproben gelegentlich durch den Zufall bedingt auftreten. Hier empfiehlt sich die Replikation der Untersuchung an einer größeren Stichprobe.

Im Anwendungsbeispiel sprechen inhaltliche Gründe dafür, den Adjektiv „gewissenhaft" umzuformulieren. Anstelle von „gewissenhaft" sollte in einer künftigen faktorenanalytischen Untersuchung zur Weiterentwicklung des Fragebogens in einer neuen Stichprobe der Adjektiv „korrekt" verwendet werden.

9.6 Anwendungsbeispiel in SPSS

Die dargestellten Grundgedanken und Kennwerte der Faktorenanalyse sollen nun anhand des oben eingeführten Beispiels in der Umsetzung in SPSS veranschaulicht werden. Die entsprechende Datei befindet sich unter dem Namen Adjektive gruppieren.sav im Ordner Faktorenanalyse der beiliegenden Website zum Buch. Es soll zunächst ein Modell gerechnet werden, in dem mittels Hauptkomponentenanalyse alle zwölf möglichen Faktoren extrahiert werden. Anhand dieses Modells wird dann die optimale Anzahl an Faktoren bestimmt. Anschließend werden diese Faktoren in einer neuen Analyse extrahiert und rotiert (Varimax-Rotation). Schließlich wird die entstandene Faktorenlösung interpretiert und bezüglich ihrer Güte beurteilt.

9.6.1 Vollständiges Modell

Wählen Sie im Hauptmenü unter Analysieren Dimensionsreduzierung die Option Faktorenanalyse. Es erscheint das Dialogfenster aus Abbildung 9.7. Verschieben Sie sämtliche Variablen in das gleichnamige Feld [1].

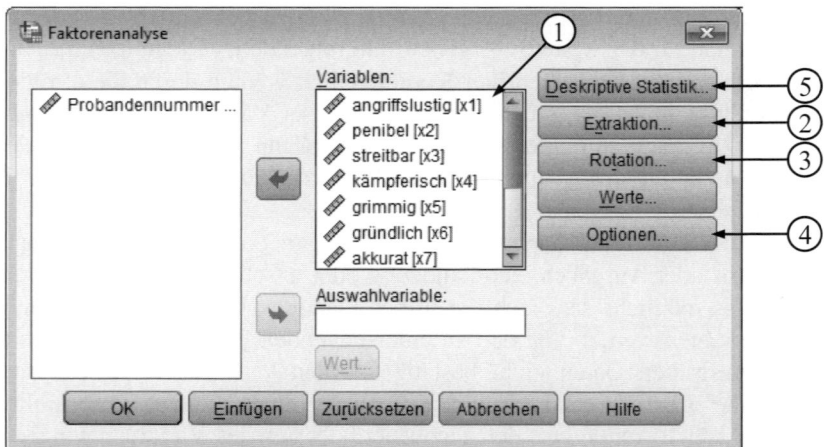

Abbildung 9.7: Dialogfenster Faktorenanalyse

Über die Schaltfläche Extraktion [2] können u.a. die Extraktionsmethode und die Anzahl der zu extrahierenden Faktoren festgelegt werden. Unter Rotation [3] kann zwischen verschiedenen orthogonalen und schiefwinkligen Rotationsmethoden gewählt werden. Die Optionen [4] beziehen sich u.a. auf das Anzeigeformat der Faktorladungen in der Ergebnisausgabe der Faktorenanalyse. Die Dialogfenster zu den drei letztgenannten Schaltflächen werden später beschrieben. Wählen Sie zunächst die Schaltfläche Deskriptive Statistik [5].

Es erscheint das Dialogfenster aus Abbildung 9.8. Behalten Sie hier unter Statistik die Voreinstellung Anfangslösung [1] bei. Hiermit werden die Kennwerte der Faktorenanalyse (zum Beispiel Eigenwerte, Kommunalitäten) vor der Extraktion der Faktoren ausgegeben. Unter Korrelationsmatrix sind die Koeffizienten [2] und deren Signifikanzniveaus [3] zu aktivieren. Wählen Sie außerdem die Tests auf Eignung der Stichprobe nach Kaiser-Meyer-Olkin (KMO) bzw. Bartlett [4].

Abbildung 9.8: Dialogfenster Deskriptive Statistiken

Wechseln Sie jetzt in das Dialogfenster Extraktion, indem sie im Dialogfenster Faktorenanalyse die entsprechende Schaltfläche wählen (vgl. Abbildung 9.7 [2]).

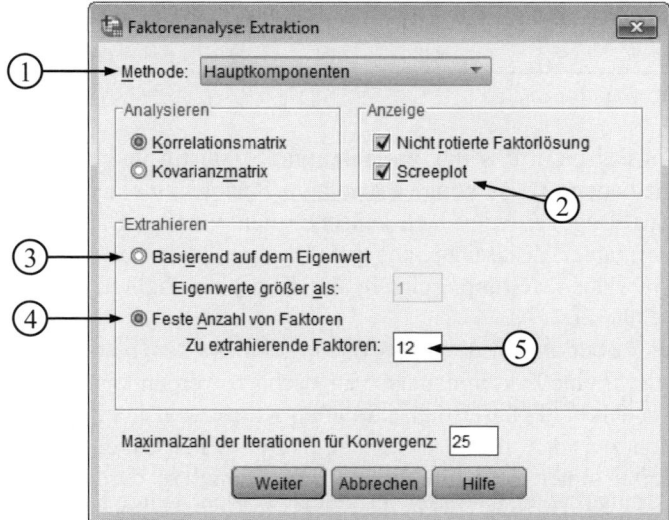

Abbildung 9.9: Dialogfenster Extraktion

In dem sich öffnenden Dialogfeld aus Abbildung 9.9 können die Modalitäten der Extraktion spezifiziert werden. Behalten Sie als Methode die Hauptkomponentenanalyse bei [1]. Hier kann eine Reihe weiterer Methoden, wie zum Beispiel die Haupt-achsen-Methode oder die Methode der ungewichteten kleinsten Quadrate ausgewählt werden. Lassen Sie einen Screeplot [2] anzeigen. Anhand des Scree-Plots kann eine mathematisch sinnvolle Anzahl der zu extrahierenden Faktoren bestimmt werden (Abschnitt 9.3).

Voreingestellt basiert in SPSS die Extraktion auf allen Faktoren mit Eigenwerten, deren Wert größer als 1 ist [3] (Kaiser-Guttman-Kriterium, vgl. Abschnitt 9.3). Al-ternativ kann eine feste Anzahl der zu extrahierenden Faktoren eingegeben werden [4]. Zu Demonstrationszwecken sollen zunächst zwölf – und somit alle möglichen – Faktoren extrahiert werden [5]. Starten Sie anschließend die Analyse.

Abbildung 9.10 enthält die Korrelationsmatrix der Variablen. Die Tabelle wurde auf die ersten fünf Variablen gekürzt. Im oberen Teil der Tabelle sind die Korrelati-onskoeffizienten [1] abgebildet, im unteren Teil die zugehörigen Irrtumswahrschein-lichkeiten des einseitigen Signifikanztests [2]. Auf der Grundlage der Korrelations-koeffizienten sollen nun Gruppen zusammenhängender Variablen gebildet werden.

		angriffslustig	penibel	streitbar	kämpferisch	grimmig	
Korrelation	angriffslustig ④	1,000	-,147	,945	,763	,627	
	penibel	-,147	1,000	,030	,075	,185	
	streitbar ③	,945	,030	1,000	,743	,694	
①	kämpferisch	,763	,075	,743	1,000	,550	
	grimmig	,627	,185	,694	,550	1,000	. .
Signifikanz (1-seitig)	angriffslustig		,220	,000	,000	,000	
	penibel	,220		,438	,347	,164	
	streitbar	,000	,438		,000	,000	
	kämpferisch	,000	,347	,000		,001	
②	grimmig	,000	,164	,000	,001		

Abbildung 9.10: Korrelationsmatrix

Es zeigt sich zum Beispiel, dass die Variablen angriffslustig und streitbar viel ge-meinsame Varianz haben [3], sie könnten also zum Beispiel zu einer Gruppe zusam-mengefasst werden. Dagegen zeigt sich zwischen den Variablen angriffslustig und penibel kein signifikanter Zusammenhang [4]. Da die Masse und Komplexität der Koeffizienten eine visuelle Gruppierung in der Regel unmöglich macht, wird die Faktorenanalyse eingesetzt.

Die Tabelle in Abbildung 9.11 enthält die Ergebnisse der Tests, mit denen die Eignung der Daten für eine Faktorenanalyse abgeschätzt werden kann. Der Kennwert nach Kaiser-Meyer-Olkin [1] basiert auf partiellen Korrelationskoeffizienten und hat einen Wertebereich zwischen 0 und 1. Höhere Werte stehen dabei für eine bessere Eignung. Bei Werten unter .50 sollte keine Faktorenanalyse durchgeführt werden (Kaiser, 1974; zitiert bei Brosius, 2011). Der Bartlett-Test auf Sphärizität testet mit-tels χ^2-Test die Nullhypothese, dass alle Korrelationskoeffizienten gleich Null sind. In diesem Fall wären die Daten ungeeignet für eine Faktorenanalyse. Angesichts des hohen χ^2-Wertes [2] und des dementsprechend niedrigen p-Wertes [3] kann die Null-hypothese abgelehnt werden. Die Faktorenanalyse kann somit durchgeführt werden.

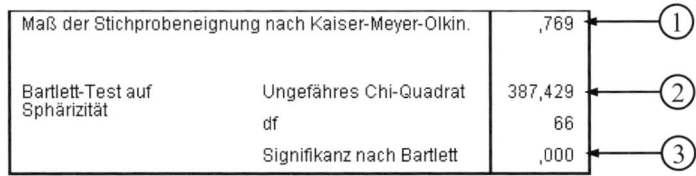

Maß der Stichprobeneignung nach Kaiser-Meyer-Olkin.		,769	①
Bartlett-Test auf Sphärizität	Ungefähres Chi-Quadrat	387,429	②
	df	66	
	Signifikanz nach Bartlett	,000	③

Abbildung 9.11: KMO- und Bartlett-Test

Wie in Abschnitt 9.1 erwähnt, werden die Variablen innerhalb der Faktorenanalyse z-transformiert und dementsprechend ist ihre Varianz jeweils 1. Die Gesamtvarianz der zwölf Variablen beträgt folglich 12. Durch die Hauptkomponentenanalyse wird nun die Varianz dieser zwölf Variablen auf zwölf Faktoren umverteilt. Dabei soll durch möglichst wenige der Faktoren ein möglichst großer Teil der Varianz der Variablen aufgeklärt werden. Die übrigen Faktoren erklären dann zu jeweils sehr viel geringeren Anteilen den Rest der Varianz. Der Anteil der Varianzaufklärung eines Faktors wird als Eigenwert bezeichnet (vgl. Abschnitt 9.2.2). Die Eigenwerte der einzelnen Faktoren sind in der Tabelle in Abbildung 9.12 dargestellt [1].

	Anfängliche Eigenwerte			Summen von quadrierten Faktorladungen für Extraktion		
Komponente	Gesamt	% der Varianz	Kumulierte %	Gesamt	% der Varianz	Kumulierte %
1	4,900	40,833	40,833	4,900	40,833	40,833
2	4,172	34,770	75,603	4,172	34,770	75,603
3	,942	7,854	83,457	,942	7,854	83,457
4	,664	5,531	88,988	,664	5,531	88,988
5	,455	3,793	92,781	,455	3,793	92,781
6	,338	2,817	95,598	,338	2,817	95,598
7	,209	1,739	97,337	,209	1,739	97,337
8	,172	1,437	98,773	,172	1,437	98,773
9	,051	,421	99,195	,051	,421	99,195
10	,043	,355	99,550	,043	,355	99,550
11	,031	,257	99,807	,031	,257	99,807
12	,023	,193	100,000	,023	,193	100,000

Abbildung 9.12: Erklärte Gesamtvarianz

Die Faktoren werden im Rahmen der Hauptkomponentenanalyse auch Komponenten genannt [2] und entsprechen den in Tabelle 9.3 angegebenen Hauptkomponenten. Durch die erste Komponente wird ein Varianzanteil von 4.9 aufgeklärt [3], dies entspricht 40.83 % der Gesamtvarianz [4]. Die beiden ersten Komponenten klären insgesamt 75.6 % der Gesamtvarianz auf [5]: (4.90 + 4.17) / 12 · 100% = 75.6%). Die dritte Komponente hat einen deutlich geringeren Eigenwert als die beiden ersten [6]. Sie trägt also vergleichsweise wenig zur Varianzaufklärung bei. Gleiches gilt für alle folgenden Komponenten. Die Eigenwerte werden von der ersten zur letzten Komponente kontinuierlich kleiner. Alle Komponenten zusammen klären die Varianz der Variablen vollständig auf [7], weil die Varianz wie erwähnt lediglich umverteilt wurde. Die rechte Hälfte der Tabelle [8] enthält die gleichen Kennwerte für die ex-

trahierten Faktoren wie die linke Hälfte für alle Faktoren. Da allerdings alle zwölf
Faktoren extrahiert wurden, sind der linke und der rechte Teil der Tabelle identisch.

Ziel der Faktorenanalyse ist jedoch unter anderem die Datenreduktion. Deshalb
sollen nur die wesentlichsten Faktoren extrahiert werden. Nach dem Kaiser-
Guttman-Kriterium würden alle Faktoren mit einem Eigenwert größer 1, hier also die
beiden ersten Faktoren, extrahiert (siehe Abschnitt 9.3). Wesentlich sinnvoller ist die
Bestimmung der Anzahl der zu extrahierenden Faktoren auf der Grundlage des
Screeplots (siehe Abschnitt 9.3). Hierbei werden die Eigenwerte als Liniendiagramm
dargestellt und dann per Augenschein der „Knick" im Eigenwertdiagramm bestimmt.
Der Screeplot erscheint in der Ergebnisausgabe im Anschluss an die Tabelle Erklärte
Gesamtvarianz. Er entspricht dem in Abbildung 9.2 dargestellten Diagramm und
wird deshalb an dieser Stelle nicht erneut abgebildet. Der Sprung zwischen dem
zweiten und dem dritten Eigenwert ist in diesem Fall sehr deutlich zu erkennen.
Nach dem Scree-Test würde man also auch eine Lösung mit zwei Faktoren wählen.

Vor der eben besprochenen Tabelle Erklärte Gesamtvarianz erscheint in der Ergebnisausgabe die Tabelle Kommunalitäten aus Abbildung 9.13. Die Kommunalität
einer Variablen ist der durch alle Faktoren gemeinsam aufgeklärte Varianzanteil dieser Variablen. In der ersten Spalte sind die Kommunalitäten des vollständigen Modells mit zwölf Faktoren angegeben [1]. Da hier die komplette Gesamtvarianz aufgeklärt wird (vgl. Abbildung 9.12 [7]), ist auch die Varianz jeder einzelnen Variablen
vollständig aufgeklärt. Die Kommunalitäten entsprechen dementsprechend den ursprünglichen Varianzen von jeweils 1 [2]. Da in unserem Fall alle zwölf Faktoren
extrahiert wurden, betragen die Kommunalitäten nach der Extraktion alle 1 [3].

	Anfänglich	Extraktion
angriffslustig	1,000	1,000
penibel	1,000	1,000
streitbar	1,000	1,000
kämpferisch	1,000	1,000
grimmig	1,000	1,000
gründlich	1,000	1,000
akkurat	1,000	1,000
gewissenhaft	1,000	1,000
kleinlich	1,000	1,000
übergenau	1,000	1,000
herausfordernd	1,000	1,000
hitzig	1,000	1,000

Abbildung 9.13: Kommunalitäten

In der Tabelle Komponentenmatrix in Abbildung 9.14 sind die Faktorladungen für
die ersten vier Komponenten abgebildet (vgl. Tabelle 9.4). Eine Faktorladung entspricht der Korrelation zwischen Faktor (Komponente) und Variable. Die Variable
kleinlich weist den stärksten Zusammenhang zur ersten Komponente auf [1], die
Variable angriffslustig den größten Zusammenhang zur zweiten Komponente [2].

	Komponente				
	1	2	3	4	
angriffslustig	,330	,859	-,060	,259	
penibel	,798	-,508	-,182	,001	
streitbar	,506	,773	-,108	,192	
kämpferisch	,486	,683	-,010	,341	
grimmig	,621	,580	,058	-,399	
gründlich	,830	-,517	,030	,021	
akkurat	,732	-,612	,051	-,042	
gewissenhaft	,302	-,257	,891	,160	
kleinlich	,846	-,326	-,173	,179	
übergenau	,794	-,487	-,166	,018	
herausfordernd	,493	,648	,168	-,028	
hitzig	,610	,552	,084	-,472	

Abbildung 9.14: Komponentenmatrix

Bei der dritten Komponente fällt auf, dass lediglich eine Variable (gewissenhaft) eine hohe Ladung auf dieser Komponente besitzt [3], die übrigen Ladungen liegen unter .2. Deshalb ergibt sich für diese Komponente insgesamt ein geringer Eigenwert (vgl. Abbildung 9.12 [6]). Aufgrund des Ladungsmusters könnten die Variablen nun gruppiert werden. Dies wäre jedoch nicht sinnvoll, da ein unrotiertes Ladungsmuster selten eine eindeutige Zuordnung zulässt. So ist hier zum Beispiel eine eindeutige Zuordnung der Variablen grimmig nicht möglich, da sie auf den beiden ersten Komponenten ähnlich hoch lädt [4]. Um eine deutlichere Zuordnung möglich zu machen, müssen die Faktoren rotiert werden. Hierbei wird ein Ladungsmuster gesucht, bei dem eine einzelne Variable möglichst hoch auf einem und möglichst niedrig auf den anderen extrahierten Faktoren lädt. In SPSS stehen eine Reihe verschiedener Rotationsverfahren zur Verfügung, von denen im nächsten Abschnitt die Varimax-Rotation eingesetzt wird.

9.6.2 Extraktion und Rotation der Faktoren des optimalen Modells

Aufgrund der Informationen aus dem vollständigen Modell erscheint im vorliegenden Fall ein Modell mit zwei Faktoren am sinnvollsten. Dementsprechend wird nun eine Faktorenanalyse gerechnet, in der zwei Faktoren extrahiert und anschließend – zur besseren Zuordnung der Variablen zu den Faktoren – rotiert werden. Wählen Sie im Dialogfenster Faktorenanalyse die Schaltfläche Extraktion (vgl. Abbildung 9.7 [2]), es erscheint das Dialogfenster aus Abbildung 9.15. Geben Sie unter Extrahieren als Anzahl der Faktoren 2 ein [1]. Auf die Ausgabe des Screeplot [2] kann in der vorgesehenen Analyse verzichtet werden. Setzen Sie durch Anklicken von Weiter fort.

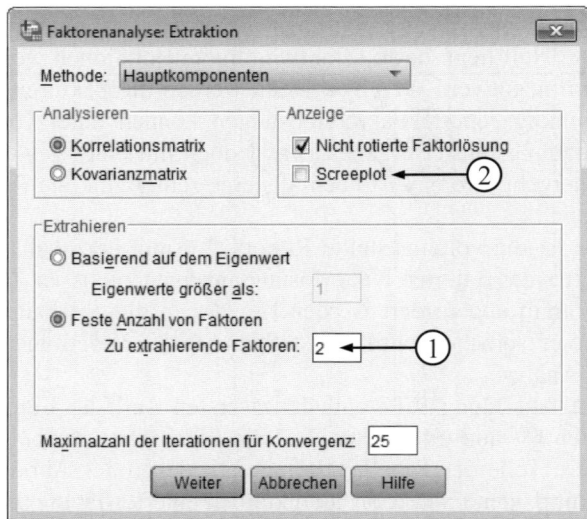

Abbildung 9.15: Dialogfenster Extraktion

Wählen Sie dann im Dialogfenster Faktorenanalyse die Schaltfläche Rotation (vgl. Abbildung 9.7 [3]). Es erscheint das Dialogfenster Rotation aus Abbildung 9.16.

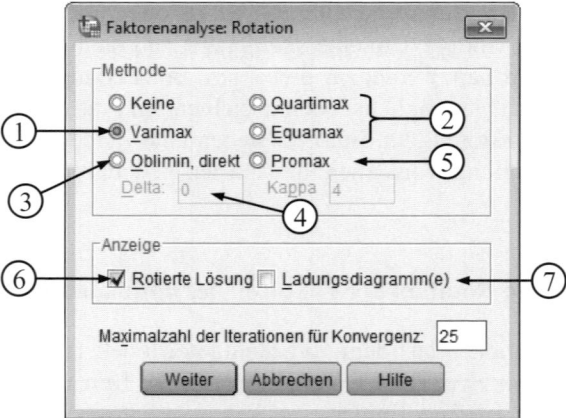

Abbildung 9.16: Dialogfenster Rotation

Wählen Sie als Rotationsmethode Varimax [1]. Bei dieser Methode wird die Varianz der quadrierten Faktorladungen maximiert. Die Faktoren werden dabei orthogonal rotiert, d.h. sie bleiben unabhängig voneinander. Mit Quartimax und Equamax [2] stehen in SPSS zwei weitere orthogonale Rotationsmethoden zur Verfügung, die sich durch das Kriterium für die Extraktion von der Varimax-Methode unterscheiden. Unter Oblimin [3] könnte eine schiefwinklige Rotation durchgeführt werden. Hierbei werden die Faktoren bei der Rotation nicht zur Orthogonalität gezwungen, die resultierenden Faktoren können also abhängig voneinander sein (korrelieren). Mit dem Wert Delta [4] wird dabei der zugelassene Grad der Korrelation zwischen den Faktoren festgelegt. Hier können Werte zwischen −9999 und .80 eingegeben werden. Je näher der Wert bei Null liegt, desto schiefwinkligere Rotationen werden zugelassen. Mit zunehmendem negativem Wert von Delta werden die Faktoren weniger schiefwinklig. Schiefwinklig rotierte Faktorenlösungen können unter Umständen besser interpretierbare Ladungsmuster ergeben, was jedoch mit einer gewissen Redundanz der Faktoren einhergeht. Promax ist ebenfalls eine schiefwinklige Rotationsmethode [5].

Unter Anzeige ist die voreingestellte Rotierte Lösung beizubehalten [6], um die Komponentenmatrix der rotierten Faktorlösung anzeigen zu lassen. Hier könnte auch ein Ladungsdiagramm angefordert werden [7], das in diesem Fall dem Diagramm aus Abbildung 9.5 entsprechen würde. Bestätigen Sie die Änderungen und starten Sie anschließend die Analyse.

Die Tabelle in Abbildung 9.17 enthält im ersten Teil die Eigenwerte aller 12 Hauptkomponenten [1] und im zweiten Teil die Eigenwerte der beiden extrahierten Faktoren [2]. Diese Teile der Tabelle stimmen mit denen aus Abbildung 9.12 überein, nur werden nach der Extraktion lediglich die Werte für die zwei extrahierten Faktoren angezeigt.

Komponente	Anfängliche Gesamt	Summen von quadrierten Faktorladungen für Extraktion			Rotierte Summe der quadrierten Ladungen		
	Gesamt	Gesamt	% der Varianz	Kumulierte %	Gesamt	% der Varianz	Kumulierte %
1	4,900	4,900	40,833	40,833	4,660	38,834	38,834
2	4,172	4,172	34,770	75,603	4,412	36,769	75,603
3	,942						
4	,664						
5	,455						
6	,338						
7	,209						
8	,172						
9	,051						
10	,043						
11	,031						
12	,023						

Abbildung 9.17: Erklärte Gesamtvarianz

Die prozentualen Varianzaufklärungsanteile der Eigenwerte vor der Extraktion wurden aus Platzgründen ausgeblendet [3]. Der dritte Teil der Tabelle enthält die Eigenwerte nach der Rotation [4]. Während die gesamte Varianzaufklärung durch die beiden extrahierten Faktoren nach der Rotation gleichgeblieben ist [5] (vgl. Abschnitt 9.4), hat sich die Varianzaufklärung der einzelnen Faktoren geändert [6]. So hat sich die Varianzaufklärung der ersten Komponente zugunsten der zweiten Komponente um .24 verringert (4.90 − 4.66 = 4.41 − 4.17 = .24). Analog haben sich natürlich auch die prozentualen Varianzaufklärungsanteile verändert [7].

Die Kommunalitäten in Abbildung 9.18 sind nun nach der Extraktion [1] alle kleiner als eins. Da die aufgeklärte Gesamtvarianz nach der Extraktion nicht mehr

100%, sondern 75.6% beträgt, schwanken die Kommunalitäten um einen Mittelwert von 0.76 (vgl. Abschnitt 9.5.2).

	Anfänglich	Extraktion
angriffslustig	1,000	,847
penibel	1,000	,895
streitbar	1,000	,853
kämpferisch	1,000	,702
grimmig	1,000	,722
gründlich	1,000	,956
akkurat	1,000	,911
gewissenhaft	1,000	,158
kleinlich	1,000	,822
übergenau	1,000	,867
herausfordernd	1,000	,664
hitzig	1,000	,677

Abbildung 9.18: Kommunalitäten

Die Kommunalitäten ihrerseits berechnen sich aus der Summe der quadrierten Ladungen einer Variablen bezüglich der extrahierten Faktoren. Anhand der Ladungen aus Abbildungen 9.14 kann dies nachvollzogen werden: Die Kommunalität von angriffslustig [2] ergibt sich zu $h^2 = .33^2 + .86^2 = .85$. Im Gegensatz zu den übrigen Variablen besitzt die Variable gewissenhaft eine sehr geringe Kommunalität [3]. Dies führt zu Problemen bei der Interpretation (siehe Erläuterungen zu Abbildung 9.22).

	Komponente	
	1	2
angriffslustig	-,223	,893
penibel	,945	,042
streitbar	-,029	,923
kämpferisch	,006	,838
grimmig	,176	,831
gründlich	,976	,053
akkurat	,951	-,081
gewissenhaft	,395	-,037
kleinlich	,880	,218
übergenau	,929	,057
herausfordernd	,032	,814
hitzig	,183	,802

Abbildung 9.19: Rotierte Komponentenmatrix

Die Tabelle in Abbildung 9.19 enthält die Ladungen der rotierten Faktorlösung. Ein Vergleich mit den Ladungen der ersten zwei Komponenten der unrotierten Lösungen aus Abbildung 9.14 zeigt, dass die Variablen nun eindeutiger einer bestimmten Komponente zugeordnet werden können. Die Differenz zwischen dem Betrag der Ladung auf der einen Komponente und dem Betrag der Ladung auf der anderen

Komponente ist bei jeder einzelnen Variablen größer geworden. Die geringste Verbesserung ist bei der Variablen kleinlich zu verzeichnen [1]. Hier ist die auf den Betrag bezogene Differenz vor der Rotation .85 − .33 = .52 (vgl. Abbildung 9.14) und nach der Rotation .88 − .22 = .66. Die anhand der unrotierten Lösung nicht zuzuordnende Variable grimmig kann nach der Rotation eindeutig der zweiten Komponente zugeordnet werden [2].

Die Kommunalitäten der einzelnen Variablen ändern sich durch die Rotation nicht. So ergibt sich die Kommunalität von angriffslustig zu $h^2 = -.22^2 + .89^2 = .84$, was bis auf eine rundungsbedingte Abweichung dem Wert aus Abbildung 9.18 [2] entspricht.

Die Tabelle in Abbildung 9.20 enthält die Komponententransformationsmatrix. Multipliziert man die Matrix der unrotierten Ladungen mit dieser Matrix, erhält man die rotierte Ladungsmatrix. Der Betrag der Werte außerhalb der Hauptdiagonalen [1] gibt einen Hinweis auf die Stärke der Rotation. Je größer der Betrag, desto stärker wurde rotiert.

Komponente	1	2
1	,819	,574
2	-,574	,819

Abbildung 9.20: Komponententransformationsmatrix

Die visuelle Zuordnung der Variablen zu den Komponenten kann vereinfacht werden, indem man die Variablen nach der Höhe ihrer Ladungen bezüglich der einzelnen Komponenten sortieren lässt. Wechseln Sie hierzu erneut zum Dialogfenster Faktorenanalyse (Abbildung 9.7) und betätigen Sie die Schaltfläche Optionen [4]. Es erscheint das Dialogfenster aus Abbildung 9.21. Aktivieren Sie die Option Sortiert nach Größe [1] und starten Sie erneut eine Analyse.

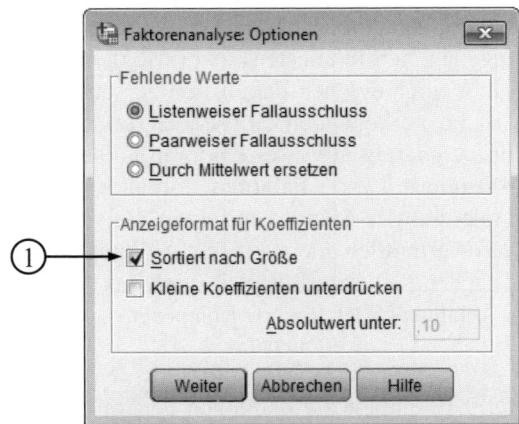

Abbildung 9.21: Dialogfenster Optionen

	Komponente	
	1	2
gründlich	,976	,053
akkurat	,951	-,081
penibel	,945	,042
übergenau	,929	,057
kleinlich	,880	,218
gewissenhaft	,395	-,037
streitbar	-,029	,923
angriffslustig	-,223	,893
kämpferisch	,006	,838
grimmig	,176	,831
herausfordernd	,032	,814
hitzig	,183	,802

Abbildung 9.22: Rotierte Komponentenmatrix

In der rotierten Komponentenmatrix in Abbildung 9.22 sind die Ladungszahlen nun nach der Größe sortiert. Die Tabelle beginnt mit der Variablen mit der größten Ladung auf der ersten Komponente [1]. Die ersten fünf Variablen werden eindeutig dieser Komponente zugeordnet. Die Benennung der Komponente erfolgt nun nach inhaltlichen Überlegungen zu den Gemeinsamkeiten der unter der Komponente zusammengefassten Variablen. Eine mögliche Interpretation der ersten Komponente wäre eine Eigenschaft Perfektionismus, die sich durch diese sechs Adjektive beschreiben lässt. Ab der Variablen streitbar [2] sind die Variablen nach der Größe ihrer Ladung bezogen auf die zweite Komponente sortiert. Die letzten sechs Variablen laden eindeutig auf dieser Komponente, die man zum Beispiel Aggressivität nennen könnte.

Ein Problem bei der Interpretation stellt die Variable gewissenhaft dar [3]. Ihre Ladung ist deutlich niedriger als die der anderen Variablen (weniger als halb so groß) und insbesondere besitzt sie eine sehr geringe Kommunalität (vgl. Abbildung 9.18 [3]). Diese Variable passt also inhaltlich nicht gut zu den übrigen Variablen der ersten Komponente. Hier ergeben sich mindestens zwei Möglichkeiten. Entweder man extrahiert für diese Variable einen eigenen Faktor und versucht ihn inhaltlich zu begründen. Diese Lösung ist im vorliegenden Fall jedoch aus statistischer Sicht nicht sinnvoll, da die Kennwerte eindeutig auf zwei Faktoren hindeuten. Auf der anderen Seite kann man an der Lösung mit zwei Faktoren festhalten und die entsprechende Variable umformulieren oder aus der Analyse entfernen. Im vorliegenden Beispiel ist das Adjektiv gewissenhaft vermutlich nicht eindeutig genug und könnte bei einer Weiterentwicklung des Fragebogens zum Beispiel durch das Adjektiv korrekt ersetzt werden.

Auf der Website zum Buch ist im Ordner Faktorenanalyse ein Datensatz *FA-BA.sav* aus der Forschungspraxis enthalten. Anhand dieser Daten wird ein praktisches Beispiel für eine faktorenanalytische Auswertung mit SPSS dargestellt. In der Textdatei *FABA.pdf* im gleichen Ordner wird der Gegenstand der Untersuchung erläutert, und es wird die faktorenanalytische Auswertung und

Interpretation der Daten beschrieben. Bei dem Praxisbeispiel handelt es sich um eine Untersuchung zum Fragebogen zur Analyse belastungsrelevanter Anforderungsbewältigung (FABA) von Richter et al. (1996). Der Fragebogen besteht aus 20 Items und soll die vier Konstrukte Erholungsunfähigkeit, Exzessive Planungsambitionen, Ungeduld und Dominanz erfassen. Mittels Faktorenanalyse kann ermittelt werden, inwieweit die Faktorenstruktur der vorliegenden Stichprobe von 477 Hypertonie- bzw. Herzinfarktpatienten mit den hypothetischen Konstrukten übereinstimmt.

Zusätzlich werden auf der Website zum Buch im Ordner Faktorenanalyse die Daten zum Anwendungsbeispiel Adjektive gruppieren (*Adjektive gruppieren.sav*) sowie Syntax-Dateien für die Bearbeitung der Anwendungsaufgabe Arbeitsmotivation aus diesem Kapitel (*Adjektive gruppieren.sps*) sowie zur Praxisaufgabe Berufskompetenz (*FABA.sps*) bereitgestellt.

Kapitel 10
Lineare Strukturgleichungsmodelle

Inhaltsübersicht

10.1	Korrelationen und Kausalität	340
10.2	Pfaddiagramme und lineare Strukturgleichungen	345
10.3	Struktur- und Messmodell	347
10.4	Modellspezifikationen	350
10.5	Schätzungen, Tests und Gütekriterien	353
10.5.1	Parameterschätzungen	354
10.5.2	Beurteilung der Schätzergebnisse	355
10.6	Anwendungsbeispiel in AMOS	359
10.6.1	Einführung in die grafische Oberfläche von AMOS	359
10.6.2	Pfaddiagramme mit beobachteten Variablen	366
10.6.3	Strukturgleichungsmodelle mit latenten Variablen	378

Die Analyse von komplexen Zusammenhangsstrukturen multivariater Daten ist ein attraktives und häufig verfolgtes Ziel der Datenanalyse in der Psychologie bzw. in den Sozial- und Wirtschaftswissenschaften. Die in den bisherigen Kapiteln dargestellten Verfahren können wesentliche Teilbereiche solcher Fragestellungen behandeln. So ist es mit der Faktorenanalyse (siehe Kapitel 9) möglich, empirische Daten zu strukturieren und gemeinsame (latente) Faktoren zu bestimmen, welche die Ausprägungen der untersuchten Variablen beeinflussen. Die Methoden der multiplen Regressionsanalyse (siehe Kapitel 2) gestatten es, ein optimales Modell zur Vorhersage einer abhängigen Variablen (Kriterium) aus einer Menge von Prädiktorvariablen zu ermitteln. Die lineare Strukturgleichungsanalyse integriert und erweitert diese beiden grundsätzlichen Ansätze. Mit ihren Methoden ist es möglich, die Beziehungen von mehreren Prädiktoren und mehreren Kriterien zu untersuchen, wobei sowohl beobachtete als auch nichtbeobachtete Variablen betrachtet werden können.

Die effektive Arbeit mit linearen Strukturgleichungsmodellen erfordert weitgehendes Vorwissen vom Anwender. Im Strukturgleichungsmodell muss beschrieben werden, welche (beobachteten und nichtbeobachteten) Variablen einander in welcher Weise beeinflussen. Diese Vorkenntnisse und entsprechende komplexe Hypothesen müssen im Pfaddiagramm bzw. in Strukturgleichungen (siehe Abschnitt 10.2) zusammengefasst werden.

Einführende Betrachtungen zur Analyse linearer Strukturgleichungsmodelle liegen unter anderem von Kline (2005), Backhaus et al. (2006), Schumacker und Lomax (2009) sowie Weiber und Mühlhaus (2011) vor. Zur Lösung der entsprechenden Gleichungssysteme und zur statistischen Auswertung von Strukturgleichungsanalysen stehen spezielle Softwarepakete zur Verfügung. Weit verbreitet sind die Programme LISREL (Jöreskog und Sörbom, 1989) und EQS (Bentler, 1989). In diesem Kapitel wird speziell auf das Programm AMOS (Analysis of Moment Structures; Arbuckle und Wothke, 1999; Byrne, 2009) Bezug genommen und eine Einführung in seine Anwendung gegeben. Dieses Programm zeichnet sich durch eine besonders nutzerfreundliche Oberfläche und Bedienung aus (siehe Abschnitt 10.6). Es wird seit einigen Jahren von SPSS unterstützt und hat auch dadurch sehr weite Verbreitung gefunden.

Anwendungsbeispiel: Fragebogen zum Studium

Bei einem Treffen von 30 Studentenvertretern verschiedener Universitäten in Deutschland entwickeln die Teilnehmer einen Fragebogen zum Studium. Der Fragebogen enthält u.a. die in Tabelle 10.1 dargestellten beobachteten Variablen (intervallskaliert). Im Anschluss an die Entwicklung bearbeiten sämtliche Teilnehmer des Treffens den Fragebogen. Tabelle 10.2 enthält die Ergebnisse dieser Erhebung. Mittels Strukturgleichungsmodellen soll dann zunächst untersucht werden, ob die Daten auf kausale Beziehungen zwischen den ersten drei Variablen (Interesse, Aufwand und Erfolg) hindeuten und wenn ja, welcher Art

Tabelle 10.1: Liste der Variablen zum Beispiel Fragebogen zum Studium

Variablen	Label	Bemerkungen
Beobachtete Variablen		
aufwand	Aufwand	Zeitlicher Aufwand pro Veranstaltung und Semester in h
interesse	Interesse	Interesse am Studienfach
erfolg	Erfolg	Eingeschätzter Studienerfolg
fach	Studienfach	Zufriedenheit mit der Wahl des Studienfachs
uni	Universität	Zufriedenheit mit der Wahl der Universität
basis	Lehrangebot	Angebot des normalen Lehrbetriebs
zusatz	Zusätzliches Angebot	Zusätzliche Angebote, wie z.B. Kolloquien, Tutorien u.ä.
auswahl	Auswahl	Freiheit bei Zusammensetzung der Studieninhalte
ablauf	Ablauf	Freiheit bei Organisation des Ablaufs
Latente Variablen		
Kriterium	Zufriedenheit	Zufriedenheit mit dem Studium
Prädiktor1	Angebot	Angebot an Lehrveranstaltungen
Prädiktor2	Freiheitsgrade	Freiheitsgrade bei der Organisation des Studiums

Tabelle 10.2: Daten zum Beispiel Fragebogen zum Studium (beobachtete Variablen)

Pb	Auf-wand	Inter-esse	Erfolg	Studien-fach	Univer-sität	Lehr-angebot	Zusätzliches Angebot	Aus-wahl	Ablauf
1	6	51	60	49	58	26	32	26	33
2	3	30	21	31	42	32	17	31	18
3	4	37	55	62	57	38	40	43	43
4	6	56	57	41	56	34	32	26	18
5	8	61	80	73	69	49	25	37	39
6	7	52	84	49	64	32	25	66	72
7	2	17	18	56	48	35	46	47	47
8	4	56	37	9	0	28	20	20	40
9	6	58	67	55	72	44	51	38	45
10	2	17	10	55	58	33	35	40	51
11	1	7	10	35	39	32	12	35	28
12	3	40	41	89	114	45	51	57	74
13	7	77	84	42	17	33	24	40	45
14	3	21	27	40	70	34	26	23	26
15	8	76	72	74	74	48	58	55	60
16	6	42	57	41	51	21	25	39	65
17	5	35	39	12	8	16	3	24	20
18	3	40	41	33	29	33	31	30	26
19	7	77	84	42	34	31	30	37	42
20	5	56	38	73	67	41	32	38	52
21	2	17	10	34	36	32	24	26	29
22	1	7	10	25	13	27	14	39	54
23	4	28	50	67	38	43	45	42	51
24	6	74	46	76	95	44	29	65	75
25	3	21	27	74	46	35	33	63	74
26	8	76	72	43	27	30	16	43	50
27	6	42	57	100	119	56	52	62	56
28	5	35	39	42	50	35	38	43	32
29	4	28	50	49	54	35	10	55	57
30	6	74	46	47	60	38	33	43	44

die Beziehungen sind. Hierzu haben die Studenten die Hypothese, dass das Interesse sowohl den Aufwand als auch den Erfolg beeinflusst, dass es allerdings zwischen Aufwand und Erfolg keine kausale Beeinflussung gibt. Die letzten sechs beobachteten Variablen sind Indikatoren für die drei nichtbeobachteten latenten Variablen Zufriedenheit, Angebot und Freiheitsgrade. Bezüglich dieser Variablen lautet die Hypothese der Studenten, dass das Angebot an Lehrveranstaltungen und die Freiheitsgrade bei der Organisation des Studiums unabhängig voneinander die Zufriedenheit mit dem Studium beeinflussen.

10.1   Korrelationen und Kausalität

In Tabelle 10.3 sind die Korrelationen der Variablen Aufwand, Interesse und Erfolg aus dem Anwendungsbeispiel dargestellt. Zwischen allen Variablen bestehen sehr signifikante Korrelationen.

Tabelle 10.3: Korrelationen im Anwendungsbeispiel (** p < .01)

	Aufwand	Interesse	Erfolg
Aufwand	1		
Interesse	.89**	1	
Erfolg	.81**	.92**	1

Bereits bei einer Korrelation zwischen zwei beliebigen Variablen lassen sich verschiedene Erklärungen für das Zustandekommen der Korrelation angeben. So kann die sehr signifikante lineare Korrelation zwischen Interesse und Erfolg von r = .92 u.a. dadurch zustande kommen, dass

- das Interesse den Erfolg kausal beeinflusst (d.h. die Ausprägung des Interesses Ursache für den Grad des Erfolges ist),
- der Erfolg das Interesse kausal beeinflusst (d.h. der Grad des Erfolges Ursache für die Ausprägung des Interesses ist),
- sich Erfolg und Interesse wechselseitig kausal beeinflussen oder
- Erfolg und Interesse von einem dritten oder weiteren Merkmalen beeinflusst werden, welche die Korrelation hervorrufen.

Mit Hilfe der bivariaten Korrelationskoeffizienten lässt sich keine Entscheidung zwischen den angegebenen Alternativen treffen. Bei der Untersuchung von Ursache-Wirkung-Beziehungen ist das Vorhandensein signifikanter Korrelationen eine notwendige, aber keinesfalls eine hinreichende Bedingung für den Nachweis von kausalen Beziehungen. Wenn der Anwender vor der Untersuchung inhaltlich begründete Hypothesen über die Richtung des Ursache-Wirkung-Zusammenhanges formuliert hat, können diese Hypothesen in einer korrelationsanalytischen Untersuchung zwar widerlegt werden (wenn zwischen den beteiligten Variablen keine signifikante Korrelation nachweisbar ist), statistisch nachgewiesen werden kann aber nur die Existenz eines Zusammenhanges, nicht jedoch seine Richtung.

Bei der Untersuchung der Korrelationen von mehr als zwei Variablen ist die Anzahl der möglichen Erklärungen für das Zustandekommen der Korrelationen ungleich höher. Bortz (1999) gibt ein typisches Beispiel für die möglichen Kausalerklärungen bei drei vorgegebenen Korrelationen an. Im Anwendungsbeispiel sind unter anderem die in Abbildung 10.1 gezeigten Kausalmodelle inhaltlich begründbar, wobei Kausalmodell IV der inhaltlichen Hypothese im Anwendungsbeispiel entspricht.

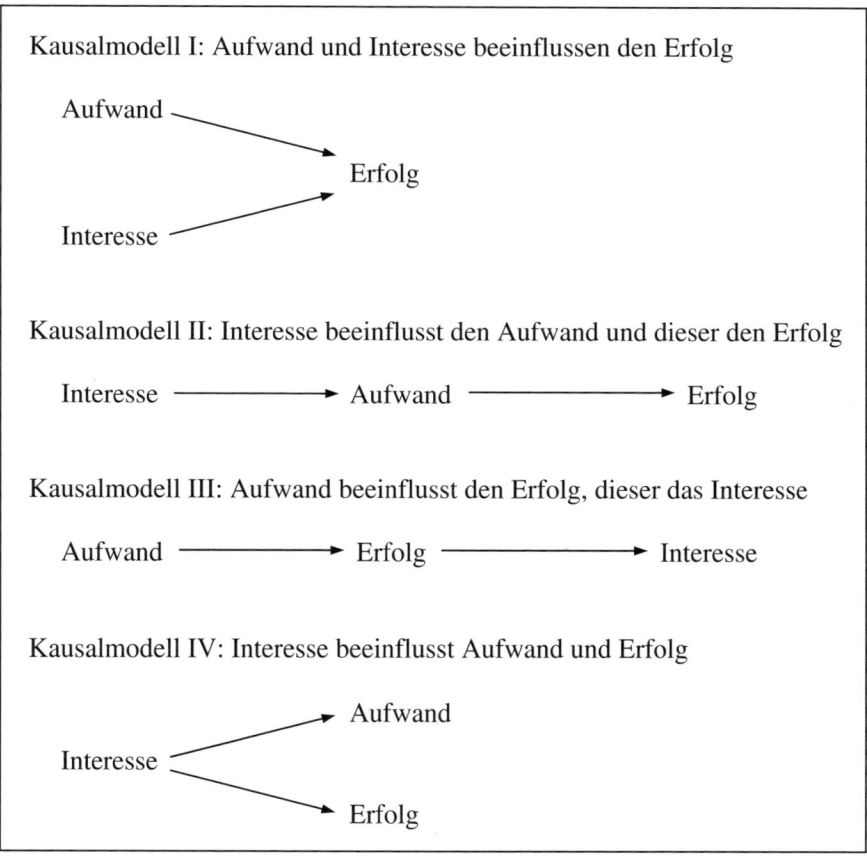

Abbildung 10.1: Inhaltlich begründbare Kausalmodelle im Anwendungsbeispiel

Es ist leicht ersichtlich, dass sich durch Hinzufügen, Weglassen oder Umdrehen von Pfeilen und damit von Wirkrichtungen mühelos weitere Kausalmodelle konstruieren lassen. Ein wichtiges Hilfsmittel bei der Untersuchung derartiger Modelle bietet die Berechnung partieller bzw. semipartieller Korrelationskoeffizienten.

Prinzip der partiellen Korrelationsanalyse

Die Methode der partiellen Korrelationsanalyse verfolgt das Ziel, die Korrelationen zwischen zwei Variablen vom Einfluss dritter oder weiterer Variablen zu bereinigen. Dabei geht man von der prinzipiellen Überlegung aus, dass eine Korrelation zwischen zwei Variablen X und Y durch eine dritte Variable Z nur dadurch beeinflusst werden kann, dass die Variable Z sowohl mit X als auch mit Y korreliert.

Eine Bereinigung des Einflusses von Z auf X und auf Y und somit auf die Korrelation zwischen X und Y kann demnach erfolgen, indem zwei lineare Regressionen berechnet werden. Dabei ist Z jeweils die Prädiktorvariable, die Kriteriumsvariablen sind X bzw. Y. Die Residuen dieser beiden Regressionen beinhalten die vom Einfluss von Z bereinigten Anteile der Variablen X und Y. Die partielle Korrelation entspricht der bivariaten Korrelation dieser Regressionsresiduen. Rechnerisch lässt sich der partielle Korrelationskoeffizient von zwei Variablen X und Y, aus deren linearem Zusammenhang der Einfluss einer dritten Variablen Z eliminiert wurde, auch direkt aus den bivariaten Korrelationskoeffizienten r_{xy}, r_{xz} und r_{yz} bestimmen:

$$r_{xy.z} = \frac{r_{xy} - r_{xz} \cdot r_{yz}}{\sqrt{1 - r_{xz}^2} \sqrt{1 - r_{yz}^2}} \qquad (10.1)$$

$r_{xy.z}$: partieller Korrelationskoeffizient
r_{xy}, r_{xz}, r_{yz}: bivariate Korrelationskoeffizienten

Wenn eine Drittvariable Z nicht aus beiden, sondern nur aus einer der beiden Variablen X oder Y eliminiert wird, ergibt sich eine semipartielle Korrelation. Wenn zum Beispiel nur die Variable X vom Einfluss von Z bereinigt wird, ergibt sich die semipartielle Korrelation gemäß

$$r_{y(x.z)} = \frac{r_{xy} - r_{xz} \cdot r_{yz}}{\sqrt{1 - r_{xz}^2}} \qquad (10.2)$$

$r_{y(x.z)}$: semipartieller Korrelationskoeffizient
r_{xy}, r_{xz}, r_{yz}: bivariate Korrelationskoeffizienten

Signifikanztests zur partiellen bzw. semipartiellen Korrelation können Bortz und Schuster (2010) entnommen werden.

Beurteilung alternativer Modelle

Mit Hilfe der partiellen bzw. semipartiellen Korrelationen lassen sich erste Aussagen zur Gültigkeit der Modelle aus Abbildung 10.1 treffen.

In Kausalmodell I wird unterstellt, dass es keine direkte Korrelation zwischen Aufwand (A) und Interesse (I) gibt, dass beide Variablen aber den Erfolg (E) beeinflussen. Wenn diese Annahme zuträfe, dürfte kein linearer Zusammenhang zwischen Aufwand und Interesse bestehen, wenn beide Variablen vom Zusammenhang mit dem Erfolg bereinigt sind. Die sehr signifikante partielle Korrelation $r_{AI.E} = .63$ widerlegt jedoch diese Annahme. Das Kausalmodell I ist damit falsifiziert.

In Kausalmodell II besteht die Annahme, dass die zwischen Aufwand und Erfolg bestehende Beziehung ausschließlich durch die Wirkung des Interesses auf den Aufwand hervorgerufen wird. Das würde auf einen starken indirekten Effekt von Interesse auf Erfolg (über Aufwand) hindeuten. Diese Modellvorstellung wäre falsifiziert, wenn die semipartielle Korrelation zwischen Aufwand und Erfolg, in der der Einfluss des Interesses auf den Aufwand eliminiert wurde, signifikant von Null verschieden wäre. Im Beispiel ergibt sich jedoch $r_{E(A.I)} = -.02$. Dieser sehr niedrige semipartielle Korrelationskoeffizient ist nicht signifikant von Null verschieden. Somit kann die Annahme aus Kausalmodell II nicht widerlegt werden.

In Kausalmodell III bleibt eine signifikante semipartielle Korrelation von $r_{I(E.A)} = .34$ zwischen Interesse und Erfolg, nachdem der Einfluss das Aufwandes auf den Erfolg eliminiert wurde. Damit ist auch das Kausalmodell III abzulehnen.

In Kausalmodell IV wird unterstellt, dass es keine direkte Korrelation zwischen Aufwand und Erfolg gibt. Somit käme die sehr signifikante Korrelation $r_{AE} = .81$ ausschließlich durch die Wirkung der Variablen Interesse auf die beiden Variablen Aufwand und Erfolg zustande. Die sehr niedrige, nicht signifikant von 0 verschiedene partielle Korrelation $r_{AE.I} = -.03$ stützt diese Hypothese, ohne dass damit ein Beweis ihrer Gültigkeit geführt werden könnte.

Die Kausalmodelle I bis IV haben gemeinsam, dass jeweils angenommen wird, dass es zwischen zwei Variablen keine direkte korrelative Beziehung gibt. Solche Modelle können mit Hilfe empirischer Daten widerlegt werden. Von den vier bisher diskutierten Kausalmodellen konnten jedoch zwei nicht widerlegt werden. An diesem Beispiel wird bereits deutlich, dass mehrere Modelle mit den empirischen Daten in Einklang stehen können. Daraus wird die hohe Bedeutung präziser inhaltlicher Vorstellungen bei der Aufstellung der Modellannahmen deutlich. Nur theoretisch bzw. durch entsprechende Voruntersuchungen begründete Modelle können effektiv mit Strukturgleichungsanalysen untersucht werden.

In Abbildung 10.2 sind zwei weitere Kausalmodelle V und VI zur Beschreibung der Korrelationen zwischen den drei Variablen Interesse, Aufwand und Erfolg angegeben. In diesen Modellen werden direkte Beziehungen zwischen allen drei Variablen angenommen, es handelt sich um sogenannte vollständig bestimmte (saturierte) Kausalmodelle. Modell VI entsteht aus Modell IV, wenn zusätzlich eine direkte Beeinflussung des Erfolgs durch den Aufwand angenommen wird.

Da zwischen allen beteiligten Variablen direkte Beziehungen modelliert werden, lassen sich die empirischen Korrelationen durch das Modell reproduzieren. Diese Aussage trifft für alle Modelle zu, die direkte Effekte zwischen allen Variablen beinhalten. Bei diesen Modellen können auch inhaltlich sinnlose Modellvorstellungen nicht widerlegt werden. Deshalb kommt der inhaltlichen Herleitung bei der Aufstellung der Modelle besondere Bedeutung zu.

In Kausalmodell V wird die Variable Interesse direkt vom Aufwand beeinflusst. Daneben beeinflusst der Aufwand das Interesse noch indirekt über den Erfolg. Die Korrelation zwischen Aufwand und Interesse (r = .89) lässt sich im Modell V in einen direkten und einen indirekten Effekt zerlegen. Der direkte Effekt lässt sich ermitteln, indem eine multiple Regression (vgl. Kapitel 2) mit dem Kriterium Interesse und den Prädiktorvariablen Aufwand und Erfolg durchgeführt wird. Dabei ergibt sich für den Prädiktor Aufwand ein Beta-Gewicht von $\beta = .43$. Dieser Koeffizient entspricht dem direkten Effekt von Aufwand auf Interesse.

Kausalmodell V: Aufwand beeinflusst Erfolg und Interesse, zusätzlich wird das Interesse vom Erfolg beeinflusst

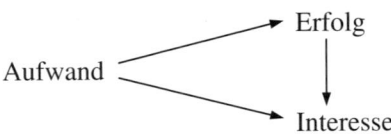

Kausalmodell VI: Interesse beeinflusst Aufwand und Erfolg, zusätzlich wird der Erfolg vom Aufwand beeinflusst

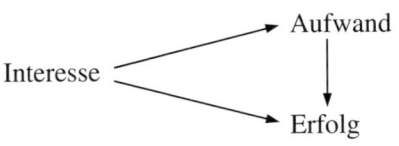

Abbildung 10.2: Vollständig bestimmte Kausalmodelle

Der indirekte Effekt ergibt sich aus dem Produkt des Beta-Gewichts der Variablen Erfolg in der multiplen Regression ($\beta = .57$) und des Korrelationskoeffizienten zwischen Aufwand und Erfolg ($r = .81$) als .46. Der Korrelationskoeffizient von Aufwand und Interesse ergibt sich also als Summe des direkten und des indirekten Effekts:

$$
\begin{aligned}
.89 = r_{\text{Aufwand, Interesse}} &= \text{direkter Effekt} + \text{indirekter Effekt} \\
&= \beta_{\text{Aufwand}} + r_{\text{Aufwand, Erfolg}} \cdot \beta_{\text{Erfolg}} \\
&= .43 + .81 \cdot .57 \\
&= .43 + .46
\end{aligned}
\tag{10.3}
$$

$\beta_{\text{Aufwand}}, \beta_{\text{Erfolg}}$: Beta-Gewichte der multiplen Regression (Kriterium: Interesse)

Innerhalb des Kausalmodells VI lassen sich analog die direkten bzw. indirekten Effekte des Prädiktors Interesse auf den Erfolg schätzen. Hier ergibt sich der direkte Effekt als $\beta_{\text{Interesse}} = .94$, der indirekte Effekt hat die Größe $r_{\text{Aufwand, Interesse}} \cdot \beta_{\text{Aufwand}} = .89 \cdot (-.02) = -.02$. In der Summe beider Effekte erhält man den Korrelationskoeffizienten $r_{\text{Interesse, Erfolg}} = .92$. Aus den Ergebnissen der Berechnungen zu Modell VI wird deutlich, dass der indirekte Effekt von Interesse über Aufwand auf Erfolg praktisch zu vernachlässigen ist. Die bestehende Korrelation wird nahezu komplett über den direkten Einfluss erklärt.

10.2 Pfaddiagramme und lineare Strukturgleichungen

Um komplexe Hypothesen über kausale Beziehungen zwischen mehreren Variablen untersuchen zu können, müssen die Hypothesen in formale Strukturgleichungssysteme überführt werden. AMOS bietet einen sehr nutzerfreundlichen Zugang, indem die zu prüfenden Kausalmodelle vom Anwender grafisch eingegeben werden können. Die Übertragung der Grafiken in die Strukturgleichungen wird vom Programm durchgeführt. In diesem Abschnitt sollen die Prinzipien der Übertragung von kausalen Hypothesen in Pfaddiagramme (Pfadmodelle) und weiter in Strukturgleichungssysteme dargestellt werden.

Ein Zusammenhang zwischen zwei Variablen X_1 und X_2, in dem eine kausale Beeinflussung von X_2 durch X_1 angenommen wird, kann wie in Abbildung 10.3 dargestellt werden.

$$X_1 \longrightarrow X_2$$

Abbildung 10.3: Grafische Darstellung eines kausalen Zusammenhanges

Die entsprechende Gleichung zur Darstellung des Zusammenhangs entspricht einer einfachen linearen Regressionsgleichung (vgl. Kapitel 2, Formel (2.1)) der Form

$$X_2 = b_1 \cdot X_1 + b_0 \, . \tag{10.4}$$

Wenn man von z-standardisierten Variablen Z_1 und Z_2 ausgeht und anstelle des dann zu ermittelnden Beta-Gewichtes der einfachen linearen Regression die in der Pfadanalyse übliche Bezeichnung p_{21} verwendet, ergibt sich die Modellgleichung zu Abbildung 10.3 als

$$Z_2 = p_{21} \cdot Z_1 \, . \tag{10.5}$$

Dabei bezeichnet p_{21} den Pfadkoeffizienten von Z_1 zu Z_2. Im Fall der einfachen linearen Regression entspricht der Pfadkoeffizient p_{21} dem bivariaten Korrelationskoeffizienten r_{12} der Variablen Z_1 und Z_2. Bei der Formulierung und Analyse linearer Strukturgleichungssysteme werden grundsätzlich Fehlerterme bzw. Residuen einbezogen und geschätzt. Die Darstellung aus Abbildung 10.3 ist deshalb, wie in Abbildung 10.4 gezeigt, um einen Fehlerterm zu erweitern.

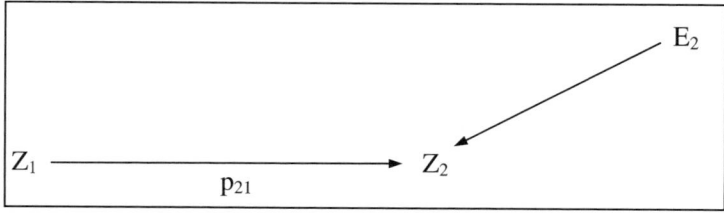

Abbildung 10.4: Kausaler Zusammenhang mit Fehlerterm

Die Umsetzung des Modells aus Abbildung 10.4 entspricht Formel (2.5) aus der Darstellung der einfachen linearen Regressionsanalyse (Kapitel 2).

$$z_{2i} = p_{21} \cdot z_{1i} + e_{2i} \quad (i = 1,\dots,n) \tag{10.6}$$

z_{2i}: Wert der Variablen Z_2 des i-ten Probanden
z_{1i}: Wert der Variablen Z_1 des i-ten Probanden
e_{2i}: Residuum des i-ten Probanden in der Variablen Z_2
p_{21}: Pfadkoeffizient (von Z_1 zu Z_2)
n: Anzahl der Probanden

Die den Kausalmodellen aus Abbildung 10.2 zugrundeliegende Struktur entspricht dem in Abbildung 10.5 dargestellten Pfaddiagramm. Hier gibt es eine Prädiktorvariable (Z_1) und zwei Kriteriumsvariablen (Z_2 und Z_3). Da die Kriterien in der Regel nicht vollständig aus den jeweiligen erklärenden Variablen bestimmt werden können, wird zu jeder dieser Variablen eine Fehlervariable in das Modell aufgenommen.

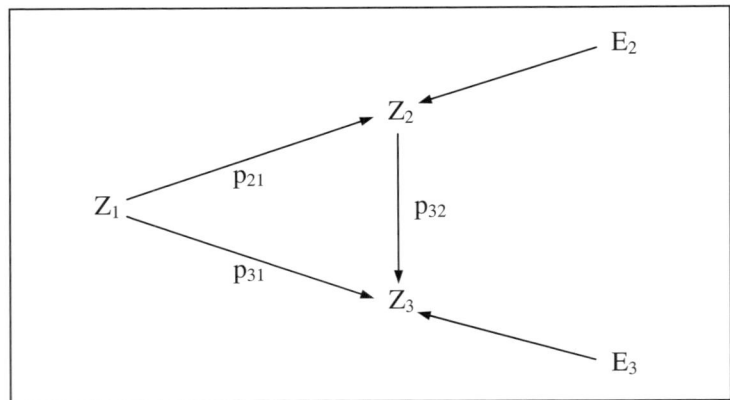

Abbildung 10.5: Pfadmodell mit zwei abhängigen Variablen

Die Erweiterung zu den klassischen regressionsanalytischen Ansätzen (vgl. Kapitel 2) wird daran deutlich, dass die (von Z_1) abhängige Variable Z_2 ihrerseits die abhängige Variable Z_3 beeinflusst. Die Umsetzung des Pfadmodells führt zu einem Strukturgleichungssystem, das aus zwei Gleichungen besteht. Jedes Kriterium wird durch eine Strukturgleichung beschrieben, wobei für alle Kriterien die direkten Effekte in die Strukturgleichungen aufgenommen werden.

I $z_{2i} = p_{21} \cdot z_{1i} + e_{2i}$ $\qquad$ $(i = 1,\dots,n)$ $\qquad$ (10.7)

II $z_{3i} = p_{31} \cdot z_{1i} + p_{32} \cdot z_{2i} + e_{3i}$ $\quad$ $(i = 1,\dots,n)$ $\qquad$ (10.8)

Hier lassen sich die Pfadkoeffizienten explizit angeben. Sie ergeben sich bei z-standardisierten Ausgangsvariablen für p_{31} und für p_{32} als die Beta-Gewichte der multiplen Regression mit der Kriteriumsvariablen Z_3 und den beiden Prädiktorvariablen Z_1 und Z_2. Das Beta-Gewicht der linearen Regression zwischen Z_1 und Z_2 und damit der Pfadkoeffizient p_{21} entspricht dabei, wie schon erwähnt, dem bivariaten

Korrelationskoeffizienten r_{12}. Eine Herleitung der Koeffizienten auf der Basis des Fundamentaltheorems der Pfadanalyse kann Backhaus et al. (2006) entnommen werden. Die Korrelation r_{13} der Variablen Z_1 und Z_3 lässt sich in den direkten Effekt p_{31} und in den indirekten Effekt $p_{21} \cdot p_{32}$ zerlegen:

$$r_{31} = p_{31} + p_{21} \cdot p_{32} \qquad (10.9)$$

Bei der Verwendung von nichtstandardisierten Ausgangsvariablen ergeben sich die entsprechenden Pfadkoeffizienten analog als nichtstandardisierte Regressionskoeffizienten.

Die für Kausalmodell VI berechneten standardisierten Pfadkoeffizienten sind in Abbildung 10.6 zusammengefasst. Wie oben bereits festgestellt wurde, lässt sich der Korrelationskoeffizient zwischen Interesse und Erfolg aus der Summe des direkten und des indirekten Effektes reproduzieren: $r_{\text{Interesse, Erfolg}} = .92 = .94 + .89 \cdot (-.02)$.

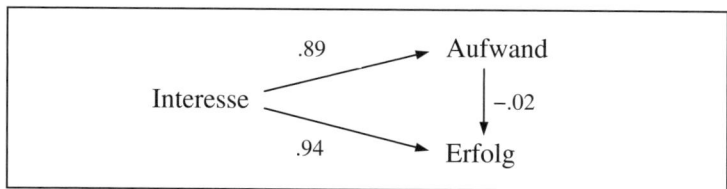

Abbildung 10.6: Standardisierte Pfadkoeffizienten in Kausalmodell VI

10.3 Struktur- und Messmodell

Ein wesentlicher Vorteil der Methoden zur Analyse linearer Strukturgleichungssysteme besteht darin, dass in den Pfadmodellen neben beobachteten Variablen wie in Abschnitt 10.2 auch nichtbeobachtete (latente) Variablen einbezogen werden können. Im Rahmen der Faktorenanalyse (Kapitel 9) werden latente Variablen (Faktoren) aus untereinander hoch korrelierenden Variablen extrahiert. Die Ermittlung dieser Faktoren und die Schätzung der Faktorenwerte ist das Ziel einer Faktorenanalyse. In der Analyse linearer Strukturgleichungssysteme wird dieser faktorenanalytische Ansatz mit den Methoden der Pfadanalyse kombiniert, indem Beziehungen zwischen latenten Variablen untersucht werden können. Die Methode der Faktorenanalyse ist somit ebenso wie die multiple Regressionsanalyse ein Sonderfall dieser allgemeinen Vorgehensweise. Die für das Anwendungsbeispiel formulierte Hypothese über den Zusammenhang der latenten Variablen Zufriedenheit, Angebot und Freiheitsgrade kann in einem Pfaddiagramm unter Einbeziehung der beobachteten (Rechtecke) und der nichtbeobachteten Variablen (Ellipsen) wie in Abbildung 10.7 zusammengefasst werden. An diesem Beispiel sollen die wesentlichen Begriffe und Darstellungsformen der Analyse linearer Strukturgleichungsmodelle erläutert werden. In dem Pfadmodell sind ein Struktur- und drei Messmodelle enthalten. (Zur besseren Unterscheidung werden in den folgenden Abbildungen Pfadkoeffizienten zwischen latenten und beobachteten Variablen mit a_i sowie Koeffizienten zwischen latenten Variablen mit b_j bezeichnet.)

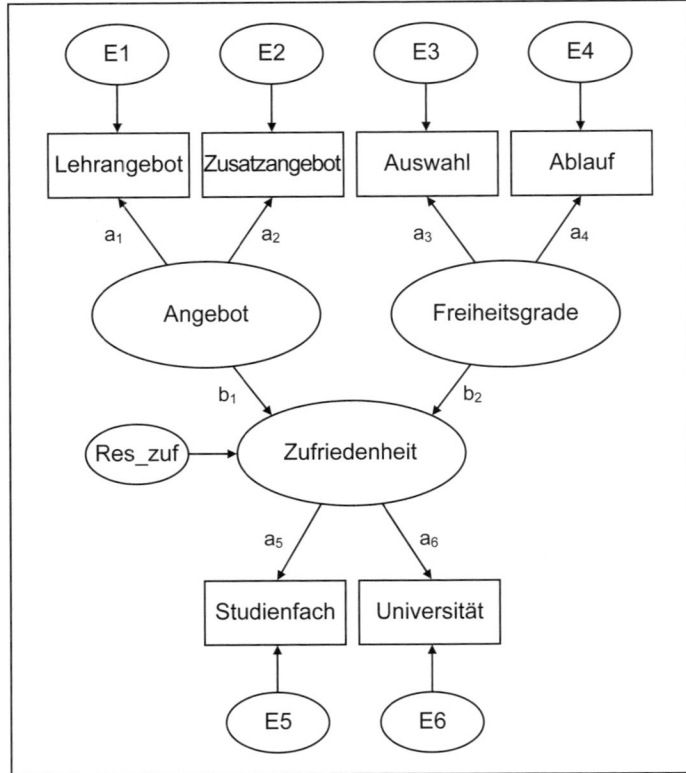

Abbildung 10.7: Pfaddiagramm aus dem Anwendungsbeispiel

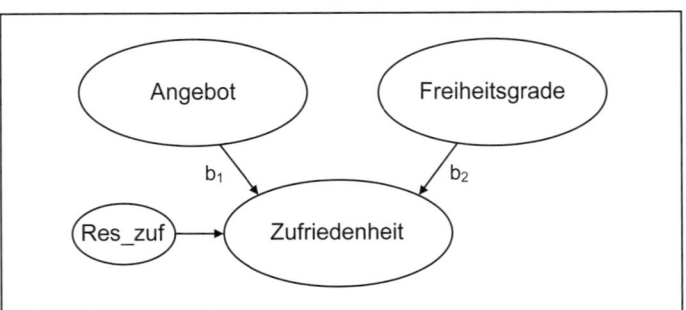

Abbildung 10.8: Strukturmodell im Anwendungsbeispiel

Das Strukturmodell ist in Abbildung 10.8 dargestellt. Es beinhaltet die Beziehungen der latenten Variablen zueinander. Dabei werden die Kriterien im Strukturmodell als endogene latente Variable bezeichnet, die Prädiktoren werden exogene latente Variable genannt. Gemäß der Hypothese im Anwendungsbeispiel entspricht das Strukturmodell im Beispiel einem multiplen Regressionsmodell von latenten Variablen. Es enthält zwei exogene latente (Prädiktor-)Variablen, nämlich Angebot und Freiheitsgrade, und die endogene latente (Kriteriums-)Variable Zufriedenheit. Die endogene

Variable kann in empirischen Untersuchungen in der Regel nicht vollständig durch die Einflüsse der exogenen Variablen beschrieben werden. Deshalb ist im Struktur-modell die nichtbeobachtete Fehlervariable Res_zuf enthalten, mit der die nicht durch die multiple Regressionsbeziehung erfassten Anteile der endogenen latenten Variablen Zufriedenheit modelliert werden.

Die Koeffizienten im Strukturmodell können analog zu Regressionskoeffizienten interpretiert werden. Die zum Modell aus Abbildung 10.8 gehörende Strukturglei-chung hat die Form

$$\text{Zufriedenheit} = b_1 \cdot \text{Angebot} + b_2 \cdot \text{Freiheitsgrade} + \text{Res\_zuf} \qquad (10.10)$$

Die Abbildungen 10.9 und 10.10 enthalten die Messmodelle. Hier werden die Bezie-hungen zwischen den latenten und den beobachteten Variablen dargestellt. Die Mo-dellvorstellungen in diesen Teilen des Gesamtmodells entsprechen denen der Fakto-renanalyse. Die Korrelationen zwischen den beobachteten Variablen werden durch den Einfluss der nicht beobachtbaren latenten Variablen erklärt. Die Ausprägung der latenten Variablen beeinflusst die Ausprägung der beobachteten Variablen der ein-zelnen Probanden. Die standardisierten Pfadkoeffizienten (siehe Abschnitt 10.5.1) a_1 bis a_6 in den Abbildungen 10.7, 10.9 und 10.10 entsprechen den Faktorladungen der Faktorenanalyse.

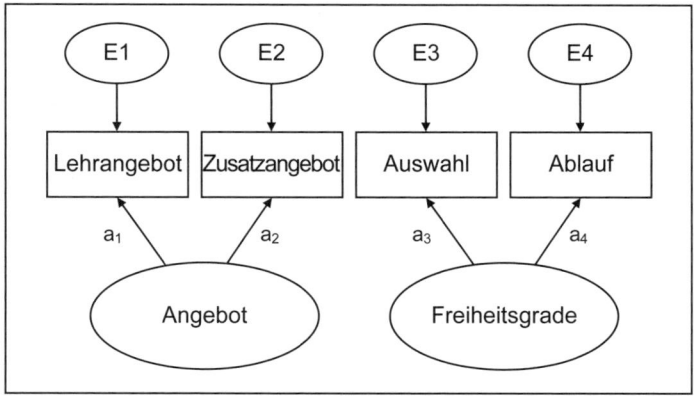

Abbildung 10.9: Messmodelle der exogenen latenten Variablen

Da die beobachteten Variablen nicht vollständig durch die Faktoren bzw. latenten Variablen erklärt werden können, wird in das Pfadmodell für jede beobachtete Vari-able eine nichtbeobachtete Fehlervariable aufgenommen. Damit werden die nicht durch die latente Variable erklärten Anteile der beobachteten Variablen modelliert. Als Beispiel sollen die Strukturgleichungen des Messmodells der endogenen latenten Variablen Zufriedenheit aus Abbildung 10.10 angegeben werden:

$$\text{Studienfach} = a_5 \cdot \text{Zufriedenheit} + E5 \qquad (10.11)$$

$$\text{Universität} = a_6 \cdot \text{Zufriedenheit} + E6 \qquad (10.12)$$

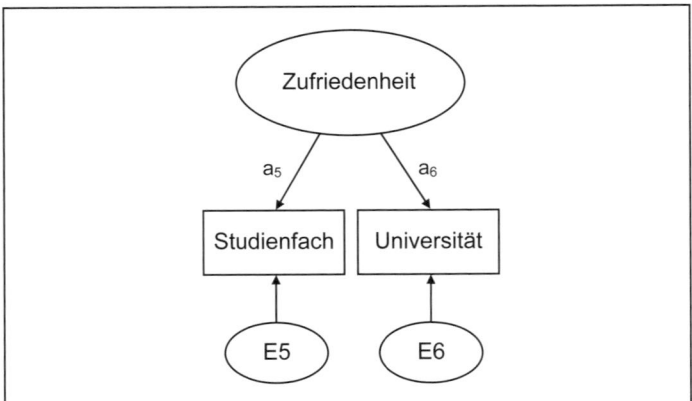

Abbildung 10.10: Messmodell der endogenen latenten Variablen

Die Verknüpfung der Strukturgleichungen des Strukturmodells und der Messmodelle führt zu einem linearen Strukturgleichungssystem. Die grundlegenden Prinzipien der Aufstellung von Struktur- und Messmodellen und der dazugehörigen Parameterschätzungen und Gütekriterien werden in den folgenden Abschnitten beschrieben.

10.4 Modellspezifikationen

In diesem Abschnitt werden die für die Formulierung inhaltlicher Hypothesen in Pfaddiagrammen notwendigen grundsätzlichen Überlegungen dargestellt. Dabei soll die Darstellung auf einen Überblick über die wichtigsten Methoden und Vorgehensweisen beschränkt werden. Eine ausführlichere Darstellung geben Backhaus et al. (2006). Weitergehende Darstellungen zu AMOS können Byrne (2009) oder Weiber und Mühlhaus (2010) entnommen werden.

Voraussetzung für die Aufstellung eines Pfaddiagramms und einer darauf folgenden linearen Strukturgleichungsanalyse sind explizit formulierte Hypothesen über die Zusammenhangsstruktur der beobachteten und der hypothetisch anzunehmenden latenten Variablen. Dabei ist in der Regel zwischen den Hypothesen innerhalb des Strukturmodells und innerhalb des Messmodells zu unterscheiden. Im Anwendungsbeispiel ist die inhaltliche Hypothese zu untersuchen, dass Angebot und Freiheitsgrade die Zufriedenheit beeinflussen. Diese Hypothese entspricht einem multiplen Regressionsansatz von zwei latenten exogenen und einer latenten endogenen Variable. Sie wird im Strukturmodell des Pfaddiagramms wie in Abbildung 10.8 formuliert. Dabei wird im Strukturmodell unterstellt, dass es keinen direkten Zusammenhang, d.h. keine Korrelation zwischen den exogenen latenten Variablen gibt. Diese Annahme kann bei latenten Variablen nicht wie in den Beispielen in Abschnitt 10.1 durch die Analyse von partiellen bzw. semipartiellen Korrelationen untersucht werden. Eine Aussage über die Zulässigkeit dieser Annahme kann erst im Ergebnis der Analyse des kompletten Strukturgleichungsmodells getroffen werden. Die Darstellung der hypothetischen kausalen Zusammenhänge in AMOS durch gerichtete Pfeile (bzw. von korrelativen Beziehungen ohne vorgegebene Wirkungsrichtung durch Doppelpfeile) wird in Abschnitt 10.6 näher erläutert.

Da im Strukturmodell latente Variablen enthalten sind, muss deren hypothetische Widerspiegelung durch beobachtete Variablen in den Messmodellen vorgenommen werden. Die Messmodelle der exogenen bzw. der endogenen latenten Variablen wurden bereits in den Abbildungen 10.9 bzw. 10.10 dargestellt. Wie schon erwähnt, entsprechen sie den Modellvorstellungen, die aus der Faktorenanalyse (vgl. Kapitel 9) bekannt sind. Im Unterschied zur Faktorenanalyse wird aber im Rahmen der Analyse linearer Strukturgleichungsmodelle der jeweilige Fehlerterm der einzelnen beobachteten Variablen als nichtbeobachtete Variable explizit modelliert.

Die einzelnen beobachteten Variablen werden demnach durch latente Variablen und zusätzlich durch jeweils eine nichtbeobachtete Fehlervariable direkt beeinflusst (vgl. Abbildung 10.7), welche die nicht durch die latente Variable erklärten Varianzanteile enthält. So wird beispielsweise im Messmodell der exogenen latenten Variablen Angebot die beobachtete Variable Lehrangebot durch die latente Variable Angebot beeinflusst (siehe Abbildungen 10.7 und 10.9). Die durch diesen Zusammenhang nicht erklärten Varianzanteile der Variablen Lehrangebot werden durch die Fehlervariable E1 modelliert. Die Ausprägung der beobachteten Variablen Zusatzangebot wird ebenfalls durch die Ausprägung der latenten Variablen Angebot beeinflusst. Die dadurch nicht erklärten Anteile der Variablen Zusatzangebot werden in der nichtbeobachteten Fehlervariablen E2 erfasst.

Im Pfadmodell aus Abbildung 10.7 sind 15 Pfeile enthalten, die direkte Effekte zwischen im Pfadmodell enthaltenen Variablen beschreiben. Daneben sind sieben Fehlervariablen und zwei exogene latente Variablen Bestandteile des Modells, deren Varianz zu schätzen ist. Die Anzahl möglicher Pfeile ließe sich weiter erhöhen, wenn zum Beispiel zusätzlich eine kausale Beziehung zwischen den latenten Variablen Angebot und Freiheitsgrade unterstellt würde.

Daraus resultiert ein Grundproblem bei der Formulierung von Pfaddiagrammen im Rahmen der Analyse linearer Strukturgleichungsmodelle: die Festlegung der Anzahl der zu schätzenden Parameter. Die Obergrenze für die Anzahl zu schätzender Parameter ist durch die Zahl der zur Verfügung stehenden empirischen Parameter gegeben. Die aus den Daten zu ermittelnden empirischen Parameter sind die Kovarianzen und Varianzen bzw. die Korrelationen der beobachteten Variablen.

Im Anwendungsbeispiel wurden $k = 6$ beobachtete Variablen erhoben. Die Anzahl der Kovarianzen bzw. Korrelationen zwischen diesen Variablen beträgt $k \cdot (k - 1) / 2 = 15$. Dazu kommen die aus den Daten geschätzten $k = 6$ Varianzen der beobachteten Variablen. Somit ergeben sich 21 empirische Parameter. Die Anzahl der aus dem Modell zu schätzenden Parameter darf diesen Wert nicht überschreiten. Damit ist allerdings nur eine notwendige Bedingung für die Identifizierung des Modells gegeben. Eine weitere notwendige Bedingung besteht darin, dass die zu schätzenden Gleichungen linear unabhängig sind.

Wenn in einem Strukturgleichungsmodell die Anzahl der zu schätzenden Parameter genau der Anzahl der empirischen Parameter entspricht, lassen sich die empirischen Parameter durch das Modell reproduzieren. Ein solches vollständig bestimmtes (saturiertes) Modell lässt sich empirisch nicht widerlegen (siehe oben). Andererseits ist es in der Regel das Anliegen der Analyse linearer Strukturgleichungsmodelle, solche Modelle aufzustellen und an Hand der empirisch gewonnenen Daten zu über-prüfen, bei denen sich inhaltlich klare Modellvorstellungen durch möglichst wenige notwendige und inhaltlich begründete Beziehungen innerhalb des Modells abbilden lassen. So soll im Anwendungsbeispiel unter anderem untersucht werden, ob sich die empirischen Parameter ohne die Annahme einer direkten Korrelation der exogenen latenten Parameter erklären lassen.

Im Rahmen der Strukturgleichungsanalyse stehen für die weitere Spezifikation des Modells drei Typen von Parametern zur Verfügung.

I Feste Parameter: Diese Parameter werden bereits bei der Aufstellung des Pfaddia-gramms festgelegt. Sie haben sehr oft die Werte 0 oder 1. Die Festsetzung von Koef-fizienten, die von 0 oder 1 verschieden sind, sollte nur bei entsprechend sicherem Vorwissen vorgenommen werden.

Der Wert 0 wird als fester Parameter für alle Pfadkoeffizienten zwischen zwei Va-riablen vergeben, zwischen denen im Modell kein direkter Zusammenhang ange-nommen wird. Dies geschieht, indem zwischen den betreffenden Variablen kein Pfeil bzw. Doppelpfeil eingetragen wird. Der feste Parameterwert 1 wird im Anwen-dungsbeispiel insgesamt zehnmal vergeben (siehe Abbildung 10.11). Zwischen den beobachteten Variablen in den Messmodellen und den zugehörigen Fehlervariablen wird jeweils der Pfadkoeffizient auf 1 festgesetzt. Die Varianz der Fehlervariablen wird im Rahmen der Parameterschätzungen ermittelt. Durch diese Festsetzung ent-spricht die Fehlervarianz direkt dem nicht erklärten Varianzanteil der beobachteten Variablen. Entsprechend wird der Pfadkoeffizient zwischen der nichtbeobachteten Fehlervariablen Res_zuf und der latenten endogenen Variablen Zufriedenheit gleich 1 gesetzt. Auch hier wird die Varianz der Fehlervariablen aus den empirischen Daten geschätzt. Diese Varianzschätzung ist nur dann eindeutig möglich, wenn der dazuge-hörende Koeffizient festgesetzt ist.

Zusätzlich wird im Messmodell jeder latenten Variablen ein Pfadkoeffizient zwi-schen der latenten Variablen und einer der beobachteten Variablen gleich eins ge-setzt. Damit ist die Schätzung der jeweiligen latenten Variablen eindeutig möglich. Die übrigen Koeffizienten werden dann in Relation zu dem festgesetzten Parameter ermittelt. Welcher der Pfadkoeffizienten gleich 1 gesetzt wird, hat auf die Berech-nung der standardisierten Pfadkoeffizienten (siehe Abschnitt 10.5.1), die den Faktor-ladungen der Faktorenanalyse entsprechen, keinen Einfluss. Im Pfaddiagramm aus Abbildung 10.11 werden die Pfadkoeffizienten zwischen Angebot und Lehrangebot, zwischen Freiheitsgrade und Auswahl sowie zwischen Zufriedenheit und Studien-fach gleich 1 gesetzt.

II Restringierte Parameter: Diese Parameter werden verwendet, wenn bestimmte Modellparameter untereinander gleichgesetzt werden sollen. So können bestimmte Fehlervarianzen oder bestimmte Pfadkoeffizienten gleichgesetzt werden, wenn ent-sprechende Vorinformationen vorliegen. Im Anwendungsbeispiel werden restringier-te Parameter nicht benutzt.

III Freie Parameter: Dabei handelt es sich um die Parameter, die frei aus empirisch ermittelten Varianzen und Kovarianzen zu schätzen sind. Im Anwendungsbeispiel sind folgende 14 Parameter frei zu schätzen: die Pfadkoeffizienten a_2, a_4, a_6, b_1 und b_2, die Varianzen der Fehlervariablen E1 bis E6 und Res_zuf sowie die Varianzen der exogenen latenten Variablen Angebot und Freiheitsgrade.

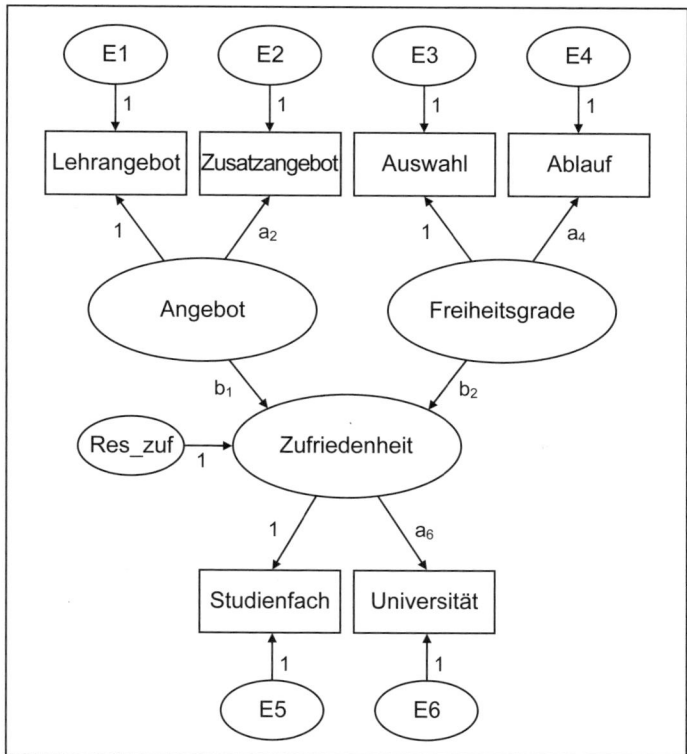

Abbildung 10.11: Pfaddiagramm mit festen und freien Parametern

Die festen und freien Parameter des Pfaddiagramms aus dem Anwendungsbeispiel sind in Abbildung 10.11 dargestellt. Die Differenz zwischen den empirisch bestimmbaren Parametern (Varianzen, Kovarianzen) und den zu schätzenden (freien) Parametern entspricht der Anzahl der Freiheitsgrade des Modells. Das Modell im Anwendungsbeispiel hat df = 21 − 14 = 7 Freiheitsgrade.

10.5 Schätzungen, Tests und Gütekriterien

Im folgenden Abschnitt soll ein Überblick über die Schätzmethoden, über wichtige statistische Tests und über wesentliche Gütemaße im Rahmen der Analyse linearer Strukturgleichungsmodelle gegeben werden. Auch in diesem Teil soll die Darstellung auf einen Überblick über die wichtigsten Methoden und Vorgehensweisen beschränkt bleiben. Ausführlichere Darstellungen können zum Beispiel Byrne (2009) entnommen werden.

10.5.1 Parameterschätzungen

Für die Schätzung der Parameter in linearen Strukturgleichungsmodellen stehen unterschiedliche Verfahren zur Verfügung. Am häufigsten wird die Maximum-Likelihood-Methode (ML-Methode) für die Bestimmung der freien Parameter des Pfaddiagramms verwendet. Dabei werden Startwerte für die zu schätzenden freien Parameter des Pfadmodells angenommen. Diese werden schrittweise verändert, bis die aus den geschätzten Parametern berechnete Varianz-/Kovarianzmatrix (bzw. die Korrelationsmatrix) bestmöglich der empirischen Varianz-/Kovarianzmatrix entspricht. Auf diese Weise wird die Wahrscheinlichkeit maximiert, dass die empirische Matrix auf der Grundlage der Modellparameter zustande gekommen ist. Die Maximum-Likelihood-Methode setzt mehrdimensionale Normalverteilung der beobachteten Variablen voraus und liefert unter dieser Annahme beste Schätzergebnisse. In AMOS stehen alternative Schätzverfahren zur Verfügung, die bei Vorliegen der mehrdimensionalen Normalverteilung (Generalized-Least-Squares-Verfahren) oder bei Verletzung dieser Voraussetzung (z.B. Unweighted-Least-Squares-Verfahren) angewendet werden können (Einzelheiten siehe Arbuckle und Wothke, 1999).

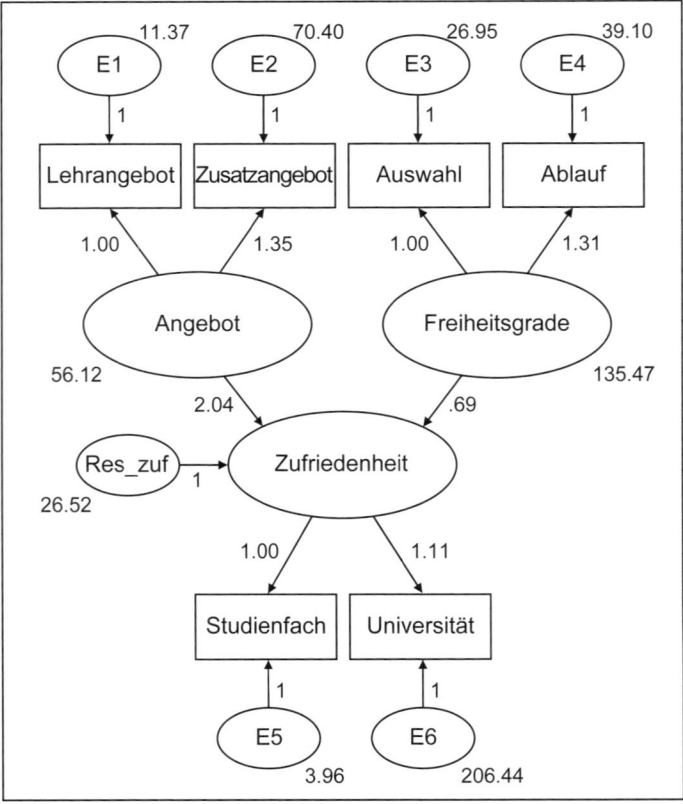

Abbildung 10.12: Unstandardisierte ML-Schätzwerte im Anwendungsbeispiel

Im Ergebnis erhält man jeweils unstandardisierte und standardisierte Schätzwerte. Bei den standardisierten Schätzungen werden anstelle der Kovarianzen Korrelationen geschätzt, die Pfadkoeffizienten in den Messmodellen entsprechen den Faktorladungen der Faktorenanalyse und die Pfadkoeffizienten im Strukturmodell entsprechen Beta-Gewichten der Regressionsanalyse. In Abbildung 10.12 sind die geschätzten unstandardisierten Koeffizienten und in Abbildung 10.13 die standardisierten Koeffizienten enthalten. Analog zur multiplen Regression sind in vielen Fällen besonders die standardisierten Koeffizienten hilfreich für die Interpretation der Ergebnisse.

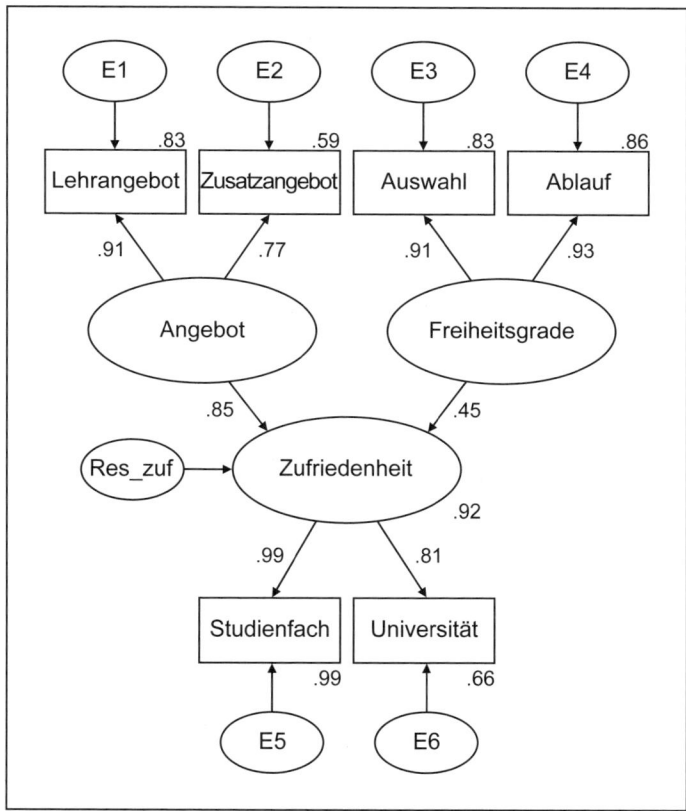

Abbildung 10.13: Standardisierte ML-Schätzwerte im Anwendungsbeispiel

10.5.2 Beurteilung der Schätzergebnisse

Die Güte der Parameterschätzungen und des Modells insgesamt kann aus den geschätzten Pfadkoeffizienten und Varianzen nicht abgelesen werden. Bei der Einschätzung der Modellgüte muss zwischen dem Gesamtmodell und einzelnen Modellteilen unterschieden werden.

Bewertung der Gesamtstruktur

Vier besonders wichtige Kriterien zur Beurteilung der Güte des untersuchten Pfad-modells sollen im Folgenden kurz dargestellt werden (ausführlicher siehe Backhaus et al., 2006; Weiber und Mühlhaus, 2010). Das Prinzip der vorgestellten Methoden besteht darin, den Grad der Übereinstimmung der empirischen mit der unter Verwendung der geschätzten Modellparameter zu schätzenden Varianz-/Kovarianz-matrix (bzw. der Korrelationsmatrix) zu beurteilen.

I Chi-Quadrat-Wert (χ^2): Mit Hilfe des χ^2-Wertes kann die statistische Nullhypothese geprüft werden, dass die empirische Varianz-/Kovarianzmatrix der aus dem Modell ermittelten Varianz-/Kovarianzmatrix entspricht. Er wird aus der Diskrepanz F, die die gewichtete Abweichung von beobachteter und durch das Modell geschätzter Kovarianz- bzw. Korrelationsmatrix kennzeichnet (siehe Bühner, 2006; Weiber und Mühlhaus, 2010), nach der Formel $\chi^2 = (N-1) \cdot F$ berechnet.

Die alleinige Anwendung dieses Tests zur Entscheidung über ein vorgegebenes Modell ist jedoch in der Regel nicht zu empfehlen. So ist zu beachten, dass die Anwendung des Tests mehrdimensionale Normalverteilungen der Variablen voraussetzt. Für die praktische Interpretation der Testergebnisse ist ebenso kritisch, dass der Test sehr empfindlich auf den Stichprobenumfang reagiert. Bei sehr großen Stichprobenumfängen wird ein theoretisches Modell bereits bei relativ kleinen Abweichungen der aus dem Modell geschätzten Matrix von der empirischen Varianz-/Kovarianzmatrix signifikant abgelehnt. Bei kleinen Stichprobenumfängen zeigt der Test ein umgekehrtes Verhalten.

Eine in der Praxis häufig angewendete und von vielen Autoren (z.B. Backhaus et al., 2006) erwähnte Möglichkeit zur Gewinnung zusätzlicher Informationen über die Modellgüte besteht deshalb darin, den ermittelten χ^2- Wert mit der Anzahl der Freiheitsgrade zu vergleichen. Ein im Verhältnis zur Anzahl der Freiheitsgrade relativ geringer χ^2-Wert ($\chi^2 \leq 2.5 \cdot df$) spricht für eine gute Modellanpassung (Backhaus et al., 2006 unter Bezug auf Homburg und Baumgartner, 1995). Für das Modell aus dem Anwendungsbeispiel mit den in Abbildung 10.12 angegebenen Schätzungen ergibt sich bei 7 Freiheitsgraden ein χ^2-Wert von 13.27 (p = .07). Der Test führt nicht zu einem signifikanten Ergebnis, das vorgegebene Modell wird demnach nicht verworfen (wobei bei der Interpretation dieses Ergebnisses der relativ geringe Stichprobenumfang von n = 30 zu berücksichtigen ist). Der χ^2-Wert ist nicht größer als 2.5 · df = 2.5 · 7 = 17.5.

II Root Mean Square Error of Approximation (RMSEA): Mit dem RMSEA wird ebenfalls die Abweichung der beobachteten von der durch das Modell geschätzten Kovarianz- bzw. Korrelationsmatrix betrachtet:

$$\text{RMSEA} = \sqrt{\frac{\chi^2 - df}{N \cdot df}} \quad (\text{für } \chi^2 > df; \text{RMSEA} = 0 \text{ für } df \geq \chi^2) \tag{10.13}$$

Bei gleichem χ^2-Wert und gleichem Stichprobenumfang beeinflusst die Anzahl der Freiheitsgrade df (d.h. der Differenz zwischen der Anzahl der zur Verfügung stehenden empirischen Varianzen und Kovarianzen sowie der Anzahl der zu schätzenden

Parameter) die Größe des RMSEA unmittelbar in folgender Weise: Bei größeren df-Werten wird der Wert im Zähler von Gleichung (10.13) kleiner, der Wert im Nenner wird größer. Damit führen Modelle mit hohen Freiheitsgraden zu kleineren RMSEA-Werten. Der Kennwert RMSEA hat in den letzten Jahren auch deshalb große praktische Bedeutung erlangt, weil für ihn Konfidenzintervalle angegeben werden können und weil AMOS die p-Werte eines Signifikanztests des RMSEA gegen den Wert 0.05 ausgibt.

Für die praktische Beurteilung von RMSEA-Werten geben Backhaus et al. (2006) folgende Einteilung an:

- RMSEA ≤ 0.05 → gute Modellanpassung
- RMSEA ≤ 0.08 → akzeptable Modellanpassung
- RMSEA ≥ 0.10 → inakzeptable Modellanpassung

Im Beispiel ergibt sich der Wert RMSEA = 0.176. Der Signifikanztest führt nicht zu einem signifikanten Ergebnis (p = .089), wobei bei der Interpretation der sehr geringe Stichprobenumfang zu berücksichtigen ist.

III Standardized Root Mean Residual (SRMS): Mit dem SRMR wird die Summe der quadratischen Abweichungen zwischen den empirischen und den durch das Modell geschätzten Varianzen bzw. Kovarianzen berechnet. Die Summe wird an der Anzahl der Variablen relativiert. Der Einfluss der Skalierung der beobachteten Variablen wird vermieden, indem die quadrierten Differenzen in Formel (10.14) durch das Produkt der empirischen Standardabweichungen der jeweils beteiligten Variablen dividiert werden (vgl. Bühner, 2006):

$$\text{SRMR} = \sqrt{\frac{2 \cdot \sum_{i=1}^{p} \sum_{j<i}^{p} \left(\frac{s_{ij}}{s_i \cdot s_j} - \frac{s_{ij}^{\text{Modell}}}{s_i^{\text{Modell}} \cdot s_j^{\text{Modell}}} \right)^2}{p \cdot (p+1)}} \tag{10.14}$$

SRMR: Standardized Root Mean Square Residual (SRMS)
s_{ij}: empirische Kovarianz (aus den Stichprobendaten geschätzt) der Variablen i und j
s_i: Standardabweichung der Variablen i
s_{ij}^{Modell}: aus dem Modell geschätzte Kovarianz der Variablen i und j
s_i^{Modell}: aus dem Modell geschätzte Standardabweichung der Variablen i
p: Anzahl der Variablen

Der SRMR soll möglichst klein sein. Bühner (2006) gibt die Empfehlung, bei SRMR ≤ 0.11 von guter Modellanpassung auszugehen, bei Weiber und Mühlhaus (2010) lautet die Empfehlung SRMR ≤ 0.10. Im Beispiel ergibt sich der Wert SRMR = 0.206. Dieser Wert spricht, wie auch schon der RMSEA, nicht für eine zufriedenstellende Modellgüte.

IV Comparative Fit Index (CFI): Mit dem CFI wird ein Vergleich der χ^2-Werte des untersuchten Modells mit dem Nullmodell (Unabhängigkeitsmodell; ohne Beziehungen zwischen unabhängigen und abhängigen Variablen im Modell) vorgenommen:

$$\text{CFI} = 1 - \frac{\chi^2_{\text{Modell}} - \text{df}_{\text{Modell}}}{\chi^2_{\text{Nullmodell}} - \text{df}_{\text{Nullmodell}}} \qquad (10.15)$$

Der CFI nimmt Werte zwischen 0 und 1 an. Das getestete Modell kann nie eine höhere Differenz von χ^2-Wert und Anzahl der Freiheitsgrade erzielen als das Nullmodell. Bei guten Modellen ist der Unterschied allerdings gering, weshalb für sie ein CFI nahe 1 resultiert. Bühner (2006) gibt als Entscheidungsregel für gute Modelle die Schwelle CFI ≈ 0.95 an. Im Anwendungsbeispiel wird dieser Grenzwert knapp überschritten (CFI = 0.956).

Im Anwendungsbeispiel zeigen die Auswertungen der behandelten Fit-Indizes kein einheitliches Bild. Man kann keinesfalls uneingeschränkt von einem guten Modell sprechen. Empfohlen werden kann in solchen Fällen, nach sinnvollen Modellmodifikationen zu suchen (siehe unten).

Bewertung von Teilstrukturen

Neben der Beurteilung der Güteeigenschaften des Gesamtmodells können Teilbereiche statistisch untersucht werden. Insbesondere wird für jeden frei schätzbaren Parameter der Quotient von Schätzwert und Standardfehler berechnet, der bei großen Stichprobenumfängen normalverteilt ist. Im Anwendungsbeispiel sind die Quotienten aller frei schätzbaren Pfadkoeffizienten signifikant. Auf weiterführende Möglichkeiten über die Analyse der Residuen bzw. der standardisierten Residuen soll im Rahmen dieser Einführung nicht eingegangen werden, siehe dazu Backhaus et al. (2006) bzw. Arbuckle und Wothke (1999).

Modifikation der Modellstruktur

Bei der Durchführung linearer Strukturgleichungsanalysen ist zwischen zwei unterschiedlichen Phasen der Analyse deutlich zu unterscheiden. Die bisher dargestellten Analyseschritte gehören zum konfirmatorischen Vorgehen. Auf der Grundlage inhaltlicher Vorüberlegungen wird ein hypothetisches Modell über die Zusammenhangsstruktur der Variablen in den Messmodellen bzw. im Strukturmodell aufgestellt. Die Parameter dieses Modells werden geschätzt, Gütekriterien und Tests über das Gesamtmodell und einzelne Modellbestandteile werden berechnet bzw. durchgeführt. Ergebnis dieser Schritte ist eine Aussage über die Gültigkeit des Modells.

Wenn sich das Modell nach diesen Analysen nicht als tragfähig erwiesen haben sollte, können in einer zweiten Phase exploratorische, Hypothesen generierende Analyseschritte angeschlossen werden. Ziel dieser Phase der Datenauswertung ist eine neue Modellstruktur, die aus einer Weiterentwicklung des ursprünglichen Modells entsteht. Ein derart weiterentwickeltes, modifiziertes Modell entspricht einer neu entwickelten Hypothese über die Zusammenhangsstruktur der im Modell enthaltenen Variablen. Aussagen über die Gültigkeit und Güte dieses modifizierten Modells können nur getroffen werden, wenn es an Hand von neu erhobenen Daten überprüft wird.

Modellmodifikationen können in einer Vereinfachung oder in einer Erweiterung der Modellstruktur bestehen. Vereinfachungen bieten sich an, wenn einzelne Modellparameter nicht signifikant von Null verschieden sind. In solchen Fällen kann unter Einbeziehung inhaltlicher Gesichtspunkte geprüft werden, ob der betreffende Parameter 0 gesetzt werden kann, d.h. ob man zum Beispiel auf die Modellierung eines direkten Effekts verzichten kann. Im Anwendungsbeispiel bietet sich dieses Vorgehen nicht an.

In Form von Modifikations-Indizes liefert AMOS wichtige Hinweise für sinnvolle Modellerweiterungen. Für jeden festen Modellparameter wird durch den Modifikations-Index der Wert berechnet, um den sich der χ^2-Wert verringern würde, wenn dieser Parameter frei gesetzt werden würde und somit frei geschätzt werden könnte. Dabei wird unterstellt, dass alle anderen Koeffizienten unverändert bleiben. Im Anwendungsbeispiel ergibt sich der größte Modifikations-Index, wenn eine frei schätzbare Kovarianz zwischen den latenten Variablen Angebot und Freiheitsgrade zusätzlich in das Modell aus Abbildung 10.11 aufgenommen würde. In diesem Modell wurde unterstellt, dass Angebot und Freiheitsgrade keine direkte Kovarianz bzw. Korrelation aufweisen. Wenn das bisherige Modell um diesen frei schätzbaren Parameter erweitert wird, ergeben sich folgende Gütemaße nach der Parameterschätzung: $\chi^2 = 5.73$ (df = 6, p = .45), RMSEA = 0.00, SRMR = 0.04, CFI = 1.00). Es ist offensichtlich, dass die statistischen Eigenschaften dieses modifizierten Modells deutlich besser sind als vor der Modifikation. Wenn die vorgenommene Modifikation auch inhaltlich begründet werden kann, resultiert aus diesen exploratorischen Analyseschritten ein neues hypothetisches Modell, das an Hand neu erhobener Daten konfirmatorisch überprüft werden muss.

10.6 Anwendungsbeispiel in AMOS

Die obigen Strukturgleichungsmodelle sollen nun mit dem Programm AMOS (Analysis of Moment Structures) analysiert werden. Zunächst wird das Zeichnen von Pfaddiagrammen in AMOS ausführlich beschrieben. Hierzu werden die Pfaddiagramme der Kausalmodelle aus Abbildung 10.1 gezeichnet. Außerdem wird die Auswertung der in Abschnitt 10.2 eingeführten linearen Strukturgleichungen dieser Kausalmodelle dargestellt. Anschließend wird das Strukturmodell zur Untersuchung der Beziehungen der latenten Variablen Zufriedenheit, Angebot und Freiheitsgrade mit den entsprechenden Messmodellen in AMOS umgesetzt. Die Daten aus Tabelle 10.2 sind in der Datei mit dem Namen Fragebogen zum Studium.sav im Ordner Lineare Strukturgleichungsmodelle auf der Webseite zum Buch enthalten.

10.6.1 Einführung in die grafische Oberfläche von AMOS

Bevor die Kausalmodelle in AMOS gezeichnet werden, sollen die Daten der ersten drei beobachteten Variablen Aufwand, Interesse und Erfolg zunächst in SPSS z-standardisiert werden. Dies erfolgt aus didaktischen Gründen u.a. deshalb, weil die linearen Strukturgleichungen in Abschnitt 10.2 anhand von z-Werten erläutert wurden und somit die Ergebnisse hier mit denen aus Abschnitt 10.2 verglichen werden können. Die Analysen in AMOS können allerdings ebenso mit nicht standardisierten Rohdaten durchgeführt werden. Wählen Sie für die z-Standardisierung im Hauptmenü von SPSS unter Analysieren die Option Deskriptive Statistiken, Deskriptive Statistik. Es erscheint das Dialogfenster aus Abbildung 10.14. Verschieben Sie hier die drei genannten Variablen in das freie Feld [1] und aktivieren Sie die Option Standardisierte Werte als Variable speichern [2]. Starten Sie anschließend die Analyse.

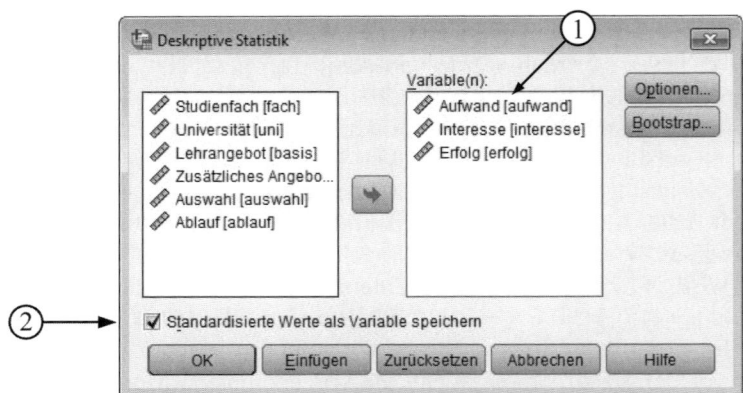

Abbildung 10.14: Dialogfenster Deskriptive Statistik

Zusätzlich zu einer Tabelle mit deskriptiven Kennwerten in der Ergebnisausgabe erscheinen nun im Dateneditor, wie in Abbildung 10.15 gezeigt, drei neue z-standardisierte Variablen [1]. Die Namen dieser Variablen bestehen aus dem ursprünglichen Namen, dem der Buchstabe Z vorangestellt wurde. So heißt zum Beispiel die Variable mit den z-Werten der Variable erfolg Zerfolg [1]. Speichern Sie anschließend die geänderte Datendatei.

auswahl	ablauf	Zaufwand	Zinteresse	Zerfolg
26	33	,33688	,62293	,59148
31	18	-,61913	-,81460	-1,09229
43	43	-,30046	-,33542	,37561
26	18	,56450	,62293	,46196

Abbildung 10.15: SPSS Dateneditor

Starten Sie nun das Programm AMOS Graphics 19. Das Programm AMOS Graphics arbeitet mit der grafischen Benutzeroberfläche von AMOS, die die Grundlage für die folgenden Darstellungen bildet.

Abbildung 10.16 zeigt die Benutzeroberfläche von AMOS 19. Leider liegt für dieses Programm keine deutschsprachige Version vor. Im folgenden Text werden meistens deutsche Übersetzungen angegeben. Der Bezug zu den korrespondierenden englischen Begriffen in den Abbildungen wird dann durch die Hinweispfeile hergestellt. Es ist durchaus möglich, dass Abbildung 10.16 von Ihrem Bildschirm abweicht, da AMOS jeweils die zuletzt bearbeitete Datei inklusive deren Oberfläche öffnet. Die Werkzeugleiste [1] kann in AMOS unterschiedlich angeordnet bzw. strukturiert werden. Klicken Sie hierzu bei Bedarf auf den dünnen dunklen Balken am oberen Rand der Leiste [2], halten Sie die Maustaste gedrückt und verschieben Sie Teile der Leiste an die gewünschte Stelle. Zum Zwecke übersichtlicher Abbildungen wird die Werkzeugleiste in den folgenden Bildschirmausdrucken unterschiedlich dargestellt.

In dieser Werkzeugleiste befinden sich die meisten der im vorliegenden Kapitel benötigten Befehle (Werkzeuge), sie können durch bloßes Anklicken der bunten Symbole aktiviert werden. Alternativ sind sämtliche Befehle über das Hauptmenü [3] aktivierbar. Im Folgenden wird zumeist die Aktivierung der Befehle über die Werkzeugleiste beschrieben. Die Positionen der Befehle im Hauptmenü werden zusammenfassend erwähnt. Der Rahmen [4] umschreibt die Fläche, in der die Pfaddiagramme gezeichnet werden (im Weiteren Zeichenfläche genannt).

Als erstes soll ein Pfaddiagramm gezeichnet werden, das die Beziehungen von Kausalmodell I aus Abbildung 10.1 repräsentiert. In diesem Modell wird angenommen, dass die Variable Erfolg sowohl vom Aufwand als auch vom Interesse beeinflusst wird. Erfolg wird somit als Kriterium und die beiden anderen Variablen als Prädiktoren betrachtet.

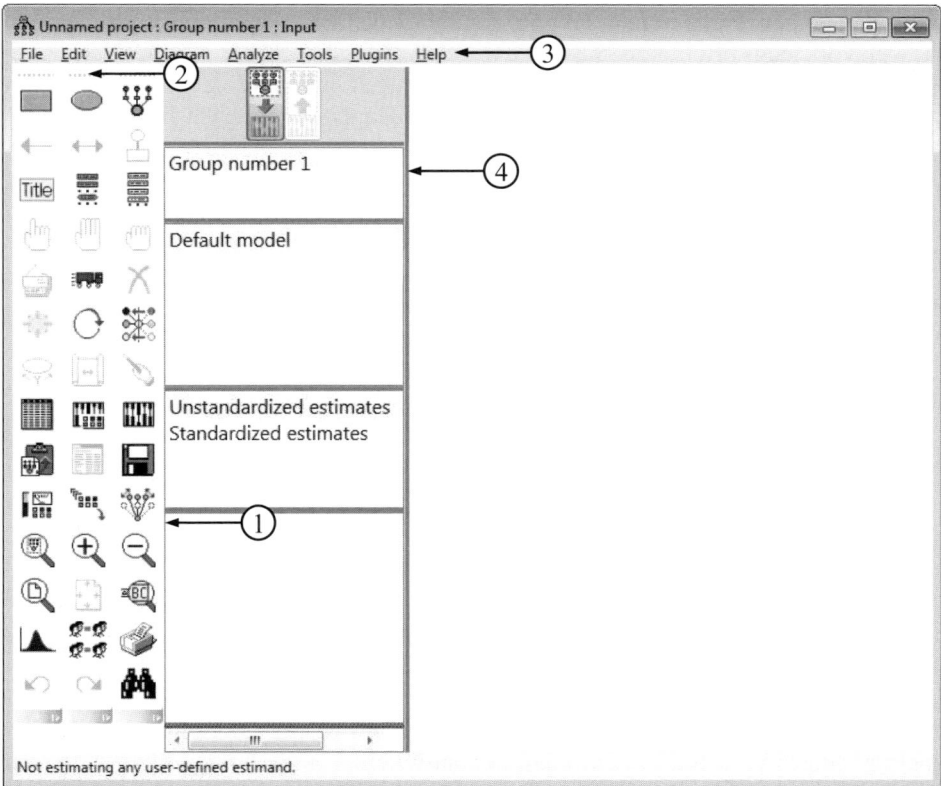

Abbildung 10.16: Benutzeroberfläche von AMOS 19

Zeichnen Sie zunächst die Felder für die drei beobachteten Variablen. Beobachtete Variablen werden generell durch Rechtecke repräsentiert. Das zugehörige Werkzeug ist dementsprechend in der Werkzeugleiste in Abbildung 10.17 durch ein Rechteck symbolisiert [1]. Führen Sie die Maustaste ohne zu klicken über das Symbol, um eine kurze Beschreibung des Werkzeugs zu erhalten. Sie erscheint in Form eines kleinen Textfelds rechts unter dem Mauszeiger [2]. Mit diesem Werkzeug können also beobachtete Variablen gezeichnet werden (Draw observed variables).

Beachten Sie bei den nun folgenden Schritten, dass Anordnung und Größe der von Ihnen erzeugten Rechtecke in etwa denen aus Abbildung 10.17 entsprechen. Klicken Sie zunächst mit der linken Maustaste auf das Werkzeug [1], um es zu aktivieren. Die Aktivierung wird durch einen Rahmen um das Symbol in der Werkzeugleiste angezeigt. Wenn sich der Mauszeiger im Bereich der Zeichenfläche befindet, erscheint außerdem rechts unter dem Mauszeiger jeweils das Symbol des im Augenblick aktivierten Werkzeugs, in diesem Fall also ein Rechteck. Zeigen Sie mit der Maus auf eine passende Stelle der Zeichenfläche und klicken sie die linke Maustaste. Bewegen Sie dann die Maus bei gedrückter Maustaste. Es erscheint ein Rechteck, das ständig seine Form verändert. Bewegen Sie die Maus so lange, bis Ihnen die Form des Rechtecks gefällt, und lassen Sie dann die Maustaste los, um das Rechteck zu zeichnen. Aktivieren Sie anschließend den Befehl Verschieben [3]. Rechts unter dem Mauszeiger erscheint nun das an einen fahrenden Lastwagen erinnernde Symbol dieses Werkzeugs. Berühren Sie mit der Maus das gezeichnete Rechteck, bis sein Rahmen rot wird. Klicken Sie dann auf das Rechteck und verschieben Sie es bei gedrückter Maustaste an die gewünschte Stelle der Zeichenfläche. Lassen Sie die Maustaste los, um das Rechteck an der aktuellen Position zu platzieren.

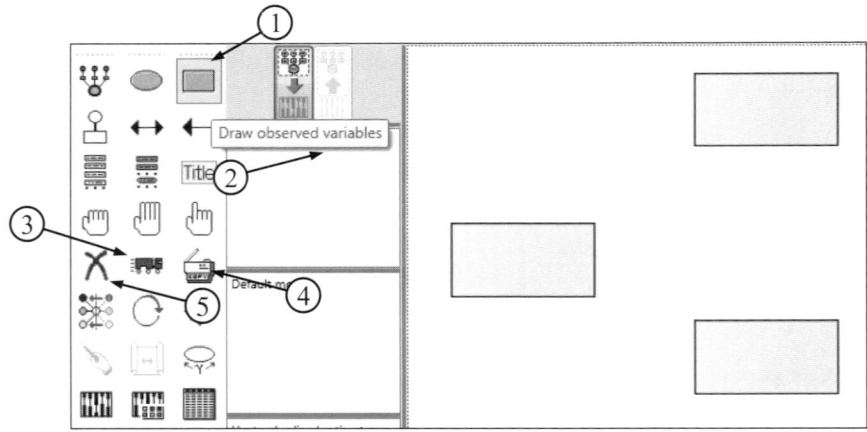

Abbildung 10.17: Zeichnen von beobachteten Variablen

Das gezeichnete Rechteck kann nun als Vorlage für die nächsten beiden Rechtecke dienen. Aktivieren Sie hierzu den Befehl Duplizieren [4]. Er funktioniert im Prinzip wie der Befehl Verschieben, nur dass jetzt anstelle des angeklickten Objekts dessen Duplikat verschoben wird. Klicken Sie also auf das Rechteck, halten Sie die Maustaste gedrückt und verschieben sie das Duplikat an den gewünschten Ort. Zeichnen Sie auf diese Weise drei Rechtecke, die in Größe und Anordnung denen aus Abbildung 10.17 ähneln. Das rechte untere Rechteck soll später das Kriterium repräsentieren, die beiden anderen Rechtecke die Prädiktoren.

Falls ein Zeichenschritt missglückt ist, kann das entsprechende Element nach Aktivieren des Befehls Entfernen [5] durch Anklicken gelöscht werden. Alternativ können Zeichenschritte über den Befehl Undo (bzw. über das entsprechende Symbol in der letzten Zeile der Werkzeugleiste) rückgängig gemacht werden. Wählen Sie hierzu, wie in Abbildung 10.18 gezeigt, im Hauptmenü unter Edit die Option Undo [1]. Mittels Undo können maximal die vier letzten Operationen rückgängig gemacht werden. Unter dem Menüpunkt Edit sind u.a. auch die oben beschriebenen Befehle Verschieben [2] und Duplizieren [3] wählbar.

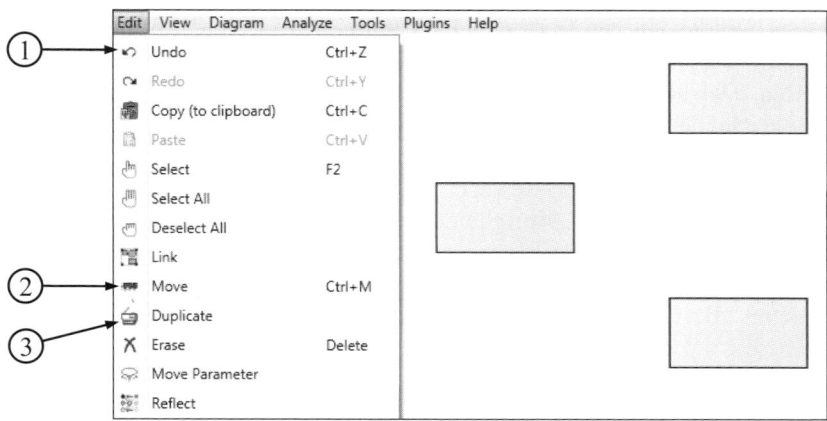

Abbildung 10.18: Hauptmenü Edit

Ergänzen Sie nun Ihre Zeichnung durch die in Abbildung 10.19 gezeigte Ellipse über das entsprechende Werkzeug [1].

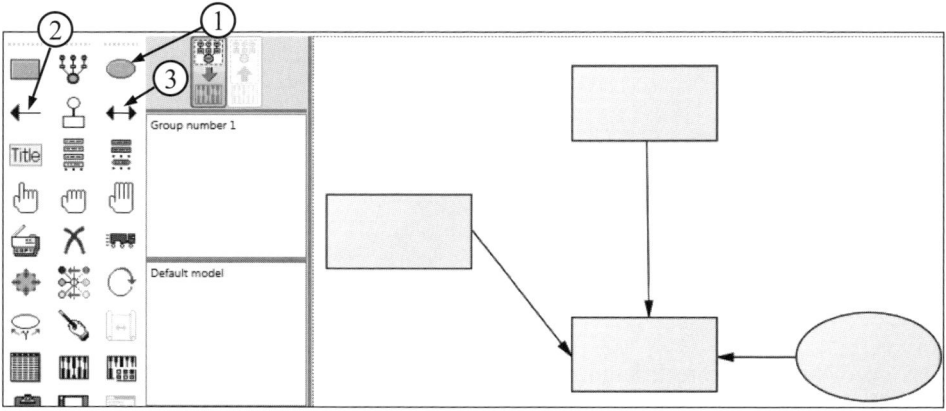

Abbildung 10.19: Zeichnen von nichtbeobachteten Variablen und Pfaden

Das Vorgehen ist dabei analog zum Zeichnen der Rechtecke. Ellipsen sind in AMOS für nichtbeobachtete Variablen (latente und Fehlervariablen) vorgesehen, in unserem Fall die Fehlervariable. Für jede Kriteriumsvariable muss prinzipiell eine Fehlervariable eingeführt werden, damit später abgeschätzt werden kann, welcher Anteil des

Kriteriums durch den Prädiktor erklärt werden kann und welcher Anteil auf die Fehlervariable (also Messfehler und andere Einflüsse) zurückzuführen ist. Eine Kriteriumsvariable erkennt man daran, dass mindestens ein Pfeil auf sie gerichtet ist.

Anschließend können die Beziehungen zwischen den Variablen spezifiziert werden. Der einseitige Pfeil [2] steht für eine gerichtete Kausalhypothese, einen sogenannten „Pfad". Aktivieren Sie das Werkzeug und klicken Sie auf den Ursprung eines Pfads. Der Ursprung (d.h. das betreffende Rechteck bzw. die Ellipse) erhält einen roten Rahmen. Bewegen Sie dann die Maus bei gedrückter Maustaste zum Endpunkt des Pfads. Wenn der Endpunkt erreicht ist, wechselt die Rahmenfarbe des Endpunkts (d.h. in diesem Fall des unteren Rechtecks) auf grün. Sobald Sie die Maustaste loslassen, wird der Pfad gezeichnet. Ein Doppelpfeil [3] lässt die Kovarianz zweier Variablen schätzen. Die beschriebenen Werkzeuge zum Zeichnen von Variablen und Pfaden befinden sich auch im Hauptmenü unter Diagram.

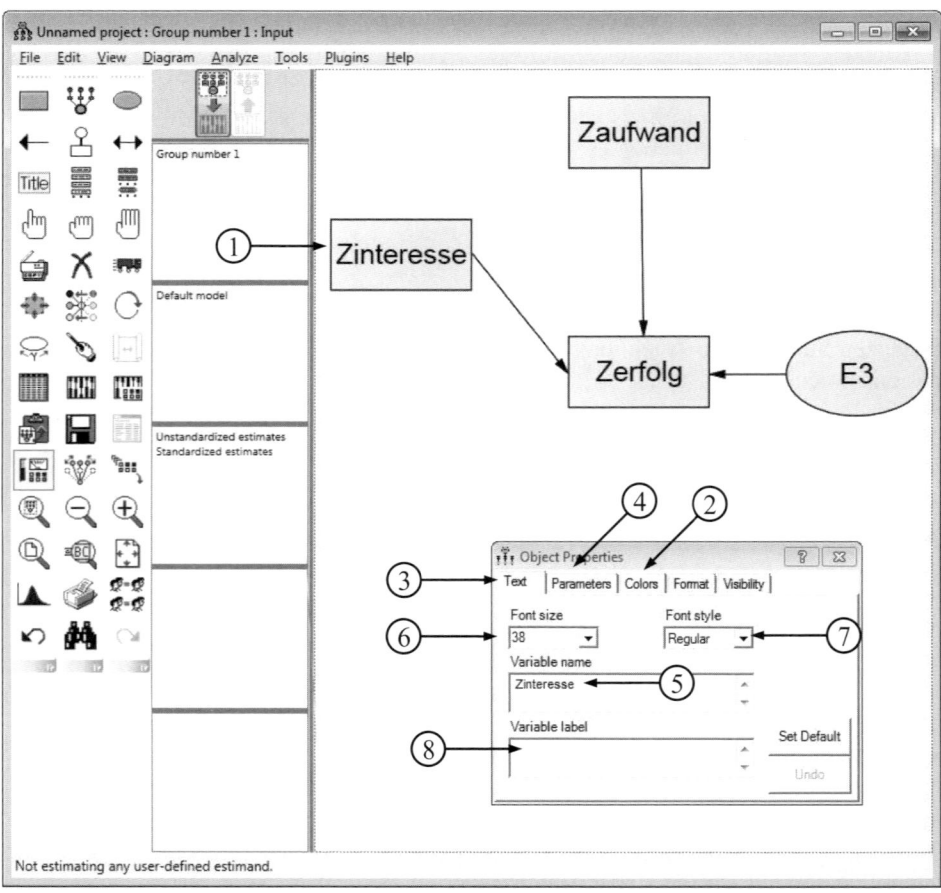

Abbildung 10.20: Dialogfenster Objekteigenschaften, Registerkarte Text

Als nächstes werden die Namen der Variablen eingefügt. Doppelklicken Sie hierzu auf das in Abbildung 10.20 gezeigte linke Rechteck [1]. Es öffnet sich das Dialogfenster Objekteigenschaften. Hier können verschiedene Registerkarten ausgewählt werden. So können z.B. die Farbe des Objekts [2], dessen Text [3] oder die Parameter [4] spezifiziert werden. Wählen Sie die Registerkarte Text [3]. Geben Sie hier den Namen der Variablen in das entsprechende Feld [5] ein. Dabei ist zu beachten, dass der Name mit dem der entsprechenden Variablen der SPSS-Datei exakt übereinstimmen muss. Bei Bedarf könnten außerdem Schriftgröße [6] und Schriftstil [7] geändert werden sowie Label vergeben werden [8]. Nach der Eingabe bei der ersten Variablen kann die Eingabe bei einer anderen Variablen fortgesetzt werden. Das Dialogfenster Objekteigenschaften bleibt solange geöffnet, bis die letzte Variable spezifiziert wurde. Danach ist es zu schließen. (Wenn die Datendatei bereits geöffnet ist (siehe Abbildung 10.23), gibt es eine komfortablere Möglichkeit zur Eingabe der Variablennamen und -labels. Nach Anklicken von View und anschließend Variables in Dataset öffnet sich ein Fenster, aus dem man die in der SPSS-Datei enthaltenen Variablen (Namen und Labels) unmittelbar in die entsprechenden Rechtecke ziehen kann.)

Klicken Sie nun nacheinander auf alle vier Variablen und geben Sie die Namen entsprechend der Abbildung oder des Dateneditors von SPSS. ein. Das Dialogfeld bleibt dabei ständig geöffnet. Die Fehlervariable des Kriteriums Erfolg soll mit E3 benannt werden. Anschließend soll das Regressionsgewicht der Fehlervariablen auf 1 festgelegt werden. Doppelklicken Sie hierzu auf den von E3 ausgehenden Pfad. Da für einen Pfad kein Text vorgesehen ist, verschwinden im Dialogfenster Objekteigenschaften die Eingabeoptionen für die Texteingabe. Wählen Sie stattdessen die Registerkarte Parameter [4].

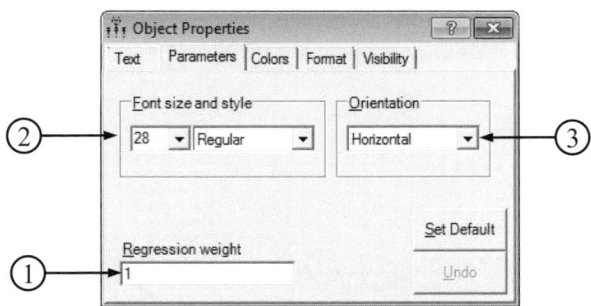

Abbildung 10.21: Dialogfenster Objekteigenschaften, Register-
karte Parameter

Es erscheint die in Abbildung 10.21 gezeigte Registerkarte Parameter für den Pfad zwischen E3 und Zerfolg. Geben Sie in das Feld für das Regressionsgewicht den Wert 1 ein [1]. Damit wird dieser Parameter zu einem festen Parameter, der in der Modellgleichung nicht mehr geschätzt werden muss. Die Gewichte der Fehlervariablen sollen alle auf den Wert 1 festgesetzt werden. Die geschätzte Varianz der Fehlervariablen entspricht dann dem nicht erklärten Varianzanteil des Kriteriums dieser Fehlervariablen.

Eine weitere Möglichkeit, die Anzahl der freien Parameter zu verringern, besteht in restringierten Parametern. Anstelle fester Werte wird für zwei oder mehrere Parameter vorgegeben, dass sie alle den gleichen Wert erhalten sollen. Somit muss für diese Parameter insgesamt nur ein Wert geschätzt werden. In AMOS ist für diese Parameter anstelle einer Zahl ein Buchstabe einzugeben. Alle Parameter mit dem gleichen Buchstaben erhalten den gleichen Wert. Wie bei den Variablennamen können auch bei den Parametern Schriftgröße und Schriftstil geändert werden [2]. Außerdem kann die Ausrichtung der Parameter bestimmt werden [3]. Dabei stehen bei Anklicken des kleinen Dreiecks die Optionen Horizontal (horizontale Ausrichtung), Oblique (die Parameter werden parallel zum Pfeil ausgerichtet, was hier der horizontalen Ausrichtung entspricht) und Oblique, inverted (der Parameter wird zusätzlich um 180° gedreht) zur Verfügung. Schließen Sie anschließend das Dialogfenster.

10.6.2 Pfaddiagramme mit beobachteten Variablen

Wählen Sie nun, wie in Abbildung 10.22 gezeigt, im Hauptmenü unter File die Option Save As [1], um das fertige Pfaddiagramm zu speichern.

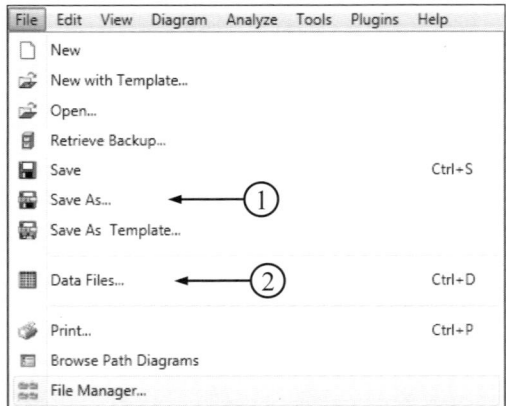

Abbildung 10.22: Hauptmenü File

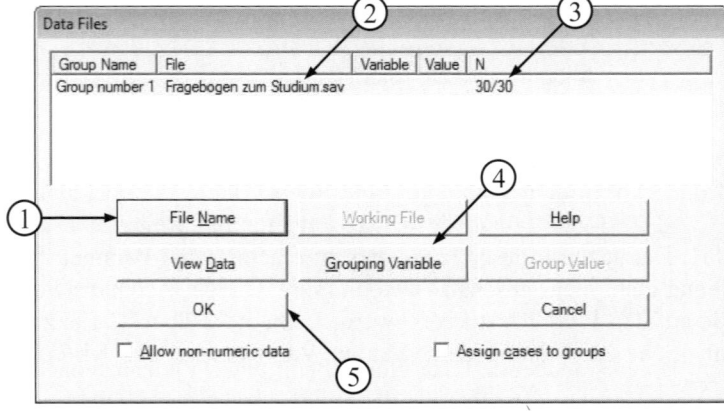

Abbildung 10.23: Dialogfenster Datendateien

Als Dateiname kann beispielsweise Kausalmodell_I.amw gewählt werden (die Datei-Endung für Pfaddiagramme in AMOS lautet amw). Anschließend sollen die Daten aus Tabelle 10.2 in das Modell eingefügt werden. Dazu ist im Hauptmenü unter File die Option Data Files auszuwählen [2].

Es erscheint das Dialogfeld aus Abbildung 10.23. Unter File [1] kann die entsprechende SPSS-Datei aufgerufen werden. Falls die Datei mit den z-standardisierten Daten unter einem anderen Namen gespeichert wurde, ist dieser Name auszuwählen. Das Dialogfenster funktioniert analog zum Öffnen einer Datei in SPSS. Der Name [2] und die Anzahl der Fälle [3] der ausgewählten Datei erscheinen in dem freien Feld. Die Spezifikation der SPSS-Datendatei ist mit OK [5] abzuschließen.

Falls das Modell getrennt für bestimmte Gruppen betrachten werden soll, also zum Beispiel getrennt für Männer und Frauen, kann unter Grouping Variable [5] die Variable in der SPSS-Datei angegeben werden, nach der die Gruppierung erfolgen soll. Diese Variable müsste folglich nominalskaliert sein, im Gegensatz zu den intervallskalierten Variablen, die für die Berechnung des Modells verwendet werden.

Bevor die ersten Modellberechnungen durchgeführt werden, sollen zunächst einige Eigenschaften der Analyse spezifiziert werden. Wählen Sie demnach, wie in Abbildung 10.24 gezeigt, im Hauptmenü unter View die Option Analysis Properties [1].

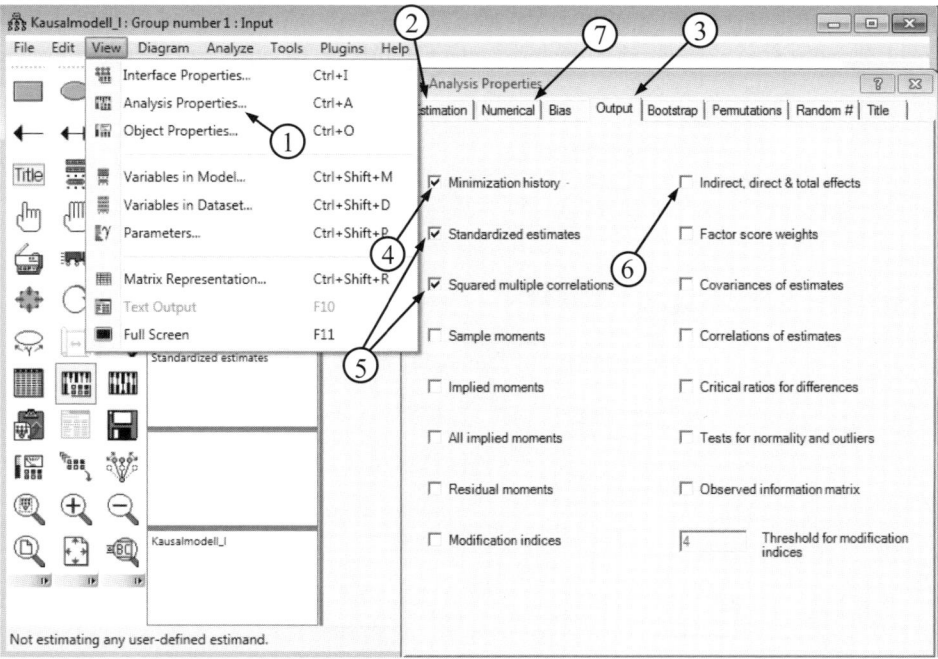

Abbildung 10.24: Hauptmenü View und Dialogfenster Eigenschaften der Analyse, Registerkarte Ausgabe

Es öffnet sich das entsprechende Dialogfenster mit einer Vielzahl von Registerkarten, in denen zum Beispiel die Methode der Schätzung [2] spezifiziert werden kann. Die Parameterschätzung erfolgt dabei voreingestellt nach der Maximum-Likelihood-

Methode (vgl. Abschnitt 10.5.1). Behalten Sie diese Voreinstellung bei. Wählen Sie
die Registerkarte Output [3]. Hier können die im zu erzeugenden Output enthaltenen
Informationen festgelegt werden können.

Für die bevorstehende Analyse sollen zusätzlich zu der voreingestellten Darstellung des Iterationsprozesses (Minimization history) [4] die standardisierten Schätzungen (standardisierte Pfadkoeffizienten und Korrelationen) und die quadrierten
multiplen Korrelationkoeffzienten (Varianzaufklärungen der Kriterien) [5] ausgegeben werden. Der Haken bei Indirect, direct & total effects soll hier nicht gesetzt werden [6]. Wenn er gesetzt wird, erhält man die Analyseergebnisse einschließlich entsprechender Signifikanztests zu direkten und indirekten Effekten, was speziell bei der
Beurteilung möglicher Mediatoreffekte sehr wichtig ist (siehe Abschnitt 2.2.4). Wählen Sie anschließend die Registerkarte Numerisch [7].

Es erscheint die in Abbildung 10.25 gezeigte Registerkarte. Hier können u.a. die
Konvergenzkriterien der Parameterschätzungen festgelegt werden (Näheres siehe
Arbuckle und Wothke, 1999). In AMOS müssen hierbei zwei Werte festgelegt werden. Sinnvoll sind in der Regel die Werte Crit 1 = .00001 (bzw. 1E-05) [1] und Crit 2
= .001 [1]. Außerdem kann die maximale Anzahl der Iterationen spezifiziert werden,
die zur Parameterschätzung durchgeführt werden [2]. Hier soll ebenfalls die Voreinstellung beibehalten werden. Die Parameterschätzung endet also nach 50 Iterationen
und zwar auch für den Fall, dass die Konvergenzkriterien Crit 1 und Crit 2 noch
nicht erreicht sind. Das Dialogfenster ist nach erfolgter Kontrolle der Einstellungen
wieder zu schließen.

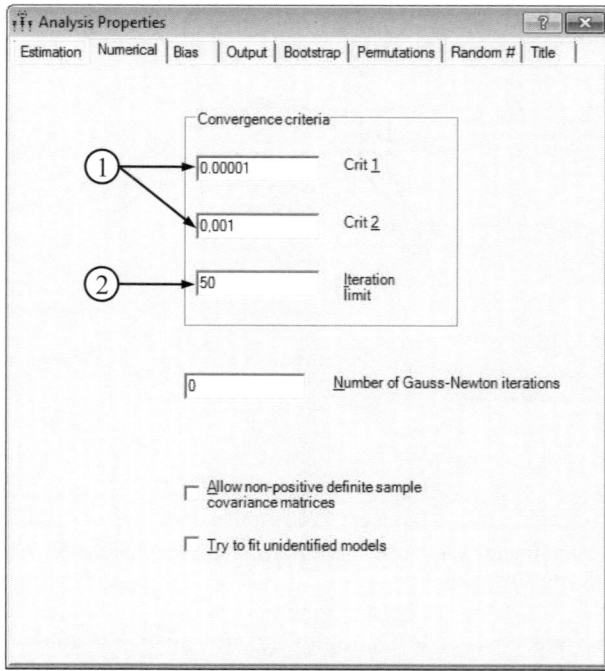

Abbildung 10.25: Dialogfenster Eigenschaften der Analyse,
Registerkarte Numerisch

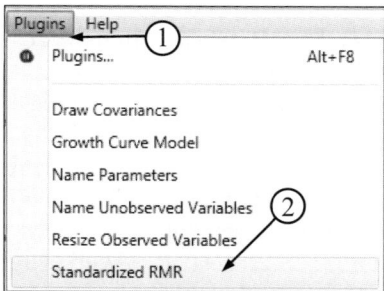

Abbildung 10.26: Anforderung SRMR

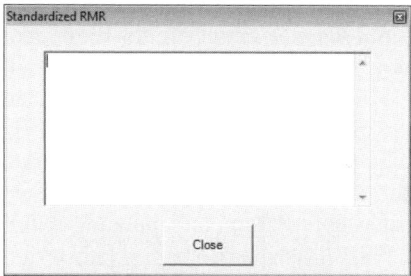

Abbildung 10.27: Fenster SRMR-Werte

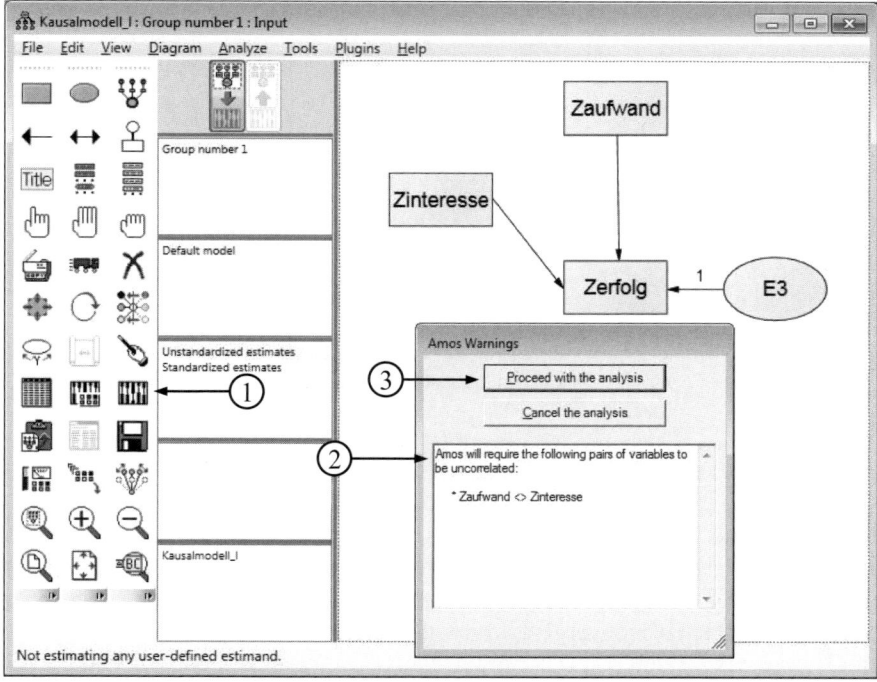

Abbildung 10.28: AMOS Warnungs-Dialogfenster

Vor den ersten Berechnungen mit AMOS muss eine Besonderheit beachtet werden. AMOS stellt den Fit-Index SRMR (siehe Abschnitt 10.5.2) nicht automatisch im Ausgabefenster dar. Um ihn später angezeigt zu bekommen, muss vor der ersten Berechnung in der Benutzeroberfläche (Abbildung 10.16) Plugins angeklickt werden (Abbildung 10.26) [1], danach Standardized RMR [2]. Daraufhin erscheint das in Abbildung 10.27 dargestellte Fenster, in dem nach erfolgter Berechnung vom Programm der SRMR-Wert eingetragen wird.

Nun können die ersten Modellberechnungen durchgeführt werden. Suchen Sie hierzu in der in Abbildung 10.28 dargestellten Werkzeugleiste das einem Backgammonbrett ähnelnde Symbol für den Befehl Schätzungen berechnen [1]. Nach Anklicken des Befehls erscheint das abgebildete Warnungs-Dialogfenster. AMOS weist darauf hin, dass bei der Berechnung des Modells vorausgesetzt wird, dass die beiden Variablen unabhängig voneinander sind [2]. Da diese Annahme in Kausalmodell I getroffen werden soll (vgl. Abschnitt 10.1), ist die Analyse fortzusetzen [3].

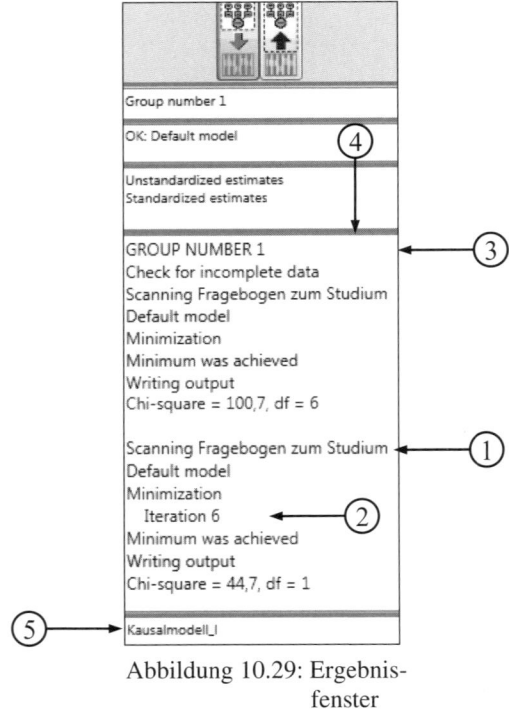

Abbildung 10.29: Ergebnisfenster

AMOS berechnet nun die Parameter für das vorliegende Modell. Der Rechenvorgang wird in dem in Abbildung 10.29 gezeigten Fenster zusammengefasst. Hier erscheint zum Beispiel der Name der eingesetzten Datendatei [1]. Nach sechs Iterationen [2] wurden die gesetzten Konvergenzkriterien unterschritten (vgl. Abbildung 10.25 [1] und [2]) und das Modell somit optimiert. Falls die Angaben nicht vollständig gelesen werden können, kann das Fenster verbreitert werden. Klicken Sie hierzu auf den rechten Rand des Fensters [3], halten Sie die Maustaste gedrückt und verschieben Sie den Rand nach rechts. Ebenso können die Fenster über die horizontalen Trennbalken in vertikaler Richtung vergrößert oder verkleinert werden [4].

Im untersten Teil von Abbildung 10.29 sind alle gespeicherten AMOS-Dateien des aktuellen Ordners angezeigt [5]. Bei der Bearbeitung von mehreren Dateien gleichzeitig kann hier schnell zwischen den Dateien gewechselt werden.

Im oberen Teil in Abbildung 10.30 kann der Anzeigemodus des Modells bestimmt werden. Im Augenblick ist der Modus Input [1] aktiviert. In diesem Modus kann das Pfaddiagramm gezeichnet und später geändert werden (zum Beispiel neue Pfade hinzufügen oder Schriftgröße ändern). Wählen Sie das rechte Symbol Output [2], um die berechneten Parameter anzeigen zu lassen. Die vom Modell geschätzten Parameter erscheinen nun im Pfaddiagramm. Es handelt sich dabei um nichtstandardisierte Parameter. Dies wird im Fenster Format angezeigt [3]. Alternativ können auch standardisierte Schätzungen angezeigt werden [4] (siehe Abbildung 10.39). Zunächst sollen jedoch nur die nichtstandardisierten Schätzungen betrachtet werden.

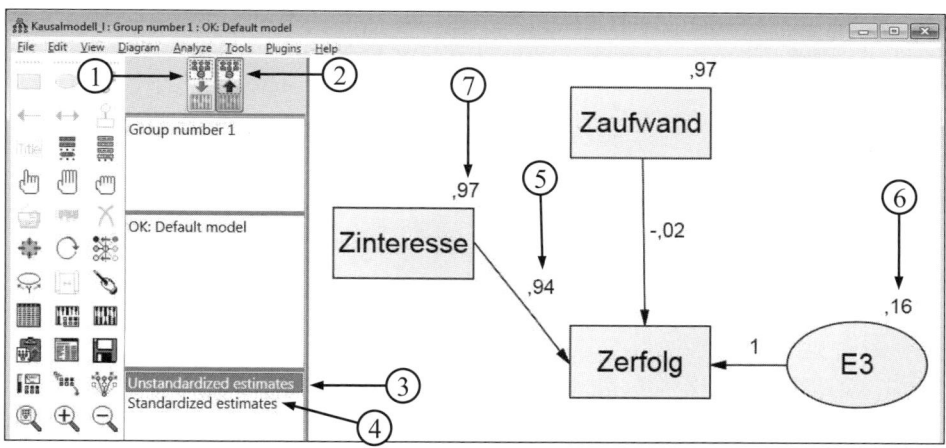

Abbildung 10.30: Amos Zeichenfläche (Modus Ausgabe), Kausalmodell I
(nichtstandardisierte Schätzungen)

An den Pfeilen sind die Pfadkoeffizienten abgebildet [5]. Sie entsprechen den Regressionskoeffizienten in der Regressionsgleichung. Der Einfluss des Interesses auf den Erfolg beträgt in diesem Modell p_{31} = $p_{Zerfolg, Zinteresse}$ = .94, der von Aufwand dagegen nur p_{32} = $p_{Zerfolg, Zaufwand}$ = −.02. Diese Pfadkoeffizienten sollten allerdings nur dann interpretiert werden, wenn das Modell nicht infolge einer zu geringen Güte abgelehnt werden muss (siehe Abbildungen 10.32 und 10.34). Die Fehlervarianz des Kriteriums Erfolg beträgt .16 [6]. In diesem Beispiel sind alle Variablen z-standardisiert, die aufgeklärte Varianz der Variablen Erfolg beträgt folglich ca. 84%.

Neben dem grafischen Output ist auch eine umfangreiche Ergebnisausgabe in tabellarischer Form verfügbar. Wählen Sie hierzu im Hauptmenü unter View die Option Text Output. In Abbildung 10.31 ist das Fenster Amos Output dargestellt. In der ersten Zeile jedes Ausgabefensters sind Möglichkeiten zur (optischen) Modifizierung der Ausgabe enthalten, auf die hier nicht eingegangen werden soll [1]. Links ist das Inhaltsverzeichnis der Ergebnisausgabe abgebildet. Wählen Sie Zusammenfassung der Variablen [2], um im rechten Fenster eine Auflistung aller verwendeten Variablen zu erhalten [3]. Zunächst erscheinen die beobachteten, endogenen Variablen (Kriterien), dann die beobachteten, exogenen (Prädiktoren) und zuletzt die nichtbeobachteten exogenen Variablen.

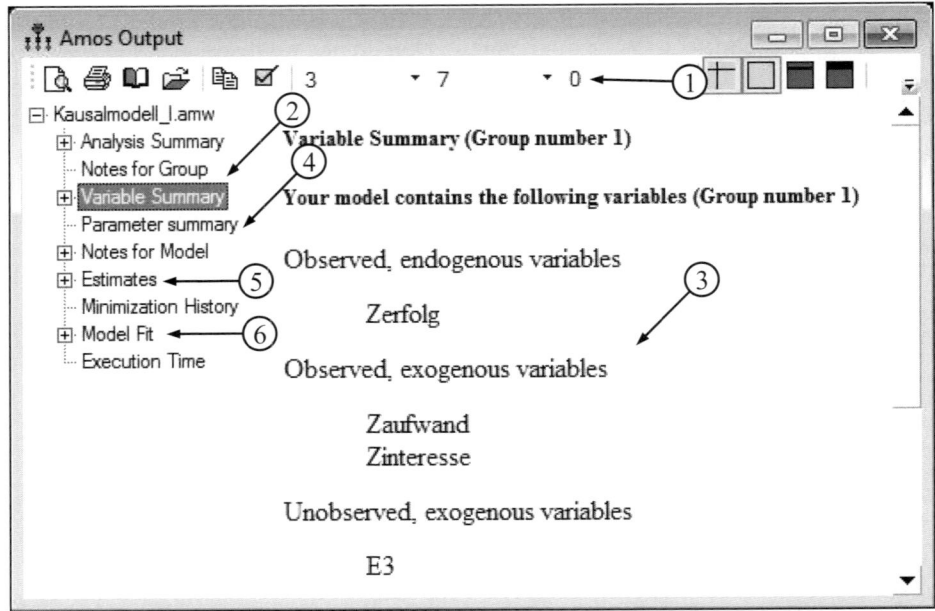

Abbildung 10.31: Amos Output, Variablen-Zusammenfassung (Kausalmodell I)

In den folgenden drei Abbildungen wird die Ausgabe der Merkmale des Modells [4], der Schätzungen [5] und der Kenngrößen der Modellanpassung [6] erläutert. Wählen Sie zunächst die Merkmale des Modells [4].

Es erscheinen die in Abbildung 10.32 im rechten Feld dargestellten Informationen zur Modellberechnung. Hier kann das Zustandekommen der Freiheitsgrade nachvollzogen werden. In der ersten Zeile ist die Anzahl der beobachteten Kovarianzen und Varianzen angegeben, die für die Parameterschätzung zur Verfügung stehen [1]. Die Anzahl empirischer Kovarianzen ergibt sich bei k beobachteten Variablen aus der Formel $k \cdot (k - 1) / 2$ (vgl. Abschnitt 10.4). Hier ergeben sich also $3 \cdot (3 - 1) / 2 = 3$ Kovarianzen. Hinzu kommen drei Varianzen der drei beobachteten Variablen. Insgesamt können also sechs bekannte Werte für die Berechnung des Modells eingesetzt werden können.

Die zweite Zeile enthält die Anzahl der zu schätzenden Parameter [2], hier also die zwei auf die Variable Zerfolg zeigenden Pfadkoeffizienten plus die drei Varianzen der Prädiktor- bzw. Fehlervariablen Zaufwand, Zinteres und E3. Die Differenz der beiden Zeilen ergibt die Anzahl der Freiheitsgrade, in diesem Fall also 1 [3]. Zur Schätzung der Parameter darf die Anzahl der zu schätzenden Parameter die Anzahl der für die Schätzung nutzbaren Kovarianzen und Varianzen nicht überschreiten, eine negative Anzahl der Freiheitsgrade ist nicht zulässig. Ein Modell ohne Freiheitsgrade wird saturiertes Modell genannt. Da in diesem Fall die Anzahl der „zu schätzenden" freien Parameter und die Anzahl der Werte zur Berechnung der Schätzungen übereinstimmen, kann jeder freie Parameter exakt berechnet werden. Es ergibt sich folglich ein χ^2-Wert von Null, d.h. Modell und Beobachtung stimmen exakt überein. Dieses Ergebnis erhält man für alle gesättigten Modelle.

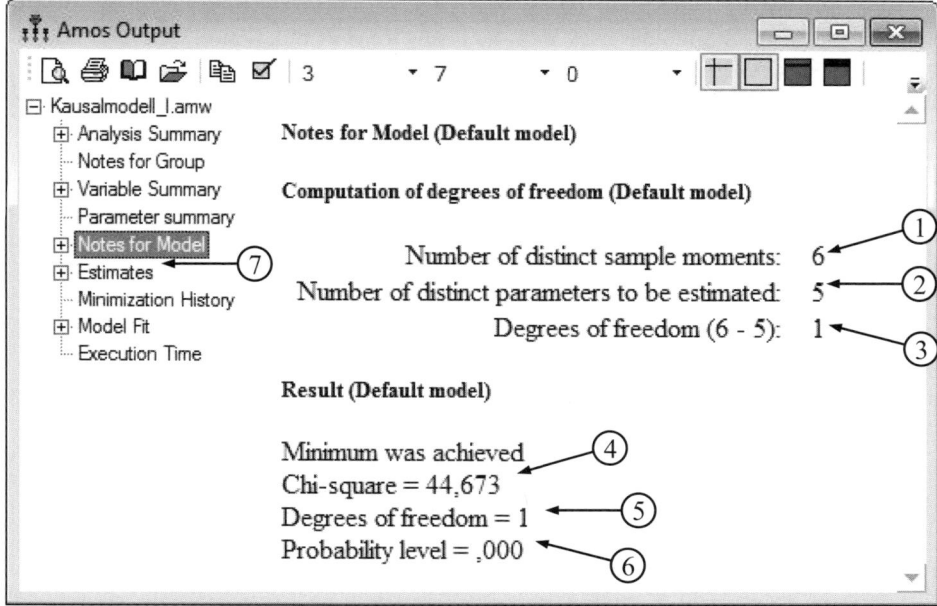

Abbildung 10.32: Amos Output, Merkmale des Modells (Kausalmodell I)

Die Güte der Übereinstimmung zwischen dem Modell und den beobachteten Werten wird unter anderem durch einen χ^2-Test geprüft. Der Test prüft, ob es signifikante Unterschiede zwischen den beobachteten und den korrespondierenden vom Modell geschätzten Parametern gibt. Ist der χ^2-Wert [4] kleiner als die mit 2.5 multiplizierte Anzahl der Freiheitsgrade [5], kann in vielen Anwendungsfällen von einer guten Übereinstimmung ausgegangen werden.

Wegen 44.67 > 2.5 kann im vorliegenden Beispiel nicht von einer guten Übereinstimmung ausgegangen werden. Der p-Wert [6] ist im vorliegenden Beispiel kleiner als < .01, weshalb das vorliegende Modell sehr signifikant abgelehnt wird. Große p-Werte würden dagegen für die Gültigkeit des Modells sprechen. Bei sehr großen Sichproben wird praktisch jeder Unterschied signifikant, deshalb kann in solchen Fällen ein niedriger p-Wert nicht als allein hinreichender Indikator für ein mangelhaftes Modell gewertet werden (zu weiteren Güteparametern siehe Abbildung 10.34). Wählen Sie anschließend im Inhaltsverzeichnis die Schätzungen [7].

Es erscheinen die in Abbildung 10.33 abgebildeten Tabellen mit den Parameterschätzungen des Modells.

In der ersten Tabelle sind die bereits aus dem Pfaddiagramm bekannten nichtstandardisierten Pfadkoeffizienten enthalten. So entspricht das

Regressionsgewicht von .935 ≈ .94 [1] dem im Pfaddiagramm abgebildeten (vgl. Abbildung 10.30 [5]).

In der zweiten Spalte ist der zugehörige Standardfehler [2] angezeigt. Die Prüfung, ob das Regressionsgewicht signifikant von Null verschieden ist, erfolgt über den C.R.-Wert ("critical ratio") [3]. Dabei wird der geschätzte Parameter durch den Standardfehler geteilt.

Die vierte Spalte [4] enthält den p-Wert. Falls p < .001 gilt, erscheinen anstelle eines Werts drei Sternchen. Bei den meisten Kennwerten kann durch einfaches Anklicken des Wertes ein Textfeld mit einer kurzen Beschreibungen geöffnet werden. Ob dies möglich ist, kann man daran erkennen, dass der entsprechende Wert bei Berührung mit dem Mauszeiger blau und unterstrichen dargestellt wird.

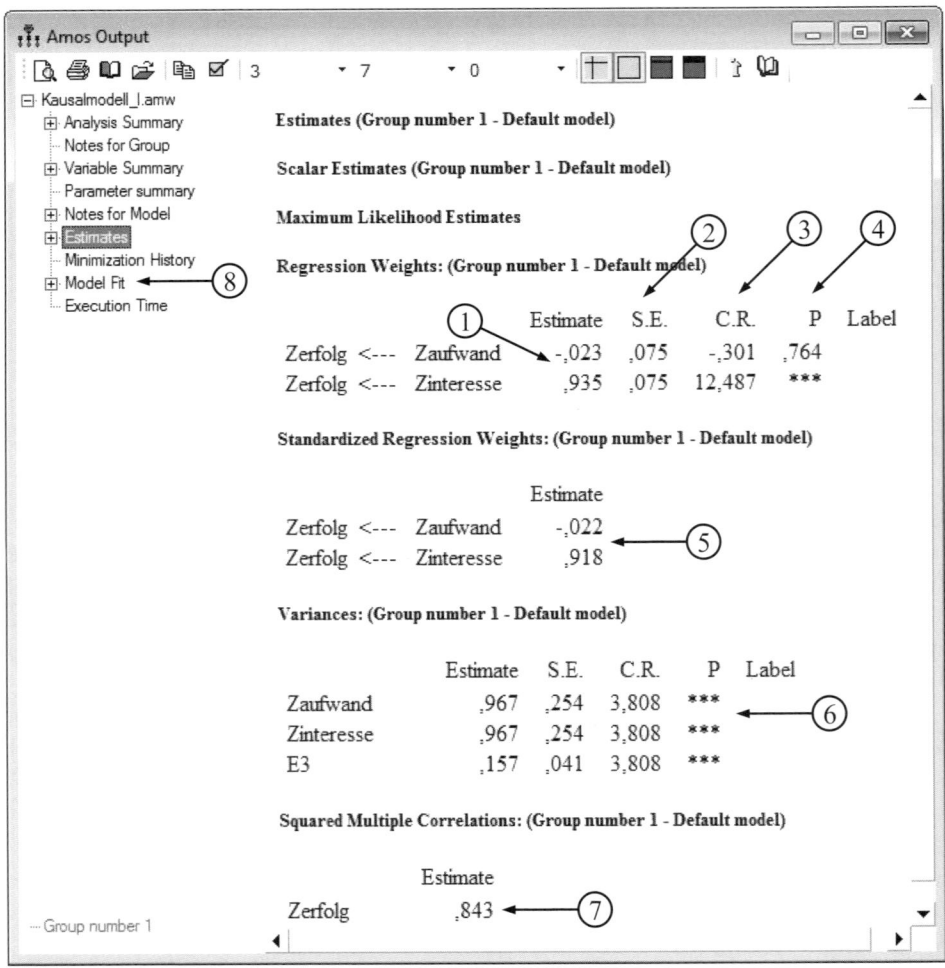

Abbildung 10.33: Amos Output, Schätzungen (Kausalmodell I)

In der zweiten Tabelle erscheinen die standardisierten Pfadkoeffizienten [5]. Da die beobachteten Variablen im vorliegenden Beispiel vor der Berechnung des Modells z-standardisiert wurden, sind die standardisierten den nichtstandardisierten Koeffizienten ähnlich.

Die dritte Tabelle enthält die nichtstandardisierten Varianzen der Prädiktoren [6] (vgl. Abbildung 10.30 [6] und [7]). In der letzten Tabelle ist der aufgeklärte Varianzanteil des Kriteriums dargestellt [7]. Die Tatsache, dass viele der Pfadkoeffizienten und Varianzen sehr signifikant sind, und die hohe Varianzaufklärung des Kriteriums können Argumente für die Gültigkeit von Kausalmodell I sein. Weitere mögliche Argumente auf der Suche nach dem passendsten Modell bieten die unter Model Fit [8] zu findenden Parameter der Modellgüte.

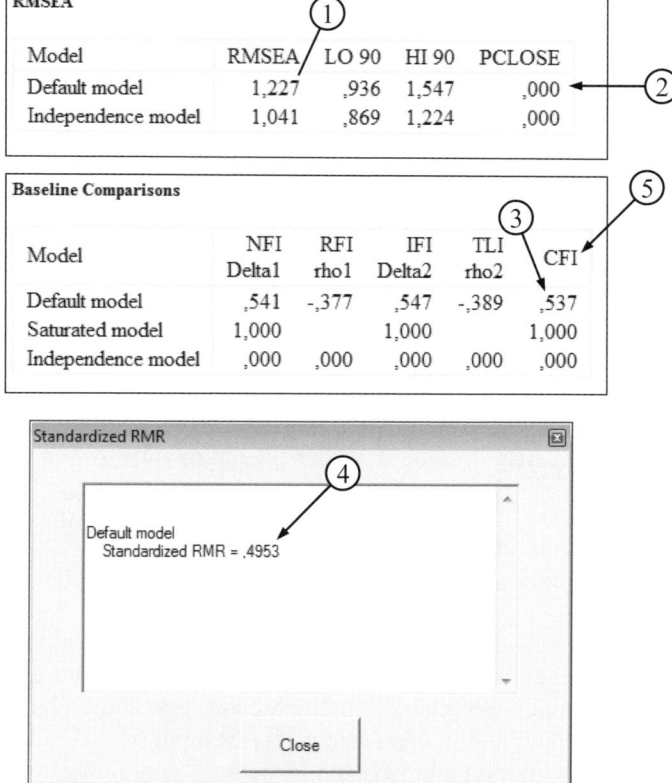

Abbildung 10.34: Amos Output, Fit-Indizes
(Kausalmodell I) (RMSEA (oben),
CFI (Mitte), SRMR (unten))

Unter Model Fit stehen, wie in Abbildung 10.34 nur unvollständig dargestellt, eine große Menge unterschiedlicher Parameter der Modellgüte zur Auswahl. Im vorliegenden Text sollen nur die in Abschnitt 10.5.2 eingeführten Parameter zur Einschätzung der Güte des Gesamtmodells betrachtet werden. Eine nur annähernd umfassende Darstellung der Parameter, sowie der anderen Möglichkeiten von AMOS, würde den vorliegenden Text sprengen.

Der RMSEA wird für das gegebene Modell mit 1.227 berechnet [1]. Wenn man davon ausgeht, dass dieser Wert möglichst unter 0.05, keinesfalls aber über 0.10 liegen sollte (siehe Abschnitt 10.5) ist klar, dass keine hohe Modellgüte vorliegt. Der RMSEA ist signifikant größer als 0.05 [2].

Der CFI-Wert von 0.537 [3] sowie der im Extrafenster (siehe Abbildungen 10.26 und 10.27) dargestellte SRMR von 0.495 [4] liegen ebenfalls sehr weit von den Grenzen entfernt, die in Abschnitt 10.5.2 den Bereich akzeptabler Fit-Werte abschließen. Zusammenfassend muss nach der Betrachtung der unterschiedlichen Gütemaße festgestellt werden, dass es auf der Grundlage von Kausalmodell I nicht möglich ist, die empirischen Varianzen und Kovarianzen adäquat zu modellieren. Das Modell erweist sich als ungeeignet, die vorliegenden Daten zu beschreiben.

Für sämtliche Kennwerte der Modellgüte kann per Mauklick auf den Schriftzug (z.B. [5]) ein informatives Hilfefenster mit der Beschreibung und mit der Berechnungsvorschrift des Kennwerts geöffnet werden.

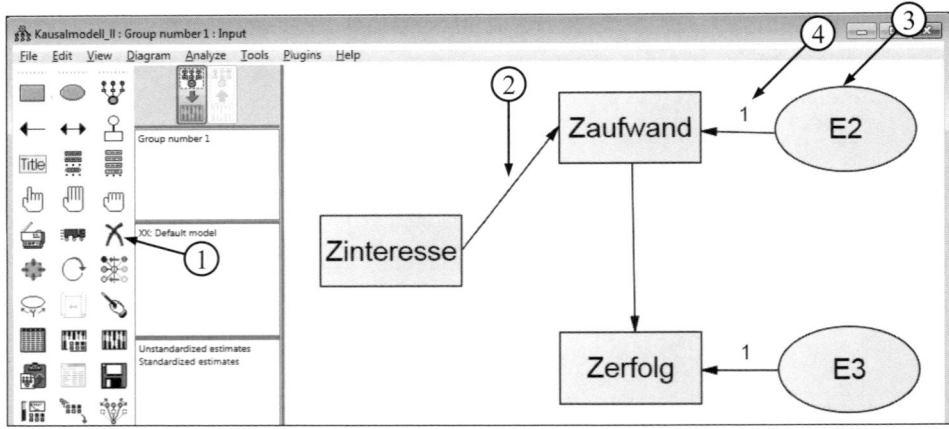

Abbildung 10.35: Amos Zeichenfläche (Modus Input), Kausalmodell II

Nun können die Kausalmodelle II bis IV aus Abbildung 10.1 gezeichnet, berechnet und verglichen werden. Dabei kann jeweils das bereits gezeichnete Pfaddiagramm I als Vorlage verwendet werden. Wechseln Sie ins Eingabefenster (vgl. Abbildung 10.31 [2]) und wählen Sie dort den Anzeigemodus Input (vgl. Abbildung 10.30 [1]).

Im Folgenden wird exemplarisch die Erstellung von Kausalmodell II erläutert. Um Modell I (vgl. Abbildung 10.20) in das Modell II aus Abbildung 10.35 abzuändern, muss zunächst der Pfad zwischen den Variablen Interesse und Erfolg gelöscht werden. Wählen Sie hierzu das Werkzeug Entfernen [1]. Der Mauszeiger ändert seine Form in ein Kreuz. Klicken Sie nun auf den genannten Pfad, um ihn zu entfernen. Fügen Sie anschließend den Pfad von Interesse zu Aufwand [2] hinzu. Da in Modell II ein Pfad auf die Variable Aufwand zeigt und sie somit ein Kriterium ist, muss für diese Variable eine Fehlervariable E2 [3] vorgesehen werden. Der Pfadkoeffizient der Fehlervariablen wird wie üblich auf 1 festgelegt [4]. Abschließend kann das

Pfaddiagramm unter dem Namen Kausalmodell_II.amw abgespeichert werden (vgl. Abbildung 10.22 [1]).

Wenn die Modelle II bis IV gezeichnet und unter dem jeweiligen Namen abgespeichert sind, können sie berechnet werden. Zum Wechseln zwischen den einzelnen Dateien bietet sich das untere Fenster der vertikalen Fensterleiste an (vgl. Abbildung 10.29 [6]). Ebenso können die Dateien natürlich auch aufgerufen werden, indem im Hauptmenü unter File die Option Öffnen gewählt wird.

Beim Vergleich der vier Kausalmodelle zeigt sich u.a., dass das bereits in Abschnitt 10.1 auf der Grundlage partieller Korrelationen verworfene Modell I die schlechtesten Kennwerte der Modellgüte aufweist (χ^2 = 44.67 (df=1), RMSEA = 1.227 (p= .000), CFI = 0.537, SRMR = 0.495). Diese Kennwerte sind bei den Modellen II (χ^2 = 22.23 (df=1), RMSEA = 0.856 (p= .000), CFI = 0.775, SRMR = 0.082) und III (χ^2 = 14.24 (df=1), RMSEA = 0.676 (p= .000), CFI = 0.860, SRMR = 0.061) zwar minimal besser, aber ebenfalls nicht zufriedenstellend.

Hinsichtlich der Modellgüte ist eindeutig das in Abbildung 10.36 gezeigte Kausalmodell IV das beste der vier Modelle. Hier wird postuliert, dass sich das Interesse sowohl positiv auf den Aufwand als auch positiv auf den Erfolg einwirkt. Es ist das einzige Modell, bei dem der χ^2-Wert von χ^2 = .02 kleiner ist als die Anzahl der Freiheitsgrade [1]. Zudem sprechen RMSEA $\approx$ 0.001 (p= .89), CFI $\approx$ 1 und SRMR = 0.002 für eine fast perfekte Anpassung des Modells.

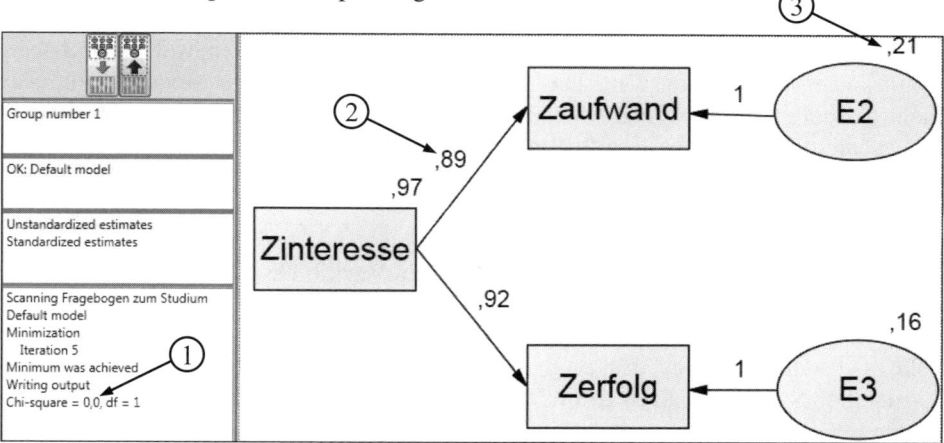

Abbildung 10.36: Amos Zeichenfläche (Modus Output), Kausalmodell IV (nicht-standardisierte Schätzungen)

In diesem Modell wird jedes Kriterium von nur einem Prädiktor vorhergesagt, das Pfaddiagramm stellt also zwei einfache lineare Regressionen dar. Bei einer einfachen linearen Regression entspricht das Beta-Gewicht dem Korrelationskoeffizienten zwischen Prädiktor und Kriterium. So entspricht im Beispiel der Pfadkoeffizient zwischen Zinteresse und Zaufwand von p_{21} = $p_{Zaufwand,\ Zinteresse}$ = .89 [2] der in Tabelle 10.3 angegebenen Korrelation der Variablen Aufwand und Interesse. Ebenfalls analog zur einfachen Regression gibt r^2 an, welcher Anteil der Variation des Kriteriums durch die Variation im Prädiktor erklärt werden kann. In diesem Fall werden $.89^2$ = .79, also 79% der Varianz von Aufwand durch die Variation von

Interesse erklärt. Die restliche Varianz, also $100\% - 79\% = 21\%$, werden durch das Modell nicht erklärt. Sie erscheinen als Fehlervarianz [3].

Trotz der sehr guten Modellparameter kann die Gültigkeit von Kausalmodell IV nicht bewiesen werden. Die Ergebnisse der Modellrechnung lassen lediglich die Aussage zu, dass Kausalmodell IV eindeutig besser zu den empirischen Daten passt als die drei anderen Modelle. Allerdings sind weitere Modelle denkbar, die genau so gut oder sogar noch besser passen könnten. So könnte man zum Beispiel durch Umkehrung des Pfads zwischen Interesse und Aufwand ein weiteres Kausalmodell erstellen, in dem sich fast die gleichen Kennwerte der Modellgüte ergeben wie bei Modell IV. In diesem weiteren alternativen Kausalmodell würde man postulieren, dass sich der Aufwand zunächst positiv auf das Interesse auswirkt und dieses Interesse wiederum den Erfolg positiv beeinflusst. Als zusätzliche Änderung müsste in diesem Modell noch anstelle der Fehlervariablen E2 die Fehlervariable E1 eingeführt werden.

Anschließend können die beiden saturierten Kausalmodelle V und VI aus Abbildung 10.2 erstellt und berechnet werden. In den Abschnitten 10.1 und 10.4 wurde erwähnt, dass diese vollständig bestimmten Modelle unabhängig von der Richtung der Pfeile immer perfekt angepasst werden können. Diese Aussage kann nach Umstellung beliebiger Pfeile und anschließender Berechnung (vgl. Abbildung 10.28 [1]) anhand von χ^2-Wert und Fit-Indizes (vgl. Abbildungen 10.32 und 10.34) überprüft werden. Die Kennwerte der Modellgüte erreichen mit $\chi^2 = 0$ und zum Beispiel SRMR = 0 für jede beliebige Kombination der Pfadrichtungen Maximalwerte und haben somit keinen Informationswert. Die Modellgüte eines saturierten Modells kann also nicht beurteilt werden. Wenn trotzdem saturierte Modelle berechnet werden sollen, ist deshalb die inhaltliche Begründung der Pfade hier noch wichtiger als bei Modellen mit freien Parametern.

10.6.3 Strukturgleichungsmodelle mit latenten Variablen

Nun sollen die weiteren sechs beobachteten und die drei latenten Variablen aus Tabelle 10.1 innerhalb eines Strukturgleichungsmodells analysiert werden.

Erstellen Sie hierzu das in Abbildung 10.11 gezeigte Pfaddiagramm (ohne die Bezeichnungen der freien Pfadkoeffizienten). Bei den obigen Kausalmodellen wurde der regressionsanalytische Ansatz auf beobachtete Variablen angewendet. Nichtbeobachtete Variablen traten dort nur in Form von Fehlervariablen auf. Jetzt im zweiten Teil bilden die nichtbeobachteten latenten Variablen das Herzstück des linearen Strukturgleichungsmodells. Dabei werden Hypothesen für die Beziehungen zwischen den latenten Variablen Zufriedenheit, Angebot und Freiheitsgrade postuliert. Diese Pfade bilden dann das sogenannte Strukturmodell (vgl. Abbildung 10.8). Jede einzelne latente Variable ist über beobachtete Variablen mit der Realität verbunden (Messmodell). Analog zu den Prinzipien der Faktorenanalyse wird vermutet, dass Korrelationen zwischen den beobachteten Variablen durch die Beeinflussung einer übergeordneten (latenten) Variablen zustande kommen. Die Hypothesen, welche latenten Variablen welche beobachteten Variablen beeinflussen, oder anders ausgedrückt, durch welche beobachteten Variablen eine latente Variable gemessen werden kann, ist Gegenstand der Messmodelle.

Die Messmodelle der latenten Variablen aus Abbildung 10.8 sind in Abbildung 10.9 und 10.10 dargestellt. Die Verknüpfung des Strukturmodells mit den Messmodellen bildet ein vollständiges Strukturgleichungsmodell. Das entsprechende Pfaddiagramm ist in Abbildung 10.11 dargestellt und soll nun gezeichnet werden.

Das Zeichnen kann anhand der bisher beschriebenen Werkzeuge geschehen (vgl. Abbildungen 10.17 bis 10.21). Allerdings stehen auch Werkzeuge zur Verfügung, die mehrere Zeichenschritte zusammenfassen und automatisch ausführen. So kann beispielsweise mit dem Werkzeug Latente Variable zeichnen [1] aus Abbildung 10.37 zügig ein komplettes Messmodell gezeichnet werden. Das Vorgehen soll am Beispiel des Messmodells von Angebot demonstriert werden. Aktivieren Sie das Werkzeug [1] und zeichnen Sie die latente Variable [2].

Klicken Sie anschließend auf die gezeichnete Ellipse. Es wird nun über der latenten Variablen eine beobachtete Variable inklusive Fehlervariable mit auf 1 festgelegtem Pfad hinzugefügt. Jeder weitere Klick produziert eine zusätzliche beobachtete Variable (im Zusammenhang von Messmodellen in AMOS „Indikator" genannt). Dabei wird der Pfadkoeffizient des Pfads von der latenten zur ersten beobachteten Variablen auf 1 festgelegt [3]. Falls nachträglich eine beobachtete Variable zu einem Messmodell hinzufügt werden soll, ist dies ebenfalls über das Werkzeug Latente Variable zeichnen [1] möglich. Außerdem kann bei Bedarf die Optik des Messmodells nachträglich verändert werden. Hierfür ist u.a. der Befehl Symmetrien erhalten [4] nützlich. Nach seiner Aktivierung bleibt dieser Befehl so lange aktiv, bis er durch erneutes Anklicken deaktiviert wird.

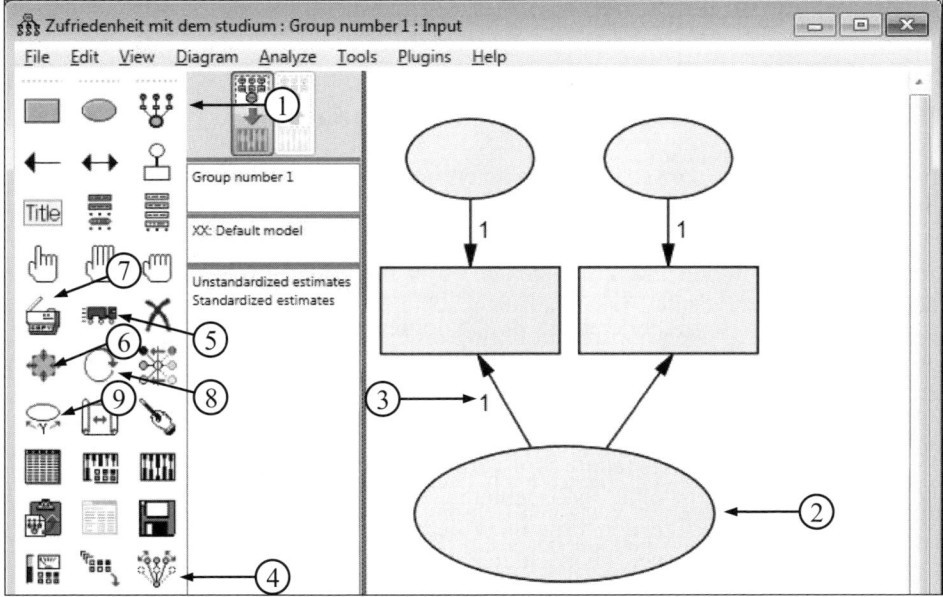

Abbildung 10.37: Zeichnen eines Messmodells

Mit dem Werkzeug Verschieben [5] kann nun über die latente Variable [2] das komplette Messmodell verschoben werden. Wenn Sie dagegen zum Verschieben mit dem Mauszeiger auf die beobachteten oder Fehlervariablen klicken, werden diese spiegelsymmetrisch verschoben. Über das Werkzeug Form ändern [6] kann nachträglich die Form der Objekte geändert werden. Klicken Sie zum Beispiel auf die latente Variable [2] und halten Sie die Maustaste gedrückt. Per Mausbewegung kann die Ellipse nun in die gewünschte Form gebracht werden. Wenn Sie auf diese Weise die Form der beobachteten oder Fehlervariablen ändern, verändert sich jeweils die Form aller dieser Variablen des Messmodells. Ebenso kopiert der auf die latente Variable angewendete Befehl Duplizieren [7] das gesamte Messmodell. Erstellen Sie auf diese Weise zwei weitere Messmodelle für die Variablen Freiheitsgrade und Zufriedenheit.

Verschieben Sie dabei das Messmodell für die Freiheitsgrade in die Ecke rechts oben und das Messmodell der endogenen latenten Variablen Zufriedenheit (vgl. Abbildung 10.10) in die Mitte der Zeichenfläche. Um die Übersichtlichkeit zu wahren, sollen die beobachteten Variablen bei diesem Messmodell unterhalb der latenten Variablen angeordnet werden. Wählen Sie hierzu den Befehl Indikator rotieren [8] und klicken Sie zweimal auf die latente Variable Zufriedenheit. Der erste Klick verschiebt sämtliche beobachteten Variablen des Messmodells auf die rechte Seite der latenten Variablen, der zweite Klick verschiebt sie auf die untere Seite. Mit dem Befehl Parameter verschieben [9] kann bei Bedarf die Position der Parameter verändert werden. Klicken Sie hierzu nach Aktivierung des Befehls mit der Maustaste auf die Variable oder den Pfeil (also nicht auf den zu verschiebenden Parameter selbst). Halten Sie die Maustaste gedrückt und bewegen Sie die Maus, bis der Parameter an der gewünschten Position angekommen ist.

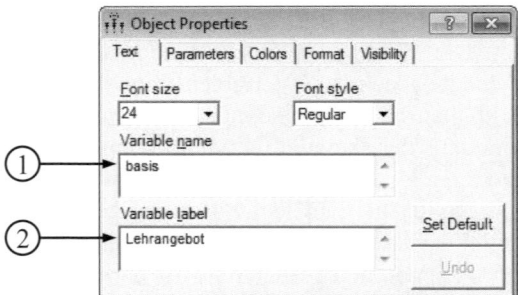

Abbildung 10.38: Dialogfenster Objekteigenschaften, Text

Arrangieren Sie die drei gezeichneten Messmodelle in der in Abbildung 10.11 gezeigten Anordnung. Geben Sie nun die in Abbildung 10.11 dargestellten Namen der einzelnen Variablen ein (vgl. hierzu auch Tabelle 10.1). Exemplarisch wird in Abbildung 10.38 die Eingabe der Variablen Lehrangebot dargestellt. Geben Sie in das entsprechende Feld [1] den Namen basis ein. Dieser Name muss, wie oben erwähnt, exakt mit dem Variablennamen der SPSS-Datei übereinstimmen. In das untere Feld [2] kann das Variablenlabel Lehrangebot eingetragen werden. Dieses Label wird dann im Pfaddiagramm anstelle des Namens angezeigt. Es muss nicht mit dem Label in der SPSS-Datei übereinstimmen.

Anschließend kann das Strukturmodell erstellt werden (vgl. Abbildungen 10.11 bzw. 10.8), indem die drei Messmodelle mit Pfaden verknüpft werden. Gemäß der Hypothese der Studenten sollen das Angebot und die Freiheitsgrade unabhängig voneinander die Zufriedenheit beeinflussen. Die latente Variable Zufriedenheit ist demnach ein Kriterium und muss deshalb noch mit einer Fehlervariablen versehen werden (vgl. Abbildungen 10.8 und 10.19). Geben Sie dieser Fehlervariablen den Namen Res_zuf (für „Residuen der Variablen Zufriedenheit") (vgl. Abbildung 10.20 [5]) und legen sie den Pfadkoeffizienten der Fehlervariablen auf 1 fest (vgl. Abbildung 10.21 [1]).

Nachdem das Pfaddiagramm aus Abbildung 10.11 vollständig gezeichnet ist, kann es gespeichert werden. Die in Abbildung 10.24 festgelegten Eigenschaften der Analyse sollen beibehalten werden. Anschließend können die Parameter geschätzt werden (vgl. Abbildung 10.26 [1]). Es erscheint das bekannte Warnungs-Dialogfenster (vgl. Abbildung 10.28), in dem darauf hingewiesen wird, dass in diesem Fall die beiden Variablen Angebot und Freiheitsgrade als unabhängig voneinander betrachtet werden. Nehmen Sie dies zur Kenntnis und setzen Sie die Analyse fort.

Wechseln Sie anschließend, wie in Abbildung 10.39 gezeigt, in den Output-Modus [1]. Im Pfaddiagramm erscheinen nun die geschätzten Parameter. Wie bereits erwähnt, können sowohl nichtstandardisierte [2] als auch standardisierte Parameter [3] angezeigt werden. Wählt man die nichtstandardisierten Parameter [2], werden im Pfaddiagramm außer den Pfadkoeffizienten und Kovarianzen die Varianzen der Prädiktoren angezeigt (vgl. Abbildung 10.30 [7]).

Wählen Sie stattdessen die standardisierten Parameter [3]. Hier werden (neben Pfadkoeffizienten und Korrelationen) die Varianzaufklärungen der Kriterien im Pfaddiagramm abgebildet. Die Werte der Pfadkoeffizienten der Messmodelle zwischen den latenten und den beobachteten Variablen liegen zwischen .77 und .99. Diese Pfadkoeffizienten können als Faktorladungen interpretiert werden (vgl. Abschnitt 10.3). Ob die Messung der latenten Variablen damit zufriedenstellend ist, muss im Kontext der jeweiligen Untersuchung entschieden werden. Es fällt auf, dass die Koeffizienten von Universität [4] und von Zusatzangebot deutlich geringer als die der anderen beobachteten Kriterien sind. Folglich sind auch die aufgeklärten Varianzen dieser beiden Variablen deutlich geringer als die der anderen. Da neben Faktorladungen jeweils nur noch der Pfad der Fehlervariablen auf die beobachteten Kriterien zeigt, ergibt die quadrierte Faktorladung den Anteil der aufgeklärten Varianz des Kriteriums. So ergibt beispielsweise die aufgeklärte Varianz der Variablen Universität zu $.81^2 = .66$ [5].

Bei der Betrachtung des Strukturmodells zeigt sich, dass der Einfluss des Angebots auf die Zufriedenheit fast doppelt so hoch gewichtet wird wie der Einfluss der Freiheitsgrade [6]. Die Varianzaufklärung des latenten Kriteriums Zufriedenheit, die hier dem quadrierten multiplen Korrelationskoeffizienten entspricht, ist mit = .92 zufriedenstellend hoch [7]. Die nichtstandardisierten Parameter [2] des Pfaddiagramms entsprechen denen aus Abbildung 10.12. Falls hier ein Parameter von Pfeilen oder anderen Parametern verdeckt wird und somit schwer zu lesen ist, kann er über den Befehl Parameter verschieben an eine günstigere Position geschoben werden (vgl. Abbildung 10.37 [9]).

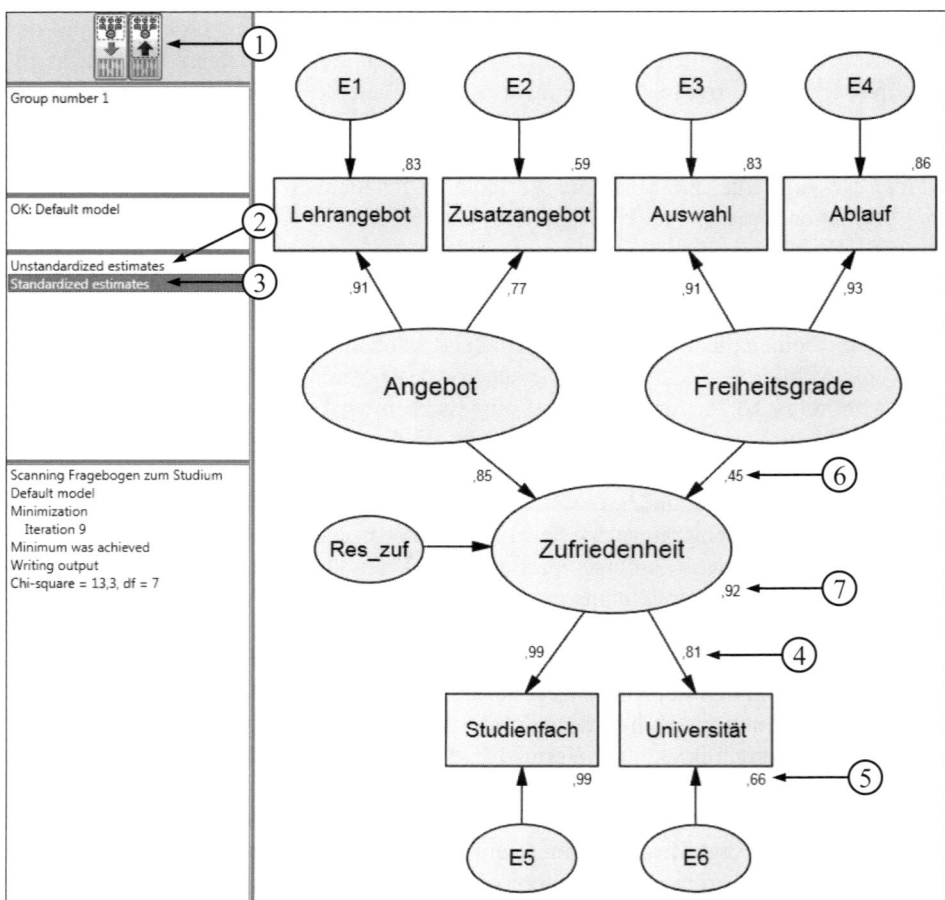

Abbildung 10.39: Pfaddiagramm Zufriedenheit mit dem Studium, Modus Output
        (standardisierte Schätzungen)

Als Nächstes sollen die Merkmale des Modells betrachtet werden. Wechseln Sie dazu in das Fenster Text Output und wählen Sie im Inhaltsverzeichnis den Unterpunkt Merkmale des Modells (Notes for Model). Es erscheinen die in Abbildung 10.40 gezeigten Informationen. Die zur Berechnung des Modells nutzbaren 21 Kennwerte [1] setzen sich aus den $6 \cdot (6 - 1) / 2 = 15$ Kovarianzen und den sechs Varianzen der beobachteten Variablen zusammen (siehe Kapitel 10.4). Die 14 zu schätzenden freien Parameter [2] ergeben sich aus allen nicht festgelegten Pfadkoeffizienten (a2, a4, a6, b1, b2) sowie allen Varianzen von Prädiktoren (E1 bis E6, Res_zuf, Angebot, Freiheitsgrade). Die Varianzaufklärungen der Kriterien ergeben sich aus den Schätzungen dieser Parameter.

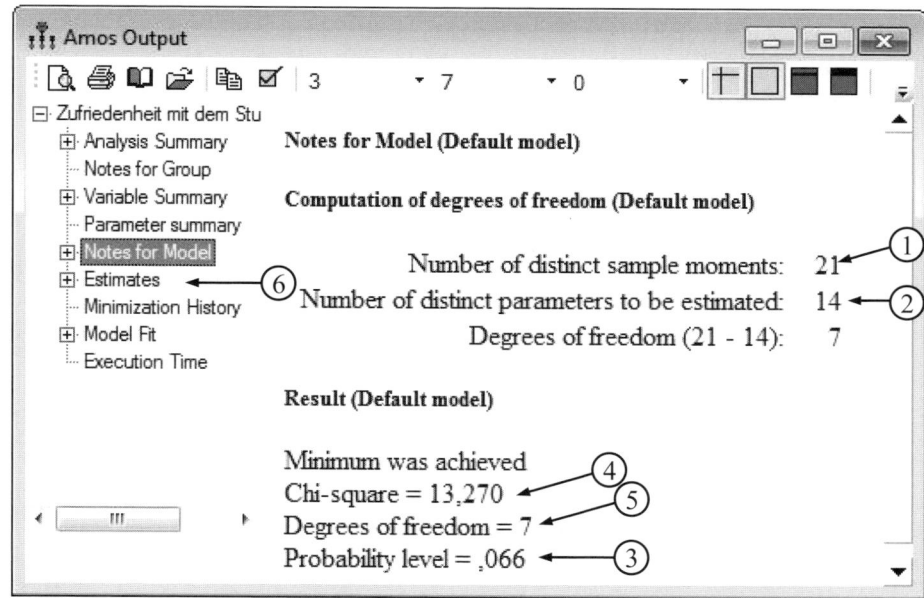

Abbildung 10.40: Amos Output, Merkmale des Modells

Das Modell wird nicht abgelehnt (p > .05) [3], d.h. die beobachteten und die entsprechenden vom Modell berechneten Parameter unterscheiden sich nicht signifikant. Bei der Interpretation des p-Wertes muss allerdings die Stichprobengröße einbezogen werden. Bei großen Stichproben werden auch gut angepasste Modelle abgelehnt, bei kleinen Stichproben ergeben sich auch bei schlecht angepassten Modellen keine signifikanten Werte der Teststatistik. Außerdem sind die Freiheitsgrade [5] zu beachten. Für den χ^2-Wert von $\chi^2 = 13.27$ [4] gilt die Beziehung $\chi^2 / df = 13.27 / 7 < 2.5$.

Wählen Sie anschließend im Inhaltsverzeichnis den Unterpunkt Schätzungen [6]. Abbildung 10.41 zeigt die erste Tabelle für die nichtstandardisierten Schätzungen der Pfadkoeffizienten.

Die auf 1 festgelegten Parameter (vgl. Abbildung 10.37 [3]) sind daran zu erkennen, dass keine Werte für Standardfehler und Signifikanzprüfung vorliegen. Dies ist beispielsweise bei dem Pfad von den Freiheitsgraden zur Variablen Auswahl der Fall [1]. Die übrigen (frei zu schätzenden) Parameter sind alle sehr signifikant (p < .001) von Null verschieden. Den höchsten C.R.-Wert hat dabei der Koeffizient zwischen den latenten Variablen Angebot und Zufriedenheit [2].
Die in der Tabelle in Abbildung 10.42 gezeigten standardisierten Koeffizienten [1] entsprechen denen aus Abbildung 10.39. Wenn bei den drei Messmodellen zwischen den latenten und beobachteten Variablen andere Parameter auf 1 festgelegt würden (vgl. Abbildung 10.37 [3]), ergäben sich trotzdem exakt die hier gezeigten standardisierten Parameter. Diese Aussage kann überprüft werden, indem im Eingabefenster im Modus Input (vgl. Abbildung 10.30 [1]) ein oder mehrere auf 1 festgesetzte Parameter gelöscht werden und dafür der jeweils andere Parameter auf 1 festgelegt wird (vgl. Abbildung 10.21 [1]).

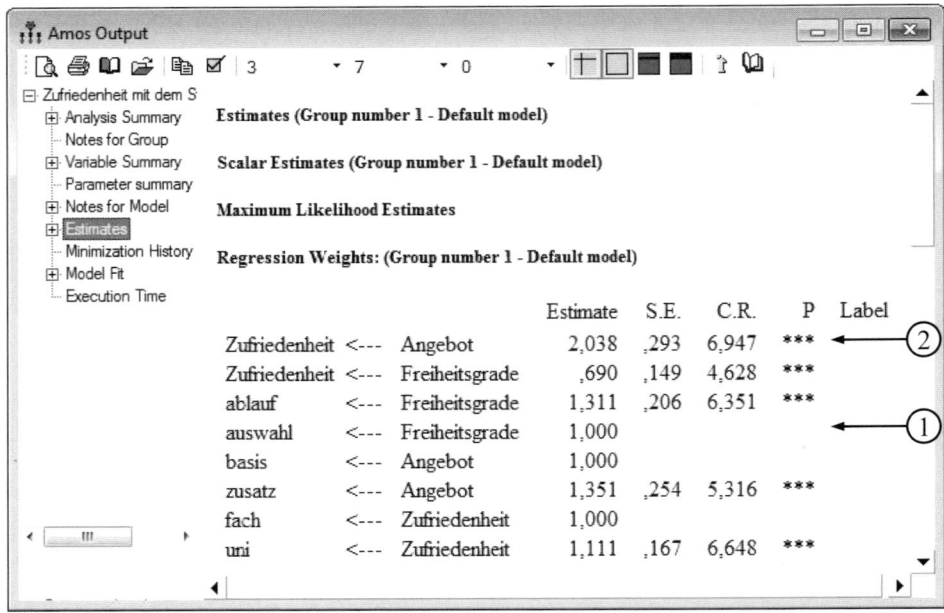

Abbildung 10.41: Amos Output, Schätzungen, nichtstandardisierte Pfadkoeffizienten

Abbildung 10.42: Amos Output, Schätzungen, standardisierte Pfadkoeffizienten

In Abbildung 10.43 sind die Varianzschätzungen der Prädiktoren und die Varianz-aufklärungen der Kriterien dargestellt. Die vom Modell geschätzten Varianzen der latenten Prädiktoren sind sehr signifikant (p < .01) von Null verschieden [1]. Die Varianz der Fehlervariablen Res_zuf des Kriteriums Zufriedenheit [2] ist dagegen nicht signifikant, was für eine gute Vorhersage durch die zwei latenten Prädiktoren spricht. Dementsprechend groß ist der (bereits aus Abbildung 10.39 [7] bekannte) Anteil der erklärten Varianz des latenten Kriteriums von 92% [3]. Wie oben bereits festgestellt wurde, sind die Varianzaufklärungen der Variablen Zusatz und Universität von 59% bzw. 66% [4] deutlich geringer als die der anderen Kriterien (vgl. Abbildung 10.39 [5]). Dementsprechend sind die zugehörigen Fehlervarianzen (Varianzen der Variablen E2 und E6) deutlich größer als die Fehlervarianzen der anderen Variablen. Dies zeigt sich in den jeweils hohen C.R.-Werten und dementsprechend niedrigen p-Werten [5]. Betrachten Sie anschließend die Kennwerte der Modellanpassung [6].

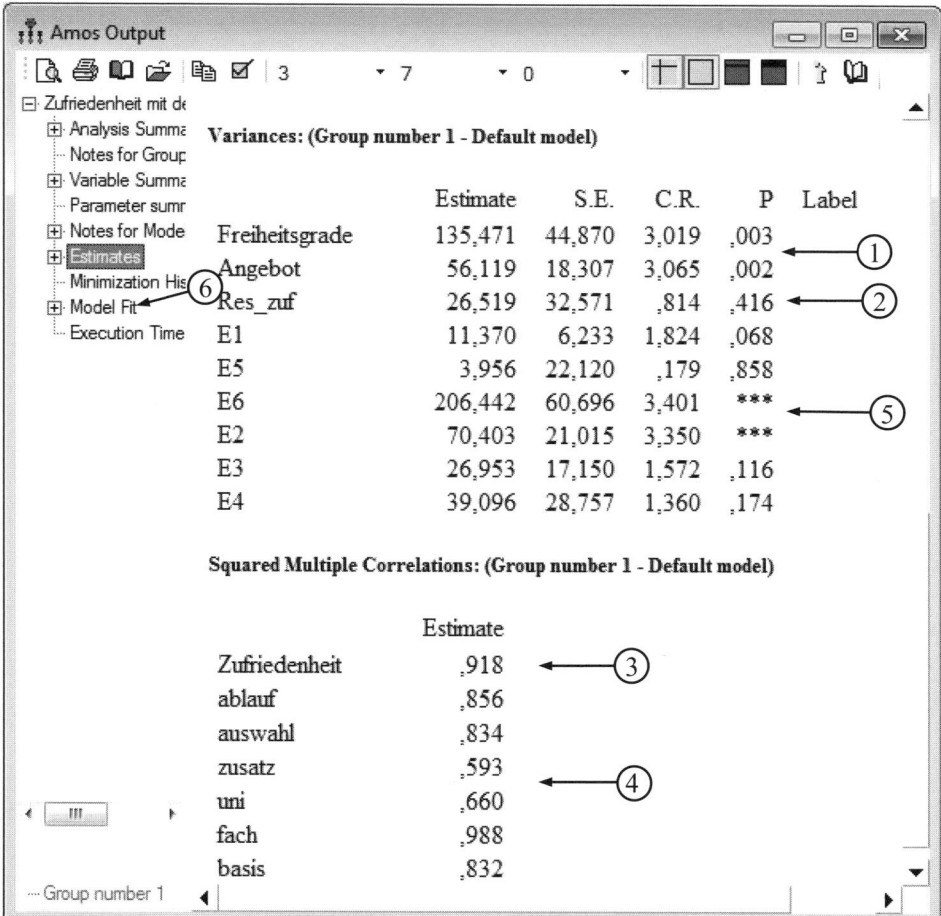

Abbildung 10.43: Amos Output, Schätzungen Varianzen und aufgeklärte Varianzen

Im vorliegenden Beispiel führt die Betrachtung der in diesem Kapitel behandelten Güteindizes nicht zu einem eindeutigen Ergebnis. Während die Größe des χ^2-Wertes im Verhältnis zur Anzahl der Freiheitsgrade, der dazugehörige p-Wert sowie der CFI-Wert von 0.956 (Abbildung 10.44 [2]) nicht gegen eine befriedigende Modellgüte sprechen, liegen die Werte der Kenngrößen RMSEA = 0.176 [1] und SRMR = 0.206 [3] deutlich über den in Abschnitt 10.5.2 genannten Grenzwerten. Damit bietet es sich an, nach Verbesserungen des Modells zu suchen. Auf exploratorischer Ebene können neue Hypothesen über die Zusammenhänge der Variablen aufgestellt werden. Eine der Optionen von AMOS besteht darin, dass Vorschläge zur Verbesserung der Modellgüte berechnet werden können. Dabei werden dem Modell einzelne Parameter hinzugefügt und für jeden Parameter berechnet, um welchen Betrag sich der χ^2-Wert bei gleichbleibenden Freiheitsgraden mindestens verringern würde, wenn man diesen Parameter in das Modell einfügt.

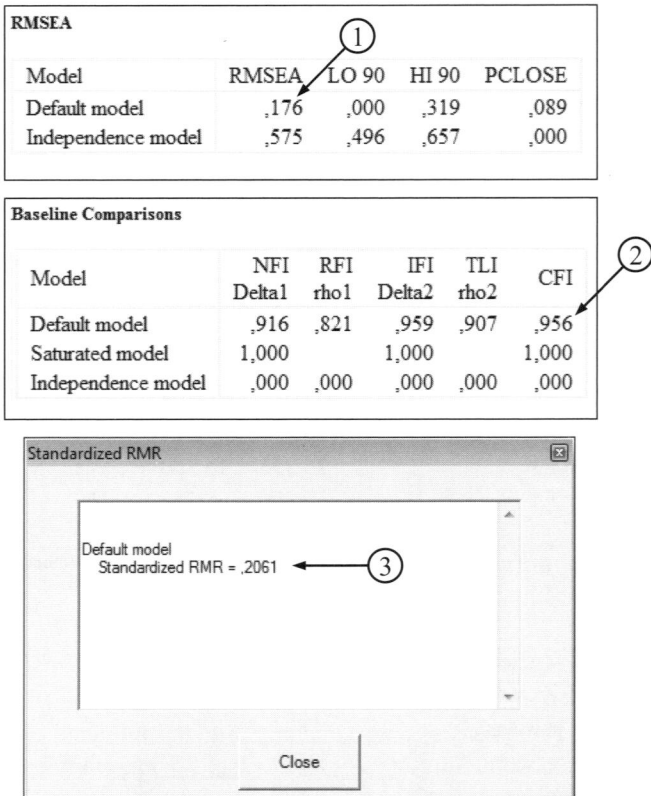

Abbildung 10.44: Amos Output, Modell Fit (RMSEA
(oben), CFI (Mitte), SRMR (unten))

Die berechneten Werte sind die sogenannten Modifikations-Indizes (M.I., Modification Indices). Durch den Vergleich der Modifikations-Indizes kann ermittelt werden, durch welche zusätzlichen Pfade, Kovarianzen oder Varianzen die statistischen Eigenschaften des Modells verbessert werden könnten. Wählen Sie dazu im Hauptmenü unter View die Option Eigenschaften der Analyse (vgl. Abbildung 10.24 [1]).

Es öffnet sich das in Abbildung 10.45 gezeigte Dialogfenster. Wählen Sie die Registerkarte Output [1] und aktivieren Sie hier die Berechnung der Modifikations-

Indizes [2]. Bestimmen Sie dann in dem Feld rechts daneben, ab welchem Schwellenwert des M.I. ein zusätzlicher Parameter angezeigt werden soll [3].

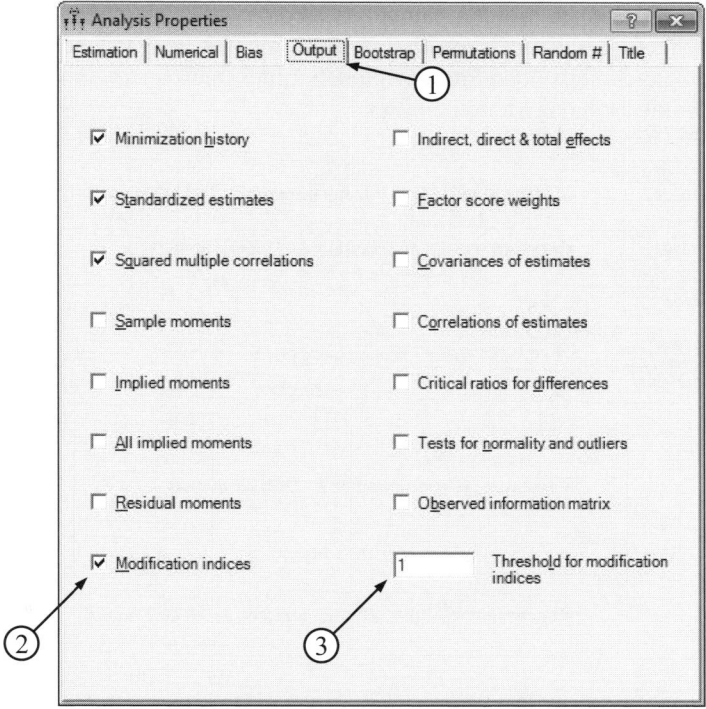

Abbildung 10.45: Dialogfenster Eigenschaften der Analyse, Registerkarte Output

Bei einer Schwelle von Null würde jeder mögliche zusätzliche Parameter angezeigt werden. Im vorliegenden Beispiel soll eine Schwelle von 1 gewählt werden. Schließen Sie dann das Fenster und berechnen Sie anschließend erneut die Parameterschätzungen (vgl. Abbildung 10.28 [1]) für das Pfaddiagramm und wechseln Sie in das Fenster Text Output.

Wählen Sie im Fenster Text-Output, wie in Abbildung 10.46 dargestellt, den Unterpunkt Modifikations-Indizes [1]. Im Fenster rechts erscheinen nun die Vorschläge von AMOS, wie die Güte des Modells verbessert werden könnte. In der ersten Spalte [2] ist der Parameter abgebildet, der zusätzlich in das Modell eingefügt werden soll. In der zweiten Spalte [3] steht der zugehörige Modifikations-Index (M.I.), also der Betrag, um den sich der χ^2-Wert des Modells mindestens verringert, wenn man diesen Parameter in die Modellberechnungen aufnehmen würde.

Im vorliegenden Fall werden nur diejenigen Vorschläge angezeigt, deren M.I. größer als eins ist (vgl. Abbildung 10.45 [3]). Die größten Änderungen des χ^2-Werts würden sich im vorliegenden Beispiel durch die Schätzung der Kovarianz zwischen Angebot und Freiheitsgraden [3] ergeben. Die Entscheidung, ob und welcher zusätzliche Parameter in das Modell aufgenommen wird, sollte jedoch auch sehr stark von inhaltlichen Überlegungen abhängen. Im vorliegenden Fall ist die Kovarianz zwischen Freiheitsgraden und Angebot auch inhaltlich gut zu begründen, da beispielsweise eine größere Vielfalt des Lehrangebots mit einer größeren Freiheit bei der Zusammensetzung des Angebots einhergehen könnte.

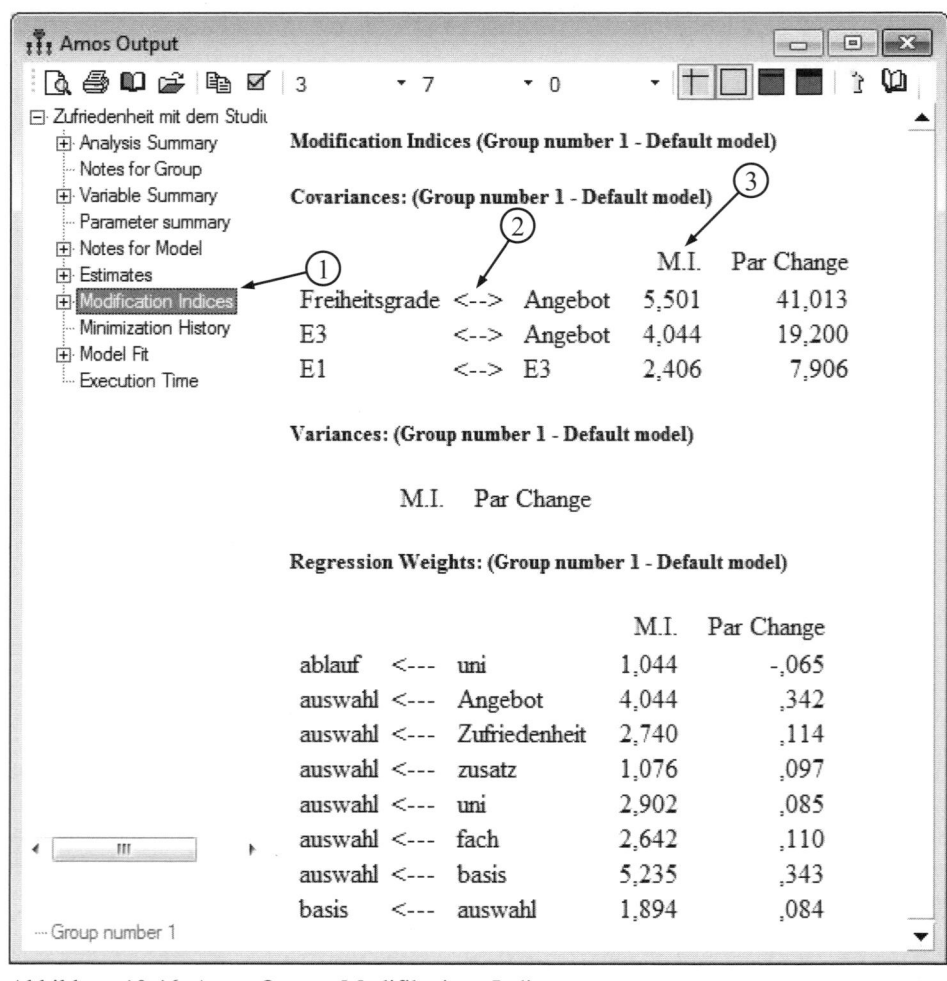

Abbildung 10.46: Amos Output, Modifikations-Indizes

Ergänzen Sie entsprechend diesen Überlegungen die Kovarianz (Doppelpfeil) zwischen Angebot und Freiheitsgraden. Wechseln Sie hierzu in das Eingabefenster (Zeichenfläche) und dort in den Anzeigemodus Input (vgl. Abbildung 10.30 [1]). Zeichnen Sie nun einen Doppelpfeil zwischen den Variablen Angebot und Freiheitsgrade (vgl. Abbildung 10.19 [3]). Berechnen Sie anschließend erneut das Modell (vgl. Abbildung 10.28 [1]) und betrachten Sie die Merkmale des Modells im Fenster Amos Output (vgl. Abbildung 10.31 [5]).

Abbildung 10.47 zeigt die Merkmale des Modells, in dem zusätzlich zu den bisherigen freien Parametern die Kovarianz zwischen den latenten Prädiktoren Angebot und Freiheitsgrade geschätzt wird. Dementsprechend hat sich die Anzahl der Freiheitsgrade um 1 auf 6 verringert [1]. Die statistischen Eigenschaften des Gesamtmodells haben sich gegenüber dem vorhergehenden Modell deutlich verbessert (vgl. Abbildungen 10.40 und 10.44). Der χ^2-Wert ist kleiner als die Anzahl der Freiheitsgrade [2], der p-Wert liegt bei p = .45. Die hier nicht in einer Abbildung dargestellten Parameter der Modellanpassung [3] zeigen in die gleiche Richtung: RMSEA $\approx$ 0 (p = .501), CFI $\approx$ 1, SRMR = 0.037. Alle Koeffizienten weisen darauf hin, dass die empirischen Varianzen und Kovarianzen durch das modifizierte Modell sehr gut dargestellt werden können. Das aktuelle Modell ist also aus statistischen Gründen dem ursprünglichen Modell vorzuziehen.

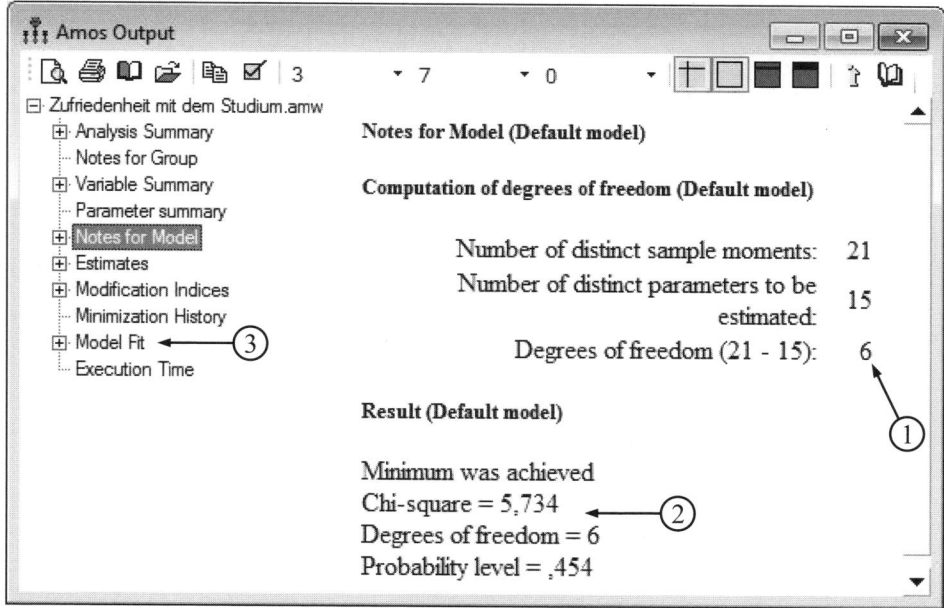

Abbildung 10.47: Amos Output, Merkmale des Modells (modifiziertes Modell)

Zur weiteren Vertiefung der beschriebenen Verfahren kann auf die Daten aus einer Untersuchung von Bergmann et al. (2000) „Psychosoziale Ressourcen und kardiovaskuläres Risiko bei Frauen im mittleren Lebensalter" zurückgegriffen werden. Die entsprechende Datendatei *Ressourcen.sav* ist im Ordner Lineare Strukturgleichungsmodelle auf der Website zum Buch enthalten, ebenso die Textdatei *Ressourcen.pdf* mit der Beschreibung des Untersuchungsgegenstands und der Darstellung der Auswertung mit AMOS. Mittels linearer Strukturgleichungsmodelle sollen Wechselwirkungen von Ressourcen und Defiziten und ihr Einfluss auf die eingeschränkte seelische Gesundheit der 198 erfassten Probandinnen untersucht werden. Hierzu wird ein lineares Strukturgleichungsmodell mit vier latenten und insgesamt neun beobachteten Variablen untersucht.

Zusätzlich werden auf der Website zum Buch im Ordner Lineare Strukturglei-chungsmodelle die Daten zum Anwendungsbeispiel Fragebogen zum Studium (*Fragebogen zum Studium.sav*) sowie die im Buch und in der Anwendungsaufgabe verwendeten AMOS-Modelle (*Kausalmodell I.amw*, *Kausalmodell II.amw*, *Kausalmodell III.amw*, *Kausalmodell IV.amw*, *Kausal-modell V.amw*, *Kausalmodell VI.amw*, *Zufriedenheit mit dem Studium.amw*, *Ressourcen.amw*) bereitgestellt.

Anhang

Glossar

Im Glossar sind wichtige Begriffe zu den behandelten multivariaten Verfahren in knapper Form beschrieben. Zusätzlich sind Darstellungen zu wichtigen Grundbegriffen der Statistik enthalten. Begriffe, die an anderer Stelle im Glossar erläutert werden, sind kursiv dargestellt.

A-posteriori-Mehrfachvergleiche: Ungeplante Vergleiche zwischen verschiedenen Gruppen im Rahmen der *Varianzanalyse* ohne Vorliegen von Hypothesen.

A-priori-Einzelvergleiche: Geplante Vergleiche zwischen verschiedenen Gruppen im Rahmen der *Varianzanalyse* auf der Grundlage vorhandener Hypothesen.

Ähnlichkeitsmaß: Siehe *Distanzmaß*.

Allgemeines lineares Modell (ALM): Verfahrensklasse, die wichtige statistische Verfahren wie *Varianz- und Regressionsanalysen* umfasst.

Alpha-Fehler (α-Fehler): Siehe *Fehler 1. Art*.

Alpha-Fehler-Kumulation: Überschreitung des vorgegebenen *Signifikanzniveaus* durch Summierung von *Alpha-Fehler*-Wahrscheinlichkeiten, wenn mehrere Tests zur Beurteilung einer statistischen Hypothese ausgewertet werden.

Alternativhypothese (H_1): Statistische Hypothese, die die zu untersuchende inhaltliche Hypothese unter Verwendung von Parametern der Grundgesamtheit beschreibt.

AMOS (Analysis of Moment Structures): Programm zur Analyse linearer Strukturgleichungsmodelle.

Autokorrelationsanalyse: Verfahren zur Aufdeckung einer rhythmischen Schwankung von *Zeitreihen*.

Average-Linkage-Methode: Methode in der *Clusteranalyse* zur Fusionierung von Objekten.

Bestimmtheitsmaß (Determinationskoeffizient): In der *Regressionsanalyse* Anteil der Varianz des *Kriteriums*, der durch die *Prädiktoren* erklärt werden kann.

Beta-Fehler (β-Fehler): Siehe *Fehler 2. Art*.

Beta-Gewicht: Standardisierter *Regressionskoeffizient*, der sich ergibt, wenn alle an einer multiplen Regression beteiligten *Prädiktoren* bzw. das *Kriterium* z-standardisiert sind.

CFI (Comparative Fit Index): Maß für die Güte *linearer Strukturgleichungsmodelle*.

City-Block-Distanz: Maß zur Beschreibung des Abstandes von Probanden in einem mehrdimensionalen Raum standardisierter Variablen, wobei die Differenzen in den einzelnen Variablen linear eingehen.

Clusteranalyse: Exploratorisches Verfahren zur Bildung von homogenen Gruppen gegebener Objekte (in der Regel Probanden).

Dendrogramm: Grafische Darstellung zur Veranschaulichung der Ergebnisse einer *hierarchischen Clusteranalyse*.

Determinationskoeffizient: Siehe *Bestimmtheitsmaß*.

Dichotome Variable: Variable mit zwei möglichen Ausprägungen (z.B. 0 (gesund) und 1 (krank)).

Direkter Effekt: Direkte Beziehung zwischen zwei Variablen in linearen Strukturgleichungsmodellen.

Diskriminanzanalyse: Verfahren zur maximalen Trennung von zwei oder mehr gegebenen Gruppen durch Bildung von Linearkombinationen der Variablen.

Diskriminanzfunktion: Linearkombination der Variablen in linearen *Diskriminanzanalysen*.

Diskriminanzkoeffizienten: Koeffizienten linearer *Diskriminanzfunktionen*.

Diskriminanzkriterium: Kriterium zur Bildung linearer *Diskriminanzfunktionen* in *Diskriminanzanalysen*.

Distanzmaß: Maß zur Beschreibung des Abstandes von jeweils zwei Objekten (in der Regel Probanden) in einem mehrdimensionalen Merkmalsraum. Ausgangspunkt für die *Clusteranalyse*. Gegenteil des Ähnlichkeitsmaßes.

Effektgröße: Maß zur Beschreibung der Größe eines Effekts (z.B. in der *Varianzanalyse* Anteil der Varianz der abhängigen Variablen, der auf einen *Haupt- oder Interaktionseffekt* zurückzuführen ist.).

Eigenwert: Varianzaufklärung durch einen *Faktor* (in der *Faktorenanalyse)*, maximal erreichbarer Wert des *Diskriminanzkriteriums* (in der *Diskriminanzanalyse*).

Einfachstruktur: Faktorenstruktur, die eine möglichst eindeutige Zuordnung der Variablen zu den *Faktoren* im Ergebnis einer *Faktorenanalyse* ermöglicht.

Endogene latente Variable: Latente Kriteriumsvariable in linearen Strukturgleichungsmodellen.

EQS (Structural Equation Modeling Software): Programm zur Analyse linearer Strukturgleichungsmodelle.

Eta-Quadrat (η^2): *Effektgrößemaß* der Varianzanalyse, beschreibt den Anteil der Varianz der abhängigen Variablen, der durch den jeweiligen varianzanalytischen *Haupt- bzw. Interaktionseffekt* erklärt werden kann.

Euklidische Distanz: Maß zur Beschreibung des Abstandes von Objekten (in der Regel Probanden) in einem mehrdimensionalen Raum standardisierter Variablen, wobei die Differenzen in den einzelnen Variablen quadratisch eingehen.

Exogene latente Variable: *Latente Prädiktorvariable* in *linearen Strukturgleichungsmodellen*.

Exponentielles Glätten: Methode zur Glättung und Vorhersage in der *Zeitreihenanalyse* durch gewichtete Berücksichtigung zurückliegender Werte.

Faktor (im Rahmen der Faktorenanalyse): Latente, nicht direkt beobachtbare Variable.

Faktor (im Rahmen der Varianzanalyse): Unabhängige nominalskalierte Variable, deren Ausprägungen als Faktorstufen bezeichnet werden.

Faktorenanalyse: Exploratorisches (Hypothesen generierendes), datenreduzierendes Verfahren zur Ermittlung von (in der Regel voneinander unabhängigen) *Faktoren*, die die Beziehungen zwischen den gegebenen Variablen erklären. Ermöglich Aussagen über die Dimensionalität komplexer Merkmale.

Faktorladung: Korrelation zwischen Variable und *Faktor* in der *Faktorenanalyse*.

Faktorwert: Ausprägung des *Faktors* bei einem Probanden in der *Faktorenanalyse*.

Fehler 1. Art: Entscheidung für die statistische Alternativhypothese (H_1), obwohl in der Grundgesamtheit die Nullhypothese (H_0) zutrifft.

Fehler 2. Art: Entscheidung für die statistische Nullhypothese (H_0), obwohl in der Grundgesamtheit die Alternativhypothese (H_1) zutrifft.

Fester Parameter: Im Rahmen der Analyse *linearer Strukturgleichungsmodelle* fest vorgegebener, nicht zu schätzender Parameter.

Freier Parameter: Im Rahmen der Analyse *linearer Strukturgleichungsmodelle* frei schätzbarer Parameter.

Freiheitsgrade: Anzahl der bei der Berechnung eines Schätzwertes frei variierbaren Werte.

Gleitender Durchschnitt: Verfahren zur Glättung von *Zeitreihen* durch gewichtete Mittelung benachbarter Werte.

Grundgesamtheit: Siehe *Population*.

Haupteffekt: Auf die Wirkung einer Einflussgröße zurückgehender Effekt (z.B. in der *Varianzanalyse* oder bei der Analyse *loglinearer Modelle*), vgl. im Unterschied dazu *Interaktions- oder Wechselwirkungseffekt*.

Hauptkomponentenanalyse: Verfahren zur Extraktion von *Faktoren* in der *Faktorenanalyse*, bei dem die *Faktoren* sukzessive maximale Varianz aufklären und voneinander unabhängig sind.

Heteroskedastizität: Liegt bei Verletzung der *Homoskedastizität* vor.

Hierarchische Clusteranalyse: Verfahren der *Clusteranalyse*, bei dem schrittweise alle Objekte (in der Regel Probanden) zu Gruppen zusammengefasst werden. Zum Abschluss des Verfahrens entsteht eine Gruppe, die alle Objekte enthält.

Hierarchische loglineare Modelle: Loglineare Modelle, in denen zu allen Effekten die entsprechenden Effekte niederer Ordnung enthalten sind.

Hierarchische Regressionsanalyse: Spezielle Methode der *Regressionsanalyse*, bei der inhaltlich strukturierte Merkmalsmengen nacheinander in das Modell aufgenommen werden, um die jeweilige Zunahme des *Bestimmtheitsmaßes* zu ermitteln.

Homoskedastizität: In einer bivariaten Verteilung weisen die zu beliebigen x-Werten gehörenden y-Werte die gleiche Streuung auf.

Indirekter Effekt: Indirekte, über andere Variablen vermittelte Beziehung zwischen zwei Variablen in *linearen Strukturgleichungsmodellen*.

Interaktionseffekt (Wechselwirkungseffekt): Auf die kombinierte Wirkung mehrerer Einflussgröße zurückgehender Effekt (z.B. in der *Varianzanalyse* oder bei der Analyse *loglinearer Modelle*).

Kaiser-Guttman-Kriterium: Berücksichtigung von *Faktoren* mit *Eigenwert* größer 1 in der Faktorenanalyse.

Kanonischer Korrelationskoeffizient: Zusammenhangsmaß für Sätze von Variablen, bedeutend unter anderem im Rahmen der *Diskriminanzanalyse*.

Kausalität: Ursache-Wirkung-Beziehung.

Klassifikation: Zuordnung von Probanden zu gegebenen Gruppen.

Kodierung von nominalskalierten Variablen: Darstellung von nominalskalierten Variablen mit p Ausprägungen durch (p-1) *dichotome Variablen*.

Kommunalität: Aufklärung der Varianz einer Variablen durch die im Rahmen der *Faktorenanalyse* ermittelten *Faktoren*.

Konfidenzintervall: Bereich eines Parameters, in dem sich zum Beispiel 95% oder 99% der Parameter der Grundgesamtheit befinden, die den Stichprobenparameter erzeugt haben können.

Kontingenzkoeffizient: Maß zur Bestimmung der Stärke des Zusammenhanges von zwei nominal skalierten Variablen.

Kontrastvariablen: Kodiervariablen für die Überprüfung von A-priori-Hypothesen, entstehen durch *Kodierung von nominalskalierten Variablen*.

Korrelationskoeffizient: Maß für die Stärke des Zusammenhangs von Variablen.

Kovarianzanalyse: Kombination von Methoden der *Varianz- und der Regressionsanalyse*, um den Einfluss von intervallskalierten Kovariablen in varianzanalytischen Auswertungen zu berücksichtigen.

Kreuzvalidierung: Verfahren zur Beurteilung der Güte der *Klassifikation* im Rahmen der *Diskriminanzanalyse* und der *logistischen Regressionsanalyse*.

Kriteriumsvariable (Kriterium): abhängige Variable zum Beispiel in der *(multiplen) Regressionsanalyse*, deren Werte aus den Werten der *Prädiktoren* vorhergesagt werden sollen.

Latente Variable: Nicht direkt beobachtbare (nichtbeobachtete) Variable, die Auswirkungen auf die Ausprägungen messbarer (beobachteter) Variablen hat.

Lineare Kontraste: Siehe *Kontrastvariable*.

Likelihoodfunktion: Gibt die Wahrscheinlichkeit für ein bestimmtes Stichprobenergebnis in Abhängigkeit von einem oder mehreren unbekannten Parametern an, wobei der Verteilungstyp der Variablen bekannt sein muss.

Likelihood-Ratio-Test (LR-Test): Signifikanztest zur Prüfung des Einflusses von *Prädiktoren* in *logistischen Regressionsmodellen*.

Lineare Regressionsanalyse: *Regressionsanalyse* mit linearen Zusammenhängen zwischen *Prädiktor(en)* und *Kriterium*.

Lineare Strukturgleichungsmodelle: Modelle zur Überprüfung von a priori formulierten *Kausalhypothesen* zur Erklärung von Merkmalszusammenhängen. In den Modellen können *latente (nicht beobachtete) und messbare (beobachtete) Variablen* enthalten sein.

LISREL (linear structural relationships): Programm zur Analyse *linearer Strukturgleichungsmodelle*.

Logistische Regressionsanalyse: Regressionsanalyse mit einem *dichotomen Kriterium*, wird besonders häufig zur Auswertung epidemiologischer Untersuchungen verwendet.

Logistische Regressionskoeffizienten: Koeffizienten der *logistischen Regressionsfunktion*.

LogLikelihood-Funktion (LL-Funktion): Logarithmierte *Likelihoodfunktion* (wird u.a. bei der *logistischen Regressionsanalyse* benutzt).

Loglineares Modell: Modell zur Modellierung der Häufigkeiten in mehrdimensionalen Kreuztabellen (Kontingenztafeln). Dabei werden die logarithmierten Zellenhäufigkeiten als Linearkombinationen der Wirkung von *Haupt- und Wechselwirkungseffekten* unterschiedlicher Ordnung dargestellt.

Maximum-Likelihood-Methode (ML-Methode): Schätzmethode, die Parameterschätzungen ermittelt, durch welche die *Likelihoodfunktion* maximiert wird.

Mediatorvariable: Variable, die den Einfluss einer *Prädiktorvariablen* auf das *Kriterium* (in *Regressionsanalysen*) vermittelt.

Mehrdimensionale (multivariate) Varianzanalyse: *Varianzanalyse* mit mehreren abhängigen Variablen.

Mehrfachvergleiche: Siehe *Multiple Vergleiche*.

Mehrfaktorielle Varianzanalyse: *Varianzanalyse* mit mehreren unabhängigen Variablen (*Faktoren*).

Merkmalsselektionsverfahren: Verfahren zur Bestimmung einer optimalen Merkmalsmenge, durch die zum Beispiel im Rahmen der *Regressionsanalyse* mit geringst möglichem Aufwand (möglichst wenige *Prädiktoren*) eine bestmögliche Vorhersage (möglichst hohes *Bestimmtheitsmaß*) ermöglicht.

Messbare (beobachtete) Variable: Variable, von der empirische Werte der Probanden erfasst werden können.

Messmodell: Beschreibt die Beziehungen zwischen *latenten* und *messbaren* Variablen im Rahmen der Analyse *linearer Strukturgleichungsmodelle*.

Messwiederholungsfaktor: *Faktor* in der *Varianzanalyse*, unter dessen Stufen die gleichen Probanden wiederholt untersucht werden (z.B. wiederholte Messungen zu unterschiedlichen Zeitpunkten).

Methode der kleinsten Quadrate (MkQ): Methode zur Schätzung unbekannter Parameter, z.B. der *Regressionskoeffizienten*. Die Koeffizienten werden nach dem Prinzip berechnet, dass die Summe der quadrierten Abweichungen der empirischen Werte von den geschätzten Werten minimal wird.

Moderatorvariable: Variable, von deren Ausprägung der Einfluss einer *Prädiktorvariablen* auf das *Kriterium* (in *Regressionsanalysen*) abhängt.

Modifikations-Index: Index bei der Analyse *linearer Strukturgleichungsmodelle*, der den Zuwachs der Modellgüte beschreibt, wenn bestimmte *feste Modellparameter* als *freie Parameter* in das Modell aufgenommen werden.

Multikollinearität: Wechselseitige Abhängigkeit von Variablen im Rahmen multivariater Analysen, z.B. Abhängigkeit der *Prädiktoren* untereinander in der *multiplen Regressionsanalyse*.

Multiple Regressionsanalyse: *Regressionsanalyse* mit mehreren *Prädiktoren*.

Multipler Vergleich: Verfahren zum gleichzeitigen Vergleich von Verteilungen von mehreren (Teil-)*Populationen* im Rahmen von *Varianzanalysen*.

Nichtlineare Regressionsanalyse: *Regressionsanalyse* bei nichtlinearen Beziehungen zwischen *Prädiktor(en)* und *Kriterium*.

Nullhypothese (H_0): Statistische Hypothese, welche die zur *Alternativhypothese* gegenteilige Situation beschreibt.

Odds (Chance): Chance für das Eintreten eines Ereignisses; Quotient aus der Wahrscheinlichkeit p des Eintretens des Ereignisses und der Gegenwahrscheinlichkeit (1-p).

Odds Ratio (Chancenverhältnis): In der Epidemiologie Chance, zu erkranken, wenn man (bezüglich eines Risikofaktors) exponiert ist, im Verhältnis zur Chance zu erkranken, wenn man nicht exponiert ist.

Optimale Merkmalsmenge: Siehe *Merkmalsselektionsverfahren*.

Orthogonale Rotation: In der *Faktorenanalyse* Rotationsverfahren, bei dem die rotierten *Faktoren* unabhängig bleiben.

p-Wert: Wahrscheinlichkeit, dass das gefundene oder extremere (noch mehr der *Nullhypothese* widersprechende) Ergebnisse bei Gültigkeit der *Nullhypothese* eintreten.

Partielle Korrelation: Korrelation zwischen zwei Variablen, aus der der Einfluss einer Störvariablen auspartialisiert (eliminiert) wird.

Periodogramm: Darstellungsform der Ausprägungen der Teilschwingungskomponenten von *Zeitreihen*.

Pfaddiagramm: Grafische Darstellung der Hypothesen über die *Kausalstrukturen* in *linearen Strukturgleichungsmodellen*.

Population (Grundgesamtheit): Alle untersuchbaren Probanden (Untersuchungseinheiten), die ein gemeinsames Merkmal aufweisen (z.B. Psychologiestudenten in Deutschland).

Prädiktorvariablen (Prädiktoren): Unabhängige Variablen in der *(multiplen) Regressionsanalyse*, aus denen die Werte des *Kriteriums* vorhergesagt werden sollen.

Quadratsumme: Summe der quadratischen Abweichungen aller Messwerte vom Mittelwert der Verteilung.

Quadratsummenzerlegung: Zerlegung der Gesamt-*Quadratsumme* in Anteile, die sich auf Variationsursachen zurückführen lassen. Wesentliche Methode zur statistischen Beurteilung von Effekten im Rahmen der *Varianz- und Regressionsanalyse*.

Regressionsanalyse: Klasse von Verfahren zur Ermittlung der Art des Zusammenhanges zwischen einem *Prädiktor* bzw. mehreren *Prädiktoren* und einem *Kriterium*.

Regressionskoeffizient: Koeffizienten der Regressionsfunktion, die sich als Schätzungen nach der *Methode der kleinsten Quadrate* ergeben.

Residuen: Abweichungen der Schätzwerte von den gemessenen Werten, z.B. in der *linearen Regressionsanalyse* Abweichungen der Messwerte von der Regressionsgerade.

Restringierter Parameter: Im Rahmen der Analyse *linearer Strukturgleichungsmodelle* zu schätzender Parameter, dessen Wert dem Wert eines anderen Parameters entsprechen soll.

RMSEA (Root Mean Square Error of Approximation): Maß für die Güte *linearer Strukturgleichungsmodelle.*

Robuste Verfahren: Statistische Verfahren, die auch bei Verletzung von bestimmten Voraussetzungen weitgehend richtige Aussagen liefern.

Rückwärts-Verfahren: *Merkmalsselektionsverfahren* (z.B. im Rahmen der *Regressionsanalyse*), bei dem bis zum Erreichen des statistischen Abbruchkriteriums schrittweise Variablen aus dem Modell eliminiert werden.

Schiefwinklige (oblique) Rotation: Rotationsverfahren in der *Faktorenanalyse*, in dessen Ergebnis korrelierte *Faktoren* gebildet werden.

Schrittweises Verfahren: *Merkmalsselektionsverfahren* (z.B. im Rahmen der *Regressionsanalyse*), bei dem *Vorwärts-* und *Rückwärts-Verfahren* kombiniert werden.

Scree-Test: Heuristisches Verfahren zur Bestimmung der Anzahl der *Faktoren* in der *Faktorenanalyse.*

Semipartielle Korrelation: Korrelation zwischen zwei Variablen bei Ausschaltung des Einflusses einer Drittvariable auf eine der beiden Variablen.

Signifikanzniveau: Maximal tolerierbarer *p-Wert*, bei dem die *Alternativhypothese* H_1 angenommen werden kann. Das Signifikanzniveau wird in der Regel auf .01 (1%, sehr signifikantes Ergebnis) oder auf .05 (5%, signifikantes Ergebnis) festgelegt.

Spektralanalyse: Verfahren zur Untersuchung der Schwingungseigenschaften von *Zeitreihen.*

SRMR (Standardized Root Mean Residual): Maß für die Güte *linearer Strukturgleichungsmodelle.*

Strukturmatrix: Enthält die über die Gruppen gemittelten Korrelationskoeffizienten der Variablen mit den *Diskriminanzfunktionen* in der *Diskriminanzanalyse.*

Strukturmodell: Beschreibt im Rahmen der Analyse linearer Strukturgleichungsmodelle die Beziehungen zwischen den latenten Variablen.

Suppressionseffekt: *Unabhängige Variablen (Prädiktoren)* erhöhen den Vorhersagewert anderer *Prädiktoren*, indem sie irrelevante Varianzanteile dieser Variablen kompensieren (z.B. in der *multiplen Regressionsanalyse*).

Trend: Langfristige Änderung im Mittel bei *Zeitreihen.*

Varianzanalyse: Oberbegriff für eine Klasse von Verfahren zur Überprüfung von Unterschiedshypothesen.

Varianzanalyse mit Messwiederholungen: *Varianzanalyse* mit (mindestens) einem *Messwiederholungsfaktor.*

Varianzhomogenität: In der *Varianzanalyse* gleiche Varianzen der abhängigen Variablen unter allen Stufen bzw. Stufenkombinationen des *Faktors* bzw. der *Faktoren.*

Varianz-/Kovarianzmatrix: Matrix, die für verschiedene Variablen in der Hauptdiagonale deren Varianzen und in den übrigen Feldern die Kovarianzen der Variablen enthält.

Varimax-Rotation: *Orthogonales Rotationsverfahren* zur Erzeugung einer *Einfachstruktur* im Rahmen der *Faktorenanalyse*.

Vorwärts-Verfahren: *Merkmalsselektionsverfahren* (z.B. im Rahmen der *Regressionsanalyse*), bei dem bis zum Erreichen des statistischen Abbruchkriteriums schrittweise Variablen in das Modell aufgenommen werden.

Wald-Statistik: Statistik beim Test *logistischer Regressionskoeffizienten*.

Wilks' Lambda: multivariate Teststatistik, bedeutend unter anderem im Rahmen der *Diskriminanzanalyse*.

Wechselwirkungseffekt: Siehe *Interaktionseffekt*.

z-Standardisierung: Transformation, bei der Variablen mit Mittelwert Null und Standardabweichung Eins entstehen.

Zeitreihe: Sammlung von Daten, die in zeitlicher Abfolge erfasst werden.

Inhalt der Website

Auf der Website zum Buch auf der Internetplattform "psychlehrbuchPLUS" des Hogrefe-Verlages sind alle im Buch verwendeten SPSS-Datendateien (Dateiendung .sav) sowie Syntax-Dateien (Dateiendung .sps) für die beschriebenen Analysen enthalten.

Außerdem stehen zu den Kapiteln 2 bis 10 Dateien zu je einem Beispiel aus der Forschungspraxis zur Verfügung. Hierbei sind je Kapitel eine SPSS-Datendatei, eine Textdatei im pdf-Format (Dateiendung .pdf) sowie eine Syntax-Datei (Dateiendung .sps) enthalten. Die Textdateien können mit dem Acrobat Reader ab Version 5.0 gelesen werden. Hier werden jeweils der Untersuchungsgegenstand und die in der zugehörigen SPSS-Datendatei enthaltenen Variablen beschrieben. Außerdem werden die einzelnen Analyseschritte der Auswertung in SPSS mit Hilfe von Bildschirmausdrucken dargestellt und Interpretationshilfen gegeben.

Zu Kapitel 10 enthält die Website außerdem AMOS-Dateien, in denen die im Buch und im Praxisbeispiel eingesetzten Pfaddiagramme gespeichert sind (Dateiendung .amw). Die Dateien sind in folgenden Ordnern organisiert, deren Namen den jeweils zugehörigen Kapiteln entsprechen:

1 Einführung in die Arbeit mit SPSS
Konzentrationstest erste Datenmenge.sav
Konzentrationstest zweite Datenmenge.sav
Konzentrationstest.sps

2 Regressionsanalyse
Arbeitsmotivation.sav
Arbeitsmotivation.sps
Berufskompetenz.sav
Berufskompetenz.pdf
Berufskompetenz.sps

3 Varianzanalyse
Kommunikationstraining.sav
Kommunikationstraining.sps
Unfallopfer.sav
Unfallopfer.pdf
Unfallopfer.sps

4 Diskriminanzanalyse
Studienerfolg.sav
Studienerfolg.sps
Brücken in Arbeit.sav
Brücken in Arbeit.pdf
Brücken in Arbeit.sps

5 Logistische Regression
Alkoholmissbrauch.sav
Alkoholmissbrauch.sps
Depression.sav
Depression.pdf
Depression.sps

6 Analyse mehrdimensionaler Häufigkeitstabellen
Vollständigkeit von Tätigkeiten.sav
Vollständigkeit von Tätigkeiten.sps
Gesundheit.sav
Gesundheit.pdf
Gesundheit.sps

7 Zeitreihenanalyse
Befindenstherapie.sav
Befindenstherapie.sps
Schach.sav
Schach.pdf
Schach.sps

8 Clusteranalyse
Weiterbildung von Fluglotsen.sav
Weiterbildung von Fluglotsen.sps
Arbeitserleben.sav
Arbeitserleben.pdf
Arbeitserleben.sps

9 Faktorenanalyse
Adjektive gruppieren.sav
Adjektive gruppieren.sps
FABA.sav
FABA.pdf
FABA.sps

10 Lineare Strukturgleichungsmodelle
Fragebogen zum Studium.sav
Kausalmodell I.amw
Kausalmodell II.amw
Kausalmodell III.amw
Kausalmodell IV.amw
Kausalmodell V.amw
Kausalmodell VI.amw
Zufriedenheit mit dem Studium.amw

Ressourcen.sav
Ressourcen.pdf
Ressourcen.amw

Literatur

Ahrens, H. & Läuter, J. (1981). *Mehrdimensionale Varianzanalyse (2. Aufl.)*. Berlin: Akademie-Verlag.

Akremi, L. (2008). Einführung in die Skriptprogrammierung für SPSS. In: Baur, N. & Fromm, S. (Hrsg.) *Datenanalyse mit SPSS für Fortgeschrittene*, S. 142-207. Wiesbaden: Verlag für Sozialwissenschaften.

Arbuckle, J. L. & Wothke, W. (1999). *Amos 4.0 User's Guide*. Chicago, IL.: Small Waters Corporation.

Aron, A. & Aron, E. N. (2002). *Statistics for Psychology* (3rd ed.). Englewood Cliffs, NY: Prentice Hall.

Bacher, J. (1996). *Clusteranalyse. Anwendungsorientierte Einführung*. München: Oldenbourg.

Backhaus, K., Erichson, B., Plinke, W. & Weiber, R. (2006). *Multivariate Analysemethoden: Eine anwendungsorientierte Einführung* (11. Aufl.). Berlin: Springer.

Backhaus, K., Erichson, B., Plinke, W. & Weiber, R. (2011). *Multivariate Analysemethoden: Eine anwendungsorientierte Einführung* (13. Aufl.). Berlin: Springer.

Baron, R. M. & Kenny, D. A. (1986).The moderator-mediator variable distinction in social psychological research: Conceptual, strategic, and statistical considerations. *Journal of Personality and Social Psychplogy, 51*, 1173-1182.

Becker, E. S., Türke, V., Neumer, S., Soeder, U., Krause, P., & Margraf, J. (2000). Incidence and Prevalence Rates of Mental Disorders in a Community Sample of Young Women: Results of the „Dresden Study". In R. Manz & W. Kirch (Eds.), *Public Health Research and Practice: Report of the Public Health Research Association Saxony, vol. II*, 259-291. Regensburg: Roederer.

Becker, E. S., Türke, V., Neumer, S., Soeder, U. & Margraf, J. (2000). Komorbidität psychischer Störungen bei jungen Frauen – Ergebnisse der Dresdner Studie. *Psychotherapeutische Praxis, 1*, 26-34.

Bentler, P. M. (1989). *EQS. Structural Equation Program Manual*. Los Angeles: BMDP Statistical Software Inc.

Bergmann, S., Mix, C., Kocis, K., Uhlig, K., Richter, P. & Jaroß, W. (2000). Psychosocial resources and cardiovascular health in middle aged women: The PSYRECA-study. In R. Manz & W. Kirch (Hrsg.). *Public Health Research and Practice 1998-2000.Vol. II.*Regensburg: Roderer.

Berry, W. D. & Feldman, S. (1985). *Multiple Regression in Practice* (series: Quantitative Applications in the Social Sciences No. 07-050, 12). Newbury Park CA: Sage.

Bonate, P. L. (2000). *Analysis of Pretest-Posttest Designs*. Boca Raton: Chapman & Hall/CRC.

Bortz, J. (1999). *Statistik für Sozialwissenschaftler* (5. Aufl.). Berlin: Springer.

Bortz, J., Lienert, G. A. & Boehnke, K. (2000). *Verteilungsfreie Methoden in der Biostatistik* (2. Aufl.). Heidelberg: Springer Medizin.

Bortz, J. & Schuster, Ch. (2010). *Statistik für Human- und Sozialwissenschaftler* (7. Aufl.). Berlin: Springer.

Bowerman, B. L. & O'Connell, R. T. (1993). *Forecasting and Time Series: An Applied Approach* (3rd ed.). Belmont, CA: Duxbury Press.

Box, G. E. P., Jenkins, G. M. & Reinsel, G.C. (2008). *Time Series Analysis. Forecasting and Control* (4th ed.). San Francisco: John Wiley.

Brockwell, P. J. & Davis R. A. (1996). *Introduction to Time Series and Forecasting*. New York: Springer.

Brosius, F. (2011). *SPSS 19*. Bonn: MITP-Verlag.

Brosius, F. (2005). *SPSS-Programmierung. Effizientes Datenmanagement und Automatisierung mit SPSS-Syntax*. Bonn: mitp.

Brown, H. & Prescott, R. (2006). *Applied Mixed Models in Medicine*. New York: Wiley.

Bühl, A. (2010). SPSS 18: *Einführung in die moderne Datenanalyse unter Windows* (12. aktual. Aufl.). München: Pearson Studium.

Bühner, M. (2006). *Einführung in die Test- und Fragebogenkonstruktion* (2. Aufl.). München: Pearson-Studium.

Bühner, M. & Ziegler, M. (2009). *Statistik für Psychologen und Sozialwissenschaftler*. München: Pearson-Studium.

Byrne, B. M. (2009). *Structural Equation Modelling With Amos: Basic Concepts, Applications, and Programming* (2. ed.). London: Chapman & Hall/CRC.

Chatfield, C. (1983). *The analysis of time series* (6th ed.). London: Taylor & Francis.

Clauß, G., Finze, F.-R. & Partzsch, L. (2011). *Grundlagen der Statistik. Für Soziologen, Pädagogen, Psychologen und Mediziner* (6. korr. Aufl.). Frankfurt/Main: Deutsch.

Cohen, J., Cohen, P., West, S. G. & Aiken, L. S. (2003). *Applied Multiple Regression / Correlation Analysis for the Behavioral Scjences* (3rd ed.). London: Lawrence Erlbaum Ass.

Cromwell, J. B., Hannan, M. J., Labys, W. C. & Terraza, M. (1994): *Multivariate Tests for Time Series Models* (Quantitative Applications in the Social Sciences, No. 07-100). Thousand Oaks, CA: Sage.

Diehl, J. M. & Arbinger, R. (1992). *Einführung in die Inferenzstatistik* (2. Aufl.). Eschborn: Klotz.

Diehl, J. M. & Kohr, H.-U. (1999). *Deskriptive Statistik* (12. Aufl.). Eschborn: Klotz.

Diggle, P. J. (1990). *Time Series – A Biostatistical Introduction* (Oxford Statistical Science Series 5). Oxford: Clarendon.

Dunn, O. J. & Clark, V. A. (1987). *Applied Statistics: Analysis of Variance and Regression*. (2nd ed.) New York: Wiley.

Eid, M., Gollwitzer, M. & Schmitt, M. (2010). *Statistik und Forschungsmethoden*. Weinheim: Beltz.

Everitt, B. S., Landau, S. & Leese, M. (2001). *Cluster Analysis* (4th ed.). London: Arnold.

Fahrmeir, L., Hamerle, A. & Tutz, G. (Hrsg.) (1996). *Multivariate statistische Verfahren* (2., erw. Aufl.). Berlin: de Gruyter.

Fahrmeir, L. & Tutz, G. (2001). *Multivariate Statistical Modelling Based on Generalized Linear Models* (2nd ed.) (Springer Series in Statistics). New York: Springer.

Fisher, R. A. (1918). The correlation between relatives on the supposition of Mendelian inheritance. *Trans. Roy. Soc. Edinburgh, 52*, 399-433.

Fisher, R. A. (1925). *Statistical Methods of Research Workers* (17th ed. 1972). London: Oliver and Boyd.

Flury, B. & Riedwyl, H. (1983). *Angewandte multivariate Statistik: Computergestützte Analyse mehrdimensionaler Daten.* Stuttgart: Fischer.

Fox, J. (1997). *Applied Regression Analysis, Linear Models, and Related Methods.* Thousand Oaks, CA: Sage.

Guadagnoli, E. & Velicer, W. F. (1988). Relation of sample size to the stability of component pattern. *Psychological Bulletin, 103*, 265-275.

Hartung, J. & Elpelt, B. (1999). *Multivariate Statistik: Lehr- und Handbuch der angewandten Statistik* (6. Aufl.). München: Oldenbourg.

Hartung, J., Elpelt, B. & Klösener, K.-H. (2005). *Statistik: Lehr- und Handbuch der angewandten Statistik* (14. Aufl.). München: Oldenbourg.

Hayes, A. (2009). Beyond Baron and Kenny: Statistical Mediation Analysis in the New Millennium. *Communication Monographs, 76*(4), 401-420.

Hays, W. L. (1994). *Statistics.* (5th ed.) Fort Worth: Harcourt Brace.

Höfler, M. (2004). *Statistik in der Epidemiologie psychischer Störungen.* Berlin: Springer.

Homburg, C. & Baumgartner, H. (1995). Beurteilung von Kausalmodellen. In: *Marketing ZFP, 17*, S. 162-176.

Horn, M. & Vollandt, R. (1995). *Multiple Tests und Auswahlverfahren.* Stuttgart: Fischer.

Jacobi, F. (2003). Public Use Files als Perspektive für die klinisch-psychologische Forschung. In R. Ott & C. Eichenberg (Hrsg.), *Klinische Psychologie im Internet* (S. 367-379). Göttingen: Hogrefe.

Jacobi, F., Wittchen, H.-U., Müller, N., Hölting, C., Sommer, S., Höfler, M., & Pfister, H. (2002). Estimating the prevalence of mental and somatic disorders in the community: Aims and methods of the German National Health Interview and Examination Survey. *International Journal of Methods in Psychiatric Research, 11* (1), 1-19.

Janssen, J. & Laatz, W. (2009). *Statistische Datenanalyse mit SPSS für Windows* (7. Aufl.). Berlin: Springer.

Jöreskog, K. G. & Sörbom, D. (1989). *LISREL 7: A Guide to the Program and Applications.* Chicago, Ill.: SPSS Inc.

Johnson, R. A. & Wichern, D. W. (2007). *Applied Multivariate Statistical Analysis* (6th ed.). Upper sadle River: Pearson Prentice Hall.

Jonas, K., & Ziegler, R. (1999). Regressionsanalyse. In Schweizer, K. (Hrsg.), *Methoden für die Analyse von Fragebogendaten.* Göttingen: Hogrefe.

Kaiser, H. F. (1974). An Index of Factor Simplicity. *Psychometrika, 39,* 31-36.

Karl, A., Lämmerhirt, K., Dörfel, D., Erlebach, A., Buhss, U., Volke, H.-J. & Maercker, A. (2001). Evoked EEG coherence, event-related potentials and startle response reflect altered emotional information processing in MVA survivors with posttraumatic stress disorder (PTSD)[Abstract]. *Psychophysiology, 39,* 44.

Kline, R. B. (2005). *Principles and Practice of Structural Equation Modeling* (Methodology in the Social Sciences) (3rd ed.). New York: Guilford Press.

Knoke, D. & Burke, P. J. (1980). *Log Linear Models* (series: Quantitative Applications in the Social Sciences No. 07/020). Newbury Park, CA: Sage.

Krauth, J. (1993). *Einführung in die Konfigurationsfrequenzanalyse.* Weinheim: Beltz.

Kreienbrock, L. & Schach, S. (2005). *Epidemiologische Methoden* (4. Aufl.). München: Elsevier.

Kropf, S. (2000). *Hochdimensionale multivariate Verfahren in der medizinischen Statistik.* Aachen: Shaker.

Langenheine, R. (1980). *Log-lineare Modelle zur multivariaten Analyse qualitativer Daten.* München: Oldenbourg.

Läuter, J. (1992). *Stabile multivariate Verfahren: Diskriminanzanalyse – Regressionsanalyse – Faktoranalyse.* Berlin: Akademie Verlag.

Leonhart, R. (2009). *Lehrbuch Statistik* (2. Aufl.). Bern: Huber.

Metzler, P. & Nickel, B. (1986). *Zeitreihen- und Verlaufsanalysen.* Leipzig: Hirzel.

Möbus, C. & Schneider, W. (Hrsg.) (1986). *Strukturmodelle für Längsschnittdaten und Zeitreihen: LISREL, Pfad- und Varianzanalyse.* Bern: Huber.

Moosbrugger, H. (2002). *Lineare Modelle. Regressions- und Varianzanalysen.* Bern: Huber.

O'Brien, R. G. & Kaiser, M. K. (1985). MANOVA. Method for Analyzing Repeated Measure Designs: An Extensive Primer. *Psychological Bulletin, 3* (97) 2, 316-333.

Pawlick, K. (1959). Der maximale Kontingenzkoeffizient im Falle nicht quadratischer Kontingenztafeln. *Metrika, 2,* 150-166.

Pietrzyk, U. (2002). *Brüche in der Berufsbiografie – Chancen und Risiken für die Entwicklung beruflicher Kompetenz* (Studienreihe psychologische Forschungsergebnisse, Band 86). Hamburg: Dr. Kovač.

Pollock, D. S. G. (1999). *A Handbook of Time-Series Analysis, Signal Processing and Dynamics.* London: Academic Press.

Revenstorf, D. (1976). *Lehrbuch der Faktorenanalyse.* Stuttgart: Kohlhammer.

Richter, P., Rudolf, M., Schmidt, C. F. (1996). *Fragebogen zur Analyse belastungsrelevanter Anforderungsbewältigung. Handanweisung.* Frankfurt: Swets.

Rinne, H. (2000). *Statistische Analyse multivariater Daten.* München: Oldenbourg.

Romanjuk, J. G., Levin, J. R., Lawrence, J. H. (1977). Hypothesis-Testing Procedures in Repeated-Measures Designs: On the Road Map Not Taken. *Child Development, 48,* 1757-1760.

Rotheiler, E., Richter, P. & Rudolf, M. (2009). FABA – *Faulty attitudes and behaviour analysis relevant to coping with work demands. An action-oriented questionnaire for Type A behaviour.* Dresden: TUDpress.

Rudolf, M. & Kuhlisch, W. (2008). *Biostatistik. Eine Einführung für Biowissenschaftler.* München: Pearson Studium.

Sachs, L. (1999). *Angewandte Statistik: Anwendung statistischer Methoden* (9., üb. Aufl.). Berlin: Springer.

Sahai, H., Ageel, M. I. (2000). *The Analysis of Variance.* Boston: Birkhäuser.

Schlittgen, R. (1998). *Einführung in die Statistik: Analyse und Modellierung von Date*n (8. Aufl.). München: Oldenbourg.

Schlittgen, R. & Streitberg, B. (1997). *Zeitreihenanalyse.* München: Oldenbourg.

Schmidt, M. (2010). *Training zur Entwicklung der Beschäftigungsfähigkeit: Evaluation eines innovativen Programms zur Unterstützung junger Arbeitsloser.* Lengerich: Pabst Sience Pulishers.

Schmitz, B. (1989). *Einführung in die Zeitreihenanalyse. Modelle, Softwarebeschreibung, Anwendungen.* Bern: Huber.

Schumacker, R. E. & Lomax, R. G. (2009). *A Beginner's Guide to Structural Equation Modelling.* London: Taylor & Francis.

Sen, A. & Srivastava, M. (1990). *Regression Analysis – Theory, Methods, and Applications* (Springer Texts in Statistics). New York: Springer.

Steinhausen, D. & Langer, K. (1977). *Clusteranalyse.* Berlin: de Gruyter.

Steyer, R. (2002). *Wahrscheinlichkeit und Regression.* Berlin: Springer.

Strang, G. & Nguyen T. (1997). *Wavelets and Filter Banks.* Wellesley MA: Wellesley-Cambridge Press.

Tabachnick, B. G. & Fidell, L. S. (2006). *Using Multivariate Statistics* (5th ed.). Boston: Pearson.

Triemer, A. & Rau, R. (2001). *Positives Arbeitserleben: Psychophysiologische Untersuchungen zum Einfluss kognitiv-emotionaler Bewertungen der Arbeitssituation auf Wohlbefinden und Gesundheit.* Schriftenreihe der Bundesanstalt für Arbeitsschutz und Arbeitsmedizin, (FB 907). Bremerhaven: Wirtschaftsverlag NW.

Überla, K. (1971). *Faktorenanalyse.* Heidelberg: Springer.

Volke, H.-J., Dettmar, P., Richter, P., Rudolf, M. & Buhss, U. (2002). On-coupling and off-coupling of neocortical areas in chess experts and novices. *Journal of Psychophysiology, 16* (1), 23-36.

Wagner, T., Rudolf, M. & Noack, F. (1998). Die Herzratenvariabilität in der arbeitspsychologischen Feldforschung – Methodenprobleme und Anwendungsbeispiele. *Zeitschrift für Arbeits- und Organisationspsychologie, 4,* 197-204.

Weiber, R. & Mühlhaus, D. (2010). *Strukturgleichungsmodellierung. Eine anwendungs-orientierte Einführung in die Kausalanalyse mit Hilfe von AMOS, SmartPLS und SPSS.* Heidelberg: Springer.

Wellek, S. (1994). *Statistische Methoden zum Nachweis von Äquivalenz.* Stuttgart: Fischer.

Werner, J. (1997). *Lineare Statistik: Das allgemeine lineare Modell.* Weinheim: Beltz, Psychologie-Verlags-Union.

Wittchen, H. U., Höfler, M., Gander, F., Pfister, H., Storz, S., Üstün, T. B., Müller, N. & Kessler, R. C. (1999). Screening for mental disorders: Performance of the Composite International Diagnostic-Screener (CID-S). *International Journal of Methods in Psychiatric Research, 8,* 59-70.

Zöfel, P. (2002). *SPSS-Syntax.* München: Pearson Studium.

Sachverzeichnis

A-posteriori-Vergleiche 108, 130, 393
A-priori-Vergleiche 108, 393
Ähnlichkeitsmaß 281-286, 393
Äquidistanz 242, 243, 393
Allgemeines lineares Modell 96, 105, 115, 128, 393
Alpha-Fehler 108, 118-120, 124, 393
Alpha-Fehler-Kumulation 118, 393
AMOS 338-390, 393
Autokorrelation 44, 70, 71, 240, 249-252, 257, 266-269, 272-276, 393
Average-Linkage-Methode 286-289, 301, 393

beobachtete Häufigkeiten 218, 220, 224, 227, 232
Bestimmtheitsmaß 45-47, 50, 54-59, 63, 73, 76-86, 89, 107, 196, 265-266, 393-395, 397
Beta-Fehler 393
Beta-Gewicht 50-53, 70, 74, 76-78, 83, 86, 344-346, 355, 393
Bonferroni-Korrektur 119, 131

CFI 357-359, 375-377, 385-386, 389, 393
Chi-Quadrat-Test 159, 203, 218-222, 229, 232-237, 356
City-Block-Distanz 284-286, 304-305, 393
Clusteranalyse 279-305, 393, 400

Dendrogramm 289-291, 295, 297-298, 300, 304, 394
Determinationskoeffizient 45, 393, 394
dichotome Variable 49, 184, 188-189, 194, 216 230, 294, 311, 394, 396
Dimensionalität 308
direkter Effekt 344, 394
Diskriminanzachse 152, 154, 157, 162
Diskriminanzanalyse 150-181, 394
Diskriminanzfunktion 152, 155-169, 172-180, 394
Diskriminanzkoeffizient 155-159, 163, 166-167, 173, 178, 394

Distanzmaß 281-285, 294-295, 300, 304, 394
Dummy-Variable (Dummy-Kodierung) 49, 61, 106-107

Effektgröße 114-115, 128, 130, 133-136, 138-139, 394,
Effektkodierung 106-107, 115, 130
Eigenwert (in der Diskriminanzanalyse) 158, 165-168, 172, 177, 292
Eigenwert (in der Faktorenanalyse) 314-318, 322-331, 394
Eigenwert (in der Regressionsanalyse) 77
Eigenwertediagramm 316-318
Einfachstruktur 318-320, 394
einfaktorielle Varianzanalyse 98-115, 125-130
endogene latente Variable 348, 394
EQS 338, 394
erwartete Häufigkeiten 219-220
Eta-Quadrat 105, 114-115, 129, 394
Euklidische Distanz 283-284, 286-289, 294, 296, 300, 394
exogene latente Variable 348, 351, 394

F-Test 46-47, 55, 59, 69, 81, 83, 105, 108, 125, 127, 143-144
Faktor (in der Faktorenanalyse) 308-335, 394
Faktor (in der Varianzanalyse) 96-141, 394
Faktorenanalyse 308-335, 395
Faktorenanzahl 315-317, 321, 324, 326-329
Faktorenextraktion 311-313, 321
Faktorladung 310, 313-315, 318-324, 328, 330, 395
Faktorwert 310, 313, 395
Fehlervarianz 55, 371, 378, 385
fester Parameter 352, 395
freier Parameter 352, 373, 395

Freiheitsgrade 46, 48, 69, 104-105, 109,
    114, 125, 127, 130, 143, 158, 166,
    168, 172, 195-196, 203-204, 221,
    266, 356-358, 372-373, 377, 383,
    385-386, 395

Gleitender Durchschnitt 245-246, 263-
    264, 395
Grundgesamtheit 395

Haupteffekt 109-147, 217-237, 395
Hauptkomponentenanalyse 311-318, 321,
    324-327, 395
Helmert-Kontrast 123-125, 139-140
Heteroskedastizität 72, 395
hierarchische Clusteranalyse 280, 286-
    291, 293-295, 298-301, 395
hierarchische loglineare Modelle 222,
    224-226, 235, 395
hierarchische Regressionsanalyse 55-59,
    88-89, 395
Histogramm 25, 29, 31
Homoskedastizität 44, 70-72, 395

indirekter Effekt 66-68, 343-347, 368, 395
Interaktion 61-64, 68, 89, 92, 98, 113-116,
    122-125, 144, 145, 225, 234-236,
    394, 395, 400

Kaiser-Guttman-Kriterium 316, 325-328,
    396
Kanonischer Korrelationskoeffizient 158,
    167-168, 172, 177, 396
Kausalität 340-343, 396
Kodierung 61, 106-107, 115-116, 130,
    192-193, 201-201, 206, 396
Kommunalität 315, 322-323, 325, 328,
    331-334, 396
konfirmatorische Faktorenanalyse 308
Kontingenzkoeffizient 221, 222, 226, 228,
    230, 396
Kontrast 102, 108, 121-125, 128, 130,
    139-146, 192-195, 202, 206-207,
    209, 212, 396
Kovarianzanalyse 116-117, 121, 134-135,
    396
Kreuzvalidierung 162-163, 169-175, 179,
    181, 396
Kruskal-Wallis-Test 101

latente Variable 315, 339, 347-351, 363,
    378-381, 396
Likelihood 191-192, 195-197, 201-203,
    211, 354, 367, 396
Likelihood-Ratio-Test 195, 196, 396
lineare Strukturgleichungsmodelle 337-
    390, 396, 400
Linearkombination 189, 310, 396
LISREL 338, 396
logistische Regression 183-214, 397
LogLikelihood-Funktion 192, 195-197,
    396

Maximum-Likelihood-Methode 191, 354,
    367, 397
Mediatorvariable 60-61, 66-68, 89, 90,
    368, 397
Merkmalsselektionsverfahren 55-58, 68,
    79, 397-400
Messmodell 347-352, 355, 358-359, 378-
    383, 397
Messwiederholungsfaktor 121, 124, 138,
    140, 397, 399
Methode der kleinsten Quadrate 40-45,
    49, 52, 247, 397, 398
Moderatorvariable 60-65, 68, 89-92, 397
Modifikations-Index 358-359, 386-389,
    397
Multikollinearität 51-53, 56, 64, 68, 74,
    76-78, 167, 178, 197, 397
multiple Regression 48-67, 72-94,
    397
multiple Vergleiche 108-109, 397
multivariate Varianzanalyse 96, 118-120,
    125, 142, 145

nichtlineare Regression 38, 398

Odds Ratio 186-188, 191-201, 204-207,
    212, 398
optimale Merkmalsmenge 55-57, 80-81,
    84, 398
orthogonale Rotation 319, 324, 330, 398

partielle Korrelation 83, 86, 342-343, 398
Periodogramm 254-256, 270-277, 398
Pfaddiagramm 345-382, 387, 398

Quadratsummenzerlegung 45-46, 102-103, 106-107, 110-111, 121, 124-127, 129, 398

Regressionsanalyse 37-94, 397-400
restringierter Parameter 352, 365, 399
Risikofaktor 186, 190, 200, 202-203, 206-209, 212-213
RMSEA 356-357, 359, 375-377, 385-386, 389, 399
Robustheit 45, 110, 117, 120, 127-128, 137, 160-161, 399
Rückwärts-Verfahren 55-58, 79-87, 399

schiefwinklige Rotation 319, 324, 330-331, 399
schrittweises Verfahren 55-57, 80, 83, 87, 399
Scree-Test 316-318, 326-329, 399
semipartielle Korrelation 341-343, 399
Spektralanalyse 240, 249, 252-253, 256, 266, 269, 273, 276, 399
SRMR 357, 359, 369-370, 375-378, 385-386, 389, 399
Strukturmodell 348-351, 355, 358-359, 378-381, 399
Suppressionseffekt 51, 53-54, 56, 77-78, 399

Trend 239-278, 399
Tukey-Test 108-109, 130-131

Varianzanalyse 95-148, 395-397, 399
Varianzanalyse mit Messwiederholungen 120-124, 138-148, 399
Varianzhomogenität 101, 110, 120, 126, 399
Varianzinflationsfaktor 76
Varianz-/Kovarianzmatrix 119, 160, 166, 175-176, 354, 356, 400
Varimax-Rotation 318-321, 324, 329-330, 400
Vorwärts-Verfahren 56-57, 84-87, 400

Wald-Statistik 195, 204, 206, 400
Wechselwirkungseffekt 109-116, 122, 125, 133, 142, 400
Wilks' Lambda 158-159, 166, 168, 172, 176-177, 400

z-Standardisierung 71-72, 90, 345-346, 359-360, 367, 371, 375, 400
Zeitreihe 71, 239-278, 393-395, 398-400

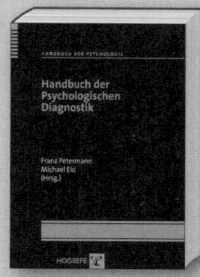